Theorie schallnaher Strömungen

Theorie schallnaher Strömungen

Von

Dr.-Ing. habil. K. G. Guderley

Mit 125 Abbildungen

Springer-Verlag Berlin Heidelberg GmbH
1957

ISBN 978-3-540-02152-0 ISBN 978-3-642-48239-7 (eBook)
DOI 10.1007/978-3-642-48239-7

**Alle Rechte, insbesondere das der Übersetzung in fremde Sprachen, vorbehalten.
Ohne ausdrückliche Genehmigung des Verlages ist es auch nicht gestattet,
dieses Buch oder Teile daraus auf photomechanischem Wege
(Photokopie, Mikrokopie) zu vervielfältigen.**

© by Springer-Verlag Berlin Heidelberg 1957

Ursprünglich erschienen bei Springer-Verlag OHG., Berlin/Göttingen/Heidelberg 1957
Softcover reprint of the hardcover 1st edition 1957

Adolf Busemann

gewidmet

Vorwort

Schallnahe Strömungen sind dadurch gekennzeichnet, daß innerhalb des Strömungsfeldes gleichzeitig Überschall- und Unterschallgebiete auftreten. Die tiefgehende Verschiedenheit dieser Strömungstypen ist die Ursache für mancherlei Schwierigkeiten, die bei der Behandlung schallnaher Strömungen auftreten. Wirklich überwunden sind diese Schwierigkeiten keineswegs, z. B. ist die scheinbar einfache Frage nach der Druckverteilung an einem gegebenen Profil im schallnahen Gebiet bisher nicht befriedigend beantwortet worden. Tatsächlich versucht die Theorie schallnaher Strömungen in erster Linie, die grundlegenden Eigenschaften und Vorgänge zu verstehen, und verzichtet — notgedrungen — auf die genaue Vorhersage von Einzelheiten.

Selbst dieses beschränkte Programm erfordert einige Vorsicht. Sowohl für Unterschallströmungen als auch für Überschallströmungen gibt es analoge physikalische Vorgänge, die zur Veranschaulichung dienen können. Außerdem ist die nahe Verwandtschaft der Differentialgleichungen mit der LAPLACEschen Gleichung im Unterschall und mit der Wellengleichung im Überschall äußerst wertvoll. Gleiches trifft für schallnahe Strömungen nicht zu, es gibt fast keine den gemischten Strömungen analoge Phänomene, und die vorhandene Theorie der gemischt-elliptischhyperbolischen Differentialgleichungen, so wertvoll sie ist, reicht für die Beantwortung der grundlegenden mathematischen Fragen nicht völlig aus.

So kann man sich in diesen Untersuchungen kaum auf das physikalische Gefühl oder auf Plausibilitätsbetrachtungen verlassen. Für den Verfasser bedeutet das allerdings nicht, daß man rein formal vorgehen sollte; im Laufe der Beschäftigung mit exakt gewonnenen Beispielen und durch sorgfältige Diskussion der Erscheinungen läßt sich auch für die Phänomene der schallnahen Strömungen ein Anschauungsvermögen entwickeln, das eine Extrapolation der Ergebnisse über das Exakt-Bekannte hinaus ermöglicht.

In jedem Falle muß man aber, um Trugschlüsse zu vermeiden, in der Behandlung schallnaher Strömungen stärker auf die allgemeinen

Grundlagen zurückgehen und gelegentlich eine größere Schärfe der mathematischen Behandlung verlangen als in der Theorie der Unterschall- oder Überschallströmungen notwendig ist. Hieraus erklärt sich, daß in dem vorliegenden Buch mathematische Betrachtungen einen größeren Raum einnehmen, als man sonst bei der Behandlung von Strömungsfragen gewohnt ist.

Der Verfasser würde das Ziel dieses Buches als erreicht betrachten, wenn es dem Aerodynamiker die mathematischen Methoden und die Ergebnisse der Theorie schallnaher Strömungen verständlich macht, und wenn es dem angewandten Mathematiker die mathematischen Fragen zeigt, die durch das physikalische Problem aufgeworfen worden, so daß er die Lücken schließen, die Gedankengänge vereinfachen und das Gebiet durch neue Methoden befruchten kann.

Einige Untersuchungen, die in der Literatur bequem zugänglich sind, habe ich weggelassen, um das Buch nicht allzu umfangreich werden zu lassen. Es sind dies: die Diskussion der Existenz einer Potentialströmung in einem Überschallgebiet, das von Unterschall umschlossen ist, und die Grundzüge einer Tragflügeltheorie im schallnahen Gebiet.

Hinsichtlich der Einrichtung des Buches sei folgendes bemerkt: Auf Gleichungen aus einem anderen Abschnitt wird dadurch verwiesen, daß der Gleichungsnummer die Nummer des Kapitels und des betreffenden Abschnitts vorgesetzt wird. Eine Übersicht über die Bezeichnungen bzw. die Stellen des Textes, an denen die Bezeichnungen erklärt sind, findet sich nach dem Inhaltsverzeichnis. Die Arbeiten, auf die im Text Bezug genommen wird, sind gesondert aufgeführt worden; auf sie wird durch den Namen des Verfassers hingewiesen. Verschiedene Arbeiten des gleichen Verfassers werden durch Zahlen unterschieden. Das Schrifttumsverzeichnis macht nicht den Anspruch auf Vollständigkeit; ich hoffe aber, daß die wichtigsten Gedankenrichtungen vertreten sind. Eine Auswahl nach den Gesichtspunkten dieses Buches wurde dabei nicht vorgenommen.

Schließlich möchte ich dem Springer-Verlag meinen aufrichtigen Dank für die ausgezeichnete Ausstattung dieses Buches zum Ausdruck bringen.

Dayton/Ohio (USA), im September 1957

G. Guderley

Inhaltsverzeichnis

Seite

I. Allgemeine Grundlagen 1

1. Grundgleichungen für reibungsfreie, kompressible Strömungen 1
2. Bernoullische Gleichung 3
3. Wirbelsätze 5
4. Potential 6
5. Stromfunktion 8
6. Charakteristiken 9
7. Vereinfachungen für den Fall der ebenen Potentialströmung 15
8. Beispiele 17
9. Das Charakteristikenverfahren für schallnahe Strömungen 19
10. Allgemeine Betrachtungen, die mit dem Charakteristikenbegriff zusammenhängen 20
11. Einige Bemerkungen zur Formulierung von Randwertproblemen in Unterschall und Überschall 21
12. Ein Verfahren zur Ableitung von Näherungsgleichungen 25

II. Vereinfachung der Strömungsdifferentialgleichungen, Ähnlichkeitsgesetz für schallnahe Strömungen 29

1. Vorbemerkung 29
2. Die bei der Prandtl-Glauertschen Näherung vernachlässigten Glieder . 30
3. Vereinfachung der Strömungsdifferentialgleichungen 32
4. Stoßbedingungen 35
5. Randbedingungen 38
6. Das Ähnlichkeitsgesetz 43
7. Anwendungen des Ähnlichkeitsgesetzes 46
8. Vereinfachungen der Bezeichnungsweise 48
9. Kontinuitätsgleichung und Impulssatz bei schallnahen Strömungen . 49

III. Linearisierte Behandlung schallnaher Strömungen 51

1. Vorbemerkung 51
2. Ebene und achsensymmetrische schallnahe Strömungen in linearisierter Behandlung 51
3. Räumliche Strömungen 55
4. Körper mit von Null verschiedener Dicke 58
5. Nichtstationäre schallnahe Strömungen in linearisierter Behandlung . 63
6. Grenzen der linearisierten Theorie 71

IV. Exakte Lösungen der Potentialgleichung für schallnahe Strömungen 72

1. Vorbemerkung 72
2. Die Strömung in einer Laval-Düse 73
3. Der Parallelstrahl mit der kritischen Geschwindigkeit 77

Seite

V. Die Grundlagen der Hodographenmethode 80

1. Hodographengleichungen 80
2. Die Funktionaldeterminante der Hodographenabbildung 85
3. Rückkehrkanten 88
4. Die Tschapliginschen Partikularlösungen der Hodographengleichung 97
5. Lösung eines Randwertproblems 99
6. Näherungsdarstellungen für die Tschapliginschen Lösungen 101
7. Die Tricomische Gleichung 106
8. Beispiele für Hodographenabbildungen 109
9. Verzweigungslinien des Hodographen 119
10. Verlorene Lösungen 121
11. Randwertaufgaben im Hodographen 123

VI. Diskussion schallnaher Strömungsfelder mit Hilfe des Hodographen 134

1. Vorbemerkung 134
2. Der Ausfluß aus einem Gefäß 136
3. Die Strömung um eine Ecke 139
4. Der Keil in Überschallströmung 140
5. Analytische Behandlung des Strömungsfeldes in der Nähe der Keilschneide für einen anliegenden Stoß 143
6. Der Keil mit gekrümmten Flanken. 147
7. Untersuchung des Überganges von einem anliegenden zu einem abgelösten Stoß 150
8. Gabelstöße 157
9. Ein neuer Typ des Gabelstoßes 161
10. Die Bedeutung der „zweiten" Lösung für die Überschallströmungen um einen Keil 164

VII. Partikularlösungen der Tricomischen Gleichung 168

1. Tschapliginsche Partikularlösungen 168
2. Eine andere Klasse von Partikularlösungen 171
3. Eine andere Form des Ansatzes 173
4. Die Lösungen G 176
5. Spezielle Lösungen G 185
6. Beziehungen zwischen Lösungen mit verschiedenen Werten von μ . 190
7. Näherungsdarstellungen für große Werte von $|\mu|$. 190
8. Die Funktionaldeterminante dieser Partikularlösungen 197
9. Systeme von Partikularlösungen. 200
10. Darstellung geeigneter Lösungen der Tricomischen Gleichung als Überlagerung der mit den Eigenfunktionen gebildeten Partikularlösungen 205
11. Die Eigenfunktionen und Eigenwerte im Grenzfalle $c_2 \to 1$ 206
12. Die Darstellung einer beliebigen Funktion im Grenzfalle $c_2 \to 1$ . . 209
13. Die Entwicklung einer Lösung ψ nach Partikularlösungen 213
14. Die Partikularlösungen von Tamada und Tamotika 222
15. Die Partikularlösungen von Falkowitsch 224

VIII. Strömungen mit der Machschen Zahl 1 229

1. Allgemeine Betrachtungen 229
2. Hodographendarstellung 231
3. Beispiel einer Strömung mit der Mach-Zahl 1 235
4. Die Strömung um einen Keil bei der Machschen Zahl 1 243
5. Deutung gewisser Lösungen für andere Werte von μ 247
6. Unsymmetrische Profile bei der Mach-Zahl 1 248

Seite

7. Die Strömung um einen angestellten Keil 249
8. Das Randwertproblem für einen schwach angestellten Körper beliebiger Form und verwandte Probleme 257
9. Die angestellte Platte bei der Mach-Zahl 1 260
10. Partikularlösungen, die mit ähnlichen Methoden berechnet werden können 272

IX. Strömungsfelder, die nur wenig von einer Strömung mit der Mach-Zahl 1 abweichen 277

1. Einleitende Betrachtungen 277
2. Beispiele für Strömungsfelder, die nur wenig von einer Strömung mit der Mach-Zahl 1 abweichen 279
3. Lösungen, die die Randbedingungen an dem umströmten Körper erfüllen 281
4. Die Randbedingungen in der Nähe des Punktes 0 284
5. Strömungsfelder, die in bezug auf die x-Achse antisymmetrisch in ψ sind 288
6. Unsymmetrische Strömungsfelder 289
7. Die Entwicklung eines Strömungsfeldes nach der Abweichung einer für die Anströmung charakteristischen Mach-Zahl von 1 293
8. Die Strömung um ein Rhombusprofil in einem blockierten geschlossenen Kanal 297
9. Die Strömung um ein Rhombusprofil in einem Freistrahl mit der kritischen Geschwindigkeit und die Strömung im freien Luftmeer bei Überschall 304
10. Die flache Platte im blockierten geschlossenen Kanal 305
11. Weitere Untersuchungen ebener Strömungsfelder 311

X. Einzeluntersuchungen, die Partikularlösungen der Form Gl. (VII 3.3) benutzen 314

1. Die Hodographenlösung in einem nicht ausgearteten Punkt der Schalllinie 315
2. Die Reflektion einer Singularität an der Schallinie. 316
3. Die Strömung im engsten Querschnitt einer Lavaldüse. 323
4. Diskussion von speziellen Randwertproblemen der Tricomischen Gleichung 325

XI. Achsensymmetrische Strömungen 333

1. Strömungen mit der Mach-Zahl 1 333
2. Verfeinerte Untersuchung der Lösung im Unendlichen 342
3. Anwendungen 349
4. Spezielle ebene und achsensymmetrische Strömungen mit Verdichtungsstößen 352
5. Anwendungen 353
6. Beschreibung von Strömungsfeldern mit einer Anström-Mach-Zahl in der Nähe von 1. 359

Literaturverzeichnis 363

1. Zitierte Arbeiten 363
2. Lehrbücher 367
3. Weitere Arbeiten 367

Sachverzeichnis 374

Bezeichnungen

Die vorliegende Liste enthält nur die Symbole, die von allgemeiner Bedeutung sind, oder die in Formeln auftreten, auf die an anderer Stelle Bezug genommen wird.

a	Schallgeschwindigkeit, s. Gl. I, 2 (5).
a^*	kritische Geschwindigkeit, s. Abschn. I, 2.
A	Auftrieb.
a_h	Koeffizient in Gl. VII, 13 (1a), explizit in Gl. VII, 13 (3a).
$b(x)$	in Abschn. III, 3, Funktion für den Umriß eines unendlich dünnen Flügels.
$B_{-4/3-h/2}$, $b_{-4/3-h/2}$	s. Gl. IX, 4 (1) u. IX, 4 (7).
$B^{(a)}(\mu)$, $B^{(s)}\mu$	s. Gl. VII, 12 (13b) u. VII, 12 (14a).
b_h	Koeffizienten in Gl. VII, 13 (1b), explizit in Gl. VII, 13 (3b).
c_p, c_v	spezifische Wärme pro Masseneinheit bei konstantem Druck bzw. Volumen.
c_A	Auftriebsbeiwert.
c_W	Widerstandsbeiwert.
c_p	Druckkoeffizient.
c_A^*, c_W^*, c_p^*	dieselben Größen bezogen auf den Staudruck für $M = 1$.
c_1, c_2	untere und obere Grenze eines Intervalls, in dem ξ variiert.
C_h	Normalisierungskonstante [Gl. VII, 9 (8)]; der Index h zeigt die Zugehörigkeit zu einer Eigenfunktion G_h an.
D	in Abschn. II, 6, charakteristische Dickenabmessung eines umströmten Körpers.
D	in Abschn. V, 2, Funktionaldeterminante der Hodographenabbildung.
D_1, D_2	reelle Faktoren, in die sich die Funktionaldeterminante D im Überschallgebiet spalten läßt.
$f(\zeta, n)$	für ebene Strömungen, s. Gl. VII, 2 (2).
$f(\zeta, n)$	für achsensymmetrische Strömungen, s. Gl. [XI, 1 (1)].
$f(\xi, \eta, \zeta)$	in Abschn. II, 4, Gleichung einer Stoßfläche.
$F(a, b, c, x)$	Symbol für die hypergeometrische Reihe, Gl. VII, 4 (4b).
$g(\eta, m)$	Partikularlösungen der TRICOMIschen Gleichung, die den TSCHAPLIGINschen Lösungen der Hodographengleichung entsprechen, Gl. VII, 1 (2).
$G(\xi, \mu)$	Funktion, die bei der Lösung der TRICOMIschen Gleichung durch einen Produktansatz auftritt, Gl. VII, 3 (3).

$G^{(s)}$, $G^{(a)}$	Funktionen G, für die die zugehörigen Lösungen ψ in bezug auf $\vartheta = 0$ symmetrisch bzw. antisymmetrisch sind.
G_1	Funktionen G, durch VII, 7 (13) definiert.
$G_2, G_3 \ldots G_h$	spezielle durch ein Eigenwertproblem definierte Funktionen G, Abschn. VII, 9.
h	in Abschn. II, 5 und III, 3, Dickenverteilung eines umströmten Körpers.
$H^{(1)}_{1/3}$, $H^{(2)}_{1/3}$	HANKELsche Funktionen erster und zweiter Art von der Ordnung 1/3, Verknüpfung mit BESSELschen Funktionen s. Gl. VII, 7 (6).
i	Enthalpie pro Masseneinheit.
$I_{1/3}$, $I_{-1/3}$	BESSELsche Funktionen der Ordnung 1/3 bzw. — 1/3.
$I(\mu)$	analytische Funktion definiert durch Gl. VII, 13 (4).
$L(\Phi)$ oder $L(\varphi)$	Differentialausdruck für die Randbedingungen zweiter Art, Gl. V, 11 (12).
L	in Abschn. VIII, 4 und VIII, 9, Tiefe eines Rhombusprofils bzw. einer umströmten Platte.
$l^{m,n}$	Integrale definiert in VIII, 9 (17).
M	Mach-Zahl.
M_∞	Mach-Zahl im Unendlichen.
M_{Block}	Anström-Mach-Zahl in einem blockierten Kanal.
$0(x)$	Symbol für Größenordnung, s. Fußnote S. 26.
p	Druck.
p^*	Druck bei der kritischen Geschwindigkeit.
p_∞	Druck im Unendlichen.
$P\begin{Bmatrix} a & b & c & \\ \alpha & \beta & \gamma & z \\ \alpha' & \beta' & \gamma' & \end{Bmatrix}$	RIEMANNsche P-Funktion, s. Abschn. VII, 2 und VII, 4.
$P(x)$	Symbol für Potenzreihe in x.
R	Gaskonstante pro Masseneinheit.
$R^{-1/3-h/2}$	Funktionen, die bei der Formulierung der Randbedingungen in großer Entfernung von einem umströmten Körper auftreten, Gl. IX, 4 (8).
s	Entropie pro Masseneinheit.
T	absolute Temperatur.
u	von Kap. V ab meist x-Komponente der Geschwindigkeit in ebenen Problemen.
v	von Kap. V ab meist die y-Komponente der Geschwindigkeit in ebenen Problemen.
$\mathfrak{v}$	Geschwindigkeitsvektor.
v_x, v_y, v_z	x, y, z-Komponenten der Geschwindigkeit.
v_r	radiale Komponente der Geschwindigkeit bei achsensymmetrischen Problemen.
$v_{n\,\mathrm{I}}$, $v_{n\,\mathrm{II}}$	Geschwindigkeitskomponenten normal zu einem Stoß, unmittelbar stromaufwärts und stromabwärts davon.
v_t	Komponente der Geschwindigkeit tangential zu einem Stoß.
Δv_x, Δv_y, Δv_z	Geschwindigkeitsänderungen in x, y, z-Richtung beim Durchgang durch einen Stoß.

v_n, v_t	in Abschn. II, 5, Geschwindigkeitskomponenten normal und tangential zu der Schnittkurve einer Ebene $x =$ const mit der Oberfläche eines umströmten Körpers.
w	absoluter Wert der Geschwindigkeit.
$w^* = a^*$	kritische Geschwindigkeit, s. Abschn. I, 2.
x_0	charakteristische x-Abmessung eines umströmten Körpers, benutzt bei der Aufstellung des Ähnlichkeitsgesetzes.
$\tilde{y}$, $\tilde{z}$	Abweichung der y- bzw. z-Koordinaten einer Stromlinie von den betreffenden Koordinaten der gleichen Stromlinien in der ungestörten Strömung.
α	MACHscher Winkel
α	gelegentlich Anstellwinkel.
$\alpha_{-1/3}^{-4/3}$ usw.	Konstante, die in der Entwicklung nach natürlichen Partikularlösungen auftritt, definiert im Anschluß an Gl. IX, 3 (1b).
$\beta_{-5/6-h/2}$	Konstante, s. Gl. IX, 3 (4) und die ihr vorausgehende Bemerkung.
Γ	Zirkulationsintegral, s. S. 5.
Γ	Γ-Funktion (EULERsche Funktion zweiter Art).
ξ, η, ζ	im Zusammenhang mit der Ableitung des Ähnlichkeitsgesetzes, Raumkoordinaten, die eng mit x, y, z zusammenhängen Gl. II, 3 (3b).
ζ	bei Hodographenproblemen, unabhängige Variable der Hodographenebene, Gl. VII, 2 (1).
ζ	bei achsensymmetrischen Strömungen, spezielle Variable der Strömungsebene, Gl. XI, 1 (1a).
ζ_0	in Abschn. XI, 4 Wert ζ für den Verdichtungsstoß.
η	Variable, die die Abweichung des Geschwindigkeitsbetrages von der Schallgeschwindigkeit angibt, definiert durch Gl. V, 7 (5) und die Gl. V 7 (6) folgende Bemerkung.
ϑ	Winkel des Geschwindigkeitsvektors mit der x-Achse.
Θ_0	für einen umströmten Körper charakteristischer Winkel, z. B. Halbwinkel an der Schneide eines Keils, Anstellwinkel einer flachen Platte, gleichzeitig Dickenverhältnis eines Rhombusprofils.
$\varkappa$	Verhältnis der spezifischen Wärme bei konstantem Druck zu der spezifischen Wärme bei konstantem Volumen.
λ, μ	Bezeichnungen für die Charakteristiken des Hodographen in der BUSEMANNschen Charakteristikenmethode Gl. I, 7 (3) u. (4).
λ und λ_h	Eigenwerte für Partikularlösungen der TRICOMIschen Gleichung, s. Abschn. VII, 9.
λ	Eigenwerte einer Differentialgleichung für achsensymmetrische Strömungen, s. Gl. XI, 2 (7).
μ	im Zusammenhang mit $G(\xi, \mu)$, Separationskonstante für gewisse Partikularlösungen der TRICOMIschen Gleichung, s. Gl. VII, 3 (3).
$\mu_h^{(a)}$, $\mu_h^{(s)}$	s. Gl. VII, 12 (13a) und (14b).
ν_1, ν_2	in Abschn. VI, 5 und VI, 6 s. Abb. 54.
ν	in Abschn. VI, 5 und VI, 6 s. Gl. VI, 5 (8).
ν	in Abschn. VII, 11 definiert unmittelbar vor Gl. VII, 11 (4).
ν	in Abschn. XI, 2, Separationskonstante definiert durch XI, 2 (3).

ξ, η, ζ im Zusammenhang mit der Ableitung des Ähnlichkeitsgesetzes Raumkoordinaten, die eng mit x, y, z zusammenhängen, Gl. II, 3 (3b).

ξ, ϱ bei Hodographenproblemen unabhängige Variable der η, ϑ-Ebene s. Gl. VII, 3 (1) u. (2).

$\tilde{\xi}$ Hilfsvariable für die Bestimmung asymptotischer Darstellungen, die eng mit ξ verwandt ist, s. Gl. VII, 7 (1a).

ϱ Dichte.

ϱ^* Dichte bei der kritischen Geschwindigkeit.

ϱ, ξ s. ξ, ϱ.

ϱ_0 in Abschn. VIII, 10, s. Abb. 96.

$\varrho_1, \varrho_2, \psi_1, \psi_2$ Parameter in der Formulierung von Randbedingungen, erstmalig in Gl. IX, 4 (5).

ψ_0, ϱ_0 in Gl. IX, 4 (7), Maßstabsfaktoren für ψ und ϱ.

ϱ_1 in Abschn. IX, 5. Parameter, der die Abweichung von einer Strömung mit $M = 1$ charakterisiert.

ϱ in XI, 2, unabhängige Variable definiert durch XI, 2, (9a), s. Abb. 114.

$\sigma(\nu)$ s. Gl. VII, 11 (4).

τ Entwicklungsparameter, erklärt in Abschn. I, 12.

$\Phi, \bar{\Phi}, \tilde{\Phi}$ usw. Potential, oder Störpotential oder verwandte Funktionen in der Strömungsebene.

$\Phi(\eta, \vartheta)$ oder $\Phi(w, \vartheta)$ Änderung des LEGENDREschen Potentials, die durch Änderung der Randbedingungen in der Strömungsebene verursacht wird.

$\Phi^{-5/6-h/2}(\xi, \varrho)$ Partikularlösungen für das LEGENDREsche Potential in der ξ, ϱ-Ebene (Hodographenebene), die das Profil in der Strömungsebene unverändert lassen.

$\varphi(w, \vartheta)$; $\varphi(\eta, \vartheta)$ od. $\varphi(\xi, \varrho)$ Funktionen in der Hodographen- oder η, ϑ-Ebene, die sich aus dem Potential in der Strömungsebene durch die LEGENDREsche Transformation ergeben (kurz bezeichnet als LEGENDREsches Potential).

$\bar{\varphi}, \bar{\bar{\varphi}}, \tilde{\varphi}$ Funktionen, die eng mit φ verknüpft sind.

$\varphi_{-5/6-h/2}$ natürliche Partikularlösungen für φ, es sind dies dieselben Funktionen, wie die natürlichen Partikularlösungen für ψ, s. Abschnitt VII, 9.

ψ Stromfunktion in der Strömungs- und in der Hodographenebene.

$\bar{\psi}, \psi_1, \psi_2$ usw. Funktionen, die eng mit der Stromfunktion verwandt sind.

$\psi^{(s)}_{-1/3}, \psi^{(a)}_{-5/6}$ usw. natürliche Partikularlösungen, definiert in Abschn. VII, 9.

$\Psi^{-5/6}, \tilde{\psi}^{-5/6}$ spezielle Partikularlösungen, erklärt am Anfang von Abschn. VIII, 3.

$\bar{\psi}_{-5/6}(\eta, \vartheta)$ natürliche Partikularlösung $\psi_{-5/6}$ bezogen auf die Variablen η, ϑ.

$\bar{\psi}$ in Abschn. VIII, 7 erklärt durch Gl. VIII, 7 (2).

$\psi^{m,n}$ Partikularlösung, erklärt durch Gl. VIII, 9 (5).

Ω in V, 8 komplexes Potential, s. Gl. V, 8 (2).

ω in V, 8 komplexes Gegenstück zu dem LEGENDREschen Potential.

ω sonst, Winkel in Zylinderkoordinaten.

I. Allgemeine Grundlagen

Die Eigenschaften schallnaher Strömungen leiten sich aus den Gleichungen der allgemeinen Gasdynamik her; ihre Ableitungen finden sich in zahlreichen Lehrbüchern (siehe Literaturverzeichnis). Hier sollen nur die wichtigsten Begriffe und Gleichungen, jedoch mit Erläuterungen, die ihren logischen Zusammenhang zeigen, aufgeführt werden. Eingehender wird der Begriff der Charakteristiken behandelt, da einige Folgerungen, die sich daraus ziehen lassen, für das Verständnis gemischter Unterschall-Überschall-Strömungen besonders wichtig sind. Schließlich wird ein formales Verfahren zur Ableitung von Näherungsgleichungen gezeigt, das wiederholt, insbesondere im Zusammenhang mit dem Ähnlichkeitsgesetz für schallnahe Strömungen, gute Dienste leisten wird.

1. Grundgleichungen für reibungsfreie, kompressible Strömungen

In allen kommenden Untersuchungen wird von vornherein Reibung und Wärmeleitung vernachlässigt. Dann besteht in der Strömung kein Mechanismus für die Übertragung von Wärme von einem Teilchen zum andern und es ist auch unmöglich, mechanische Energie in Wärme zu verwandeln. Deshalb ist die Entropie eines Teilchens konstant.

Eine Ausnahme bilden Verdichtungsstöße. Physikalisch stellen sie außerordentlich schmale Gebiete dar, in denen der Temperaturgradient und die Deformationsgeschwindigkeit der Teilchen so hohe Werte annimmt, daß eine Entropiezunahme auftritt, gleichgültig wie klein die Wärmeleitung und die innere Reibung ist. Wo in unseren Rechnungen Stöße auftreten, wird diese schmale Zone als die gemeinsame Grenze zweier Gebiete idealisiert, in denen die Strömung frei von Reibung und Wärmeleitung ist. An dieser Grenze treten sprunghafte Änderungen des Drucks, der Entropie und der Geschwindigkeit auf, die durch die sogenannten Stoßbedingungen beherrscht werden.

Es seien x, y und z CARTESIsche Koordinaten in dem durchströmten Gebiet, t die Zeit, v_x, v_y und v_z die Geschwindigkeitskomponenten in x-, y- und z-Richtung und s die Entropie. Die Geschwindigkeitskomponenten und die Entropie werden als Funktionen von x, y, z

und t aufgefaßt. Daß die Entropie eines Teilchens konstant ist, wird dann ausgedrückt durch

$$\frac{ds}{dt} = \frac{\partial s}{\partial t} + \frac{\partial s}{\partial x} v_x + \frac{\partial s}{\partial y} v_y + \frac{\partial s}{\partial z} v_z = 0. \tag{1}$$

Da die Reibungskräfte vernachlässigt werden, sind die Drucke die einzigen auf ein Teilchen wirkenden Kräfte, und man erhält durch Anwendung des NEWTONschen Prinzips für die x-, y- und z-Richtung

$$\frac{1}{\varrho}\frac{\partial p}{\partial x} + \frac{\partial v_x}{\partial t} + v_x \frac{\partial v_x}{\partial x} + v_y \frac{\partial v_x}{\partial y} + v_z \frac{\partial v_x}{\partial z} = 0, \tag{2a}$$

$$\frac{1}{\varrho}\frac{\partial p}{\partial y} + \frac{\partial v_y}{\partial t} + v_x \frac{\partial v_y}{\partial x} + v_y \frac{\partial v_y}{\partial y} + v_z \frac{\partial v_y}{\partial z} = 0, \tag{2b}$$

$$\frac{1}{\varrho}\frac{\partial p}{\partial z} + \frac{\partial v_z}{\partial t} + v_x \frac{\partial v_z}{\partial x} + v_y \frac{\partial v_z}{\partial y} + v_z \frac{\partial v_z}{\partial z} = 0, \tag{2c}$$

hierin ist p der Druck und ϱ die Dichte. Dies sind die EULERschen Bewegungsgleichungen.

Schließlich muß man noch zum Ausdruck bringen, daß Masse weder entstehen noch verschwinden kann. In einem festen Raumelement ist die durch die Oberfläche austretende Masse negativ gleich der Änderung, die die in diesem Element enthaltene Masse während der betrachteten Zeit erfährt. Man erhält so die Kontinuitätsgleichung

$$\frac{\partial \varrho}{\partial t} + \frac{\partial}{\partial x}(\varrho v_x) + \frac{\partial}{\partial y}(\varrho v_y) + \frac{\partial}{\partial z}(\varrho v_z) = 0. \tag{3}$$

Die bisher angegebenen Gleichungen, zusammen mit thermodynamischen Beziehungen, die den Druck des Gases als Funktion der Entropie und der Dichte darstellen, den Randbedingungen des Problems und den Übergangsbedingungen an eventuell auftretenden Verdichtungsstößen stellen die mathematische Beschreibung der Gasströmung dar. Genaugenommen sind keine weiteren physikalischen Aussagen notwendig, und es sollte möglich sein, alle weiteren Entwicklungen rein mathematisch durchzuführen. Dies schließt nicht aus, daß man sich durch anschauliche Betrachtungen leiten läßt oder mathematisch gewonnene Ergebnisse physikalisch deutet; im Gegenteil ist dies ein wichtiges Forschungshilfsmittel. In jedem Falle sind Ergebnisse nur dann als gesichert zu betrachten, wenn sie sich aus den bisher angeführten Gleichungen herleiten lassen. Die Fragestellungen selbst entstammen meistens der Aerodynamik.

Für achsensymmetrische stationäre Strömungen bezieht man sich auf ein System von Zylinderkoordinaten x, r, ω, wobei die x-Achse mit der Zylinderachse zusammenfällt. Dann lautet die Kontinuitätsgleichung

$$\frac{\partial(\varrho v_x)}{\partial x} + \frac{\partial(\varrho v_r)}{\partial r} + \frac{\varrho v_r}{r} = 0 .$$

Hierin ist v_r die Geschwindigkeitskomponente in der Richtung wachsender Werte r.

2. Bernoullische Gleichung

Mit einigen zusätzlichen Annahmen lassen sich weitere, noch immer recht allgemeine Beziehungen herleiten. Sie seien ohne Beweise angeführt.

Falls die Geschwindigkeiten nicht von der Zeit abhängen, ergibt sich entweder aus dem ersten Hauptsatz der Thermodynamik, oder, für stoßfreie Gebiete, durch Integration der EULERschen Gleichungen die folgende Beziehung, die man als BERNOULLIsche Gleichung bezeichnet

$$i + \frac{w^2}{2} = \text{const}, \tag{1}$$

hierin ist i die Enthalpie pro Masseneinheit und w der absolute Wert der Geschwindigkeit. Die Konstante auf der rechten Seite kann von Stromlinie zu Stromlinie verschieden sein, vielfach z. B. in allen Strömungsfeldern, die stromaufwärts des umströmten Körpers mit einer Parallelströmung beginnen, ist sie für alle Stromlinien die gleiche. Solche Strömungen heißen isoenergetisch. Die Ableitung der BERNOULLIschen Gleichung mit Hilfe des ersten Hauptsatzes zeigt, daß sie auch bei Anwesenheit von Stößen gilt. Dagegen gilt sie nicht bei Anwesenheit von Reibung und Wärmeleitung. Es sollen im folgenden einige Beziehungen angegeben werden, die man erhält, wenn man das Verhältnis der spezifischen Wärmen konstant setzt. Zunächst einige Bezeichnungen. Es sei R die Gaskonstante bezogen auf die Masseneinheit, c_p und c_v die spezifischen Wärmen bei konstantem Druck und konstantem Volumen bezogen auf die Masseneinheit, $\varkappa$ das Verhältnis c_p/c_v und T die Temperatur. Die Zustandsgleichung des Gases ist dann

$$\frac{p}{\varrho} = R\,T . \tag{2a}$$

Für eine Adiabate gilt

$$\frac{p}{\varrho^{\varkappa}} = \text{const}. \tag{2b}$$

Weiterhin hat man die Beziehungen

$$\frac{c_p}{c_v} = \varkappa , \tag{3a}$$

$$c_p - c_v = R . \tag{3b}$$

Hieraus

$$c_p = \frac{\varkappa}{\varkappa - 1} R. \tag{3c}$$

Es ist

$$i = c_p T = \frac{\varkappa}{\varkappa - 1} R T. \tag{4}$$

Weiterhin werde eingeführt

$$a^2 = \left(\frac{\partial p}{\partial \varrho}\right)_{s = \text{const}} = \varkappa \frac{p}{\varrho}, \tag{5}$$

wobei die Differentiation bei konstanter Entropie durchzuführen ist. Wie sich aus akustischen Untersuchungen ergibt, aber im gegenwärtigen Zusammenhang nicht klar wird, ist a die Schallgeschwindigkeit des Gases. Man erhält dann

$$i = \frac{a^2}{\varkappa - 1}. \tag{6}$$

Aus der Bernoullischen Gleichung ergibt sich dann

$$\frac{a^2}{\varkappa - 1} + \frac{w^2}{2} = \text{const.} \tag{7}$$

Diejenige Geschwindigkeit w, die gleich der zugehörigen Schallgeschwindigkeit a ist, wird als kritische Geschwindigkeit bezeichnet. Alle für die kritische Geschwindigkeit berechneten Größen werden durch einen Stern gekennzeichnet, z. B. $w^* = a^*$, p^*, ϱ^*.

Indem man $w = a = w^* = a^*$ setzt, erhält man für die Konstante auf der rechten Seite der letzten Gleichung $\frac{(\varkappa + 1)}{2(\varkappa - 1)} w^{*2}$. Somit ergibt sich

$$a^2 = \frac{\varkappa + 1}{2} w^{*2} - \frac{\varkappa - 1}{2} w^2. \tag{8}$$

Das Verhältnis w/a wird als Mach-Zahl M bezeichnet.

Bei der Herleitung der Bernoullischen Gleichung durch Integration der Eulerschen Gleichungen erhält man für ein beliebiges Gasgesetz als Zwischenergebnis

$$\frac{dp}{\varrho} + d\left(\frac{w^2}{2}\right) = 0, \tag{9}$$

wobei die Differentiationen längs einer Stromlinie zu nehmen sind. In einer isoenergetischen Strömung, in der außerdem die Entropie konstant ist, gilt diese Gleichung allgemein. Ferner seien die folgenden Beziehungen erwähnt, die ebenfalls für ein allgemeines Gasgesetz gelten

$$\frac{d}{dw}(\varrho w) = \varrho \left(1 - \frac{w^2}{a^2}\right), \tag{10a}$$

$$\frac{d(p + \varrho w^2)}{dw} = \varrho w \left(1 - \frac{w^2}{a^2}\right). \tag{10b}$$

3. Wirbelsätze

Es sei $\mathfrak{v}$ der Geschwindigkeitsvektor. Der Wirbelvektor wird dann durch $\operatorname{rot}\mathfrak{v}$ gegeben, er stellt das Doppelte der gerichteten Drehgeschwindigkeit eines Teilchens dar[1].

Für jedes Vektorfeld $\mathfrak{v}$ gilt die Beziehung

$$\operatorname{div}\operatorname{rot}\mathfrak{v} = 0. \tag{1}$$

Wenn man also den für einen bestimmten Zeitpunkt berechneten Vektor $\operatorname{rot}\mathfrak{v}$ als Geschwindigkeitsvektor in einer inkompressiblen Strömung betrachtet, dann ist entsprechend der letzten Gleichung die Kontinuitätsgleichung automatisch erfüllt. (Die EULERschen Gleichungen wären allerdings nur dann erfüllt, wenn man geeignete eingeprägte Kräfte annimmt.)

Integriert man das für einen festen Zeitpunkt gebildete Richtungsfeld der Wirbelvektoren, so erhält man die sogenannten Wirbellinien, sie entsprechen den Stromlinien der eben erwähnten fiktiven inkompressiblen Strömung. In einer stationären Strömung kann man Stromröhren einführen, sie werden durch die Stromlinien gebildet, die von einer geschlossenen Kurve ausgehen. Die Oberfläche einer Stromröhre enthält hiernach immer die gleichen Stromlinien. In entsprechender Weise kann man Wirbelröhren definieren. Nach der letzten Gleichung ist dann der Wirbelfluß durch eine Wirbelröhre konstant. Daraus folgt aber, daß eine Wirbelröhre und damit auch eine Wirbellinie im Innern der Strömung nicht enden kann. Sie kann geschlossen sein, ins Unendliche gehen oder an den Berandungen des Strömungsfeldes aufhören.

Unter der Annahme, daß die Dichte allein vom Druck abhängt, was z. B. für inkompressible oder isotherme oder isentropische Strömungen zutrifft, ergibt sich aus den EULERschen Gleichungen, daß längs einer geschlossenen Kurve C, die sich mit den Gasteilchen bewegt (längs einer sogenannten flüssigen Linie), das Integral

$$\Gamma = \oint_C (v_x\,dx + v_y\,dy + v_z\,dz),$$

das sogenannte Zirkulationsintegral, zeitlich konstant ist. Durch den STOKESschen Integralsatz ist dies Integral mit dem Vektor $\operatorname{rot}\mathfrak{v}$ verknüpft:

$$\Gamma = \int_F \operatorname{rot}\mathfrak{v}\,d\mathfrak{f}.$$

[1] Was man bei einem sich deformierenden Teilchen unter Drehgeschwindigkeit versteht, bedarf allerdings einer gesonderten Definition.

Hier ist das Integral über eine Fläche F zu erstrecken, die in die Kurve C eingespannt ist, der Vektor $d\mathfrak{f}$ bedeutet das gerichtete Oberflächenelement, d. h. einen Vektor normal zu dem betrachteten Oberflächenelement, dessen Betrag gleich der Größe des Elements ist und dessen Richtung durch den Umlaufssinn des Elements definiert wird. $\operatorname{rot}\mathfrak{v}\, d\mathfrak{f}$ ist das skalare Produkt der beiden Vektoren.

Nach diesem Satz ist in einer Strömung, die anfänglich wirbelfrei war, die Zirkulation null für alle flüssigen Linien, die anfangs geschlossen waren und die geschlossen bleiben. Die Wirbelflächen, die man im Totwasser eines Tragflügels findet, oder die von scharfen Kanten eines umströmten Körpers ausgehen können, sind hiermit verträglich, da die flüssigen Linien, die durch solche Wirbelflächen hindurchgehen, zu einer vorangehenden Zeit nicht geschlossen waren, sondern an der Oberfläche des betrachteten Körpers endeten.

Läßt man die Annahme fallen, daß die Dichte allein vom Druck abhängt, so braucht die Strömung nicht rotationsfrei zu sein, selbst wenn der Anfangszustand rotationsfrei war. Rotation entsteht z. B., wenn die Entropie innerhalb des Strömungsfeldes nicht konstant ist. Eine einfache Formel besteht für stationäre[1] isoenergetische Strömungen. Dort hat man den CROCCOschen Wirbelsatz (OSWATITSCH [*1*])

$$\operatorname{rot}\mathfrak{v} \times \mathfrak{v} = T \operatorname{grad} s\,, \tag{3}$$

hierin bedeutet das Symbol $\times$ das vektorielle Produkt. Diese Gleichung bestimmt die Wirbelkomponente senkrecht zu den Stromlinien. Da längs einer Stromlinie die Entropie s konstant ist, steht $\operatorname{grad} s$ senkrecht auf den Stromlinien. Zur Berechnung der tangentialen Komponente des Wirbelvektors müßte man Gl. (1) hinzuziehen.

In ebenen und achsensymmetrischen Strömungen ist aus Symmetriegründen die Wirbelkomponente in der Stromlinienrichtung null. In diesen Fällen ist der Wirbelvektor allein durch den CROCCOschen Wirbelsatz bestimmt.

Der CROCCOsche Wirbelsatz wird später benutzt werden, um die Vernachlässigung der Wirbel in schallnahen Strömungen zu rechtfertigen.

4. Potential

Ist die Entropie konstant und war die Strömung anfänglich wirbelfrei, so bleibt sie auch für kommende Zeiten wirbelfrei bis auf Wirbelschichten, die gegebenenfalls von scharfen Kanten des Körpers aus-

[1] Das Wort stationär ist eigentlich überflüssig, da isoenergetische Strömungen nur für den stationären Fall definiert sind.

gehen. Die Komponenten des Wirbelvektors verschwinden dann, d. h. man hat

$$\frac{\partial v_x}{\partial y} - \frac{\partial v_y}{\partial x} = 0; \quad \frac{\partial v_y}{\partial z} - \frac{\partial v_z}{\partial y} = 0; \quad \frac{\partial v_z}{\partial x} - \frac{\partial v_x}{\partial z} = 0. \tag{1}$$

Wegen dieser Beziehungen kann der Geschwindigkeitsvektor ausgedrückt werden als

$$\mathfrak{v} = \operatorname{grad} \Phi.$$

In Komponenten geschrieben bedeutet dies

$$v_x = \frac{\partial \Phi}{\partial x}; \quad v_y = \frac{\partial \Phi}{\partial y}; \quad v_z = \frac{\partial \Phi}{\partial z}. \tag{2}$$

Das Vektorfeld der Geschwindigkeiten wird also durch die skalare Größe Φ beschrieben.

Sind die Geschwindigkeitskomponenten durch Gl. (2) gegeben, so werden die Eulerschen Gleichungen I, 1 (2) automatisch erfüllt. In welchem Sinne dies gemeint ist, werde etwas näher für den Fall einer stationären Strömung ausgeführt. Es sei Φ eine beliebige zweimal differenzierbare Funktion von x, y und z. Daraus lassen sich nach Gl. (2) Geschwindigkeiten bestimmen. Sind die Geschwindigkeiten bekannt, so lassen sich aus der Bernoullischen Gleichung die Drücke berechnen. Setzt man die für die Drücke gefundenen Werte in die Eulerschen Gleichungen ein, so sind diese identisch erfüllt. So bleibt die Kontinuitätsgleichung als einzige Beziehung, die die Funktion Φ erfüllen muß.

Für eine isoenergetische Strömung, bei der aber nicht Konstanz der Entropie vorausgesetzt zu werden braucht, läßt sich die Kontinuitätsgleichung auch in der folgenden Form schreiben: Wir betrachten Druck und Entropie als unabhängige Variable für die Beschreibung des thermodynamischen Zustandes des Gases. Für die Ableitung $\frac{\partial \varrho}{\partial p}$ (die immer positiv ist, weil sonst das Gas unstabil wäre) hatten wir bereits früher [Gl. I, 2 (5)] die Bezeichnung $1/a^2$ eingeführt. Die Größe a, die sogenannte Schallgeschwindigkeit hängt nur von dem thermodynamischen Zustand (nicht von dem Bewegungszustand) ab. Nun haben wir

$$\frac{\partial \varrho}{\partial x} = \frac{\partial \varrho}{\partial p}\frac{\partial p}{\partial x} + \frac{\partial \varrho}{\partial s}\frac{\partial s}{\partial x} = \frac{1}{a^2}\frac{\partial p}{\partial x} + \frac{\partial \varrho}{\partial s}\frac{\partial s}{\partial x} \tag{3}$$

und ähnliche Gleichungen für die anderen Richtungen. Die Kontinuitätsgleichung I, 1 (3) lautet für stationäre Strömungen in etwas ausführlicherer Schreibweise

$$\frac{\partial \varrho}{\partial x} v_x + \frac{\partial \varrho}{\partial y} v_y + \frac{\partial \varrho}{\partial z} v_z + \varrho \frac{\partial v_x}{\partial x} + \varrho \frac{\partial v_y}{\partial y} + \varrho \frac{\partial v_z}{\partial z} = 0.$$

Setzt man hierin die Ausdrücke Gl. (3) ein und eliminiert die Ableitungen von p mit Hilfe der EULERschen Gleichungen und weiterhin die Ableitungen von s mit Hilfe von Gl. I, 1 (1), so ergibt sich

$$\frac{\partial v_x}{\partial x}\left(1-\frac{v_x^2}{a^2}\right)+\frac{\partial v_y}{\partial y}\left(1-\frac{v_y^2}{a^2}\right)+\frac{\partial v_z}{\partial z}\left(1-\frac{v_z^2}{a^2}\right)-\left(\frac{\partial v_x}{\partial y}+\frac{\partial v_y}{\partial x}\right)\frac{v_x v_y}{a^2}$$
$$-\left(\frac{\partial v_y}{\partial z}+\frac{\partial v_z}{\partial y}\right)\frac{v_y v_z}{a^2}-\left(\frac{\partial v_z}{\partial x}+\frac{\partial v_x}{\partial z}\right)\frac{v_x v_z}{a^2}=0. \tag{4}$$

Für eine Potentialströmung nimmt die letzte Gleichung die Form an

$$\Phi_{xx}\left(1-\frac{\Phi_x^2}{a^2}\right)+\Phi_{yy}\left(1-\frac{\Phi_y^2}{a^2}\right)+\Phi_{zz}\left(1-\frac{\Phi_z^2}{a^2}\right)-2\,\Phi_{xy}\frac{\Phi_x\Phi_y}{a^2}$$
$$-2\,\Phi_{yz}\frac{\Phi_y\Phi_z}{a^2}-2\,\Phi_{zx}\frac{\Phi_z\Phi_x}{a^2}=0. \tag{5}$$

Nach der BERNOULLIschen Gleichung ist

$$a^2=\frac{\varkappa+1}{2}w^{*2}-\frac{\varkappa-1}{2}(\Phi_x^2+\Phi_y^2+\Phi_z^2). \tag{6}$$

Für achsensymmetrische Strömung hat die Potentialgleichung die folgende Form

$$\Phi_{xx}\left(1-\frac{\Phi_x^2}{a^2}\right)+\Phi_{rr}\left(1-\frac{\Phi_r^2}{a^2}\right)-2\,\Phi_{xr}\frac{\Phi_x\Phi_r}{a^2}+\frac{\Phi_r}{r}=0. \tag{7}$$

Der Vollständigkeit halber sei erwähnt, daß für isentropische und anfänglich wirbelfreie Strömungen auch im nichtstationären Falle ein Potential besteht. Die folgende Relation nimmt dann die Stelle der BERNOULLIschen Gleichung ein

$$\Phi_t+i+\tfrac{1}{2}(\Phi_x^2+\Phi_y^2+\Phi_z^2)=\text{const.} \tag{8}$$

Wiederum werden durch Einführung des Potentials die EULERschen Gleichungen integriert. Die Kontinuitätsgleichung lautet dann

$$\Phi_{xx}\left(1-\frac{\Phi_x^2}{a^2}\right)+\Phi_{yy}\left(1-\frac{\Phi_y^2}{a^2}\right)+\Phi_{zz}\left(1-\frac{\Phi_z^2}{a^2}\right)$$
$$-\frac{\Phi_{tt}}{a^2}-2\,\Phi_{xy}\frac{\Phi_x\Phi_y}{a^2}-2\,\Phi_{yz}\frac{\Phi_y\Phi_z}{a^2}-2\,\Phi_{zx}\frac{\Phi_z\Phi_x}{a^2} \tag{9}$$
$$-2\,\Phi_{xt}\frac{\Phi_x}{a^2}-2\,\Phi_{yt}\frac{\Phi_y}{a^2}-2\,\Phi_{zt}\frac{\Phi_z}{a^2}=0.$$

5. Stromfunktion

Für ebene stationäre Strömungen lautet die Kontinuitätsgleichung

$$\frac{\partial(\varrho v_x)}{\partial x}+\frac{\partial(\varrho v_y)}{\partial y}=0. \tag{1}$$

Für achsensymmetrische Strömungen erhält man in einem System von Zylinderkoordinaten x, r und ω

$$\frac{\partial(r\varrho v_x)}{\partial x}+\frac{\partial(r\varrho v_r)}{\partial r}=0. \tag{2}$$

Diese Gleichungen werden integriert, indem man setzt: für ebene Strömungen

$$\varrho v_x=\frac{\partial\psi}{\partial y}, \tag{3a}$$

$$\varrho v_y=-\frac{\partial\psi}{\partial x}, \tag{3b}$$

für achsensymmetrische Strömungen

$$r\varrho v_x=\frac{\partial\psi}{\partial r}, \tag{4a}$$

$$r\varrho v_r=-\frac{\partial\psi}{\partial x}. \tag{4b}$$

Die Funktion ψ wird als Stromfunktion bezeichnet, die Linien $\psi=\text{const}$ sind die Stromlinien. Die Tangente an die Stromlinie liegt in der Richtung des Geschwindigkeitsvektors.

Da in der Kontinuitätsgleichung keine Voraussetzung hinsichtlich der Konstanz der Entropie oder hinsichtlich der Wirbelfreiheit der Strömung enthalten ist, läßt sich die Stromfunktion auch für solche Fälle einführen. Längs einer Stromlinie ist die Entropie konstant, daher ist

$$s=s(\psi).$$

Die Funktion ψ muß nun für Potentialströmungen so bestimmt werden, daß die Rotation des Geschwindigkeitsvektors verschwindet. Die dabei entstehende Gleichung ist aber insofern ziemlich unhandlich, als in ihr die Schallgeschwindigkeit und die Geschwindigkeitskomponenten auftreten und diese in recht unbequemer Weise mit den Ableitungen der Stromfunktion verknüpft sind. Bei der linearisierten Behandlung von Unterschallströmungen spielen diese Schwierigkeiten aber keine Rolle, ebensowenig in der Hodographengleichung. Für das schallnahe Gebiet benutzt man in der Strömungsebene am besten das Potential.

6. Charakteristiken.

Der Charakteristikenbegriff ist ein vertrautes Werkzeug der Überschallaerodynamik. Da die Fragestellung, die ihm zugrunde liegt, bei Erörterung der Strömungseigenschaften im schallnahen Gebiet eine wichtige Rolle spielt, mögen die Grundlagen der Charakteristikentheorie hier wiedergegeben werden.

Eine Ableitung der Charakteristikenmethode auf Grund physikalischer Vorstellungen (etwa in der BUSEMANNschen Form) liefert alle für die Berechnung der Strömung notwendigen Ergebnisse und entwirft darüber hinaus ein sehr anschauliches Bild der Strömungsvorgänge. Trotzdem zieht der Verfasser für die gegenwärtigen Zwecke eine formale Herleitung vor, da sie die grundlegenden Gedanken stärker betont (siehe etwa COURANT-HILBERT II). Der Einfachheit halber werde nur der Sonderfall der ebenen Potentialströmung besprochen. Die Strömung wird durch die Kontinuitätsgleichung I, 4 (4)

$$\frac{\partial v_x}{\partial x}\left(1-\frac{v_x^2}{a^2}\right)-\left(\frac{\partial v_x}{\partial y}+\frac{\partial v_y}{\partial x}\right)\frac{v_x v_y}{a^2}+\frac{\partial v_y}{\partial y}\left(1-\frac{v_y^2}{a^2}\right)=0 \tag{1}$$

und die Forderung, daß der Wirbelvektor verschwinden muß, beschrieben

$$\frac{\partial v_x}{\partial y}-\frac{\partial v_y}{\partial x}=0\,. \tag{2}$$

Nach Gl. I, 2 (8) ist die Schallgeschwindigkeit eine Funktion des Geschwindigkeitsbetrages w.

Es sei nun längs einer Kurve C der Strömungsebene der Geschwindigkeitsvektor gegeben. Nicht immer sind längs einer solchen Kurve die Geschwindigkeitsvektoren unabhängig voneinander, wir nehmen aber vorerst an, daß die gegebenen Daten miteinander verträglich sind, sie könnten z. B. einem bekannten Strömungsfelde entnommen worden sein. Wir stellen nun eine Frage, die zunächst nichts mit dem Charakteristikenbegriff zu tun hat, nämlich, ob man aus den längs C bekannten Daten das Strömungsfeld, wenigstens in der Nachbarschaft von C, berechnen kann.

Sind v_x und v_y längs der Kurve C gegeben, so sind damit auch die längs C gebildeten Ableitungen dieser Größen nach x bekannt. Sie können durch die partiellen Ableitungen von v_x und v_y nach x und y und durch die Neigung dy/dx der Kurve C ausgedrückt werden.

$$\frac{\partial v_x}{\partial x}+\frac{\partial v_x}{\partial y}\frac{dy}{dx}=\frac{dv_x}{dx}\,, \tag{3}$$

$$\frac{\partial v_y}{\partial x}+\frac{\partial v_y}{\partial y}\frac{dy}{dx}=\frac{dv_y}{dx}\,. \tag{4}$$

Die Gl. (1) bis (4) stellen ein lineares Gleichungssystem für die vier Ableitungen $\frac{\partial v_x}{\partial x}$, $\frac{\partial v_x}{\partial y}$, $\frac{\partial v_y}{\partial x}$ und $\frac{\partial v_y}{\partial y}$ dar. Wenn dieses Gleichungssystem lösbar ist, dann lassen sich für jeden Punkt von C die partiellen Ableitungen der Geschwindigkeitskomponenten bestimmen. Durch

Differentiationen kann man ähnliche Gleichungen für die höheren Ableitungen gewinnen, wobei die Koeffizienten der unbekannten Ableitungen auf der linken Seite immer dieselben sind. Es ergibt sich somit ein Verfahren, um aus den ursprünglich gegebenen Daten in jedem Kurvenpunkte alle Ableitungen zu bestimmen und so das Strömungsfeld in der Nachbarschaft der Kurve durch eine TAYLOR-Entwicklung darzustellen.

Das Gleichungssystem ist immer eindeutig lösbar, wenn die Determinante der linken Seite nicht verschwindet. Der Begriff Charakteristiken bezieht sich nun auf den Ausnahmefall, in dem diese Determinante null ist. In dem Gleichungssystem treten in den Koeffizienten der linken Seite neben den Geschwindigkeiten v_x und v_y die Richtungen der Kurve C in dem betrachteten Punkte auf. Wir fragen nach den Richtungen dy/dx der Kurve C, für die diese Determinante verschwindet. Hierzu führen wir am besten in dem betrachteten Punkte P der Kurve C ein CARTESIsches Koordinatensystem mit den Achsen x' und y' ein, in dem die x'-Achse die Richtung des örtlichen Geschwindigkeitsvektors hat. Dies ist möglich, ohne die Form der Gleichungen zu ändern, da es in ebenen Strömungen keine ausgezeichnete Richtung gibt. Die Komponente der Geschwindigkeit in der x'-Richtung ist dann w, die Komponente senkrecht dazu ist null und man erhält für die Determinante

$$\begin{vmatrix} 1-\frac{w^2}{a^2} & 0 & 0 & 1 \\ 0 & 1 & -1 & 0 \\ 1 & \frac{dy'}{dx'} & 0 & 0 \\ 0 & 0 & 1 & \frac{dy'}{dx'} \end{vmatrix} = 0 .$$

Hieraus ergibt sich

$$\frac{dy'}{dx'} = \pm\sqrt{\frac{a^2}{w^2-a^2}} .$$

Für $w < a$ (oder $M < 1$) gibt es keine Charakteristiken. Hierauf beruht der wichtige Unterschied zwischen Unterschall ($M < 1$) und Überschall ($M > 1$).

Gewöhnlich führt man hier den MACHschen Winkel ein als

$$\alpha = \arc\sin\frac{a}{w} . \tag{5}$$

Dann ergibt die letzte Gleichung

$$\frac{dy'}{dx'} = \pm \operatorname{tg}\alpha ,$$

d. h., die Determinante der linken Seite verschwindet, wenn die Kurve C mit dem Geschwindigkeitsvektor den Winkel $\pm\alpha$ einschließt.

Ehe wir das Gleichungssystem weiter diskutieren, ersetzen wir die Geschwindigkeitskomponenten v_x, und v_y durch den Absolutwert der Geschwindigkeiten und den Winkel ϑ der Geschwindigkeit mit der jeweils gewählten x- bzw. x'-Richtung. Aus

$$v_x = w\cos\vartheta, \qquad v_y = w\sin\vartheta, \tag{6}$$

erhält man

$$dv_x = dw\cos\vartheta - w\sin\vartheta\, d\vartheta$$

und

$$dv_y = dw\sin\vartheta + w\cos\vartheta\, d\vartheta$$

oder für das spezielle x'-, y'-System

$$dv_x = dw,$$
$$dv_y = w\, d\vartheta.$$

Setzt man dies und den oben gewonnenen Ausdruck für dy'/dx' in die Gl. (1) bis (4) ein, so erhält man

$$\begin{array}{llllcl|l}
-\dfrac{\partial w}{\partial x'}\cot^2\alpha & & & +w\dfrac{\partial\vartheta}{\partial y'} & = & & \operatorname{tg}\alpha \\
 & \dfrac{\partial w}{\partial y'} & -w\dfrac{\partial\vartheta}{\partial x'} & & = & & \mp 1 \\
\dfrac{\partial w}{\partial x'} & \pm\dfrac{\partial w}{\partial y'}\operatorname{tg}\alpha & & & = & & \cot\alpha \\
 & & w\dfrac{\partial\vartheta}{\partial x'} & \pm w\dfrac{\partial\vartheta}{\partial y'}\operatorname{tg}\alpha & = & & \mp 1
\end{array}$$

Da die Determinante der linken Seite verschwindet, sind die Gleichungen linear abhängig. Welche Linearkombination der linken Seiten null ergibt, ist durch die rechts angegebenen Faktoren gekennzeichnet. Man kann sie systematisch finden, indem man die Unbekannten eliminiert.

Wenn die Gleichungen durch endliche Werte der partiellen Ableitungen $\frac{\partial w}{\partial x'}$, $\frac{\partial w}{\partial y'}$, $\frac{\partial\vartheta}{\partial x'}$, und $\frac{\partial\vartheta}{\partial y'}$ erfüllt werden sollen — und das ist im Strömungsfeld fast überall der Fall —, dann muß zwischen den rechten Seiten dieselbe lineare Relation wie zwischen den linken Seiten bestehen. Die rechten Seiten enthalten hier die Ableitungen in der Richtung von x', d. h. in Richtung der Kurve C. Man erhält also

$$\frac{\cot\alpha}{w}\,\frac{dw}{dx'} \mp \frac{\partial\vartheta}{dx'} = 0. \tag{7}$$

Diese Beziehung wird gelegentlich als Verträglichkeitsbedingung für die Charakteristiken bezeichnet. Eine Kurve, für die in allen Punkten die Determinante der linken Seite null ist und für die außerdem zwischen den rechten Seiten die Verträglichkeitsbedingung besteht, wird als Charakteristik, im speziellen Fall von Gasströmungen auch als MACH-Welle bezeichnet. Längs einer Charakteristik sind nach Gl. (7) die Differentiale der Zustandsänderungen miteinander verknüpft. Diese Eigenschaft wird für die Berechnung des Strömungsfeldes ausgenützt.

Die partiellen Ableitungen $\frac{\partial w}{\partial x'}$, $\frac{\partial w}{\partial y'}$, $\frac{\partial \vartheta}{\partial x'}$ und $\frac{\partial \vartheta}{\partial y'}$ sind für eine Charakteristik nicht eindeutig bestimmt; denn wenn die Determinante der linken Seite verschwindet, existiert eine nicht-triviale Lösung des homogenen Systems, und die vollständige Lösung des Gleichungssystems stellt sich als Summe einer Lösung des inhomogenen Systems und der Lösung des homogenen Systems, diese multipliziert mit einem beliebigen Faktor, dar. Das bedeutet, daß die Ableitungen der Geschwindigkeit in Richtungen, die nicht mit der Kurve C übereinstimmen, auf beiden Ufern der Kurve verschieden sein können, oder auch daß die Strömungsfelder auf beiden Seiten der Kurve nicht durch analytische Fortsetzung auseinander hervorzugehen brauchen. Häufig drückt man dies in der Form aus: Längs einer Charakteristik kann sich eine Singularität in den ersten Ableitungen der Geschwindigkeit fortpflanzen.

Ähnliches ergibt sich auch für die höheren Ableitungen; die linken Seiten des Gleichungssystems bleiben für sie dieselben, und da diese die Richtungen der Charakteristiken bestimmen, pflanzen sich Unstetigkeiten in den höheren Ableitungen längs der gleichen Kurven wie die Unstetigkeiten der ersten Ableitungen fort. Andererseits sind in einer Potentialströmung die Charakteristiken die einzigen Kurven, längs deren Unstetigkeiten in den Ableitungen der Geschwindigkeiten auftreten können.

Ob in einem Strömungsfeld solche Unstetigkeiten wirklich auftreten, hängt von den Randbedingungen ab. Falls etwa der Rand eine sprungweise Änderung der Krümmung zeigt, tritt eine sprunghafte Änderung der Krümmung in allen Stromlinien längs derjenigen Charakteristik auf, die von dem Randpunkte, in dem man den Krümmungssprung findet, ausgeht. Auch die Größe des Sprunges kann berechnet werden. Dies würde hier jedoch zu weit führen.

In späteren Betrachtungen wird der Charakteristikenbegriff gelegentlich anderen Gleichungen angewendet. Will man bei der TRICOMIschen Gleichung

$$\varphi_{\eta\eta} - \eta\, \varphi_{\vartheta\vartheta} = 0,$$

in derselben Weise wie bisher vorgehen, so führt man am besten ein

$$\varphi_\eta = U(\eta, \vartheta),$$
$$\eta_\vartheta = V(\eta, \vartheta)$$

und erhält dann das Gleichungssystem

$$U_\eta - \eta V_\vartheta = 0,$$
$$U_\vartheta - V_\eta = 0.$$

Die entsprechenden Rechnungen liefern dann als Bedingung für die Richtungen der Charakteristiken

$$\frac{d\eta}{d\vartheta} = \pm\eta^{-1/2} \tag{8}$$

und als „Verträglichkeitsbedingung" längs der Charakteristiken

$$d\,\varphi_\eta \mp \sqrt{\eta}\,d\,\varphi_\vartheta = 0. \tag{9}$$

Als Näherung für achsensymmetrische schallnahe Strömungen werden wir später finden

$$-(\varkappa+1)\,\Phi_x\,\Phi_{xx} + \Phi_{rr} + \frac{\Phi_r}{r} = 0.$$

Man führt ein

$$\Phi_x = u\,,\ \Phi_r = v$$

und erhält dann das folgende System von Differentialgleichungen erster Ordnung.

$$-(\varkappa+1)\,u\,u_x + v_r + \frac{v}{r} = 0,$$
$$u_r - v_x = 0.$$

Hierauf werden wieder die obigen Untersuchungen angewendet, und man erhält für die Richtungen der Charakteristiken

$$\frac{dx}{dr} = \pm(\varkappa+1)^{1/2}\,\Phi_x^{1/2}, \tag{10}$$

für die Verträglichkeitsbedingungen

$$-\frac{dx}{dr}\,\frac{d\Phi_x}{dr} + \frac{d\Phi_r}{dr} + \frac{\Phi_r}{r} = 0. \tag{11}$$

Hierbei sind $\frac{dx}{dr}$, $\frac{d\Phi_x}{dr}$ und $\frac{d\Phi_r}{dr}$ längs einer Charakteristik zu bilden.

7. Vereinfachungen für den Fall der ebenen Potentialströmung

Während die vorhergehenden Betrachtungen — mit geringen Modifikationen — allgemein anwendbar sind (z. B. für nichtisentropische oder für achsensymmetrische Strömungen), lassen sich die folgenden Vereinfachungen nur für die ebene Potentialströmung durchführen. Dabei treten einige Begriffe auf, die später von Wert sind.

In der Potentialströmung ist die Entropie konstant und außerdem ist die Konstante der BERNOULLIschen Gleichung für alle Stromlinien dieselbe. Dann gilt Gl. I, 2 (8)

$$a^2 = \frac{\varkappa + 1}{2} w^{*2} - \frac{\varkappa - 1}{2} w^2 .$$

Hieraus folgt, daß der MACHsche Winkel [Gl. I, 6 (5)] allein eine Funktion der Geschwindigkeit ist. Dann läßt sich Gl. I, 6 (7) integrieren. Wir führen ein

$$J = \int\limits_{w^*}^{w} \frac{\cot \alpha}{w} dw \qquad (1)$$

und erhalten dann

$$J \mp \vartheta = \text{const} \qquad (2)$$

für eine Charakteristik.

Das obere Vorzeichen gilt für Charakteristiken, deren Richtung man aus der Stromlinienrichtung durch Drehung um den MACHschen Winkel im positiven Sinne hervorgehen, das negative Zeichen gilt für die andere Familie der Charakteristiken. TOLLMIEN hat hierfür die anschaulichen Bezeichnungen links- bzw. rechtslaufende MACHsche Wellen geprägt[1].

Gl. (2) zeigt, daß sich die Charakteristiken der Strömungsebene in Kurven der w-, ϑ-Ebene (d. h. der Hodographenebene) abbilden, die von vornherein festliegen. Natürlich sind diese Kurven die Charakteristiken der Hodographengleichung, weil sich nämlich die Eigenschaft, daß längs einer Charakteristik sich Unstetigkeiten in den Ableitungen fortpflanzen können, bei einer Abbildung überträgt. Diese Kurven sind die bekannten Epizykloiden des BUSEMANNschen Charakteristikenverfahrens.

Nach BUSEMANN werden nun in der Strömungsebene nur solche Charakteristiken eingezeichnet, die einer von vornherein ausgewählten Schar angehören, etwa solche, die in der Hodographenebene durch

---

[1] Man überzeugt sich, daß diese Begriffe unabhängig sind von der Richtung, in der man längs der Stromlinien fortschreitet.

Verdrehung um einen konstanten Winkel, den sogenannten Sprung (etwa 1°), auseinander hervorgehen. Zwischen den Schnittpunkten zweier Charakteristiken wird die Richtung der Charakteristiken in der Strömungsebene durch ihren Mittelwert ersetzt. Da die Schnittpunkte durch die Auswahl der zu zeichnenden Charakteristiken festgelegt sind, treten in der Strömungsebene nur vorbestimmte Werte für die Neigung der Charakteristiken auf, die am besten in Form einer Tabelle bereitgestellt werden. Ist dies geschehen, so braucht man im Grunde genommen das Charakteristikendiagramm in der Hodographenebene nicht mehr; als Vorstellungshilfe behält es natürlich seinen Wert (TEMPLE).

Um die BUSEMANNsche Bezeichnungsweise zu erhalten, wird eingeführt

$$\lambda = 400 + \frac{90}{\pi}(-J + \vartheta), \tag{3}$$

$$\mu = 600 + \frac{90}{\pi}(-J - \vartheta). \tag{4}$$

Für linksläufige Charakteristiken ist dann $\lambda = \text{const}$, für rechtsläufige ist $\mu = \text{const}$. Sind λ und μ gegeben, so erhält man

$$\vartheta = \frac{\pi}{180}(200 + \lambda - \mu), \tag{5}$$

$$J = \frac{\pi}{180}\left(1000 - (\lambda + \mu)\right). \tag{6}$$

Der Faktor $90/\pi$ ist in Gl. (3) und (4) eingeführt worden, damit in Gl. (5) ϑ in Grad erscheint. Nach Gl. (6) ist J und damit w und alle von w abhängigen Funktionen durch $\lambda + \mu$ auszudrücken. Für diese Funktionen existieren Tabellen, z. B. bei SAUER. Die in den Gleichungen auftretenden Zahlen 400 und 600, dienen lediglich zur leichteren Unterscheidung von λ und μ.

Um das so entstehende Charakteristikennetz anschaulich zu deuten, betrachtet BUSEMANN die Strömung in einem Charakteristikenviereck, als ob es eine Parallelströmung sei mit einem Zustand, der dem Mittelpunkt des im Hodographen auftretenden entsprechenden Charakteristikenvierecks entspricht. Wenn man dann von einem Charakteristikenviereck in ein benachbartes übergeht, ändert sich die Richtung des Geschwindigkeitsvektors um den „Sprung", d. h. immer um den gleichen Winkel, gleichgültig an welcher Stelle man die Charakteristik überschreitet. Wie man aus einem Vergleich der Strömungsebene mit der Hodographenebene oder aus der Gl. I, 6 (7) sieht, ist mit einer Richtungsänderung des Geschwindigkeitsvektors eine Änderung des

Geschwindigkeitsbetrages verbunden, die für die gleiche MACHsche Welle immer das gleiche Vorzeichen hat, gleichgültig wo, d. h. bei welcher Geschwindigkeit, man sie überschreitet. Man bezeichnet eine Welle als Kompressionswelle oder als Verdichtungswelle, wenn beim Überschreiten der Welle in Strömungsrichtung der Druck ansteigt, in umgekehrten Falle spricht man von einer Expansions- oder Verdünnungswelle. Häufig werden Kompressionswellen durch ausgezogene, Verdünnungswellen durch gestrichelte Linien gekennzeichnet. Mit dieser Vorzeichenvereinbarung werden die Wellen, die in der Strömungsebene eingetragen werden, zu Repräsentanten einer Zustandsänderung; in einem Strömungsfeld, das nach diesen Regeln gezeichnet ist, kann man durch Abzählen der Wellen, die Zustandsänderungen erkennen[1].

8. Beispiele

Die praktische Ausführung der Charakteristikenmethode werde an einem Beispiele gezeigt. Dabei wird sich gleichzeitig ergeben, wie man Randwertprobleme und Anfangswertprobleme sachgemäß zu formulieren hat.

Es sei längs einer Kurve AB (Abb. 1), die jede Charakteristik höchstens einmal schneidet, der Geschwindigkeitsvektor gegeben. Hieraus bestimmt man die entsprechenden Werte λ und μ, und nähert dann diese Funktionen durch Treppenkurven an, denn bei dem BUSEMANNschen Verfahren werden ausgewählte Werte λ und μ benutzt. Die Lage der Sprungstellen von λ und μ längs AB ist dann bekannt. Von ihnen gehen die Charakteristiken aus. Der Einfachheit halber mögen Sprungstellen von λ und μ auch in A und B auftreten, so daß auch von diesen Punkten MACHsche Wellen ausgehen. Man kann dann, von der Kurve AB ausgehend, das Charakteristikennetz in dem Viereck $ACBD$ konstruieren. Man braucht dazu nur die Regel, daß λ längs linkslaufender und μ längs rechtslaufender Charakteristiken konstant ist. $ABCD$ ist genau das Gebiet der Strömungsebene,

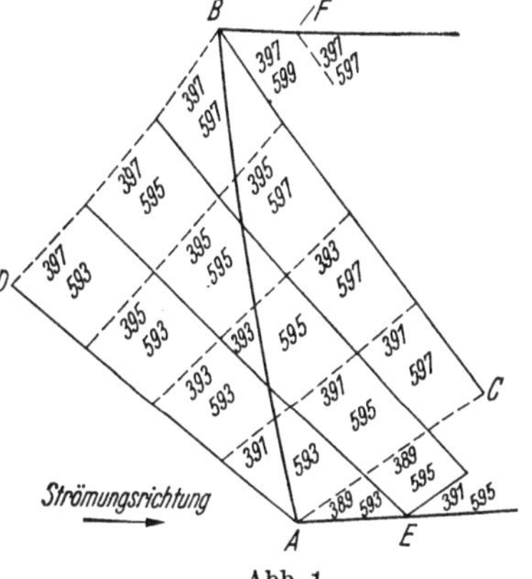

Abb. 1
Anwendung der Charakteristikenmethode

[1] Bei den Charakteristikenverfahren für die allgemeineren Fälle stellen die Charakteristiken lediglich Linien dar, die für die Rechnung besonders vorteilhaft sind.

das durch die längs der Kurve gegebenen Daten bestimmt ist. Es ist natürlich möglich und geschieht sogar sehr häufig, daß längs der ursprünglichen Kurve Parallelströmung herrscht. Dann folgt, daß in dem ganzen Charakteristikenviereck (in diesem Falle in einem Parallelogramm) Parallelströmung auftritt. Um weitere Teile des Strömungsfeldes zu bestimmen, muß AB fortgesetzt werden, und zwar so, daß die gesamte dabei entstehende Kurve keine der Charakteristiken mehr als einmal schneidet. Längs dieser Fortsetzung wäre dann wieder der Geschwindigkeitsvektor vorzuschreiben.

Sind Ränder gegeben, die von den von AB ausgehenden Machschen Wellen geschnitten werden, so darf längs ihrer nur ein Bestimmungsstück des Geschwindigkeitsvektors, z. B. die Geschwindigkeitsrichtung oder der Geschwindigkeitsbetrag, gegeben sein.

Häufig ist die Fortsetzung eine Wand oder die Oberfläche eines Profils, dann ist die Geschwindigkeitsrichtung tangential zur Wand. Wir nehmen an, daß längs solcher Berandungen nur solche Werte von ϑ auftreten, die sich aus den von vornherein für das Charakteristikennetz gewählten Werte von λ und μ ergeben. Für die Bestimmung des Zustandes ist dann entweder λ oder μ bekannt, weil der Rand entweder von links- oder rechtsläufigen Wellen des Strömungsfeldes erreicht wird. Die fehlende Größe μ oder λ berechnet man dann mit Hilfe von Gl. I, 7 (5) aus der vorgegebenen Geschwindigkeitsrichtung. Im Punkte E der Abb. 1 trifft eine Machsche Welle auf eine Wand, die in diesem Punkte keine Richtungsänderung erfährt. Das Feld stromabwärts von E wird durch rechtslaufende Wellen erreicht; dort ist $\mu = 595$. Gegeben ist $\vartheta = -4°$. Deshalb $\lambda = 391$.

Im Punkte F geht der Wert ϑ von $-2°$ auf $0°$ über. Die Wand wird durch linkslaufende Wellen erreicht. Stromaufwärts und stromabwärts von F ist $\lambda = 397$. Aus dem gegebenen Wert von ϑ findet man stromabwärts von F $\mu = 597$.

Eine andere häufig auftretende Bedingung ist die einer Berandung konstanten Druckes. An einer solchen Fläche ist der Geschwindigkeitsbetrag konstant, man nähert ihn am besten an durch einen Wert, der einem der Schnittpunkte des im Hodographen vorgegebenen Charakteristikensystems entspricht. Die Behandlung ist dann ähnlich der des vorigen Beispiels.

Es ergibt sich als Regel, daß an einer ebenen Wand Verdichtungswellen als Verdichtungswellen, Verdünnungswellen als Verdünnungswellen reflektiert werden und daß an einer freien Oberfläche, oder allgemeiner an einer Linie konstanten Druckes, die im gleichen Winkelraum zwischen den Charakteristiken liegt wie die Stromlinien, Verdichtungswellen in Verdünnungswellen übergehen und umgekehrt.

Diese Bemerkungen genügen, um das Charakteristikenverfahren zu verstehen. Natürlich ist einige praktische Erfahrung dabei wünschenswert, damit man rascher die Eigenschaften eines Strömungsfeldes übersieht. In dieser Hinsicht und auch bezüglich einer weniger abstrakten Herleitung sei auf Lehrbücher verwiesen.

9. Das Charakteristikenverfahren für schallnahe Strömungen

Es sei noch die spezielle Form hergeleitet, die die Charakteristikenmethode für schallnahe Strömungen annimmt. Wir tun dies, einmal, weil in der Nähe der MACH-Zahl 1 tatsächlich eine gesonderte Untersuchung notwendig ist, um die Richtungen der Charakteristiken mit hinreichender Genauigkeit zu bestimmen, und weiterhin, weil diese Form der Charakteristikenmethode eine besonders einfache Illustration des Ähnlichkeitsgesetzes für schallnahe Strömungen ergibt.

Die Abweichung der Geschwindigkeit von der kritischen Geschwindigkeit werde als neue Variable eingeführt

$$\Delta w = w - a^*. \tag{1}$$

Mit Gl. I, 6 (5) schreibt sich die Charakteristikenbedingung I, 6 (7) als

$$\sqrt{\frac{w^2 - a^2}{a^2}}\,\frac{d\Delta w}{w} \mp d\vartheta = 0. \tag{2}$$

Nun wird der Ausdruck $w^2 - a^2$ mit Hilfe von Gl. I, 2 (8) durch Δw ausgedrückt, wobei Größen höherer Ordnung in Δw weggelassen werden

$$w^2 - a^2 = (\varkappa + 1)\, w^* \Delta w.$$

In erster Ordnung ist $a^2 = w^{*2}$. Daher ergibt sich aus der Charakteristikenbedingung Gl. (2)

$$\sqrt{\frac{(\varkappa + 1)\,\Delta w}{w^*}}\,\frac{d\Delta w}{w^*} \mp d\vartheta = 0. \tag{3a}$$

Hieraus durch Integration

$$\sqrt{\varkappa + 1}\,\frac{2}{3}\left(\frac{\Delta w}{w^*}\right)^{3/2} \mp d\vartheta = 0, \tag{3}$$

d. h., in dieser Näherung sind die Charakteristiken in einer Δw, ϑ-Ebene semikubische Parabeln.

Um die Richtung der Charakteristiken zu bestimmen, erinnern wir uns daran, daß der Wurzelausdruck in Gl. (3a) die Annäherung für $\cot\alpha$ darstellt, d. h. wir haben

$$\operatorname{tg}\left(\frac{\pi}{2} - \alpha\right) = \sqrt{(\varkappa + 1)\,\frac{\Delta w}{w^*}}.$$

Danach ist die Abweichung des MACHschen Winkels von $\pi/2$ proportional $\sqrt{\Delta w}$. Aus Gl. (3) ergibt sich, daß, falls am Anfang $\vartheta = 0$

ist, es im ganzen Strömungsfeld von der Größenordnung $\Delta w^{3/2}$ bleibt. Nun ist die Richtung der MACHschen Wellen gegeben durch $\vartheta \pm \alpha$. Für kleine Werte von Δw ist nach dem eben Gesagten der Beitrag von ϑ zu diesem Ausdruck klein im Vergleich zu dem Beitrag von α. Man erhält somit für die Richtungen der MACH-Wellen

$$\frac{dy}{dx} = (\varkappa + 1)^{-1/2} \left(\frac{\Delta w}{w^*}\right)^{-1/2}. \tag{4}$$

Die Gl. (3) und (4) bilden die Grundlage der Charakteristikenmethode für schallnahe Strömungen. Im übrigen wird sie in der gleichen Weise wie die allgemeine Charakteristikenmethode durchgeführt.

Man erkennt aus diesen Gleichungen, daß durch eine gleichzeitige Verzerrung der Maßstäbe für die abhängigen und die unabhängigen Variablen ein bekanntes Strömungsfeld in eine Reihe von anderen Strömungen übergeführt werden kann. Man kann etwa die x-Koordinate unverändert lassen, den Maßstab für Δw mit einem Faktor τ, und den Maßstab für ϑ mit einem Faktor $\tau^{3/2}$ und den Maßstab für y mit einem Faktor $\tau^{-1/2}$ multiplizieren und wird dann auf das gleiche Gleichungssystem geführt. Es sind dies genau die Verzerrungen, die wir bei dem Ähnlichkeitsgesetz der schallnahen Strömungen kennenlernen werden.

10. Allgemeine Betrachtungen, die mit dem Charakteristikenbegriff zusammenhängen

Bei der Einführung des Charakteristikenbegriffes gingen wir von der Frage aus, wie man das Strömungsfeld in der Nachbarschaft einer Kurve C bestimmen kann, wenn längs der Kurve der Geschwindigkeitsvektor gegeben ist. Dazu bestimmten wir die Ableitungen der Geschwindigkeit für alle Punkte der Kurve aus linearen Gleichungssystemen. Im Unterschall besitzen diese Systeme immer eindeutige Lösungen, da die Determinante der linken Seite dieser Gleichungssysteme nie verschwindet. Daraus ergibt sich, daß im Unterschallgebiet alle partiellen Ableitungen der Geschwindigkeiten stetig sind. Im Gegensatz dazu ist es im Überschallgebiet möglich, daß längs der Charakteristiken Unstetigkeiten in den Ableitungen der Geschwindigkeit auftreten.

Wie das oben erläuterte Beispiel für die Anwendung der Charakteristikenmethode zeigt, kann im Überschallgebiet die Geschwindigkeit längs einer nicht-charakteristischen Kurve beliebig vorgegeben werden. Im Unterschallgebiet trifft dies nicht zu. Dies ist sofort klar, wenn es sich um die Potentialgleichung für inkompressible Strömungen handelt. Diese Lösungen können immer als Realteil einer analytischen Funktion von $x + iy$ dargestellt werden. Ist eine analytische Funktion und ihre sämtlichen Ableitungen in einem Punkte bekannt, so ist nach dem Prinzip der analytischen Fortsetzung die Funktion in der ganzen x, y-Ebene bestimmt. Wenn man also die Lösung längs eines infinitesimalen Teiles der Kurve kennt, so ist sie damit im ganzen Strömungsfeld auch längs des verbleibenden Teiles von C bestimmt. Wenn die Geschwindigkeit längs C beliebig vorgegeben ist, wird sich daher im allgemeinen ein Widerspruch ergeben. Im Unterschallbereich sind die Verhältnisse ähnlich.

Diese Bemerkung ist nicht ohne praktische Bedeutung: Um Beispiele kompressibler Strömungen zu gewinnen, ist gelegentlich versucht worden, längs einer gegebenen Kurve, z. B. längs der Achse einer Düse oder stromabwärts von einem Verdichtungsstoß die Geschwindigkeitsverteilung vorzugeben und von da aus die Strömung fortzusetzen. Nach dem eben Gesagten ist dies im allgemeinen unzulässig. Meist wählt man allerdings die Geschwindigkeitsverteilungen als analytische Funktionen und dann existiert eine analytische Fortsetzung in einer hinreichend kleinen Nachbarschaft. Jedoch können sich Ungenauigkeiten der Rechnung so auswirken, als seien die Funktionen nicht analytisch, so daß sich auch dann Schwierigkeiten ergeben.

11. Einige Bemerkungen zur Formulierung von Randwertproblemen in Unterschall und Überschall

Im allgemeinen erscheint die Frage, wie man ein Randwertproblem zu formulieren hat, vom Standpunkt des Ingenieurs aus nicht sonderlich wichtig, da bereits das physikalische Problem ziemlich klar zeigt, welche Größen gegeben werden müssen[1]. Bei schallnahen Strömungen ist aber Vorsicht geboten, tatsächlich gibt es dort einen Fall, bei dem das Randwertproblem, wie es sich physikalisch ergibt, keine Lösung zu besitzen braucht. Es ist dies die Unterschallströmung in die ein Überschallgebiet eingebettet ist. Um die Diskussion der sachgemäßen Formulierung von Randwertproblemen im schallnahen Gebiet vorzubereiten, seien hier die wichtigsten Eigenschaften von Randwertproblemen im Unterschall- und Überschallgebiet einander gegenübergestellt.

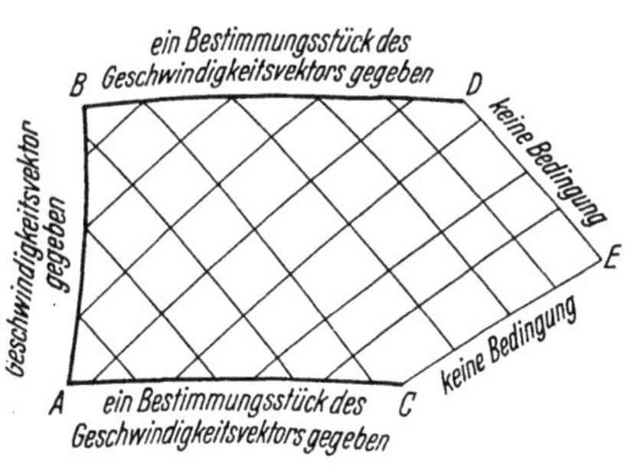

Abb. 2

[1] Allerdings ist fraglich, wie weit die physikalische Intuition, auf die man sich dabei zu berufen pflegt, doch auf strengere mathematische Untersuchungen zurückgeht.

Ein Überschallproblem ist dann sachgemäß formuliert, wenn sich die Lösung mit Hilfe der Charakteristikenmethode finden läßt. Ein Beispiel dieser Art ist Abb. 2. Hier besteht der Rand aus der Kurve AB längs der der Geschwindigkeitsvektor vollkommen bekannt ist und zwei anderen Kurvenstücken AC und BD, für die nur ein Bestimmungsstück des Geschwindigkeitsvektors gegeben ist. Eine andere Möglichkeit zeigt Abb. 3, dort sind die Geschwindigkeiten längs zweier Charakteristiken AB und AC vorgegeben, dann müssen aber längs der Charakteristiken die sogenannten Verträglichkeitsbedingungen Gl. I, 6 (7) erfüllt sein. Das Strömungsfeld ist dann in dem Charakteristikenviereck $ABCD$ berechenbar.

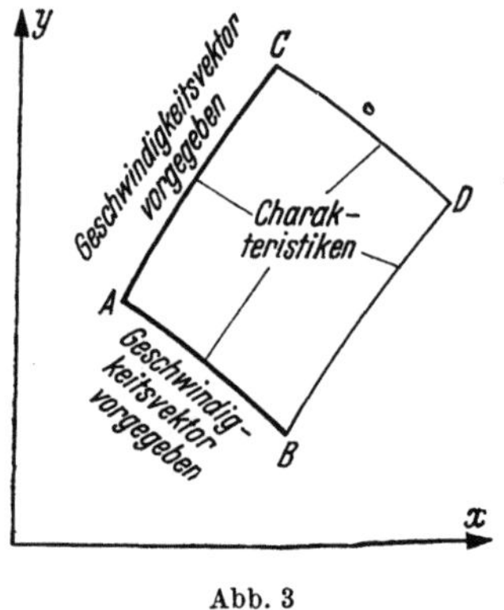

Abb. 3

Es ist hierbei bezeichnend, daß die Randwerte nie längs einer geschlossenen Kurve gegeben werden können[1], sondern daß das Gebiet, in dem sich die Lösung berechnen läßt, teilweise durch Charakteristiken begrenzt wird, längs deren sich der Zustand durch die Rechnung ergibt.

Dies steht im Gegensatz zu Unterschallproblemen, bei denen längs der gesamten Berandung des betrachteten Gebietes eine Randbedingung gegeben sein muß, und zwar ist es immer nur *ein* Bestimmungsstück des Geschwindigkeitsvektors, z. B. seine Normal- oder Tangentialableitung. (Die Lösbarkeit des Problems ist in diesen Fällen noch von einer Integralbedingung abhängig.) Wie im vorigen Abschnitt gezeigt wurde, ist es im allgemeinen unmöglich, längs eines Teils der Kontur den vollen Geschwindigkeitsvektor beliebig vorzugeben.

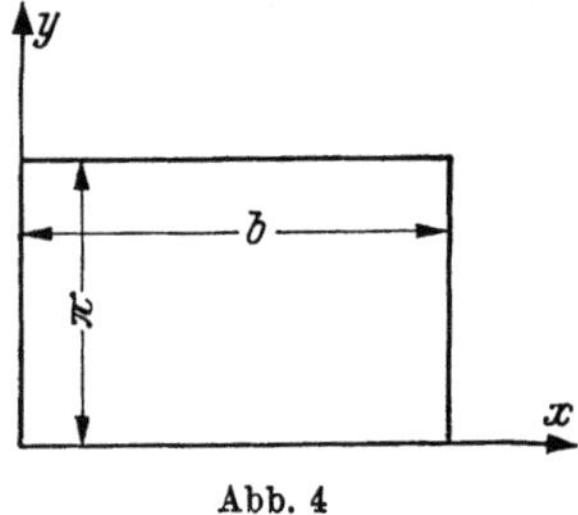

Abb. 4

Die folgenden Beispiele mögen den Unterschied zwischen Unterschall- und Überschallproblemen erläutern. Wir betrachten ein rechteckiges Gebiet in der x, y-Ebene, dessen Seiten durch $y = 0$, $y = \pi$, $x = 0$ und $x = b$ gegeben seien. Als Differentialgleichung, die typisch für das Verhalten von Unter-

[1] Das wird besonders verständlich, wenn man an die Analogie zwischen Überschallströmungen und eindimensionalen nichtstationären Strömungen denkt. Der Ablauf eines Vorgangs kann nicht durch Bedingungen bestimmt sein, die erst in der Zukunft liegen.

schallströmungen ist, wählen wir die LAPLACEsche Gleichung

$$\frac{\partial^2 \Phi}{\partial x^2} + \frac{\partial^2 \Phi}{\partial y^2} = 0.$$

Längs $y = 0$ und $y = \pi$ ist $\Phi = 0$ vorgeschrieben (Abb. 4).

Partikularlösungen, die diese Randbedingungen erfüllen, werden gegeben durch

$$\Phi = e^{\mp m x} \sin m y \qquad (m = 1, 2, \ldots).$$

Praktischer ist es, die folgenden Linearkombinationen dieser Ausdrücke zu benutzen

$$\Phi = \mathfrak{Sin}[m x] \sin[m y],$$
$$\Phi = \mathfrak{Sin}[m (b - x)] \sin[m y].$$

Weiterhin sei vorgeschrieben

$$\Phi = f_1(y) \quad \text{längs } x = 0, \quad 0 < y < \pi$$
$$\Phi = f_2(y) \quad \text{längs } x = b, \quad 0 < y < \pi.$$

Für die Lösungen macht man nun den folgenden Ansatz

$$\Phi = \sum_{m=1}^{\infty} a_m \mathfrak{Sin}[m x] \sin[m y] + \sum_{m=1}^{\infty} b_m \mathfrak{Sin}[m (b - x)] \sin[m y],$$

wobei die Koeffizienten a_m und b_m zunächst noch unbestimmt sind. Daraus erhält man durch Einsetzen in die Randbedingungen

$$f_2(y) = \sum_{m=1}^{\infty} a_m \mathfrak{Sin}[m b] \sin[m y],$$

$$f_1(y) = \sum_{m=1}^{\infty} b m \mathfrak{Sin}[m b] \sin[m y].$$

Durch eine FOURIER-Analyse ergibt sich dann sofort

$$a_m = \frac{1}{\mathfrak{Sin}[m b]} \frac{2}{\pi} \int_0^{\pi} f_2(y) \sin[m y] \, d y,$$

$$b_m = \frac{1}{\mathfrak{Sin}[m b]} \frac{2}{\pi} \int_0^{\pi} f_1(y) \sin[m y] \, d y.$$

Die Konvergenz der Lösung ist gesichert, da jedes der Glieder der beiden Summen seinen größten Wert längs der Ränder $x = b$ bzw. $x = 0$ annimmt und die Summen dort konvergieren; dort stellen sie nämlich die Funktionen $f_1(y)$ und $f_2(y)$ in der Form von FOURIER-Reihen dar.

Lägen Randbedingungen wie bei einem Überschallproblem vor, d. h. wäre längs CD keine Bedingung für Φ gegeben und wäre längs AB sowohl $\Phi = f_1(y)$ als auch $\frac{\partial \Phi}{\partial x} = f_3(y)$ bekannt, so wäre eine formale Lösung (d. h. eine Lösung über deren Konvergenz wir uns nicht im klaren sind), gegeben durch

$$\Phi = \frac{1}{\pi} \sum_{m=1}^{\infty} \left\{ \int_0^{\pi} \left(f_1(y) + \frac{f_2(y)}{m} \right) \sin[m y] d y \right\} \sin[m y] e^{m x}$$

$$+ \frac{1}{\pi} \sum_{m=1}^{\infty} \left\{ \int_0^{\pi} \left(f_1(y) - \frac{f_2(y)}{m} \right) \sin[m y] e^{-m x}. \right.$$

Im allgemeinen wird dieser Ausdruck nicht in dem gesamten betrachteten Gebiete konvergieren. Zumindest müßten innerhalb des oben beschriebenen Gebiets die einzelnen Glieder der ersten Summe beschränkt bleiben, wenn m nach unendlich geht. Das würde bedeuten, daß die Ausdrücke $\left[\int_0^{\pi} \left(f_1(y) + \frac{f_2(y)}{m} \right) \sin m\, y\, d y \right] e^{m b}$ beschränkt sind, was natürlich den Funktionen f_1 und f_2 starke Beschränkungen auferlegt.

Als eine dem Überschallproblem analoge Beispiel betrachten wir für das gleiche Gebiet die Differentialgleichung

$$\frac{\partial^2 \Phi}{\partial x^2} - \frac{\partial^2 \Phi}{\partial y^2} = 0.$$

Wenn, längs $x = 0$, $\Phi = f_1(y)$ und $\frac{\partial \Phi}{\partial x} = f_2(y)$ vorgeschrieben ist, erhält man als Lösung

$$\Phi = \frac{2}{\pi} \sum_{m=1}^{\infty} \left(\int_0^{\pi} f_1(y) \sin[m y] d y \right) \sin[m y] \cos[m x]$$

$$+ \frac{2}{\pi} \sum_{m=1}^{\infty} \left(\int_0^{\pi} f_2(y) \sin[m y] d y \right) \frac{1}{m} \sin[m y] \sin[m x],$$

wie sich sofort verifizieren läßt. Hier zeigen die Lösungen eine Periodizität in der x-Richtung mit der Periode 2π. Falls man für $x = 0$ und $x = 2\pi$ die Werte von Φ vorschreiben wollte, und dabei die vorgeschriebenen Werte voneinander abweichen, erhält man einen Widerspruch; stimmten aber die Werte von Φ für $x = 0$ und $x = 2\pi$ überein, so wäre die Lösung unbestimmt, da es hier Lösungen gibt, für die $\Phi = 0$ für $x = 0$ und $x = 2\pi$ ist, während sie sonst von null verschieden sind. Für andere Längen des betrachteten Gebietes treten ähnliche, obwohl nicht ganz so augenscheinliche Schwierigkeiten auf.

12. Ein Verfahren zur Ableitung von Näherungsgleichungen

Auch bei schallnahen Strömungen ist eine Vereinfachung der Strömungsdifferentialgleichungen zweckmäßig. Es wird dadurch möglich, die mathematischen Probleme zu vereinfachen und die physikalisch wichtigen Eigenschaften klarer herauszustellen. Die Linearisierungen, die man von Unterschall und Überschallströmungen her kennt, führen aber im schallnahen Gebiet häufig zu physikalisch sinnlosen Ergebnissen. In den Gleichungen der schallnahen Strömungen wird deshalb ein weiteres Glied mitgeführt, das im Sinne der Unterschall- und Überschall-Linearisierungen von zweiter Ordnung ist. Daß man nur dieses und nicht andere Glieder zweiter Ordnung berücksichtigt, wird häufig durch physikalische Überlegungen begründet. Überzeugend sind diese aber nur dann, wenn man bereits die Eigenschaften der Strömungen recht genau kennt[1]. Solche physikalischen Betrachtungen sind zwar in der Regel der Ausgangspunkt gewesen, von dem aus man zu vereinfachten Gleichungen gelangt — auch wir werden solche Betrachtungen benutzen, um die Bedeutung der Vereinfachung erkennen zu lassen —, jedoch ist eine formalere Behandlung insofern von großem Nutzen, als sie den Vorgang durch den eine Vereinfachung der Differentialgleichung erreicht wird, in sehr prägnanter Weise darstellt. Dadurch ergibt sich eine Kontrolle der physikalischen Überlegungen, und es eröffnet sich weiterhin die Möglichkeit, in anderen Fällen solche Vereinfachungen systematisch zu gewinnen.

Sehr häufig werden komplizierte Gleichungen durch eine Linearisierung vereinfacht. Der hierbei durchgeführte Grenzprozeß kann nun dadurch verallgemeinert werden, daß man gleichzeitig mit dem Übergang zu kleinen Störungen eine Verzerrung der Koordinaten durchführt. Dazu betrachten wir eine Familie von Strömungsfeldern, die außer von den Lagekoordinaten und der Zeit noch von einem Parameter τ abhängen. Jedes Strömungsfeld dieser Familie ist durch einen bestimmten Wert von τ gekennzeichnet; für $\tau = 0$ sei das Strömungsfeld bekannt. Man bestimmt dann die Abweichungen von dieser Strömung als eine Entwicklung nach τ. Das Verfahren ist als Methode der Variationsgleichungen bekannt.

Die Art, wie die Lösungen von dem Parameter τ abhängen, bestimmt die Näherungen die man erhält. Ändern sich z. B. die Koordinaten nicht mit dem Parameter, so ergeben sich die wohlbekannten linearisierten Gleichungen. Diese und kompliziertere Möglichkeiten mögen an bekannten Beispielen aus der Aerodynamik erläutert werden.

[1] Das heißt, die Überzeugungskraft ist am geringsten, wenn man diesen Vereinfachungen zum ersten Male entgegentritt.

1. Beispiel. Die Entwicklung der Potentialströmung um ein Profil nach einem Dickenparameter.

Hier wird sich die Linearisierung der Strömungsgleichungen, die von der Herleitung der PRANDTLschen Regel her bekannt ist, ergeben.

Wir gehen von der Potentialgleichung I, 4 (5) für dreidimensionale stationäre Strömungen aus

$$\begin{aligned}\Phi_{xx}\left(1-\frac{\Phi_x^2}{a^2}\right)+\Phi_{yy}\left(1-\frac{\Phi_y^2}{a^2}\right)+\Phi_{zz}\left(1-\frac{\Phi_z^2}{a^2}\right)-\\ -2\Phi_{xy}\frac{\Phi_x\Phi_y}{a^2}-2\Phi_{yz}\frac{\Phi_y\Phi_z}{a^2}-2\Phi_{zx}\frac{\Phi_z\Phi_x}{a^2}=0.\end{aligned} \tag{1}$$

Nach Gl. I, 4 (6) wird a ausgedrückt durch

$$a^2=\frac{\varkappa+1}{2}w^{*2}-\frac{\varkappa-1}{2}\left(\Phi_x^2+\Phi_y^2+\Phi_z^2\right). \tag{2}$$

Nun wird der folgende Ansatz für die Schar der zu betrachtenden Strömungsfelder gemacht

$$\Phi=x\,U+\tau\,\Phi_1(x,y,z)+0(\tau^2)\ ^*. \tag{3}$$

In diesem Ansatz hängen die Koordinaten nicht von τ ab. Für $\tau=0$ ergibt sich eine Parallelströmung mit der Anströmgeschwindigkeit U. Natürlich stellt diese Parallelströmung eine Lösung der Strömungsdifferentialgleichungen dar. Wenn man diese Ansätze in die Gl. (1) und (2) einführt, und dann die Gleichungen nach τ entwickelt, so ergibt sich

$$\Phi_{1xx}\left(1-\frac{U^2}{a_\infty^2}\right)+\Phi_{1yy}+\Phi_{1zz}=0. \tag{4}$$

Hierbei ist

$$a_\infty^2=\frac{\varkappa+1}{2}a^{*2}-\frac{\varkappa-1}{2}U^2.$$

Dies ist die bekannte linearisierte Gleichung der PRANDTL-GLAUERTschen Näherung. Die Tatsache, daß man durch dieses Verfahren nichttriviale Näherungsdifferentialgleichungen erhält, ist bereits eine Rechtfertigung des Ansatzes, insofern nämlich, als der Herleitung entsprechend ein Grenzprozeß denkbar ist, dessen Resultat durch die Näherungsgleichungen (4) beherrscht wird. Man muß nun weiterhin untersuchen, wie sich die Ränder mit τ ändern. Dies soll hier jedoch nicht durchgeführt werden, da wir später für schallnahe Strömungen ganz ähnliche Betrachtungen auszuführen haben.

* Man sagt, daß ein Ausdruck $h(x)$ von der Größenordnung $g(x)$ ist — geschrieben $h(x)=0(g(x))$ —, wenn $\lim\limits_{x\to 0}\frac{h(x)}{g(x)}$ beschränkt ist.

2. Beispiel. Die Strömung durch eine Düse.

Es werde eine ebene inkompressible Strömung durch eine Düse betrachtet, deren Berandung durch $y = f(x)$ gegeben ist. In diesem Beispiel wird eine der Koordinaten in Abhängigkeit von τ verzerrt.

Innerhalb der Düse erfüllt das Strömungspotential die LAPLACEsche Gleichung

$$\frac{\partial^2 \Phi}{\partial x^2} + \frac{\partial^2 \Phi}{\partial y^2} = 0. \tag{5}$$

Um dies Problem in eine Form zu bringen, die von einem Parameter τ abhängt, betrachten wir eine Anzahl affiner Düsen, die durch Verzerrung des x-Maßstabes auseinander hervorgehen. Demnach erhält man als Gleichung der Düsenkonturen

$$y = f(\xi), \tag{6}$$

wobei

$$\xi = x\tau. \tag{6a}$$

Wenn der Parameter τ klein ist, muß x groß sein, damit man den gleichen Wert des Argumentes von $f(\xi)$ erhält, d. h. der Streckungsfaktor in x-Richtung ist τ^{-1}. Für das Geschwindigkeitspotential machen wir nun den Ansatz

$$\Phi = \tau^{-1} g_{-1}(\xi, y) + \tau g_1(\xi, y) + \tau^3 g_3(\xi, y) + \cdots, \tag{7}$$

dabei sind g_{-1}, g_1 usw. Funktionen, die sich im Laufe der Rechnung ergeben werden. Der Faktor τ^{-1}, der bei dem ersten Gliede auftritt, ist notwendig, um die mittlere Geschwindigkeit für alle Werte τ konstant zu halten. Wie sich aus den folgenden Rechnungen ergibt, sind die Glieder mit geraden Potenzen von τ in diesem Falle unnötig. Indem man den Ansatz Gl. (7) in die Differentialgleichung (5) einsetzt und gleiche Potenzen von τ zusammenfaßt erhält man

$$\frac{\partial^2 g_{-1}}{\partial y^2} = 0,$$

$$\frac{\partial^2 g_1}{\partial y^2} = -\frac{\partial^2 g_{-1}}{\partial \xi^2},$$

$$\frac{\partial^2 g_3}{\partial y^2} = -\frac{\partial^2 g_1}{\partial \xi^2}.$$

Diese Gleichungen haben die allgemeinen Lösungen

$$g_{-1} = g_{-1,0}(\xi) + y\, g_{-1,1}(\xi),$$

$$g_1 = g_{1,0}(\xi) + y\, g_{1,1}(\xi) - \frac{d^2 g_{-1,0}}{d\xi^2}\frac{y^2}{2} - \frac{d^2 g_{-1,1}}{\partial \xi^2}\frac{y^3}{6},$$

$$g_3 = g_{3,0}(\xi) + y\, g_{3,1}(\xi) + \frac{d^4 g_{-1,0}}{d\xi^4}\frac{y^4}{24} + \frac{d^4 g_{-1,1}}{d\xi^4}\frac{y^5}{120} - \\ - \frac{d^2 g_{1,0}}{d\xi^2}\frac{y^2}{2} - \frac{d^2 g_{1,1}}{d\xi^2}\frac{y^3}{6}.$$

Die Funktionen g der rechten Seiten lassen sich aus den Randbedingungen finden. Für die Achse $y = 0$ sind die Vertikalgeschwindigkeiten null, daher verschwinden die Glieder $g_{-1,1}$, $g_{1,1}$, $g_{3,1}$ usw. Längs der Düsenkontur ist

$$\frac{\Phi_y}{\Phi_x} = \tau f'(\xi).$$

Hieraus

$$-\tau \frac{d^2 g_{-1,0}}{d\xi^2} f(\xi) = \tau f'(\xi) \frac{d g_{-1,0}}{d\xi},$$

$$g_{-1,0} = \text{const} \int \frac{d\xi}{f(\xi)}.$$

Die weiteren Funktionen $g_{1,0}$ usw. lassen sich bestimmen, wenn man Glieder höherer Ordnung in den Randbedingungen betrachtet. Physikalisch bedeutet die letzte Gleichung die Lösung des Problems in der Näherung der Hydraulik. Die folgenden Glieder bringen Korrekturen an, die die Druckunterschiede, die aus der Stromlinienkrümmung entstehen, berücksichtigen.

Da in dieser Darstellung der Lösung höhere Ableitungen auftreten, wenn man mehr Glieder in die Lösung einbezieht, ist es klar, daß das Verfahren für beliebig vorgegebene Funktionen f im allgemeinen nicht konvergiert. Eher ist wahrscheinlich, daß der Ausdruck Gl. (7) eine asymptotische Lösung der Gl. (5) für kleine Werte von τ darstellt. Es bedeutet dies, daß, wenn man in Gl. (7) nur eine bestimmte Anzahl von Gliedern benutzt und dann τ gegen null gehen läßt, sich der Ausdruck Gl. (7) mehr und mehr der exakten Lösung für den betrachteten Wert τ nähert. Meist ist ein Konvergenzbeweis oder ein Beweis, daß eine asymptotische Darstellung vorliegt, für partielle Differentialgleichungen sehr schwierig, wenn nicht unmöglich. Der Ingenieur und vielfach auch der angewandte Mathematiker nehmen häufig das Fehlen dieser Beweise ohne größere Bedenken hin, wenn die Ergebnisse physikalisch plausibel sind.

3. Beispiel. Auf S. 20 hatten wir im Zusammenhang mit der Charakteristikenmethode für schallnahe Strömungen eine Verzerrung der abhängigen und der unabhängigen Variablen gefunden, durch die verschiedene schallnahe Strömungen ineinander übergeführt werden. Der Ansatz der diesen Verzerrungen entspricht, ist gegeben durch

$$\Phi = a^* [x + \tau \Phi_1 (x, \eta, \zeta) + O(\tau^2)],$$

$$\eta = y \tau^{1/2},$$

$$\zeta = z \tau^{1/2}.$$

Setzt man ihn in die Potentialgleichung kompressibler Strömungen ein, so erhält man schließlich als Näherungsgleichung für schallnahe Strömungen

$$-(\varkappa+1)\,\Phi_{1x}\,\Phi_{1xx}+\Phi_{1\eta\eta}+\Phi_{1\zeta\zeta}=0.$$

Einzelheiten seien dem Leser überlassen. Später werden wir diese Betrachtungen dadurch erweitern, daß wir im Strömungsfeld Stöße zulassen.

Offenbar hat bei dem hier gezeigten Verfahren die Form, in der der Ansatz die Abhängigkeit der Lösung von dem betrachteten Parameter ausdrückt, eine ausschlaggebende Bedeutung; sie ersetzt die Größenordnungsbetrachtungen, die man sonst zu machen pflegt. Den richtigen Ansatz zu finden, mag einiges Probieren erfordern. Das einzige Kriterium für einen geeigneten Ansatz ist die Forderung, daß die sich ergebenden Differentialgleichungen nicht trivial sein dürfen.

Ein anderes Beispiel wäre die Strömung bei extrem hohen MACH-Zahlen. Sehr hohe MACH-Zahlen entstehen, wenn bei endlicher Strömungsgeschwindigkeit die Schallgeschwindigkeit kleine Werte annimmt. Man betrachte als Ausgangsströmung eine Parallelströmung mit der MACH-Zahl unendlich ($a=0$). Das Glied in der Potentialgleichung, das die Entartung verursacht, ist der Ausdruck $\Phi_{yy}(a^2-\Phi_y^2)$, denn in einer linearisierten Behandlung im üblichen Sinne, würde es verschwinden, da in der Ausgangsströmung $a=0$ und $\Phi_y=0$ ist. Man muß also einen solchen Ansatz für die Abweichungen von der Ausgangsströmung finden, bei dem dieses Glied für kleine Werte von τ nicht herausfällt. Einzelheiten seien dem Leser überlassen.

II. Vereinfachung der Strömungsdifferentialgleichungen, Ähnlichkeitsgesetz für schallnahe Strömungen

1. Vorbemerkung

Sieht man von den Strömungen ab, die man mit Hilfe der Charakteristikenmethode berechnen kann oder bei denen die Hodographenmethode exakte Lösungen liefert, so ist man in der Behandlung kompressibler Strömungen auf Vereinfachungen der Strömungsdifferentialgleichung angewiesen. In Unterschall- und Überschallproblemen betrachtet man dazu die linearisierten Gleichungen der PRANDTL-GLAUERTschen bzw. der ACKERETschen Näherung. Für schallnahe Strömungen kann man die Vereinfachung nicht so weit treiben, vielfach würden dann die Lösungen sinnlos, in jedem Falle verliert man aber dadurch alle Erscheinungen, die durch das Nebeneinander von Unterschall und Überschall entstehen. Eine Vereinfachung ist jedoch auch hier zweckmäßig. Die vereinfachten Gleichungen lassen sich in

Spezialfällen exakt integrieren, außerdem wird es möglich, durch Maßstabsänderungen der abhängigen und unabhängigen Variablen aus einer bekannten Lösung neue Lösungen zu gewinnen. Verschiedene Strömungen sind dann also durch ein Ähnlichkeitsgesetz verbunden. Dies bedeutet, daß die Zahl der Parameter, die für eine geeignete Gruppe von Messungen charakteristisch sind, sich verringern läßt. Das Ähnlichkeitsgesetz wurde von KÁRMÁN, GUDERLEY und OSWATITSCH fast gleichzeitig gefunden.

2. Die bei der Prandtl-Glauertschen Näherung vernachlässigten Glieder

Durch die Charakteristikenmethode für schallnahe Strömungen (s. S. 19 u. 20) waren wir bereits auf eine Koordinatenverzerrung geführt worden, die die gewünschte Vereinfachung der Strömungsdifferentialgleichung liefert. Wir werden diesen Ansatz zum Ausgangspunkt der späteren Betrachtungen machen. Zunächst wollen wir jedoch für den speziellen Fall der Potentialströmung eine Untersuchung der Größenordnung, der bei der PRANDTL-GLAUERTschen Näherung vernachlässigten Glieder vornehmen, um so zu einer anschaulichen Begründung für die Vereinfachung der Differentialgleichungen zu gelangen.

Wir gehen von der Potentialgleichung I, 4 (5), spezialisiert für ebene Strömungen, aus und machen für das Potential den Ansatz

$$\Phi = U x + \tilde{\Phi}.$$

Der erste Teil dieses Ansatzes ist das Potential einer Potentialströmung mit der Anströmgeschwindigkeit U, der zweite Teil $\tilde{\Phi}$ gibt die Abweichungen davon an. Man erhält dann als vollständige Differentialgleichung für $\tilde{\Phi}$

$$\begin{aligned}\tilde{\Phi}_{xx}(a_\infty^2 - U^2) + \tilde{\Phi}_{yy} a_\infty^2 = \tilde{\Phi}_{xx}\left\{(\varkappa+1) U \tilde{\Phi}_x + \frac{\varkappa+1}{2}\tilde{\Phi}_x^2 + \frac{\varkappa-1}{2}\tilde{\Phi}_y^2\right\} + \\ + 2\tilde{\Phi}_{xy}\{U\tilde{\Phi}_y + \tilde{\Phi}_x\tilde{\Phi}_y\} + \\ + \tilde{\Phi}_{yy}\left\{(\varkappa-1) U \tilde{\Phi}_x + \frac{\varkappa-1}{2}\tilde{\Phi}_x^2 + \frac{\varkappa+1}{2}\tilde{\Phi}_y^2\right\}.\end{aligned}$$

Hierin ist a_∞ die Schallgeschwindigkeit der ungestörten Strömung. In der üblichen Linearisierung wird die rechte Seite vernachlässigt. Um ein Bild zu erhalten von der Größenordnung der vernachlässigten Glieder führen wir gleichzeitig die PRANDTL-GLAUERTsche Verzerrung und die Darstellung der Lösung als Entwicklung nach einem Parameter τ ein

$$\tilde{\Phi} = \tau\,\bar{\Phi}(\bar{x}, \bar{y}), \tag{1}$$

wobei

$$x = \bar{x}, \tag{2a}$$

$$\bar{y} = y\sqrt{1 - M_\infty^2}, \tag{2b}$$

$$M_\infty = \frac{U}{a_\infty}. \tag{2c}$$

Für diese Wahl der unabhängigen Variablen $\bar{x}$ und $\bar{y}$ bleiben die Glieder, die in der PRANDTL-GLAUERTschen Näherung berücksichtigt werden, bei einer Änderung der MACHschen Zahl unverändert. Man erhält nämlich

$$\begin{aligned}\tau\,\bar{\Phi}_{\bar{x}\bar{x}}(1 - M_\infty^2)\,a_\infty^2 + \bar{\Phi}_{\bar{y}\bar{y}}(1 - M_\infty^2)\,a_\infty^2 &= \tau^2(\varkappa + 1)\,U\,\bar{\Phi}_{\bar{x}\bar{x}}\,\bar{\Phi}_{\bar{x}} + \\ &+ \tau^3\,\frac{\varkappa + 1}{2}\,\bar{\Phi}_{\bar{x}\bar{x}}\,\bar{\Phi}_{\bar{x}}^2 + \tau^3\,\frac{\varkappa - 1}{2}(1 - M_\infty^2)\,\bar{\Phi}_{\bar{x}\bar{x}}\,\bar{\Phi}_{\bar{y}}^2 + \\ &+ 2\tau^2\,\bar{\Phi}_{\bar{x}\bar{y}}(1 - M_\infty^2)\,\bar{U}\,\bar{\Phi}_{\bar{y}} + 2\tau^3\,\bar{\Phi}_{\bar{x}\bar{y}}\,\bar{\Phi}_{\bar{x}}\,\bar{\Phi}_{\bar{y}}(1 - M_\infty^2) + \\ &+ \tau^2(1 - M_\infty^2)(\varkappa - 1)\,U\,\bar{\Phi}_{\bar{x}}\,\bar{\Phi}_{\bar{y}\bar{y}} + \tau^3\,\frac{\varkappa + 1}{2}(1 - M_\infty^2)^2\,\bar{\Phi}_{\bar{y}\bar{y}}\,\bar{\Phi}_{\bar{y}}^2 \\ &+ \tau^3\,\frac{\varkappa - 1}{2}(1 - M_\infty^2)\,\bar{\Phi}_{\bar{y}\bar{y}}\,\bar{\Phi}_{\bar{x}}^2.\end{aligned} \tag{3}$$

Wie zu erwarten, sind die Glieder der rechten Seite von mindestens zweiter Ordnung in τ, während die Glieder der linken Seite von erster Ordnung sind. Man kann also, bei festgehaltener Anström-MACH-Zahl den Einfluß der Glieder der rechten Seite beliebig herunterdrücken, indem man τ genügend klein wählt.

Ein Maß für den Fehler, der durch die rechte Seite verursacht wird, ergibt sich, indem man die wichtigsten Glieder der rechten Seite mit einem der Glieder der linken Seite vergleicht. Nehmen wir an, daß die MACH-Zahl nahe an 1 ist, so wird der Einfluß der Glieder klein, die einen Faktor $M^2 - 1$ enthalten. Das einzige Glied zweiter Ordnung, das dann erhalten bleibt, ist $\tau^2(\varkappa + 1)\,U\,\bar{\Phi}_{\bar{x}\bar{x}}\,\bar{\Phi}_{\bar{x}}$. Das Verhältnis dieses Gliedes zu dem ersten Glied der linken Seite ist

$$\frac{U\,\tau(\varkappa + 1)\,\bar{\Phi}_{\bar{x}}}{a_\infty^2(1 - M_\infty^2)}.$$

Ist dieses Verhältnis klein, so befindet man sich innerhalb des Gültigkeitsbereiches der PRANDTLschen Regel. Um zu sehen, was dies besagt, betrachten wir eine bestimmte Lösung der nach der PRANDTLschen Regel vereinfachten Differentialgleichung. In ihr ist der Ausdruck $\bar{\Phi}_{\bar{x}}$ unabhängig von der MACHschen Zahl oder von τ. Das Dickenverhältnis eines ebenen Körpers ist proportional $\tilde{\Phi}_y$, d. h. proportional $\tau\sqrt{1-M_\infty^2}$. Man kann also in dem letzten Ausdruck τ durch das Dickenverhältnis ausdrücken. Um innerhalb der Gültigkeit der PRANDTLschen Regel zu bleiben, muß daher das Dickenverhältnis wie $(1-M_\infty^2)^{3/2}$ nach null gehen, wenn man sich der MACH-Zahl 1 nähert.

Bei dreidimensionalen Strömungen hat man auf der linken Seite noch das Glied $\tilde{\Phi}_{zz}$. Es kann dann vorkommen, daß das Glied $\tilde{\Phi}_x\,\tilde{\Phi}_{xx}$ mit dem wir hier verglichen haben, klein ist gegenüber den anderen Gliedern der linken Seite. Die hier formulierte Bedingung für die Anwendbarkeit der PRANDTLschen Regel ist sonach für dreidimensionale Strömungen wohl hinreichend, aber nicht notwendig. Tatsächlich lassen sich solche dreidimensionale Probleme, bei denen die Dicke des umströmten Körpers null ist, mit Hilfe der linearisierten Theorie auch bei der MACH-Zahl 1 untersuchen (s. S. 55).

Die eben angestellten Überlegungen legen einen Ansatz nahe, ähnlich demjenigen, den wir in Abschnitt I, 9 aus der Charakteristikenmethode für schallnahe Strömungen fanden. Man muß nämlich das Glied $(\varkappa+1)\,U\,\tilde{\Phi}_x\,\tilde{\Phi}_{xx}$ mit in die Näherungsgleichung für schallnahe Strömungen einbeziehen, d. h. man muß eine solche Beziehung zwischen τ und $(1-M_\infty^2)$ einführen, daß dieses Glied nicht herausfällt. Man kann z. B. setzen

$$(1-M_\infty^2)\sim\tau .$$

Diese Wahl ist nicht zwangsläufig; z. B. täte die Relation

$$2(1-M_\infty)\sim\tau$$

den gleichen Dienst. Diese Freiheit könnte man versuchen auszunutzen, um bei der Vereinfachung der Differentialgleichung noch weitere Bedingungen zu erfüllen.

3. Vereinfachung der Strömungsdifferentialgleichungen

Es soll jetzt die Vereinfachung der Strömungsdifferentialgleichung für das schallnahe Gebiet systematisch durchgeführt werden. Gegenüber den früheren Untersuchungen werden wir den räumlichen Fall mit einbeziehen und weiterhin die Bedingungen an Verdichtungsstößen berücksichtigen. Ferner muß die Frage der Randbedingungen behandelt werden, die bisher überhaupt noch nicht zur Sprache gekommen ist.

Es mag übervorsichtig erscheinen, wenn wir untersuchen, ob in schallnahen Strömungen der Einfluß der Entropie berücksichtigt werden muß, da ja in linearisierten Überschallströmungen die Entropie immer zu vernachlässigen ist. Jedoch ist man in dieser Hinsicht bei schallnahen Strömungen weniger sicher, da diese empfindlich gegen Querschnittsänderungen sind — nach Gl. I, 2 (10a) ist bei der MACH-Zahl 1 die Stromdichte ein Maximum —, und da eine Entropieerhöhung sich als Erhöhung des für eine Stromröhre erforderlichen Querschnittes auswirkt. Schließlich wird sich allerdings ergeben, daß die Entropieänderungen vernachlässigt werden können, zunächst mag aber die Entropie als veränderlich betrachtet werden.

Die Strömung wird als isoenergetisch betrachtet. Ohne diese Voraussetzung würden nämlich in der Ausgangsparallelströmung nur einzelne Stromlinien eine MACH-Zahl in der Nähe von 1 haben.

Wir gehen von der allgemeinen Kontinuitätsgleichung für stationäre Strömungen Gl. I, 4 (4)

$$\begin{aligned} \frac{\partial v_x}{\partial x}\left(1-\frac{v_x^2}{a^2}\right)+\frac{\partial v_y}{\partial y}\left(1-\frac{v_y^2}{a^2}\right)+\frac{\partial v_z}{\partial z}\left(1-\frac{v_z^2}{v^2}\right)-\left(\frac{\partial v_x}{\partial y}+\frac{\partial v_y}{\partial x}\right)\frac{v_x v_y}{a^2}-\\ -\left(\frac{\partial v_y}{\partial z}+\frac{\partial v_z}{\partial y}\right)\frac{v_y v_z}{a^2}-\left(\frac{\partial v_z}{\partial x}+\frac{\partial v_x}{\partial z}\right)\frac{v_z v_x}{a^2}=0 \end{aligned} \tag{1}$$

und dem CROCCOschen Wirbelsatz

$$\operatorname{rot}\mathfrak{v}\times\mathfrak{v}=T\operatorname{grad}s \tag{2}$$

aus und machen unter Benutzung eines Parameters τ und einer charakteristischen Länge den x_0 folgenden Ansatz für die Geschwindigkeiten (GUDERLEY [1])

$$\left.\begin{aligned} v_x &= a^* + \tau\,\bar v_x(\xi,\eta,\zeta),\\ v_y &= \tau^{3/2}\,\bar v_y(\xi,\eta,\zeta),\\ v_z &= \tau^{3/2}\,\bar v_z(\xi,\eta,\zeta), \end{aligned}\right| \tag{3a}$$

wobei

$$\xi=\frac{x}{x_0},\qquad \eta=\tau^{1/2}\frac{y}{x_0},\qquad \zeta=\tau^{1/2}\frac{z}{x_0}. \tag{3b}$$

Aus der BERNOULLIschen Gleichung findet sich

$$\begin{aligned} a^2-v_x^2 &= \tau(\varkappa+1)a^*\bar v_x+0(\tau^2),\\ a^2-v_y^2 &= a^{*2}+0(\tau),\\ a^2-v_z^2 &= a^{*2}+0(\tau). \end{aligned}$$

Danach ergeben sich als Glieder der niedrigsten Ordnung in Gl. (1)

$$-(\varkappa+1)a^*\bar v_x\frac{\partial\bar v_x}{\partial\xi}+a^{*2}\frac{\partial\bar v_y}{\partial\eta}+a^{*2}\frac{\partial\bar v_z}{\partial\zeta}=0. \tag{4}$$

Die in unserer Strömung auftretenden Abweichungen von der kritischen Geschwindigkeit sind $0(\tau)$. Nach den bekannten Stoßformeln sind daher die auftretenden Entropieänderungen von der Ordnung $0(\tau^3)$. Um den Ansatz Gl. (3) in Gl. (2) einzusetzen, berechnen wir

$$\left.\begin{aligned} \mathfrak{v} &= \mathfrak{i}(a^* + \tau\,\bar{v}_x) + \mathfrak{j}\,\tau^{3/2}\,\bar{v}_y + \mathfrak{k}\,\tau^{3/2}\,\bar{v}_z, \\ \operatorname{rot}\mathfrak{v} &= \frac{\tau^{1,5}}{x_0}\left(\frac{\partial\bar{v}_x}{\partial\eta} - \frac{\partial\bar{v}_y}{\partial\xi}\right)\mathfrak{k} + \frac{\tau^2}{x_0}\left(\frac{\partial\bar{v}_y}{\partial\zeta} - \frac{\partial\bar{v}_z}{\partial\eta}\right)\mathfrak{i} + \frac{\tau^{1,5}}{x_0}\left(\frac{\partial\bar{v}_z}{\partial\xi} - \frac{\partial\bar{v}_x}{\partial\zeta}\right)\mathfrak{j}, \end{aligned}\right\} \quad (5)$$

dabei sind $\mathfrak{i}$, $\mathfrak{j}$ und $\mathfrak{k}$ Einheitsvektoren in der x- y- oder z-Richtung. Unter Beschränkung auf die Glieder der niedrigsten Ordnung erhält man dann aus Gl. (2)

$$\frac{\partial\bar{v}_z}{\partial\xi} - \frac{\partial\bar{v}_x}{\partial\zeta} = 0, \qquad \frac{\partial\bar{v}_y}{\partial\xi} - \frac{\partial\bar{v}_x}{\partial\eta} = 0. \quad (6)$$

Hiernach ist die Komponente des Wirbelvektors senkrecht zu den Stromlinien der ungestörten Strömung null. Das ist nicht verwunderlich, da in Gl. (2) der Einfluß der Entropie herausfällt, und da die Stromlinien der ungestörten Strömung eine Näherung für die Stromlinien der tatsächlichen Strömung darstellen.

Weitergehende Aussagen über den Wirbelvektor lassen sich auf Grund der Tatsache machen, daß vor und nach einem Stoße die Geschwindigkeitskomponenten, die in der Tangentialebene zum Stoße liegen, übereinstimmen. Falls die Strömung ursprünglich wirbelfrei war, so ergibt sich aus dem eben Gesagten, daß stromabwärts vom Stoße die Wirbelkomponente normal zur Stoßfläche null ist. Da nun die Richtung der Stoßnormalen nie senkrecht auf den Stromlinien stehen kann (sonst verliefen nämlich die Stromlinien innerhalb der Stoßfläche), und da nach Gl. (6) die Richtung des Wirbelvektors mit der Stromlinientangente zusammenfällt, so ergibt sich, daß nach dem ersten Stoß und folglich auch nach jedem weiteren, der Wirbelvektor null ist. Man darf deshalb in der gegenwärtigen Näherung ein Geschwindigkeitspotential

$$\Phi = a^*\,x_0\,\tau\,\bar{\Phi}(\xi,\eta,\zeta) \quad (7)$$

einführen und findet dafür die Gleichung

$$-(\varkappa+1)\,\bar{\Phi}_\xi\,\bar{\Phi}_{\xi\xi} + \bar{\Phi}_{\eta\eta} + \bar{\Phi}_{\zeta\zeta} = 0. \quad (8)$$

Für achsensymmetrische Strömungen setzen wir

$$\Phi = a^*\,x_0\,\tau\,\bar{\Phi}(\xi,\bar{r}), \quad (9)$$

wobei $\bar{r} = \frac{r}{x_0}\tau^{1/2}$ und $r = \sqrt{y^2+z^2}$. Dann ergibt sich die Differentialgleichung

$$-(\varkappa+1)\,\bar{\Phi}_\xi\,\bar{\Phi}_{\xi\xi} + \frac{\bar{\Phi}_{\bar{r}}}{\bar{r}} + \bar{\Phi}_{\bar{r}\bar{r}} = 0. \quad (10)$$

4. Stoßbedingungen

Für die bisherigen Untersuchungen waren wir von dem Ansatz Gl. II, 3 (3) für die Geschwindigkeiten ausgegangen. Nachdem dieser Ansatz zu einer nichttrivialen Form für die Strömungsdifferentialgleichung geführt hat und somit erfolgreich war, bleibt zu untersuchen, wie er sich auf sonstige Beziehungen, die für das Strömungsfeld von Wichtigkeit sind, auswirkt. Neue Annahmen brauchen dabei nicht gemacht zu werden. In diesem Abschnitt sollen die Stoßbedingungen, im nächsten die Randbedingungen und auf S. 49 die Formen, die die Kontinuitätsgleichung und der Impulssatz unter diesen Annahmen annehmen, besprochen werden.

Die Bedingung, daß beim Durchgang durch einen Stoß die Geschwindigkeitskomponenten tangential dazu keine Änderung erfahren, ist bereits besprochen worden. Sie ist von selbst erfüllt, wenn man fordert, daß das Potential beim Durchgang durch einen Stoß stetig ist. Weiter müssen die Bedingungen für die Komponenten normal zum Stoß untersucht werden.

Die Indizes I und II mögen Zustände vor bzw. nach einem Stoß kennzeichnen. Indizes s und t charakterisieren die Komponenten der Geschwindigkeit normal und tangential zum Stoß. Dann gilt für ein ideales Gas die folgende von PRANDTL herrührende Beziehung

$$v_{n\,\mathrm{I}}\, v_{n\,\mathrm{II}} = a^{*2} - \frac{\varkappa - 1}{\varkappa + 1}\, v_t^2 \,. \qquad (1)$$

Um sie abzuleiten, geht man von einem geraden Verdichtungsstoß aus. Der Impulssatz, die Energiegleichung und die Kontinuitätsgleichung für den Stoß sind dann

$$p_{\mathrm{I}} + \varrho_{\mathrm{I}}^2\, w_{\mathrm{I}}^2 = p_{\mathrm{II}} + \varrho_{\mathrm{II}}\, w_{\mathrm{II}}^2 \qquad \text{(2a) Impulssatz},$$

$$a_{\mathrm{I}}^2 + \frac{\varkappa - 1}{2}\, w_{\mathrm{I}}^2 = a_{\mathrm{II}}^2 + \frac{\varkappa - 1}{2}\, w_{\mathrm{II}}^2 \qquad \text{(2b) Energiesatz},$$

$$\varrho_{\mathrm{I}}\, w_{\mathrm{I}} = \varrho_{\mathrm{II}}\, w_{\mathrm{II}} \qquad \text{(2c) Kontinuität}.$$

In der Formulierung des Energiesatzes wurde Gl. I, 2 (6) benutzt. Die rechte Seite der Energiegleichung möge der Kürze halber als $\frac{\varkappa + 1}{2}\, a_n^{*2}$ bezeichnet werden. Indem man Gl. (2a) durch Gl. (2c) dividiert und nach Gl. I, 2 (5) $\frac{\varkappa p}{\varrho}$ durch a^2 ersetzt, findet man

$$\frac{a_{\mathrm{I}}^2}{\varkappa w_{\mathrm{I}}} + w_{\mathrm{I}} = \frac{a_{\mathrm{II}}^2}{\varkappa w_{\mathrm{II}}} + w_{\mathrm{II}} \,. \qquad (2)$$

Man drückt nun a_{I} und a_{II} nach Gl. (2b) durch w_{I} bzw. w_{II} und a_n^* aus und setzt das Ergebnis in die letzte Gleichung ein

$$\frac{\frac{\varkappa+1}{2}a_n^{*2}-\frac{\varkappa-1}{2}w_{\mathrm{I}}^2}{\varkappa w_{\mathrm{I}}}+w_{\mathrm{I}}=\frac{\frac{\varkappa+1}{2}a_n^{*2}-\frac{\varkappa-1}{2}w_{\mathrm{II}}^2}{\varkappa w_{\mathrm{II}}}+w_{\mathrm{II}}.$$

Dies ist eine quadratische Gleichung für w_{I}. Eine Lösung ist bekannt, nämlich $w_{\mathrm{I}}=w_{\mathrm{II}}$. Multipliziert man die letzte Gleichung mit

$$\varkappa w_{\mathrm{I}}/(w_{\mathrm{I}}-w_{\mathrm{II}}),$$

so ergibt sich

$$w_{\mathrm{I}}w_{\mathrm{II}}=a_n^{*2}. \tag{3}$$

Einen schiefen Stoß erhält man, indem man stromaufwärts und stromabwärts des Stoßes die gleiche Geschwindigkeitskomponente tangential zum Stoß überlagert. Die bisherigen Größen w_{I} und w_{II} sind dann die Geschwindigkeitskomponenten normal zum Stoß $v_{n\mathrm{I}}$ und $v_{n\mathrm{II}}$. Die überlagerte Geschwindigkeit sei v_t. Da nach der BERNOULLIschen Gleichung

$$a_{\mathrm{II}}^2+\frac{\varkappa-1}{2}w_{\mathrm{II}}^2=\frac{\varkappa+1}{2}a^{*2}$$

und

$$w_{\mathrm{II}}^2=v_{n\,\mathrm{II}}^2+v_t^2$$

findet man

$$a_n^{*2}=a^{*2}-\frac{\varkappa-1}{\varkappa+1}v_t^2.$$

Hieraus zusammen mit Gl. (3) ergibt sich dann Gl. (1).

Die Oberfläche des Stoßes sei gegeben durch

$$f(\xi,\eta,\zeta)=0. \tag{4}$$

Nach diesem Ansatz nimmt die Fläche des Stoßes an der in Gl. II, 3 (3b) angegebenen Koordinatenverzerrung teil. Ein Einheitsvektor normal zum Stoß, gemessen im x, y, z-System ist dann gegeben durch

$$\left(\mathfrak{i}\frac{\partial f}{\partial\xi}+\tau^{1/2}\mathfrak{j}\frac{\partial f}{\partial\eta}+\tau^{1/2}\mathfrak{k}\frac{\partial f}{\partial\zeta}\right)\left(\left(\frac{\partial f}{\partial\xi}\right)^2+\tau\left(\left(\frac{\partial f}{\partial\eta}\right)^2+\left(\frac{\partial f}{\partial\zeta}\right)^2\right)\right)^{-1/2}.$$

Mit dem Ausdruck Gl. II, 3 (5) für den Geschwindigkeitsvektor erhält man dann als Komponente normal zum Stoß unter Beschränkung auf die Größen erster Ordnung in τ

$$v_n=a^*\left(1-\frac{\tau}{2}\frac{\left(\frac{\partial f}{\partial\eta}\right)^2+\left(\frac{\partial f}{\partial\zeta}\right)^2}{\left(\frac{\partial f}{\partial\xi}\right)^2}\right)+\tau\bar{v}_x.$$

Hier sind Indizes I oder II anzufügen, je nachdem ob es sich um die Geschwindigkeitskomponente stromaufwärts oder stromabwärts des Stoßes handelt. Die Tangentialkomponente v_t, berechnet etwa als Absolutwert des Vektorproduktes zwischen dem Normalvektor und dem Geschwindigkeitsvektor, wird unter Beschränkung auf Größen erster Ordnung dargestellt durch

$$v_t = \tau^{1/2} a^* \sqrt{\frac{\left(\frac{\partial f}{\partial \eta}\right)^2 + \left(\frac{\partial f}{\partial \zeta}\right)^2}{\left(\frac{\partial f}{\partial \xi}\right)^2}} .$$

Wir setzen diese Ausdrücke in Gl. (1) ein und beschränken uns auf die Größen der niedrigsten Ordnung:

$$\bar{v}_{x\,\mathrm{I}} + \bar{v}_{x\,\mathrm{II}} = \frac{2}{\varkappa + 1} a^* \frac{\left(\frac{\partial f}{\partial \eta}\right)^2 + \left(\frac{\partial f}{\partial \zeta}\right)^2}{\left(\frac{\partial f}{\partial \xi}\right)^2} . \tag{5}$$

Es ist bemerkenswert, daß in dieser Gleichung die Neigung des Stoßes enthalten ist, obwohl in dem Grenzfalle $\tau \to 0$ die Stoßfläche senkrecht zur Anströmrichtung steht. Die Stoßbeziehung wird also nicht etwa durch die eines geraden Stoßes angenähert. Für diesen ist nämlich

$$\frac{\partial f}{\partial \zeta} = \frac{\partial f}{\partial \eta} = 0 .$$

und man erhält

$$\bar{v}_{x\,\mathrm{I}} + \bar{v}_{x\,\mathrm{II}} = 0 .$$

Die Geschwindigkeitsänderung beim Durchgang durch einen Stoß ist gegeben durch

$$\tau\,(\bar{v}_{x\,\mathrm{II}} - \bar{v}_{x\,\mathrm{I}}) = \tau \left(-2\bar{v}_{x\,\mathrm{I}} + \frac{2}{\varkappa + 1} a^* \frac{\left(\frac{\partial f}{\partial \eta}\right)^2 + \left(\frac{\partial f}{\partial \xi}\right)^2}{\left(\frac{\partial f}{\partial \xi}\right)^2} \right) . \tag{6}$$

Die Beiträge der Geschwindigkeitsänderung in y- und z-Richtung können durch die folgende Überlegung erhalten werden: Da bei einem Stoß die tangentiale Komponente der Geschwindigkeiten erhalten bleibt, liegt der Geschwindigkeitszuwachs in Richtung der Stoßnormalen. Somit ergeben sich aus Gl. (4) als Komponenten der Geschwindigkeitsänderungen in der Richtung der y- und z-Richtung

$$\varDelta v_y = v_{y\,\mathrm{II}} - v_{y\,\mathrm{I}} = \tau^{3/2} (\bar{v}_{x\,\mathrm{II}} - \bar{v}_{x\,\mathrm{I}}) \frac{\partial f}{\partial \eta} \Big/ \frac{\partial f}{\partial \xi} , \tag{7a}$$

$$\varDelta v_z = v_{z\,\mathrm{II}} - v_{z\,\mathrm{I}} = \tau^{3/2} (\bar{v}_{x\,\mathrm{II}} - \bar{v}_{x\,\mathrm{I}}) \frac{\partial f}{\partial \zeta} \Big/ \frac{\partial f}{\partial \xi} . \tag{7b}$$

Indem wir im Einklang mit dem Ansatz Gl. II, 3 (3a) einführen

$$\Delta v_y = \tau^{3/2} \Delta \bar{v}_y,$$
$$\Delta v_z = \tau^{3/2} \Delta \bar{v}_z$$

ergibt sich mit Hilfe von Gl. (6)

$$\sqrt{\Delta \bar{v}_y^2 + \Delta \bar{v}_z^2}$$
$$= \left\{ \frac{\left(\frac{\partial f}{\partial \eta}\right)^2 + \left(\frac{\partial f}{\partial \zeta}\right)^2}{\left(\frac{\partial f}{\partial \xi}\right)^2} \right\}^{1/2} \left[-2\bar{v}_{x\,\mathrm{I}} + \frac{2}{\varkappa+1} a^* \frac{\left(\frac{\partial f}{\partial \eta}\right)^2 + \left(\frac{\partial f}{\partial \zeta}\right)^2}{\left(\frac{\partial f}{\partial \xi}\right)^2} \right].$$

Hieraus kann man durch Kombination mit Gl. (5) $\left[\left(\frac{\partial f}{\partial \eta}\right)^2 + \left(\frac{\partial f}{\partial \zeta}\right)^2\right] \Big/ \left(\frac{\partial f}{\partial \xi}\right)^2$ entfernen und erhält schließlich

$$\frac{\sqrt{\Delta \bar{v}_y^2 + \Delta \bar{v}_z^2}}{a^*} = \sqrt{\frac{\varkappa+1}{2}} \sqrt{\frac{\bar{v}_{x\,\mathrm{I}} + \bar{v}_{x\,\mathrm{II}}}{a^*}} \, \frac{\bar{v}_{x\,\mathrm{I}} - \bar{v}_{x\,\mathrm{II}}}{a^*}. \tag{8}$$

Dies ist die Gleichung der Stoßpolaren für schallnahe Strömung. Sie findet sich zuerst bei HANTZSCHE und WENDT. Die Richtung der Stoßnormalen kann nach Gl. (4) mit Hilfe von Gl. (7a) und (7b) ausgedrückt werden als

$$\mathfrak{i} + \tau^{1/2} \mathfrak{j} \frac{\Delta \bar{v}_y}{\bar{v}_{x\,\mathrm{II}} - \bar{v}_{x\,\mathrm{I}}} + \tau^{1/2} \mathfrak{k} \frac{\Delta \bar{v}_z}{\bar{v}_{x\,\mathrm{II}} - \bar{v}_{x\,\mathrm{I}}}. \tag{9}$$

5. Randbedingungen

Die Randbedingungen in großer Entfernung von einem umströmten Körper bereiten keine Schwierigkeiten. Dort herrscht meist eine Parallelströmung mit einer MACH-Zahl, die im allgemeinen von 1 verschieden ist. Deshalb ist dort, wie man unter Benutzung von Gl. II, 3 (7) sieht, $\bar{\Phi}_\xi = \mathrm{const}$, $\bar{\Phi}_\eta = 0$, $\bar{\Phi}_\zeta = 0$. Wenn auch $\bar{\Phi}_\xi = 0$ ist, so hat man für alle Werte von τ die Anström-MACH-Zahl 1. Im allgemeinen ist die Abweichung der Anström-MACH-Zahl von 1 in der niedrigsten Näherung proportional τ.

Bei der Untersuchung der Randbedingungen an einem umströmten Körper könnte man versucht sein, anzunehmen, daß der Körper an der Verzerrung der y- und z-Koordinaten, wie sie durch Gl. II, 3 (3b) gegeben ist, teilnimmt. Offenbar ist dies aber nicht der Fall, denn dann müßten die Stromlinienneigungen, die ja in erster Näherung durch v_y/a^* und v_z/a^* gegeben sind, sich wie $\tau^{-1/2}$ verhalten. Daß dies nicht der Fall ist, zeigt Gl. II, 3 (3a).

Die Gestalt einer Stromlinie, die in der ungestörten Strömung durch $y_0 = \eta_0 x_0 \tau^{-1/2}$, $z_0 = \zeta_0 x_0 \tau^{-1/2}$ mit $\eta_0 = \mathrm{const}$ und $\zeta_0 = \mathrm{const}$

gegeben sein möge, findet man, indem man für sie die Abweichung der y- und z-Koordinaten von den Werten y_0 und z_0 berechnet. Diese Abweichungen mögen mit $\tilde{y}$ und $\tilde{z}$ bezeichnet werden. Offenbar ist gemäß Gl. II, 3 (3)

$$\frac{d\tilde{y}}{dx} = \frac{\tau^{3/2}\,\bar{v}_y\,(\xi, \eta_0 + x_0^{-1}\tau^{1/2}\,\tilde{y}, \zeta_0 + x_0^{-1}\tau^{1/2}\,\tilde{z})}{a^* + \tau\,\bar{v}_x\,(\xi, \eta_0 + x_0^{-1}\tau^{1/2}\,\tilde{y}, \zeta_0 + x_0^{-1}\tau^{1/2}\,\tilde{z})} \tag{1}$$

und ähnlich für $\frac{d\tilde{z}}{dx}$.

Wenn nun die in dieser Gleichung auftretenden Größen differenzierbar sind, und das ist innerhalb der Strömung fast überall der Fall, kann man sie für die Nachbarschaft der ungestörten Stromlinien entwickeln und man erhält unter Beschränkung auf die niedrigsten Potenzen in τ

$$\frac{\partial\tilde{y}}{\partial\xi} = x_0\,\tau^{3/2}\,\bar{v}_y\,(\xi, \eta_0, \zeta_0)\,; \qquad \frac{\partial\tilde{z}}{\partial\xi} = x_0\,\tau^{3/2}\,\bar{v}_z\,(\xi, \eta_0, \zeta_0)\,. \tag{2}$$

Hiernach sind die Stromliniendeformationen proportional $x_0\,\tau^{3/2}$. Nun wird die Oberfläche eines umströmten Körpers durch die Stromlinien überdeckt und so erscheint es plausibel, daß man dort dasselbe Verhalten findet, d. h. daß die Dicke des umströmten Körpers proportional $x_0\,\tau^{3/2}$ ist.

In jedem Falle geht für $\tau \to 0$ die Neigung der Stromlinien gegen die x-Achse nach null und deshalb werden dann die umströmten Körper durch Teile einer Zylinderfläche dargestellt, deren Erzeugende parallel der x-Achse sind. Bei einem Tragflügel mit V-Stellung werden diese Zylinderflächen durch Ebenen parallel der x-Achse gebildet, die so gut wie möglich durch den Flügel gelegt werden. Bei einem Ringflügel erhielte man einen Kreiszylinder. Will man die oben gemachte Vermutung über das Verhalten der Körpergestalt in Abhängigkeit von τ begründen, so muß vorausgesetzt werden, daß auch für $\tau \neq 0$ das Strömungsfeld bis zu dieser Zylinderfläche, d. h. in das Innere des Körpers hinein, sowohl von der Oberseite als von der Unterseite her fortgesetzt werden kann, ohne daß zwischen der Zylinderfläche und der Körperkontur Singularitäten auftreten[1]. Natürlich brauchen die von der Oberseite und von der Unterseite herrührenden Fortsetzungen nicht längs der Zylinderfläche zusammenzupassen. Die genannte Zylinderfläche ist also der Träger von Sprüngen in der Geschwindigkeit. Eine solche mit Singularitäten belegte Zylinderfläche ist immer die Darstellung eines umströmten Körpers. Da die Lösungen

[1] Diese Voraussetzung wird immer bei der Untersuchung von Tragflügeln kleinen Dickenverhältnisses gemacht, sie ist aber nicht immer erfüllt, z. B. gilt sie sicher nicht an Stellen, an denen die Kontur des Körpers Sprünge in den Ableitungen aufweist.

für das Strömungsfeld als Funktionen von ξ, η und ζ erscheinen, hängt auch die Lage dieser Unstetigkeiten von diesen Variablen ab, d. h., die Lage dieser mit Unstetigkeiten belegten Fläche nimmt an der durch τ und x_0 bewirkten Verzerrung teil. Für diese Zylinderfläche wird nun die Existenz der Ableitungen, die bei der Vereinfachung von Gl. (1) gebraucht wurden, angenommen, und man findet dann, wie früher, daß die Abweichungen der Oberfläche eines umströmten Körpers von diesen Zylinderflächen proportional $x_0 \tau^{3/2}$ ist. Diese Abweichung beschreibt sowohl die Dicke des Körpers als auch einen Anstellwinkel. Wie erwähnt, verzerrt sich die Gestalt des approximierenden Zylinders in gleicher Weise wie die Koordinaten mit x_0 und τ.

Für die Fälle, die der Rechnung zugänglich, lassen sich die Randbedingungen an der Oberfläche eines umströmten Körpers meist direkt ablesen, deshalb kann die Herleitung der Randbedingungen für einen Körper allgemeiner Gestalt kurz gehalten werden. Wir gehen von dem Zylinder aus, der die Oberfläche des Körpers für $\tau = 0$ darstellt. Der Einheitsvektor der Normalen zu diesem Zylinder sei $\mathfrak{e}_{n_0}$, der in einer Ebene $x = \text{const}$ liegende Einheitsvektor tangential zur Oberfläche sei $\mathfrak{e}_{t_0}$, der Einheitsvektor in x-Richtung sei $\mathfrak{e}_x$. Die Abweichung der Körperoberfläche für $\tau \neq 0$ von der approximierenden Zylinderfläche werde durch die in der Richtung der Normalen gemessene Länge $x_0 h \tau^{3/2}$ angegeben. Mit dieser Definition ist h unabhängig von τ und x_0. Man findet dann für $\tau \neq 0$ näherungsweise als Normalenvektor $\mathfrak{e}_n$ zur Körperoberfläche

$$\mathfrak{e}_n = \mathfrak{e}_{n_0} - \tau^{3/2} \frac{\partial h}{\partial \xi} \mathfrak{e}_x - \tau^{3/2} x_0 \frac{\partial h}{\partial t} \mathfrak{e}_{t_0},$$

dabei sind $x_0\, d\xi$ und dt Linienelemente in den Richtungen von $\mathfrak{e}_x$ bzw. $\mathfrak{e}_{t_0}$. Der Geschwindigkeitsvektor werde ebenfalls in die drei Richtungen $\mathfrak{e}_x$, $\mathfrak{e}_{n_0}$ und $\mathfrak{e}_{t_0}$ zerlegt. Die Komponenten in Richtung $\mathfrak{e}_{n_0}$ und $\mathfrak{e}_{t_0}$ mögen mit v_n und v_t bezeichnet werden. Da v_n und v_t aus den Komponenten v_y und v_z entstehen, sind die proportional $\tau^{3/2}$. Wir führen deshalb ein $v_n = \tau^{3/2}\, \bar{v}_n$, $v_t = \tau^{3/2}\, \bar{v}_t$ und erhalten dann

$$\mathfrak{v} = (a^* + \tau\, \bar{v}_x)\, \mathfrak{e}_x + \tau^{3/2}\, \bar{v}_n\, \mathfrak{e}_{n_0} + \tau^{3/2} \bar{v}_t\, \mathfrak{e}_{t_0}.$$

Die Geschwindigkeitskomponente normal zur Oberfläche des Körpers muß null sein. Damit erhält man als Randbedingungen unter Beschränkung auf die niedrigste Ordnung in τ

$$\bar{v}_n - a^* \frac{\partial h}{\partial \xi} = 0. \tag{3}$$

Ist $\frac{\partial h}{\partial \xi}$ genügend glatt, so läßt sich $\bar{v}_n$ durch die Werte von $\bar{v}_y$ und $\bar{v}_z$ an der approximierenden Zylinderfläche ausdrücken. In der letzten Gleichung spielt die Komponente $\bar{v}_t$ keine Rolle.

Sind die Abweichungen von der kritischen Geschwindigkeit klein, so erhält man mit Hilfe von Gl. I, 2 (9) für die Drücke

$$p - p^* = -\frac{\varrho^*}{2}(w^2 - a^{*2}). \tag{4}$$

Dieser Ausdruck ist an der Oberfläche des umströmten Körpers auszuwerten. Von dem approximierenden Zylinder weicht die Oberfläche um Größen der Ordnung $\tau^{3/2}$ ab. Da die Geschwindigkeitsableitungen längs dieser Fläche als beschränkt angenommen werden, erhält man als Drücke an der Oberfläche des umströmten Körpers in erster Näherung

$$p - p^* = -\tau \varrho^* a^{*2} \bar{\Phi}_\xi. \tag{5}$$

Hierbei müssen die Argumente von $\bar{\Phi}_\xi$ für die approximierende Zylinderfläche genommen werden. Daher ist $\bar{\Phi}_\xi$ unabhängig von τ, und man findet in erster Näherung, daß die Drücke an der Oberfläche des umströmten Körpers proportional τ sind. Eine Ausnahme von diesen Betrachtungen bildet der achsensymmetrische Vollkörper. Für $\tau = 0$ zieht er sich auf ein in der x-Achse liegendes Geradenstück zusammen.

Da die Differentialgleichung achsensymmetrischer Strömungen Gl. II, 3 (10) wegen des Gliedes $\frac{\bar{\Phi}_{\bar{r}}}{\bar{r}}$ längs der Achse singulär ist, braucht längs des innerhalb des Körpers liegenden Stückes der Achse das Geschwindigkeitspotential nicht regulär zu sein zu braucht. Man bestätigt leicht, daß die ersten Glieder einer Entwicklung in der Nähe der Achse die Form haben

$$\Phi = a^* x_0 \tau \bar{\Phi},$$

wobei (6)

$$\bar{\Phi} = f_1(\xi) + f_2(\xi) \ln \bar{r}.$$

Es sei daran erinnert, daß $\bar{r} = \frac{r}{x_0}\tau^{1/2}$. Dies ist die Lösung, die sich ergäbe, wenn man das Glied $(\varkappa + 1)\,\Phi_\xi \Phi_{\xi\xi}$ in der Differentialgleichung I, 3 (10) außer acht ließe. Korrekturglieder, die durch dieses Glied verursacht werden, sind von der Ordnung $\bar{r}^2 \ln^2 \bar{r}$. Zur Bestimmung der Kontur des Körpers ist die Geschwindigkeitskomponente in der r-Richtung erforderlich

$$\Phi_r = a^* x_0 \tau \frac{\partial \bar{\Phi}}{\partial \bar{r}} \frac{d\bar{r}}{dr} = a^* \frac{\tau x_0 f_2(\xi)}{r}.$$

Wird die Kontur des Körpers gegeben durch

$$r = \tilde{r}(x), \tag{7}$$

so ergibt sich aus der Bedingung, daß die Geschwindigkeit tangential an die Oberfläche ist

$$\frac{d\tilde{r}(x)}{dx} = \frac{\Phi_r(\tilde{r}, x)}{a^*} = \tau \frac{f_2(\xi)\, x_0}{\tilde{r}(\xi)}.$$

Hieraus

$$\tilde{r}\frac{d\tilde{r}}{d\xi} = \tau x_0^2 f_2(\xi).$$

Setzt man

$$\tilde{r} = \tau^{1/2} x_0 \bar{\bar{r}}(\xi), \tag{8}$$

so ist

$$f_2(\xi) = \bar{\bar{r}} \frac{d\bar{\bar{r}}}{d\xi} \tag{9}$$

Der Durchmesser ist also proportional $\tau^{1/2} x_0$. Die letzte Gleichung stellt die Randbedingung an dem umströmten Körper dar. Der Körper wird durch ein singuläres Stück der x-Achse ersetzt. Der Koeffizient $f_2(\xi)$ des singulären Ausdruckes in Gl. (6) läßt sich mit Hilfe der Gl. (7), (8) und (9) berechnen.

Zur Bestimmung der Drücke an der Oberfläche des Körpers geht man von Gl. (4) aus

$$p - p^* = -\frac{\varrho^*}{2}[(a^* + v_x)^2 + v_r^2 - a^{*2}] = -\varrho^*\left[a^* v_x + \frac{v_x^2}{2} + \frac{v_r^2}{2}\right].$$

Hierin ist $v_x^2/2$ immer vernachlässigbar im Vergleich mit $a^* v_x$. Im einzelnen erhält man aus Gl. (6), wenn man den der Oberfläche entsprechenden Wert von r einsetzt

$$v_x = \tau a^* \frac{df_1}{d\xi} + \frac{df_2}{d\xi} \ln\left(\tau \bar{\bar{r}}(\xi)\right)$$

und unter Benutzung von Gl. (9)

$$v_r = a^* \tau^{1/2} \frac{f_2(\xi)}{\bar{\bar{r}}(\xi)} = a^* \tau^{1/2} \frac{d\bar{\bar{r}}}{d\xi},$$

Damit erhält man

$$p - p^* = -\varrho^* a^{*2} \tau \times \\ \times \left[\frac{df_1}{d\xi} + \frac{d^2}{d\xi^2}\left(\frac{\bar{\bar{r}}^2}{2}\right) \ln\tau + \frac{d^2}{d\xi^2}\left(\frac{\bar{\bar{r}}^2}{2}\right) \ln \bar{\bar{r}}(\xi) + \frac{1}{2}\left(\frac{d\bar{\bar{r}}}{d\xi}\right)^2\right]. \tag{10}$$

Bis auf den Ausdruck $\frac{d^2}{d\xi^2}\left(\frac{\bar{\bar{r}}^2}{2}\right)\ln\tau$ sind die von v_x und v_r herrührenden Glieder von gleicher Größenordnung. Daß in der Berechnung der Drücke der von v_r herrührende Anteil mit zu berücksichtigen ist, findet sich bei OSWATITSCH und BERNDT. Bemerkenswert ist, daß sich dieses Ergebnis hier rein formal ergibt.

Wie man den Maßstab von τ wählt, ist ohne Bedeutung; d. h., wenn man in einer bekannten Strömung eine Verzerrung nach dem Ähnlichkeitsgesetz durchführt, kommt man unabhängig von dem Maßstab von τ immer zum gleichen Ergebnis. Um das einzusehen, vergleichen wir zwei Strömungsfelder, die durch das Ähnlichkeitsgesetz miteinander verknüpft sind, und denen die Werte p und p' bzw. τ und τ', und die Radien $\tilde{r}$ und $\tilde{r}'$ entsprechen. Man hat dann zur Berechnung von p' in Gl. (10) τ durch τ' zu ersetzen. In diesen Gleichungen kann das Glied $\frac{d^2}{d\xi^2}\left(\frac{\bar{\bar{r}}}{2}\right)^2$ mit Hilfe von Gl. (8) ausgedrückt werden:

$$\frac{d^2}{d\xi^2}\left(\frac{\bar{\bar{r}}^2}{2}\right) = \frac{1}{\tau\, x_0^2}\,\frac{d^2}{d\xi^2}\left(\frac{\tilde{r}^2}{2}\right),$$

d. h. wir haben

$$p - p^* + \varrho^* a^{*2}\,\frac{\ln\tau}{x_0^2}\,\frac{d^2}{d\xi^2}\left(\frac{\tilde{r}^2}{2}\right)$$
$$= -\varrho^* a^{*2}\tau\left[\frac{df_1}{d\xi} + \frac{d^2}{d\xi^2}\left(\frac{\bar{\bar{r}}^2}{2}\right)\ln\bar{\bar{r}}(\xi) + \frac{1}{2}\left(\frac{d\bar{r}}{d\xi}\right)^2\right]$$

und

$$p' - p^* + \varrho^* a^{*2}\,\frac{\tau'}{\tau}\,\frac{\ln\tau'}{x_0^2}\,\frac{d^2}{d\xi^2}\left(\frac{\tilde{r}^2}{2}\right)$$
$$= -\varrho^* a^{*2}\tau'\left[\frac{df_1}{d\xi} + \frac{d^2}{d\xi^2}\left(\frac{\bar{\bar{r}}^2}{2}\right)\ln\bar{\bar{r}}(\xi) + \frac{1}{2}\left(\frac{d\bar{\bar{r}}^2}{d\xi}\right)^2\right]. \tag{11}$$

Eliminiert man hierin die rechten Seiten, so ergibt sich

$$p' - p^* = \frac{\tau'}{\tau}\left[(p - p^*) - \frac{\varrho^* a^{*2}}{x_0^2}\ln\frac{\tau'}{\tau}\,\frac{d^2}{d\xi^2}\left(\frac{\tilde{r}^2}{2}\right)\right], \tag{12}$$

d. h., der Druck p' hängt nur von dem Verhältnis τ'/τ ab. Das Glied $\frac{d^2}{d\xi^2}\left(\frac{\tilde{r}^2}{2}\right)$ ist durch die Form des betrachteten Körpers gegeben.

6. Das Ähnlichkeitsgesetz

Nach den Ergebnissen des vorigen Abschnittes sind für eine weite Klasse von Körpern, nämlich Tragflügel (quasizylindrische Körper) und achsensymmetrische Körper, die Verzerrungen der Körperoberfläche und die Änderungen der Drücke in einfacher Weise miteinander verknüpft. Für einen Körper, dessen Gestalt aus einem experimentell untersuchten Körper durch Verzerrung nach den hier gefundenen Regeln hervorgeht, kann man die Druckverteilung aus der des Ausgangskörpers berechnen, ohne daß man weitere Eigenschaften des Feldes braucht. Diese Beziehungen stellen das Ähnlichkeitsgesetz für schallnahe Strömungen dar[1].

Es seien nun die Ergebnisse des vorigen Abschnittes, soweit sie für das Ähnlichkeitsgesetz Bedeutung haben, zusammengestellt.

Als „entsprechende" Punkte in verschiedenen Strömungsfeldern, die durch das Ähnlichkeitsgesetz verknüpft werden, sollen solche Punkte bezeichnet werden, für die Werte von ξ, η und ζ [Gl. II, 3 (3b)] übereinstimmen. Die zugehörigen Werte von x, y und z ändern sich sowohl mit x_0 als auch mit τ. Die erste Möglichkeit bedeutet einfach eine Maßstandsänderung des gesamten Strömungsfeldes, die zweite, die eigentliche Verzerrung auf Grund des Ähnlichkeitsgesetzes. Hält man x_0 fest, so ist in entsprechenden Punkten

$$x \text{ proportional } \tau^0,$$
$$y \text{ und } z \text{ proportional } \tau^{-1/2}.$$

In entsprechenden Punkten ist die Abweichung der x-Komponente von der kritischen Geschwindigkeit proportional τ, die y- und z-Komponenten sind proportional $\tau^{3/2}$.

Ein umströmter Körper wird durch einen Sprung des Potentials und seiner Ableitung längs einer Zylinderfläche mit Erzeugenden in der Richtung der x-Achse dargestellt. Diese Fläche verzerrt sich wie die Koordinaten. Die Abweichung der Körperoberfläche von dieser approximierenden Zylinderfläche ist proportional $\tau^{3/2}$. Ein Rotationskörper wird durch ein mit Singularitäten belegtes Stück der x-Achse dargestellt. Sein Radius ist proportional $x_0 \tau^{1/2}$.

Die Abweichung der Drücke von dem kritischen Druck an der Oberfläche eines umströmten Körpers (mit Ausnahme des Rotationskörpers) sind proportional τ.

[1] Da sich Rotationsvollkörper und quasizylindrische Körper in verschiedener Weise verzerren, gibt es kein Ähnlichkeitsgesetz für Felder, bei denen der umströmte Körper eine Kombination beider Möglichkeiten darstellt. Insbesondere gilt dies für Rumpf-Flügel-Kombinationen. Wenn für den Ausgangskörper das gesamte Strömungsfeld bekannt wäre, wäre es natürlich möglich, die Kontur eines neuen umströmten Körpers zu berechnen, nachdem ein Ausgangsströmungsfeld mit Hilfe eines Faktors τ verzerrt worden ist. Die Möglichkeit, das Strömungsfeld zu verzerren, ist also von größerer Allgemeinheit als das Ähnlichkeitsgesetz. Daß eine Verzerrung des Strömungsfeldes mit Hilfe des Parameters τ möglich ist, liegt bereits in dem Ansatz Gl. II, 3 (3) begründet, durch den die Vereinfachung der Strömungsdifferentialgleichung erreicht wurde. Es liegt zwar nahe, wird aber dem logischen Zusammenhang nicht gerecht, wenn man das Ähnlichkeitsgesetz aus der vereinfachten Strömungsdifferentialgleichung II, 3 (8) herleitet.

Bei einem Rotationskörper ist nach Gl. II, 5 (10) und II, 5 (8) die Größe $p - p^* + \varrho^* a^{*2} \frac{\ln \tau}{x_0^2} \frac{d^2}{d\xi^2} \left(\frac{\tilde{r}}{2}\right)^2$ proportional τ.

Bei der Darstellung von Versuchsergebnissen, die durch das Ähnlichkeitsgesetz verknüpft sind, wählt man am besten Größen, die unabhängig sind von τ. Dann fallen Kurven, die sich für verschiedene Werte von τ ergeben, zusammen. Zunächst müssen wir die geometrischen Bedingungen betrachten, durch die das Strömungsfeld bestimmt wird. Ein umströmter Körper wird beschrieben durch die approximierende Zylinderfläche und die Querabweichungen des Körpers von der Zylinderfläche. Natürlich müssen diese Querabweichungen in entsprechenden Punkten proportional zueinander sein. Die Abweichung in einem charakteristischen Punkte sei D, sie ist proportional $\tau^{3/2} x_0$, wobei x_0 eine charakteristische x-Abmessung ist. Man findet daher

$$\tau = \left(\frac{D}{x_0}\right)^{2/3}.$$

Die y- und z-Koordinaten der approximierenden Zylinderflächen sind proportional $x_0 \tau^{-1/2}$. Man findet daher, indem man hier die letzte Gleichung einsetzt, daß für Strömungsfelder, in denen das Ähnlichkeitsgesetz gilt, die Größen

$$\frac{y}{x_0}\left(\frac{D}{x_0}\right)^{1/3} \quad \text{und} \quad \frac{z}{x_0}\left(\frac{D}{x_0}\right)^{1/3},$$

für die approximierende Zylinderfläche invariant sein müssen. Man bemerke, daß die x-Koordinaten sich verschieden hiervon verhalten, für sie ist einfach $\frac{x}{x_0}$ invariant. Weiterhin ist das Strömungsfeld durch die Anströmgeschwindigkeit bestimmt. Ist M_∞ der hierzu gehörige Wert von M, hat man als weitere Bedingung für die Ähnlichkeit, daß

$$\frac{(M_\infty - 1)}{\tau} \quad \text{oder} \quad (M_\infty - 1)\left(\frac{D}{x_0}\right)^{-2/3}$$

invariant ist.

Größen dieser Art bezeichnet man als Ähnlichkeitsparameter. Sind alle bisher genannten Bedingungen erfüllt, so sind die Strömungsfelder ähnlich, und in entsprechenden Punkten stimmen die Ausdrücke

$$(M - 1)\left(\frac{D}{x_0}\right)^{-2/3} \quad \text{oder} \quad \frac{(p - p^*)}{\varrho^* \omega^{*2}/2}\left(\frac{D}{x_0}\right)^{-2/3}$$

überein.

Wie oben erwähnt (Ende des Abschnittes 2) wurde, ist die Wahl der physikalischen Größe, die man proportional τ setzt, nur bis auf Größen zweiter und höherer Ordnung bestimmt. In anderen Worten, die Ausdrücke, die man als Ähnlichkeitsparameter wählt, liegen nicht von vornherein fest. Man kann versuchen, diese Freiheit auszunutzen, um eine bessere Anpassung an die exakten Lösungen zu erhalten. SPREITER empfiehlt als Ähnlichkeitsparameter für die Anström-MACH-Zahl den Ausdruck

$$\frac{(M_\infty^2 - 1)}{[(\varkappa + 1)(D/x_0)]^{2/3}}.$$

Für den Druckkoeffizienten $c_p = \frac{p - p_\infty}{\frac{1}{2}\varrho_\infty w_\infty^2}$ bildet er den Ausdruck

$$c_p \frac{[(\varkappa + 1) M_\infty^2]^{1/3}}{(D/x_0)^{2/3}}.$$

Diese Ausdrücke enthalten das Verhältnis der spezifischen Wärmen $\varkappa$ in einer solchen Form, daß sich Ähnlichkeit schallnaher Strömungsfelder auch für Variation von $\varkappa$ ergibt.

So eindrucksvoll die Verbesserung der Übereinstimmung zwischen Versuchsergebnissen und Theorie ist, die SPREITER in einem Beispiel vorführt, so bleibt doch gegenüber diesen Vorschlägen Vorsicht geboten; denn die Überlegungen, die zu dieser Wahl der Parameter geführt haben, sind recht unbefriedigend. Man muß natürlich bei allen solchen Versuchen ziemlich rohe Annäherungen in Kauf nehmen; wichtige Gesichtspunkte, die man dabei berücksichtigen sollte, sind in einer Arbeit von OSWATITSCH [2] ausgesprochen worden. Ohne erhebliche Kompromisse dürfte es fast nie möglich sein, Ergebnisse von einiger Allgemeinheit zu erhalten.

7. Anwendungen des Ähnlichkeitsgesetzes

Das Ähnlichkeitsgesetz für schallnahe Strömungen ist in seiner Anwendbarkeit stärker beschränkt als die PRANDTL-GLAUERTsche Regel, da es in jedem Falle eine Verzerrung der Gestalt des umströmten Körpers erfordert. Es ändert sich im räumlichen Falle nicht nur die Dicke eines Flügels, sondern auch der Pfeilwinkel, falls es sich um einen gepfeilten Flügel handelt. Die Verhältnisse wie sie an einem Tragflügel auftreten, lassen sich ohne Schwierigkeiten aus den im letzten Abschnitt gemachten Angaben ablesen. Hier sollen einige Folgerungen gezogen werden, die, obwohl sie auf die gleichen Grundlagen zurückgehen, nicht unmittelbar auf der Hand liegen.

1. Die Strömung um eine ebene Platte bei der MACH-Zahl 1 sei bekannt. Nach dem Ähnlichkeitsgesetz ist der Ausdruck $\frac{p - p^*}{\varrho^* w^{*\,2}/2}\left(\frac{D}{x_0}\right)^{-2/3}$, genommen für entsprechende Punkte, invariant; für $\left(\frac{D}{x_0}\right)$ werde der Anstellwinkel α der Platte genommen. Hiernach sind die lokalen Druckkoeffizienten und der Auftrieb proportional $\alpha^{2/3}$. Für den Anstell-

winkel null ist der Ausdruck $dc_A/d\alpha$ unendlich. Es illustriert dies das Versagen der linearisierten Theorie.

2. Der Auftrieb eines Profils nicht verschwindender Dicke ist für einen kleinen Anstellwinkel auch bei der MACH-Zahl 1 proportional α. Für ein gegebenes Profil sei $dc_A/d\alpha$ bei der MACH-Zahl 1 bekannt. Der Auftrieb sei A, das Dickenverhältnis D/x_0. Nun führen wir die Ähnlichkeitsverzerrung aus. Dabei bleibt $A\,(D/x_0)^{-2/3}$ und $\alpha\,(D/x_0)^{-1}$ unverändert. Den Auftrieb kann man auch schreiben als $A = \frac{dc_A}{d\alpha}\,\alpha$. Daraus folgt dann, daß bei einer Ähnlichkeitsverzerrung der Ausdruck $\frac{dc_A}{d\alpha}\,\alpha\,(D/x_0)^{-2/3}$ und deshalb auch $\frac{dc_A}{d\alpha}\left(\frac{D}{x_0}\right)^{1/3}$ invariant bleibt. Anders ausgedrückt

$$\frac{dc_A}{da} \sim \left(\frac{D}{x_0}\right)^{-1/3}.$$

Hiernach nimmt die Neigung der Kurve des Auftriebes über den Anstellwinkel mit abnehmendem Dickenverhältnis zu. Natürlich ist der Anstellwinkelbereich, in dem dieses Verhalten gültig ist, proportional dem Dickenverhältnis D/x_0; für dünne Profile kann dieser Bereich ziemlich klein sein. Das Ergebnis ist insofern bemerkenswert, als sowohl im Unterschall als im Überschall bei einer festen MACH-Zahl der Ausdruck $\frac{dc_A}{d\alpha}$ unabhängig vom Dickenverhältnis ist.

3. Wir vergleichen die Strömung um ein gegebenes Profil in einem blockierten Windkanal mit der Strömung bei der MACH-Zahl 1 im unendlichen Luftmeer. Die Abweichung der Druckverteilung am Körper in den beiden Fällen zeigt den Einfluß der Kanalwand. Wir unterwerfen beide Strömungsfelder der gleichen Ähnlichkeitsverzerrung. Dabei bleiben natürlich die relativen Unterschiede der beiden Druckverteilungen erhalten. Bei der Verzerrung ändert sich die Profildecke wie $\tau^{3/2}$, die Abweichung der Blockierungs-MACH-Zahl von 1 wie τ und die Kanalweite wie $\tau^{-1/2}$, da nämlich die Kanalwände dieselben Verzerrungen erleiden wie die Koordinaten. Hiernach ist für unveränderte Profiltiefe bei einem dickeren Profil in einem engeren Kanal der relative Wandeinfluß derselbe wie bei einem dünneren Profil in einem weiten Kanal. Vergleicht man ein gedrungenes und ein schlankes Profil in einem Kanal der gleichen Weite, dann ist für das dickere Profil die relative Abweichung der Druckverteilung von derjenigen für die MACH-Zahl 1 geringer, obwohl für das dickere Modell die Blockierungs-MACH-Zahl niedriger liegt. Will man die Genauigkeit von Windkanalmessungen mit Hilfe der Blockierungs-MACH-Zahl charakterisieren, so ist dies also nur berechtigt, wenn die Modelle etwa gleiche Tiefe und etwa gleiches Dickenverhältnis besitzen.

Eine Anwendung des Ähnlichkeitsgesetzes bei der Bestimmung von Kanalkorrekturen im schallnahen Gebiet findet sich bei GUDERLEY [7].

8. Vereinfachungen der Bezeichnungsweise

Nachdem wir gesehen haben, wie Näherungsgleichungen für schallnahe Strömungen sich durch einen Grenzprozeß herleiten lassen, ist es ungefährlich, eine weniger genaue Auffassung einzuführen, bei der man die Abweichungen von einer Parallelströmung mit der kritischen Geschwindigkeit als „genügend" klein und den umströmten Körper als „genügend" schlank betrachtet. Man setzt dann τ und x_0 einfach 1 und kümmert sich nicht darum, daß Gl. II, 3 (8) und II, 3 (10) durch einen Grenzprozeß entstehen; sie werden einfach als Annäherungen der exakten Differentialgleichungen aufgefaßt. Dabei führen wir die folgenden Bezeichnungen ein. x, y, z bzw. bei Zylinderkoordinaten x, r, ω sind die Koordinaten der Strömungsebene, $\bar{\Phi}$ ist das Potential der Strömung. Für $\bar{\Phi}$ wird der Ansatz gemacht

$$\bar{\Phi} = a^*\big(x + \Phi(x, y, z)\big) ;$$

dann beschreibt Φ die Abweichung des Strömungsfeldes von einer Parallelströmung mit der kritischen Geschwindigkeit. Für Φ gilt die angenäherte Gleichung

$$-(\varkappa + 1)\, \Phi_x \Phi_{xx} + \Phi_{yy} + \Phi_{zz} = 0, \tag{1}$$

im achsensymmetrischen Falle hat man

$$-(\varkappa + 1)\, \Phi_x \Phi_{xx} + \Phi_{rr} + \frac{\Phi_r}{r} = 0. \tag{2}$$

In den Stoßbedingungen Gl. II, 4 (8) und II, 4 (9) ist $\bar{v}_{x\,\mathrm{I}}$, $\bar{v}_{x\,\mathrm{II}}$, $\Delta\bar{v}_x$, $\Delta\bar{v}_y$ und $\Delta\bar{v}_z$ durch $\Phi_{x\,\mathrm{I}}$, $\Phi_{x\,\mathrm{II}}$, $\Delta\Phi_x$, $\Delta\Phi_y$ und $\Delta\Phi_z$ zu ersetzen. In Gl. II, 4 (9) sind die Potenzen von τ wegzulassen. Ein umströmter Körper wird wiederum durch eine approximierende Zylinderfläche und die Abweichung der wirklichen Oberfläche von dieser Zylinderfläche (gekennzeichnet durch h) beschrieben. Die Randbedingung an der Oberfläche heißt dann

$$\frac{d\Phi}{dn} = \frac{\partial h}{\partial x}. \tag{3}$$

Für die Drücke erhält man

$$p - p^* = -\varrho^* a^{*2}\, \Phi_x .$$

Für einen Rotationskörper wiederum ist die Achse mit logarithmischen Singularitäten zu belegen. In der Nähe der Achse sind die vorwiegenden Glieder

$$\Phi = f_1(x) + f_2(x) \ln r .$$

Beschreibt $r = \tilde{r}(x)$ die Oberfläche des Rotationskörpers, so gilt

$$f_2(x) = \tilde{r}\,\frac{d\tilde{r}}{dx}.$$

Zur Bestimmung der Drücke muß man entweder den Ausdruck

$$p - p^* = -\varrho^* a^{*2}\left(\Phi_x + \frac{\Phi_r^2}{2}\right),$$

an der Oberfläche des umströmten Körpers auswerten oder man muß bilden

$$p - p^* = -\varrho^* a^{*2}\left(\frac{df_1}{dx} + \frac{df_2}{dx}\ln\tilde{r}(x) + \frac{1}{2}\left(\frac{d\tilde{r}}{dx}\right)^2\right).$$

9. Kontinuitätsgleichung und Impulssatz bei schallnahen Strömungen

Es soll in diesem Abschnitt gezeigt werden, welche Gestalt die Kontinuitätsgleichung und der Impulssatz annehmen, wenn man die vereinfachte Form Gl. II, 8 (1) der Strömungsdifferentialgleichung benutzt. Dies kann bei der Bestimmung von Näherungslösung von Bedeutung sein. In solchen Problemen ist die Kontinuitätsgleichung nicht immer exakt erfüllt. Um dem Rechnung zu tragen, lassen wir zu, daß innerhalb des Strömungsfeldes Quellen der Quellstärke $\varrho^* a^* q$ auftreten. Dann lautet die vereinfachte Kontinuitätsgleichung

$$-(\varkappa + 1)\,\Phi_x\frac{\partial\Phi_x}{\partial x} + \frac{\partial\Phi_y}{\partial y} + \frac{\partial\Phi_z}{\partial z} = q. \tag{1}$$

Es werde ein Volumen V betrachtet, das durch eine Oberfläche O begrenzt wird. Der nach außen gerichtete Normalenvektor des Oberflächenelementes sei $d\mathfrak{o}$, dV sei das Volumenelement, $\mathfrak{i}$, $\mathfrak{j}$, $\mathfrak{k}$ seien Einheitsvektoren in x-, y- und z-Richtung. Dann ergibt sich aus der letzten Gleichung mit Hilfe des Gaußschen Integralsatzes

$$\iint_O d\mathfrak{o}\left[-\frac{\varkappa+1}{2}\,\Phi_x^2\,\mathfrak{i} + \mathfrak{j}\,\Phi_y + \mathfrak{k}\,\Phi_z\right] = \iiint_V q\,dV.$$

Bei Verwendung der exakten Kontinuitätsgleichung erhielte man für die linke Seite

$$\iint_O d\mathfrak{o}(\mathfrak{i}\,\varrho\,v_x + \mathfrak{j}\,\varrho\,v_y + \mathfrak{k}\,\varrho\,v_z).$$

In erster Näherung wird $\varrho\,v_x$ durch $\varrho^*\,a^*$ dargestellt. Bei der Integration über eine geschlossene Oberfläche hebt sich dieses Glied natürlich heraus. Wenn man dies berücksichtigt, so ergibt sich durch einen Vergleich der beiden letzten Ausdrücke, daß im schallnahen Gebiet die folgenden Näherungen gelten

$$\varrho\,v_x = \varrho^* a^*\left(1 - \frac{\varkappa+1}{2}\,\Phi_x^2\right),\quad \varrho v_y = \varrho^* a^*\,\Phi_y,\quad \varrho\,v_z = \varrho^* a^*\,\Phi_z. \tag{2}$$

Die erste Gleichung zeigt, daß die Beziehung zwischen der Stromdichte $\varrho\, w$ (die durch $\varrho\, v_x$ angenähert werden kann), und Φ_x durch eine Parabel gegeben wird. Das Maximum der Stromdichte, das in den vollständigen Strömungsgleichungen bei der kritischen Geschwindigkeit liegt [vgl. Gl. I, 2 (10a)] wird also richtig wiedergegeben.

Wenn man den Impulssatz benutzt, um die Kräfte, die auf einen umströmten Körper wirken, durch ein Oberflächenintegral wiederzugeben, so muß man mit Vorsicht vorgehen, da sich der Impuls durch Glieder ziemlich hoher Ordnung ausdrückt. Die Formulierung des Impulssatzes soll deshalb direkt aus der Gleichung für schallnahe Strömungen in der Form Gl. (1) hergeleitet werden. Zunächst könnten die EULERschen Gleichungen als ein besser geeigneter Ausgangspunkt erscheinen. Diese sind jedoch durch Einführung eines Potentials automatisch erfüllt, selbst wenn innerhalb des Strömungsfeldes Quellen auftreten. Natürlich sind die Impulse der auftretenden Quellen zu berücksichtigen, wenn das Volumen nicht infinitesimal klein ist.

Im folgenden beschränken wir uns auf den empfindlichsten Fall, nämlich auf die x-Komponenten des Impulses.

Multipliziert man Gl. (1) mit Φ_x, so läßt sich das Ergebnis in der Form schreiben

$$-(\varkappa+1)\,\Phi_x^2\,\Phi_{xx}+\frac{\partial}{\partial y}(\Phi_x\,\Phi_y)+\frac{\partial}{\partial z}(\Phi_x\,\Phi_z)-\frac{\partial}{\partial x}(\Phi_y^2)- \\ -\frac{\partial}{\partial z}(\Phi_z^2)=q\,\Phi_x.$$

Hieraus ergibt sich durch Anwendung des GAUSSschen Integralsatzes

$$\iint\limits_{0} d\mathfrak{o}\left\{\mathfrak{i}\left(-(\varkappa+1)\frac{\Phi_x^3}{3}-\frac{\Phi_y^2}{2}-\frac{\Phi_z^2}{2}\right)+\mathfrak{j}(\Phi_x\,\Phi_y)+\mathfrak{k}(\Phi_x\,\Phi_z\right\} \\ =\iiint\limits_{V} q\,\Phi_x\,dV. \tag{3}$$

Überraschend ist hierbei die hohe Potenz von Φ_x. Man überzeugt sich jedoch, daß bei Verzerrung nach dem Ähnlichkeitsgesetz alle Glieder von der gleichen Potenz in τ wären, wenn man auch die Verzerrung der Oberflächenelemente mit in Rechnung stellt. Wir müssen noch untersuchen, ob das Oberflächenintegral an der Oberfläche eines umströmten Körpers wirklich den x-Impuls der Druckkräfte darstellt.

An einem umströmten Körper gilt die Randbedingung

$$d\mathfrak{o}\,a^*[\mathfrak{i}(1+\Phi_x)+\mathfrak{j}\,\Phi_y+\mathfrak{k}\,\Phi_z]=0.$$

Indem man die beiden letzten Glieder der linken Seite von Gl. (3) mit diesem Ausdruck umformt, erhält man für die Oberfläche eines umströmten Körpers den Ausdruck

$$\iint d\mathfrak{o}\,\mathfrak{i}\, a^* \left\{ -(1+\Phi_x)\,\Phi_x - \frac{\varkappa+1}{3}\,\Phi_x^3 - \frac{\Phi_y^2}{2} - \frac{\Phi_z^2}{2} \right\}.$$

$d\mathfrak{o}\,\mathfrak{i}$ ist die Projektion eines Flächenelementes in der x-Richtung. Die höheren Potenzen von Φ_x sind in diesem Falle vernachlässigbar (weil sich nämlich die Oberfläche eines Körpers in anderer Weise als die Koordinaten verzerrt). In der gegenwärtigen Näherung ist $-\varrho^* a^{*2}(\Phi_x + \Phi_y^2/2 + \Phi_z^2/2)$ der Ausdruck für $(p - p^*)$. Die Herleitung ist ähnlich der von Gl. (2). Im allgemeinen sind die Glieder $\Phi_y^2/2 + \Phi_z^2/2$ klein gegenüber Φ_x. Eine Ausnahme fanden wir auf S. 42 bei der Untersuchung eines achsensymmetrischen Körpers. Dieser Fall ist also in der Formulierung des Impulssatzes eingeschlossen.

III. Linearisierte Behandlung schallnaher Strömungen

1. Vorbemerkung

Die Tatsache, daß wir eine nichtlineare Gleichung als charakteristisch für das schallnahe Gebiet gefunden haben, bedeutet nicht, daß wir immer auf diese Gleichung angewiesen sind. Es gibt eine Reihe von Fragen, bei denen das nichtlineare Glied von nur geringer Bedeutung ist. Dies ist von großer Wichtigkeit, denn die nichtlineare Gleichung bietet solche Schwierigkeiten, daß sie mit nicht allzu großem Aufwand nur für einzelne spezielle Beispiele gelöst werden kann. Unter den Problemen, die durch eine linearisierte Theorie zu behandeln sind, ist als praktisch wichtigstes die Bestimmung des Auftriebes eines Flügels mit kleinem Seitenverhältnis zu nennen.

Auch vom theoretischen Standpunkte aus, ist eine linearisierte Behandlung des Strömungsfeldes nicht bedeutungslos. Selbst wenn das numerische Ergebnis unbefriedigend ist, erhält man doch Einblick in die Art der Schwierigkeiten, die durch die Einführung des nichtlinearen Gliedes überwunden werden müssen.

2. Ebene und achsensymmetrische schallnahe Strömungen in linearisierter Behandlung

Läßt man in Gl. II, 8 (1) das Glied $-(\varkappa+1)\,\Phi_x\,\Phi_{xx}$ weg, so ergibt sich die linearisierte Differentialgleichung schallnaher Strömungen. Für ebene Strömungen erhält man

$$\Phi_{yy} = 0. \tag{1}$$

Die vollständige Lösung dieser Differentialgleichung — vollständig, weil sie zwei willkürliche Funktionen enthält — ist gegeben durch

$$\Phi(x, y) = y\,f(x) + g(x), \tag{2}$$

hierin sind f und g beliebig. Hiernach ist für jede Linie $x = \text{const}$ der Wert von Φ_y, d. h. in der gegenwärtigen Näherung die Neigung der Stromlinien konstant, und die Stromlinien gehen durch Parallelverschiebung in der y-Richtung auseinander hervor.

Wir versuchen, dieses Ergebnis auf die Strömung um ein Profil anzuwenden. Die Profilgestalt kann beschrieben werden durch die Neigung der Stromlinien am Profil ϑ in Abhängigkeit von x, $\vartheta = \vartheta(x)$. Damit ist die Funktion $f(x)$ bestimmt, nämlich

$$f(x) = \vartheta(x).$$

Wie bestimmt sich nun die Funktion $g(x)$? Um nicht sofort zu einem sinnlosen Ergebnis zu kommen, betrachten wir die Strömung in einem Freistrahl endlicher Weite. In linearisierter Behandlung erstreckt sich die Strahlgrenze längs der Linien $y = \text{const} = \pm y_0$. Dort haben wir die Bedingung, daß der Druck gleich dem kritischen Druck und damit — wieder in erster Näherung — $\Phi_x = 0$ ist. Diese Bedingung wird durch die Wahl von g erfüllt. Man erhält als Lösung für die obere Hälfte des Strömungsfeldes

$$\Phi = y\,\vartheta(x) - y_0\,\vartheta(x). \tag{3}$$

Die Strahloberfläche hat in dieser Näherung dieselbe Gestalt wie das Profil, da nämlich alle Stromlinien durch Parallelverschiebung in y-Richtung auseinander hervorgehen. Stromaufwärts und stromabwärts des Profils ist die Strahloberfläche ungestört.

Die Drücke am Profil sind proportional Φ_x. Man hat

$$\Phi_{x_{(y=0)}} = -y_0\,\frac{\partial\vartheta}{dx}. \tag{4}$$

Natürlich muß man, um innerhalb der Gültigkeit der linearisierten Theorie zu bleiben, die Drücke klein halten. Das bedeutet, daß entweder die Neigung des Profils oder die Weite des Strahls beschränkt bleiben muß.

Was ist nun die *physikalische* Bedeutung dieser Lösung? In Gl. II, 9 (2) hatten wir einen Ausdruck für die Stromdichte in schallnaher Näherung gefunden. Vernachlässigt man in der Differentialgleichung das nichtlineare Glied, so muß man auch in diesem Ausdruck das nichtlineare Glied weglassen und erhält dann konstante Stromdichte. In erster Näherung bedeutet das, daß der Abstand der Stromlinien in y-Richtung konstant ist. Damit ist die Stromliniengestalt von vornherein bekannt.

Daß die Stromdichte nur von den Gliedern zweiter Ordnung abhängt, zeigt wie empfindlich schallnahe Strömungen gegen aufgezwungene Änderungen der Stromlinienquerschnitte sind; die Geschwindigkeit muß sich um einen erheblichen Betrag ändern, um selbst eine geringe Vergrößerung des Stromlinienquerschnittes zu verursachen.

Nachdem die Stromlinienform in der ganzen Strömung bekannt ist, lassen sich die Drücke durch Integration der Zentrifugalkräfte bestimmen. Es läßt sich im einzelnen zeigen, daß man dadurch zu der in Gl. (3) angegebenen Lösung kommt. Geht die Strahlweite nach unendlich, so ergibt sich als Druck am Profil, je nach dem Vorzeichen der Profilkrümmung positiv oder negativ unendlich.

Hiernach werden die Schwierigkeiten der linearisierten Behandlung durch die Zentrifugalkräfte, die sich über große Entfernungen addieren, veranlaßt. Über einen Streifen beschränkter Weite ist eine solche Integration zulässig. So sind es die entfernteren Teile des Strömungsfeldes, die uns dazu zwingen, die linearisierte Theorie aufzugeben. In einer linearisierten Theorie bleiben die vom Profil hervorgerufenen Störungen auf einen Streifen senkrecht zur Anströmrichtung beschränkt, der die Tiefe des Profils hat. Die nichtlinearen Glieder der Differentialgleichung bewirken, daß sich das gestörte Gebiet ausbreitet und daß die ursprünglichen Störungen so nach Unendlich abklingen, daß die integrierten Zentrifugalkräfte endliche Drücke am Profil ergeben. Für diesen Mechanismus sind auch in großer Entfernung vom Profil die nichtlinearen Glieder von Wichtigkeit. Es ist dies einigermaßen überraschend, da in genügender Entfernung alle Störungen klein sind. Bei der Beurteilung von Näherungsverfahren zur Berechnung schallnaher Strömungen sollte man sich an diese Tatsachen erinnern[1].

[1] Die Linearisierung bewirkt eine grundsätzliche Änderung in der Strömungsdifferentialgleichung. Während sie nämlich in der ursprünglichen Form, je nach dem Vorzeichen von Φ_x vom elliptischen oder hyperbolischen Typ sein konnte, ist sie jetzt parabolisch. Darauf eine Ablehnung der Linearisierung gründen zu wollen, ist aber vom Standpunkt des Ingenieurs oder des angewandten Mathematikers aus unberechtigt. Tatsächlich werden solche Vereinfachungen häufig und meist ohne ernste Folgen vorgenommen; es sei an die Grenzschichtgleichung erinnert, die die elliptischen NAVIER-STOKESschen Gleichungen in parabolische Gleichungen überführen, oder an die Gleichung kompressibler reibungsfreier Strömungen, die ebenfalls aus den NAVIER-STOKESschen Gleichungen entstehen. Die Schwierigkeiten, die man durch diese Vereinfachungen hervorruft, sind meist auf kleine Gebiete beschränkt, die ausgeschlossen oder gesondert behandelt werden müssen. Beispiele für solche Korrekturen sind die Grenzschichttheorie oder die Verdichtungsstöße. Die Grenzschichttheorie gibt die Korrekturen an den Ergebnissen der reibungsfreien Behandlung von Gasströmungen, die man wegen der Nichterfüllung der Haftbedingung an der Oberfläche eines Körpers vornehmen muß. Die Stöße stellen eine Näherung für solche Gebiete der Strömung dar, in denen bei Benutzung der NAVIER-STOKESschen Gleichungen sehr große Druckgradienten auftreten würden und wo bei reibungsfreier Behandlung ein Überschlagen der Strömungsebene auftreten würde.

Die Behandlung achsensymmetrischer Probleme ist ganz ähnlich. Die linearisierte Potentialgleichung

$$\Phi_{rr} + \frac{\Phi_r}{r} = 0 \tag{5}$$

hat als Lösung

$$\Phi \doteq f(x) \ln r + g(x).$$

Hieraus findet man

$$\Phi_r = \frac{f(x)}{r},$$

und dies ist auch die Neigung des Geschwindigkeitsvektors.

Es sei die Gestalt des Körpers gegeben durch $r = \tilde{r}(x)$. Daher findet sich als Randbedingung

$$\frac{f(x)}{\tilde{r}} = \frac{d\tilde{r}}{dx}$$

oder

$$f(x) = \frac{1}{2} \frac{d}{dx} (\tilde{r})^2.$$

Die Funktion $g(x)$ ergibt sich wiederum aus Randbedingungen in einiger Entfernung vom Körper. Für einen Freistrahl vom Radius r_0 erhält man als Lösung

$$\Phi = \frac{1}{2} \frac{d}{dx} (\tilde{r})^2 [\ln r - \ln r_0].$$

Auch hier geht der Druck am Körper nach Unendlich, wenn der Radius des Freistrahls nach Unendlich geht, aber in wesentlich schwächerer Weise als im ebenen Falle. Das rührt daher, daß wegen Vergrößerung der Ringquerschnitte mit wachsendem r die Stromlinienkrümmungen und damit auch die Zentrifugalkräfte nach Unendlich zu abklingen[1].

Nach diesen Überlegungen kann man erwarten, daß für achsensymmetrische Strömungen die physikalischen Schwierigkeiten des schallnahen Gebietes in geringerem Maße in Erscheinung treten als in ebenen Strömungen. Dies ist insofern beachtenswert, als die meisten exakt bekannten Beispiele schallnaher Strömung ebene Probleme darstellen. Bei der Übertragung der Ergebnisse auf den achsensymmetrischen Fall ist Vorsicht angebracht.

Die linearisierte Theorie kann als erstes Glied in einer Entwicklung der Strömung nach einem Dickenparameter angesehen werden. Im unendlichen Luftmeer ergibt aber das erste Glied bereits unendliche

[1] Wäre der Faktor von Φ_r/r in Gl. (5) größer als 1, so blieben, wie A. Busemann bemerkte, die Drücke am Profil in jedem Falle endlich, und es beständen keine Bedenken gegen eine linearisierte Theorie im schallnahen Gebiet.

Drücke. Für die angestellte Platte hatten wir mit Hilfe des Ähnlichkeitsgesetzes gefunden, daß tatsächlich die Anfangstangente einer Kurve, die den Auftrieb über den Anstellwinkel darstellt, eine vertikale Tangente hat. Hierbei spielt der Anstellwinkel dieselbe Rolle wie die Profildicke. So ist die linearisierte Theorie zwar nutzlos, paßt aber wenigstens in das allgemeine Bild.

3. Räumliche Strömungen

Für räumliche Strömungen erhält man als linearisierte Differentialgleichung

$$\Phi_{yy} + \Phi_{zz} = 0. \tag{1}$$

Hierin treten die Ableitungen in der x-Richtung nicht auf, so daß in jedem Querschnitt $x = \text{const}$ die Differentialgleichung unabhängig von dem Nachbarquerschnitt gelöst werden kann. Hinter einem Flügel besteht allerdings eine Verknüpfung zwischen verschiedenen Querschnitten auf Grund der Randbedingungen, die in der Wirbelschicht des Totwassers zu erfüllen sind.

Als Randbedingung an der Oberfläche des Körpers hat man nach Gl. II, 8 (3)

$$v_n = \frac{\partial h}{\partial x}, \tag{2}$$

wobei v_n die Komponente der Geschwindigkeit ist, die in der Ebene $x = \text{const}$ liegt und die senkrecht auf der Fläche approximierenden Zylinderfläche steht (vgl. S. 40). h ist der in der Richtung v_n gemessene Abstand der Oberfläche des Körpers von der zugehörigen approximierenden Zylinderfläche.

Wesentlich ist, daß in dieser Randbedingung nur die Geschwindigkeitskomponente auftritt, die in der betrachteten Ebene $x = \text{const}$ liegt. Man hat es in jeder solchen Ebene mit einem Randwertproblem der zweiten Art für die zweidimensionale LAPLACEsche Gleichung zu tun. Als weitere Randbedingung muß man fordern, daß im Unendlichen das Potential verschwindet, andernfalls erhält man dort von Null verschiedene Zusatzgeschwindigkeiten.

Schneidet eine Ebene $x = \text{const}$ die Oberfläche des umströmten Körpers in mehreren Schnittkurven, wie es z. B. bei den stromabwärts liegenden Teilen eines Pfeilflügels der Fall ist, so ist durch diese Randbedingung, die Lösung nicht mehr eindeutig bestimmt. Es muß nämlich zugelassen werden, daß im Totwasser der Hinterkante das Potential einen Sprung erfährt. (Die Ableitung des Potentials normal zur Fläche des Totwassers ist aber stetig.) Unmittelbar oberhalb oder unterhalb des Totwassers ist das Potential konstant längs Geraden die in x-Richtung verlaufen. An der Hinterkante besteht die KUTTAsche Bedingung, daß die Geschwindigkeit nicht unendlich werden darf. Diese Bedingungen führen dann zu einer Integralgleichung für das Potential im Totwasser, durch die die Lösung des Strömungsproblems voll bestimmt wird.

Für jeden Querschnitt $x = \text{const}$ gilt für Φ die Differentialgleichung und die Randbedingungen einer ebenen inkompressiblen Strömung. Das Integral $\int v_n\, ds$ erstreckt längs der Schnittkurve des Körpers in der Ebene $x = \text{const}$ (wobei ds das Linienelement dieser Schnittkurve ist), gibt für dies inkompressible ebene Strömung die aus dem Körper austretende Flüssigkeitsmenge an. Falls diese Menge von Null verschieden ist, nimmt im Unendlichen das Potential die Form einer Quelle an, d. h., der vorwiegende Ausdruck ist dort $\ln r$. Gerade dieses Glied war es aber, das für einen achsensymmetrischen Körper die Anwendung der linearisierten Theorie unmöglich machte. Deshalb muß man fordern

$$\int v_n\, ds = 0 .$$

Nach Gl. (2) kann dies geschrieben werden als

$$\int \frac{\partial h}{\partial x}\, ds = 0 . \tag{3}$$

Nun ist aber $\frac{d}{dx}\int h\, ds$ die Ableitung der Querschnittsfläche des Körpers in x-Richtung, d. h. die Gl. (3) verlangt, daß die Querschnitte des Körpers, die in Ebenen $x = \text{const}$ liegen, konstant sind. Der Anfangsquerschnitt eines Körpers endlicher Abmessungen (z. B. eines Tragflügels) ist aber Null, daher gilt die räumliche linearisierte Theorie nur für Körper verschwindender Dicke.

In dem praktisch wichtigsten Fall des Tragflügels ist die Zylinderfläche, auf die sich der Körper für $\tau = 0$ zusammenzieht, eben. Der Tragflügel kann einen Anstellwinkel, eine Wölbung oder auch Verwindung besitzen. In jeder Ebene $x = \text{const}$ ist längs der Strecke, die den Schnitt mit dem Tragflügel darstellt — etwa längs eines Stückes der z-Achse — die Normalableitung von Φ gegeben. Auf der Oberseite und der Unterseite dieser Strecke haben für einen unendlich dünnen Flügel die Werte der Normalableitung entgegengesetztes Vorzeichen. Systematisch erhält man die Lösung, indem man die Strecke konform auf einen Kreis abbildet und dann das Randwertproblem in der Kreisebene durch eine FOURIER-Analyse löst. Gelegentlich wird das Problem auch als Integralgleichung in der y, z-Ebene formuliert, das Lösungsverfahren wird davon aber nicht berührt.

Als Beispiel sei die Lösung mit einem konstanten Anstellwinkel gegeben. In diesem Falle ist h in Gl. (2) eine lineare Funktion von x, und die Normalkomponente der Geschwindigkeit längs der Strecke, die in den verschiedenen Ebenen $x = \text{const}$ den Flügel darstellen, ist konstant. Die Lösung findet man entweder systematisch nach dem oben beschriebenen Verfahren oder man kann sie erraten, wenn man sich daran erinnert, daß eine elliptische Auftriebsverteilung in der PRANDTLschen Tragflügeltheorie einen konstanten Abwind im Unendlichen ergibt. Dementsprechend setzen wir

$$\Phi = \text{const}\,\mathrm{Re}\left(\sqrt{b^2 + \zeta^2} - \zeta\right),$$

wobei

$$\zeta = y + i\,z.$$

Die hier auftretende Konstante wird später so gewählt werden, daß man den gewünschten Anstellwinkel erhält. Wenn man die Wurzel entwickelt und dabei das positive Vorzeichen wählt, zeigt sich, daß das Potential im Unendlichen verschwindet. Als Geschwindigkeit in der y-Richtung findet man

$$\frac{\partial \Phi}{\partial y} = \text{const}\,\mathrm{Re}\left[\frac{\partial}{\partial y}\left(\sqrt{b^2 + \zeta^2} - \zeta\right)\right] = \text{const}\,\mathrm{Re}\left[\frac{d}{d\zeta}\left(\sqrt{b^2 + \zeta^2} - \zeta\right)\right]$$
$$= \text{const}\,\mathrm{Re}\left(\frac{\zeta}{\sqrt{b^2 + \zeta^2}} - 1\right).$$

An der Plattenoberfläche ist $y = 0$ daher $\zeta = i\,z$; für die Wurzel ergibt sich $\sqrt{b^2 - z^2}$, und dies ist reell für $z < b$. Deshalb wird dort der Realteil des Ausdruckes $\frac{\zeta}{\sqrt{b^2 + \zeta^2}}$, Null, und man erhält

$$\Phi_y = -\,\text{const}.$$

In dem gegenwärtigen Falle ist die Gleichung der Plattenoberfläche $y = -\alpha\,x$ (wobei α den Anstellwinkel darstellt). Man findet als Randbedingung

$$\Phi_y = -\alpha.$$

Wegen der Linearisierung ist diese Bedingung längs der z-Achse zu erfüllen, d. h., die Konstante in dem ursprünglichen Ansatz ist α. Nehmen wir an, daß der Flügelumriß symmetrisch in bezug auf die x-Achse ist und daß er gegeben wird durch $b = b(x)$, wobei aus Gründen, die später zur Sprache kommen, b eine nicht abnehmende Funktion ist, so ergibt sich für das Potential

$$\Phi = \alpha\,\mathrm{Re}\left(\sqrt{b^2(x) + \zeta^2} - \zeta\right).$$

Durch Differentiation nach x erhält man die x-Geschwindigkeit und daraus mit Hilfe der BERNOULLIschen Gleichung die Drücke.

Ist die $b = \text{const}$, so ist, in der gegenwärtigen Näherung, auch Φ in x-Richtung konstant, und die Drücke auf dem Flügel sind auf der Oberseite und der Unterseite gleich dem Druck der Anströmung. Deshalb überträgt an solchen Stellen die Flügeloberfläche keine Kraft und man kann Teile der Flügeloberfläche auch weglassen. Damit hat man auch die Lösung gefunden für Fälle mit konstantem Anstellwinkel, in denen sich b verringert. Das Potential, das in dem Querschnitte herrschte, für den b ein Maximum war, bleibt in den stromabwärts davon liegenden Querschnitten erhalten und gibt dort das Potential der Wirbelschleppe.

Der Gesamtauftrieb errechnet sich als

$$A = 2\varrho^* a^{*2} \iint\limits_{\text{Flügelfläche}} \Phi_x \, dx \, dz = 2\varrho^* a^{*2} \alpha \int\limits_{-b_{\max}}^{+b_{\max}} \sqrt{b_{\max}^2 - z^2} \, dz$$

$$= \varrho^* a^{*2} \alpha \pi b_{\max}^2,$$

der Faktor 2 rührt dabei von dem Anteil von Unterseite und Oberseite her. Der Auftrieb ist also nur von dem Anstellwinkel und der maximalen Spannweite abhängig.

Die Linearisierung ist nur zulässig, wenn die Werte von Φ_x nicht allzu groß werden. Das bedeutet, daß sich der Querschnitt nicht zu rasch ändern darf. In dem extremen Fall der angestellten Rechteckplatte tritt an der Vorderkante eine sprungweise Änderung des Wertes b auf, Φ_x wird unendlich; die auftretende Kraft A ergäbe sich aber als endlich (siehe die letzte Gleichung) und wäre in der Vorderkante konzentriert. Natürlich ist hier die linearisierte Theorie nicht anwendbar.

Hinsichtlich der Behandlung des Pfeilflügels sei auf die Arbeiten von MANGLER und HEASLET, LOMAX, SPREITER verwiesen. Für Unterschall und Überschall wurden ähnliche Überlegungen von R. T. JONES gebracht.

4. Körper mit von Null verschiedener Dicke

Für achsensymmetrische Körper war es unmöglich bei der MACH-Zahl 1 Strömungsfelder mit Hilfe der linearisierten Potentialgleichung zu finden, da die Integration der Fliehkräfte unendliche Drücke ergibt. Das gleiche trifft für Körper allgemeiner Gestalt zu, die in den Ebenen $x = \text{const}$ einen von Null verschiedenen Querschnitt besitzen.

Nach OSWATITSCH und KEUNE kann man trotzdem in verhältnismäßig einfacher Weise das Strömungsfeld berechnen und die für den Widerstand maßgebenden Größen bestimmen. Als bekannt wird dabei das Strömungsfeld um den sogenannten „äquivalenten" Rotationskörper vorausgesetzt; er weist in Ebenen $x = \text{const}$ dieselben Querschnitte, wie der zu untersuchende Körper auf. Dieses Feld muß unter Benutzung der vollständigen Näherungsgleichung für schallnahe Strömungen bestimmt werden. Die Abweichung der Querschnitte von denen des äquivalenten Rotationskörper wird dann unter Benutzung der linearisierten Potentialgleichung

$$\Phi_{yy} + \Phi_{zz} = 0 \tag{1}$$

berücksichtigt.

Zu diesem Verfahren kann man durch die folgenden Überlegungen gelangen. Die letzte Differentialgleichung braucht nicht als Ergebnis einer Linearisierung, d. h. einer Entwicklung des Strömungsfeldes nach einem Dickenparameter aufgefaßt zu werden, man kann sie auch erhalten, indem man annimmt, daß der Körper hinreichend schlank ist und dann das Verfahren anwendet, das auf S. 27 gezeigt wurde. Die Differentialgleichung ist also verträglich mit der Vorstellung, daß die Querschnitte in den Ebenen $x = \text{const}$ bei dem Grenzübergang, der zur Vereinfachung der Differentialgleichung führt, ähnlich bleiben. (Bei der üblichen Linearisierung verzerren sie sich affin.) Man könnte mit der letzten Gleichung in Analogie zum Verfahren der Seiten 27 und 28 die Strömung um einen beliebigen hinreichend schlanken Körper in einem Freistrahl mit der kritischen Geschwindigkeit berechnen.

Natürlich gelingt es nicht, den Radius des Freistrahls nach Unendlich gehen zu lassen. Gegen die Anwendung der letzten Gleichung ist aber nichts einzuwenden, wenn man sie auf ein zylindrisches Gebiet beschränkt, das den umströmten Körper umschließt. Außerhalb dieses Gebietes muß dann die vollständige Differentialgleichung für schallnahe Strömungen angewendet werden. Wir werden zeigen, wie man mit diesen Vorstellungen die Lösung konstruieren kann, und daß die Vernachlässigungen, die man bei dieser Konstruktion macht, für einen hinreichend schlanken Körper erlaubt sind.

Die Oberfläche des umströmten Körpers sei gegeben durch

$$F(x, \bar{y}, \bar{z}) = 0,$$

wobei

$$\bar{y} = y\tau^{-1/2},$$

$$\bar{z} = z\tau^{-1/2}.$$

Der Parameter τ bringt die Schlankheit zum Ausdruck, geht $\tau \to 0$, so muß man y und z entsprechend kleiner wählen, damit die letzte Gleichung erfüllt ist. Die Querschnitte in den Ebenen $x = \text{const}$ sind proportional τ. Ein Vektor normal zur Oberfläche ist dann gegeben durch

$$\frac{\partial F}{\partial x}\mathfrak{i} + \tau^{-1/2}\frac{\partial F}{\partial \bar{y}}\mathfrak{j} + \tau^{-1/2}\frac{\partial F}{\partial \bar{z}}\mathfrak{k} = 0.$$

Indem man sich an die Vereinbarung erinnert, daß $a^* = 1$, erhält man dann als Randbedingung an der Oberfläche des umströmten Körpers

$$\frac{\partial F}{\partial y}\,\Phi_y + \frac{\partial F}{\partial z}\,\Phi_z = -\tau^{1/2}\frac{\partial F}{\partial x}. \qquad (2)$$

Die Zylinderfläche, die das Innengebiet in dem die Gl. (1) benutzt wird, von dem Außengebiet wo die vollständige Differentialgleichung zu verwenden ist, trennt, sei gegeben durch $y^2 + z^2 = \text{const}$. Die Lage dieser Fläche sei unabhängig von τ. Es wird sich zeigen, daß außerhalb dieser Fläche das Strömungsfeld für einen hinreichend schlanken Körper beliebig wenig von einem achsensymmetrischen Feld abweicht, so daß dort die Abweichung von der Achsensymmetrie durch eine Linearisierung behandelt werden könnte.

Für den äquivalenten Rotationskörper erhält man als Lösung in der Nähe der Achse den Ausdruck

$$\Phi = f(x)\ln r + g(x). \qquad (3)$$

Bei Verwendung der vollständigen Gleichung schallnaher Strömung treten hierzu noch Glieder der Ordnung $r^2(\ln r)^2$. Das Glied $\Phi_x\,\Phi_{xx}$ hat nämlich die Ordnung $(\ln r)^2$, sein Einfluß auf das Potential ergibt sich durch eine Integration. Natürlich verzerrt sich auch der äquivalente Rotationskörper mit τ, diese Verzerrung kann man mit Hilfe des Ähnlichkeitsgesetzes für schallnahe Strömungen [Gl. II. 5 (8)] behandeln. Man erhält dann

$$\Phi = \tau\{f(x)\ln(r\,\tau^{1/2}) + g(x) + O[(r\,\tau^{1/2})^2\,(\ln(r\,\tau^{1/2}))^2]\}. \qquad (3\text{a})$$

Die Größenordnung der Zusatzglieder ist also $\tau^2(\ln\tau)^2$. Für den Körper allgemeiner Gestalt mögen Φ_x und Φ_{xx} beschränkt sein, das erfordert, daß keine unstetigen Änderungen des Querschnittes auftreten. Ist dies der Fall, so ist das Glied $\Phi_x\,\Phi_{xx}$ für den äquivalenten Rotationskörper und den Körper allgemeiner Gestalt von der gleichen Größenordnung, und damit ergibt sich auch ein Fehler der gleichen Größenordnung im Potential.

Als Lösung im Außengebiet wählen wir nun diejenige für den äquivalenten Rotationskörper. Die Schwierigkeiten, die bei der Berechnung eines solchen Strömungsfeldes auftreten, sind allerdings noch nicht voll überwunden. Mit dieser Lösung ist natürlich auch ihre Darstellung in der Nähe der Achse bekannt, es ist dies der Ausdruck Gl. (3a). Für hinreichend kleines τ gilt dieser Ausdruck bis an die Grenze der beiden Gebiete. Die Funktion $g(x)$ ist durch das Strömungsfeld als Ganzes bestimmt, der Ausdruck $f(x)$ ist bereits durch die Querschnittsverteilung des äquivalenten Rotationskörpers gegeben. Bis auf Glieder

der Ordnung $\tau^2(\ln\tau)^2$ liefert also der Ausdruck

$$\tau\{f(x)\ln(r\tau^{1/2}) + g(x)\}$$

das Potential an der Grenze der beiden Gebiete, wie es vom Außengebiet her bestimmt ist. Für die Lösung im Innengebiet erhält man

$$\Phi = \tau\{\mathrm{Re}[h(\bar{y} + i\,\bar{z},\, x) + g_1(x)]\},$$

dabei soll die Funktion h analytisch in $\bar{y} + i\,\bar{z}$ sein und so gewählt werden, daß sie die Randbedingungen Gl. (2) an der Oberfläche des umströmten Körpers erfüllt. Aus dieser Bedingung erklärt sich die Wahl der unabhängigen Variablen $\bar{y}$ und $\bar{z}$ und das Auftreten des Faktors τ vor der Lösung. Weiter soll die Entwicklung der Funktion h für $\bar{y} + i\,\bar{z} \to \infty$ außer Gliedern, die im Unendlichen verschwinden, nur den Ausdruck $\ln(\bar{y} + i\,\bar{z})$, nicht dagegen ein von $\bar{y} + i\,\bar{z}$ unabhängiges Glied enthalten. Da die Querschnittsverteilung des äquivalenten Rotationskörpers mit dem Ausgangskörper übereinstimmt, ist in beiden Fällen das Glied $\mathrm{Re}\ln(\bar{y} + i\,\bar{z})$ dasselbe. Die Funktion $g_1(x)$ ist nicht durch die Randbedingungen am Profil bestimmt, wir wählen g_1 gleich der entsprechenden Funktion des äquivalenten Rotationskörper $g(x)$.

Jetzt kann der Fehler abgeschätzt werden, der in dieser Lösung enthalten ist. Er rührt zum Teil daher, daß im Innengebiet nicht die exakte Differentialgleichung verwendet wurde, die Größenordnung dieser Vernachlässigung wurde bereits bestimmt. Weiter stimmten längs der Grenzfläche der beiden Gebiete die beiden Lösungen nicht vollkommen überein. Im Innengebiet treten z. B. für große Werte $\bar{y} + i\,\bar{z}$, bei einem angestellten Körper Glieder $\frac{\tau^{3/2}}{y + i\,z}$, bei einem nichtangestellten Körper Glieder der Ordnung $\frac{\tau^2}{(y + i\,z)^2}$ auf. Diese können dadurch kompensiert werden, daß man weitere Lösungen im Innen- und im Außengebiet überlagert, die den durch diese Glieder an der Grenzfläche hervorgerufenen Sprung von Φ und Φ_r korrigieren. Diese Korrektur ist höchstens von der Größenordnung des Sprunges, sie ist bei dem angestellten Körper proportional $\tau^{3/2}$, bei dem nichtangestellten Körper τ^2. Man kann zeigen, daß an der Oberfläche des angestellten Körpers der Einfluß dieses Gliedes die Größenordnung τ^2 besitzt.

Damit ist gezeigt worden, daß für hinreichend schlanken Körper die Fehler vernachlässigbar sind. Es ist bemerkenswert, daß in der Lösung die Lage der Trennfläche keine Rolle mehr spielt, weil nämlich von der Lösung im Außengebiet nur die Funktion $g(x)$ übernommen wurde.

Ein Abschätzen des Fehlers für konkrete Fälle stammt von LANDAHL. Die Randwertaufgabe im Innengebiet kann für einen Querschnitt geringer Dicke durch Entwicklung nach einem Dickenparameter gelöst werden. Das Verfahren wurde von KEUNE ausgearbeitet. Höhere Glieder in dieser Entwicklung können für Dreiecksflügel von Bedeutung sein, bei denen in Schnitten $x = \text{const}$ das Verhältnis von Flügeldicke zu Spannweite nicht klein zu sein braucht. Für andere Profile würde man die Methoden der Funktionentheorie heranziehen.

Den Widerstand und Auftrieb eines solchen Körpers bestimmt man am besten durch Anwendung des Impulssatzes, wobei als Kontrollfläche die Oberfläche des umströmten Körpers und die Trennfläche der beiden Gebiete benutzt werden. Wie man sich mit Hilfe von Gl. II, 9 (3) überzeugt, sind die Glieder, die in der Impulsbilanz auftreten, längs der Grenzfläche der beiden Gebiete die gleichen, gleichgültig ob man in der Strömungsdifferentialgleichung das Glied $\Phi_x \Phi_{xx}$ mitführt oder nicht. Zur Berechnung des Widerstandes kann man für kleine Werte von τ die Geschwindigkeitskomponenten benutzen, wie sie sich aus dem Außengebiet berechnen. Das sind aber die Geschwindigkeiten, die sich für den äquivalenten Rotationskörper ergaben. Damit ist der Widerstand eines Körpers allgemeiner Gestalt bis auf Größen höherer Ordnung gleich dem Widerstand des äquivalenten Rotationskörpers. Dies ist zuerst von OSWATITSCH, KEUNE und WITHCOMB bemerkt worden.

Anschaulich ist nun klar, daß bei einem vorgegebenen Dickenverhältnis des Rotationskörpers diejenige Form den geringsten Widerstand besitzt, dessen Querschnittsverteilung, besonders im Überschallgebiet einer glatten Kurve folgt. Es ergibt sich daraus, daß man bei einem Flugzeug im schallnahen Gebiet erhebliche Widerstandsersparnisse erhalten kann, wenn der Rumpf eine Einziehung in denjenigen Querschnitten, wo sich die Flügel befinden, aufweist.

Die Ermittlung des Auftriebes für schlanke Körper mit der hier beschriebenen Methode ist von der Unterschall- und der Überschallaerodynamik her bekannt. Die Ergebnisse gehen bei der Schallgeschwindigkeit glatt ineinander über. Die gegenwärtigen Betrachtungen rechtfertigen die Anwendung dieser Methode im schallnahen Gebiet.

Als Kuriosum sei das folgende erwähnt. Für Überschallströmungen um Rotationskörper ergibt die linearisierte Theorie eine Widerstandsformel, die auch bei der MACH-Zahl 1 einen endlichen Wert liefert, obwohl die am Körper auftretenden Drücke dabei unendlich werden. Das Ergebnis ist natürlich mit großer Zurückhaltung zu betrachten und hält auch den Vergleich mit Versuchen nicht stand. Daß diese

Berechnungsmethode nicht zutreffen kann, erkennt man daraus, daß der gleiche Grenzwert von der Unterschallseite her gebildet, nach dem D'ALEMBERTschen Paradoxon den Widerstand null ergibt.

5. Nichtstationäre schallnahe Strömungen in linearisierter Behandlung

Viele Schwierigkeiten schallnaher Strömungen entfallen bei nichtstationären Bewegungen, wenn die Beschleunigungen nicht allzu klein sind. Dies ist für solche Flugkörper von Interesse, die mit erheblichen Beschleunigungen durch die kritische Geschwindigkeit hindurchgehen. Gegebenenfalls wird dann eine Berechnung der auf den Körper wirkenden Kräfte mit Hilfe der nichtlinearen Theorie unnötig.

Vom physikalischen Standpunkt aus ist die Untersuchung nichtstationärer Strömungen insofern interessant, als sie zeigt, wie sich die unendlichen Drücke, die man bei der stationären linearisierten Theorie findet, im Laufe der Zeit aufbauen.

Am besten bezieht man sich bei diesen Untersuchungen auf ein in der umgebenden Luft ruhendes Koordinatensystem. Unter Beschränkung auf die Glieder der ersten Ordnung nimmt dann Gl. I, 4 (9) die aus der Akustik bekannte Form an

$$\Phi_{xx} + \Phi_{yy} + \Phi_{zz} - \frac{1}{a_0^2}\Phi_{tt} = 0.$$

a_0 ist die Schallgeschwindigkeit der Ausgangsströmung. Für kugelige Wellen schreibt sich diese Gleichung als

$$\Phi_{rr} + \frac{2}{r}\Phi_r - \frac{1}{a_0^2}\Phi_{tt} = 0,$$

wobei

$$r^2 = x^2 + y^2 + z^2.$$

Die Lösung für kugelige Wellen wird gegeben durch

$$\Phi = \frac{1}{r} f\left(t \pm \frac{r}{a_0}\right), \tag{1}$$

dabei gilt das positive Vorzeichen für Wellen, die sich in der Richtung auf den Kugelschnittpunkt zu fortpflanzen, das negative Zeichen gilt für Wellen, die sich nach außen bewegen. Nur Wellen der zweiten Art werden im folgenden betrachtet. Übrigens illustriert die Lösung Gl. (1), daß sich eine Störung relativ zur ruhenden Luft mit der Geschwindigkeit a_0 fortpflanzt, d. h., man erhält in diesem speziellen Falle eine Rechtfertigung für die Bezeichnung Schallgeschwindigkeit, die für a üblich ist.

Die Potentialgleichung ist überall mit Ausnahme des Kugelmittelpunktes erfüllt. Da die Potentialgleichung die Kontinuitätsbedingung zum Ausdruck bringt, bedeutet das Nichterfülltsein der Potentialgleichung in einem Punkt, daß dort eine Quelle oder eine Senke auftritt. Um die Ergiebigkeit zu berechnen, bilden wir die Geschwindigkeit, die hier in der r-Richtung verläuft und integrieren sie über eine Kugelfläche, die nahe am Ursprung liegt. Man erhält so als Masse, die pro Zeiteinheit durch die Kugelfläche strömt

$$4\pi r^2 \left\{-\frac{1}{r^2} f\left(t-\frac{r}{a_0}\right) - \frac{1}{r\,a_0} f'\left(t-\frac{r}{a_0}\right)\right\}.$$

Läßt man den Kugelradius nach null gehen, so ergibt sich als Ergiebigkeit der Quelle zur Zeit t

$$q(t) = -4\pi f(t). \tag{2}$$

Bei der Bewegung eines achsensymmetrischen Körpers können Quellen und Senken bestimmt nicht außerhalb des Körpers auftreten. Wir versuchen, die durch den Körper erzeugte Strömung durch eine auf der Achse des Körpers liegende Quellenverteilung darzustellen.

Das Potential einer an der Stelle x_1, $y = 0$, $z = 0$ auftretenden Quelle, die zur Zeit t_1, eine Ergiebigkeit $q(x_1, t_1)$ besitzt, erhält man aus Gl. (1) durch eine Verschiebung des Koordinatensystems.

$$\Phi = -\frac{1}{4\pi R} q\left(x_1, t-\frac{R}{a_0}\right), \tag{3}$$

wobei

$$R = \sqrt{(x-x_1)^2 + \tilde{r}^2} \tag{4a}$$

und

$$\tilde{r}^2 = y^2 + z^2. \tag{4b}$$

Das zweite Argument von q ist, entsprechend der obigen Definition von q der Zeitpunkt t_1, für den im Punkte x_1 die Quellstärke zu berechnen ist.

$$t_1 = t - \frac{R}{a_0}. \tag{5}$$

Durch Überlagerung solcher Quellen ergibt sich

$$\Phi = -\frac{1}{4\pi} \int\limits_{x_1=-\infty}^{x_1=+\infty} \frac{1}{R} q\left(x_1, t-\frac{R}{a_0}\right) dx_1. \tag{6}$$

Die Bewegung des Körpers werde nun in einem Weg-Zeit-Diagramm dargestellt. Die Kurve $x = h(t)$ gebe die Bewegung der Spitze des Körpers an. Hat der Körper die Länge L, so ist die Bewegung des hinteren Endes $x = h(t) + L$ (Abb. 5). In dem Gebiet der x, t-Ebene, das zwischen diesen beiden Kurven liegt — schraffiert in Abb. 5 — ist q möglicherweise von null verschieden. Betrachtet man nun zur Zeit t, einen Raumpunkt mit den Koordinaten x und $\tilde{r}$, so ergibt sich nach Gl. (5) für das zweite Argument der Funktion q der Ausdruck

$$t_1 = t - \frac{\sqrt{\tilde{r}^2 + (x - x_1)^2}}{a_0}. \tag{7}$$

Hieraus findet man bei festem x, $\tilde{r}$ und t als Beziehung zwischen dem ersten und dem zweiten Argument von q in Gl. (3)

$$a_0(t_1 - t)^2 - (x - x_1)^2 = \tilde{r}^2,$$

d. h. eine Hyperbel deren Asymptoten sich in dem Punkt $x_1 = x$ und $t_1 = t$ schneiden. In Abb. 5 ist diese „Einflußhyperbel" gezeigt, die einem Oberflächenpunkt entspricht, der in der Mitte des umström-

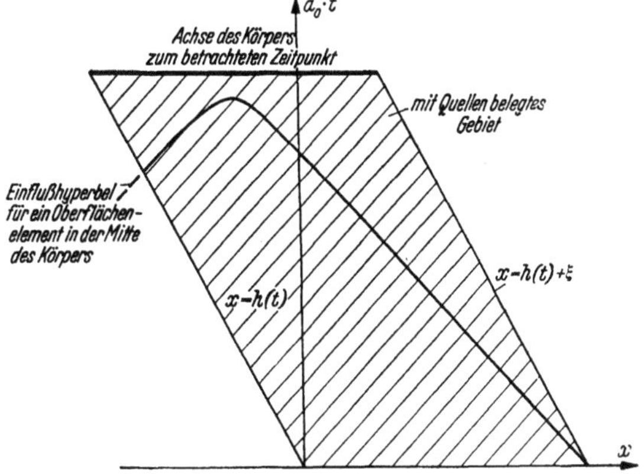

Abb. 5. Zur Berechnung der Strömung um einen Rotationskörper, der plötzlich aus der Ruhe eine Unterschallgeschwindigkeit annimmt

ten Körpers liegt. Die Auswertung von Gl. (6) benutzt also die Punkte des x, t-Diagramms, die längs dieser Hyperbel auftreten. Wenn $\tilde{r}$ klein ist, ist die Exzentrizität dieser Hyperbel gering, d. h. die Integrationskurve fällt fast vollkommen mit den Asymptoten zusammen.

Die Funktion $q(x_1, t_1)$ ist natürlich durch die Randbedingungen an der Körperoberfläche bestimmt. Der Meridianschnitt des Körpers sei gegeben durch $\tilde{r} = \tilde{r}(\xi)$, wobei sich das $\tilde{r}$, ξ-System mit dem Körper bewegt und die ξ-Achse mit der x-Achse zusammenfällt. Man hat also für einen festen Punkt des Körpers

$$x(t) = h(t) + \xi.$$

Die Normale zur Körperoberfläche ist durch einen Vektor gegeben

$$-\mathfrak{i}\frac{d\tilde{r}}{d\xi} + \mathfrak{j},$$

dabei ist $\mathfrak{i}$ ein Einheitsvektor in der x-Richtung und $\mathfrak{j}$ ein Einheitsvektor in der $\tilde{r}$-Richtung. Relativ zum bewegten Körper ist der Geschwindigkeitsvektor

$$\left(-\frac{dh}{dt}+\frac{\partial\Phi}{\partial x}\right)\mathfrak{i}+\frac{\partial\Phi}{\partial\tilde{r}}\mathfrak{j}.$$

Da die Normalkomponente der Geschwindigkeit verschwindet, erhält man, wenn man $\frac{\partial\Phi}{\partial x}$ als klein im Verhältnis zu $\frac{dh}{dt}$ betrachtet

$$\Phi_{\tilde{r}}=-\frac{dh}{dt}\frac{d\tilde{r}}{d\xi}. \tag{8}$$

Die Randbedingungen schreiben also die Werte von $\Phi_{\tilde{r}}$ vor. Man kann nun $\Phi_{\tilde{r}}$ mit Hilfe des Integrals Gl. (6) darstellen und erhält dann eine Integralgleichung für q. Zu einer angenäherten Lösung kommt man durch die folgende Betrachtung. Aus Gl. (6) erhält man unter Benutzung von Gl. (7) für einen festen Punkt x

$$\Phi_{\tilde{r}}=\frac{1}{4\pi}\int\limits_{x_1=-\infty}^{x_1=+\infty}\left[\frac{\tilde{r}}{R^3}q(x_1,t_1)+\frac{\tilde{r}}{R^2a_0}\frac{\partial q}{\partial t_1}\right]dx_1,$$

d. h. die Beiträge von Quellen zu $\Phi_{\tilde{r}}$ nehmen stark mit der Entfernung R der Quelle von dem betrachteten Punkte ab. Daher ist für $\Phi_{\tilde{r}}$ in einem gegebenen Punkte $x, \tilde{r}, t$ nur der Teil der betreffenden Hyperbel in Abb. 5, der in unmittelbarer Nachbarschaft dieses Punktes liegt, von Wichtigkeit. Das bedeutet, das die $\tilde{r}$-Geschwindigkeit in einem Punkte, der nahe an der x-Achse liegt, fast ausschließlich bestimmt ist durch die Quellstärke, die zu dem betrachteten Zeitpunkt in den unmittelbar benachbarten Teilen der Achse herrscht. Die Wirkung dieser Quellen läßt sich leicht anschaulich bestimmen. $q(x_1, t_1)$ ist die Ergiebigkeit pro Längeneinheit der Achse. Diese Masse tritt durch die Oberfläche eines um die Achse gelegten Zylinders in der Zeiteinheit aus, d. h. man findet

$$2\pi\tilde{r}\,\Phi_{\tilde{r}}=q(x_1,t_1).$$

In Verbindung mit Gl. (8) läßt sich hieraus in der niedrigsten Näherung q bestimmen. Man erhält dann als Ausdruck für das Potential

$$\Phi(\tilde{x},\tilde{r},t)=\frac{1}{2}\int\limits_{-\infty}^{+\infty}\frac{1}{R}\frac{dh}{dt_1}\tilde{r}(\xi)\frac{d\tilde{r}}{d\xi}dx_1,$$

wobei sich t_1 aus (7) ergibt und nach früheren Definitionen

$$\xi=x_1-h(t_1)$$

und

$$R = \sqrt{(x - x_1)^2 + \tilde{r}^2}.$$

Eine strengere Ableitung dieses Ergebnisses findet sich in einer Arbeit von FRANKL [1].

Die Drücke am Körper findet man aus der linearisierten BERNOULLI-schen Gleichung für nichtstationäre Strömungen.

$$\Delta p = \varrho_0 \Phi_t.$$

Wie man, wiederum aus der Formel für die Einzelquelle, erkennt, ist Φ_t proportional R^{-1}. Obwohl dieser Ausdruck auch mit der Entfernung abnimmt, geht das Integral nach x_1 mit x_1 logarithmisch nach unendlich, d. h. auch entferntere Teile der Einflußhyperbel können erheblich zu den Drücken beitragen.

Nach diesen Vorbereitungen kann man qualitativ verfolgen, wie sich die Kräfte am Körper in verschiedenen Flugzuständen aufbauen. Der Körper gehe plötzlich aus der Ruhe, im Falle 1 in eine Unterschallgeschwindigkeit, in Fall 2 in die kritische Geschwindigkeit und in Fall 3 in eine Überschallgeschwindigkeit über. Die entsprechenden x_1, t_1-Diagramme finden sich in den Abb. 5, 6, 7. In den schraffierten Gebieten ist die Funktion q von null verschieden, und zwar ist sie nur eine Funktion des Abstandes ξ von der Spitze, da in jedem Falle die Fluggeschwindigkeit konstant ist.

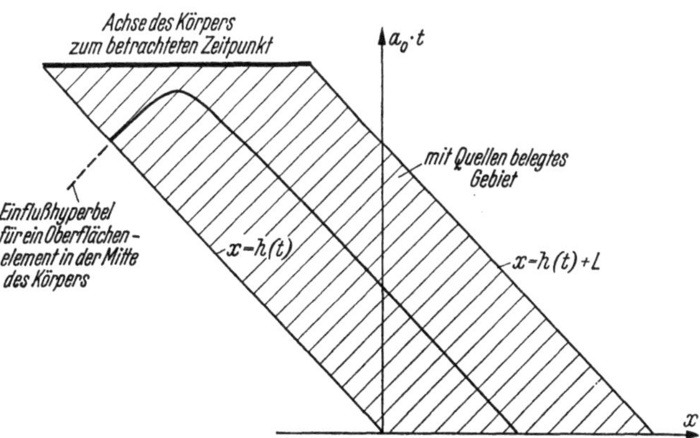

Abb. 6. Zur Berechnung der Strömung um einen Rotationskörper, der plötzlich aus der Ruhe die Schallgeschwindigkeit annimmt

Weiterhin zeigen die Bilder die Einflußhyperbel für einen Punkt in der Mitte des Körpers. Man kann sie als mit dem Körper bewegt betrachten. Man erkennt, daß sowohl in Überschall wie in Unterschall nur ein endliches Stück der Hyperbel zum Druck beiträgt. Im Überschall rühren dabei die Beiträge von Quellen her, die in bezug auf ein mit dem Körper bewegtes Koordinatensystem vor der betrachteten Stelle liegen. Jede Stelle trägt dabei zweimal zum Druck bei, nämlich

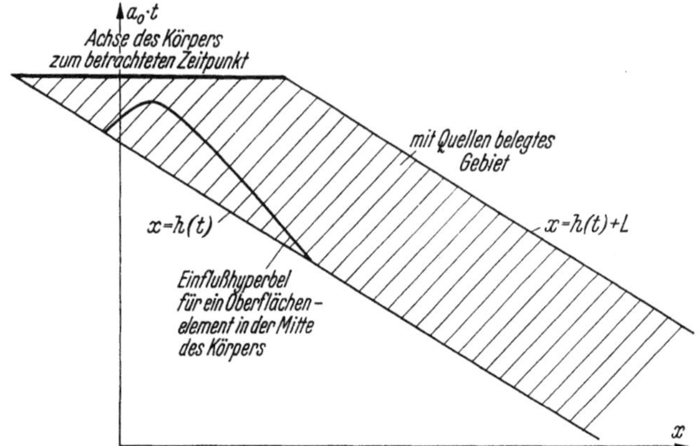

Abb. 7. Zur Berechnung der Strömung um einen Rotationskörper, der plötzlich aus der Ruhe eine Überschallgeschwindigkeit annimmt

wenn die von dieser Stelle herrührende stromaufwärts gehende Welle, und wenn die stromabwärts gehende Welle den betrachteten Punkt überstreicht.

Bei Unterschall tragen alle Punkte des Körpers zur Druckverteilung an einer gegebenen Stelle bei. Bei der Bewegung mit der Schallgeschwindigkeit erhält man nur dann ein endliches Stück der Einflußhyperbel, wenn die Zeit die seit Beginn der Bewegung verstrichen ist, endlich ist. Begann die Bewegung zur Zeit $t = 0$, dann wird die Einflußhyperbel bei der Zeit null abgeschnitten. Je später der Zeitpunkt liegt, zu dem man den Körper untersucht, um so länger wird der Ast. Da nun der Einfluß eine Quelle auf den Druck sich wie R^{-1}, d. h. für große Werte von t wie $(x - x_1)^{-1}$ verhält, so ergibt die Integration nach x_1 ein Anwachsen des Druckes wie $\log x$ oder wie $\log t$. Der Körper bewegt sich dauernd mit der Geschwindigkeit der von ihm hervorgerufenen Störungen, und diese Störungen erzeugen höhere und höhere Drücke. Natürlich ändert sich bei starken Druckänderungen auch die Schallgeschwindigkeit, und deshalb trennen sich die anfänglichen Störungen von dem Körper. Auf diese Weise wird dann ein stationäres Strömungsfeld erzeugt, aber unter Mitwirkung der nichtlinearen Glieder der Differentialgleichung, die die Änderung in der Geschwindigkeit der Schallausbreitung berücksichtigen.

Geschieht die Bewegung des Körpers nicht mit konstanter Geschwindigkeit, dann sind die Spuren des Vorderendes und des Hinterendes des Körpers nicht mehr Geraden. Bei beschleunigten Bewegungen ist dann das Stück der Einflußhyperbel, das für einen betrachteten Zeit- und Raumpunkt maßgebend ist, endlich und man erhält endliche Drücke.

Man kann nun annehmen, daß die Beschleunigung klein ist und dann feststellen, wie groß die Abweichung des Druckes von den Drücken der stationären Strömung ist. Dieses Verfahren ist für Unterschall und für Überschall anwendbar. Ein von

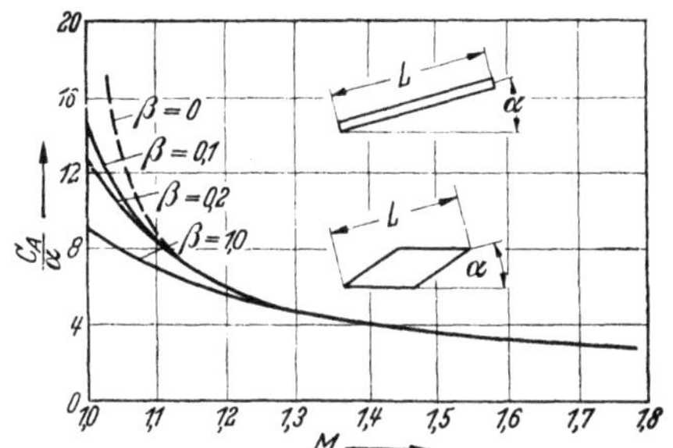

Abb. 8. Auftriebsbeiwert über MACH-Zahl für verschiedene Beschleunigungsbeiwerte β. (Nach GARDNER/LUDLOFF.) c_A Auftriebsbeiwert; b Beschleunigung; a Schallgeschwindigkeit; L Länge der Platte; α Anstellwinkel; $\beta = \frac{2\,b\,L}{a^2}$ Beschleunigungsbeiwert

Abb. 9. Druckkoeffizient über Beschleunigungsbeiwert für Keil bei MACH-Zahl $M = 1$ und $M = 1{,}3$. (Nach GARDNER/LUDLOFF.) c_p Druckkoeffizient; δ Keilwinkel; x Koordinate gemessen längs des Keils; b Beschleunigung; $\beta = \frac{-2\,b\,x}{a^2}$ Beschleunigungsbeiwert

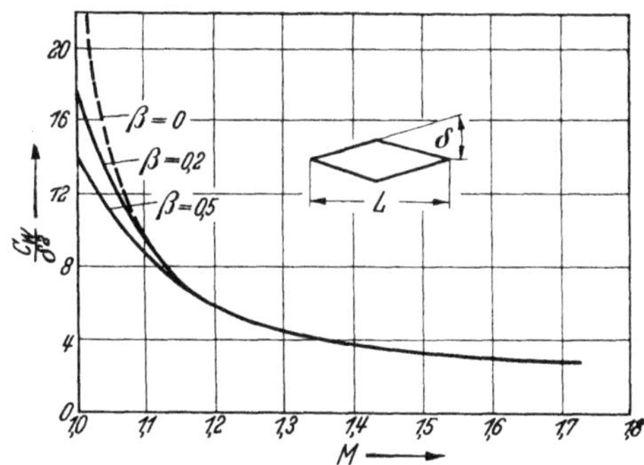

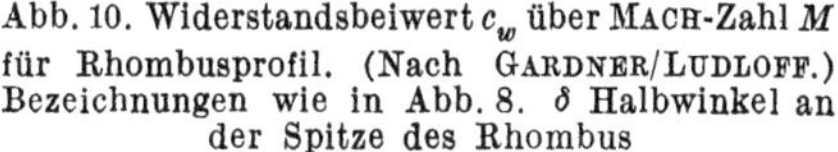

Abb. 10. Widerstandsbeiwert c_w über MACH-Zahl M für Rhombusprofil. (Nach GARDNER/LUDLOFF.) Bezeichnungen wie in Abb. 8. δ Halbwinkel an der Spitze des Rhombus

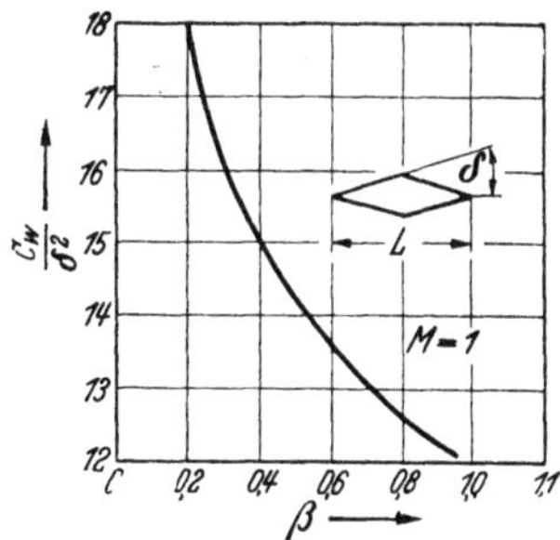

Abb. 11. Widerstandsbeiwert c_w über Beschleunigungsparameter β bei der MACH-Zahl 1. (Nach GARDNER/LUDLOFF.) Bezeichnungen wie in Abb. 8

FRANKL [1] durchgeführtes Beispiel, daß in allen praktischen Fällen der Beitrag der Beschleunigung zum Widerstand vernachlässigt werden kann.

Da für das schallnahe Gebiet die Drücke in stationärer Strömung, d. h. bei der Beschleunigung null unendlich werden, ist diese Fragestellung dort nicht angebracht. Hier kann man untersuchen, wie groß die Beschleunigung mindestens sein muß, damit das Stück der Einflußhyperbel so klein bleibt, daß die sich ergebenden Drücke mit einer

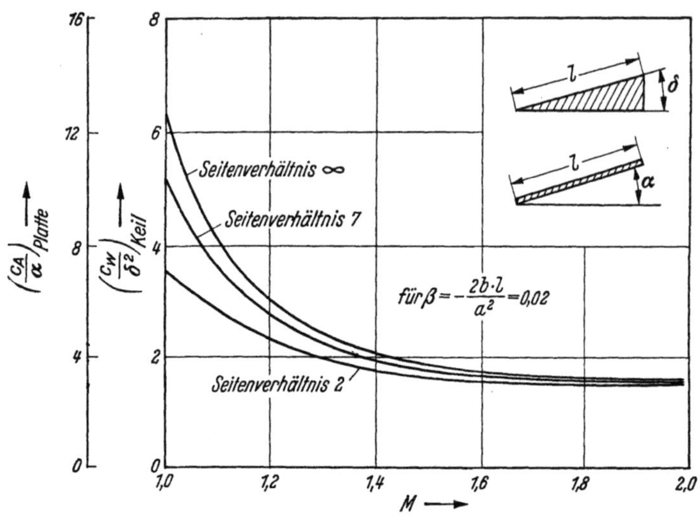

Abb. 12. Für Keil: Widerstandsbeiwert c_w über M für verschiedene Seitenverhältnisse. Für Platte: Auftriebsbeiwert c_A über M für verschiedene Seitenverhältnisse. (Nach GARDNER/LUDLOFF.) Bezeichnungen wie in den vorhergehenden Abbildungen

linearisierten Theorie verträglich sind. Betrachtungen dieser Art stammen von J. COLE [2]. Dieser schließt, daß diese Mindest-Beschleunigungen zwar im Bereich des Möglichen liegen, meist aber nicht erreicht werden.

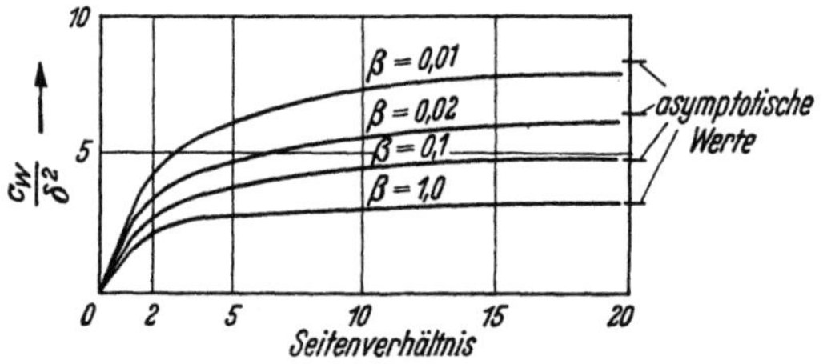

Abb. 13. Widerstandswert c_w über Seitenverhältnis für Keil bei verschiedenen Werten des Beschleunigungsparameters β, MACH-Zahl 1. (Nach GARDNER/LUDLOFF.) Bezeichnungen wie in den vorhergehenden Abbildungen

Ähnliche Betrachtungen können auch bei ebenen Strömungen und Tragflügeln endlichen Seitenverhältnissen angestellt werden. Die Lösung wird auch dann aus räumlichen Quellen aufgebaut, die Untersuchungen sind einigermaßen kompliziert. Die Abb. 8—13 zeigen die wichtigsten der von LUDLOFF und GARDNER gefundenen Resultate.

Eine nichtstationäre Strömung anderer Art ist die Strömung um einen sich vorwärts bewegenden Propeller, wenn man ein in bezug auf die umgebende Luft ruhendes Koordinatensystem benutzt. Bewegen sich die Spitzen des Propellers mit Überschallgeschwindigkeit, so gibt es einen Radius, für den das Propellerblatt relativ zur umgebenden Luft Schallgeschwindigkeit besitzt. Eine Arbeit von BUSEMANN [3] zeigt, daß für Strömungen, bei denen eine relative Anströmung mit der Schallgeschwindigkeit nur lokal auftritt, die linearisierte Theorie nicht zu Schwierigkeiten führt.

6. Grenzen der linearisierten Theorie

Die Versuchung, die Ergebnisse der linearisierten Theorie auch dann zu benutzen, wenn ihr Gültigkeitsbereich weit überschritten ist, ist deshalb besonders groß, weil die Ergebnisse genauerer Untersuchungen für praktische Bedürfnisse bei weitem nicht ausreichen. J. COLE [1] hat Kriterien für die Anwendbarkeit der linearisierten Theorie aufgestellt. Er berechnet zunächst das Strömungsfeld mit Hilfe der linearisierten Theorie, und vergleicht dann für einen repräsentativen Punkt des Strömungsfeldes (z. B. für den Punkt der maximalen Dicke des Körpers) den Koeffizienten, den das kritische Glied in der linearisierten Theorie hat, mit dem Koeffizienten, den es in der nicht-linearisierten

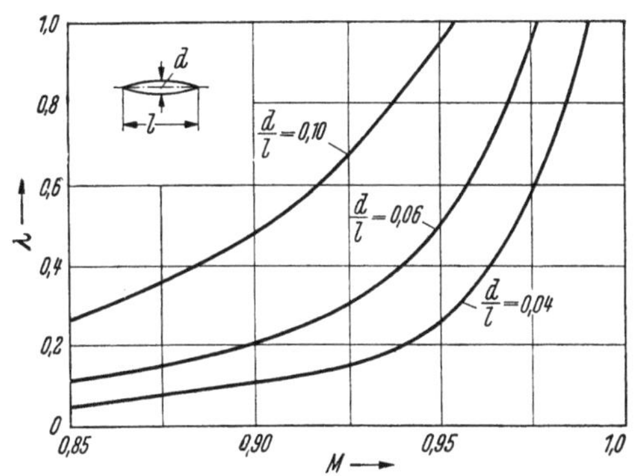

Abb. 14. Verhältnis λ von linearen zu nichtlinearen Gliedern für einen achsensymmetrischen Körper in stationärer Strömung in Abhängigkeit von der Anström-MACH-Zahl. (Nach GARDNER/LUDLOFF.) λ wurde für die Stelle maximaler Dicke bestimmt. (Nach J. COLE.) l Länge des Körpers; d maximale Dicke

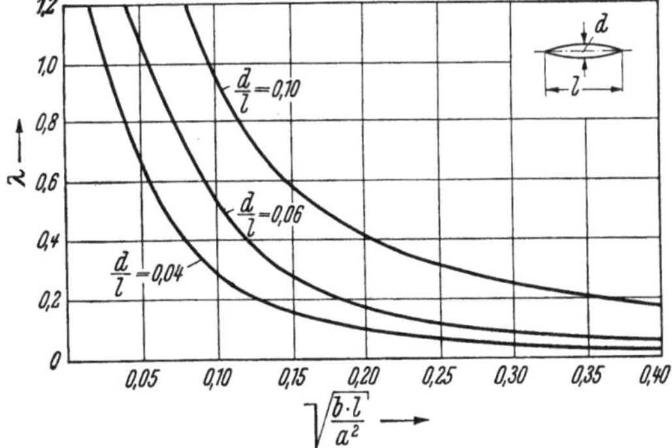

Abb. 15. Verhältnis λ von linearen zu nichtlinearen Gliedern beim Durchgang eines achsensymmetrischen Körpers durch $M = 1$ im beschleunigten Fluge aufgetragen über einem Beschleunigungsparameter. λ ist für die Stelle der maximalen Dicke bestimmt worden. (Nach J. COLE [1].) b Beschleunigung; l Länge des Körpers; d maximale Dicke; a Schallgeschwindigkeit

Gleichung erhielte, wenn man das Ergebnis der linearisierten Theorie einsetzt. Dieser Vergleich wird durch einen Parameter λ angegeben, der definiert ist als Quotient zwischen der Differenz der Koeffizienten für die beiden Fälle und dem Koeffizienten der linearisierten Gleichung. Für $\lambda = 0$ spielen die nichtlinearen Glieder keine Rolle, für $\lambda = 1$ ist die durch die nichtlinearen Glieder herbeigeführte Änderung gleich dem ursprünglichen linearisierten Ausdruck. Da dieses ungünstige Verhältnis im allgemeinen nur lokal innerhalb des Strömungsfeldes auftritt, könnte man $\lambda = 1$ als noch zulässig betrachten. Für stationäre Strömungen bedeutet $\lambda = 1$, daß innerhalb des Strömungsfeldes lokal die Mach-Zahl 1 erreicht wird. Einige Ergebnisse finden sich in den Abb. 14 und 15.

IV. Exakte Lösungen der Potentialgleichung für schallnahe Strömungen

1. Vorbemerkung

In den Untersuchungen des letzten Kapitels spielte, abgesehen von den nichtstationären Problemen, der Unterschied zwischen Überschall und Unterschall und die Tatsache, daß im Strömungsfeld ein Nebeneinander solcher Strömungen auftritt, überhaupt keine Rolle. Deshalb können Erscheinungen, die mit dem Übergang von Unterschall zu Überschall verknüpft sind, auf diese Weise nicht erklärt werden. Der Rest des Buches behandelt das Problem unter Einbeziehung des Gliedes der Strömungsdifferentialgleichung, das den Unterschied zwischen Unterschall- und Überschallströmungen zum Ausdruck bringt.

Das bedeutet fast zwangläufig einen Verzicht auf Allgemeinheit, und Einzelbeispiele, die eine physikalische Frage zwar beleuchten aber nicht für jede Anwendung numerische Werte ergeben, gewinnen eine erhebliche Bedeutung. Dabei muß in Kauf genommen werden, daß die Beispiele die sich zunächst anbieten, nicht immer eine direkte Beziehung zu den Fragen haben, die technisch von Wichtigkeit sind. So reizvoll diese Sachlage für den Forscher sein mag, so enttäuschend ist sie für denjenigen, der die Ergebnisse auf technische Probleme anwenden muß.

Die meisten Untersuchungen werden mit Hilfe der Hodographenmethode durchgeführt. Im vorliegenden Kapitel behandeln wir zwei Strömungsfelder, direkt in der Strömungsebene. Diese Probleme lassen sich auf den achsensymmetrischen Fall übertragen. Weitere Beispiele, die große mathematische Findigkeit verraten, stammen von Tamada und Tomotika.

2. Die Strömung in einer Laval-Düse

Für die exakte Potentialgleichung ist die Strömung im engsten Querschnitt einer LAVAL-Düse von MEYER mit Hilfe einer Reihenentwicklung behandelt worden. Es wird sich zeigen, daß die ersten Glieder dieser Reihenentwicklung die exakte Lösung für die Gleichung schallnaher Strömungen darstellt.

Wir nehmen mit MEYER an, daß sich längs der Düsenachse die Geschwindigkeit linear ändert. Dann hat für $y = 0$ das Potential, das die Abweichung von einer Parallelströmung mit der MACH-Zahl beschreibt, die Form

$$\Phi = c\frac{x^2}{2}. \tag{1}$$

Weitere Glieder der Lösung erhält man, indem man diesen Ausdruck in die Potentialgleichung für schallnahe Strömungen

$$-(\varkappa + 1)\,\Phi_x\,\Phi_{xx} + \Phi_{yy} = 0 \tag{2}$$

einsetzt, und den Ansatz Gl. (1) iterativ verbessert. Man erhält schließlich die folgende exakte Lösung

$$\Phi = c\frac{x^2}{2} + (\varkappa + 1)\,c^2\frac{x\,y^2}{2} + (\varkappa + 1)^2\,c^3\frac{y^4}{24}. \tag{3}$$

Durch diese Lösung ist der Stromlinienverlauf voll bestimmt, deshalb bleibt die Frage offen, wie die Anpassung an andere Formen der Düsenberandung erfolgen könnte. Die Behandlung mit Hilfe der Hodographenmethode zeigt, daß der Ausdruck Gl. (2) derjenige Lösungsanteil ist, der in der Nähe des engsten Querschnitts überwiegt.

Um die Struktur der Lösung näher zu studieren, sei sie in der Form geschrieben

$$\Phi = y^4\left[\frac{c}{2}\left(\frac{x}{y^2}\right)^2 + \frac{\varkappa + 1}{2}\,c^2\left(\frac{x}{y^2}\right) + \frac{(\varkappa + 1)^2}{24}\,c^3\right].$$

Innerhalb der Klammer treten x und y nur in der Kombination (x/y^2) auf. Ähnliche Ausdrücke lassen sich auch in den Geschwindigkeitskomponenten finden.

$$\Phi_x = y^2\left[c\left(\frac{x}{y^2}\right) + \frac{\varkappa + 1}{2}\,c^2\right], \tag{4}$$

$$\Phi_y = y^3\left[(\varkappa + 1)\,c^2\left(\frac{x}{y^2}\right) + (\varkappa + 1)^2\,\frac{c^3}{6}\right], \tag{5}$$

d. h. längs der Parabeln $x/y^2 = \text{const}$ sind die Geschwindigkeitskomponenten proportional geeigneten Potenzen von y oder auch, wenn man eine etwas andere Schreibweise gewählt hätte, proportional (geänderten) Potenzen von x.

Die Schallinie, d. h. die Linie für die Strömungsgeschwindigkeit und Schallgeschwindigkeit gleich sind, erhält man für $\Phi_x = 0$. So ergibt sich

$$\frac{x}{y^2} = -(\varkappa + 1)\frac{c}{2}.$$

Weiterhin von Interesse ist der geometrische Ort der Punkte, in denen der Geschwindigkeitsvektor horizontal ist. Dort ist $\Phi_y = 0$ und man erhält

$$\frac{x}{y^2} = -(\varkappa + 1)\frac{c}{6}.$$

Auf dieser Kurve liegt der engste Querschnitt der Düse, wenn man zwei zur x-Achse symmetrische Stromlinien als Wände ausführt. Die Schallinie liegt also stromaufwärts des geometrischen Ortes für die Punkte mit horizontalen Geschwindigkeiten. Die Richtungen der Charakteristiken ergeben sich aus Gl. (2) als

$$\frac{dx}{dy} = \pm\sqrt{\varkappa + 1}\sqrt{\Phi_x}.$$

Wir fragen nun, ob die Parabeln $x/y^2 = \text{const}$ gleichzeitig Charakteristiken sein können. Es sei

$$\frac{x}{y^2} = \zeta.$$

Dann ergibt sich als Neigung einer solchen Parabel

$$\frac{dx}{dy} = 2\zeta y.$$

Falls diese Parabel Charakteristik ist, muß die Gleichung bestehen

$$2\zeta y = \pm\sqrt{\varkappa + 1}\sqrt{\Phi_x}$$

oder

$$\Phi_x = \frac{4\zeta^2 y^2}{\varkappa + 1}.$$

Setzt man hierin den Ausdruck für Φ_x aus Gl. (4) ein, so ergibt sich

$$\frac{4\zeta^2 y^2}{\varkappa + 1} = \left(c\zeta + (\varkappa + 1)\frac{c^2}{2}\right) y^2.$$

Da y^2 sich heraushebt, ist es tatsächlich möglich, daß eine Parabel $\zeta = \text{const}$ in ihrer ganzen Ausdehnung mit einer Charakteristik zusammenfällt. Die letzte Gleichung hat die Lösungen

$$\zeta = -c\frac{\varkappa + 1}{4} \quad \text{und} \quad \zeta = c\frac{\varkappa + 1}{2}.$$

Die Lage der eben gefundenen ausgezeichneten Linien des Strömungsfeldes wird in Abb. 16 gezeigt.

Die Stromliniengestalt ergibt sich, indem man die Stromlinienneigung Φ_y längs einer Linie $y = \text{const}$ integriert. Es sei $\tilde{y}$ die Abweichung einer Stromlinie von einer Linie $y = \text{const}$. Man erhält dann

$$\tilde{y} = \frac{y^5}{a^*}\left[(\varkappa + 1)\, c^2 \frac{x^2}{2\, y^4} + (\varkappa + 1)^2 \frac{c^3}{6} \frac{x}{y^2}\right].$$

Zwei im gleichen Abstand von der y-Achse gelegene Stromlinien kann man als Wand ausgeführt denken. Wenn man verschiedene Abstände dieser Stromlinien wählt, so erhält man eine Schar von LAVAL-Düsen. Man kann sich überzeugen, daß alle diese Düsen auseinander hervorgehen, indem man eine Verzerrung nach dem Ähnlichkeitsgesetz schallnaher Strömungen [unter gleichzeitiger Änderung von x_0 und τ (s. S. 33)] vornimmt. In anderen Worten, für dieses Beispiel ist die Anwendung des Ähnlichkeitsgesetzes (ohne Änderung von x_0) identisch mit einer Änderung des Maßstabes des Strömungsfeldes.

Falls man zwei Stromlinien als Wand wählt, die auf der gleichen Seite der Achse liegen, so erhält man eine Lösung, die in einem gekrümmten Kanal den Durchgang durch die Schallgeschwindigkeit zeigt. Solche Strömungsfelder können in den Schaufeln einer Axialturbine auftreten (JACOBS).

Für das allgemeine Verständnis gemischter Unterschall-Überschall-Felder ist die folgende Betrachtung wichtig: Wir betrachten zwei feste Stromlinien als Berandungen. Es ist bekannt, daß in einem Überschallfeld eine Änderung des Wandverlaufes sich erst stromabwärts von derjenigen MACHschen Welle bemerkbar macht, die von der geänderten Stelle ausgeht. Das gilt natürlich auch hier, wenn die MACHsche Welle, längs deren sich die Änderung fortpflanzt, nicht die Schallinie erreicht. Danach ist Punkt A in Abb. 16 derjenige Punkt, von dem ab man den Wandverlauf ändern kann, ohne den Unterschallteil der Strömung zu beeinflussen.

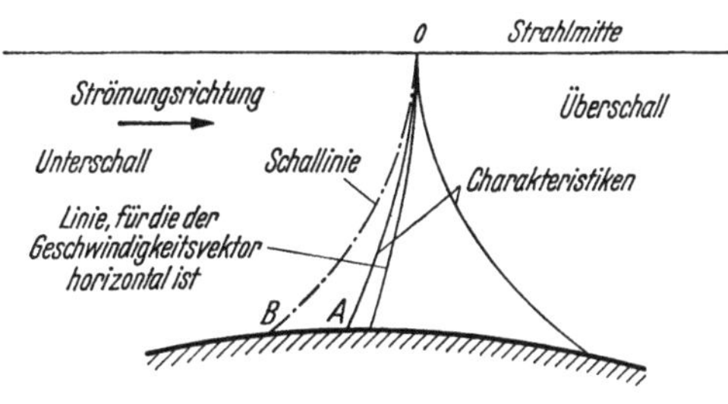

Abb. 16. Strömung durch eine LAVAL-Düse und einige ausgezeichnete Linien

Die Berechnung des Strömungsfeldes durch eine LAVAL-Düse spaltet sich also in zwei Teilaufgaben, 1. die Berechnung des Unterschallfeldes und desjenigen Teiles des Überschallfeldes, der das Unterschallfeld beeinflußt und 2. in die Berechnung des verbleibenden Überschallfeldes. Für die Berechnung des Unterschallfeldes braucht die Kontur nur bis zu dem Punkte A bekannt sein.

Wir haben hier ein Beispiel vor uns, in dem die richtige Formulierung eines gemischten Unterschall-Überschall-Feldes intuitiv klar ist. Später werden wir uns ausgehend von der Strömung in einer LAVAL-Düse durch einen Grenzübergang ein qualitatives Bild von der Strömung mit der Anström-MACH-Zahl 1 verschaffen und auch dort wird diese Aufteilung des Strömungsfeldes von Wichtigkeit sein. In unserem Beispiel ist die Lage des Punktes A nicht von vornherein bekannt, sie würde sich erst bei der Lösung des Randwertproblems ergeben (wenn eine solche Lösung allgemein gefunden werden könnte). In jedem Falle liegt Punkt A stromaufwärts vom engsten Querschnitte, wie sich später unter Benutzung der Hodographendarstellung zeigen wird[1]. Eine MACHsche Welle, die wie die Welle AO die Trennungslinie darstellt, zwischen dem Teil, des Überschallfeldes das das Unterschallfeld beeinflußt und dem Teil, der ohne Einfluß darauf ist, werde als Grenz-MACH-Welle bezeichnet.

Die entsprechende Lösung für die achsensymmetrische LAVAL-Düse ist

$$\Phi = \frac{c\,x^2}{2} + \frac{\varkappa + 1}{4}\,c^2\,x\,y^2 + \frac{(\varkappa + 1)^2\,c^3}{64}\,y^4 .$$

Die Diskussion kann in ähnlicher Weise durchgeführt werden. Man erhält für die Schallinie

$$\frac{x}{y^2} = -\frac{(\varkappa + 1)}{4}\,c ,$$

für den geometrischen Ort der Punkte, in denen die Stromlinien horizontal sind

$$\frac{x}{y^2} = \frac{-(\varkappa + 1)\,c}{8}$$

und für die MACHschen Wellen

$$\frac{x}{y^2} = +\frac{(\varkappa + 1)\,c}{8}\left(1 \pm \sqrt{5}\right).$$

[1] Die LAVAL-Düse ist so häufig in der Literatur behandelt worden, daß man den Eindruck gewinnt, als ob sie ein Problem von besonderer Wichtigkeit darstellt. In einer Arbeit von G. I. TAYLOR erschien die LAVAL-Düse aus dem folgenden Grunde interessant. In einer Düse, die in bezug auf den engsten Querschnitt symmetrisch ist, ist bei Unterschall das Strömungsfeld ebenfalls symmetrisch. Sicher ist aber die Symmetrie nicht mehr vorhanden, wenn die Düse als LAVAL-Düse arbeitet. Man erwartet, daß man den Übergang von einem Typ zum andern studieren und damit einen Einblick in die Phänomene der schallnahen Strömungen erhalten könnte. Tatsächlich hat die direkte Untersuchung von Düsen nicht zu diesem erhofften Ergebnis geführt.

3. Der Parallelstrahl mit der kritischen Geschwindigkeit

Versucht man mit Hilfe der Charakteristikenmethode das Überschallfeld zu konstruieren, das sich aus einem Parallelstrahl mit der Schallgeschwindigkeit durch Expansion ergibt, so ergeben sich Schwierigkeiten, besonders beim achsensymmetrischen Falle, da die ersten MACHschen Wellen die man einträgt, sich immer erst in der Mitte des Strahls schneiden, wie eng man auch immer die Teilung wählen mag. Zu einer analytischen Darstellung wird man durch den Ansatz geführt (GÖRTLER, GUDERLEY [*18*])

$$\left.\begin{aligned} \Phi &= x^3 f(y) \quad \text{im ebenen Falle,} \\ \Phi &= x^3 f(r) \quad \text{im achsensymmetrischen Falle.} \end{aligned}\right\} \tag{1}$$

Dieser Ansatz ließe sich systematischer gestalten, indem man zunächst die Potenz von x beliebig läßt und den Ansatz in die Differentialgleichung schallnaher Strömungen Gl. II, 8 (1) oder Gl. II, 8 (2) einführt. Dann kann man den Exponenten von x so wählen, daß die x-Potenzen sich aus der Gleichung herausheben. Damit ergibt sich die Form Gl. (1). Physikalisch sind höhere Potenzen von x möglich, sie bedeuten dann eine langsamere Expansion. Mit dem Ansatz Gl. (1) erhält man im ebenen Falle

$$f'' - 18(\varkappa + 1) f^2 = 0, \tag{2a}$$

im achsensymmetrischen Falle

$$f'' + \frac{f'}{r} - 18(\varkappa + 1) f^2 = 0. \tag{2b}$$

Man bemerkt folgendes:

Ist $F(\zeta)$ eine Lösung der Differentialgleichung

$$\frac{d^2F}{d\zeta^2} - F^2 = 0 \tag{3a}$$

bzw.

$$\frac{d^2F}{d\zeta^2} + \frac{1}{\zeta}\frac{dF}{d\zeta} - F^2 = 0 \tag{3b}$$

mit $\frac{dF}{d\zeta} = 0$ für $\zeta = 0$, so sind die gewünschten Lösungen von Gl. (2) gegeben durch

$$f = C_1^2 \frac{1}{18(\varkappa + 1)} F(C_1 y) \quad \text{bzw.} \quad f = C_1^2 \frac{1}{18(\varkappa + 1)} F(C_1 r).$$

Durch geeignete Wahl der Konstanten C_1 läßt sich die Lösung an jede Weite des Strahls anpassen. Es gibt verschiedene Typen für die Funktion F. Um einen Einblick in die Bedeutung dieser Lösungen zu erhalten, werde der ebene Fall genauer untersucht. Dort erhält man als Lösung von Gl. (3a)

$$\zeta = \left(\frac{3}{2}\right)^{1/3} C_2^{-1/6} \int\limits_{\tau=\pm 1}^{\tau=\left(\frac{3}{2}C_2\right)^{-1/3}F} \frac{d\tau}{\sqrt{\tau^3 \mp 1}}\,.$$

Benutzt man das obere Vorzeichen, so läuft F zwischen einem positiven Wert, der sich aus $\tau = 1 = (\frac{3}{2}c_2)^{-1/3}F$ errechnet, und unendlich; damit variiert y zwischen null und einem endlichen Wert. In der Nähe der Stelle $F = \infty$ entspricht die Lösung dem einer MEYERschen Strömung um die Ecke, dort liegt also die äußere Grenze des Strahls. F ist bei dieser Lösung stets positiv, aus (1) erkennt man, daß es sich deshalb um einen Überschallstrahl handelt.

Mit dem unteren Vorzeichen variiert F von einem negativen Wert über null nach positiv unendlich. Von Interesse ist das Gebiet negativer F. Dieser Teil der Lösung stellt einen Unterschallstrahl dar, der in einen Strahl mit der kritischen Geschwindigkeit übergeht. Man

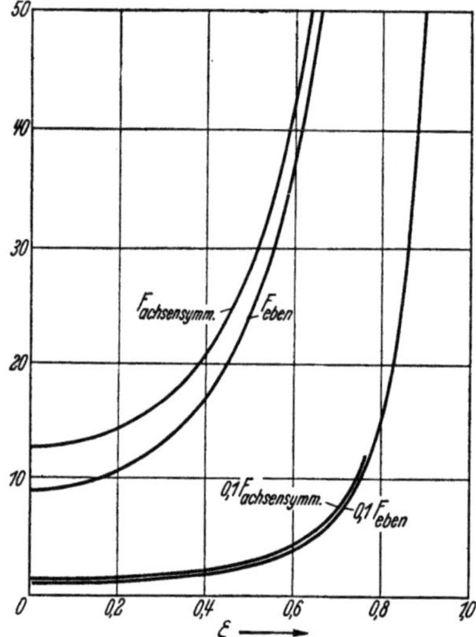

Abb. 17. Funktionen F für einen ebenen und einen achsensymmetrischen Überschallstrahl $\zeta = 0$ Strahlmitte; $\zeta = 1$ Strahlrand. F ist für x = const proportional der Abweichung der x-Geschwindigkeit von der kritischen Geschwindigkeit

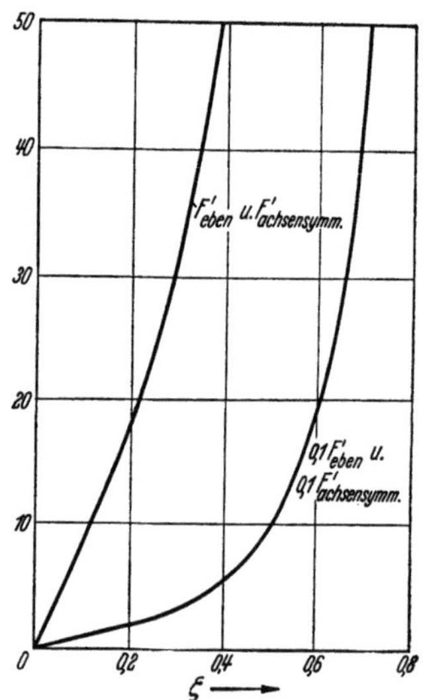

Abb. 18. Funktionen F' für einen ebenen oder achsensymmetrischen Überschallstrahl $\zeta = 0$ Strahlmitte; $\zeta = 1$ Strahlrand. F' ist für x = const proportional der Geschwindigkeitskomponente normal zur Düsenachse

muß dazu nur eine Stromlinie als Rand ausführen. Benutzt man das gesamte Gebiet negativer Werte F bis zur Stelle $F = 0$, so ist auf der Randstromlinie innerhalb unserer Näherung der Druck konstant und gleich dem kritischen Druck. Die Lösung läßt sich dann als Freistrahl mit der kritischen Geschwindigkeit realisieren. Damit ist gezeigt, daß der Freistrahl mit der kritischen Geschwindigkeit sich auf einer endlichen Länge parallel richtet. Entsprechende Verhältnisse bestehen bei dem achsensymmetrischen Strahl. Die Abb. 17—20 zeigen die Funktionen F bzw. F' für ebene und achsensymmetrische Strömungen. Das Argument $\zeta = 1$ liegt im Falle der Überschallstrahlen bei dem Ansatzpunkt der MEYER-Expansion, im anderen Falle bei der freien Oberfläche mit der kritischen Geschwindigkeit.

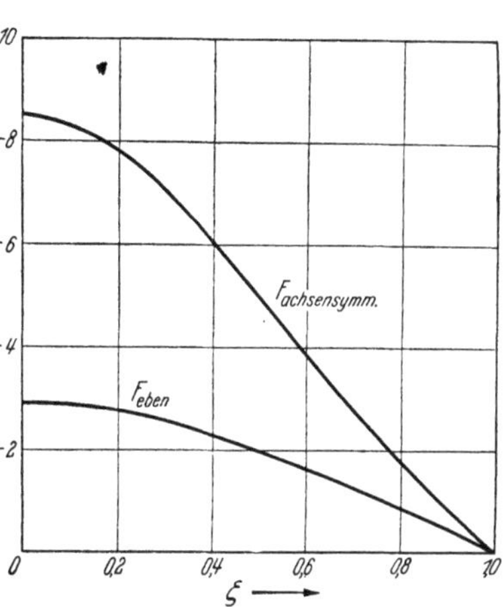

Abb. 19. Funktionen F für einen ebenen und einen achsensymmetrischen Unterschallstrahl
$\zeta = 0$ Strahlmitte; $\zeta = 1$ Strahlrand
F ist für $x =$ const proportional der Abweichung der x-Geschwindigkeit von der kritischen Geschwindigkeit

Bekanntlich richtet sich im Unterschall ein Freistrahl erst im Unendlichen parallel. (Siehe auch das Ende des Abschnittes V, 1.) Im Überschall ist es dagegen durch geeignete Formgebung der Strahlkontur immer möglich, auf endlicher Länge einen Parallelstrahl zu erzeugen. Das letzte Beispiel zeigt, daß auch bei der Schallgeschwindigkeit ein exakt paralleler Strahl auf einer endlichen Länge erzeugt werden kann, selbst wenn innerhalb des Strahls nur Unterschallgeschwindigkeiten auftreten; es ist dazu nur notwendig, daß man an der Strahlberandung einen konstanten Druck vorgibt. Ein Beispiel dieser Art findet sich in Abb. 48.

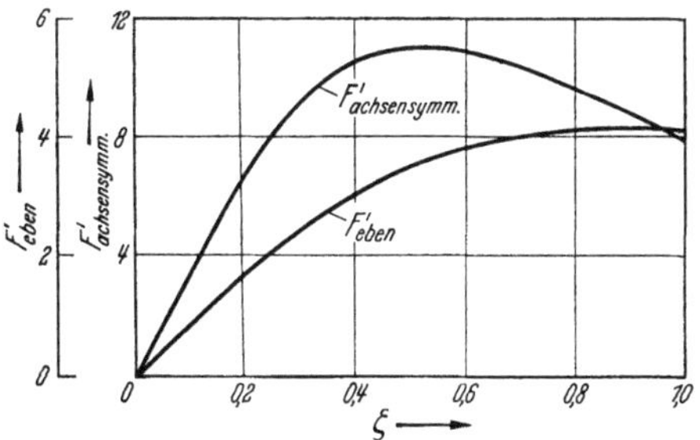

Abb. 20. Funktionen F' für einen ebenen und einen achsensymmetrischen Unterschallstrahl
$\zeta = 0$ entspricht der Strahlmitte; $\zeta = 1$ dem Strahlrand. F' ist für $x =$ const proportional der Geschwindigkeitskomponente normal zur Düsenachse

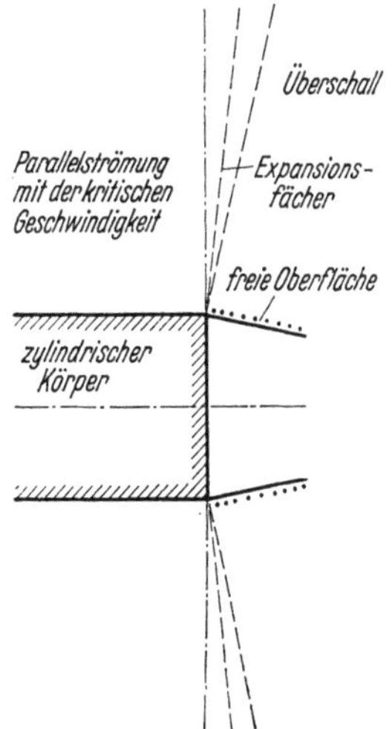

Abb. 21. Expansion am Ende eines zylindrischen Körpers, wenn dort eine Parallelströmung mit der kritischen Geschwindigkeit herrscht

Im achsensymmetrischen Falle läßt sich die Lösung durch geeignete Wahl der Integrationskonstanten auch auf einen Strahl ausdehnen, der aus einem Ringspalt austritt. Läßt man die äußere Begrenzung dieses Ringspaltes nach unendlich rücken, so ergibt sich die Expansion einer Parallelströmung mit der Schallgeschwindigkeit, die nach innen durch einen Zylinder begrenzt ist, und bei der an der Stelle $x = 0$ dieser Zylinder aufhört und ein niedrigerer Druck angebracht wird. Der Strahl expandiert dann nach innen. Dieses Strömungsfeld könnte sich etwa am stumpfen Ende eines Körpers einstellen, der mit Schallgeschwindigkeit angeströmt wird und der so lang ist, das stromaufwärts des Hinterendes die Strömung als Parallelströmung mit der kritischen Geschwindigkeit betrachtet werden kann (Abb. 21). GRAHAM.

Die beiden hier betrachteten Beispiele sind spezielle Fälle eines allgemeineren Lösungsansatzes, der in Kapitel XI im Zusammenhang mit achsensymmetrischen Strömungen bei der MACH-Zahl 1 betrachtet wird.

V. Die Grundlagen der Hodographenmethode

Wenn man in den Strömungsdifferentialgleichungen die Geschwindigkeitskomponenten als unabhängige Variable benutzt, erhält man die Hodographendarstellung. In der Hydrodynamik wird sie nur in denjenigen Fällen angewandt, bei denen sich dabei einfache Randbedingungen ergeben. Dies sind ebene Strömungen mit Rändern, längs deren entweder die Geschwindigkeitsrichtung oder der Geschwindigkeitsbetrag und damit — nach der BERNOULLIschen Gleichung —, der Druck konstant ist. Auch für die gegenwärtigen Untersuchungen sind solche Konturen besonders praktisch, und allgemeinere Randbedingungen bereiten große Schwierigkeiten. Die besondere Bedeutung des Hodographen für schallnahe Strömungen besteht darin, daß für ebene Strömungen die Hodographengleichung linear wird. Die Vorteile, die sich daraus ergeben, überwiegen die Schwierigkeiten in den Randbedingungen, die die Hodographenmethode mit sich bringt.

1. Hodographengleichungen

In recht einfacher Weise gelangt man von der Strömungsebene zur Hodographenebene, wenn man von den Differentialgleichungen für die Geschwindigkeitskomponenten ausgeht. Setzen wir der Kürze halber

$$v_x = u,$$

$$v_y = v,$$

so erscheinen die Gl. I, 6 (1) und I, 6 (2) in der Form

$$\frac{\partial u}{\partial x}\left(1-\frac{u^2}{a^2}\right)-\left(\frac{\partial u}{\partial y}+\frac{\partial v}{\partial x}\right)\frac{u\,v}{a^2}+\frac{\partial v}{\partial y}\left(1-\frac{v^2}{a^2}\right)=0, \tag{1a}$$

$$\frac{\partial u}{\partial y}-\frac{\partial v}{\partial x}=0. \tag{1b}$$

Wegen der BERNOULLIschen Gleichung ist a eine Funktion von u^2+v^2. Wir wollen nun von den Beziehungen der Strömungsebene

$$u=u(x,y),$$

$$v=v(x,y),$$

zu den Beziehungen der Hodographenebene

$$x=x(u,v),$$

$$y=y(u,v)$$

gelangen. Aus der Identität

$$u=u[x(u,v),\,y(u,v)]$$

ergibt sich durch Differentiation nach u und v

$$1=\frac{\partial u}{\partial x}\frac{\partial x}{\partial u}+\frac{\partial u}{\partial y}\frac{\partial y}{\partial u},$$

$$0=\frac{\partial u}{\partial x}\frac{\partial x}{\partial v}+\frac{\partial u}{\partial y}\frac{\partial y}{\partial v}.$$

Hieraus

$$\frac{\partial u}{\partial x}=\frac{\partial y}{\partial v}\Big/D;\qquad \frac{\partial u}{\partial y}=-\frac{\partial x}{\partial v}\Big/D, \tag{2}$$

wobei

$$D=\frac{\partial y}{\partial v}\frac{\partial x}{\partial u}-\frac{\partial y}{\partial u}\frac{\partial x}{\partial v}. \tag{3}$$

Ähnlich findet man

$$\frac{\partial v}{\partial x}=-\frac{\partial y}{\partial u}\Big/D;\qquad \frac{\partial v}{\partial y}=\frac{\partial x}{\partial u}\Big/D. \tag{4}$$

Setzt man dies in die Strömungsdifferentialgleichungen (1) ein, so hebt sich D heraus und man erhält

$$\frac{\partial y}{\partial v}\left(1-\frac{u^2}{a^2}\right)+\left(\frac{\partial x}{\partial v}+\frac{\partial y}{\partial u}\right)\frac{u\,v}{a^2}+\frac{\partial x}{\partial u}\left(1-\frac{v^2}{a^2}\right)=0. \tag{5a}$$

$$\frac{\partial x}{\partial v}-\frac{\partial y}{\partial u}=0. \tag{5b}$$

Die zweite Gleichung ist automatisch erfüllt, wenn man setzt

$$x = \frac{\partial \varphi(u, v)}{\partial u}; \qquad y = \frac{\partial \varphi(u, v)}{\partial v}. \tag{6}$$

Dabei ist $\varphi(u, v)$ eine zweimalig differenzierbare Funktion von u und v. Dann erhält man aus Gl. (5a)

$$\varphi_{vv}\left(1 - \frac{u^2}{a^2}\right) + 2\varphi_{uv}\frac{u\,v}{a^2} + \varphi_{uu}\left(1 - \frac{v^2}{a^2}\right) = 0. \tag{7}$$

Gewöhnlich leitet man dieses Ergebnis her, indem man auf die Potentialgleichung in der Strömungsebene I, 4 (5), spezialisiert auf ebene Strömungen, die LEGENDREsche Transformation anwendet (MOLENBROEK)

$$\varphi(u, v) = u\,x + v\,y - \Phi(x, y). \tag{8}$$

Hierin ist φ das transformierte Potential. Faßt man hierin x und y als Funktionen von u und v auf, so ergibt sich unter Benutzung der Beziehungen

$$\Phi_x = u, \qquad \Phi_y = v$$

durch Differentiation nach u

$$\varphi_u = x + u\frac{\partial x}{\partial u} + y + v\frac{\partial y}{\partial u} - \Phi_x\frac{\partial x}{\partial u} - \Phi_y\frac{\partial y}{\partial u}.$$

Hieraus

$$x = \varphi_u$$

und ähnlich

$$y = \varphi_v.$$

Dies sind die Gl. (6). Von hier aus verläuft die weitere Behandlung in derselben Form wie sie oben gezeigt wurde, d. h., man bestimmt die Ableitungen Φ_{xx}, Φ_{xy} und Φ_{yy} mit einem Verfahren ganz ähnlich dem, das zu den Gl. (2) und (4) führte.

Daß die Hodographendarstellung keine bevorzugten Richtungen aufweist, kommt am besten zum Ausdruck, wenn man Polarkoordinaten benutzt. Es sei w der Geschwindigkeitsbetrag und ϑ der Winkel des Geschwindigkeitsvektors mit einer festen Achse — etwa der x-Achse —

$$w^2 = u^2 + v^2,$$

$$\vartheta = \operatorname{arctg}\frac{v}{u}. \tag{9}$$

Man findet dann

$$\varphi_{ww} + \frac{1}{w}\varphi_w\left(1 - \frac{w^2}{a^2}\right) + \frac{1}{w^2}\varphi_{\vartheta\vartheta}\left(1 - \frac{w^2}{a^2}\right) = 0. \tag{10}$$

Häufig wird die Stromfunktion als abhängige Variable des Hodographen gewählt. Eine einfache Ableitung stammt von A. BUSEMANN [1]. Es geht von den Gleichungen aus

$$\frac{\partial \psi}{\partial x} = -\varrho v, \qquad \frac{\partial \psi}{\partial y} = \varrho u,$$

$$\frac{\partial \Phi}{\partial x} = u, \qquad \frac{\partial \Phi}{\partial y} = v.$$

Hieraus

$$d\psi = -\varrho v\, dx + \varrho u\, dy,$$

$$d\Phi = u\, dx + v\, dy,$$

damit erhält man

$$dx = \frac{1}{w^2}\left(-\frac{v}{\varrho} d\psi + u\, d\Phi\right),$$

$$dy = \frac{1}{w^2}\left(\frac{u}{\varrho} d\psi + v\, d\Phi\right).$$

In diesen Gleichungen werden nun x, y, Φ und ψ als Funktionen von w und ϑ aufgefaßt. Dann ergibt sich

$$\frac{\partial x}{\partial w} dw + \frac{\partial x}{\partial \vartheta} d\vartheta$$
$$= \frac{1}{w}\left[-\frac{\sin\vartheta}{\varrho}\left(\frac{\partial \psi}{\partial w} dw + \frac{\partial \psi}{\partial \vartheta} d\vartheta\right) + \cos\vartheta\left(\frac{\partial \Phi}{\partial w} dw + \frac{\partial \Phi}{\partial \vartheta} d\vartheta\right)\right].$$

Hieraus

$$\frac{\partial x}{\partial w} = \frac{1}{w}\left(-\frac{\sin\vartheta}{\varrho}\frac{\partial \psi}{\partial w} + \cos\vartheta\frac{\partial \Phi}{\partial w}\right), \tag{11a}$$

$$\frac{\partial x}{\partial \vartheta} = \frac{1}{w}\left(-\frac{\sin\vartheta}{\varrho}\frac{\partial \psi}{\partial \vartheta} + \cos\vartheta\frac{\partial \Phi}{\partial \vartheta}\right). \tag{11b}$$

Ähnlich erhält man

$$\frac{\partial y}{\partial w} = \frac{1}{w}\left(\frac{\cos\vartheta}{\varrho}\frac{\partial \psi}{\partial w} + \sin\vartheta\frac{\partial \Phi}{\partial w}\right), \tag{12a}$$

$$\frac{\partial y}{\partial \vartheta} = \frac{1}{w}\left(\frac{\cos\vartheta}{\varrho}\frac{\partial \psi}{\partial \vartheta} + \sin\vartheta\frac{\partial \Phi}{\partial \vartheta}\right). \tag{12b}$$

Wegen $\frac{\partial^2 x}{\partial w\,\partial\vartheta} = \frac{\partial^2 x}{\partial\vartheta\,\partial w}$ erhält man aus dem ersten Gleichungspaar

$$\frac{1}{w}\left(-\frac{\cos\vartheta}{\varrho}\frac{\partial \psi}{\partial w} - \sin\vartheta\frac{\partial \Phi}{\partial w}\right)$$
$$= -\sin\vartheta\frac{d\left(\frac{1}{\varrho w}\right)}{dw}\frac{\partial \psi}{\partial \vartheta} + \frac{d\left(\frac{1}{w}\right)}{dw}\cos\vartheta\frac{\partial \Phi}{\partial \vartheta}$$

und ähnlich

$$\frac{1}{w}\left(\frac{-\sin\vartheta}{\varrho}\frac{\partial\psi}{\partial w}+\cos\vartheta\frac{\partial\Phi}{\partial w}\right)$$

$$=\cos\vartheta\frac{d\left(\frac{1}{\varrho w}\right)}{dw}\frac{\partial\psi}{\partial\vartheta}+\frac{d\left(\frac{1}{w}\right)}{dw}\sin\vartheta\frac{\partial\Phi}{\partial\vartheta}.$$

Durch geeignete Multiplikation dieser Gleichungen mit $\sin\vartheta$ oder $\cos\vartheta$ und darauffolgende Additionen ergibt sich

$$\frac{1}{\varrho w}\frac{\partial\psi}{\partial w}=\frac{1}{w^2}\frac{\partial\Phi}{\partial\vartheta},$$

$$\frac{1}{w}\frac{\partial\Phi}{\partial w}=\frac{d\left(\frac{1}{\varrho w}\right)}{dw}\frac{\partial\psi}{\partial\vartheta}.$$

Durch Differentiationen eliminiert man noch Φ und erhält schließlich

$$\frac{\partial}{\partial w}\left(\frac{w}{\varrho}\frac{\partial\psi}{\partial w}\right)-w\frac{d\left(\frac{1}{\varrho w}\right)}{dw}\frac{\partial^2\psi}{\partial\vartheta^2}=0. \tag{13}$$

Hieraus mit Hilfe der Gl. I, 2 (10a)

$$\frac{\partial^2\psi}{\partial w^2}+\frac{1}{w}\left(1+\frac{w^2}{a^2}\right)\frac{\partial\psi}{\partial w}+\frac{1}{w^2}\left(1-\frac{w^2}{a^2}\right)\frac{\partial^2\psi}{\partial\vartheta^2}=0. \tag{14}$$

Nachdem man eine Lösung dieser Gleichung gefunden hat, bestimmen sich die Koordinaten der Strömungsebene aus Gl. (11) und (12). In ihnen muß man noch Φ durch ψ ausdrücken.

$$\left.\begin{aligned}
\frac{\partial x}{\partial w}&=\frac{1}{\varrho w}\left(-\sin\vartheta\frac{\partial\psi}{\partial w}-\cos\vartheta\frac{1-\frac{w^2}{a^2}}{w}\frac{\partial\psi}{\partial\vartheta}\right)\\
\frac{\partial y}{\partial w}&=\frac{1}{\varrho w}\left(\cos\vartheta\frac{\partial\psi}{\partial w}-\sin\vartheta\frac{1-\frac{w^2}{a^2}}{w}\frac{\partial\psi}{\partial\vartheta}\right)\\
\frac{\partial x}{\partial\vartheta}&=\frac{1}{\varrho w}\left(-\sin\vartheta\frac{\partial\psi}{\partial\vartheta}+\cos\vartheta\, w\frac{\partial\psi}{\partial w}\right)\\
\frac{\partial y}{\partial\vartheta}&=\frac{1}{\varrho w}\left(\cos\vartheta\frac{\partial\psi}{\partial\vartheta}+\sin\vartheta\, w\frac{\partial\psi}{\partial w}\right).
\end{aligned}\right\} \tag{15}$$

Die enge Beziehung, die zwischen dem LEGENDREschen Potential φ und der Stromfunktion ψ besteht, geht aus den folgenden Untersuchungen hervor. Aus den Beziehungen $x=\varphi_u$ und $y=\varphi_v$, die in Polarkoordinaten die Form annehmen

$$x = \varphi_w \cos\vartheta - \frac{1}{w}\,\varphi_\vartheta \sin\vartheta,$$

$$y = \varphi_w \sin\vartheta + \frac{1}{w}\,\varphi_\vartheta \cos\vartheta$$

erhält man

$$\begin{aligned} dx &= \left(\varphi_{ww}\cos\vartheta + \frac{1}{w^2}\,\varphi_\vartheta \sin\vartheta - \frac{1}{w}\,\varphi_{w\vartheta}\sin\vartheta\right) dw + \\ &\quad + \left(\varphi_{w\vartheta}\cos\vartheta - \varphi_w \sin\vartheta - \frac{1}{w}\,\varphi_{\vartheta\vartheta}\sin\vartheta - \frac{1}{w}\,\varphi_\vartheta\cos\vartheta\right) d\vartheta, \\ dy &= \left(\varphi_{ww}\sin\vartheta - \frac{1}{w^2}\,\varphi_\vartheta \cos\vartheta + \frac{1}{w}\,\varphi_{w\vartheta}\sin\vartheta\right) dw + \\ &\quad + \left(\varphi_{w\vartheta}\sin\vartheta + \varphi_w \cos\vartheta + \frac{1}{w}\,\varphi_{\vartheta\vartheta}\cos\vartheta - \frac{1}{w}\,\varphi_\vartheta\sin\vartheta\right) d\vartheta. \end{aligned}$$

Setzt man dies in die Beziehung

$$d\psi = \frac{\partial\psi}{\partial w}\,dw + \frac{\partial\psi}{\partial\vartheta}\,d\vartheta = -\varrho\,v\,dx + \varrho\,u\,dy$$

ein, so ergibt sich durch Vergleich der Koeffizienten von dw und $d\vartheta$

$$\left.\begin{aligned} \frac{\partial\psi}{\partial w} &= \varrho\left(-\frac{1}{w}\,\varphi_\vartheta + \varphi_{w\vartheta}\right), \\ \frac{\partial\psi}{\partial\vartheta} &= \varrho(w\,\varphi_w + \varphi_{\vartheta\vartheta}). \end{aligned}\right\} \tag{16}$$

Die Stromfunktion läßt sich also durch Integration bestimmen, wenn das transformierte Potential bekannt ist.

Ob man in einem gegebenen Falle die Gleichung für die Stromfunktion oder für das LEGENDREsche Potential benutzen soll, hängt von der Natur der Randbedingungen ab. Die Umströmung eines gegebenen Körpers und die Behandlung von Stoßbedingungen drückt sich am besten mit Hilfe der Stromfunktion aus. Für die Behandlung von Strömungen, die so wenig von einem bekannten Strömungsfelde abweichen, daß man die Änderung der Kontur in der Strömungsebene durch Linearisierung der Randbedingungen im Hodographen ausdrücken kann, findet man eine besonders einfache Darstellung mit Hilfe des transformierten Potentials.

2. Die Funktionaldeterminante der Hodographenabbildung

Wenn man x und y als Funktionen von u und v auffaßt, so stellt

$$\left.\begin{aligned} dx &= \frac{\partial x}{\partial u}\,du + \frac{\partial x}{\partial v}\,dv, \\ dy &= \frac{\partial y}{\partial u}\,du + \frac{\partial y}{\partial v}\,dv \end{aligned}\right\} \tag{1}$$

ein Gleichungssystem dar, in dem du und dv als Unbekannte aufgefaßt werden können, wenn dx und dy gegeben sind. Die Koeffizienten $\frac{\partial x}{\partial u}$, $\frac{\partial x}{\partial v}$, $\frac{\partial y}{\partial u}$ und $\frac{\partial y}{\partial v}$ hängen natürlich von der betrachteten Stelle des Strömungsfeldes ab. Für die eindeutige Lösbarkeit des Systems ist es notwendig und hinreichend, daß die Determinante

$$D = \frac{\partial x}{\partial u}\frac{\partial y}{\partial v} - \frac{\partial x}{\partial v}\frac{\partial y}{\partial u} \tag{2}$$

nicht verschwindet. Sie wird als Funktionaldeterminante der Abbildung bezeichnet und abgekürzt durch

$$D = \frac{\partial(x, y)}{\partial(u, v)}.$$

Falls die Funktionaldeterminante null ist, sind die beiden Gl. (1) linear abhängig, und man findet Lösungen für du und dv nur dann, wenn zwischen dx und dy die gleiche lineare Abhängigkeit besteht, wie zwischen den rechten Seiten von Gl. (1). Dann findet man aber für jede Wahl von du und dv das gleiche Verhältnis dx zu dy; d. h., wenn man sich auf die linearen Glieder in der Entwicklung von dx und dy beschränkt, wie es in Gl. (1) geschehen ist, so bildet sich eine Nachbarschaft des betrachteten Punktes der Hodographenebene in eine Linie der Strömungsebene ab.

Die Funktionaldeterminante verschwindet auch dann, wenn alle Glieder erster Ordnung auf der rechten Seite von Gl. (1) null sind. In diesem Falle muß man zu der Untersuchung des Abbildungsverhaltens die Glieder der nächst höheren Ordnung benutzen. Das kann in Verzweigungspunkten der Hodographenebene oder der Strömungsebene auftreten. Eine allgemeine Diskussion soll hier nicht versucht werden, später werden wir aber Beispiele für ein solches Verhalten kennenlernen.

Nach den bisherigen Überlegungen können wir feststellen, daß eine eindeutige Beziehung zwischen der Hodographenebene und der Strömungsebene besteht, wenn die Funktionaldeterminante nicht null und nicht unendlich ist. Einen unendlichen Wert der Funktionaldeterminante würde man erhalten, wenn einige Glieder der rechten Seite der Gl. (1) unendlich werden, dann ist es möglich, daß für Werte dx und dy die von null verschieden sind, die zugehörigen Werte du und dv null werden.

Die Funktionaldeterminante kann gedeutet werden als das Verhältnis eines Flächenelementes in der Strömungsebene zu dem entsprechenden Flächenelement in der Hodographenebene. Das rechteckige Flächenelement, das in der Hodographenebene durch du und dv

aufgespannt wird, bildet sich in ein Parallelogramm der Strömungsebene ab, dessen Seiten durch die Vektoren

$$\mathfrak{i}\frac{\partial x}{\partial u}du+\mathfrak{j}\frac{\partial y}{\partial u}du$$

und

$$\mathfrak{i}\frac{\partial x}{\partial v}dv+\mathfrak{j}\frac{\partial y}{\partial v}dv$$

gegeben sind. Das gerichtete Oberflächenelement der Hodographenebene ist gegeben durch

$$\mathfrak{i}\times\mathfrak{j}\,du\,dv,$$

das gerichtete Oberflächenelement der Strömungsebene durch

$$\mathfrak{i}\times\mathfrak{j}\,du\,dv\left(\frac{\partial x}{\partial u}\,\frac{\partial y}{\partial v}-\frac{\partial y}{\partial u}\,\frac{\partial x}{\partial v}\right).$$

Hieraus ergibt sich die oben erwähnte Deutung.

Das Verhältnis der Flächenelemente kann natürlich auch in der umgekehrten Richtung gebildet werden. Daher

$$\frac{\partial x}{\partial u}\,\frac{\partial y}{\partial v}-\frac{\partial y}{\partial u}\,\frac{\partial x}{\partial v}=\left(\frac{\partial u}{\partial x}\,\frac{\partial v}{\partial x}-\frac{\partial u}{\partial y}\,\frac{\partial v}{\partial x}\right)^{-1}. \tag{3}$$

Für die Anwendungen der Hodographenmethode sind wir an dem Verhalten der Funktionaldeterminante interessiert, weil ihr Verschwinden oder Unendlichwerden eine Singularität der Abbildung anzeigt. Beim Entwurf von Strömungsbildern in der Hodographendarstellung ist bereits die einfache Tatsache von Bedeutung, daß die Funktionaldeterminante negativ sein muß. (Dies wird später gezeigt.) Es ergibt sich dadurch nämlich eine erhebliche Einschränkung der Möglichkeiten, die man für die Gestalt des Strömungsbildes in der Hodographenebene findet (s. S. 34). Den analytischen Ausdruck für die Funktionaldeterminante erhält man mit Hilfe der Gl. V, 1 (15). Es ergibt sich

$$\frac{\partial(x,y)}{\partial(w,\vartheta)}=-\frac{1}{\varrho^2 w}\left\{\left(\frac{\partial\psi}{\partial w}\right)^2+\frac{\left(1-\frac{w^2}{a^2}\right)}{w^2}\left(\frac{\partial\psi}{\partial\vartheta}\right)^2\right\}.$$

Man kann weiterhin aus den Gleichungen

$$u=w\cos\vartheta,$$
$$v=w\sin\vartheta$$

berechnen

$$\frac{\partial(u,v)}{\partial(w,\vartheta)}=w.$$

Dann erhält man schließlich, wegen der Deutung der Funktionaldeterminante als Flächenverhältnis

$$D = \frac{\partial(x, y)}{\partial(u, v)} = -\frac{1}{\varrho^2 w^2}\left[\left(\frac{\partial \psi}{\partial w}\right)^2 + \frac{1 - \frac{w^2}{a^2}}{w^2}\left(\frac{\partial \psi}{\partial \vartheta}\right)^2\right]. \tag{4}$$

Natürlich ist der Wert der Funktionaldeterminante nicht von der Wahl der unabhängigen Variablen des Hodographen abhängig. Geht man mit Hilfe von Gl. V, 1 (16) auf das transformierte Potential über, so ergibt sich

$$D = -\left[\left(\frac{1}{w}\varphi_{w\vartheta} - \frac{1}{w^2}\varphi_\vartheta\right)^2 + \left(1 - \frac{w^2}{a^2}\right)\left(\frac{\varphi_w}{w} + \frac{1}{w^2}\varphi_{\vartheta\vartheta}\right)^2\right]. \tag{5}$$

Als Summe zweier Quadrate mit negativen Koeffizienten ist die Funktionaldeterminante im Unterschallgebiet immer negativ oder null. Eine Nullstelle kann nur in einem isolierten Punkte auftreten. Wäre etwa die Funktionaldeterminante null längs einer Linie des Unterschallgebietes, so hätte man dort $\frac{\partial \psi}{\partial w} = 0$ und $\frac{\partial \psi}{\partial \vartheta} = 0$. Sicher ist die analytische Fortsetzung durch $\psi = \text{const}$ gegeben. Nach den Überlegungen die bei der Ableitung der Charakteristikenmethode angestellt wurden, ist dies die einzig mögliche Fortsetzung.

Im Überschall verschwindet die Funktionaldeterminante falls

$$\frac{\partial \psi}{\partial w} \pm \frac{\sqrt{\frac{w^2}{a^2} - 1}}{w}\frac{\partial \psi}{\partial \vartheta} = 0, \tag{6}$$

wobei diese Gleichung natürlich nur für ein Vorzeichen erfüllt zu sein braucht. Man wird damit zu der Erscheinung der Rückkehrkanten geführt.

3. Rückkehrkanten

Bevor wir eine analytische Untersuchung der Rückkehrkanten vornehmen, sei ein Beispiel berechnet, das ihre Eigenschaften illustriert.

In einer Quellströmung verlaufen aus Symmetriegründen alle Stromlinien radial. Auf Kreisen um einen festen Punkt hat man konstante Geschwindigkeit. Ist r der Radius eines solchen Kreises, so ergibt sich aus Kontinuitätsgründen

$$r\,\varrho\,w = \text{const}. \tag{1}$$

Nun hat in isentropischer Strömung nach Gl. I, 2 (10a) die Stromdichte $\varrho\,w$ bei der Schallgeschwindigkeit ein Maximum, d. h. die letzte Gleichung kann nur erfüllt werden für Werte r, die oberhalb eines Mindestwertes r_0 liegen. Für Werte $r > r_0$ gibt es zwei Lösungen, nämlich eine Unterschallströmung und eine Überschallströmung. Man kann diese Strömungsfelder in zwei übereinanderliegenden Blättern angeordnet denken, die längs r_0 aneinandergeheftet sind. Der Kreis mit dem Radius r_0 stellt dann eine Rückkehrkante dar. Dieses Beispiel ist jedoch zu speziell, um instruktiv zu sein. Eine Strömung die alle wesentlichen Eigenschaften zeigt, erhält man, wenn man zur Hodographendarstellung der eben beschriebenen Lösung den Ausdruck für den sogenannten Potentialwirbel überlagert. Das ist möglich, weil die Hodographengleichungen linear sind. Bei der Überlagerung von Hodographenlösungen addieren sich, wegen der Linearität der Gleichung für x und y, Gl. V, 1 (15), die Werte von x und y, die in den Ausgangslösungen den gleichen Geschwindigkeitsvektoren zugeordnet sind (TOLLMIEN [*1*]).

Da es sowohl bei der Quelle als beim Potentialwirbel keine ausgezeichnete Richtung gibt, gilt das gleiche auch von ihrer Überlagerung. Den Überschallteil, einer solchen Strömung kann man leicht mit Hilfe der Charakteristikenmethode konstruieren. Dazu nimmt man längs eines Kreises Geschwindigkeitsvektoren an, deren Betrag konstant ist und die mit der Kreistangente einen konstanten Winkel einschließen. Der Geschwindigkeitsbetrag muß einer Überschallgeschwindigkeit oder der Schallgeschwindigkeit entsprechen. Von diesem Kreis aus setzt man dann die Strömung mit dem Charakteristikenverfahren fort. In dieser Weise kann man sich Abb. 22 entstanden denken, das allerdings nur einen Teil des Kreises zeigt. Nimmt man die Schallinie als

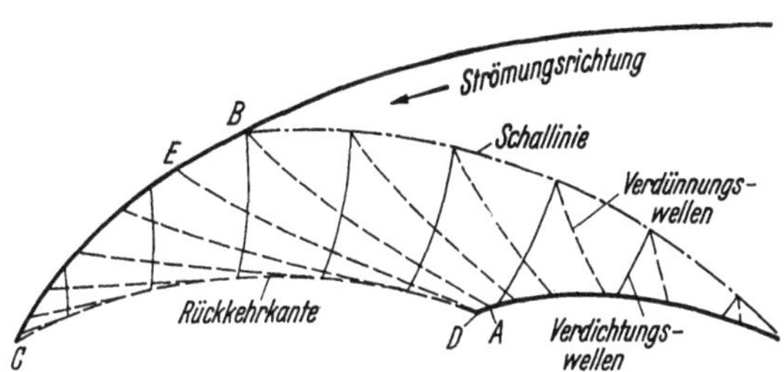

Abb. 22. Rückkehrkante, die durch Expansionswellen, die auseinander hervorgehen, gebildet wird

Ausgangskreis, so findet man, daß innerhalb des Kreises Überschallgeschwindigkeiten liegen. Außerhalb ergibt sich eine Unterschallströmung. Wir nehmen an, daß die Strömung aus dem Unterschallteil kommt. Die Stromliniengestalt im Unterschallgebiet wird durch die Ränder erkennbar, sie wurde durch analytische Rechnung gefunden. Bei der Konstruktion mit Hilfe der Charakteristikenmethode verlaufen die von der Schallinie ausgehenden gestrichelten MACHschen Wellen stromaufwärts, dabei überschneiden sie sich und bilden eine Hüllkurve. Dies ist die Rückkehrkante. In einem Strömungsfeld, das diesem Bilde entspräche, wären die gestrichelten Linien Verdünnungswellen, die von der Rückkehrkante ausgehen und von da aus stromabwärts laufen.

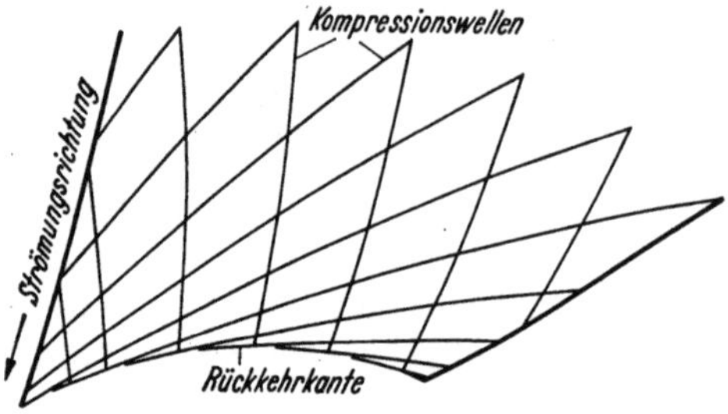

Abb. 23. Fortsetzung von Abb. 22. Rückkehrkante, die durch Zusammenlaufen von Kompressionswellen entsteht

Das zweite Blatt der Strömung findet sich in Abb. 23. Es liegt über dem ersten Blatt und ergibt sich, wenn man die Konstruktion mit dem Charakteristikenverfahren nach Erreichen der Rückkehrkante fortsetzt.

Analytisch ist die Hodographenlösung einer Quelle der Stärke 2π gegeben durch

$$\psi = \vartheta. \tag{1}$$

Für einen Potentialwirbel sind die Stromlinien Linien konstanten Geschwindigkeitsbetrages.

$$\psi = \psi(w).$$

Damit ergibt sich aus Gl. V, 1 (13)

$$\frac{d}{dw}\left(\frac{w}{\varrho}\,\psi_w\right) = 0 \quad \text{oder} \quad \psi_w = \frac{\varrho}{w}. \tag{2}$$

Man kann nun die zu diesen Lösungen gehörenden Koordinaten der Strömungsebene bestimmen. Wegen der Symmetrie in bezug auf den Nullpunkt ist dies natürlich nur für eine einzige Linie etwa die u-Achse ($\vartheta = 0$) notwendig.

Dort erhält man nach Gl. V, 1 (15) für die Quelle

$$\frac{\partial x}{\partial w} = -\frac{\left(1 - \frac{w^2}{a^2}\right)}{\varrho\, w^2}.$$

Mit Gl. I, 2 (10a) erhält man hieraus

$$\frac{\partial x}{\partial w} = \frac{d\left(\frac{1}{\varrho\, w}\right)}{dw}.$$

$$x = \frac{1}{\varrho\, w}.$$

Natürlich hätte man dieses Ergebnis sofort anschaulich finden können. Außerdem erhält man

$$y = 0.$$

Für den Wirbel erhält man für $\vartheta = 0$

$$\frac{\partial y}{\partial w} = \frac{1}{\varrho\, w}\,\psi_w.$$

Da $\psi_w = \frac{\varrho}{w}$, findet man

$$\frac{\partial y}{\partial w} = \frac{1}{w^2}$$

oder

$$y = -\frac{1}{w}.$$

Dies läßt sich auch aus der Lösung für den Potentialwirbel in der Strömungsebene ablesen.

Überlagert man nun diese beiden Lösungen, nachdem man die erste mit einer Konstanten c_1, die zweite mit einer Konstanten c_2 multipliziert hat (wobei diese Konstanten verschiedene Dimensionen besitzen), so erhält man für den Radius r des Kreises, auf dem Geschwindigkeit einen gegebenen Betrag w hat

$$r = \left(\frac{c_1^2}{(\varrho w)^2} + \frac{c_2^2}{w^2}\right)^{1/2}.$$

Eine Rückkehrkante tritt ein, wenn r ein Minimum hat, d. h. für

$$\frac{dr}{dw} = \frac{1}{r}\left(\frac{-2c_1^2}{(\varrho w)^3}\frac{d(\varrho w)}{dw} - 2\frac{c_2^2}{w^3}\right) = \frac{2}{r}\left[\frac{c_1^2}{\varrho^3 w^3}\varrho\left(\frac{w^2}{a^2} - 1\right) - \frac{c_2^2}{w^3}\right] = 0.$$

Daraus ergibt sich

$$c_2 = \pm \frac{c_1}{\varrho}\sqrt{\frac{w^2}{a^2} - 1}.$$

Da der Ausdruck $\frac{1}{\varrho}\sqrt{\frac{w^2}{a^2} - 1}$ im Überschallgebiet alle Werte von null bis unendlich annimmt, ergibt sich eine Rückkehrkante für jede Wahl von c_1 und c_2. Daß längs der Rückkehrkante die Funktionaldeterminante verschwindet, findet man, indem man Gl. (1) und (2) in Gl. V, 2 (4) einsetzt.

Die Haupteigenschaften der Rückkehrkanten lassen sich aus den Abb. 22 und 23 ablesen. Rückkehrkanten entstehen dadurch, daß entweder Verdichtungswellen zusammenlaufen (Abb. 22) oder Verdünnungswellen auseinander hervorgehen (Abb. 23). Natürlich müßte man sich dabei vorstellen, daß der „Sprung“ der MACHschen Wellen unendlich verfeinert worden ist. Dann ist die Rückkehrkante Hüllkurve einer Schar von MACHschen Wellen und schließt als solche mit dem Geschwindigkeitsvektor den MACHschen Winkel ein. Da die zweite Schar MACHscher Wellen mit der ersten den Winkel 2α einschließt, ist die Rückkehrkante nicht Einhüllende der zweiten Schar. Die Wellen dieser Schar laufen mit einem wohlbestimmten Winkel, nämlich 2α, auf die Rückkehrkante zu und kehren mit dem gleichen Winkel zurück.

Der Schnitt zweier MACHschen Wellen bedeutet, daß auch bei unendlich verfeinertem Sprung, an der betreffenden Stelle die Dichte der MACHschen Wellen unendlich ist. Dies gilt natürlich nur für die MACHschen Wellen, deren Zusammenlaufen die Rückkehrkante erzeugt, die Dichte der MACHschen Wellen ist für die andere Schar endlich. In der BUSEMANNschen Form des Charakteristikenverfahrens bedeutet jede Welle eine wohlbestimmte Zustandsänderung, so daß, wenn man sich der Rückkehrkante unter einem von null verschiedenen Winkel nähert, die Zustandsänderung, d. h. der Druckgradient und die Krümmung der Stromlinien nach unendlich geht. Ebenfalls unendlich wird die Krümmung der MACHschen Wellen der „zweiten“ Schar, weil ihre Richtungen Funktionen der Geschwindigkeit sind.

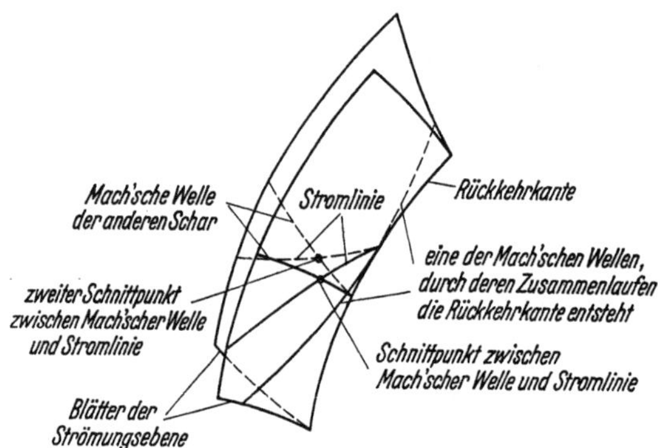

Abb. 24. Struktur des Strömungsfeldes in der Nähe einer Rückkehrkante

Abb. 24 zeigt schematisch die beiden Blätter der Strömungsebene, die längs der Rückkehrkante aneinandergeheftet sind. In diesen Blättern ist eine Schar der MACHschen Wellen gezeigt, für die die Rückkehrkante die Einhüllende darstellt; außerdem eine MACHsche Welle der anderen Schar und eine Stromlinie. Die Stromlinie und die zweitgenannte MACHsche Welle laufen auf die Rückkehrkante zu und von da aus wieder zurück. Wenn sich nun die Stromlinie und diese MACHsche Welle in einem der Blätter schneiden, so schneiden sie sich in dem andern Blatte zum zweiten Male, da nämlich die Richtung der Stromlinien und der MACHschen Welle sich nur wenig von den Richtungen unterscheiden, die man für sie an der Rückkehrkante erhält, und da diese Richtungen einen von null verschiedenen Winkel, nämlich den MACHschen Winkel, miteinander einschließen. Betrachtet man eine MACHsche Welle, die die untersuchte Stromlinie gerade an der Rückkehrkante schneidet, so hat diese mit ihr zwei benachbarte Punkte gemeinsam. Die Stromlinien einer analytischen Hodographenlösung sind im allgemeinen frei von Spitzen, wenn also eine Stromlinie mit einer Charakteristik zwei zusammenfallende Punkte gemeinsam hat, so bedeutet das, daß die Stromlinien tangential an die Charakteristik ist. So erkennt man anschaulich, daß die Rückkehrkante im Hodographen durch den geometrischen Ort der Punkte gegeben ist, in denen die Stromlinien tangential an die Charakteristiken sind.

Die Rückkehrkante kann eine Spitze besitzen, wie man am Beispiel der Abb. 25 erkennt. In diesem Bilde werden die Wellen durch eine Krümmung der Wand erzeugt. Der Einfachheit halber wurde beim Entwurf dieses Bildes angenommen, daß die Strömung anfänglich eine Parallelströmung war. Dies bewirkt, daß im Strömungsfeld nur eine Schar MACHscher Wellen vorhanden ist. Wegen dieser Annahme ist allerdings die Hodographendarstellung singulär; jede MACHsche Welle der Strömungsebene wird durch einen Punkt des Hodographen dargestellt, die gesamte Strömungsebene durch eine Charakteristik. Man kann sich jedoch leicht ein Beispiel vorstellen, bei dem auch ein Feld von MACHschen Wellen der anderen Schar vorhanden ist, so daß die Strömungsebene sich in eine Fläche des Hodographen abbildet. Die Tatsache, daß eine Rückkehrkante eine Spitze besitzen kann, wird davon nicht beeinflußt.

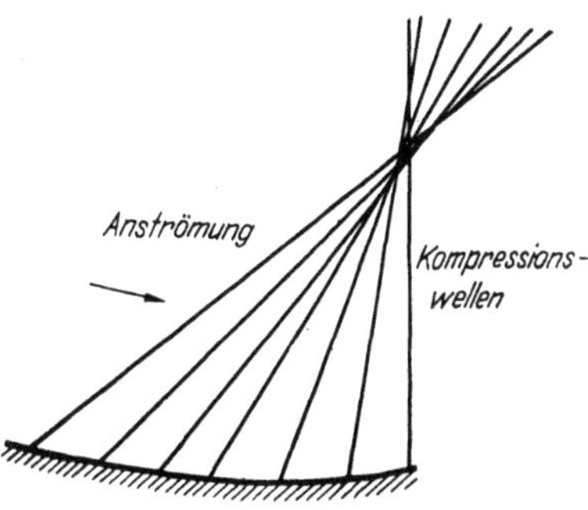

Abb. 25. Beispiel einer Rückkehrkante, die eine Spitze besitzt. Die Rückkehrkante ist die Hüllkurve der zusammenlaufenden Wellen

Analytisch leiten sich die Eigenschaften der Rückkehrkante, die jetzt allein durch das Verschwinden der Funktionaldeterminanten gekennzeichnet sein mag, folgendermaßen her. Für eine Linie $\psi = \text{const}$ findet man aus der Beziehung

$$d\psi = \frac{\partial \psi}{\partial w} dw + \frac{\partial \psi}{\partial \vartheta} d\vartheta = 0$$

als Richtung der Stromlinien

$$\frac{dw}{d\vartheta} = \frac{-\psi_\vartheta}{\psi_w}.$$

Falls in dem betrachteten Punkt die Funktionaldeterminante verschwindet, aber $\psi_w \neq 0$ und $\psi_\vartheta \neq 0$ ist, ergibt sich aus Gl. V, 2 (6)

$$\frac{dw}{d\vartheta} = \mp \frac{w}{\sqrt{\frac{w^2}{a^2} - 1}}.$$

Andererseits ergibt sich aus den Gl. V, 1 (10) oder V, 1 (14) als Richtung der Charakteristiken

$$\frac{dw}{d\vartheta} = \pm \frac{w}{\sqrt{\frac{w^2}{a^2} - 1}}, \tag{3}$$

d. h., wenn die Funktionaldeterminante verschwindet und ψ_w und ψ_ϑ von null verschieden sind, sind die Stromlinien tangential an die Charakteristiken der Hodographenebene.

Als nächstes berechnen wir die Richtung der Rückkehrkante in der Strömungsebene. Die Richtung einer beliebigen Kurve, die in der Hodographenebene durch die Linienelemente dw und $d\vartheta$ lokal charakterisiert wird, ergibt sich aus

$$dx = \frac{\partial x}{\partial w} dw + \frac{\partial x}{\partial \vartheta} d\vartheta,$$

$$dy = \frac{\partial y}{\partial w} dw + \frac{\partial y}{\partial \vartheta} d\vartheta$$

als

$$\frac{dy}{dx} = \frac{\frac{\partial y}{\partial w}\left(1 + \left(\frac{\partial y}{\partial \vartheta} \Big/ \frac{\partial y}{\partial w}\right)\frac{d\vartheta}{dw}\right)}{\frac{\partial x}{\partial w}\left(1 + \left(\frac{\partial x}{\partial \vartheta} \Big/ \frac{\partial x}{\partial w}\right)\frac{d\vartheta}{dw}\right)}.$$

Wenn die Funktionaldeterminante verschwindet, sind die Klammern der rechten Seiten gleich, und man erhält

$$\frac{dy}{dx} = \frac{\partial y}{\partial w} \Big/ \frac{\partial x}{\partial w},$$

d. h., die Richtung der Abbildung ist dann unabhängig von dw und $d\vartheta$. Wir werten nun dy/dx aus. Da der Hodograph keine ausgezeichneten Richtungen kennt, lassen wir dabei die x-Richtung mit der Richtung des Geschwindigkeitsvektors zusammenfallen. Man erhält dann unter Benutzung von Gl. V, 1 (15) und V, 2 (6)

$$\frac{dy}{dx} = \mp \frac{1}{\sqrt{\frac{w^2}{a^2} - 1}}.$$

Dies ist also der tangens des Winkels zwischen der Rückkehrkante und dem Geschwindigkeitsvektor. Wegen der Beziehung $\sin\alpha = \frac{1}{M}$ hat man auch $\operatorname{tg}\alpha = \frac{1}{\sqrt{M^2 - 1}}$. Wir finden also das anschauliche Resultat bestätigt, daß zwischen Geschwindigkeitsvektor und Rückkehrkante der Machsche Winkel eingeschlossen wird.

Weiter soll gezeigt werden, daß sich das zweite Blatt der Strömungsebene tatsächlich über das erste zurückfaltet, d. h. daß der Ausdruck

„Rückkehrkante" berechtigt ist. Bewegt man sich im Hodographen längs einer Stromlinie, so kann in der Nähe der Rückkehrkante w als Parameter längs dieser Kurve betrachtet werden. (Da dort nämlich die Stromlinien angenähert tangential an die Charakteristiken sind, ist dw längs der Stromlinie sicher nicht null.) Wir bestimmen nun für die Bewegung längs einer Stromlinie den Ausdruck

$$\frac{dx}{dw} = \frac{\partial x}{\partial w} + \frac{\partial x}{\partial \vartheta}\frac{d\vartheta}{dw} = \frac{1}{\varrho w}\left\{\frac{1-\frac{w^2}{a^2}}{w}\frac{\partial \psi}{\partial \vartheta} + \frac{\partial \psi}{\partial w}\frac{d\vartheta}{dw}\right\}.$$

Längs einer Stromlinie ist

$$\frac{d\vartheta}{dw} = -\frac{\psi_w}{\psi_\vartheta},$$

so erhält man

$$\frac{dx}{dw} = \frac{1}{\varrho w \psi_\vartheta}\left\{\frac{1-\frac{w^2}{a^2}}{w}\psi_\vartheta^2 - \psi_w^2\right\}. \tag{4}$$

Hiernach verschwindet an der Rückkehrkante dx/dw. Falls nun die zweite Ableitung von null verschieden ist, hat x ein Extremum, d. h., die Stromlinie setzt sich in einem zweiten Blatt fort, das über das erste zurückgefaltet ist.

Das Verschwinden der zweiten Ableitung bedeutet anschaulich, daß die Beziehung Gl. V, 2 (6) in zwei Nachbarpunkten der Stromlinie erfüllt ist. Da dieser Ausdruck zum Ausdruck bringt, daß im Hodographen die Stromlinie tangential an eine Charakteristik ist, so trifft dies dann in zwei Nachbarpunkten zu, d. h., man hat eine Berührung höherer Ordnung zwischen Stromlinie und Charakteristik im Hodographen vor sich. Ohne Beweis sei erwähnt, daß dies dann für eine analytische Hodographenlösung eine Spitze im Strömungsfeld ähnlich der der Abb. 25 ergibt.

Weiterhin läßt sich analytisch zeigen, daß falls die Rückkehrkante im Hodographen nicht mit einer Charakteristik zusammenfällt, der Ausdruck d^2x/dw^2, gebildet längs einer Stromlinie, nur in isolierten Punkten der Strömungsebene zusammen mit dx/dw verschwinden kann. Fällt eine Stromlinie mit einer Charakteristik zusammen, so ist für alle Punkte $dx/dw = 0$ und $dy/dw = 0$ [siehe Gl. V, 1 (15) und (3)], d. h., alle Punkte der Charakteristik bilden sich in einem Punkt der Strömungsebene ab. Physikalisch ist dies der Beginn eines Expansionsfächers, der sich in eine nicht-parallele Strömung hinein fortpflanzt. Für die betreffende Stromlinie tritt dabei eine Ecke auf, die die Machschen Wellen des Fächers erzeugt. Sind dies etwa Wellen, für die λ = const ist [s. Gl. I, 7 (3)], so nimmt in der Ecke je nach der Einlaufrichtung diese Größe verschiedene Werte an. Im allgemeinen wird nur eine Welle der anderen Schar (für die $\mu = \text{const}$ ist) in die Ecke einlaufen. Damit sieht man anschaulich ein, daß die Ecke als Hodographenabbildung ein Stück der Kurve $\mu = \text{const}$ liefert.

Was ist nun die physikalische Bedeutung der Rückkehrkanten? Diese Frage mag etwas präziser formuliert werden. Es sei ein Strömungsfeld, das eine Rückkehrkante besitzt, analytisch gefunden worden, und wir fragen, durch welche Randbedingungen es ganz oder teilweise zu verwirklichen ist. Für diesen Zweck ist die Konstruktion mit Hilfe des Charakteristikenverfahrens sehr aufschlußreich, weil sie nämlich den Einfluß der Randbedingungen deutlich zeigt. Man wird in einer solchen Strömung zwei Stromlinien als Ränder vorgeben. Weiter sucht man im Überschallteil eine Linie auf, die mit dem Geschwindigkeitsvektor einen Winkel einschließt, der überall größer oder gleich dem MACHschen Winkel ist. Längs dieser Linie wird dann der Geschwindigkeitsvektor aus der analytisch gegebenen Lösung berechnet. Die Randstromlinien lassen wir an der Rückkehrkante aufhören. In Abb. 22 kann man etwa längs der MACHschen Welle AB die Strömung als bekannt annehmen. Die gegebenen Ränder sind BC und AD. Diese Randbedingungen reichen aber nur aus, um die Strömung bis zur MACHschen Welle DE zu bestimmen. Bedingungen, die von der Berandung her erzwingen, daß im Innern der Strömung MACH-Wellen auseinander hervorgehen, gibt es nicht. Sie würden eine zurücklaufende Berandung erfordern. Durch Leitschaufeln, die im Innern der Strömung angebracht werden, könnte solch eine Bedingung erzwungen werden. Sieht man von solch gekünstelten Möglichkeiten ab, so kann die Rückkehrkante, die eine Hüllkurve von Expansionswellen darstellt, physikalisch nicht auftreten (s. GUDERLEY [*17*]).

Anders ist es in Abb. 23. Dort bestimmt der Rand das Strömungsfeld bis zur Rückkehrkante (und sogar noch in einem Stück des sich zurückfaltenden Teiles der Strömungsebene). Es tritt hier die bekannte Erscheinung auf, daß Kompressionswellen zusammenlaufen und dadurch das Auftreten eines Verdichtungsstoßes anzeigen.

Hiernach fügt sich die Erscheinung der Rückkehrkanten, soweit sie durch die Randbedingungen mit bestimmt sind, zwanglos in die Erscheinungen ein, die wir von der Überschallgasdynamik her kennen.

Bei der Formulierung von Randwertproblemen im Hodographen muß man natürlich darauf achten, daß man in der Strömungsebene keine Ränder erhalten darf, die in einem zweiten Blatt zurücklaufen. Deshalb ist es nicht zulässig, daß eine Randstromlinie eine Charakteristik mehr als einmal schneidet.

4. Die Tschapliginschen Partikularlösungen der Hodographengleichung

Lösungen der exakten Hodographengleichung werden zwar in den kommenden Betrachtungen keine Rolle spielen, denn wir werden uns immer auf eine vereinfachte Gleichung, die mathematisch bequemer ist, beziehen. Jedoch wird man sich die Frage stellen, wie die Lösungen der Näherungsgleichung sich zu den Lösungen der exakten Hodographengleichung verhalten. Um diesen Zusammenhang zu verstehen, ist einige Vertrautheit mit den exakten Lösungen erforderlich.

Da in den Gl. V, 1 (10) oder Gl. V, 1 (14) ϑ nicht explizit erscheint, liegt der folgende Lösungsansatz nahe

$$\left.\begin{aligned} \psi &= g_1(w, m) \begin{cases} \sin m\,\vartheta\,, \\ \cos m\,\vartheta\,, \end{cases} \\ \varphi &= g_2(w, m) \begin{cases} \cos m\,\vartheta\,, \\ \sin m\,\vartheta\,, \end{cases} \end{aligned}\right\} \tag{1}$$

wobei m eine Konstante ist. Man kommt damit zu gewöhnlichen linearen Differentialgleichungen

$$\frac{d^2 g_1}{d w^2} + \frac{1}{w}\left(1 + \frac{w^2}{a^2}\right)\frac{d g_1}{d w} - \frac{m^2}{w^2}\left(1 - \frac{w^2}{a^2}\right) g_1 = 0 \tag{2a}$$

und

$$\frac{d^2 g_2}{d w^2} + \frac{1}{w}\left(1 - \frac{w^2}{a^2}\right)\frac{d g_2}{d w} - \frac{m^2}{w^2}\left(1 - \frac{w^2}{a^3}\right) g_2 = 0\,, \tag{2b}$$

wobei

$$a^2 = \frac{\varkappa + 1}{2} w^{*2} - \frac{\varkappa - 1}{2} w^2. \tag{3}$$

Hier kann w von 0 bis $w^* \sqrt{\frac{\varkappa+1}{\varkappa-1}}$ variieren; wie man nämlich aus der Bernoullischen Gleichung sieht, ist $w^* \sqrt{\frac{\varkappa+1}{\varkappa-1}}$ der höchste Wert w, der in der Strömung auftreten kann. Man findet leicht, daß es für die Lösungen Reihenentwicklungen der Form

$$g_1 = w^{\pm m} \sum_0^\infty a_n w^{2n}, \tag{4a}$$

$$g_2 = w^{\pm} \sum_0^\infty b_n w^{2n} \tag{4b}$$

gibt und daß sich die Koeffizienten a_n und b_n durch Rekursionsformeln berechnen lassen. Für ganzzahlige m muß man für eine der Lösungen den Ansatz machen

$$g_1 = w^{-m} \sum_0^\infty \bar{a}_n w^{2n} + c_1 \ln w\, w^m \sum_0^\infty a_n w^{2n}, \tag{5}$$

wobei sich wiederum eine Rekursionsformel für die Koeffizienten $\bar{a}_n$ ergibt; ein ähnlicher Ansatz gilt für g_2. Nachdem die Lösungen durch lineare Differentialgleichungen bestimmt sind, bietet ihre numerische Berechnung keine prinzipielle Schwierigkeit. Für $m = 3$ und $m = 10$ werden zwei linear unabhängige Lösungen in Abbildung 26 gezeigt.

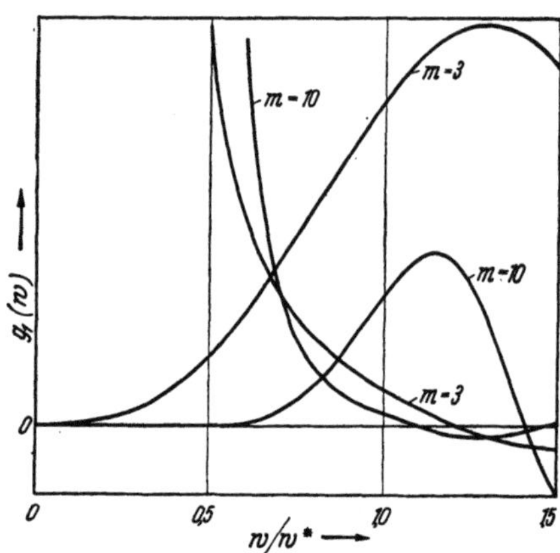

Abb. 26. Zwei linear unabhängige Ausdrücke g_1 für $m = 3$ und $m = 10$. (Der vertikale Maßstab ist unwesentlich, da sich die g_1 aus einer linearen Differentialgleichung ergeben)

Die Differentialgleichungen (2) lassen sich auf einen bekannten Typ zurückführen. Führt man nämlich als neue unabhängige Variable ein

$$\tau = \frac{\varkappa - 1}{\varkappa + 1}\left(\frac{w}{w^*}\right)^2, \tag{6}$$

so erhält man

$$\tau(1-\tau)\frac{d^2 g_1}{d\tau^2} + \frac{d g_1}{d\tau}\left(1 - \frac{\varkappa - 2}{\varkappa - 1}\tau\right) - \frac{m^2}{4\tau}\left(1 - \frac{\varkappa - 1}{\varkappa + 1}\tau\right) g_1 = 0 \tag{7a}$$

und

$$\tau(1-\tau)\frac{d^2 g_2}{d\tau^2} + \frac{d g_2}{d\tau}\left(1 - \frac{\varkappa}{\varkappa - 1}\tau\right) - \frac{m^2}{4\tau}\left(1 - \frac{\varkappa - 1}{\varkappa + 1}\tau\right) g_2 = 0. \tag{7b}$$

Sie haben drei singuläre Stellen der Bestimmtheit, nämlich 0, 1 und ∞, und sind somit hypergeometrische Differentialgleichungen[1]. Mit den üblichen Bezeichnungen für hypergeometrische Reihen lassen sich die Lösungen, abgesehen von dem ausgearteten Fall Gl. (5), schreiben als

$$\begin{aligned} g_1 = \tau^{m/2} F\Bigg\{&\left(\frac{m}{2} - \frac{1}{2(\varkappa-1)} + \frac{1}{2(\varkappa-1)}\sqrt{1 + \frac{m^2(\varkappa-1)^3}{\varkappa+1}}\right), \\ &\left(\frac{m}{2} - \frac{1}{2(\varkappa-1)} - \frac{1}{2(\varkappa-1)}\sqrt{1 + \frac{m^2(\varkappa-1)^3}{\varkappa+1}}\right), m+1, \tau\Bigg\} \end{aligned} \tag{8a}$$

und

$$\begin{aligned} g_2 = \tau^{m/2} F\Bigg\{&\left(\frac{m}{2} + \frac{1}{2(\varkappa-1)} + \frac{1}{2(\varkappa-1)}\sqrt{1 + \frac{m^2(\varkappa-1)^3}{\varkappa+1}}\right), \\ &\left(\frac{m}{2} + \frac{1}{2(\varkappa-1)} - \frac{1}{2(\varkappa-1)}\sqrt{1 + \frac{m^2(\varkappa-1)^3}{\varkappa+1}}\right), m+1, \tau\Bigg\}. \end{aligned} \tag{8b}$$

Für ganze negative m ist am einfachsten die Gl. (5) zu benutzen. Für die Berechnung der Funktionen ist oft die numerische Integration der Differentialgleichung der Potenzreihenentwicklung vorzuziehen.

---

[1] Einige Eigenschaften hypergeometrischer Differentialgleichungen finden sich auf S. 176.

Das erste Glied der Reihen stellt eine Approximation für geringe Geschwindigkeiten, d. h. für eine inkompressible Strömung dar. Tatsächlich sind $w^{\pm m} \sin m\vartheta$ und $w^{\pm} \cos m\vartheta$ als Realteil bzw. Imaginärteil der komplexen Funktion $(u - i\,v)^{\pm m}$ Lösungen der inkompressiblen Hodographengleichung, die ja mit der LAPLACschen Gleichung identisch ist. Damit erhält man eine Verknüpfung zwischen den Partikularlösungen der inkompressiblen und der kompressiblen Strömungen. Mit gebührender Vorsicht ist es daher möglich, kompressible Strömungen mit Hilfe von analogen inkompressiblen Strömungen zu charakterisieren. Die physikalische Bedeutung solcher Rechnungen sind aber nicht allzu groß. Tafeln TSCHAPLIGINscher Lösungen stammen von CHANG, O'BRIEN und HUCKEL.

5. Lösung eines Randwertproblems

Ein Beispiel mag zeigen, wie die eben besprochenen Partikularlösungen bei der Lösung eines Randwertproblems auftreten. Es handelt sich um den Ausfluß aus einer Blende für eine ebene Strömung[1].

Zur Linken der schraffierten Wand in Abb. 27a befindet sich ein unendlich ausgedehntes Gefäß. Aus einer scharfrandigen Öffnung trete ein Strahl mit einer Unterschallgeschwindigkeit aus. Diese ist natürlich durch den Außendruck bestimmt. Zunächst muß man die Hodographen-

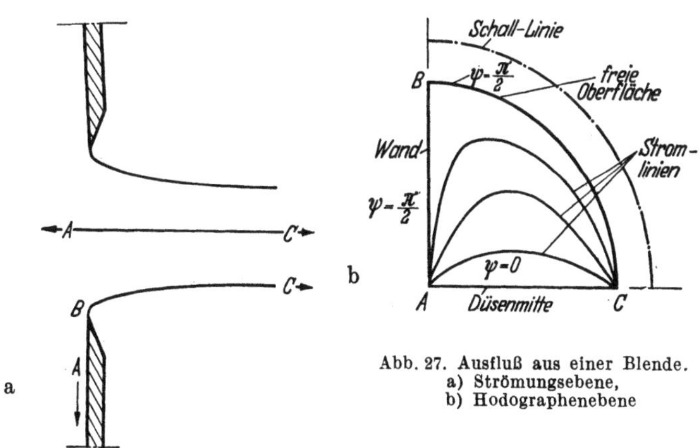

Abb. 27. Ausfluß aus einer Blende.
a) Strömungsebene,
b) Hodographenebene

abbildung suchen (Abb. 27b). Um die Zuordnung zwischen Strömungsebene und Hodographenebene deutlicher werden zu lassen, wird in Abb. 27b nur die Abbildung der unteren Hälfte der Strömungsebene

[1] Das Beispiel wurde zuerst von MOLENBROEK erwähnt, wegen eines Irrtums in den Randbedingungen gelangt aber MOLENBROEK nicht zu einer befriedigenden Lösung. Diese findet sich bei TSCHAPLIGIN.

gezeigt. Gleiche Punkte werden in der Strömungsebene und in der Hodographenebene mit gleichen Buchstaben bezeichnet. Im Unendlichen herrscht im Vorratsgefäß die Geschwindigkeit null. Deshalb bildet sich das Unendliche in dem Nullpunkt des Hodographen ab. Längs der in der unteren Hälfte befindlichen Wand erhält man einen Geschwindigkeitsvektor, der senkrecht nach oben gerichtet ist, diese Wand ergibt also eine senkrechte Linie in der oberen Hälfte des Hodographen. Die Strahloberfläche ist eine Linie konstanten Druckes und damit auch, wegen der BERNOULLIschen Gleichung, eine Linie konstanten Geschwindigkeitsbetrages. Sie wird durch den Kreisbogen BC dargestellt. Bewegt man sich in Strömungsrichtung längs der unteren Strahlbegrenzung, so dreht sich der Geschwindigkeitsvektor im Uhrzeigersinne. Im freien Strahl werden schließlich alle Stromlinien parallel (Punkt C). In der Strömungsebene liegt der Punkt im Unendlichen. Als Randbedingung hat man $\psi = 0$ längs der Symmetrieachse und $\psi = \text{const}$ längs der Wand und der Strahloberfläche. Diese Konstante sei $\frac{\pi}{2}$ gesetzt. (Ihre Wahl bestimmt den Maßstab der Strömungsebene.)

Die gewünschte Lösung wird durch Überlagerung von Partikularlösungen gefunden. Eine Partikularlösung, die längs AC null ist und längs AB einen konstanten Wert hat, ist gegeben durch

$$\psi = \vartheta .$$

Für ganzzahlige m geben die Partikularlösungen der Form

$$\psi = g_1(w, 2m) \sin(2m\,\vartheta)$$

$\psi = 0$ längs $\vartheta = 0$ und $\vartheta = \frac{\pi}{2}$. Demnach erfüllt der Ausdruck

$$-\vartheta + \sum_{m=1}^{\infty} a_m g_1(w, 2m) \sin(2m\,\vartheta)$$

alle Randbedingungen für $\vartheta = 0$ und $\vartheta = \frac{\pi}{2}$. Die bisher willkürlichen Koeffizienten a_m müssen nun so bestimmt werden, daß die Randbedingungen längs BC erfüllt sind. Dort sei die Geschwindigkeit w_0. Das führt auf die Bedingung

$$-\vartheta + \sum_{m=1}^{\infty} a_m g_1(w_0, 2m) \sin(2m\,\vartheta) = -\frac{\pi}{2} \qquad 0 < \vartheta < \frac{\pi}{2}.$$

Man braucht also nur den Ausdruck $-\frac{\pi}{2} + \vartheta$ für das Gebiet $0 < \vartheta \leqq \frac{\pi}{2}$ nach den Funktionen $\sin(2\,\vartheta\, m)$ zu entwickeln, um die Konstanten a_m zu erhalten. Auf diese Weise ergibt sich als Lösung

$$\psi = -\vartheta - \sum_{m=1}^{\infty} \frac{g_1(w, 2m)}{m\, g_1(w_0, 2m)} \sin(2m\,\vartheta).$$

Mit Hilfe der Gl. V, 1 (15) kann man hieraus das Strömungsfeld, insbesondere die Gestalt des Strahlrandes berechnen. Hierauf soll nicht weiter eingegangen werden, denn das Beispiel ist physikalisch von nur beschränktem Interesse. Qualitativ ist ja klar, wie man sich den Ausfluß aus einem Gefäß vorzustellen hat. Wir erhalten von diesem Beispiel aber eine erste Vorstellung von dem Verfahren der Hodographenmethode. Wesentlich schwierigere Fragen sind insbesondere von LIGTHILL behandelt worden.

6. Näherungsdarstellungen für die Tschapliginschen Lösungen

Wie der vorige Abschnitt zeigt, führt die Lösung von Randwertproblemen im Hodographen sehr rasch auf unendliche Reihen in den TSCHAPLIGINschen Partikularlösungen. So liegt es nahe, für die höheren Glieder dieser Reihen Näherungsdarstellungen aufzusuchen, die die exakte Berechnung dieser Funktionen unnötig machen. Außerdem ergibt eine dieser Näherungsdarstellungen exakte Lösungen für eine partielle Differentialgleichung, die im schallnahen Gebiete die Hodographengleichung annähert. Mit Hilfe dieser Näherung läßt sich der Übergang von den Lösungen der Näherungsgleichung zu den exakten Hodographenlösungen herstellen.

Die Näherungen für die TSCHAPLIGINschen Lösungen gelten für große Werte von m. Man kann solche Ausdrücke mit einigem Probieren als formale Reihenentwicklung nach $1/m$ ableiten. Systematischer ist der folgende Weg. Man transformiert in Gl. V, 4 (2a) die abhängige und die unabhängige Variable derart, daß 1. das Glied mit der ersten Ableitung verschwindet und 2. daß das Glied, das mit m^2 auftritt, einen konstanten Koeffizienten erhält. Diese Untersuchungen seien zunächst in etwas größerer Allgemeinheit durchgeführt. Wir betrachten die Differentialgleichung

$$g'' + p(w)\, g' + m^2\, q(w)\, g = 0, \tag{1}$$

wobei p und q bekannte stetige Funktionen sind. Nun werde der Ansatz gemacht

$$g = h(w)\, z(x), \tag{2a}$$

wobei

$$x = x(w). \tag{2b}$$

(Die Größen z und x haben natürlich nichts mit den Koordinaten der Strömungsebene zu tun.) Hieraus errechnet sich

$$\frac{dg}{dw} = \frac{dh}{dw} z + h \frac{dz}{dx} \frac{dx}{dw},$$

$$\frac{d^2g}{dw^2} = \frac{d^2h}{dw^2} z + 2 \frac{dh}{dw} \frac{dx}{dw} \frac{dz}{dx} + h \frac{d^2z}{dx^2} \left(\frac{dx}{dw}\right)^2 + h \frac{dz}{dx} \frac{d^2x}{dw^2}.$$

Setzt man dies in die Differentialgleichung (1) ein, so ergibt sich

$$\frac{d^2z}{dx^2}h\left(\frac{dx}{dw}\right)^2+\frac{dz}{dx}\left[2\frac{dh}{dw}\frac{dx}{dw}+h\frac{d^2w}{dx^2}+p(w)\frac{dx}{dw}h\right]+$$
$$+z\left[\frac{d^2h}{dw^2}+p(w)\frac{dh}{dw}+m^2q(w)h\right]=0.$$

Wenn das Glied mit m^2 einen konstanten Koeffizienten haben soll, während gleichzeitig der Koeffizient von $\frac{d^2z}{dx^2}$ sich als ± 1 ergibt, muß man setzen

$$\frac{dx}{dw}=\sqrt{|q(w)|}. \tag{3}$$

Weiterhin ergibt die Forderung, daß $\frac{dz}{dw}$ in der Differentialgleichung nicht auftritt

$$2\frac{dh}{dx}\frac{dx}{dw}+h\frac{d^2x}{dw^2}+p(w)h\frac{dx}{dw}=0.$$

Hieraus

$$h=\left(\frac{dx}{dw}\right)^{-1/2}e^{-1/2\int p(w)\,dw}. \tag{4}$$

Man findet schließlich

$$\frac{d^2z}{dx^2}+\left(\pm m^2+r(x)\right)z=0. \tag{5}$$

Das Vorzeichen von m^2 richtet sich nach dem Vorzeichen der ursprünglichen Funktion $q(x)$. Die Funktion $r(x)$ enthält die von m^2 freien Glieder, sie drückt sich durch $h(x)$ aus.

Für große Werte von m^2 ist es plausibel, daß $r(x)$ vernachlässigt werden kann. Näherungslösungen werden also dargestellt durch

$$z=\begin{Bmatrix}\sin\\ \cos\end{Bmatrix}(m\,x) \tag{6a}$$

für positives Vorzeichen von m^2 in Gl. (5) und durch

$$z=e^{\pm mx} \tag{6b}$$

für negatives Vorzeichen von m^2.

Weitere Glieder in einer Entwicklung nach $1/m$ lassen sich ohne Schwierigkeiten bestimmen. Diese Herleitung darf nicht als Beweis für die Gültigkeit der Näherung betrachtet werden. Es läßt sich aber zeigen, daß Ausdrücke Gl. (4), gegebenenfalls ergänzt durch eine endliche Anzahl weiterer Glieder geeignet gewählte exakte Lösungen für hinreichend große Werte von m mit beliebiger Genauigkeit darstellen.

Die Reihe nach $1/m$ konvergiert aber im allgemeinen nicht, d. h. bei festem m kann die Genauigkeit der Annäherung nicht beliebig durch Erhöhung der Gliederzahl der Entwicklung gesteigert werden.

Es seien noch einige Betrachtungen angeführt, die die Regeln plausibel machen, die zu beachten sind, wenn man gegebenen asymptotischen Lösungen exakte Lösungen zuordnet.

Die asymptotischen Darstellungen Gl. (6b) $z = e^{\pm m x}$ nehmen in Richtung wachsender oder abnehmender Werte x exponentiell zu oder ab. Dieses Anwachsen oder Abnehmen ist um so stärker, je höher der Wert von m ist. Man wählt nun die exakte Lösung so, daß sie in einem gegebenen Punkte P hinsichtlich des Funktionswertes und der Ableitung mit einer der asymptotischen Lösungen übereinstimmt. Nun ist zu erwarten, daß der Verlauf der exakten Lösungen dem der asymptotischen Lösungen ähnlich ist, d. h. das eine der linear unabhängigen exakten Lösungen für wachsendes x, die andere für abnehmendes x exponentiell anwächst. Nehmen wir an, daß wir eine exakte Lösung in dem Punkte P derjenigen asymptotischen Lösung zugeordnet haben, die nach rechts anwächst. In P habe man eine exakte Übereinstimmung. Im allgemeinen wird sich diese exakte Lösung als Linearkombination einer Lösung, die nach rechts und einer Lösung die nach links anwächst, erweisen. Natürlich wird in dem gegenwärtigen Beispiel die nach rechts anwachsende Lösung mit dem größeren Koeffizienten auftreten, aber der Beitrag der anderen exakten Lösung ist im allgemeinen von null verschieden. Der Beitrag der nach links anwachsenden Lösungen steigt aber für große Werte von m rasch an, wenn man nach links geht und kann dann den Anteil der anderen, nach links ebenso rasch abfallenden Lösung übertreffen. So kann es kommen, daß links vom Punkte P die exakte Lösung weit von der Näherungslösung abweicht. Wenn man sich vom Punkte P aus nach rechts bewegt, kann dies nicht auftreten, denn dort wird der unerwünschte nach links anwachsende Anteil der exakten Lösung bald unbedeutend. Diesen Überlegungen entspricht der folgende Satz, dessen Beweis mit einigen Verallgemeinerungen in der Literatur zu finden ist (s. z. B. SEIFERT):

Ein Ausdruck $z = e^{+mx}$ oder e^{-mx} stellt eine exakte Lösung von Gl. (5) asymptotisch (d. h. für wachsende Werte von m besser und besser dar), wenn sie mit ihr in einem Punkte P der komplexen x-Ebene hinsichtlich des Funktionswertes und der ersten Ableitung übereinstimmt, und zwar gilt die asymptotische Darstellung für Werte von x, die man in der komplexen Zahlenebene auf einem solchen Wege erreichen kann, auf dem der Realteil von e^{+mx} bzw. e^{-mx} nicht abnimmt.

Diese Näherungen können nun für Gl. V, 4 (2a) bestimmt werden. Die Integrationen, die bei der Berechnung von h und x auftreten, lassen sich geschlossen ausführen, die Ergebnisse sind aber recht kompliziert. Die Lösungen g seien in der Form

$$g_1 = h(w)\, W(w)^{\pm m} \tag{7}$$

geschrieben, dabei ist

$$W(w) = e^{x(w)}.$$

Die Funktionen h und W finden sich in Abb. 28.

Nach diesen Überlegungen hängt die Zuordnung der exakten Lösungen der TSCHAPLIGINschen Gleichung zu den Näherungsausdrücken von der Wahl der Vorzeichen in Gl. (7) ab. Ist das Vorzeichen positiv, so wird man Übereinstimmung zwischen dem exakten Ausdruck und dem Näherungsausdruck bei $w = 0$ fordern. Ist das Vorzeichen negativ, so könnte man Übereinstimmung bei einer hohen Unterschallgeschwindigkeit verlangen, dann wäre aber die Lösung nur für die kleineren Geschwindigkeiten gültig. Um einen möglichst großen Gültigkeitsbereich zu erhalten, wird man die Geschwindigkeit, bei welcher Übereinstimmung zwischen asymptotischer und exakter Lösung gefordert wird, so hoch wie möglich wählen. Dabei tritt aber die Schwierigkeit auf, daß die Näherungsdarstellung Gl. (7) offenbar bei der kritischen Geschwindigkeit versagt [siehe die Kurve für $h(w)$ in Abb. 28. Die Näherungslösungen werden unendlich, obwohl die exakten Lösungen beschränkt sind.

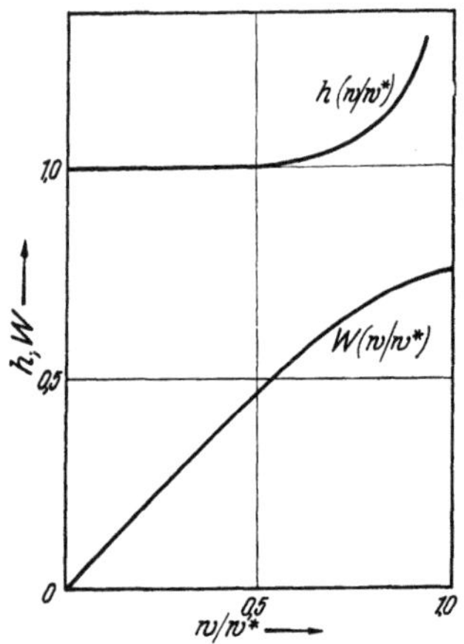

Abb. 28. Funktionen, die bei der Näherungsdarstellung der TSCHAPLIGINschen Lösungen auftreten

Das Unendlichwerden der Näherungslösung liegt daran, daß wir in Gl. (2a) und (3) eine Transformation durchführten, bei der der Koeffizient q des mit m^2 behafteten Gliedes der Ausgangsdifferentialgleichung in eine Konstante übergeführt wurde. Bei der kritischen Geschwindigkeit besitzt aber in der ursprünglichen Differentialgleichung q eine Nullstelle, so daß mit der Bedingung Gl. (3) der Differentialgleichung erheblicher Zwang angetan wird.

Die Abhilfe besteht darin, daß man in dem entsprechenden Gliede der Näherungsdifferentialgleichung ebenfalls eine Nullstelle bei der kritischen Geschwindigkeit auftreten läßt. Dazu benutzt man wieder den Ansatz Gl. (2a), fordert aber jetzt, daß

$$x = \frac{q(w)}{\left(\frac{dx}{dw}\right)^2}.$$

Man erhält damit

$$\sqrt{x}\, dx = \sqrt{q}\, dw.$$

Hieraus

$$x = \left(\tfrac{3}{2} \int\limits_{w^*}^{w} \sqrt{q}\, dw\right)^{2/3} \tag{8}$$

$h(w)$ hat wiederum die Form Gl. (4). Man gewinnt damit als transformierte Differentialgleichung

$$\frac{d^2 z}{d x^2} - \left(m^2 x + r(x)\right) z = 0. \tag{9}$$

Als Differentialgleichung, aus der wir die Näherungslösungen gewinnen lassen, haben wir dann

$$\frac{d^2 z}{d x^2} - m^2 x z = 0. \tag{10}$$

Die Lösungen lassen sich mit Hilfe von BESSELschen Funktionen der Ordnung 1/3 angeben (tabuliert durch das Computation Laboratory des National Bureau of Standards).

$$z = \sqrt{|x|}\,\left[-c_1 e^{-i\pi/6} I_{1/3}(\tfrac{2}{3} i m |x|^{3/2}) + c_2 e^{i\pi/6} I_{-1/3}(\tfrac{2}{3} i m |x|^{3/2}\right] \quad \text{für negative } x, \tag{11a}$$

$$= \sqrt{x}\,[c_1 I_{1/3}(\tfrac{2}{3} m x^{3/2}) + c_2 I_{-1/3}(\tfrac{2}{3} m x^{3/2})] \quad \text{für positive } x. \tag{11b}$$

Hierin sind c_1 und c_2 Konstante. Ihre Wahl ist nicht gänzlich beliebig. $I_{1/3}(\frac{2}{3} i m |x|^{3/2})$ und $I_{-1/3}(\frac{2}{3} i m |x|^{3/2})$ besitzen nämlich die gleiche asymptotische Darstellung, d. h., die beiden Ausdrücke sind asymptotisch nicht linear unabhängig. Wählt man $c_1 = c_2$, so heben sich die für große m überwiegenden Bestandteile heraus; man

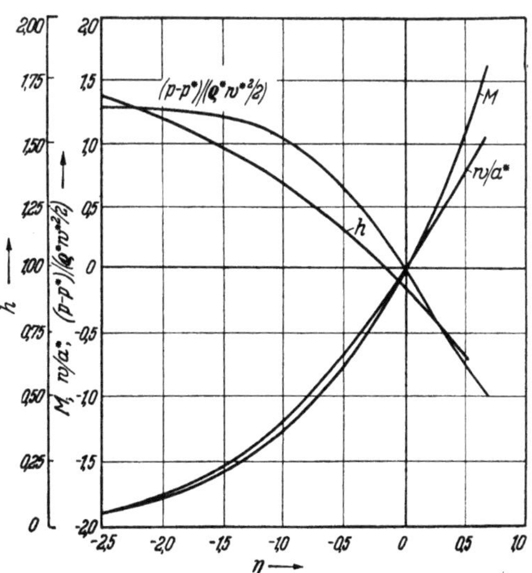

Abb. 29. Einige Funktionen, die im Zusammenhang mit der asymptotischen Darstellung von Lösungen der TRICOMIschen Gleichung auftreten (nach GUDERLEY [8])

erhält einen Ausdruck, der asymptotisch linear unabhängig ist von allen anderen, bei denen c_1 und c_2 nicht gleich sind; die asymptotische Darstellung dieser Lösung Gl. (11a) nimmt exponentiell ab für $x \to -\infty$. Alle anderen Lösungen wachsen für $x \to -\infty$ exponentiell an. Die Funktionen h und x, die man erhält, wenn man diese Überlegungen auf Gl. V, 4 (2a) anwendet, finden sich in Abb. 29. Die Variable x wird dort mit η bezeichnet. Alle in diesem Bild dargestellten Größen werden als Funktionen von η aufgefaßt. Es kann tatsächlich der Beweis erbracht werden, daß für große Werte von m die Ausdrücke Gl. (11), einmal mit $c_1 = c_2 = 1$ und ein zweites Mal in einer anderen Linearkombination genommen, geeignete exakte Lösungen g_1 beliebig genau darstellen.

Auch hier muß man die oben angegebenen Bedingungen für die Zuordnung von exakten Ausdrücken zu den asymptotischen Ausdrücken anwenden. (Einige Änderungen der Formulierung sind dabei notwendig, da sich die Bessel-Funktionen nur asymptotisch wie Exponentialfunktionen verhalten.) Die Lösung für $c_1 = c_2 = 1$ stellt denjenigen exakten Ausdruck asymptotisch dar, der mit ihr für $\eta = -\infty$, d. h. für $w = 0$ übereinstimmt. Es sind dies die Lösungen g_1 in Gl. V, 4 (4a) mit positiven Werten von m. Für die andere Linearkombination muß man asymptotische Übereinstimmung der exakten Lösung bei der Schallgeschwindigkeit oder auch bei einer Überschallgeschwindigkeit fordern. In jedem Falle erhält man dann eine Darstellung, die für den ganzen Geschwindigkeitsbereich anwendbar ist. Die mathematische Theorie stammt von R. E. Langer, s. auch Frankl [*3*], Imai und Guderley [*16*].

7. Die Tricomische Gleichung

In den kommenden Untersuchungen werden wir immer eine vereinfachte Hodographengleichung benutzen. Es wäre nun wünschenswert, wenn diese Gleichung so beschaffen wäre, daß für sie die Tschapliginschen Partikularlösungen in der Form der Gl. V, 6 (11) erschienen. Dadurch ergäbe sich ein einfacher Übergang von den Lösungen der Näherungsgleichung zu denen der exakten Hodographengleichung. Hierzu wendet man die Transformation

$$\psi(w, \vartheta) = h(w)\,\overline{\psi}\bigl(\eta(w), \vartheta\bigr), \tag{1}$$

die genau der Gl. V, 6 (2a) entspricht auf die vollständige Hodographengleichung an und erhält in Analogie zu Gl. V, 6 (9) die folgende Gleichung

$$\overline{\psi}_{\eta\eta} - \eta\,\overline{\psi}_{\vartheta\vartheta} = r(\eta)\,\overline{\psi}. \tag{2}$$

Entsprechend dem Ansatz Gl. II, 3 (3), durch den wir in der Strömungsebene zur Vereinfachung der Differentialgleichung für schallnahe

Strömungen kamen, führen wir nun eine Verzerrung unter Benutzung eines Parameters τ durch

wobei
$$\left.\begin{aligned}\bar{\psi} &= \tilde{\psi}(\tilde{\eta}, \tilde{\vartheta}),\\ \tilde{\eta} &= \eta\tau^{-1},\\ \tilde{\vartheta} &= \vartheta\tau^{-3/2}.\end{aligned}\right\} \quad (3)$$

Setzt man dies in Gl. (2) ein und beschränkt sich dabei auf die niedrigsten Potenzen in τ, so ergibt sich

$$\tilde{\psi}_{\tilde{\eta}\tilde{\eta}} - \tilde{\eta}\,\tilde{\psi}_{\tilde{\vartheta}\tilde{\vartheta}} = 0. \quad (4)$$

Die TSCHAPLIGINschen Lösungen dieser Gleichung sind offenbar die asymptotischen Darstellungen der TSCHAPLIGINschen Lösungen der vollständigen Hodographengleichung. Den oben erwähnten Übergang von einer Näherungslösung zu einer exakten Lösung kann man sich nun (im Prinzip) folgendermaßen vorstellen. Man entwickelt eine Lösung der Näherungsdifferentialgleichung (4), die nicht notwendig als Überlagerung von TSCHAPLIGINschen Lösungen zu erscheinen braucht, nach diesen Lösungen und bringt dann für die Differenz, die zwischen den TSCHAPLIGINschen und den exakten Lösungen besteht, Korrekturen an[1]. Bisher sind Beispiele dieser Art noch nicht berechnet worden, sie würden Aufschluß über die Fehler geben, die man durch Benutzung der Näherungsgleichung erhält.

Gl. (4) wird als TRICOMIsche Gleichung bezeichnet, da TRICOMI als erster Randwertprobleme untersucht hat, die von dieser Gleichung beherrscht werden.

Meist wird die TRICOMIsche Gleichung hergeleitet, in dem man einen Ansatz, der Gl. (3) entspricht, nicht auf eine transformierte Hodographengleichung, sondern direkt auf die ursprüngliche Hodographengleichung anwendet.

$$\left.\begin{aligned}\psi &= \tilde{\psi}(\tilde{\eta}, \tilde{\vartheta}),\\ \tilde{\eta} &= (\varkappa+1)^{1/3}\left(\frac{w-w^*}{w^*}\right)\tau^{-1},\\ \tilde{\vartheta} &= \vartheta\tau^{-3/2}.\end{aligned}\right\} \quad (5)$$

Man erhält dann aus Gl. V, 1 (14) mit Hilfe von Gl. I, 2 (8)

$$\tilde{\psi}_{\tilde{\eta}\tilde{\eta}}(\varkappa+1)^{-2/3}\tau^{-2} + 2\tilde{\psi}_{\tilde{\eta}}(\varkappa+1)^{-1/3}\tau^{-1} - (\varkappa+1)^{-2/3}\tau^{-2}\tilde{\eta}\,\tilde{\psi}_{\tilde{\vartheta}\tilde{\vartheta}}$$
$$+ \text{Glieder höherer Ordnung in } \tau = 0,$$

[1] Nicht immer läßt sich das Verfahren in dieser Einfachheit durchführen. Schwierigkeiten ergeben sich insbesondere, wenn die zu entwickelnde Lösung eine Singularität im Unterschallgebiet hat.

daraus ergibt sich wiederum Gl. (4) durch Beschränkung auf die Glieder der niedrigsten Ordnung.

Die Beziehung zwischen der unabhängigen Variablen η und der Geschwindigkeit wurde in Abb. 29 dargestellt, der Ansatz Gl. (5) ergibt anstatt dessen eine lineare Beziehung, die die Tangente der ersten Kurve bei der Schallgeschwindigkeit darstellt. Eine Komplikation des Ansatzes Gl. (1) wird durch die Funktion $h(w)$ verursacht. Diese wirkt sich vor allem dann aus, wenn man untersucht, wie sich die Kontur eines umströmten Körpers bei Anwendung des Ähnlichkeitsgesetzes verzerrt. Man wird daher meistens die zweite Ableitung bevorzugen. Allerdings entstehen Schwierigkeiten, wenn man von einer Lösung $\bar{\psi}(\bar{\eta}, \bar{\vartheta})$, die man im Sinne der zweiten Herleitung auffaßt, zu der exakten Hodographengleichung übergehen will. Daß insbesondere die Näherung (3) recht brauchbare Ergebnisse liefert, zeigt ein von VINCENTI WAGONER, FISHER und NEWMAN berechnetes Beispiel Abb. 30. Entsprechende Vereinfachung, angewendet auf die Gleichung für das transformierte Potential, ergeben ebenfalls die TRICOMIsche Differentialgleichung

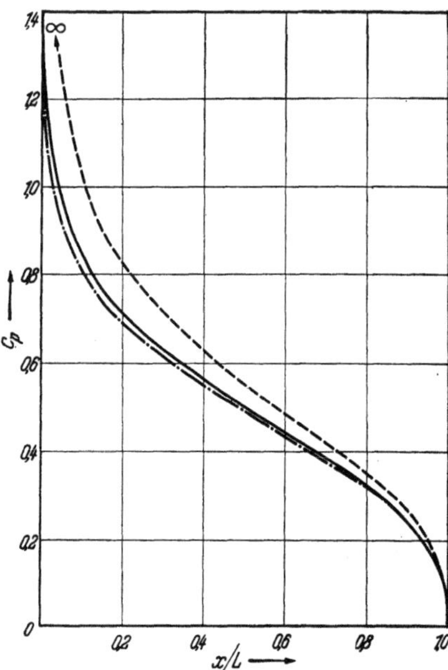

Abb. 30. Druckverteilung auf der Druckseite einer angestellten Platte der Tiefe L für einen Anstellwinkel von 13° berechnet mit der exakten Hodographengleichung und den Näherungen der Gl. V, 7 (3) und V, 7 (5) (nach VINCENTI WAGONER, FISHER und NEWMAN)
——— exakte Lösung,
— — — Näherung nach Gl. V, 7 (5),
—·—·— Näherung nach Gl. V, 7 (3)

$$\tilde{\varphi}_{\tilde{\eta}\tilde{\eta}} - \tilde{\eta}\,\tilde{\varphi}_{\tilde{\vartheta}\tilde{\vartheta}} = 0. \tag{6}$$

In Zukunft wird der Einfachheit halber ψ, φ, η, ϑ, an Stelle von $\tilde{\psi}$, $\tilde{\varphi}$, $\tilde{\eta}$, $\tilde{\vartheta}$ geschrieben werden, und der Parameter τ wird 1 gesetzt, nachdem die Entwicklung durchgeführt ist. Es seien noch einige Beziehungen zusammengestellt, die man erhält, wenn man in Gleichungen, die exakt gelten, den Ansatz Gl. (5) einsetzt und sich auf die niedrigste Potenz in τ beschränkt. Die Beziehungen Gl. V, 1 (16) zwischen Potential und Stromfunktion erscheinen dann in der Form

$$\psi = \varrho^* \varphi_\vartheta. \tag{7}$$

Als Gleichungen für die Koordinaten erhält man

$$\left.\begin{aligned} \frac{\partial x}{\partial \eta} &= \frac{1}{\varrho^* w^*} (\varkappa + 1)^{1/3} \eta \psi_\vartheta, & \frac{\partial y}{\partial \eta} &= \frac{1}{\varrho^* w^*} \psi_\eta, \\ \frac{\partial x}{\partial \vartheta} &= \frac{1}{\varrho^* w^*} (\varkappa + 1)^{1/3} \psi_\eta, & \frac{\partial y}{\partial \vartheta} &= \frac{1}{\varrho^* w^*} \psi_\vartheta \end{aligned}\right\} \tag{8}$$

oder

$$y = \frac{1}{\varrho^* w^*} \psi \tag{9}$$

und unter Benutzung des transformierten Potentials

$$\left.\begin{aligned} x &= \frac{(\varkappa + 1)^{1/3}}{w^*} \varphi_\eta, \\ y &= \frac{1}{w^*} \varphi_\vartheta. \end{aligned}\right\} \tag{10}$$

Weiterhin ergibt sich

$$\left.\begin{aligned} w - w^* &= w^* (\varkappa + 1)^{-1/3} \eta, \\ p - p^* &= -\varrho^* w^{*2} (\varkappa + 1)^{-1/3} \eta, \\ c_p^* = \frac{p - p^*}{\varrho^* w^{*2/2}} &= -2 (\varkappa + 1)^{-1/3} \eta, \\ M - 1 &= \tfrac{1}{2} (\varkappa + 1)^{2/3} \eta. \end{aligned}\right\} \tag{11}$$

Die Funktionaldeterminante der Hodographenabbildung wird dann

$$D = -\frac{(\varkappa + 1)^{2/3}}{\varrho^{*2} w^{*4}} \{\psi_\eta^2 - \eta \psi_\vartheta^2\}. \tag{12}$$

Übrigens kann man die Tricomische Gl. (6) auch dadurch erhalten, daß man die Legendresche Transformation auf die Näherungsgleichung für schallnahe Strömung, wie wir sie für die Strömungsebene fanden, anwendet. Mit Hilfe von Gl. (7) ergibt sich dann der Übergang zur Stromfunktion. Es spart Schreibarbeit, wenn man an Stelle von φ und ψ die Größen φ/w^* und $\psi^*/\varrho^* w^*$ als neue Variable einführt. (Beide haben dann die Dimension einer Länge.) Das bedeutet, daß man in den Gl. (7), (8), (9), (10) und (12) ϱ^* und w^* gleich 1 setzt. In den späteren Rechnungen wird diese Vereinfachung benutzt.

8. Beispiele für Hodographenabbildungen

Um einige Vertrautheit mit der Form, die Strömungsfelder durch die Hodographenabbildung annehmen, zu gewinnen, sollen in diesem Abschnitt Beispiele diskutiert werden.

Zunächst einige inkompressible Strömungen[1]. Es sei

$$z = x + i\,y. \tag{1}$$

In einer ebenen inkompressiblen Strömung kann man Potential und Stromfunktion als Realteil und Imaginärteil einer komplexen Funktion von z schreiben, d. h.

$$\Phi(x, y) + i\,\psi(x, y) = \Omega(z). \tag{2}$$

Faßt man dies als Gleichung in den zwei unabhängigen Variablen x und y auf, so folgt hieraus

$$\frac{\partial \Phi}{\partial x} + i\,\frac{\partial \psi}{\partial x} = \frac{\partial \Omega}{d z}.$$

Da nun

$$\frac{\partial \Phi}{\partial x} = u,$$

$$\frac{\partial \psi}{\partial x} = -v$$

so erhält man die Beziehung

$$u - i\,v = \frac{d\Omega}{dz}. \tag{3}$$

Der Ausdruck

$$w = u - i\,v$$

wird als komplexer Geschwindigkeitsvektor bezeichnet[2]. Identifiziert man die x, y-Ebene mit der komplexen z-Ebene, so entsteht der komplexe Geschwindigkeitsvektor aus dem physikalischen Geschwindigkeitsvektors durch Spiegelung an der x-Achse. Wir haben also

$$w = \frac{d\Omega}{dz} = \Omega'. \tag{4}$$

In der Hodographenebene wird die Stromfunktion als Funktion der Geschwindigkeit dargestellt. Man muß also Ω als Funktion von w auffassen, d. h. z aus den Gl. (2) und (4) eliminieren.

[1] Eine Zeitlang glaubte man, daß wesentliche Eigenschaften schallnaher Strömungen gefunden werden könnten, wenn man, von dem inkompressiblen Hodographen einer Strömung ausgehend, kompressible Hodographenlösungen herstellt, die die gleiche Struktur aufweisen (Korrespondenzprinzip). Dabei ist jedoch Vorsicht angebracht. Zwar war das Verfahren in einem Beispiel von Ringleb erfolgreich, der damit zeigte, daß es Strömungen gibt, die sowohl einen glatten Übergang von Unterschall- zu Überschallgeschwindigkeiten als einen glatten Rückgang von Überschall zu Unterschall haben können. Bei der Frage nach dem Entstehen von Verdichtungsstößen in gemischten Unterschall-Überschall-Strömungen hat das Verfahren aber zu Trugschlüssen geführt, weil es trotz seiner großen Allgemeinheit nicht alle denkbaren Strömungsfelder erfaßt.

[2] In anderen Abschnitten wird mit w der Absolutwert der Geschwindigkeit bezeichnet. Die Gefahr der Verwechslung ist nur gering.

Häufig liefert die LEGENDREsche Transformation eine besonders einfache Übertragung. Die ursprüngliche Transformationsgleichung V, 1 (8)

$$\varphi = -\Phi + u\,x + v\,y$$

kann umgeschrieben werden als

$$\varphi = \operatorname{Re}(z\,w - \Omega) = \operatorname{Re}(\omega), \tag{5}$$

wobei w durch Gl. (4) gegeben ist.
Umgekehrt ist

$$\frac{d\omega}{dw} = z \tag{6}$$

ω werde als komplexes transformiertes Potential bezeichnet. Als unabhängige Variable hat man natürlich wiederum w.

Beispiele. Das Potential der Quellströmung ist gegeben durch

$$\Omega = \ln z, \tag{7}$$

man erhält hieraus

$$w = \Omega' = \frac{1}{z}$$

und damit

$$\Omega(w) = -\ln w. \tag{8}$$

Für das LEGENDREsche Potential ergibt sich

$$\omega = 1 - \ln w. \tag{9}$$

Die Deutung dieser Ausdrücke sei dem Leser überlassen, wie überhaupt in diesem Zusammenhang selbständige Erfahrung von besonderem Wert ist.

Das Potential der Doppelquelle ist

$$\Omega = z^{-1}, \tag{10}$$

hieraus

$$w = -z^{-2},$$

$$\Omega = \sqrt{-w}, \tag{11}$$

$$\omega = -\frac{2}{z} = -2\Omega = -2\sqrt{-w}. \tag{12}$$

Hiernach besteht der Hodograph aus zwei RIEMANNschen Blättern, die ihren Verzweigungspunkt im Ursprung haben.

Die Strömung um einen Halbkörper (Abb. 31) ist durch die Gleichung gegeben

$$\Omega = U\,z + \ln z. \tag{13}$$

Hierin ist U die Anströmgeschwindigkeit. Man errechnet hieraus

$$w = U + \frac{1}{z},$$

$$z = \frac{1}{w - U},$$

$$\Omega = \frac{U}{w - U} - \ln(w - U), \tag{14}$$

$$\omega = -1 + \ln(w - U). \tag{15}$$

Es bildet sich also im Punkte $w = U$ eine Singularität heraus. Dies ist verständlich, denn dieser Punkt stellt das Unendliche der Strömungsebene dar. Bei der Benutzung der Stromfunktion überlagern sich zwei Ausdrücke, die in diesem Punkte singulär sind.

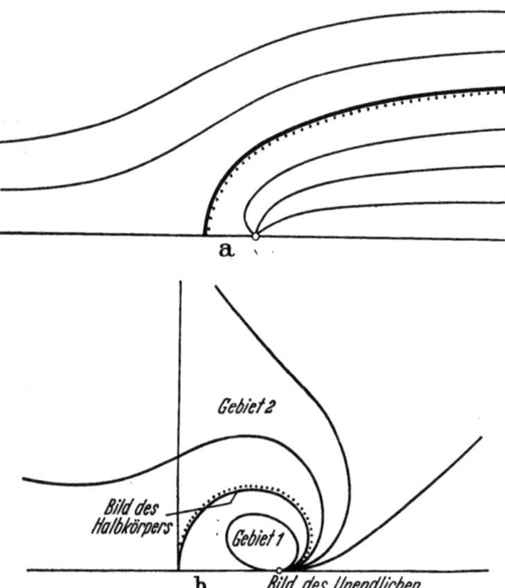

Abb. 31a u. b. Strömungen um einen Halbkörper (Quelle in Parallelströmung. a) Strömungsebene, b) Hodograph, Gebiet 1; Äußeres des Halbkörpers, Gebiet 2: Inneres des Halbkörpers

In der Strömungsebene haben Quelle und Halbkörper eine enge Verwandtschaft miteinander. Im Hodographen geht diese zum großen Teile verloren. In der Nähe des singulären Punktes $w = U$ überwiegt das erste Glied des Ausdruckes Gl. (14), d. h. das Stromlinienbild des Hodographen hat den Charakter einer Doppelquelle. Im Unendlichen des Hodographen überwiegt das zweite Glied, d. h., das Unendliche hat den Charakter einer Quelle. Das Unendliche des Hodographen ist die Darstellung des Quellpunktes im Innern des Halbkörpers; die nach dem Unendlichen verlaufenden Stromlinien stellen also diejenigen Stromlinien dar, die im Innern des umströmten Körpers liegen. Auch diese Stromlinien nehmen im Unendlichen der Strömungsebene die Geschwindigkeit U an, d. h., sie müssen im Punkte $w = U$ des Hodographen enden. Im Nullpunkt des Hodographen muß die Strömung einen Verzweigungspunkt haben, der dem Staupunkt der Strömungsebene entspricht. Wenn man in Gl. (14) das Glied $\ln(w - U)$ mit einem von Null verschiedenen positiven Faktor multipliziert — man wäre geneigt, dies als unwesentliche Änderung zu betrachten —, dann liegt der Verzweigungspunkt der Stromlinien an einer anderen Stelle und man erhält ein vollkommen verschiedenes Strömungsbild. Die Darstellung mit Hilfe des LEGENDREschen Potentials ist hier wesentlich einfacher.

Die letzten Bemerkungen führen zu der Frage, nach der Bedeutung einer Hodographenlösung, für die der Nullpunkt nicht Verzweigungspunkt der Stromlinien ist. Dies kann vorkommen, wenn man eine Hodographenlösung konstruiert, ohne dem Nullpunkt hinreichende Aufmerksamkeit zu schenken. Die wesentlichen Eigenschaften des Strömungsfeldes in der Nähe des Nullpunktes erhält man, wenn man sich auf das erste Glied einer TAYLOR-Entwicklung beschränkt. Man hat dann (abgesehen von einer uninteressanten Konstanten)

$$\Omega = w\,. \tag{16}$$

(Wenn die TAYLOR-Reihe mit einem Gliede höherer Ordnung beginnt, dann stellt der Nullpunkt einen Verzweigungspunkt der Stromlinien dar.) Aus der Definition des komplexen Geschwindigkeitsvektors Gl. (4) ergibt sich

$$dz = \frac{d\Omega}{w}\,.$$

Für den gegenwärtigen Fall berechnet sich

$$dz = \frac{dw}{w}\,,$$

$$z = \ln w\,.$$

Dies zeigt, daß sich der Nullpunkt des Hodographen nach dem Unendlichen der Strömungsebene abbildet. Diese Eigenschaft gilt — beiläufig gesagt — auch für kompressible Strömungen. Geht man in die Strömungsebene über, so ergibt sich

$$w = e^z\,,$$

$$\Omega = e^z\,,$$

$$\psi = e^x \sin y\,. \tag{17}$$

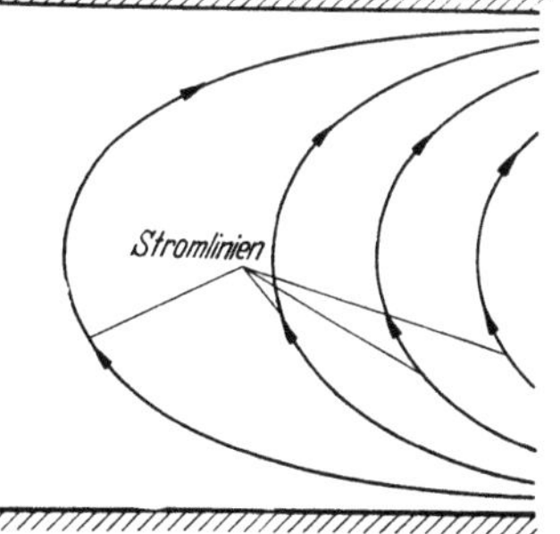

Abb. 32. Deutung einer Hodographenlösung, bei der kein Verzweigungspunkt der Stromlinien bei der Geschwindigkeit Null auftritt

Es ist dies die Strömung zwischen zwei parallelen Geraden etwa $y = 0$ und $y = \pi$. Die Stromlinien verlaufen etwa nach Abb. 32. Das Strömungsfeld kann betrachtet werden als Grenzfall der Strömung in einer Ecke, wobei der Winkel der Ecke gegen null geht. Der Grenzübergang von einer Ecke zu zwei parallelen Geraden ist in Abb. 33 skizziert.

Nachdem die Lösung in der Strömungsebene bekannt ist, können wir auch das transformierte Potential berechnen.

$$\omega = w(\ln w - 1). \tag{18}$$

Für das transformierte Potential ist also der Nullpunkt des Hodographen singulär, wenn er nicht Verzweigungspunkt der Stromlinien ist. Meist muß man aus physikalischen Gründen fordern, daß der Nullpunkt des Hodographen Verzweigungspunkt der Stromlinien ist. Dann muß man bei der Verwendung der Stromfunktion die Forderung stellen, daß die TAYLOR-Entwicklung kein lineares Glied enthält. Für das transformierte Potential reicht die Forderung der Regularität aus. Die Lösung für das transformierte Potential $\omega = w$ ergibt nach Gl. (6) $z = 1$. Die Überlagerung eines solchen Ausdruckes in der Hodographenebene addiert einfach eine Konstante zu allen Koordinaten der Strömungsebene. Bei der Darstellung des Hodographen mit Hilfe der Stromfunktion ergeben sich die Koordinaten der Strömungsebene durch eine Integration. Dort wird die gleiche Translation der Strömungsebene durch die Wahl der Integrationskonstanten bewirkt.

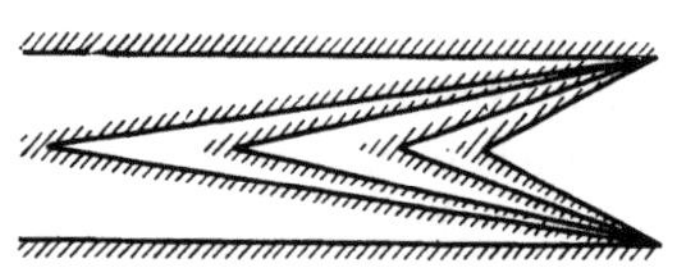

Abb. 33. Übergang von der Strömung in einer konkaven Ecke zu der Strömung zwischen zwei parallelen Wänden

Das nächste Glied in der TAYLOR-Entwicklung für das transformierte Potential ist

$$\omega = w^2.$$

Hieraus

$$\left.\begin{aligned} z &= 2w, \\ \Omega &= w^2, \\ \Omega &= \left(\frac{z}{2}\right)^3. \end{aligned}\right\} \tag{19}$$

Dieser Ausdruck stellt die Staupunktströmung dar.

Weiter untersuchen wir die Bedeutung eines Verzweigungspunktes der Stromlinien, der nicht bei der Geschwindigkeit null liegt. Man habe etwa

$$\Omega = (w - a)^2, \tag{20}$$

daraus

$$dz = \frac{d\Omega}{w} = \frac{2(w-a)}{w} dw$$

und mit geeigneter Wahl der Integrationskonstanten

$$z = 2(w - a) - 2a \ln w.$$

Für die weitere Diskussion werde dieser Ausdruck für die Nachbarschaft des Punktes $w = a$ entwickelt. Setzt man

$$-2a \ln a = z_0,$$

so ergibt sich

$$z - z_0 = \frac{(w-a)^2}{a} - \frac{2}{3}\frac{(w-a)^3}{a^2} + \cdots$$

Hieraus

$$z - z_0 = \frac{1}{a}\Omega - \frac{2}{3a^2}\Omega^{3/2}.$$

Kehrt man dies um, so findet man

$$\Omega = a(z - z_0) + \tfrac{2}{3}a^{1/2}(z - z_0)^{3/2}. \tag{21}$$

Somit

$$w = \frac{\partial\Omega}{\partial z} = a + a^{1/2}(z - z_0)^{1/2},$$

d. h. in einer ersten Näherung ist für reelles a

$$u = a, \qquad v = Im\, a^{1/2}(z - z_0)^{1/2}$$

oder

$$v = 0, \qquad \text{für} \quad y = 0, \quad x > x_0,$$

$$v = a^{1/2}|x - x_0|^{1/2} \quad \text{für} \quad y = 0, \quad x < x_0.$$

Für die Stromlinienneigung erhält man in erster Näherung

$$0 \quad \text{für} \quad x > x_0,$$

$$a^{-1/2}|x - x|^{1/2} \quad \text{für} \quad x < x_0$$

somit für die Stromliniengestalt $\tilde{y}$

$$\tilde{y} = 0 \quad \text{für} \quad x > x_0,$$
$$\tilde{y} = -\tfrac{2}{3}a^{-1/2}|x - x_0|^{3/2}. \tag{22}$$

Diese Strömung ähnelt derjenigen in der Nähe der Hinterkante eines JOUKOWSKI-Profils. Die Strömungsebene verzweigt sich und bildet dort zwei RIEMANNsche Blätter. Die Strömung selbst kann natürlich nur in einem Blatt verlaufen. Abb. 34b stellt diese Blätter getrennt dar. Die ausgezogene Linie ist jeweils die Nullstromlinie. Längs der mit gleichen Buchstaben bezeichneten Linien sind die Blätter aneinandergeheftet zu denken. In Abb. 34a ist die entsprechende Hodographendarstellung skizziert.

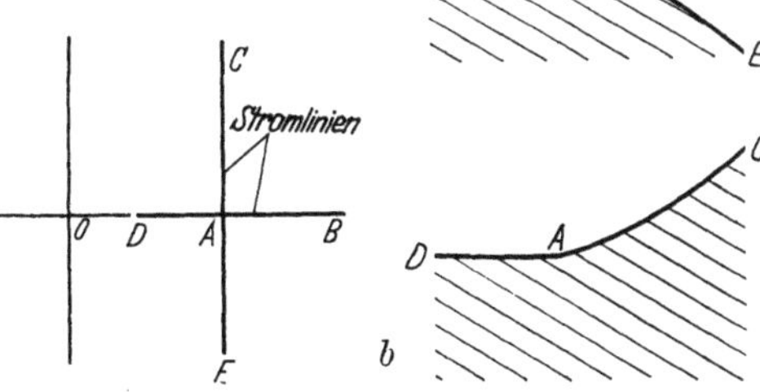

Abb. 34. a) Verzweigungspunkt der Stromlinien in der Hodographenebene, der nicht bei der Geschwindigkeit Null liegt; b) Zugehörige zweiblättrige Strömungsebene

Für die Strömung um einen Kreis

$$\Omega = U z + \frac{b}{z} \tag{23}$$

ergibt sich im Hodographen

$$\Omega = U \sqrt{\frac{b}{U - w}} + \sqrt{b}\,\sqrt{U - w}\,. \tag{24}$$

Durch die LEGENDREsche Transformation erhält man

$$\omega = -2 \sqrt{\frac{b}{U - w}}\,. \tag{25}$$

Hier wird also ein Blatt der Strömungsebene in zwei Blätter der Hodographenebene abgebildet. Ein Blatt des Hodographen, das der oberen Hälfte der Strömungsebene entspricht, mit einer Nullstromlinie und zwei weiteren Stromlinien ist in Abb. 35 skizziert.

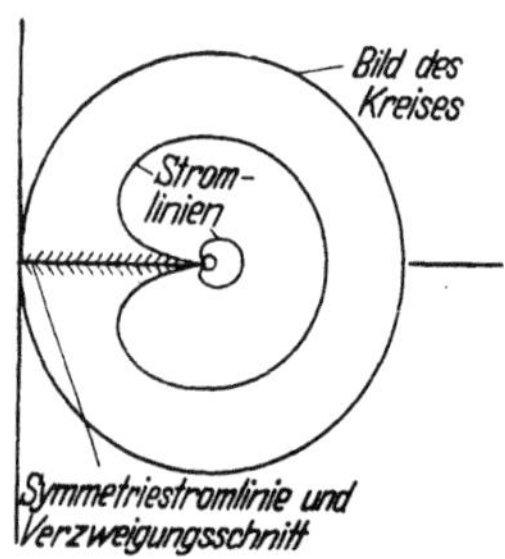

Abb. 35. Hodographenbild der symmetrischen Strömung um einen Kreis

Häufig ergeben sich für Strömungsfelder die recht harmlos erscheinen, reichlich komplizierte Hodographenstellungen. Man kann dies etwa am Kreis mit Zirkulation erkennen. Am einfachsten läßt sich diese Diskussion mit Hilfe der LEGENDREschen Transformation ausführen.

Unter den hier gezeigten Beispielen finden sich nicht die klassischen Beispiele der Hodographenmethode. Eines, nämlich die Ausströmung aus einem Gefäß hatten wir in Abschn. V, 5 studiert. Weitere solche Strömungen finden sich im nächsten Kapitel. Meist in diesen Fällen die Struktur der Hodographenebene recht einfach. Natürlich können auch sie durch geringe Eingriffe in die Randbedingungen der Strömungsebene erhebliche Komplikationen erfahren.

Als letztes Beispiel betrachten wir die Strömung durch eine LAVAL-Düse, für die auf S. 73 eine Lösung angegeben wurde. Da diese Lösung für die schallnahe Näherung der Potentialgleichung gilt, erfüllt ihre Hodographenlösung die TRICOMIsche Differentialgleichung. Die Variablen Φ_x und Φ_y der Gl. IV, 2 (4) und IV, 2 (5) geben die Abweichung von einer Parallelströmung mit der Schallgeschwindigkeit an. In der Bezeichnungsweise des vorigen Abschnittes ist

$$\Phi_x = w - w^* = w^*(\varkappa + 1)^{-1/3}\,\eta\,; \qquad \Phi_y = w^*\,\vartheta\,.^{1}$$

[1] Von hier ab wird w wieder in seinem ursprünglichen Sinne, nämlich als Absolutwert der Geschwindigkeit, gebraucht.

Die Gl. IV, 2 (4) und IV, 2 (5) schreiben sich damit als

$$\eta = (\varkappa + 1)^{-2/3}\, y^2 \left[c_1 \frac{x}{y^2} + \frac{c_1^2}{2}\right], \tag{26a}$$

$$\vartheta = (\varkappa + 1)^{-1}\; y^3 \left[c_1^2 \frac{x}{y^2} + \frac{c_1^3}{6}\right], \tag{26b}$$

mit

$$c_1 = (\varkappa + 1)\, c. \tag{26c}$$

In der betrachteten Näherung ist eine Linie $y = \text{const}$ eine Stromlinie. Man findet durch Elimination von x aus den letzten Gleichungen

$$\vartheta = -(\varkappa + 1)^{-1/3}\, c_1\, \eta\, y + \frac{(\varkappa + 1)^{-1}}{3}\, c_1^3\, y^3. \tag{27}$$

Für festgehaltenes y ergibt sich eine Gerade der η, ϑ-Ebene. Diese Geraden haben die durch den Nullpunkt gehenden Charakteristiken der η, ϑ-Ebene als Hüllkurve. Ihre Neigung ist nämlich gegeben durch

$$\frac{d\vartheta}{d\eta} = -(\varkappa + 1)^{-1/3}\, c_1\, y\,.$$

Die Neigung der Charakteristiken ergibt sich nach Gl. I, 6 (8) als

$$\frac{d\vartheta}{d\eta} = \pm\, \eta^{1/2}.$$

Für eine Gerade $y = \text{const}$, deren Neigung mit der einer Charakteristik für einen bestimmten Wert η_0 übereinstimmt, ist dann

$$(\varkappa + 1)^{-1/3}\, c_1\, y = \pm\, \eta_0^{1/2}.$$

Gl. (27) erscheint dann in der Form

$$\vartheta = \mp\, \eta_0^{1/2}\, \eta + \tfrac{1}{3}\, \eta_0^{3/2}.$$

Für $\eta = \eta_0$ erhält man dann

$$\vartheta = \mp\, \tfrac{2}{3}\, \eta_0^{3/2},$$

d. h. der betreffende Punkt der Geraden liegt auf einer der durch den Nullpunkt gehenden Charakteristiken, die ja gerade durch diese Gleichung bestimmt sind.

Die in Abb. 16 eingetragenen speziellen Linien der Strömungsebene sind sämtlich durch das Verhalten des Geschwindigkeitsvektors charakterisiert worden und lassen sich deshalb leicht im Hodographen auffinden.

Die Hodographendarstellung findet sich in Abb. 36. Das auffälligste hieran ist, daß das Gebiet, das zwischen den beiden durch den Nullpunkt gehenden Charakteristiken liegt, dreifach überdeckt ist. Es gibt nämlich durch jeden Punkt dieses Gebietes drei Geraden, die an je eine der Charakteristiken tangential sind. Abb. 36 bezieht sich nur auf die untere Hälfte des Strömungsfeldes, das Gebiet $AOBFD$ ist einfach, das Gebiet BOE ist doppelt überdeckt. Die dreifache Überdeckung des Gebietes EOF ergäbe sich, wenn man auch die obere Hälfte der Strömungsebene hinzunähme. Dieses Verhalten der Stromlinien ist auch auf Grund der Stromliniengestalt in der Strömungsebene zu erwarten.

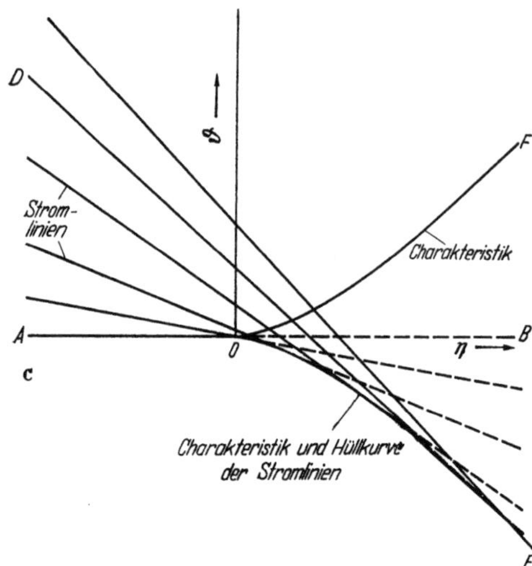

Abb. 35. Hodographenbild einer Lösung für die Strömung in einer LAVAL-Düse

Wenn man die Strömung vom Standpunkte eines Randwertproblems her ansieht (Abb. 37), erscheint die Mehrfachüberdeckung nicht allzu bedeutungsvoll. Entsprechend den Betrachtungen auf S. 76, fragen wir, welcher Teil der Düsenberandung gegeben sein muß, damit das Unterschallfeld der Düse und derjenige Teil des Überschallfeldes der dieses Unterschallfeld beeinflußt, bestimmt ist. Offenbar

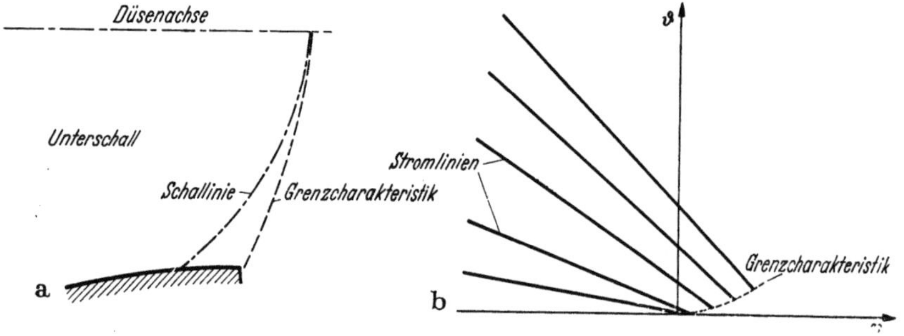

Abb. 37. a) Ein Strömungsfeld in einer LAVAL-Düse. b) Darstellung in der η, ϑ-Ebene

braucht man die Unterschallberandung und den Teil der Überschallberandung, der sich vom Schnittpunkt mit der Schallinie bis zu den durch den Nullpunkt gehenden Charakteristiken erstreckt. Dies sind nämlich die Grenzcharakteristiken. (Man mag zu bedenken geben, daß für eine gegebene Kontur in der Strömungsebene die Randbedingungen in der Hodographenebene nicht längs einer vorgegebenen Kontur vorgeschrieben werden können. Die Grenzcharakteristik ist aber in jedem Falle vorbestimmt, und es ist klar, daß Bedingungen, die jenseits der Grenzcharakteristiken gegeben sind, das Unterschallströmungsfeld nicht beeinflussen lassen.) Der oben beschriebene Teil des Strömungsfeldes ist aber einfach bedeckt. Die Fortsetzung kann mit Hilfe der Charakteristikenmethode bestimmt werden, die man am einfachsten in der Strömungsebene ausführt. Überträgt man dieses Strömungsfeld nachträglich in den Hodographen, so findet man, daß sich die Mehrfachüberdeckung des Überschallteiles automatisch ergibt[1].

9. Verzweigungslinien des Hodographen

In dem letzten Beispiel fanden wir, daß längs der durch den Nullpunkt gehenden Charakteristiken zwei Blätter des Hodographen aneinandergeheftet sind, so daß man, wenn man sich etwa längs einer Stromlinie bewegt, von einem Blatt ins andere übergeht. Wir wollen die Frage stellen unter welchen Bedingungen eine solche Struktur der Hodographenfläche möglich ist.

Es sei C die Kurve der Hodographenebene längs der die beiden Blätter sich aneinander anschließen. Ihr Bild in der Strömungsebene sei ebenfalls C. Es ist denkbar, daß in der Strömungsebene die Lösungen, die man auf den beiden Seiten von C hat, nicht durch analytische Fortsetzung auseinander hervorgehen. Das kann aber nur geschehen, wenn C eine Charakteristik, sowohl in der Strömungsebene als in der Hodographenebene ist.

Wir sehen von diesem Fall ab und nehmen an, daß in der Strömungsebene die Lösung längs C analytisch ist, und legen uns die Frage vor, ob auch dann die Kurve C eine Charakteristik sein muß. Man hat allgemein

$$du = \frac{\partial u}{\partial x} dx + \frac{\partial u}{\partial y} dy,$$

$$dv = \frac{\partial v}{\partial y} dx + \frac{\partial v}{\partial y} dy.$$

Ist die Determinante dieses Ausdruckes von null verschieden (— es ist der reziproke Wert der Funktionaldeterminante $\frac{\partial(x, y)}{\partial(u, v)}$), so sind die rechten Seiten linear unabhängig und es besteht eine eineindeutige Beziehung zwischen Hodographenebene und Strömungsebene. Offen-

[1] In der Literatur findet sich eine Herleitung der Lösung in der Hodographenebene die diese Mehrfachüberdeckung zur Definition der Lösung benutzt. Vom physikalischen Standpunkte aus ist dies wenig befriedigend.

bar kann dies nicht der Fall sein, wenn längs einer Linie C zwei Blätter des Hodographen aneinandergeheftet sind, d. h. wir haben dann

$$\frac{\partial u}{\partial x}\frac{\partial v}{\partial y} - \frac{\partial v}{\partial x}\frac{\partial u}{\partial y} = 0\,.$$

Unter Einführung des Geschwindigkeitspotentials findet man hieraus

$$\Phi_{xx}\Phi_{yy} - \Phi_{xy}^2 = 0\,. \tag{1}$$

Der Einfachheit halber werde für die weiteren Untersuchungen die Gleichung der schallnahen Strömungen Gl. II, 8 (1)

$$-(\varkappa+1)\,\Phi_x\Phi_{xx} + \Phi_{yy} = 0 \tag{2}$$

zugrunde gelegt. Die Kurve C habe die Neigung dy/dx. Dann erhält man durch Differentiation längs dieser Kurve

$$\frac{d\Phi_x}{dx} = \Phi_{xx} + \Phi_{xy}\frac{dy}{dx}\,; \tag{3a}$$

$$\frac{d\Phi_y}{dx} = \Phi_{xy} + \Phi_{yy}\frac{dy}{dx}\,. \tag{3b}$$

Man findet aus den Gl. (1) und (2)

$$(\varkappa+1)\,\Phi_x\Phi_{xx}^2 - \Phi_{xy}^2 = 0\,. \tag{4}$$

Dieser Ausdruck zeigt, daß solch ein Aneinanderheften nur im Überschallgebiet ($\Phi_x > 0$) stattfinden kann, denn im Unterschallgebiet ist die linke Seite von Gl. (4) die negative Summe zweier Quadrate. Ist aber sowohl Φ_{xx} als auch Φ_{xy} im Unterschall längs einer Kurve null, so läßt sich leicht zeigen, daß die Strömung eine Parallelströmung ist. Man findet aus der letzten Gleichung

$$\pm\sqrt{\varkappa+1}\,\sqrt{\Phi_x}\,\Phi_{xx} = \Phi_{xy}\,.$$

Aus Gl. (3) ergibt sich mit Hilfe von Gl. (4) und (2)

$$\frac{d\Phi_x}{dx} = \Phi_{xx}\left(1 \pm \sqrt{\varkappa+1}\,\sqrt{\Phi_x}\right)\frac{dy}{dx}\,;$$

$$\frac{d\Phi_y}{dx} = \Phi_{xx}\left(\pm\sqrt{(\varkappa+1)}\,\sqrt{\Phi_x} + (\varkappa+1)\,\Phi_x\frac{dy}{dx}\right).$$

Hieraus

$$d\Phi_y \mp \sqrt{\varkappa+1}\,\sqrt{\Phi_x}\,d\Phi_x = 0$$

oder

$$d\vartheta \mp \sqrt{\eta}\,d\eta = 0\,.$$

Dies ist die Differentialgleichung der Charakteristiken in der η, ϑ-Ebene. Wir finden also, daß nur längs einer Charakteristik der Hodographenebene zwei Blätter aneinandergeheftet sein können.

Es bleibt noch zu zeigen, daß dies auch eine Charakteristik der Strömungsebene ist. Eine der für sie bestehenden Bedingungen (die sogenannte Verträglichkeitsbedingung) ist erfüllt, weil nämlich die Kurve C sich in eine Charakteristik des Hodographen abbildet. Es bleibt also nur die Frage, ob C in der Strömungsebene die Richtung einer Charakteristik besitzt. Natürlich ist die Struktur des Hodographen nicht davon abhängig, ob man als abhängige Variable die Stromfunktion oder das transformierte Potential benutzt. Längs einer Charakteristik erhält man für das transformierte Potential

$$\sqrt{\eta}\, d\varphi_\eta \pm d\varphi_\vartheta = 0 .$$

In dieser Gleichung treten nur Ableitungen auf, die längs der Charakteristik zu bilden sind. Sie gilt also auch dann, wenn die Ableitungen von $d\varphi_\eta$ und $d\varphi_\vartheta$ in anderen Richtungen nicht existieren, wie das z. B. für die LAVAL-Düse der Fall ist. Wegen der Beziehungen Gl. V, 7 (5) und V, 7 (10) kann die letzte Gleichung gedeutet werden als

$$(\varkappa + 1)^{-1/2} \left(\frac{\Delta w}{w^*}\right)^{1/2} dx \pm dy = 0 .$$

Dies ist die Bedingung Gl. I, 9 (4) für die Richtung der Charakteristiken in der Strömungsebene.

Die Verzweigungslinien des Hodographen stellen das Gegenstück zu den Rückkehrkanten der Strömungsebene dar. Dort ist aber die Rückkehrkante im allgemeinen keine Charakteristik, während die Verzweigungslinie des Hodographen immer Charakteristik ist. Natürlich hängt dies mit der Linearität der Hodographengleichung zusammen.

In dem Beispiel der LAVAL-Düse ist die Verzweigungslinie des Hodographen diejenige Charakteristik der Strömungsebene, die von dem Schnittpunkt der Schallinie mit der Düsenachse aus nach stromabwärts läuft. In der unteren Hälfte der Strömungsebene ist dies eine rechtslaufende MACHsche Welle. Solche MACHsche Wellen sind in der unteren Hälfte der Strömungsebene Kompressionswellen, wenn sie von der Schallinie herkommen und Expansionswellen, wenn sie von der gegenüberliegenden Düsenwand herkommen. Hierin liegt der Grund für die Doppelüberdeckung der Hodographenebene, und immer, wenn ein solcher Wechsel von Kompressionswellen zu Expansionswellen oder umgekehrt auftritt, erhält man eine Mehrfachüberdeckung des Hodographen.

10. Verlorene Lösungen

Es sei schließlich noch die Hodographendarstellung diskutiert, die zu einem Strömungsbild gehört, das sich aus einer anfänglichen Parallelströmung durch eine gekrümmte Wand entwickelt. Bei der Konstruktion mit Hilfe der Charakteristikenmethode treten dann Wellen von nur einer Schar, etwa nur linksläufige Wellen, auf (Abb. 38). Deshalb bildet sich die Strömung in nur eine Charakteristik des Hodographen ab und jede Welle, die man bei der Konstruktion des Strömungsfeldes einträgt, wird durch einen Punkt dieser Charakteristik dargestellt. Solche Lösungen sind natürlich im Hodographen nicht stetig, z. B. variiert für die betrachtete Charakteristik des Hodographen ψ zwischen zwei Grenzen, die durch die berandenden Stromlinien des betrachteten Strömungsfeldes gegeben werden. Die Lösung stellt also eine Stufe des Hodographen dar. Solche Lösungen werden als „verlorene" Lösungen bezeichnet (siehe TOLLMIEN).

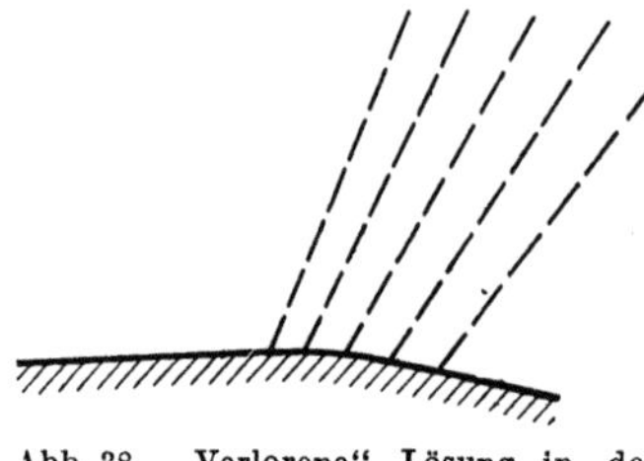

Abb. 38. „Verlorene" Lösung in der Strömungsebene

Beim transformierten Potential ist die Singularität harmloser. Man vergleiche dazu Gl. V, 7 (7). Nun seien φ_1 und φ_2 zwei verschieden analytische Lösungen der TRICOMIschen Gleichung für das transformierte Potential, die längs einer Charakteristik C des Hodographen zwar hinsichtlich ihrer Funktionswerte, nicht aber hinsichtlich ihrer äußeren Ableitungen übereinstimmen. Die zugehörigen Ausdrücke x und y seien x_1, y_1 bzw. x_2 und y_2. Wegen der Übereinstimmung der Funktionswerte hat man längs C

$$\frac{\partial \varphi_1}{\partial \eta} + \frac{\partial \varphi_1}{\partial \vartheta}\frac{d\eta}{d\vartheta} = \frac{\partial \varphi_2}{\partial \eta} + \frac{\partial \varphi_2}{\partial \vartheta}\frac{d\eta}{d\vartheta}$$

oder

$$(\varkappa + 1)^{-1/3} x_1 + y_1 \frac{d\eta}{d\vartheta} = (\varkappa + 1)^{-1/3} x_2 + y_2 \frac{d\eta}{d\vartheta},$$

$$x_1 - x_2 = -(\varkappa + 1)^{1/3} (y_1 - y_2) \frac{d\eta}{d\vartheta}.$$

Hiernach kann für einen gegebenen Punkt der Charakteristik C der entsprechende Punkt des Feldes 2 nur längs einer Geraden der Strömungsebene liegen, die durch den entsprechenden Punkt des Feldes 1 geht und deren Neigung dx/dy gegeben ist durch $-(\varkappa+1)^{1/3}\dfrac{d\eta}{d\vartheta}$, hierbei ist $d\eta/d\vartheta$ für den jeweils betrachteten Punkt der Charakteristik zu berechnen. Man erhält mit Gl. I, 6 (8) und V, 7 (11)

$$\frac{dx}{dy} = (\varkappa + 1)^{1/2}\left(\frac{\Delta w}{w^*}\right)^{-1/2}.$$

Solche Geraden sind Charakteristiken der Strömungsebene, und zwar ergibt sich, daß, wenn C eine rechtslaufende Charakteristik ist, die

Neigung dieser Geraden einer linkslaufenden Charakteristik entspricht. Man kommt damit zu dem folgenden Ergebnis: (Abb. 39). Zwei Lösungen, für die das transformierte Potential längs einer Charakteristik des Hodographen übereinstimmt, die aber hinsichtlich der äußeren Ableitung voneinander abweichen, stellen zwei Strömungsfelder dar, die durch eine geeignete „verlorene Lösung" miteinander verbunden werden können. Auf diese Weise lassen sich solche Lösungen in eine analytische Untersuchung einbeziehen.

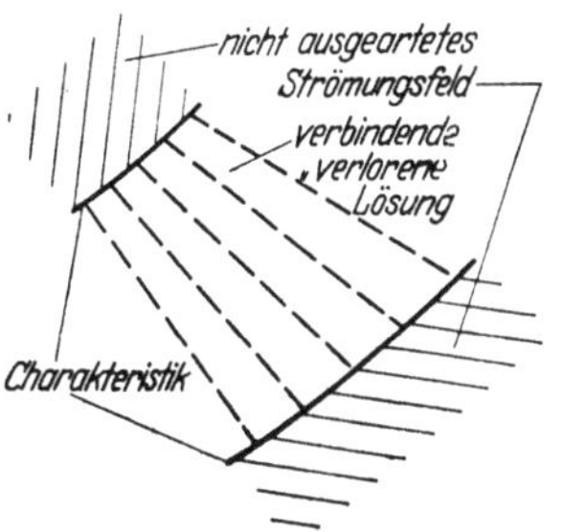

Abb. 39. Verknüpfung zweier nichtausgearteter Lösungen durch eine „verlorene" Lösung

11. Randwertaufgaben im Hodographen

Wir hatten an einigen Beispielen gesehen, daß Randwertprobleme bei Unterschall und bei Überschall verschiedene Formen annehmen; so ist offenbar bei der Formulierung gemischter Probleme Vorsicht geboten. Im folgenden soll zusammengestellt werden, was über solche Randwertprobleme bekannt ist. Die Beweise werden nicht wiedergegeben, dagegen wird der Versuch gemacht, die Formulierungen mit Hilfe physikalischer Beispiele zu erläutern.

Das grundlegende Ergebnis stammt von TRICOMI. Er betrachtet die Differentialgleichung

$$\psi_{\eta\eta} - \eta\,\psi_{\vartheta\vartheta} = 0 \tag{1}$$

die wir bereits als Näherungsgleichung für den Hodographen schallnaher Strömungen erhalten hatten. Es seien in Abb. 40 A und B zwei Punkte der Schallinie. Der Ursprung des Koordinatensystems liege in A. Die Berandung des betrachteten Gebietes bestehe aus einer Kurve C, die im Unterschallgebiet liegt und die Punkte A und B miteinander verbindet, und für die Voraussetzungen gemacht werden, wie sie bei der Behandlung von Randwertproblemen üblich sind. Durch die Punkte A und B seien die Charakteristiken AD und BD gezogen. Sie stellen die Überschallberandung des betrachteten Gebietes dar. Längs der Kurve C und längs der Charakteristik BD sei nun ψ vorgegeben; ψ ist beschränkt und außerdem muß es gewisse mehr oder minder selbstverständliche Voraussetzungen hinsichtlich der in der

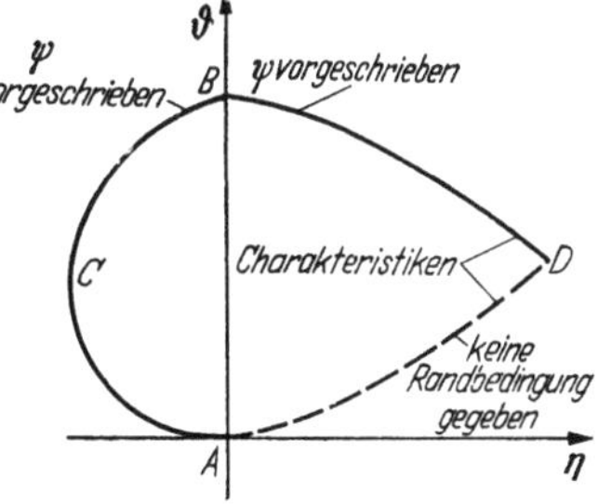

Abb. 40. Die Berandung des TRICOMIschen Randwertproblems

Richtung der Kurve gebildeten Ableitungen erfüllen. Von der Lösung wird gefordert, daß überall im Inneren ihre zweiten Ableitungen existieren und daß längs der Schallinie der Ausdruck $\psi_\eta\,\vartheta^{5/6}$ beschränkt bleibt. Die letzte Bedingung wollen wir als TRICOMIsche Bedingung bezeichnen. TRICOMI beweist nun, daß es unter dieser Voraussetzung eine eindeutige Lösung der TRICOMIschen Differentialgleichung gibt, die die vorgeschriebenen Randbedingungen erfüllt.

Die Formulierung dieses Randwertproblems vereint Züge des Unterschallproblems und Züge des Überschallproblems, die wir auf Seite 22 kennengelernt haben, z. B. ist die Kontur, längs der Randwerte ψ vorgeschrieben, im Unterschallgebiet geschlossen und weist im Überschallgebiet eine Lücke auf, die sich längs einer Charakteristik erstreckt.

Zur Veranschaulichung sei ein Randwertproblem in der Strömungsebene formuliert, das in der Hodographenebene zu dem TRICOMIschen Problem führt. Abb. 41 zeigt eine LAVAL-Düse mit geraden

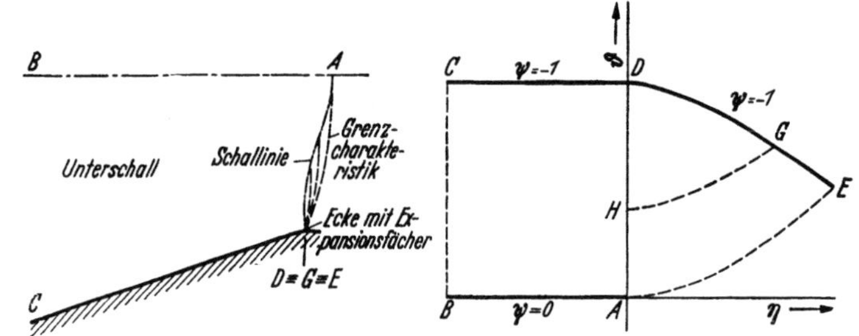

Abb. 41. Eine Strömung, deren Hodograph die Form des TRICOMIschen Problems besitzt

Wänden. Wir betrachten nur die untere Hälfte der Strömungsebene. Die Symmetrieachse der Düse und die Wand sind dann Linien $\psi = \text{const}$ der η, ϑ-Ebene; längs der Düsenachse schreiben wir $\psi = 0$ und längs des Bildes der Wand $\psi = -1$ vor. Weiter muß man eine Aussage über den Eintrittsquerschnitt machen. Man kann etwa längs einer Linie $\eta = \text{const}$, die die Symmetriestromlinie und die Wandstromlinie verbindet, die Werte von ψ vorschreiben. Einfacher ist es, wenn man den Eintrittsquerschnitt, sowohl in der Strömungsebene als auch in der Hodographenebene, nach unendlich rücken läßt. Dann braucht man nur vorzuschreiben, daß dort ψ monoton vom Werte null auf eins anwächst. Im Einklang mit der TRICOMIschen Formulierung schreiben wir weiterhin vor $\psi = -1$ längs der Charakteristik DE, während keine Vorschrift für die Charakteristik EA gemacht wird. Wenn längs einer Charakteristik $\psi = \text{const}$ ist, d. h. wenn eine Stromlinie mit einer Charakteristik zusammenfällt, so bildet sich diese in einem Punkt der

Strömungsebene ab [siehe Gl. V, 1 (15) und V, 3 (3)]. Da die Richtung des Geschwindigkeitsvektors sich längs DE ändert, bedeutet das, daß in der Strömung eine Ecke entsteht (Punkt $D \equiv E$). An dieser Ecke bildet sich dann ein MEYERscher Expansionsfächer aus, wie wir ihn von Überschall her kennen. Das genügt zur Erklärung des in Abb. 41 gezeigten Strömungsfeldes. Die MACHschen Wellen des Expansionsfächers entsprechen den Charakteristiken des Hodographen, die von DE ausgehend nach der Schallinie zu laufen (etwa die Charakteristik GH des Hodographen).

Vom strömungsmäßigen Standpunkte her ist Abb. 41 wenig verschieden von Abb. 16, die eine allgemeinere Strömung durch eine LAVAL-Düse darstellt. Konturänderungen im Unterschallgebiet sind ja im allgemeinen harmlos. Im Überschallgebiet besteht als wichtiger Unterschied, daß das Stück AB der Abb. 16, das die nach der Schalllinie laufenden MACH-Wellen bestimmt, in Abb. 41 sich auf einen Punkt ($D \equiv E$) zusammengezogen hat. Es ist wahrscheinlich, daß auch ein Randwertproblem, wie es Abb. 16 zeigt, eine eindeutige Lösung hat. Wie wäre ein analoges Randwertproblem im Hodographen zu formulieren? Die Wahl der Unterschallkontur ist bereits bei dem TRICOMIschen Problem innerhalb der physikalisch vernünftigen Grenzen fast vollkommen unbeschränkt. Ein wesentlicher Unterschied besteht aber für die Überschallkontur. Die Ecke im engsten Querschnitt, wie sie Abb. 41 zeigt, erscheint recht willkürlich. Wenn aber in der Strömungsebene keine Ecke auftritt, dann bildet sich der Rand im Hodographen auch nicht in eine Charakteristik ab. Längs des Randes ist $\psi = \text{const}$. Daher gilt für ihn

$$\frac{\partial \psi}{\partial w} \frac{dw}{d\vartheta} + \frac{\partial \psi}{\partial \vartheta} = 0; \qquad \frac{dw}{d\vartheta} = -\frac{\partial \psi}{\partial \vartheta} \Big/ \frac{\partial \psi}{\partial w}.$$

Da im Unterschallgebiet die Funktionaldeterminante negativ ist, muß sie auch innerhalb des Überschallgebietes negativ sein, sonst würde man eine physikalisch nicht realisierbare Strömung erhalten. Deshalb muß nach Gl. V, 2 (4)

$$\left|\frac{\partial \psi}{\partial w}\right| > \frac{\sqrt{M^2 - 1}}{w} \left|\frac{\partial \psi}{\partial \vartheta}\right|.$$

Die Kontur muß also in jedem Punkte eine Neigung $\left|\frac{dw}{d\vartheta}\right|$ haben, die die der Charakteristiken nicht übertrifft[1]. Wir sind durch diese Be-

[1] Vom mathematischen Standpunkt her sind die Forderungen, daß die Funktionaldeterminante negativ sein soll und daß längs der Kontur $\psi = 0$ herrscht, dem Randwertproblem fremd. Als heuristische Betrachtung, die zu einer sachgemäßen Formulierung des Randwertproblems führt, ist ein solcher Gedankengang natürlich trotzdem zulässig.

trachtungen zu einem Randwertproblem geführt worden, für das die Unterschallkontur die gleiche Allgemeinheit besitzt wie beim TRICOMIschen Problem und für das die Überschallkontur von einer Charakteristik (AB in Abb. 42) und von einer allgemeineren Kurve BC gebildet wird, deren Neigung $\left|\frac{dw}{d\vartheta}\right|$ die lokale Neigung der Charakteristiken nicht übertrifft; ψ ist vorgeschrieben längs der Unterschallkontur und längs CB. Dieses Randwertproblem ist nicht in gleicher Vollständigkeit erforscht worden wie das von TRICOMI. Es bestehen Eindeutigkeitsbeweise von FRANKL [6], MORAWETZ [2] und GUDERLEY [5].

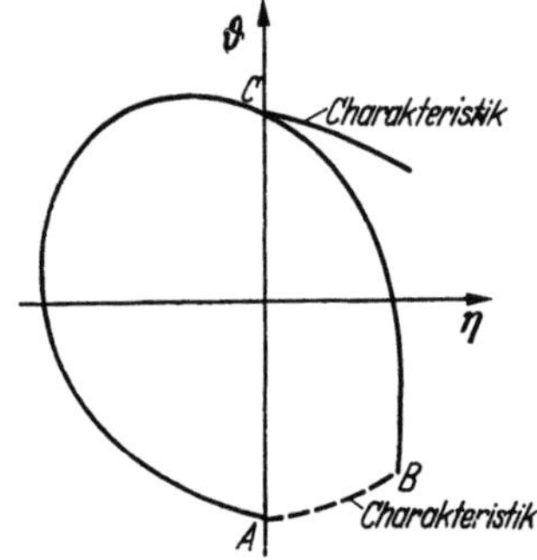

Abb. 42. Kontur für eine verallgemeinerte Form des TRICOMIschen Randwertproblems

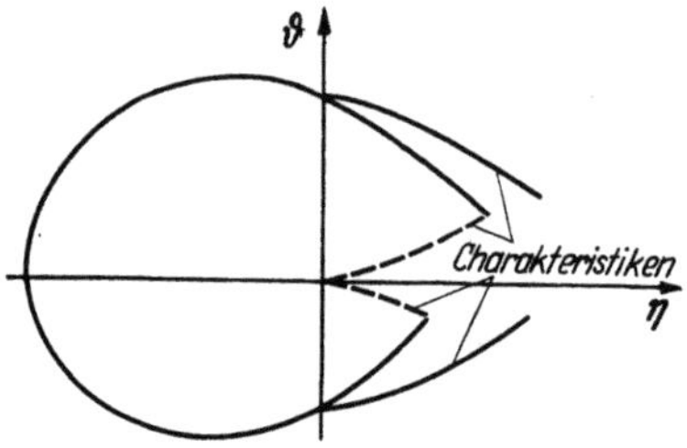

Abb. 43. Weitere Verallgemeinerung des TRICOMIschen Problems

Weitere Verallgemeinerungen ergeben sich aus der Tatsache, daß in Abb. 16 offenbar die obere Hälfte der LAVAL-Düse mit in das Strömungsfeld einbezogen werden kann und daß das Strömungsfeld in einer LAVAL-Düse nicht immer Symmetrie zu besitzen braucht. Man wird damit zu einer Form der Berandung geführt, wie sie etwa in Abb. 43 gezeigt wird. Die oben erwähnten Eindeutigkeitsbeweise sind auch auf diese Fälle anwendbar.

Stöße in Parallelströmung bilden sich im Hodographen auf die Stoßpolare, d. h. auf eine vorgegebene Kurve ab. Längs dieser Kurve besteht eine lineare Randbedingung (FRANKL [6] und GUDERLEY [2]), sie soll im folgenden hergeleitet werden. Die Stoßpolare in schallnaher Näherung ist bereits früher hergeleitet worden Gl. II, 4 (8). Wir haben jetzt

$$\Delta v_z = 0,$$

$$\Delta v_y = a^* \vartheta,$$

$$v_{x_{\mathrm{I}}} = (\varkappa + 1)^{-1/3} a^* \eta_{\mathrm{I}},$$

$$v_{x_{\mathrm{II}}} = (\varkappa + 1)^{-1/3} a^* \eta_{\mathrm{II}}$$

und es ergibt sich

$$\vartheta_{II} - \vartheta_I = \sqrt{\frac{\eta_I + \eta_{II}}{2}} (\eta_I - \eta_{II}), \tag{2}$$

wobei wie früher die Größen vor dem Stoß mit dem Index I die Größen nach dem Stoß mit dem Index II bezeichnet werden.

Die längs der Stoßpolare zu erfüllende Randbedingung bringt zum Ausdruck, daß man sich in der Strömungsebene beim Fortschreiten längs der Stoßpolaren in einer vorgegebenen Richtung, nämlich in der Richtung des Stoßes, bewegt. Diese Richtung ist allein durch die Geschwindigkeiten vor und nach dem Stoß bestimmt. Weil die im Stoße auftretende Änderung des Geschwindigkeitsvektors senkrecht steht auf der Richtung des Stoßes, erhält man für diese

$$\frac{dy}{dx} = (\varkappa + 1)^{1/3} \frac{\eta_I - \eta_{II}}{\vartheta_{II} - \vartheta_I}. \tag{3}$$

Die Fortschreitungsrichtung längs des Stoßes erhält man aus Gl. (2) durch Differentiation

$$\frac{d\vartheta_{II}}{d\eta_{II}} = \mp [8(\eta_{II} + \eta_I)]^{-1/2} (3\eta_{II} + \eta_I). \tag{4}$$

Nun ist

$$dx = \frac{\partial x}{\partial \eta} d\eta + \frac{\partial x}{\partial \vartheta} d\vartheta,$$

$$dy = \frac{\partial y}{\partial \eta} d\eta + \frac{\partial \eta}{\partial \vartheta} d\vartheta.$$

Geht man hiermit in Gl. (3) ein, drückt dabei die partiellen Differentialquotienten von x und η mit Hilfe von Gl. V, 7 (8) aus und setzt weiterhin Gl. (4) ein, so findet man schließlich die folgende lineare Randbedingung für die Stoßpolare

$$\psi_\eta \mp \psi_\vartheta \sqrt{\frac{\eta_{II} + \eta_I}{2}} \frac{7\eta_{II} + \eta_I}{5\eta_{II} + 3\eta_I} = 0. \tag{5}$$

Sie läßt sich folgendermaßen deuten: Längs einer Linie $\psi = \text{const}$ gilt

$$\psi_\eta + \psi_\vartheta \frac{d\vartheta}{d\eta} = 0.$$

Daraus erhält man als Neigung einer solchen Linie

$$\frac{d\vartheta}{d\eta} = -\frac{\psi_\eta}{\psi_\vartheta}.$$

Dieser Ausdruck läßt sich auch aus den Randbedingungen an der Stoßpolaren berechnen, man erhält nämlich

$$\frac{d\vartheta}{d\eta} = \mp \sqrt{\frac{\eta_I + \eta_{II}}{2}} \frac{7\eta_{II} + \eta_I}{5\eta_{II} + \eta_I}. \tag{6}$$

Somit ist längs der Stoßpolaren die Neigung der Stromlinien vorbestimmt.

Abb. 44 zeigt verschiedene Stoßpolaren für $\eta_{\rm I} = 1$; 0,8; 0,6; 0,4 und 0,2. Die Stoßpolare für $\eta_{\rm I} = 1$ ist mit der Einlaufsrichtung der Stromlinien versehen. Im Punkte S ist längs der Stromlinien $\eta = \text{const}$, im Punkte Q (dem Croccoschen Punkte) ist längs der Stromlinien

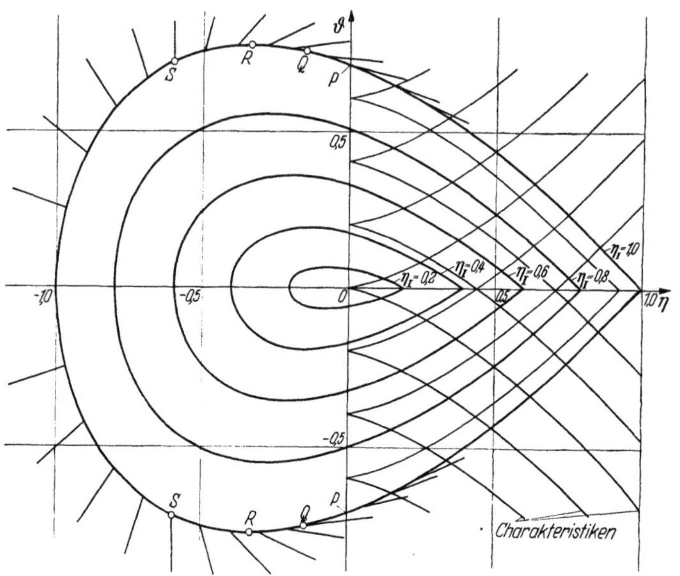

Abb. 44. Stoßpolaren in der η, ϑ-Ebene mit Einlaufrichtungen der Stromlinien (nach Guderley [2])

$\vartheta = \text{const}$, im Punkte R ist der Wert von $\vartheta_{\rm II} - \vartheta_{\rm I}$ für die Stoßpolare ein Maximum. Weiter sind einige Charakteristiken angegeben. Die durch $\eta_{\rm I} = 1$, $\vartheta_{\rm II} - \vartheta_{\rm I} = 0$ gehende Charakteristik liegt innerhalb der Stoßpolaren durch diesen Punkt.

Ein einfaches Randwertproblem in dem ein Stoß auftritt, ist der Keil bei einer Überschallgeschwindigkeit, bei der kein anliegender Stoß möglich ist. Für einen symmetrischen Keil ist der Verdichtungsstoß natürlich symmetrisch. Auf der Symmetrielinie des Strömungsfeldes ergibt sich ein gerader Verdichtungsstoß (Punkt A in Abb. 45). Längs der Symmetrieachse ändert sich der Wert der Geschwindigkeit von einem Werte, der dem geraden Stoß entspricht, auf den Wert null an der Schneide des Keiles. [Linie AB der Hodographendarstellung Abb. 45b.] Dort nimmt dann der Geschwindigkeitsvektor die Richtung der Keilflanken an, bildet sich also in eine Linie $\vartheta = \text{const}$ des Hodographen ab. An der Schulter $C \equiv D$ des Keiles tritt die Schallgeschwindigkeit auf. (Eine Diskussion weshalb die Schallgeschwindigkeit nicht längs der Flanken auftreten kann, findet sich in Abschn. VI, 4.) Die Schulter bildet sich in die Charakteristik CD ab.

In Abb. 45c ist der Hodograph in die η, ϑ-Ebene umgezeichnet worden. Der Nullpunkt des Hodographen bildet sich nach $\eta = -\infty$ ab. Als Randbedingungen hat man $\psi = 0$ längs AB und längs BCD und weiterhin die Stoßbedingung längs der Stoßpolaren. Da alle Randbedingungen homogen sind, muß es offenbar möglich sein, eine weitere Bedingung hinzuzufügen, die dann den Maßstab der Strömungsebene bestimmt. Man kann etwa die Länge der Keilflanke vorschreiben, oder den Wert der Stromfunktion im Punkt E. (Physikalisch ist diese Bedingung kaum von Interessse.) Die Eindeutigkeit eines Randwertproblems der hier geschilderten Art wurde von FRANKL [6] bewiesen.

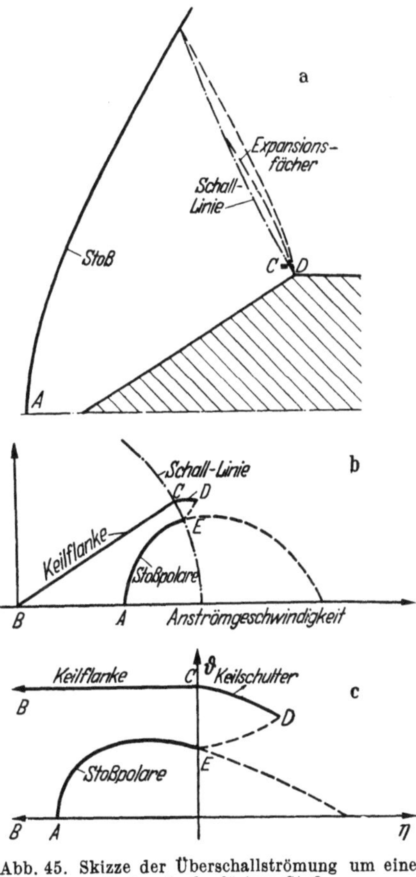

Abb. 45. Skizze der Überschallströmung um einen Keil mit abgelöstem Stoß
a) Strömungsebene; b) Hodographenebene; c) η, ϑ-Ebene

Ein weiterer Typ von Randbedingungen ergibt sich aus der folgenden Betrachtung. Eine der Hauptfragen aller Strömungsuntersuchungen ist die Bestimmung der Strömung um ein gegebenes Profil. Dieses Randwertproblem ist aber praktisch unlösbar. Als einen Schritt in dieser Richtung kann man die folgende Fragestellung betrachten: Es sei die Hodographenlösung der Strömung um einen gegebenen Körper bekannt. Wir bestimmen die Randbedingungen für den Fall, daß man die Kontur in der Strömungsebene um einen vorgegebenen kleinen Betrag abändert. Randbedingungen dieser Art sind wichtig für die Untersuchung von Strömungsfeldern in der Nähe der MACH-Zahl 1 und weiterhin für die prinzipielle Entscheidung der Frage, ob in einem gemischten

Unterschall-Überschall-Feld Stöße auftreten, wenn man die Kontur in vorgegebener Weise abändert.

Die in der Strömungsebene vorzunehmende kleine Änderung der Kontur kann durch Linearisierung der Randbedingungen im Hodographen berücksichtigt werden. Die entstehende Randbedingung wird zunächst für die allgemeine Hodographengleichung abgeleitet und die Spezialisierung für die Näherung schallnaher Strömungen nachträglich vorgenommen.

Der Rand in der Strömungsebene kann beschrieben werden, indem man x und y als Funktionen von ϑ gibt

$$x = f_1(\vartheta),$$
$$y = f_2(\vartheta),$$

f_1 und f_2 sind miteinander durch die Gleichung verknüpft

$$\frac{dy}{dx} = \frac{f_2'}{f_1'} = \operatorname{tg}\vartheta .$$

Die Kontur in der Hodographenebene sei gegeben durch

$$w = w_0(\vartheta) .$$

Unter Benutzung des transformierten Potentials drücken sich x und y durch die Gleichungen aus

$$x = f_1(\vartheta) = \varphi_w(w_0, \vartheta)\cos\vartheta - \frac{1}{w_0}\varphi_\vartheta(w_0, \vartheta)\sin\vartheta, \qquad (7\text{a})$$

$$y = f_2(\vartheta) = \varphi_w(w_0, \vartheta)\sin\vartheta + \frac{1}{w_0}\varphi_\vartheta(w_0, \vartheta)\cos\vartheta . \qquad (7\text{b})$$

Aus diesen Gleichungen kann man die längs der Kontur auftretenden Werte von φ_w und φ_ϑ berechnen. Wir drücken dies aus als

$$\varphi_w(w_0, \vartheta) = f_3(\vartheta), \qquad (8\text{a})$$

$$\frac{1}{w_0}\varphi_\vartheta(w_0, \vartheta) = f_4(\vartheta), \qquad (8\text{b})$$

f_3 und f_4 stimmen mit f_1 und f_2 in einem lokalen Koordinatensystem überein, das mit dem ursprünglichen x, y-System den Ursprung gemeinsam hat, und für das die x-Achse mit der Richtung des Geschwindigkeitsvektors zusammenfällt. Ein solches System werde mit $\bar{x}, \bar{y}$ bezeichnet. Bei einer Differentiation muß das einmal gewählte $\bar{x}, \bar{y}$-System festgehalten werden. Der Winkel der Geschwindigkeit mit der $\bar{x}$-Achse sei $\bar{\vartheta}$. Natürlich ist in dem betrachteten Punkt $\bar{\vartheta} = 0$. Gl. (7b) angewendet auf das überstrichene System ergibt dann

$$\frac{d\bar{y}}{d\bar{\vartheta}} = f_3 - f_4' .$$

Nun ist in dem betrachteten Randpunkte $\bar{y}' = 0$, daher

$$f_3 = f_4'.$$

Damit lassen sich die Randbedingungen formulieren als

$$\frac{1}{w_0} \varphi_\vartheta(w_0, \vartheta) = f_4(\vartheta), \tag{9a}$$

$$\varphi_w(w_0, \vartheta) = f_4'(\vartheta). \tag{9b}$$

Nach diesen Betrachtungen ist f_4 geometrisch bestimmt als Abstand der Tangente durch den betrachteten Oberflächenpunkt vom Nullpunkt des Koordinatensystems (Abb. 46).

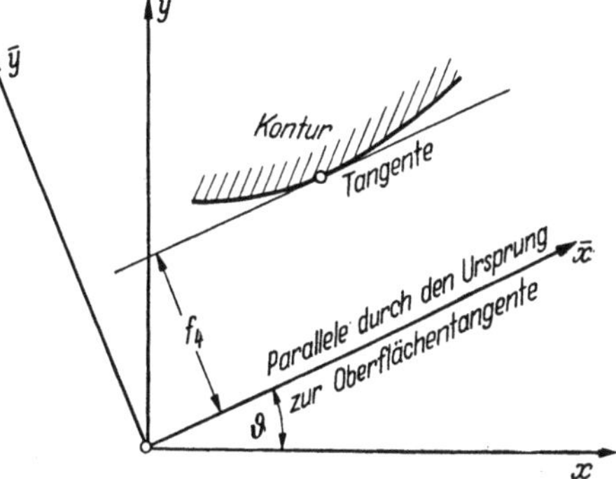

Abb. 46. Geometrische Bedeutung von f_4 (nach GUDERLEY [2]).

Es werde nun die Funktion f_4 um eine kleine Größe F_4 abgeändert. Die Lösung, die diese neuen Randbedingungen erfüllt, wird sich dann von der ursprünglichen Lösung φ um eine kleine Größe Φ unterscheiden. Die Lage der Kontur in der Hodographenebene wird sich ebenfalls ein wenig abändern, d. h. die Funktion $w_0(\vartheta)$ ist durch eine Funktion $w_0(\vartheta) + W_0(\vartheta)$ zu ersetzen. So sind die Randbedingungen in der neuen Strömung gegeben durch

$$\frac{1}{w_0 + W_0} [\varphi_\vartheta(w_0 + W_0, \vartheta) + \Phi_\vartheta(w_0 + W_0, \vartheta)] = f_4(\vartheta) + F_4(\vartheta),$$

$$\varphi_w(w_0 + W_0, \vartheta) + \Phi_w(w_0 + W_0, \vartheta) = f_4'(\vartheta) + F_4'(\vartheta).$$

Betrachtet man F_4, W_0 und Φ als klein, so ergibt eine Linearisierung dieser Gleichungen

$$\frac{-\varphi_\vartheta(w_0, \vartheta)}{w_0^2} W_0 + \frac{\varphi_{w\vartheta}(w_0, \vartheta)}{w_0} W_0 + \frac{1}{w_0} \Phi_\vartheta(w_0, \vartheta) = F_4(\vartheta),$$

$$\varphi_{ww}(w_0, \vartheta) W_0 + \Phi_w(w_0, \vartheta) = F_4'(\vartheta).$$

Hieraus durch Elimination von W_0

$$-\Phi_w\left(\frac{-\varphi_\vartheta}{w_0^2} + \frac{\varphi_{w\vartheta}}{w_0}\right) + \Phi_\vartheta \frac{1}{w_0} \varphi_{ww} = F_4 \varphi_{ww} - F_4'\left(\frac{-\varphi_\vartheta}{w_0^2} + \frac{\varphi_{w\vartheta}}{w_0}\right).$$

In der Ausgangsströmung ist in dem quergestrichenen Koordinatensystem $d\bar{y} = 0$, daher nach Gl. (7b)

$$\varphi_w(w_0, \vartheta) d\bar{\vartheta} - \frac{1}{w_0^2} \varphi_\vartheta(w_0, \vartheta) + \frac{1}{w_0} \varphi_{w\vartheta}(w_0, \vartheta) dw + \frac{1}{w_0} \varphi_{\vartheta\vartheta} d\bar{\vartheta} = 0.$$

Unter Benutzung der Differentialgleichung für φ, Gl. V, 1 (10), ergibt sich hieraus

$$\frac{d w_0}{d\vartheta} = \frac{w_0\,\varphi_{w w}(w_0, \vartheta)}{\left(1 - \frac{w^2}{a^2}\right)\left(-\frac{1}{w_0^2}\,\varphi_\vartheta + \frac{1}{w_0}\,\varphi_{w\vartheta}\right)}\,.$$

Damit erhält man schließlich als Randbedingung, die längs der Hodographenkontur des ursprünglichen Problems zu erfüllen ist

$$-\Phi_w \frac{w_0^2}{1 - \frac{w_0^2}{a^2}} + \Phi_\vartheta \frac{d w_0}{d\vartheta} = -F_4' \frac{w_0^2}{1 - \frac{w_0^2}{a^2}} + F_4\, w_0 \frac{d w_0}{d\vartheta}\,. \tag{10}$$

Hierin sind $F_4(\vartheta)$ und $w_0(\vartheta)$ bekannte Funktionen (s. GUDERLEY [1]).

Diese lineare Randbedingung mag zunächst einigermaßen kompliziert erscheinen. Sie ist aber in gleicher Weise mit der Differentialgleichung des transformierten Potentials verknüpft, wie die Normalableitung mit der Lösung der LAPLACEschen Gleichung. Bei der LAPLACEschen Gleichung leitet man z. B. aus dem Flächenintegral

$$\iint\limits_F \left(\frac{\partial^2\varphi}{\partial x^2} + \frac{\partial^2\varphi}{\partial y^2}\right) dx\, dy = 0$$

durch Integration die Beziehung her

$$\oint\limits_C \left(\frac{\partial\varphi}{\partial x}\,dy - \frac{\partial\varphi}{\partial y}\,dx\right) = 0\,.$$

Dabei bedeutet F ein bestimmtes Flächenstück, C die Berandung. Der Integrand des letzten Ausdruckes steht in enger Beziehung zu der Normalableitung. Eine ähnliche Beziehung gilt für das gegenwärtige Problem. Um dies zu zeigen, schreibt man die Differentialgleichung V, 2 (10) in der Form

$$\frac{\partial(\varrho\, w\, \varphi_w)}{\partial w} + \frac{\varrho}{w}\left(1 - \frac{w^2}{a^2}\right)\varphi_{\vartheta\vartheta} = 0,$$

die sich leicht mit den Beziehungen Gl. I, 2 (10a) herleitet. Dann ergibt sich aus

$$\iint\limits_P \left[\frac{\partial(\varrho\, w\, \Phi_w)}{\partial w} + \frac{\varrho}{w}\left(1 - \frac{w^2}{a^2}\right)\Phi_{\vartheta\vartheta}\right] dw\, d\vartheta$$

durch geeignete Integrationen

$$\int\limits_C \varrho\, w\, \Phi_w\, d\vartheta - \frac{\varrho}{w}\left(1 - \frac{w^2}{a^2}\right)\Phi_\vartheta\, dw = 0\,. \tag{11}$$

Der Integrand ist proportional der linken Seite von Gl. (10). Wegen dieser Analogie zu dem Randwertproblem zweiter Art der Potentialtheorie sprechen wir auch hier von einem Randwertproblem der zweiten Art.

Für eine geschlossene Kontur stellen die Beziehungen Gl. (11) zusammen mit Gl. (10) eine Bedingung für die Lösbarkeit des Randwertproblems dar, ganz ähnlich der, die wir von der Potentialtheorie her kennen. Häufig haben jedoch die von uns betrachteten Konturen eine Lücke im Überschallgebiet, und dann ist es nicht von vornherein klar, ob eine solche Bedingung besteht. Gewisse Plausibilitätsbetrachtungen lassen auch dort auf die Notwendigkeit einer Zusatzbedingung schließen (s. S. 259).

Die entsprechende Randbedingung für die TRICOMIsche Gleichung erhält man entweder direkt oder indem man Vereinfachungen durchführt, wie sie bei der Herleitung der TRICOMIschen Gleichung benutzt wurden. Setzt man etwa $\Phi = \tau\,\tilde{\Phi}(\tilde{\eta}, \tilde{\vartheta})$, wobei $\tilde{\eta}$ und $\tilde{\vartheta}$ durch Gl. V, 7 (5) gegeben sind, so ist mit diesem Ansatz verträglich $F_4(\vartheta) = \tau^{3/2}\tilde{F}_4(\tilde{\vartheta})$. Setzt man dies in die Randbedingung Gl. (10) ein, beschränkt sich auf die Glieder der niedrigsten Ordnung in τ und ersetzt $\tilde{\Phi}$ und $\tilde{F}_4$ durch Φ und F_4, so erhält man

$$L(\Phi) = \Phi_\eta + \Phi_\vartheta\,\eta_0 \frac{d\eta_0}{d\vartheta} = \frac{dF_4}{d\vartheta}, \tag{12}$$

dabei ist der ursprüngliche Rand in der η, ϑ-Ebene gegeben durch $\eta = \eta_0(\vartheta)$; $\frac{df_4}{d\vartheta}$ stellt dann nach Gl. (9b) bis auf einen Faktor $(\varkappa + 1)^{-1/3}$ die Werte x für gegebene Werte der Oberflächenneigung ϑ dar, $\frac{dF_4}{d\vartheta}$ ist dann die Änderung, die diese Größe durch die Deformation der Kontur erfährt. Ein Eindeutigkeitsbeweis für dieses Problem stammt von K. MORAWETZ [*1*].

In den meisten späteren Anwendungen sind die Randbedingungen homogen, z. B. ist die Oberfläche eines umströmten Körpers gegeben durch $\psi = 0$, oder es führt die Forderung, daß bei Überlagerung einer anderen Lösung zu einer gegebenen Strömung die Oberfläche eines Körpers unverändert bleibt, zu der Bedingung Gl. (12), wobei die rechte Seite der Gleichung null ist. Diese Hodographenlösungen enthalten dann zumindest einen singulären Punkt. Sehr häufig ist dies ein Punkt der Schallinie, und die dort auftretende Singularität wird durch eine Partikularlösung der TRICOMIschen Gleichung beschrieben. Die homogenen Randbedingungen werden dann dadurch erfüllt, daß man zu der Lösung, die die gegebene Singularität zum Ausdruck bringt, eine weitere Lösung der TRICOMIschen Gleichung addiert, die die TRICOMIschen Bedingungen erfüllt und die längs der Kontur des betrachteten Gebietes bis auf das Vorzeichen dieselben Beiträge zu den Randwerten liefert, wie die singuläre Partikularlösung.

Für das Randwertproblem der ersten Art ist diese Lösung eindeutig, wenn der singuläre Ausdruck gegeben ist.

Es wurde erwähnt, daß beim Randwertproblem der zweiten Art, die vorgeschriebenen Randwerte möglicherweise einer Zusatzbedingung unterworfen werden müssen. Dann ist es notwendig, daß zwei singuläre Ausdrücke zur Verfügung stehen. Der eine dieser Ausdrücke ist vorgegeben, der zweite wird mit einem geeigneten Faktor multipliziert und dann überlagert, wobei der Faktor so zu wählen ist, daß die Randbedingungen des verbleibenden nichtsingulären Lösungsanteils den Lösbarkeitsbedingungen genügen.

VI. Diskussion schallnaher Strömungsfelder mit Hilfe des Hodographen

1. Vorbemerkung

Bei Strömungsfeldern, die eine unmittelbare Übertragung in den Hodographen gestatten, kann man die Hodographenabbildung dazu benutzen, um Einblick in die allgemeinen Eigenschaften des Strömungsfeldes zu erhalten. Von direktem flugtechnischen Interesse sind solche Strömungen nur selten, doch gewinnt man aus solchen Beispielen Vertrautheit mit den Eigenschaften schallnaher Strömungsfelder und ein vertieftes Verständnis für Randwertprobleme im schallnahen Gebiet. In einigen Fällen ergibt sich auch eine physikalische Deutung theoretischer Ergebnisse, die auf anderem Wege gewonnen worden sind und deren Verständnis vorher Schwierigkeiten bereitete.

Daß sich aus dem bloßen Versuch, zu einer Strömung die Hodographendarstellung zu finden, bereits nichttriviale Aussagen über das Strömungsfeld finden lassen, ist darin begründet, daß die Hodographenabbildung gewissen allgemeinen Regeln unterworfen ist. Obwohl diese bereits im vorhergehenden Abschnitt berührt worden sind, seien sie hier nochmals zusammengestellt.

Da die Funktionaldeterminante der Hodographenabbildung im Unterschall negativ ist, kehrt sich der Umlaufssinn eines Flächenelementes beim Übergang in den Hodographen um. Aus Stetigkeitsgründen, und weil wir Rückkehrkanten von unseren Strömungsfeldern ausschließen, gilt das gleiche auch vom Überschallgebiet. Hieraus läßt sich eine Regel für das Vorzeichen der Machschen Wellen, die von der Schallinie ausgehen oder dort enden, herleiten. Am einfachsten gewinnt man sie anschaulich mit einer Überlegung, die von A. Busemann stammt[1]. Längs einer gegebenen Mach-Welle werden

[1] Ähnliche Gedanken finden sich auch in einer Arbeit von Nikolski und Taganoff.

Zustandsänderungen nur durch Wellen der anderen Schar hervorgerufen. Auf einer MACH-Welle, die an der Schallinie endet, z. B. der Welle AB der Abb. 47, steigt bei Annäherung an die Schallinie der Druck, weil man sich von Überschall in der Richtung nach Unterschall bewegt. Deshalb wird diese Welle von Kompressionswellen geschnitten. Das sind aber Wellen, die von der Schallinie herkommen. Nach dieser Überlegung sind also alle von der Schallinie ausgehenden Wellen Kompressionswellen. Da nun die Schallinie eine Linie konstanten Druckes ist, sind alle Wellen, die nach ihr hinlaufen, Verdünnungswellen.

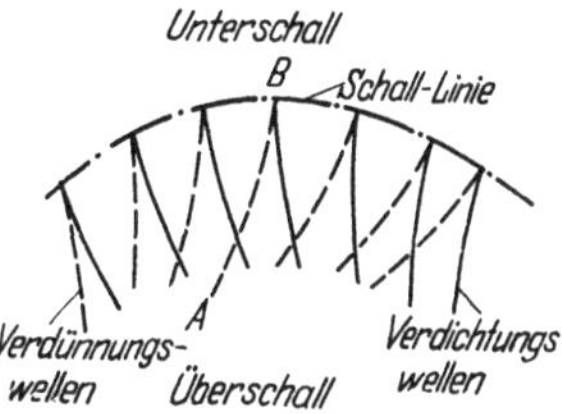

Abb. 47. Struktur eines an Unterschall angrenzenden Überschallfeldes

Daß die Strömungsebene nur aus einem Blatt besteht, ist selbstverständlich, dagegen kann die Hodographenebene mehrblättrig sein. Beispiele hierfür haben wir bereits kennengelernt. Im Unterschall erfolgt der Übergang in ein anderes Blatt durch Umlaufen eines singulären Punktes. Daß zwei sich überdeckende Blätter im Unterschall längs einer Linie zusammengeheftet sind, ist unmöglich, weil dann diese Linie eine Charakteristik sein müßte und es im Unterschall keine Charakteristiken gibt.

Es gibt im Unterschall Punkte, in die mehrere Stromlinien einlaufen, oder genauer ausgedrückt, für die die Stromfunktion je nach der Einlaufrichtung verschiedene Werte annimmt. Diese bilden sich immer ins Unendliche ab, denn wenn längs einer Kurve der Strömungsebene im Unterschall eine Parallelströmung herrscht — und das ist der Fall, wenn sich in einem Hodographenpunkte eine Anzahl Stromlinien vereinigen — dann ist die analytische Fortsetzung eine Parallelströmung für die gesamte Strömungsebene. Wegen des Fehlens von Charakteristiken im Unterschallgebiet kann das Strömungsfeld nicht aus einer Parallelströmung in eine andere Form übergehen. Dagegen braucht sich ein bei der Schallgeschwindigkeit auftretender singulärer Punkt nicht ins Unendliche abzubilden, wie das Beispiel des Abschn. IV, 3 zeigt. Im Unterschallgebiet treten Singularitäten dieser Art nicht auf.

Schneidet im Hodographen dieselbe Charakteristik eine Stromlinie mehr als einmal, so ergibt sich eine Rückkehrkante und die Stromlinie kehrt ihre Richtung um. Zumindest für eine Randstromlinie ist dieses Verhalten natürlich unzulässig. Daraus ergibt sich die Forderung, daß eine Stromlinie, die die Berandung eines Strömungsfeldes darstellt, jede Charakteristik höchstens einmal schneiden darf. Es ist zulässig, daß eine Stromlinie mit einer Charakteristik zusammenfällt, dann erhält die Stromlinie eine Ecke (siehe die zu Abb. 41 gehörenden

Betrachtungen). Durchdringt eine Stromlinie eine Charakteristik und ist sie dabei gleichzeitig tangential dazu, so hat sie in der Strömungsebene einen Punkt unendlicher Krümmung.

2. Der Ausfluß aus einem Gefäß

Bei der hydraulischen Behandlung des Ausflusses aus einem Gefäß hängt die Durchflußmenge vom Drucke ab, solange das Druckverhältnis einen Strahl mit Unterschallgeschwindigkeit ergibt. Wird der Außendruck niedriger als der sogenannte kritische Druck, so bleibt er ohne Einfluß auf die Druckflußmenge. Diese plötzliche Änderung

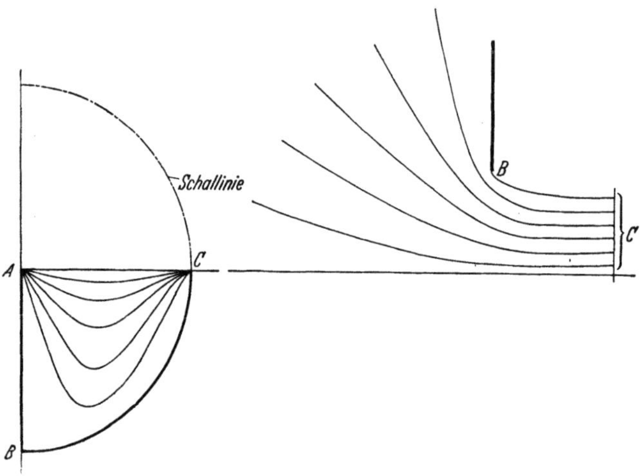

Abb. 48. Ausfluß aus einem Gefäß mit der Schallgeschwindigkeit (nach GUDERLEY [2])

im Charakter des Ausflußgesetzes ist physikalisch unwahrscheinlich. Eine genauere Klärung dieses Überganges wird sich im folgenden ergeben.

Das Unterschallproblem war bereits früher (Abb. 27) diskutiert worden. Das dort beschriebene Rechenverfahren läßt sich anwenden, solange der austretende Strahl eine Unterschallgeschwindigkeit oder die Schallgeschwindigkeit besitzt. Liegt die Strahlgeschwindigkeit bei einer Unterschallgeschwindigkeit, so ist die x-Koordinate des Punktes, in dem die Stromlinien parallel werden, unendlich. Ist die Strahlgeschwindigkeit gleich der Schallgeschwindigkeit, so läßt sich mit Hilfe der asymptotischen Darstellungen für die TSCHAPLIGINschen Funktionen zeigen [Gl. V, 6 (11a)], daß der entsprechende Punkt bei einem endlichen Werte x liegt (Abb. 48). Das ein Schallstrahl sich in einer endlichen Länge parallel richten kann, hatten wir bereits kennengelernt. Die eben erwähnten Ergebnisse werden für das Verständnis des Überganges von einem Unterschall- zu einem Überschallstrahl nützlich sein.

Das Randwertproblem für einen Überschallstrahl wurde von GUDERLEY [2] und FRANKL [4] u. [6] formuliert. Die Oberfläche des Strahles liegt wiederum bei einem konstanten Druck, der durch einen Kreis des Hodographen dargestellt wird. Sicherlich falsch ist aber eine Berandung des Hodographenbildes, die dem Unterschallproblem nachgebildet ist. (Linienzug $ABCD$ in Abbildung 49.) Eine dem Rande benachbarte Stromlinie würde nämlich zweimal von der gleichen Charakteristik geschnitten werden, so daß dann eine Rückkehrkante entstände. Dagegen ist es physikalisch möglich, daß die Berandung mit einer Charakteristik zusammenfällt (BD_1 in Abb. 50). Dann geht in der Strömungsebene ein Expansionsfächer vom Rande aus und die Randstromlinie zeigt eine plötzliche Richtungsänderung. Diese Expansion führt auf den Außendruck, d. h. bis zum Punkte D_1 des Hodographen. Durch diesen Punkt ist der Winkel der Anfangs-

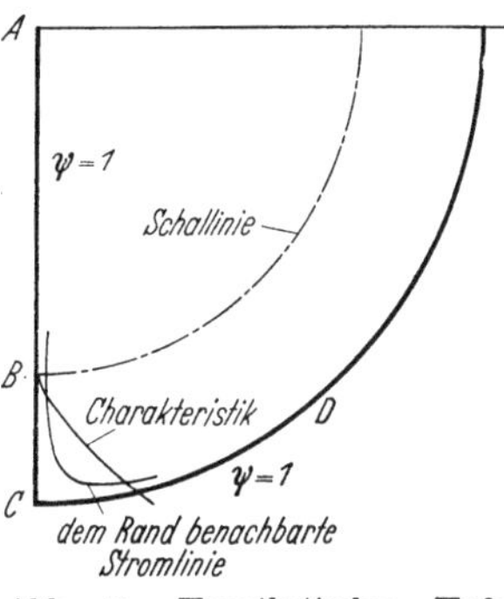

Abb. 49. Hypothetisches Hodographenbild (nach GUDERLEY [2])

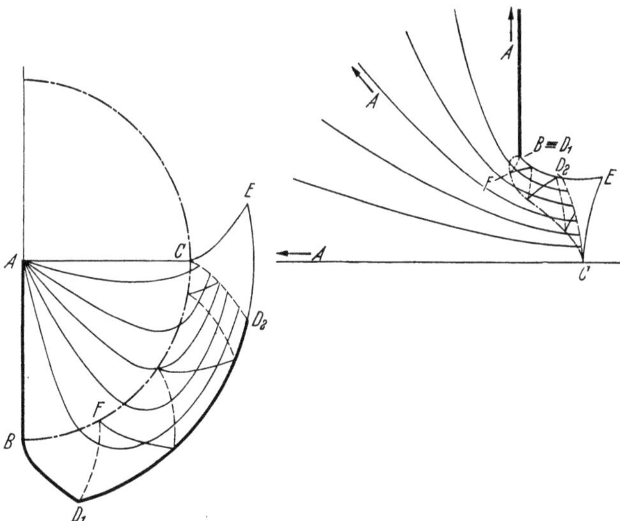

Abb. 50. Ausfluß aus einem Gefäß mit Überschallgeschwindigkeit (nach GUDERLEY [2])

tangente an die freie Oberfläche des Strahles bestimmt. Die von der Ecke ausgehenden Wellen sind natürlich Expansionswellen; an der Schallinie werden sie als Kompressionswellen reflektiert. Liegt der

Außendruck nahe am kritischen Druck, so laufen MACHsche Wellen mehrfach zwischen der Schallinie und der Strahloberfläche hin und her. An der Strahloberfläche werden die von der Schallinie kommenden Kompressionswellen in Verdünnungswellen umgewandelt, so daß tatsächlich immer Verdünnungswellen nach der Schallinie hinlaufen.

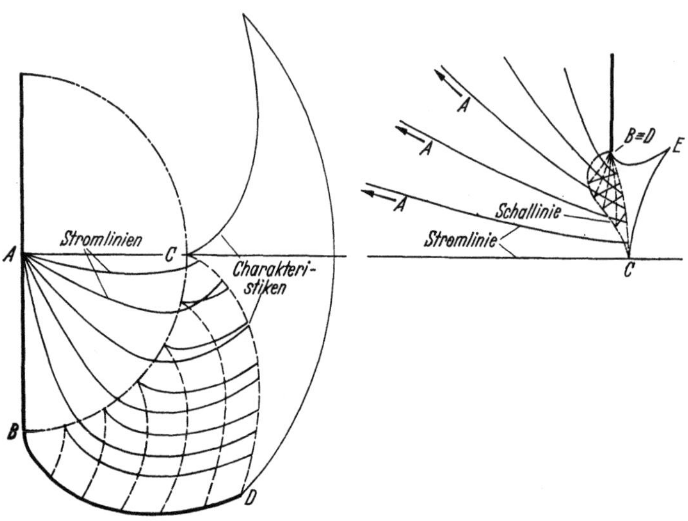

Abb. 51. Ausfluß aus einem Gefäß mit einer hohen Überschallgeschwindigkeit

Schließlich erreicht eine der MACHschen Wellen, die von der Strahlbegrenzung herkommen, die Schallinie in einem Punkt der Düsenachse. (Linie D_2C, Abb. 50.) An dieser Stelle hat man lokal dieselben Verhältnisse wie im engsten Querschnitt einer LAVAL-Düse. MACHsche Wellen, die stromabwärts dieser Charakteristik liegen, können das Unterschallgebiet der Strömung nicht mehr beeinflussen. Die MACH-Welle D_2C stellt also die Begrenzung des Teiles des Überschallgebietes dar, der gleichzeitig mit dem Unterschallgebiet berechnet werden muß. Natürlich können längs dieser MACHschen Welle keine Randbedingungen vorgeschrieben werden, da die Welle quer durch den Strahl läuft. Das Randwertproblem besitzt also die charakteristische Lücke, wie sie im Zusammenhang mit Abb. 41 beschrieben wurde.

Senkt man den Außendruck, d. h. erhöht man die Strahlgeschwindigkeit, so bleibt das Hodographenbild qualitativ dasselbe, nur erstreckt sich die Expansion weiter, und das Gebiet, in dem die MACHschen Wellen mehrfach von der Strahloberfläche und der Schallinie reflektiert werden, wird kleiner.

Von einem gewissen Außendruck ab, wird die Schallinie nur noch von Wellen erreicht, die von dem anfänglichen Expansionsfächer ausgehen (Abb. 51). Hier liegt ein Randwertproblem vor, das der TRICOMIschen Formulierung entspricht.

Solange MACHsche Wellen, von der Strahloberfläche kommend, die Schallinie erreichen, beeinflußt natürlich der Druck an der Strahloberfläche die Unterschallströmung. Danach wird auch bei Überschallgeschwindigkeiten die Durchflußmenge vom Außendruck beeinflußt. Erst wenn der Außendruck so niedrig ist, daß keine Welle der Strahloberfläche auf die Schallinie trifft, wird die Ausflußmenge unabhängig vom Außendruck.

Bisher wurden die Strömungsfelder nur soweit besprochen, wie sie von Wichtigkeit sind für die Unterschallzuströmung. Die weitere Entwicklung des Strahles ist ein reines Überschallproblem, das am besten mit der Charakteristikenmethode zu behandeln ist. Dabei entsteht wieder eine dreifache Überdeckung eines Teiles der Hodographenebene, wie wir sie bei der LAVAL-Düse kenngelernt haben.

Wenn die Gefäßwände gegeneinander geneigt sind, ergeben sich ganz ähnliche Hodographenbilder. Je kleiner der Winkel ist, den die Wände miteinander einschließen, um so kleiner ist die MACH-Zahl des Strahles, für die die Durchflußmenge unabhängig vom Außendruck ist. Im Grenzfalle einer überaus schlanken Düse erhält man also tatsächlich das Ergebnis der hydraulischen Theorie. Bemerkenswert bei dieser Reihe von Strömungsbildern ist, daß sie sich stetig auseinander entwickeln. Man verfolge z. B. die verschiedenen Gestalten der Schalllinie, und besonders wie natürlich der Freistrahl mit der kritischen Geschwindigkeit in die Reihe der Strömungsbilder hineinpaßt.

Verschiebt man eine der Gefäßwände senkrecht zu seiner eigenen Richtung, so bleibt natürlich die Hodographenabbildung der Wand die gleiche. Wegen der Unsymmetrie des Strömungsfeldes verschiebt sich aber bei Unterschallgeschwindigkeiten die Richtung des Freistrahles, d. h. die Lage des Punktes C. Bei Überschallstrahlen verschiebt sich die Lücke CD_2. Es ist dies ein erstes Beispiel dafür, daß sich eine Änderung in der Strömungsebene an einer ganz anderen Stelle der Hodographenebene bemerkbar machen kann.

3. Die Strömung um eine Ecke

In den eben untersuchten Strömungsfeldern trat ein MEYERscher Expansionsfächer auf, der in eine Unterschallströmung hineinläuft und dadurch den Übergang zu einer Überschallgeschwindigkeit vermittelt. Die Stromlinie hat an einer solchen Stelle eine Ecke. In einer inkompressiblen Strömung ergibt sich bekanntlich an einer konvexen

Ecke eine unendliche Geschwindigkeit und ein negativ unendlicher Druck. Das gegenwärtige Beispiel zeigt, was man in Wirklichkeit zu erwarten hat: An der Ecke wird die Schallgeschwindigkeit erreicht und bei der Umströmung der Ecke sinkt der Druck um einen Betrag ab, der durch die Änderung der Stromlinienrichtung nach den Gesetzen einer MEYERschen Expansion bestimmt ist.

Weitere Einzelheiten der Strömung zu erfassen ist allerdings nicht einfach. Ist z. B. die Wand stromabwärts der Ecke gerade, so werden die Verdichtungswellen, die von der Schallinie kommen, als Verdichtungswellen reflektiert. Diese reflektierten Verdichtungswellen laufen nun auf die Schallinie zu. Da sie aber nach Abschn. VI, 1 nicht die Schallinie erreichen können, enden sie in einem Stoß, der dann das Überschallgebiet abschließt. Solch ein Stoß wurde von YOSHIHARA [*3*] berechnet. Eine Fortsetzung der Strömung nach der Ecke wäre möglich, wenn die Wand, ähnlich wie die Oberfläche des Freistrahles in den vorhergehenden Beispielen eine solche Krümmung hätte, daß die von der Schallinie ausgehenden Verdichtungswellen in Verdünnungswellen verwandelt werden.

Eine teilweise analytische Behandlung der Strömung in der Nähe der Ecke könnte mit den Partikularlösungen des Kapitels VII vorgenommen werden (GUDERLEY [*3*]). Dabei ergibt sich, daß eine Randstromlinie die Verdichtungswellen in Verdünnungswellen verwandeln könnte, unmittelbar an der Ecke unendliche Krümmung hat. Auch die Krümmung der Schallinie ist unendlich an der Ecke. Ist die Wand stromabwärts der Ecke gerade, so bildet sich sofort an der Ecke ein Stoß aus, allerdings ist dieser sehr schwach. Im weiteren Verlauf ergibt sich dann wegen der von der Schallinie kommenden Kompressionswellen ein rascher Druckanstieg.

Praktisch werden diese Effekte durch die Einwirkung der Grenzschicht verwischt. Man kann sogar Strömungsablösung mit bald darauffolgendem Wiederanlegen erhalten. Stromaufwärts der Ecke herrscht ein Druckabfall mit unendlichem Gradienten.

Eine gewisse Ähnlichkeit mit dem eben beschriebenen Strömungsfeld hat die Saugspitze, die bei hohen Unterschallgeschwindigkeiten in der Nähe der Vorderkante eines angestellten Flügels mit kleinem Nasenradius auftritt.

4. Der Keil in Überschallströmung

Wir sahen bereits, daß sich Stöße, die in einer Parallelströmung auftreten, zur Darstellung im Hodographen eignen, und lernten bei dieser Gelegenheit den Keil in einer Überschallströmung kennen. Wir verfolgen hier die Erscheinungen, die sich ergeben, wenn man bei einer festen Überschall-MACH-Zahl dem Keilwinkel verschiedene Werte erteilt. Man wird dabei den Übergang von einer reinen Überschallströmung für kleinen Keilwinkel zu der Strömung der Abb. 45 kennenlernen.

Punkte des Hodographen, die einer parallelen Überschallgeschwindigkeit entsprechen, werden durch römische Zahlen bezeichnet. Die Anströmgeschwindigkeit trägt z. B. in Abb. 52a die Bezeichnung *I*.

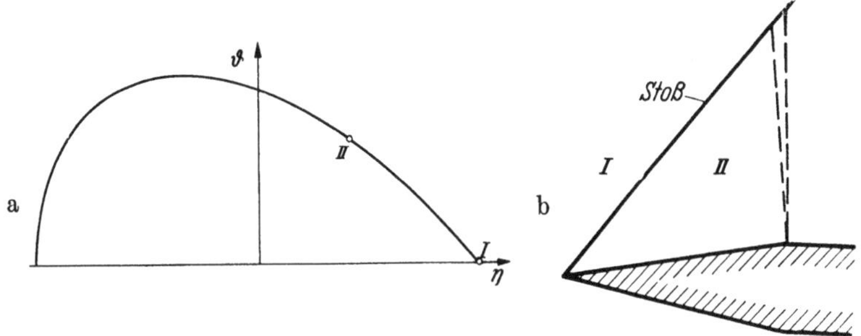

Abb. 52a u. b. Überschallströmung um einen Keil (nach GUDERLEY [2])

Dieselbe Bezeichnung wird auch für die Stoßpolaren verwendet, z. B. Stoßpolare *I*. Der Keilwinkel sei nun so klein, daß ein anliegender Stoß möglich ist und daß man nach dem Stoß eine Überschallgeschwindigkeit (*II*) erhält (Abb. 57)[1].

Läßt man bei festgehaltener Anström-MACH-Zahl den Keilwinkel wachsen, so bewegt sich Punkt *II* längs der Stoßpolaren nach der Schallinie hin. Wenn Punkt *II* genau im Schnittpunkt der Stoßpolaren mit der Schallinie liegt, so herrscht nach dem Stoße eine Parallelströmung mit Schallgeschwindigkeit.

Läßt man den Keilwinkel weiterhin zunehmen, so rückt der Punkt, der bisher mit *II* bezeichnet wurde, in das Unterschallgebiet. Nun kann aber nicht mehr eine Parallelströmung mit der betreffenden Unterschallgeschwindigkeit entstehen, da ja dann im gesamten Gebiet stromabwärts des Stoßes nach dem Prinzip der analytischen Fortsetzung eine Parallelströmung entstehen müßte und diese mit den weiteren am Keile gültigen Randbedingungen nicht zu vereinbaren ist. Es entsteht also ein leicht gekrümmter Stoß. Wir wissen von vornherein, daß sich die Keilflanke in eine Linie konstanter Richtung,

[1] Um die Zuordnung zwischen Strömungsebene und Hodographenebene besser zum Ausdruck zu bringen, ist immer nur eine Hälfte des Strömungsfeldes gezeichnet worden. Außerdem wurde die Hodographenebene durch die $\eta\,\vartheta$-Ebene ersetzt.

d. h. in die Linie FD der Abb. 53 abbilden muß. Die an der Schulter des Keiles auftretende Ecke wird nach unseren früheren Erfahrungen durch die Charakteristik DE dargestellt. Weiterhin wird natürlich das Unterschallgebiet durch ein Stück der Stoßpolaren begrenzt. Somit wird das Unterschallgebiet, das sich längs der Keilflanke ausbildet, durch das Gebiet DFB dargestellt. Der Übergang zu Überschall

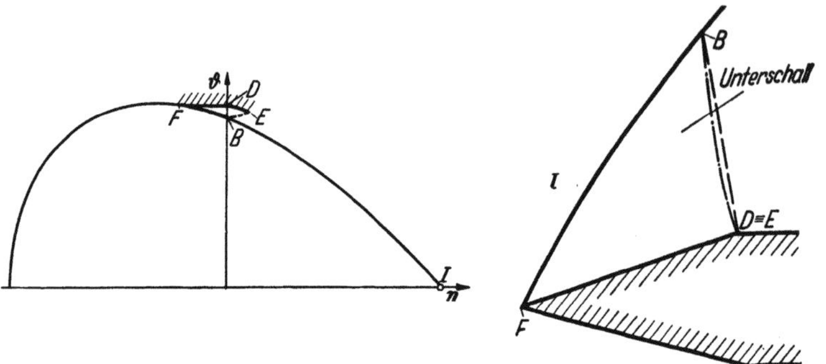

Abb. 53. Überschallströmung um einen Keil mit anliegendem Stoß (nach GUDERLEY [2])

wird durch die Expansionswellen, des an den Keilschultern ansetzenden Expansionsfächers hervorgebracht. Die Schallinie erstreckt sich von der Schulter nach dem Verdichtungsstoß. Ein Teil der Expansionswellen, die von der Schulter ausgehen, enden an der Schallinie, die übrigen — für das Unterschallgebiet bedeutungslosen — enden am Verdichtungsstoße.

An dieser Stelle drängt sich die Frage auf, weshalb die Schallinie von der Keilschulter ausgeht. LIEPMANN hat hierauf mit dem Hinweis geantwortet, daß, falls die Schallinie von einem Punkt der Keilflanke ausginge, ihr Ansatzpunkt und das gesamte Unterschallgebiet durch keine dem Randwertproblem eigentümliche Länge bestimmt wäre, und daß deshalb die Eindeutigkeit des Problems verlorenginge. Mehr in die Einzelheiten des Strömungsverhaltens geht die folgende Antwort. Wenn man längs der Schallinie von Keil zum Verdichtungsstoß wandert, so überschreitet man die Stromlinien in einer Richtung, die entweder eine Komponente stromaufwärts oder eine Komponente stromabwärts hat. (Wenn die Stromlinien genau senkrecht geschnitten würden, ergäbe sich eine Rückkehrkante.) Ist das erste der Fall, so sendet die Schallwelle Kompressionswellen aus, die nach dem Stoß hinlaufen. Wenn sie sich mit dem Stoß vereinigen, müßte sich der Stoß verstärken. Dies widerspricht aber der Tatsache, daß, wenn man längs des Stoßes in Strömungsrichtung wandert, man zunächst eine Unterschallgeschwindigkeit und später eine Überschallgeschwindigkeit antrifft. Verläuft aber die Schallinie mit einer Komponente stromabwärts (bei Bewegung vom Keil zum Stoß), so werden die Kompressionswellen nach den Keilflanken zu ausgesandt. Dort bewirken sie einen Druckanstieg, der im Widerspruch mit dem Übergang von Unterschall zu Überschall längs der Keilflanke steht.

Aus dem ersten Argument folgt, daß auf dem Wege vom Profil zu dem Stoß die Richtung der Schallinie eine stromabwärts weisende Komponente haben muß, aus dem zweiten Argumente, daß die Schalllinie nur an einer Stelle der Kontur beginnen kann, an der eine solche konvexe Krümmung herrscht, daß trotz der von der Schallinie herrührenden Kompressionswellen an der Kontur ein Druckabfall entsteht.

Öffnet man den Flankenwinkel des Keiles, so bleibt die Struktur des Strömungsfeldes erhalten, bis der Keilwinkel den maximal an einem Verdichtungsstoß möglichen Winkel überschreitet.

Tritt dies ein, dann öffnet sich gleichsam der Zugang zu einem neuen Gebiet des Hodographen, das den Staupunkt mit einschließt und man erhält ein Randwertproblem wie es bereits in Abb. 45 skizziert wurde.

Die lückenlose Folge von Strömungsbildern, die wir bei diesen Überlegungen erhielten, läßt vermuten, daß auch bei einem Experiment ein stetiger Übergang von einem Strömungsfeld zum anderen erfolgen würde.

5. Analytische Behandlung des Strömungsfeldes in der Nähe der Keilschneide für einen anliegenden Stoß

Wir wollen hier einige analytische Ergänzungen bringen, die sich auf die Nachbarschaft der Keilschneide, d. h. auf die Nähe des Punktes F in Abb. 53 beziehen, dabei liegt der Stoß an der Keilschneide an. Als Randbedingungen haben wir $\psi = 0$ längs der Keilschneide und die Stoßbedingungen [Gl. V, 11 (5)] längs der Stoßpolaren. Wenn, wie es im allgemeinen der Fall ist, die durch diese Gleichung vorgeschriebene Stromlinienrichtung im Punkte F von der Richtung der Linie FD abweicht, dann ist F ein singulärer Punkt des Hodographen. Es soll das erste Glied der Entwicklung bestimmt werden, durch die die Lösung in der Nähe dieses Punktes bestimmt ist. In Abschn. VII, 14 werden wir exakte Lösungen kennenlernen, die in einem beliebigen Punkte der η, ϑ-Ebene eine Singularität gegebener Form besitzen. Wollte man die gegenwärtigen Untersuchungen weiter ausdehnen, so wären diese Lösungen vorzuziehen. Hier wollen wir uns auf einfachere Ausdrücke beschränken, die aber nur in unmittelbarer Nachbarschaft des Punktes F angewendet werden dürfen.

Es sei $|\eta_F|$ der absolute Wert von η und ϑ_F der Wert von ϑ in Punkt F. Dort läßt sich die TRICOMIsche Gleichung in der Form schreiben

$$\psi_{\eta\eta} + \{|\eta_F| - \eta - |\eta_F|\}\, \psi_{\vartheta\vartheta} = 0. \tag{1}$$

Es sei

$$u = \sqrt{|\eta_F|}\,(\eta + |\eta_F|) \tag{2a}$$

oder

$$\eta = -|\eta_F| + u\,|\eta_F|^{-1/2}. \tag{2b}$$

Weiterhin sei

$$\vartheta - \vartheta_F = v. \tag{3}$$

Damit schreibt sich die Differentialgleichung (1) als

$$\frac{\partial^2 \psi}{\partial u^2} + (1 - u\,|\eta_F|^{-3/2})\,\frac{\partial^2 \psi}{\partial v^2} = 0.$$

In unmittelbarer Nachbarschaft des Punktes F ($u = 0$, $v = 0$) kann man das Glied $u\,|\eta_F|^{-3/2}$ vernachlässigen und erhält dann als vereinfachte Gleichung[1]

$$\frac{\partial^2 \psi}{\partial u^2} + \frac{\partial^2 \psi}{\partial v^2} = 0. \tag{4}$$

Die Lösung ist allgemein gegeben durch

$$\psi = \operatorname{Im} F(w), \tag{5}$$

wobei

$$w = u + i\,v,$$

und F eine beliebige analytische Funktion von w ist. $\operatorname{Re} F$ oder $\operatorname{Im} F$ bedeuten Real- bzw. Imaginärteil. Die Werte x berechnet man unter Benutzung von Gl. (2b):

$$dx = \frac{\partial x}{\partial \eta}\,d\eta + \frac{\partial x}{\partial \vartheta}\,d\vartheta = \frac{\partial x}{\partial \eta}\,|\eta_F|^{-1/2}\,du + \frac{\partial x}{\partial \vartheta}\,dv.$$

Ist ψ durch Gl. (5) gegeben, so findet man für kleine u und v auf Grund der Gl. V, 7 (8)

$$\begin{aligned} dx &= \frac{1}{\varrho^* w^*}\,(\varkappa + 1)^{1/3}\,|\eta_F|^{1/2}\,(-\psi_v\,du + \psi_u\,dv) \\ &= \frac{1}{\varrho^* w^*}\,(\varkappa + 1\left(^{1/3}\,|\eta_F|^{1/2} \operatorname{Im}\left(-i\,\frac{dF}{dw}\,du + \frac{dF}{dw}\,dv\right)\right.. \end{aligned}$$

Mit x_0 als Integrationskonstante erhält man hieraus

$$x - x_0 = \frac{1}{\varrho^* w^*}\,(\varkappa + 1)^{1/3}\,|\eta_F|^{1/2} \operatorname{Re} F(w). \tag{6}$$

[1] Eine Näherung, die in einem größeren Gebiet gültig wäre und den gleichen Grad an Einfachheit aufweise, könnte mit einer Transformation, ähnlich Gl. V, 6(2) gewonnen werden.

Das u, v-System hat Punkt F als Nullpunkt (Abb. 54). Die u-Achse ist das Bild der Keiloberfläche. Die Tangente an die Stoßpolare schließe mit der u-Achse den Winkel ν_1 ein, die Einlaufrichtung der Stromlinien längs der Stoßpolaren sei durch ν_2 gegeben. Damit in dem betrachteten Gebiet v positiv ist, betrachten wir den Punkt der Stoßpolaren, der in der unteren Hälfte des Hodographen und der Strömungsebene liegt. Dort verläuft der Stoß von links oben nach rechts unten. Für solche Stöße ist im Gebiete zwischen dem Punkt der Stoßpolaren, für den ϑ ein Maximum hat, und der Schallgeschwindigkeit der Winkel ν_1 positiv. Das Vorzeichen von ν_2 wechselt in diesem Bereich. Der Punkt für den $\nu_2 = 0$ ist, wird als CROCCOscher Punkt bezeichnet. Zwischen dem Punkt des größten Wertes ϑ und dem CROCCOschen Punkt ist ν_2 negativ, zwischen dem CROCCOschen Punkt und der Schallgeschwindigkeit ist ν_2 positiv.

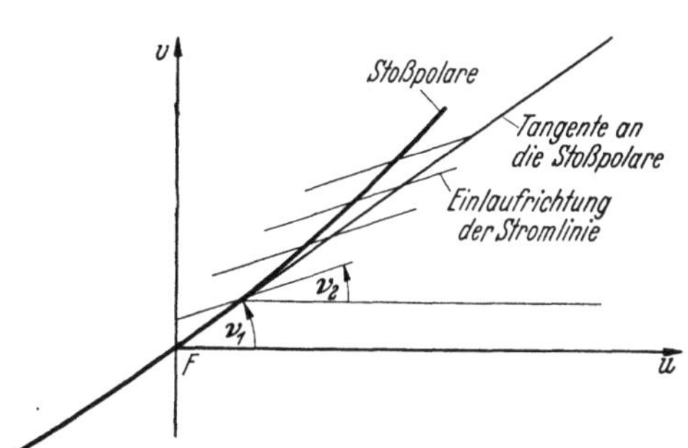

Abb. 54. Zur Berechnung der Singularität in Punkt F

In erster Näherung kann die Stoßpolare durch ihre Tangente im Punkte F ersetzt werden. Die Randbedingungen erfordern dann, daß

$$\psi = 0 \quad \text{für} \quad v = 0 \quad \text{ist,} \tag{7a}$$

und daß für $\operatorname{arc\,tg} \frac{v}{u} = \nu_1$ der längs einer Linie $\psi = \text{const}$ gebildete Ausdruck

$$\frac{dv}{du} = \operatorname{tg} \nu_2 \tag{7b}$$

ist. Es sei

$$w = r\, e^{i\nu}. \tag{8}$$

Aus dem Ansatz

$$\psi = \operatorname{Im} w^m \tag{9}$$

ergibt sich dann

$$\psi = r^m \sin(m\,\nu)\,.$$

Für $u = 0$ ist $\nu = 0$, deshalb ist durch diesen Ansatz die erste Bedingung erfüllt. Weiterhin erhält man

$$\frac{\partial \psi}{\partial u} = m \operatorname{Im} w^{m-1} = m\, r^{m-1} \sin[(m-1)\,\nu]$$

und

$$\frac{\partial \psi}{\partial v} = m \operatorname{Im}(i\, w^{m-1}) = m\, r^{m-1} \cos[(m-1)\,\nu]\,.$$

Daher ergibt sich für eine Linie $\psi = \text{const}$

$$\frac{\partial v}{\partial u} = -\frac{\partial \psi}{\partial u} \bigg/ \frac{\partial \psi}{\partial v} = -\operatorname{tg}[(m-1)\,\nu].$$

Die Linien $\psi = \text{const}$ schließen also mit der u-Achse den Winkel $-(m-1)\,\nu$ ein. Somit erhält man auf der Stoßpolaren die Bedingung

$$\nu_2 = -(m-1)\,\nu_1.$$

Hieraus

$$m = 1 - \frac{\nu_2}{\nu_1}.$$

Nun ändert sich in erster Näherung die Neigung des Stoßes in der Strömungsebene linear mit der Entfernung des betrachteten Hodographenpunktes von F. Diese Entfernung ist, ebenfalls in erster Näherung, proportional r. Die y-Koordinate ist in erster Näherung proportional ψ und damit längs des Stoßes proportional r^m. Die Stoßneigung ist also proportional $y^{1/m}$. Die Krümmung des Stoßes ist proportional $\frac{1}{m}\, y^{1/m-1} = \frac{\nu_1}{\nu_1 - \nu_2}\, y^{\nu_2/(\nu_1 - \nu_2)}$. Liegt F zwischen dem Croccoschen Punkt und der kritischen Geschwindigkeit, so ist nach dem oben Gesagten ν_2 positiv und wie ein Blick auf Abb. 54 zeigt, kleiner als ν_1. Wenn y nach null geht, d. h. wenn man sich längs des Stoßes der Keilschneide nähert, wird die Krümmung des Stoßes null. Im Croccoschen Punkte ist $\nu_2 = 0$ und es ergibt sich eine endliche Krümmung des Stoßes, obwohl die Keilflanke keine Krümmung besitzt. Für einen Punkt F der zwischen dem Croccoschen Punkt und dem Punkt des Maximums von $|\vartheta|$ liegt, haben ν_1 und ν_2 entgegengesetzte Vorzeichen; die Potenz von y die in dem Ausdruck für die Krümmung auftritt, ist negativ. Die Krümmung ist also an der Keilschneide unendlich.

Hiernach hat man für einen Schneidenwinkel des Keiles, der genau dem Schnittpunkt der Stoßpolaren mit der Schallinie entspricht, einen exakt geraden Stoß und stromabwärts davon die Schallgeschwindigkeit. Liegt F im Gebiet zwischen kritischer Geschwindigkeit und dem Croccoschen Punkt, so ist der Stoß zwar gekrümmt, die Krümmung ist aber null an der Keilschneide. Im Croccoschen Punkt hat der Stoß auch an der Keilschneide eine endliche von null verschiedene Krümmung. Für das Gebiet zwischen dem Croccoschen Punkt und dem Punkt des Maximums von ϑ, ist die Anfangskrümmung des Stoßes unendlich. Beachtenswert ist wieder die Kontinuität des Überganges von einem Fall zum anderen.

6. Der Keil mit gekrümmten Flanken

Crocco fand den nach ihm benannten Punkt bei einer Untersuchung, die die Anfangskrümmung des Verdichtungsstoßes und die Krümmung der Keilflanken miteinander verknüpfte. Für eine Anfangsneigung des Stoßes, die dem Croccoschen Punkt entspricht, ergaben seine Untersuchungen, daß eine endliche Krümmung der Keilflanken eine unendliche Krümmung des Stoßes ergibt. Für größere Keilwinkel, die aber noch immer einen an der Schneide anliegenden Stoß erlauben, ergab sich, daß die Stoßkrümmung das entgegengesetzte Vorzeichen der Krümmung der Flanke hat. Da dies physikalisch widersinnig erschien, warf er die Frage auf, ob nicht die Ablösung des Stoßes bereits in dem nach ihm benannten Punkte geschieht.

Die Croccosche Lösung entspricht im Hodographen dem Ausdruck

$$\psi = r\sin(\nu - \nu_2).$$

Wie man sich leicht überzeugt, ist für jede Linie $\psi = \text{const}$

$$\frac{dv}{du} = \operatorname{tg}\nu_2,$$

d. h. die Bedingung längs der Stoßpolaren ist erfüllt. Die Randstromlinien $\psi = 0$ ist gegeben durch $\nu = \nu_2$. Längs der Randstromlinie drückt sich die Neigung des Geschwindigkeitsvektors aus als

$$\vartheta = \vartheta_F + r\sin\nu_2.$$

Da die hier betrachtete Lösung im Punkte F regulär ist, ist die Länge der Randstromlinie in der Strömungsebene proportional der Entfernung des betrachteten Hodographenpunktes von F, d. h. proportional r. Damit wird die Krümmung der Randstromlinie proportional $\sin\nu_2$. Weiterhin brauchen wir die Krümmung des Verdichtungsstoßes. Die Richtung des Verdichtungsstoßes in der Strömungsebene ist in erster Näherung proportional r (gemessen längs der Stoßpolaren). Die Länge des Verdichtungsstoßes gemessen von der Keilschneide aus, ist proportional y, d. h. proportional $r\sin(\nu_1 - \nu_2)$. Das Verhältnis der Krümmungen des Stoßes und der Randstromlinie ist daher proportional

$$(\sin\nu_2)^{-1}\sin(\nu_1 - \nu_2)^{-1}. \tag{1}$$

Im Croccoschen Punkt wird dieser Ausdruck unendlich und ändert dabei sein Vorzeichen. Für diesen Punkt hatten wir bereits gefunden, daß der Krümmung null der Keilflanke eine endliche Krümmung des Stoßes entspricht.

Zwischen der kritischen Geschwindigkeit und dem Croccoschen Punkte bietet das Verständnis dieser Lösung keine Schwierigkeit.

Liegt F aber zwischen dem Croccoschen Punkt und dem Punkte des Maximalwertes von ϑ, so ist die Deutung der Croccoschen Lösung schwierig. Bei einer Bewegung längs der Randstromlinie vom Punkte F, nach der Schallinie zu, vergrößert sich nämlich der Neigungswinkel der Randstromlinie, man erhielte also eine konkave Kontur. Für eine konvexe Kontur würde man vermuten, daß sich die Lösung nicht allzusehr von der des Randwertproblems für ebene Flanken unterscheidet, und tatsächlich läßt sich das Verhalten der Strömung in der Nähe des Punktes F erhalten, indem man, von der Strömung um einen Keil ausgehend, die Krümmung der Flanken durch ein Korrekturglied berücksichtigt. Die Lösung ergibt sich dabei als eine Entwicklung nach Potenzen von $w^{-\nu_2/\nu_1}$. In dem folgenden Ausdruck rührt das erste Glied von dem Keil mit geraden Flanken, das zweite Glied von der Krümmung her (siehe Guderley [2])

$$\psi = \operatorname{Im}\left(C\, w^{1-\nu_2/\nu_1}\left[1 - w^{-\nu_2/\nu_1} K C \frac{\nu_1 - \nu_2}{\nu_1 \sin\nu_2} e^{i\nu_2}\right]\right). \tag{2}$$

Hierin sind K und C Konstanten. Man erhält hieraus

$$\frac{\partial\psi}{\partial u} = \frac{\nu_1 - \nu_2}{\nu_1} C \operatorname{Im}\left[w^{-\nu_2/\nu_1} - w^{-2\nu_2/\nu_1} K C \frac{1 - 2\frac{\nu_2}{\nu_1}}{\sin\nu_2} e^{i\nu_2}\right],$$

$$\frac{\partial\psi}{\partial v} = \frac{\nu_1 - \nu_2}{\nu_1} C \operatorname{Im} i\left[w^{-\nu_2/\nu_1} - w^{-2\nu_2/\nu_1} K C \frac{1 - 2\frac{\nu_2}{\nu_1}}{\sin\nu_2} e^{i\nu_2}\right].$$

Für den längs einer Stromlinie gebildeten Differentialquotienten ergibt sich dann unter Benutzung von Gl. VI, 5 (8)

$$\frac{du}{dv} = \frac{-r^{-\nu_2/\nu_1}\left\{-\sin\left(\frac{\nu_2}{\nu_1}\nu\right) - K C\, r^{-\nu_2/\nu_1} \frac{1 - 2\frac{\nu_2}{\nu_1}}{\sin\nu_2} \sin\left(\nu_2 - 2\frac{\nu_2}{\nu_1}\nu\right)\right\}}{r^{-\nu_2/\nu_1}\left\{\cos\left(\frac{\nu_2}{\nu_1}\nu\right) - K C\, r^{-\nu_2/\nu_1} \frac{1 - 2\frac{\nu_2}{\nu_1}}{\sin\nu_2} \cos\left(\nu_2 - 2\frac{\nu_2}{\nu_1}\nu\right)\right\}}.$$

Auf der Stoßpolaren muß die Bedingung Gl. VI, 5 (7b) erfüllt sein. Tatsächlich ergibt sich aus der letzten Gleichung, wenn man $\nu = \nu_1$ setzt

$$\frac{du}{dv} = \frac{\sin\nu_2}{\cos\nu_2} \frac{1 - K C\, r^{-\nu_2/\nu_1} \frac{1 - 2\frac{\nu_2}{\nu_1}}{\sin\nu_2}}{1 - K C\, r^{-\nu_2/\nu_1} \frac{1 - 2\frac{\nu_2}{\nu_1}}{\sin\nu_2}} = \operatorname{tg}\nu_2 .$$

Um die Linie $\psi = 0$ zu erhalten, muß man Gl. (2) reell schreiben

$$\psi = C r^{\frac{\nu_1-\nu_2}{\nu_1}} \left\{ \sin \frac{\nu_1 - \nu_2}{\nu_1} \nu \right) -$$

$$- r^{-\nu_2/\nu_1} K C \frac{\nu_1 - \nu_2}{\nu_1 \sin \nu_2} \sin\left[\left(1 - 2\frac{\nu_2}{\nu_1}\right)\nu + \nu_2\right]\right\} = 0 .$$

Aus den Größen der niedrigsten Ordnung in $r^{-\nu_2/\nu_1}$ erhält man

$$\nu = 0 .$$

Durch einen Iterationsschritt erhält man das verbesserte Ergebnis

$$\nu = K C r^{-\nu_2/\nu_1} .$$

Sonach ist die Abweichung der Stromlinienrichtung von ihrem Werte im Punkte F gegeben durch

$$v = \nu r = K C r^{1-\nu_2/\nu_1} . \tag{3}$$

Als Länge der Stromlinie gemessen von F aus, erhält man einen Ausdruck proportional dem Realteil von $F(w)$ [Gl. VI, 5 (6)]. In der niedrigsten Ordnung von $r^{-\nu_2/\nu_1}$ ist dies

$$x - x_F \sim C r^{1-\nu_2/\nu_1} \cos\left\{\left(1 - \frac{\nu_2}{\nu_1}\right) K C r^{-\nu_2/\nu_1}\right\} .$$

Ist $r^{-\nu_2/\nu_1}$ klein, so kann der cosinus durch 1 ersetzt werden, und man erhält dann

$$x - x_F \sim C r^{1-\nu_2/\nu_1} . \tag{4}$$

Aus Gl. (3) und (4) ergibt sich, daß die Krümmung der Flanke im Punkte F einen endlichen von null verschiedenen Wert annimmt.

Der Ansatz Gl. (2) versagt zwischen dem Croccoschen Punkte und der kritischen Geschwindigkeit, weil dort $r^{-\nu_2/\nu_1}$ eine negative Potenz von r ist. Auch im Croccoschen Punkt ist die Lösung nicht anwendbar. Auch dieser Fall wurde von Guderley [2] diskutiert.

Jetzt erkennt man, weshalb die Croccosche Lösung zwischen dem Croccoschen Punkt und dem Punkte des Maximums von ϑ nicht anwendbar ist. In diesem Bereich ist nämlich der in Punkt F überwiegende Teil der Lösung der Ausdruck für den Keil mit geraden Flanken, die Flankenkrümmung ist ein Effekt höherer Ordnung. Zwischen Croccoschem Punkt und der Schallgeschwindigkeit stellt die Flankenkrümmung den überwiegenden Einfluß dar, deshalb ist dort die Croccosche Lösung, die stillschweigend diese Annahme macht, berechtigt.

7. Untersuchung des Überganges von einem anliegenden zu einem abgelösten Stoß

Der Übergang von einem an der Keilschneide anliegenden zu einem abgelösten Verdichtungsstoß erscheint zunächst als solche radikale Änderung des Strömungsfeldes, daß man eine ziemlich abrupte Änderung der Strömungseigenschaften — z. B. des Widerstandes — erwarten könnte. So hat eine Untersuchung dieses Vorganges besonderes Interesse.

Zunächst bestimmen wir Näherungslösung der TRICOMIschen Gleichung, die für die Nachbarschaft des Maximums von ϑ auf der Stoßpolaren gültig sind. Dieser Punkt sei der Ursprung eines Koordinatensystems mit den Achsen u und v (zwischen diesen Variablen und denen des vorigen Abschnittes besteht keine Verbindung). Setzt man für die Geschwindigkeit stromaufwärts des Verdichtungsstoßes $\eta = 1$, so ergibt sich aus Gl. V, 11 (2) für den Punkt des Maximums von ϑ

$$\eta = -\frac{1}{3}, \qquad \vartheta = \pm\frac{4}{\sqrt{27}}, \tag{1}$$

Die Koordinaten u und v sind dann

$$u = \eta + \tfrac{1}{3}, \tag{2a}$$

$$v = \vartheta \mp \frac{4}{\sqrt{27}}. \tag{2b}$$

Längs des Stoßes ist v eine Funktion von u, hierfür sei die Bezeichnung $v_s(u)$ gewählt. Für kleine u ergibt sich aus der Gleichung der Stoßpolaren Gl. V, 11 (2)

$$v_s = \mp\frac{\sqrt{27}}{8}u^2. \tag{3}$$

Die Hodographengleichung erhält jetzt die Gestalt

$$\psi_{uu} + (\tfrac{1}{3} - u)\,\psi_{vv} = 0. \tag{4}$$

Die Randbedingung auf der Stoßpolaren ist

$$\frac{\partial\psi}{\partial u} \pm \sqrt{\frac{1}{3}}\left(1 - \frac{33}{4}u\right)\frac{\partial\psi}{\partial v} = 0. \tag{5}$$

Der Keilwinkel überschreite nun das längs der Stoßpolaren mögliche Maximum von ϑ um einen Betrag c. Es werde die untere Hälfte der Stoßpolaren benutzt, weil dann die Stoßpolare bei positiven Werten v liegt. Wir suchen nun Lösungen der TRICOMIschen Gleichung in der

Form Gl. (4), die die folgenden der Abb. 55 entsprechenden Randbedingungen erfüllen:

für $v = -c$

$$\psi = 0 \tag{6a}$$

für

$$v = v_s = \frac{\sqrt{27}}{8} u^2,$$

$$\frac{\partial \psi}{\partial u} - \sqrt{\frac{1}{3}} \left(1 - \frac{33}{4} u\right) \frac{\partial \psi}{\partial v} = 0. \tag{6b}$$

Die Lösungen, die im folgenden hergeleitet werden, gelten für kleine Werte von c; genauer gesagt, c liege in der Größenordnung von v_s und damit auch in der Größenordnung von u^2. Der Lösungsansatz geht von der folgenden Betrachtung aus. Wählt man c kleiner und kleiner und ändert man dabei den Maßstab für u und v so, daß in den neuen Koordinaten der Abstand zwischen Randstromlinie und Stoßpolare bei Punkt F erhalten bleibt, so erhält man eine Folge von Konfigurationen, bei denen sich der Abstand zwischen Stoßpolaren und dem Bild der Wand weniger und weniger ändert, je kleiner c ist. So wird man erwarten, daß die Lösung große Ähnlichkeit mit einem Ausdruck besitzt, der für einen konstanten Abstand der beiden Berandungen gilt. Lösungen, die an der Stelle geringsten Abstandes die Differentialgleichung und die Randbedingungen erfüllen, sind gegeben durch

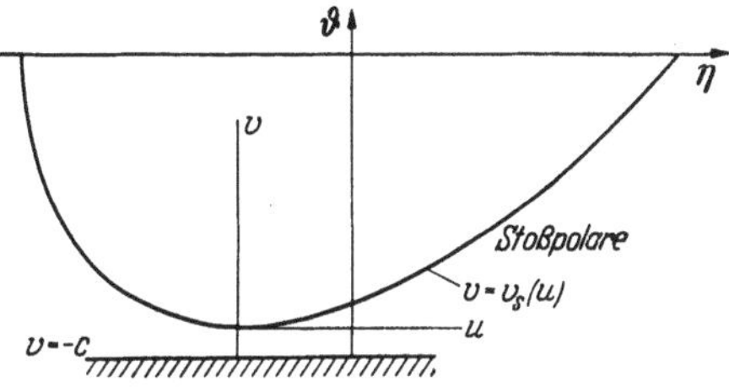

Abb. 55. Zur Berechnung der Strömung in der Nähe des Punktes $u = 0$, $v = 0$

$$\psi = \exp\left[3^{-1/2}\pi\left(\frac{1}{4} + n\right)c^{-1}u\right] \sin\left[\pi\left(n + \frac{1}{4}\right)\left(1 + \frac{v}{c}\right)\right].$$

Hierin ist n eine ganze Zahl. Man wird nun versuchen, diesen Ansatz so auszudehnen, daß er auch in einiger Entfernung von dem engsten Querschnitte noch näherungsweise gültig ist. Betrachtet man eine andere Stelle als die des geringsten Abstandes der beiden Begrenzungen, und bliebe der dort vorhandene Abstand konstant, so hätte die Lösung die Form

$$\psi = \exp\left[3^{-1/2}\pi\left(\frac{1}{4} + n\right)\bar{c}^{-1}u\right] \sin\left[\pi\left(n + \frac{1}{4}\right)\frac{c + v}{\bar{c}}\right], \tag{7}$$

wobei

$$\bar{c} = c + \frac{\sqrt{27}}{8} u^2,$$

hierin ist $\bar{c}$ als konstant zu betrachten, es stellt den Abstand der beiden Ränder dar. In Wirklichkeit ändert sich dieser Abstand; wenn jedoch diese Änderung klein ist für eine Länge, gemessen in u-Richtung, für die sich die Exponentialfunktion um einen erheblichen Betrag ändert, dann dürfte sich die Lösung nicht allzuweit von den hier angegebenen Ausdrücken entfernen. Die Bedingung für die Gültigkeit der folgenden Lösungen ist also

$$\frac{d\bar{c}}{du} \ll \bar{c}^{-1} n \quad \text{oder} \quad \frac{\sqrt{27}}{4} u \ll \frac{n}{c + \frac{\sqrt{27}}{8} u^2}, \tag{8}$$

wobei die linke Seite die Ableitung des Abstandes der Ränder nach u und die rechte Seite näherungsweise die Ableitung der Exponentialfunktion nach u angibt. Besonders zweckmäßig für die Näherungsdarstellung der Lösung ist nun der folgende Ausdruck, der sich von Gl. (7) besonders durch die Form des ersten Gliedes unterscheidet.

$$\psi = \exp\left[3^{-1/2}\pi\left(\frac{1}{4} + n\right)\int \bar{c}^{-1}(u)\,du\right] \sin\left[\pi\left(n + \frac{1}{4}\right)\frac{c+v}{\bar{c}(u)}\right]. \tag{9}$$

Dieser Ausdruck braucht aber noch nicht die Lösung darzustellen. Zwar heben sich unmittelbar die Glieder der niedrigsten Ordnung in einer Entwicklung der Differentialgleichung nach u heraus, das gleiche wäre jedoch der Fall, wenn man ihn mit einer beliebigen Funktion $h(u)$ — beispielsweise einer Potenz von $\bar{c}$ multiplizieren würde. Da dieser Faktor sich für kleine u erheblich ändern kann, braucht also die Lösung Gl. (9) nicht einmal näherungsweise richtig zu sein. Es genügt offenbar nicht, nur die Glieder der niedrigsten Ordnung in der Differentialgleichung zu berücksichtigen, selbst wenn man nur das erste Glied in einer Näherungsdarstellung der Lösung erhalten will. Bestimmt ist dieses Glied, wenn man in der Differentialgleichung die Ausdrücke der nächsten Ordnung mit einschließt. Dazu muß man den Ansatz Gl. (9) erweitern. In einem anderen Zusammenhang (GUDERLEY [*1*]) ist gezeigt worden, wie man dies allgemein systematisch tun kann. Für ein ähnliches Problem hat BUSEMANN die Glieder der nächsten Ordnung erraten [Arbeit BUSEMANN/GUDERLEY]. Auch hier ist dies durchführbar, deshalb sei die erweiterte Lösung ohne Ableitung angegeben und dann verifiziert[1]. Es sei

$$\bar{v} = \pi\left(n + \frac{1}{4}\right)\frac{c+v}{c + \frac{\sqrt{27}}{8} u^2} \tag{10a}$$

und

$$\bar{\lambda} = 3^{-1/2}\pi\left(n + \frac{1}{4}\right)\left(c + \frac{\sqrt{27}}{8} u^2\right)^{-1}. \tag{10b}$$

[1] Der Einwand, daß es sich hier nur um eine formale Entwicklung handelt, ist berechtigt. Der Ingenieur wird dies zwar als Mahnung zur Vorsicht auffassen, sich aber nicht davon abhalten lassen, die Lösung anzuwenden.

Wir hatten früher erwähnt, daß $c \doteq 0(u^2)$ ist. Damit ist

$$\bar{\lambda} = 0(u^{-2}). \tag{10c}$$

Dann lautet die Lösung

$$\psi = \bar{\lambda}^m \exp\left(\int \bar{\lambda}\, du\right)\{\sin\bar{v} + u(a_1\bar{v}\cos\bar{v} + a_2\bar{v}^2\sin\bar{v})\}. \tag{11}$$

Der erste Ausdruck entspricht dem früheren Lösungsansatz. $\bar{v}$ ist 0 für $v = -c$, d. h. längs des Bildes der Wand; längs der Stoßpolaren ist $\bar{v} = 1$. $\bar{\lambda}$ ist umgekehrt proportional der Weite des Querschnittes. Die Konstanten m, a_1 und a_2 sind

$$m = \tfrac{1}{2} + \tfrac{2}{3}\pi(n + \tfrac{1}{4}), \tag{12a}$$

$$a_1 = -\tfrac{9}{8}[\pi(n + \tfrac{1}{4})]^{-1}, \tag{12b}$$

$$a_2 = \tfrac{9}{8}[\pi(n + \tfrac{1}{4})]^{-1}. \tag{12c}$$

Wir müssen nun zeigen, daß der Ausdruck Gl. (11) die Differentialgleichung und die Randbedingungen erfüllt. Zunächst findet man

$$\frac{d\bar{\lambda}}{du} = -\frac{9}{4}\,\frac{u\,\bar{\lambda}^2}{\pi(n + \frac{1}{4})}, \tag{13a}$$

$$\frac{d\bar{v}}{dv} = \sqrt{3}\,\bar{\lambda}, \tag{13b}$$

$$\frac{d\bar{v}}{du} = -\frac{9}{4}\,u\,\frac{\bar{\lambda}\,\bar{v}}{\pi(n + \frac{1}{4})}. \tag{13c}$$

Damit ergibt sich

$$\begin{aligned}\frac{\partial\psi}{\partial v} &= \bar{\lambda}^m \exp\left[\int \bar{\lambda}\, du\right] \sqrt{3}\,\times \\ &\times \bar{\lambda}\{\cos\bar{v} + u[a_1(\cos\bar{v} - \bar{v}\sin\bar{v}) + a_2[2\bar{v}\sin\bar{v} + \bar{v}^2\cos\bar{v}]\},\end{aligned} \tag{14a}$$

$$\begin{aligned}\frac{\partial^2\psi}{\partial v^2} &= \bar{\lambda}^m \exp\left[\int \bar{\lambda}\, du\right] 3\bar{\lambda}\{-\sin\bar{v} + \\ &+ u[a_1(-2\sin\bar{v} - \bar{v}\cos\bar{v})] + a_2[4\bar{v}\cos\bar{v} + 2\sin\bar{v} - \bar{v}^2\sin\bar{v}]\}.\end{aligned} \tag{14b}$$

Für die Ableitungen nach u seien nur die Glieder der beiden niedrigsten Ordnungen angeführt, wobei wir uns an Gl. (10c) erinnern

$$\begin{aligned}\frac{\partial\psi}{\partial u} &= \bar{\lambda}^m \exp\left[\int \bar{\lambda}\, du\right] \bar{\lambda}\Big\{\sin\bar{v} + u\Big[a_1\bar{v}\cos\bar{v} + a_2\bar{v}^2\sin\bar{v} - \\ &- \frac{9}{4}\,\frac{m}{\pi(n + \frac{1}{4})}\sin\bar{v} - \frac{9}{4}\,\frac{\bar{v}}{\pi(n + \frac{1}{4})}\cos\bar{v}\Big]\Big\},\end{aligned} \tag{15a}$$

$$\begin{aligned}\frac{\partial^2\psi}{\partial u^2} &= \bar{\lambda}^m \exp\left[\int \bar{\lambda}\, du\right] \bar{\lambda}^2\Big\{\sin\bar{v} + u\Big[a_1\bar{v}\cos\bar{v} + a_2\bar{v}^2\sin v - \\ &- \frac{9}{4}\,\frac{(2m + 1)}{\pi(n + \frac{1}{4})}\sin\bar{v} - \frac{9}{4}\,\frac{1}{\pi(n + \frac{1}{4})}\bar{v}\cos\bar{v}\Big]\Big\}.\end{aligned} \tag{15b}$$

Geht man hiermit in die Differentialgleichung (4) ein, so fällt von vornherein der bei allen Gliedern stehende Faktor $\bar{\lambda}^m \exp\left[\int \bar{\lambda}\, du\right]$ weg. Die Größen der niedrigsten Ordnung in u fallen sofort heraus, ebenso einige Größen der nächsten Ordnung. Übrig bleibt

$$-\frac{9}{4}\,\frac{2m+1}{\pi(n+\frac{1}{4})}\sin\bar{v} - \frac{9}{4}\,\frac{1}{\pi(n+\frac{1}{4})}\,\bar{v}\cos\bar{v} - 2a_1\sin\bar{v} + 4a_2\,\bar{v}\cos\bar{v} + $$
$$+ 2a_2\sin\bar{v} + 3\sin\bar{v}.$$

Dies verschwindet auf Grund von Gl. (12).

Daß die Randbedingung Gl. (6a) erfüllt ist ergibt sich sofort, weil für $v = -c$ die Variable $\bar{v}$ null ist. Für $v = v_s$ ist nach Gl. (6b) und (10a) $\bar{v} = \pi(n + \frac{1}{4})$ und man erhält

$$\sin\bar{v} = \cos\bar{v}.$$

Berücksichtigt man dies und setzt die Gl. (14a) und (15a) in (6b) ein, so heben sich die Glieder der niedrigsten Ordnung in u sofort weg. Die Glieder der nächsten Ordnung verschwinden auf Grund der Gl. (12).

Die Glieder der Ordnungen in Gl. (11) sind nicht voll bestimmt, denn ein Ausdruck

$$u\exp\left[\int \bar{\lambda}\, du\right]\sin\bar{v},$$

würde sowohl in der Differentialgleichung als in der Randbedingung einen Fehler verursachen, der eine Ordnung höher als die bisher betrachtete ist. Deshalb hat es keinen Sinn, im Ergebnis die Glieder der Ordnung u^1 mitzuführen. Man erhält somit als Näherungslösung

$$\psi = \bar{\lambda}^m \exp\left[\int \bar{\lambda}\, du\right]\sin\bar{v}$$

oder unter Weglassung einer Konstanten

$$\psi = \left(c + \frac{\sqrt{27}}{8}u^2\right)^{-\left(\frac{1}{2}+\frac{2}{3}\pi\left(n+\frac{1}{4}\right)\right)} \exp\left[\pi\left(n+\frac{1}{4}\right)\times\right.$$
$$\left.\times\, 3^{-\frac{1}{2}}\int\left(c+\frac{\sqrt{27}}{8}u^2\right)^{-1} du\right]\sin\left[\pi\left(n+\frac{1}{4}\right)\frac{c+v}{c+\frac{\sqrt{27}}{8}u^2}\right]. \tag{16}$$

Besonders wichtig ist hierin die Exponentialfunktion. Je nach dem Vorzeichen von n ist der Exponent positiv oder negativ. Demnach sind Lösungen möglich, die mit u exponentiell anwachsen oder abfallen. Ist $c = 0$, d. h. untersucht man in Abb. 54 die Nachbarschaft des Punktes F, wenn der Keilwinkel gleich dem Maximum des längs der Stoßpolare auftretenden Winkels ist, so erhält man bis auf unwesentliche Konstante die folgenden Partikularlösungen

$$\psi = u^{-1-\frac{4}{3}\pi\left(n+\frac{1}{4}\right)} \exp\left[-\pi\left(n+\frac{1}{4}\right)\frac{8}{9}u^{-1}\right] \sin\left[\pi\left(n+\frac{1}{4}\right)\frac{v}{\frac{\sqrt{27}}{8}u^2}\right]. \tag{16a}$$

Da ψ im Punkte F aus physikalischen Gründen nicht unendlich werden darf, sind nur nicht-negative Werte von n möglich. Die Lösung Gl. (16a) ersetzt dann die Partikularlösungen Gl. VI, 5 (9). Es sei nun c von null verschieden, und wir wollen feststellen, wie sich die Hodographenlösung in Abhängigkeit von c ändert. Da sich die Lösungen nicht explizit angeben lassen, ist nicht zu vermeiden, daß die Schlußweise ziemlich abstrakt bleibt.

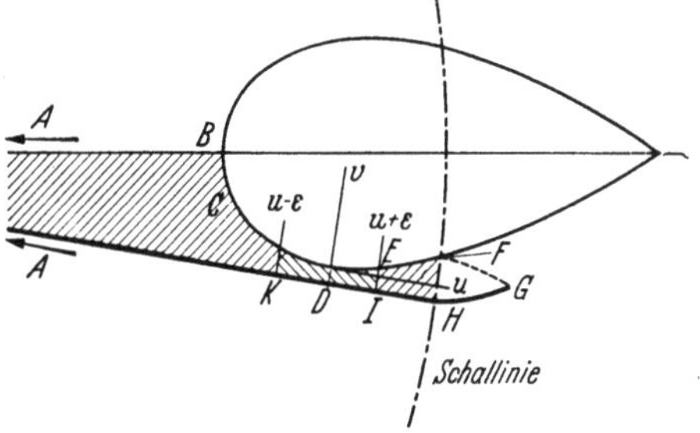

Abb. 56. Untersuchung des Übergangs von einem abgelösten zu einem anliegenden Stoß

Wir wählen in Abb. 56 zwei Stellen $u = -\varepsilon$ und $u = +\varepsilon$, die so nahe an der engsten Stelle liegen, daß zwischen ihnen die Lösung ψ durch Überlagerung der eben berechneten Partikularlösungen ausgedrückt werden kann.

Längs der Linie $u = \varepsilon$ ist die Lösung des Randwertproblems für $c = 0$ sicher von null verschieden. Weiter wird angenommen, daß die Lösung stetig von c abhängt, d. h. daß für kleine Werte von c sich die Lösung längs dieser Linie nur wenig von der Lösung für $c = 0$ unterscheidet. Wir wollen jetzt versuchen, eine Beziehung zwischen der Lösung für $u = \varepsilon$ und der Lösung im Gebiete $ABCK$ herzustellen. Die Lösung in diesem Gebiete ist bestimmt durch die Werte von ψ für $u = \varepsilon$ und durch die bekannten Randbedingungen im Gebiete $ECBAKDI$.

Zu diesem Zwecke verschaffen wir uns (im Prinzip) eine Familie von Partikularlösungen, die die Randbedingungen längs $ECBAKI$ erfüllen und die längs $u = \varepsilon$ die Werte $\sin\left[\pi\left(n+\frac{1}{4}\right)\frac{c+v}{c+\frac{\sqrt{27}}{8}\varepsilon^2}\right]$ für nicht-negative n annehmen; der letzte Ausdruck stimmt bis auf einen Faktor mit den Partikularlösungen Gl. (16) für $u = \varepsilon$ überein. Mit Hilfe dieses Systems läßt sich die Lösung in dem genannten Gebiete dadurch finden, daß man ψ längs $u = \varepsilon$ nach diesen Partikularlösungen entwickelt. Daß dieses System hierzu immer ausreicht, sieht man intuitiv durch Vergleich mit dem System $\sin\left[\pi\left(n+\frac{1}{2}\right)\frac{c+v}{c+\frac{\sqrt{27}}{8}\varepsilon^2}\right]$, für das sich Vollständigkeit mit Hilfe der Theorie der FOURIER-Reihen (oder auch der Eigenwertprobleme) ergibt, und das dem gegenwärtigen Lösungssystem weitgehend ähnelt.

Die gewünschten Partikularlösungen können nun folgendermaßen konstruiert werden: Man geht von einer Lösung $\bar{\psi}_n$ aus, die längs der Linie $u=-\varepsilon$ einen Sprung im Funktionswert und einen Sprung im Differentialquotienten hat. Im Gebiete $KCBAK$ ist $\bar{\psi}_n\equiv 0$, im Gebiete $-\varepsilon<u<\varepsilon$ ist $\bar{\psi}_n$ gegeben durch

$$\bar{\psi}_n=\left[\frac{c+\frac{\sqrt{27}}{8}u^2}{c+\frac{\sqrt{27}}{8}\varepsilon^2}\right]^{-\left(\frac{1}{2}+\frac{2}{3}\pi\left(n+\frac{1}{4}\right)\right)}\exp\left[\pi\left(n+\frac{1}{4}\right)\times\right.$$

$$\left.\times\, 3^{-\frac{1}{2}}\int\limits_{\varepsilon}^{u}\left[c+\frac{\sqrt{27}}{8}u^2\right]^{-1}du\right]\sin\left[\pi\left(n+\frac{1}{4}\right)\frac{c+v}{c+\frac{\sqrt{27}}{8}u^2}\right].$$

Bis auf einen Faktor ist dies eine der Lösungen Gl. (16). Der Sprung von $\bar{\psi}_n$ der längs $u=-\varepsilon$ auftritt, ist also

$$\varDelta\bar{\psi}_n=\exp\left[-\pi\left(n+\frac{1}{4}\right)3^{-1/2}\int\limits_{-\varepsilon}^{\varepsilon}\left[c+\frac{\sqrt{27}}{8}u^2\right]^{-1}du\right]\times$$

$$\times\sin\left[\pi\left(n+\frac{1}{4}\right)\frac{c+v}{c+\frac{\sqrt{27}}{8}\varepsilon^2}\right].$$

Ein ähnlicher Ausdruck ergibt sich für die Ableitung nach η. Diese Sprünge sind von der Größenordnung

$$O\left\{\exp\left[-\pi\left(n+\frac{1}{4}\right)3^{-1/2}\int\limits_{-\varepsilon}^{\varepsilon}\left[c+\frac{\sqrt{27}}{8}u^2\right]^{-1}du\right]\right\}$$

$$=O\left\{\exp\left[-\frac{\pi\left(n+\frac{1}{4}\right)}{\sqrt{c}}\,\frac{2}{3}\sqrt[4]{\frac{4}{3}}\,2\operatorname{arctg}\frac{\sqrt[4]{27}}{\sqrt{8}}\,\varepsilon\right]\right\}.$$

Da $\lim\limits_{c\to 0} 2\operatorname{arctg}\frac{\sqrt[4]{27}}{\sqrt{8c}}\,\varepsilon=\pi$, ergibt sich nach einigen Rechnungen für kleine c als Größenordnung des Sprunges

$$O\left\{\exp\left[-\pi^2\left(n+\frac{1}{4}\right)\frac{2}{3}\sqrt[4]{\frac{4}{3}}\,\frac{1}{\sqrt{c}}\right]\right\}.$$

Zu Ausdruck $\bar{\psi}_n$ wird eine andere Lösung $\bar{\psi}_n'$ überlagert, die die Randbedingungen längs $ECBAKI$ erfüllt, die $\bar{\psi}' = 0$ längs EJ hat, und die längs der Linie $u = -\varepsilon$ die gleichen Sprünge des Funktionswertes und der Ableitung wie die Funktion $\bar{\psi}_n$ nur mit dem entgegengesetzten Vorzeichen besitzt. Die Eindeutigkeit einer solchen Lösung ließe sich mit dem FRANKLschen Beweisverfahren zeigen, die Lösung selbst wäre gegebenenfalls durch eine Überlagerung von Singularitäten längs der Ränder mit Hilfe einer Integralgleichung zu konstruieren. Wichtig ist das Folgende. Die Lösung ist proportional den inhomogenen Größen, die sie bestimmen. Das sind aber die Sprünge von $\bar{\psi}_n$ und $\frac{\partial \bar{\psi}_n}{\partial u}$, die in dem ersten Lösungsanteil auftreten; damit ist dieser zweite Lösungsanteil $O\left\{\exp\left[-\pi^2\left(n+\frac{1}{4}\right)\frac{2}{3}\sqrt[4]{\frac{4}{3}}\frac{1}{\sqrt{c}}\right]\right\}$. In dem Gebiete $u < -\varepsilon$ ist dies aber der einzige Beitrag zu der Lösung, d. h. dort ist dies die Größenordnung einer solchen Partikularlösungen. Nun werde ψ für $c = 0$ längs der Linie $u = \varepsilon$ durch einen Ausdruck

$$\psi = \sum_{n=0}^{\infty} a_n \sin\left[\pi\left(n+\frac{1}{4}\right)\frac{c+v}{c+\frac{\sqrt{27}}{8}\varepsilon^2}\right].$$

dargestellt. Wegen der stetigen Abhängigkeit der Lösung von c ist dies dann auch eine Näherung für kleine c. Dann erscheint die Darstellung in dem Gebiete $ECBAKI$ in der Form

$$\psi = \sum_{n=0}^{\infty} a_n O\left\{\exp\left[-\pi^2\left(n+\frac{1}{4}\right)\frac{2}{3}\sqrt[4]{\frac{4}{3}}\frac{1}{\sqrt{c}}\right]\right\}.$$

Für genügend kleine Werte von c überwiegt das erste Glied, d. h. die Lösung in diesem Gebiete ist dann

$$\psi = a_0 O\left\{\exp\left[-\frac{\pi^2}{6}\sqrt[4]{\frac{4}{3}}\frac{1}{\sqrt{c}}\right]\right\}.$$

Die Abbildung der Strecke AB gibt den Abstand des Stoßes von der Keilschneide. Durch den letzten Ausdruck ist die Größenordnung dieses Abstandes in Abhängigkeit von c bestimmt. Es ist dies eine Funktion die für $c = 0$ zusammen mit all ihren Ableitungen verschwindet. Der Übergang von einem anliegenden zu einem abgelösten Stoß ist hiernach vollkommen stetig.

8. Gabelstöße

Der Vorgang, daß zwei Verdichtungsstöße zusammenlaufen, ist im Überschall aus Konstruktionen mit Hilfe des Charakteristikenverfahrens bekannt. Es gehen dann von der Vereinigungsstelle der beiden Stöße entweder zwei weitere Stöße oder ein Stoß und ein Expansionsfächer aus. Herrscht stromabwärts der vereinigten Stöße eine Unterschallgeschwindigkeit, so lassen sich die Verhältnisse an der Stoßstelle zwar rechnerisch erfassen [WEISE], [EGGINK], die Rolle solcher Stöße im Strömungsfeld ist aber durchaus noch nicht klar. Die Hodographendarstellung gibt hier Aufschluß.

Ein typischer Fall, bei dem ein Unterschallfeld auftreten kann, ergibt sich beim Austritt eines parallelen Überschallstrahles in ein Gebiet höheren Druckes. Der Zustand des ursprünglichen

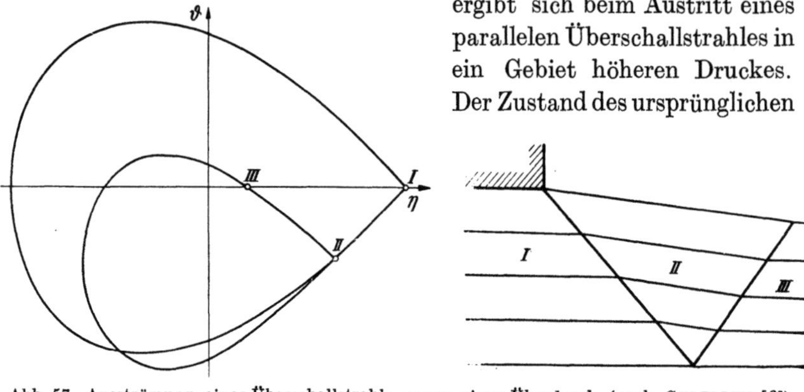

Abb. 57. Ausströmung eines Überschallstrahls gegen einen Überdruck (nach GUDERLEY [2]). Reines Überschallproblem

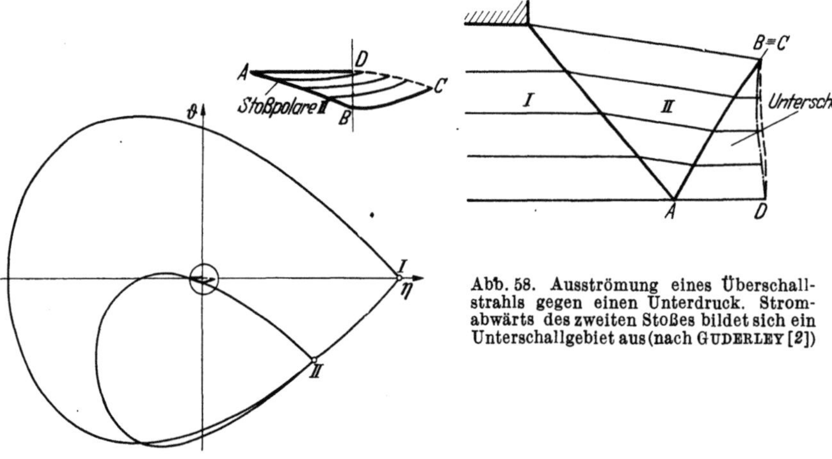

Abb. 58. Ausströmung eines Überschallstrahls gegen einen Unterdruck. Stromabwärts des zweiten Stoßes bildet sich ein Unterschallgebiet aus (nach GUDERLEY [2])

Strahles entspreche dem Punkt I des Hodographen in Abb. 57. Dem Außendruck sei eine Geschwindigkeit zugeordnet, die der Linie η = const durch Punkt II entspricht. Die Stoßpolare durch Punkt I ist der geometrische Ort aller Zustände die von I aus durch einen Stoß erreicht werden können. Da in der oberen Hälfte des Hodographen der Stoß sich offenbar, von der Mündung ausgehend, nach unten fortpflanzt, liegt der nach dem Stoße sich ergebende Zustand in der unteren Hälfte des Hodographen. Dieser Stoß erreicht nun die Mittellinie des Strahles, die aus Symmetriegründen auch als feste Wand betrachtet werden kann. Längs der Wand ergibt sich dann die Bedingung, daß der Geschwindigkeitsvektor horizontal ist. Man wird erwarten, daß die Anpassung an diese Randbedingung durch einen zweiten Stoß erfolgt, der das Gebiet mit dem Zustand *II* nach stromabwärts begrenzt. Der geometrische Ort, der Zustände die von dem Zustand *II* aus erreicht werden können, ist die Stoßpolare durch diesen Punkt. Ist der Außendruck ziemlich niedrig, so besitzt die zweite Stoßpolare einen Schnittpunkt mit der Achse $\vartheta = 0$, der im Überschallgebiet liegt. Dies ist Punkt *III*, er ergibt den Zustand nach dem zweiten Stoß. Dieses einfache Überschallproblem wird den Ausgangspunkt für die künftigen Betrachtungen bilden.

Bei höheren Außendrücken bewegen sich die Punkte *II* und *III* zu immer niedrigeren Geschwindigkeiten. Im Prinzip bleibt die Strömung unverändert bis Punkt *III* die Schallinie überschreitet (Abb. 58). Ist dies der Fall, so ist es unmöglich, daß das gesamte Strömungsfeld stromabwärts des zweiten Stoßes dem Zustande *III* entspricht, denn die einzige Fortsetzung einer solchen Strömung ist die Parallelströmung, und diese erfüllt nicht die Randbedingungen an der Strahlgrenze. Dort muß man in jedem Falle eine Expansion erhalten, die auf den vorgeschriebenen Außendruck, d. h. auf den Wert von η, der dem Punkte *II* entspricht, führt. Eine solche Expansion am Strahlrand ist denkbar, wenn nach dem zweiten Stoß am Strahlrand die Schallgeschwindigkeit herrscht. Daß nach dem zweiten Stoß bereits vor Erreichen des Strahlrandes sich die Schallgeschwindigkeit ergibt, ist unmöglich. Man erhielte dann stromabwärts des zweiten Stoßes eine Schallinie, die natürlich an diesem Stoße beginnt. Die Verdichtungswellen, die von der Schallinie ausgehen, würden an dem Stoße enden und dabei eine Druckerhöhung hervorrufen. Diese Druckerhöhung steht aber im Widerspruch mit der Annahme, daß, wenn man sich längs des Stoßes stromabwärts bewegt, ein Übergang von Unterschall zu Überschall stattfindet.

Die Expansionswellen, die vom Schnittpunkt des Stoßes mit dem Strahlrand ausgehen, laufen in einer Richtung entgegengesetzt dem Stoße. Da sie sich nicht stromaufwärts fortpflanzen, können sie den Stoß nicht direkt beeinflussen. Indirekt wird natürlich der Stoß durch den Expansionsfächer bestimmt, nämlich auf dem Weg über das zwischen dem Stoß und dem Expansionsfächer liegende Unterschallgebiet.

Diese Überlegungen erklären die Hodographenabbildung dieses Teiles des Strömungsfeldes. (Man prüfe den Umlaufsinn entsprechender Flächenelemente im Hodographen und der Strömungsebene.) Hinsichtlich der Gestalt des Stoßes im Punkte A (dem früheren Punkte III) kann man die gleichen Betrachtungen anstellen, wie früher bei einem Verdichtungsstoß, der an einem Keil anliegt. Die Stoßkrümmung im Punkte A ist null, wenn dieser Punkt zwischen dem Croccoschen Punkte und der kritischen Geschwindigkeit liegt, sie ist endlich im Croccoschen Punkte und sie ist unendlich zwischen dem Croccoschen Punkte und dem Punkte des Maximums von ϑ auf der Stoßpolaren II.

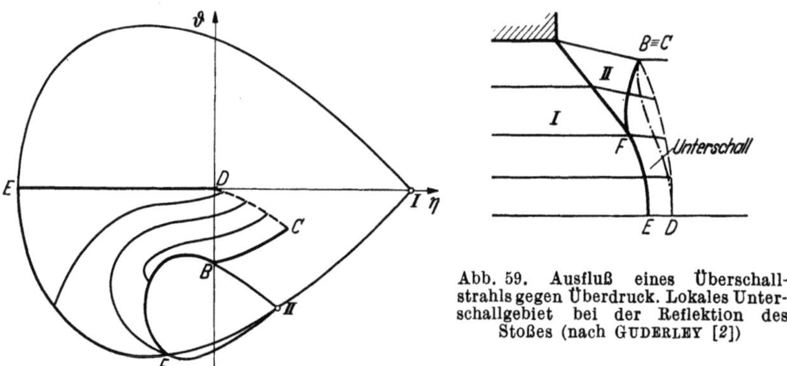

Abb. 59. Ausfluß eines Überschallstrahls gegen Überdruck. Lokales Unterschallgebiet bei der Reflektion des Stoßes (nach Guderley [2])

Wenn ein Schnittpunkt der Stoßpolaren II mit der ϑ-Achse nicht mehr auftritt, dann tritt eine Erscheinung auf, ähnlich der, die wir bei der Ablösung eines Verdichtungsstoßes von einer Keilschneide fanden: es öffnet sich der Zugang zu einem neuen Gebiet des Hodographen (Abb. 59).

Wie sieht das zugehörige Strömungsfeld aus? Es sei zunächst angenommen, daß die beiden Stoßpolaren einen Schnittpunkt im Unterschallgebiet besitzen. Die auf der Achse liegende Stromlinie geht in Abb. 59, von Punkt E aus, d. h. von dem Punkte, der durch einen im Gebiete I liegenden geraden Stoß erreicht wird. Bewegt man sich längs des Stoßes, so werden alle Zustände durchlaufen, die zwischen den Punkten E und F liegen. Von Punkt F aus ist die Begrenzung des Unterschallgebietes die Stoßpolare des Gebietes II. Die durch Punkt F laufende Stromlinie trennt diejenigen Stromlinien, die nur einen im Gebiete I verlaufenden Stoß erlebt haben, von denen die außerdem noch einen Verdichtungsstoß II durchlaufen. Längs dieser Grenze müssen die Geschwindigkeitsrichtungen und die Drücke der beiden angrenzenden Strömungsfelder übereinstimmen. Da in schallnahen Strömungen die Änderungen der Entropie vernachlässigt werden können, bedeutet dies Stetigkeit des Geschwindigkeitsvektors. Punkt F ist in der Hodographenebene der einzige Punkt unmittelbar nach den Stößen, in dem diese Übereinstimmung möglich ist. Bewegt man sich nun auf der Stoßpolaren *II*, so erreicht man schließlich den Strahlrand in Punkt *B*. Dort herrscht die kritische Geschwindigkeit. Es ist bemerkenswert, daß die Berandung des Unterschallgebietes von einem Stück der Stoßpolaren *II* gebildet wird, das teils über, teils unter ihrer Symmetrieachse liegt. Mit Bezug auf die Stromlinien ist der Stoß also teilweise linkslaufend und teilweise rechtslaufend. Dies mag befremdlich erscheinen, wenn man sich an die bei Überschallströmungen geltende Regel erinnert, daß sich eine Störung nie stromaufwärts fortpflanzt. Im vorliegenden Beispiel wäre man geneigt, Punkt *F* als Ausgangspunkt der Störung zu betrachten. Wenn man aber daran denkt, daß stromabwärts des Stoßes eine Unterschallgeschwindigkeit herrscht, so kommt man zu dem Schluß, daß in diesem Zusammenhang der Begriff „Fortpflanzung" von Störungen überhaupt nicht anwendbar ist. Es ist vielmehr so, daß zur Umlenkung der Strömung in der Nähe der Strahlachse ein Unterschalldruckfeld aufgebaut werden muß, das in dem Überschallfeld der Anströmung den Verdichtungsstoß aufrechterhält. Man findet als Ergebnis dieser Betrachtungen, daß ein Teil des Verdichtungsstoßes *II* stromaufwärts läuft, wenn man vom Punkte *A* sich nach dem Strahlrand bewegt. Ob dieses Verhalten experimentell beobachtet wird, ist dem Verfasser unbekannt. Wenn man zum Vergleich mit einem experimentellen Befund ein genaueres Bild für die Nachbarschaft des Punktes *F* erhalten wollte (man könnte z. B. das Verhalten des Krümmungsradien der Stöße bestimmen), so ließe sich eine Methode entwickeln, die der des Abschnittes VI, 5 ähnelt.

9. Ein neuer Typ des Gabelstoßes

Im vorhergehenden Abschnitt war die Annahme gemacht worden, daß der Schnittpunkt der beiden Stoßpolaren im Unterschallgebiet liegt. Liegt die Mach-Zahl des Ausgangsstrahles nahe an 1, so existiert aber überhaupt kein Schnittpunkt. Es gibt aber auch Fälle, wo nur ein Überschallschnittpunkt existiert. Dann ist ein Strömungsfeld, wie es eben beschrieben wurde, nicht möglich. Andererseits wäre es sehr überraschend, wenn das Problem des Austrittes eines Überschallstrahles gegen einen Überdruck keine Lösung besitzen sollte oder wenn die Lösung radikal von dem eben besprochenen Strömungsfeld abwiche.

Um zu verstehen, was in einem Punkte geschehen kann, der dem Punkte *F* der Abb. 60 entspricht, nehmen wir zunächst an, daß sowohl nach dem Stoß *I* als nach dem Stoß *II* die kritische Geschwindigkeit herrscht. Wie sich aus dem Hodographen ergibt, liefen dann die zugehörigen Geschwindigkeitsvektoren auseinander. Im Überschall wüßte man, wie eine solche Unstimmigkeit ausgeglichen würde, in den Gebieten zu beiden Seiten der durch F gehenden Stromlinie würde sich ein Expansionsfächer ausbilden, der die notwendige Änderung

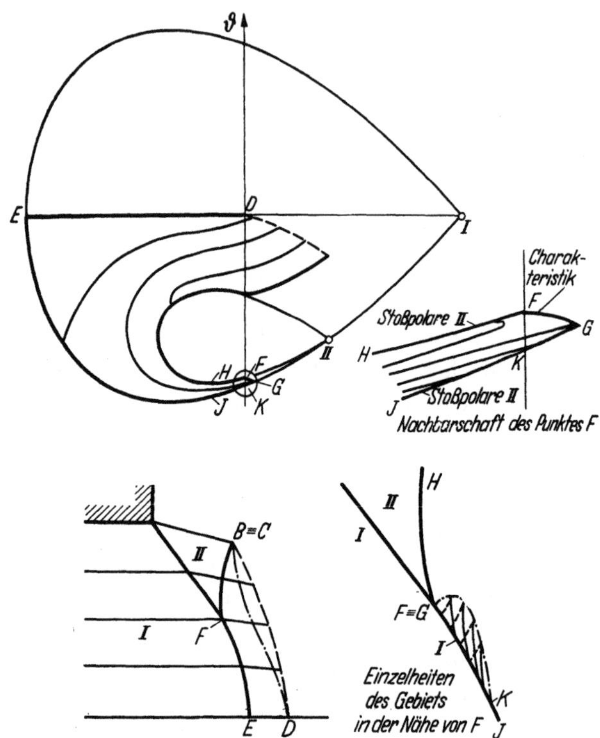

Abb. 60. Ausfluß eines Überschallstrahls gegen Überdruck. Lokales Unterschallgebiet bei der Reflektion des Stoßes (nach GUDERLEY [2])

der Geschwindigkeitsrichtung zuwege bringt und gleichzeitig an der gemeinsamen Grenze der beiden Felder einen übereinstimmenden Druck herstellt. Für das Gebiet nach dem Verdichtungsstoß *II* ist dies nun tatsächlich möglich: denn der Stoß ist so gerichtet, daß er nicht von den Wellen des Expansionsfächers erreicht werden kann. Man hat hier ein Strömungsverhalten ähnlich dem, das in Punkt B der Abb. 58 gefunden wurde. Im Gebiete *I* würde sich der Expansionsfächer mit dem Stoß vereinigen und man erhielte auf diese Weise Überschallgeschwindigkeiten längs der Stoßpolaren. Der Zustand kurz stromabwärts von Punkt F wäre dann durch den Schnittpunkt der Stoßpolaren *I* mit der Charakteristik durch Punkt F gegeben. Diese Charakteristik stellt ja den Expansionsfächer der im Punkt F der

Strömungsebene ansetzt, dar. Die Wellen des Expansionsfächers sind natürlich Verdünnungswellen, an der Schallinie werden sie als Verdichtungswellen reflektiert und enden dann an dem Stoße *I*. Dabei erzeugen sie einen Druckanstieg, der schließlich den Übergang zu einer Unterschallgeschwindigkeit längs der Stoßpolaren *I* vermittelt. Dieses Strömungsfeld bereitet vorstellungsmäßig keine Schwierigkeiten.

Das Gebiet *FGK* entspricht nicht den Vorstellungen, die wir uns im Abschnitt V, 11 über gemischte Randwertprobleme gemacht haben, insofern nämlich, als die Überschallkontur keine Lücke enthält. Die Lücke war bei dem TRICOMIschen Problem notwendig für die Existenz einer Lösung, die gewisse Stetigkeitsbedingungen erfüllt. Man könnte annehmen, daß die Randbedingungen längs der Stoßpolaren, die sich ja wesentlich von denen des TRICOMIschen Problems unterscheiden, einen anderen Charakter des Überschallrandes möglich machen. Eine genauere Untersuchung (GUDERLEY [2]) zeigt jedoch, daß dann im Punkte *K* eine Singularität entsteht, so daß auch hier eine Lösung im TRICOMIschen Sinne nicht möglich ist. Praktisch wird durch diese Singularität die Feinstruktur des Strömungsfeldes wesentlich komplizierter. Im ganzen ist die hier entwickelte Form des Strömungsfeldes richtig.

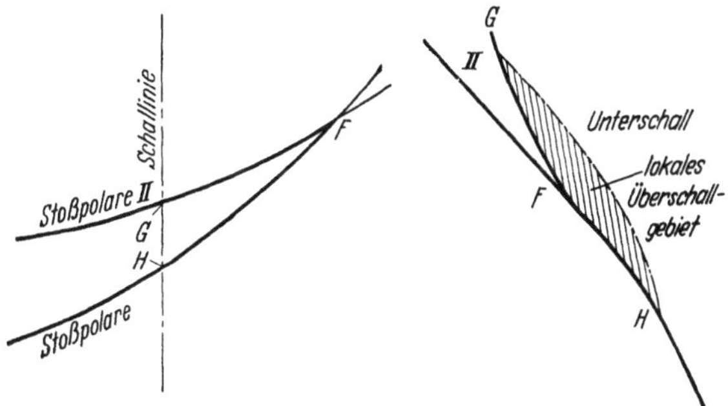

Abb. 61. Hypothetische (aber unmögliche) Gestalt eines Gabelstoßes (nach GUDERLEY [2])

Die eben besprochene Form des Strömungsfeldes entsteht auch, wenn die beiden Stoßpolaren einen Schnittpunkt im Überschallgebiet besitzen. [Bisher hatten wir die Annahme gemacht, daß überhaupt kein Schnittpunkt der beiden Stoßpolaren (außer in Punkt *II*) existiert.] In Abb. 61 ist versuchsweise das Strömungsfeld aufgezeichnet worden unter der Annahme, daß ein Schnittpunkt der Stoßpolaren im Überschall die gleiche Rolle spielen könnte, wie sie der Unterschallschnittpunkt spielte. In diesem Strömungsfeld ergibt sich auf Grund der Hodographendarstellung eine Schallinie, die von einer Stoßpolaren zur anderen führt. Da die von der Schallinie kommenden MACHschen

Wellen Kompressionswellen sind, ist es nicht möglich, daß man längs *FH* einen Übergang von der Schallgeschwindigkeit zu einer Überschallgeschwindigkeit erhält, wie es nach dem Hodographen der Fall sein müßte.

Welchen Typ des Gabelstoßes man erhält, hängt nach diesen Überlegungen davon ab, ob Schnittpunkte der Stoßpolaren im Unterschall liegen. Die Überschallschnittpunkte sind physikalisch uninteressant. In der Literatur findet man eine Klassifikation der Stöße, die nur die Gesamtzahl der Schnittpunkte berücksichtigt. Vom physikalischen Standpunkt aus ist dies unbefriedigend.

10. Die Bedeutung der „zweiten" Lösung für die Überschallströmung um einen Keil

Zur Bestimmung der Überschallströmung um einen Keil, dessen Flankenwinkel nicht allzu groß ist, muß man bekanntlich die Stoßpolare zum Schnitt bringen mit einem Strahl, der durch den Nullpunkt des Hodographen geht und die Richtung der Keilflanke hat. Dabei ergeben sich aber zwei Schnittpunkte, die Stößen verschiedener Stärke entsprechen. Experimentell wird immer nur der schwächere Stoß beobachtet. Daß die zweite Lösung physikalisch möglich ist, zeigen aber alle Strömungen mit abgelösten Verdichtungsstößen, denn dort treten längs des Stoßes alle Zustände auf, die längs der Stoßpolaren vorkommen. Man kann sich die Frage stellen, durch welche Versuchsanordnung man den stärkeren Stoß an einem Keil doch verwirklichen könnte. Busemann sprach die Vermutung aus, daß es eines Hindernisses stromabwärts des Keiles bedarf, um stromabwärts des Stoßes einen höheren Druck aufrechtzuerhalten. So liegt der Versuch nahe, ein Beispiel einer Strömung herzustellen, das dieses Verhalten illustrieren könnte und das eine einfache Abbildung des Strömungsfeldes in den Hodographen gestattet.

Dazu betrachten wir einen Keil, dessen Schneidenwinkel den maximalen Ablenkungswinkel auf der Stoßpolaren überschreitet, so daß sich für ihn ein abgelöster Stoß herausbilden müßte. Am Vorderteil dieses Keiles ist nun ein zweiter Keil angebracht, mit einer schärferen Schneide, der einen anliegenden Stoß erlaubt. Es soll möglich sein, das Verhältnis der Längen der beiden Keilflanken zu variieren. Ist der stumpfe Keil sehr groß, so erhält man einen abgelösten Stoß, der weit vor dem spitzen Keil liegt; ist der stumpfe Keil sehr klein, so erhält man sicher einen an der Schneide des spitzen Keiles anliegenden Stoß. Durch die Größe des stumpfen Keiles läßt sich also seine Stauwirkung beliebig variieren. Abb. 62 zeigt das Strömungsfeld, wenn der Stoß abgelöst ist. Auf der Symmetrielinie ergibt sich ein gerader Stoß für die Stoßpolare I der Anströmung. Von dort aus geht die Nullstromlinie nach dem Staupunkt an der Spitze des schlankeren Keiles E_2. Zwischen E_2 und E_1 hat die Geschwindigkeit die Richtung der Keilflanke des schlankeren Keiles. Die Punkte E_1 und E_2

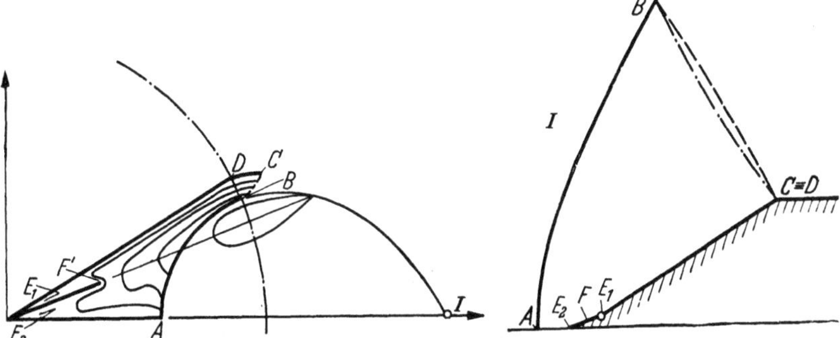

Abb. 62. Doppelkeil in Überschall. Stoß stromaufwärts des vorderen Keiles (nach GUDERLEY [2])

sind Staupunkte, dazwischen erreicht die Geschwindigkeit ein Maximum; somit bildet sich die vordere Keilflanke in die Strecke E_2FE_1 ab. Wo Punkt F im Hodographen liegt, ist nicht von vornherein bestimmt, es hängt dies von dem Verhältnis der Längen E_2E_1 und E_1C in der Strömungsebene ab. Ist E_1C sehr groß, so liegt der gesamte vordere Keil praktisch im Staupunktgebiet, d. h. die Länge E_1F im Hodo-

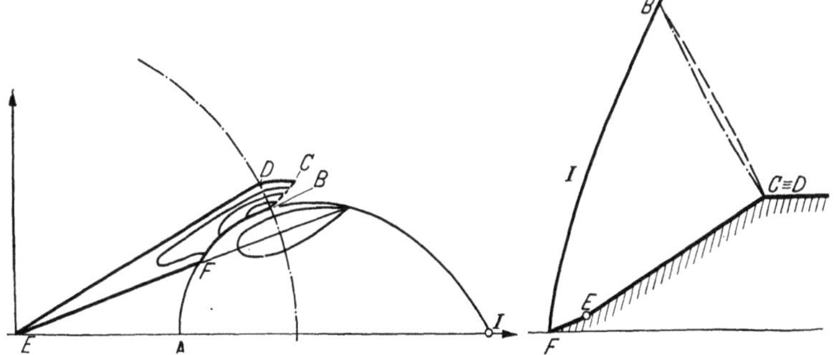

Abb. 63. Überschallströmung um einen Doppelkeil. Stoß liegt an dem vorderen Keil an und zeigt dort die stärkere der an einem Keil möglichen Lösungen (nach GUDERLEY [2])

graphen ist klein. Hiernach ist E_1F der Parameter des Hodographen, der das Seitenverhältnis der Keilflanken bestimmt[1]. Läßt man die

[1] Gelegentlich kann man es bei der Hodographenformulierung übersehen, daß ein solcher Parameter vorhanden ist. Man verliert damit die Möglichkeit, in der Strömungsebene alle physikalisch gegebenen Bedingungen zu erfüllen. Dies ist besonders dann irreführend, wenn man nicht das gesamte Strömungsfeld, sondern nur einige technisch interessierende Daten berechnet.

Flanke des zweiten Keiles kürzer und kürzer werden, so erreicht schließlich Punkt F die Stoßpolare I (Abb. 63). Das Gebiet AFE ist dann abgeschlossen; es können keine Stromlinien mehr aus ihm hervorgehen. Die Nullstromlinie geht von Punkt F aus und hat dann sofort die Richtung der vorderen Keilschneide. An der Schneide des vorderen Keiles ergibt sich dann tatsächlich der stärkere der beiden dort möglichen Verdichtungsstöße.

Wie ändert sich nun das Strömungsfeld, wenn man die zweite Keilflanke weiterhin verkürzt? Eine Änderung muß vor sich gehen,

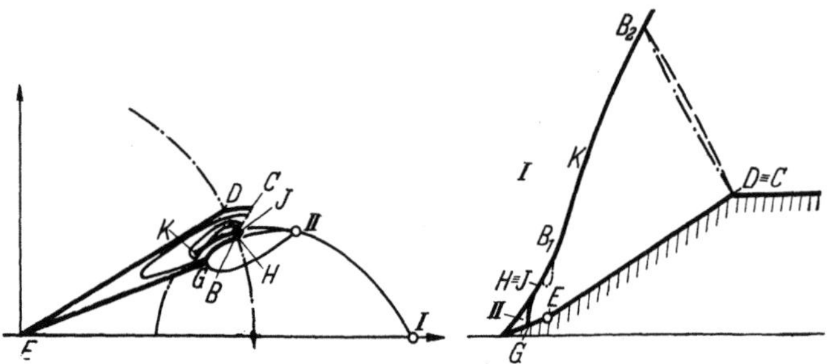

Abb. 64. Doppelkeil in Überschallströmung. Der nach Unterschall führende Stoß beginnt an der Flanke des vorderen Keiles (nach GUDERLEY [2])

denn die Hodographendarstellung bestimmt das Strömungsfeld und die darin auftretenden Abmessungen eindeutig. Wenn man die Dimensionen des stumpferen Keiles festhält, dann können die bisherigen Lösungen so gedeutet werden, daß stromaufwärts des stumpferen Keiles ein abgelöster Stoß auftritt. Der schlankere Keil schiebt sich gleichsam aus dem stumpferen Keil heraus. Dabei ändert er natürlich des Strömungsfeld etwas ab. Zunächst bewegt er sich im Staugebiet und nähert sich dann mehr und mehr dem abgelösten Stoß. Das letztbetrachtete Bild zeigt die Strömung, wenn der schlankere Keil den Verdichtungsstoß gerade erreicht. Wird nun die Bewegung des schlankeren Keiles fortgesetzt, so ist anzunehmen, daß er den abgelösten Stoß durchdringt (Abb. 64). Dann geht von der Schneide des Keiles ein Verdichtungsstoß in der schwächeren Form aus. Der Zustand nach diesem Verdichtungsstoß wird als II bezeichnet. Außerhalb des Gebietes, das stromabwärts des Verdichtungsstoßes II liegt, findet man noch immer den ursprünglichen, im Gebiet I verlaufenden Verdichtungsstoß. Dieser Stoß setzt sich dann in das Gebiet II hinein fort und erreicht so die Flanke des schlankeren Keiles. Diese Fortsetzung bildet sich in ein Stück der Stoßpolaren II ab. Punkt H ist der Vereinigungspunkt der Stöße. H kann ein Gabelpunkt der ersten und der zweiten Art sein. Der Übergang von Abb. 63 zu diesem Strömungsfeld geschieht dadurch, daß sich im Hodographen bei Punkt K eine Lücke öffnet. Der Stoß im Gebiete I wird dann durch die beiden Ufer der Stoßpolaren $I B_1 K$ und $K B_2$ dargestellt. Die Lage des Punktes K bestimmt jetzt das Verhältnis der Längen der beiden Keilflanken. Somit erhält man eine weitere Serie von Bildern, bei denen sich der Verdichtungsstoß, der den Übergang von Überschall nach Unterschall bewirkt, sich weiter und weiter stromabwärts bewegt. Hinsichtlich weiterer Modifikationen, die dabei auftreten, sei auf die Arbeit von GUDERLEY [*2*] verwiesen.

Wenn man auf die hier erwähnten Beispiele zurückblickt, so fällt auf — und weitere Diskussionen ähnlicher Art bestätigen es —, daß sich in allen Fällen eine kontinuierliche Folge von Strömungsfeldern finden läßt, die den Übergang zwischen zwei gänzlich verschiedenen Anfangs- und Endströmungsfelder vermitteln. So wird man dazu geführt, auch im schallnahen Gebiet sprungweise Änderungen des Strömungsverhaltens als unwahrscheinlich zu betrachten.

Natürlich sind viel der hier behandelten Fragen nur von akademischem Interesse. Trotzdem ist es auch für den praktisch eingestellten Ingenieur beruhigend, wenn ungeklärte Fragen, z. B. die Bedeutung des CROCCOschen Punktes, sich bereinigen lassen. Er weiß dann, wie er solch Phänomen physikalisch zu beurteilen hat.

Es sei noch auf eine Möglichkeit hingewiesen, die bei dem letzten Beispiel benutzt wurde. Manchmal gelingt, eventuell durch geringe Änderungen der ursprünglichen Fragestellung, ein Problem so zu formulieren, daß die Diskussion mit Hilfe des Hodographen und damit ein tieferes Verständnis für gewisse Eigenschaften des Strömungsfeldes möglich wird.

Es seien noch einige Probleme angeführt, die eine ähnliche Behandlung erlauben.

1. Der Keil in einem geschlossenen Kanal bei Überschallanströmung (GUDERLEY [*2*]). Ist der Keil groß, so läßt sich keine Lösung finden, da die ankommende Strömung zwischen Keil und Kanalwand nicht abfließen kann. Läßt man den Keil kleiner und kleiner werden, so ergibt sich zunächst ein abgelöster Verdichtungsstoß, der von Kanalwand zu Kanalwand reicht. Verringert man weiterhin die Abmessungen des Keiles, so legt sich der Verdichtungsstoß am Keil an und es ergibt sich eine Reihe von Erscheinungen, die denen des vorletzten Beispiels ähneln.

2. Der BUSEMANNsche Doppeldecker in Überschallanströmung mit keilförmigen Profilen bei wechselndem Abstand der beiden Tragflächen (GUDERLEY [*1*] S. 370). Das Problem entspricht einer Versuchsanordnung von FERRI. Liegen die beiden Tragflächen nahe aneinander, so ergibt

sich ein gemeinsamer abgelöster Stoß, bei größerer Entfernung der Profile erhält man an der Vorderkante anliegende Stöße. Die Strömungsfelder können für die Beurteilung der FERRIschen Versuche nützlich sein. Allerdings werden die Ergebnisse teilweise durch Grenzschichteffekte geändert. Die theoretische Behandlung zeigt übrigens, daß selbst ohne Berücksichtigung der Entropieänderungen oder der Reibung eine Instabilität der Strömung auftreten kann.

VII. Partikularlösungen der Tricomischen Gleichung

Um tiefer in die Eigenschaften schallnaher Strömungen einzudringen, muß man die Randwertaufgaben des Hodographen numerisch lösen oder zumindest die Lösungsmethoden im einzelnen diskutieren. Eine wesentliche Hilfe hierbei bilden gewisse Familien von Partikularlösungen, die in diesem Kapitel besprochen werden sollen.

1. Tschapliginsche Partikularlösungen

In Abschn. V, 7 war die TRICOMIsche Gleichung hergeleitet worden

$$\psi_{\eta\eta} - \eta\,\psi_{\vartheta\vartheta} = 0. \tag{1}$$

Dort wurden auch Ausdrücke behandelt, die den TSCHAPLIGINschen Partikularlösungen der vollständigen Hodographengleichung entsprechen. Solche Lösungen treten meistens auf, wenn man längs einer Linie $\vartheta = \Theta_0 = \text{const}$ eine Randbedingung $\psi = 0$ oder gelegentlich auch $\psi_0 = 0$ zu erfüllen hat. Dementsprechend machen wir für ψ den folgenden Ansatz

$$\psi = g(\eta, m)\sin\left(m\,\pi\frac{\vartheta}{\Theta_0}\right) \tag{2a}$$

oder

$$\psi = g(\eta, m)\cos\left(m\,\pi\frac{\vartheta}{\Theta_0}\right), \tag{2b}$$

hierbei ist m eine beliebige Konstante (meistens ganzzahlig oder halbganzzahlig). Man erhält dann die gewöhnliche Differentialgleichung

$$g'' + \eta\frac{m^2\pi^2}{\Theta_0^2}g = 0. \tag{2c}$$

Als Lösung findet man (siehe etwa [JAHNKE-EMDE]) im Überschallgebiet

$$g(\eta, m) = \sqrt{\eta}\left[c_1 I_{1/3}\left(\frac{2}{3}\frac{m\pi}{\Theta_0}\eta^{3/2}\right) + c_2 I_{-1/3}\left(\frac{2}{3}\frac{m\pi}{\Theta_0}\eta^{3/2}\right)\right], \tag{3a}$$

im Unterschallgebiet

$$g(\eta, m) = \sqrt{|\eta|}\left[-c_1 e^{\frac{-i\pi}{6}} I_{1/3}\left(e^{\frac{i\pi}{2}} \frac{2}{3} \frac{m\pi}{\Theta_0} |\eta|^{\frac{3}{2}}\right) + \right.$$
$$\left. + c_2 e^{\frac{i\pi}{6}} I_{-1/3}\left(e^{\frac{i\pi}{2}} \frac{2}{3} \frac{m\pi}{\Theta_0} |\eta|^{\frac{3}{2}}\right)\right]. \tag{3b}$$

$I_{1/3}$ bzw. $I_{-1/3}$ sind Besselsche Funktionen der Ordnung 1/3 bzw. $-1/3$ (Tabellen dafür sind im Literaturverzeichnis unter Computation Laboratory aufgeführt), c_1 und c_2 sind beliebige reelle Konstante. Man überzeugt sich, daß diese Darstellungen für $\eta = 0$ glatt ineinander übergehen.

Von besonderer Wichtigkeit ist die folgende Wahl von c_1 und c_2, weil dann für $\eta \to -\infty$ der Ausdruck g nach null geht (siehe etwa [Gl. VII, 7 (6) und VII, 7 (9)]) im Unterschallgebiet

$$g(\eta, m) = \sqrt{|\eta|}\left[-e^{\frac{-i\pi}{6}} I_{1/3}\left(e^{\frac{i\pi}{2}} \frac{2}{3} \frac{m\pi}{\Theta_0} |\eta|^{\frac{3}{2}}\right) + \right.$$
$$\left. + e^{\frac{i\pi}{6}} I_{-1/3}\left(e^{\frac{i\pi}{2}} \frac{2}{3} \frac{m\pi}{\Theta_0} |\eta|^{\frac{3}{2}}\right)\right]$$

oder

$$g(\eta, m) = \frac{\sqrt{3}}{2} \sqrt{|\eta|}\left[e^{\frac{2}{3}\pi i} H^{(1)}_{1/3}\left(e^{\frac{\pi i}{2}} \frac{2}{3} \frac{m\pi}{\Theta_0} |\eta|^{\frac{3}{2}}\right)\right] \quad \text{für } \eta < 0. \tag{4a}$$

Dann hat man im Überschallgebiet

$$g(\eta, m) = \sqrt{\eta}\left[I_{-1/3}\left(\frac{2}{3} \frac{m\pi}{\Theta_0} \eta^{3/2}\right) + I_{-1/3}\left(\frac{2}{3} \frac{m\pi}{\Theta_0} \eta^{3/2}\right)\right]. \tag{4b}$$

Diese Ausdrücke erscheinen als Näherungsdarstellungen derjenigen exakten Tschapliginschen Lösungen, deren Reihenentwicklung mit einer positiven Potenz von w beginnt (s. Abschn. V, 6).

Unter Benutzung der Reihenentwicklungen für die Besselschen Funktionen, erhält man als Darstellungen der Lösungen Gl. (3) bei der Schallgeschwindigkeit ($\eta = 0$)

$$g = c_1 \left(\frac{m\pi}{3\Theta_0}\right)^{1/3} \frac{1}{\Gamma(\frac{4}{3})} \eta + c_2 \left(\frac{m\pi}{3\Theta_0}\right)^{-1/3} \frac{1}{\Gamma(\frac{2}{3})}. \tag{5}$$

Mit Hilfe der Gl. VII, 7 (6) und der asymptotischen Darstellung der Hankelschen Funktionen Gl. VII, 7 (9) erhält man die folgenden

Näherungsausdrücke für die in Gl. (3) definierte Funktionen g; sie sind für große Werte von $m\,\eta^{3/2}$ gültig.

$$g \sim \eta^{-\frac{1}{4}} \frac{1}{\pi} \sqrt{\frac{3\Theta_0}{m}} \left[c_1 \cos\left(\frac{2}{3} \frac{m\pi}{\Theta_0} \eta^{\frac{3}{2}} - \frac{5}{12}\pi\right) + \right. \\ \left. + c_2 \cos\left(\frac{2}{3} \frac{m\pi}{\Theta_0} \eta^{\frac{3}{2}} - \frac{1}{12}\pi\right)\right] \qquad \text{für} \quad \eta > 0, \tag{6a}$$

$$g \sim |\eta|^{-\frac{1}{4}} \frac{1}{\pi} \sqrt{\frac{3\Theta_0}{m}} \left[\frac{c_2 - c_1}{2} e^{\frac{3}{2} \frac{m\pi}{\Theta} |\eta|^{3/2}}\right] \qquad \text{für} \quad c_1 \neq c_2 \quad \eta < 0, \tag{6b}$$

$$g \sim \sqrt{3}\, |\eta|^{-\frac{1}{4}} \frac{1}{4} \sqrt{\frac{3\Theta_0}{m}} e^{-\frac{2}{3} \frac{m\pi}{\Theta} |\eta|^{3/2}} \qquad c_1 = c_2 = 1 \quad \eta < 0. \tag{6c}$$

Sind die Randbedingungen $\psi = 0$ für $\vartheta = 0$ und $\vartheta = \Theta_0$ vorgeschrieben, so muß man m ganzzahlig wählen. Dann läßt sich mit Hilfe einer Methode, die wir in Abschn. VII, 10 wieder antreffen werden, zeigen, daß in einem Gebiet $\eta_1 < \eta < \eta_2$, in dem überall die Tricomische Differentialgleichung und diese Randbedingungen erfüllt sind, die Lösung ψ immer als Überlagerung dieser Partikularlösungen dargestellt werden kann

$$\psi = \sum_m \sqrt{\eta} \left[c_{1m} I_{1/3}\left(\frac{2}{3} \frac{m\pi}{\Theta_0} \eta^{3/2}\right) + c_{2m} I_{-1/3}\left(\frac{2}{3} \frac{m\pi}{\Theta_0} \eta^{3/2}\right)\right] \times \\ \times \sin \frac{m\pi}{\Theta_0} \vartheta \quad \text{für} \quad \eta > 0, \tag{7}$$

ein entsprechender Ausdruck gilt für $\eta < 0$. Hierin sind die c_{1m} und c_{2m} geeignete Konstante.

Konvergiert eine Lösung dieser Form und ihre Ableitung nach η bei der Schallgeschwindigkeit, so ergibt Gl. (5), daß die Reihen

$$\sum c_{1m} m^{-1/3} \sin \frac{m\pi}{\Theta_0} \vartheta \quad \text{und} \quad \sum c_{2m} m^{1/3} \sin \frac{m\pi}{\Theta_0} \vartheta \tag{8}$$

konvergieren. Setzt man nun für das Überschallgebiet die asymptotische Darstellung Gl. (6a) ein, so ergeben sich als für die Konvergenz maßgebend die folgenden Ausdrücke

$$\sum_m c_{1m} m^{-1/2} \sin \frac{m\pi}{\Theta_0} \vartheta \quad \text{und} \quad \sum_m c_{2m} m^{-1/2} \frac{m\pi}{\Theta_0} \vartheta .$$

Konvergieren die Ausdrücke Gl. (8), so konvergiert Gl. (7) sicher im Überschallgebiet. Dies ist wichtig, wenn Randbedingungen im Überschallgebiet vorgeschrieben sind. Diese können dann durch direkte Rechnung erfüllt werden (siehe Abschn. VIII, 4). Aus der Konvergenz der Ableitung ψ_η längs der Schallinie läßt sich kein entsprechender Schluß für die Ausdrücke ψ_η im Überschallgebiet ziehen.

Wird die Lösung längs der Schallinie durch eine konvergente Reihe, in der Ausdrücke der Gl. (4) auftreten, dargestellt, so konvergiert sie sicher im ganzen Unterschallgebiet. Das ergibt sich aus Gl. (6c).

2. Eine andere Klasse von Partikularlösungen

Zu einer weiteren Klasse von Partikularlösungen wird man durch die folgende Überlegung geführt. Wegen der Form der TRICOMIschen Gleichung erhält man eine neue Lösung, wenn man in einer bekannten Lösung η durch $\eta\,\tau^{-1}$ und ϑ durch $\vartheta\,\tau^{-3/2}$ ersetzt. Dies ist ein Ausdruck des Ähnlichkeitsgesetzes. Führt man nun eine neue Variable durch die Gleichung ein

$$\zeta = \frac{9}{4}\,\frac{\vartheta^2}{\eta^3}, \tag{1}$$

wobei der Faktor 9/4 gegenwärtig unwichtig ist, so bleibt diese Variable bei der eben angegebenen Verzerrung ungeändert. Nun fällt der Faktor τ aus der TRICOMIschen Gleichung heraus. Deshalb muß, wenn man auf die unabhängigen Variablen ζ und η transformiert, η in jedem Gliede mit der gleichen Potenz auftreten, wobei Differentiationen nach η mitzuzählen sind. Das legt den folgenden Ansatz für eine Partikularlösung nahe (GUDERLEY [3])

$$\psi = |\eta|^n f(\zeta, n). \tag{2}$$

Nach den obigen Überlegungen muß sich η aus der Differentialgleichung herausheben, und man erhält eine gewöhnliche Differentialgleichung für $f(\zeta, n)$[1].

Um den Ausdruck Gl. (2) in die TRICOMIsche Gleichung einzusetzen, bildet man

$$\frac{\partial\zeta}{\partial\eta} = \frac{-3\zeta}{\eta}; \quad \frac{\partial\zeta}{\partial\vartheta} = \frac{9}{2}\,\frac{\vartheta}{\eta^3} = 3|\eta|^{-3/2}|\zeta|^{1/2}\operatorname{sgn}(\eta\,\vartheta),$$

$$\varphi_\eta = |\eta|^{n-1}(n f - 3\zeta f')\operatorname{sgn}\eta,$$

$$\varphi_{\eta\eta} = |\eta|^{n-2}[(n-1)n f - (6n-12)\zeta f' + 9\zeta^2 f''],$$

$$\varphi_\vartheta = |\eta|^{n-(3/2)}\,3|\zeta|^{1/2} f' \operatorname{sgn}(\eta\,\vartheta),$$

$$\varphi_{\vartheta\vartheta} = |\eta|^{n-3}(\tfrac{9}{2} f' + 9\zeta f'')\operatorname{sgn}\eta,$$

[1] Anstatt von der TRICOMIschen Gleichung auszugehen, kann man die exakte Hodographengleichung auf die Variablen η und ζ transformieren, entweder mit Hilfe von Gl. V, 7 (3) oder mit Hilfe von Gl. V, 7 (5) — die zweite Form ist vorzuziehen —, und sich auf die niedrigsten Potenzen in η beschränken. Dieses Verfahren zeigt, daß der Ansatz Gl. (2) das lokale Verhalten exakter Hodographenlösungen an der Schallinie beschreibt, was ohnehin zu vermuten ist.

und erhält so die folgende gewöhnliche Differentialgleichung

$$f''\zeta(\zeta-1)+f'\left[\left(\frac{4}{3}-\frac{2}{3}n\right)\zeta-\frac{1}{2}\right]+\frac{(n-1)\,n}{9}f=0. \tag{3}$$

Es ist eine lineare homogene Differentialgleichung der zweiten Ordnung, die die Punkte 0, 1 und unendlich als Stellen der Bestimmtheit besitzt, d. h. es ist eine hypergeometrische Differentialgleichung[1]. Eine hypergeometrische Differentialgleichung und damit die Gesamtheit ihrer Lösungen ist bestimmt durch die Lage der singulären Punkte und die Exponenten, die in diesen Punkten auftreten. Hieraus beruht die Charakterisierung der Lösungsgesamtheit mit Hilfe der RIEMANNschen P-Funktion. Sie ist nichts anderes als eine Zusammenstellung der singulären Punkte (in der ersten Zeile) und der zugehörigen Exponenten in der zweiten und dritten Zeile sowie der unabhängigen Variablen. Man muß also, um die P-Funktion zu finden, die Exponenten der singulären Punkte bestimmen (siehe etwa WHITTAKER-WATSON Kapitel 10.3). Man erhält

$$f=P\left\{\begin{matrix}\infty & 0 & 1 & \\ -\frac{n}{3} & 0 & 0 & \zeta \\ -\frac{(n-1)}{3} & \frac{1}{2} & \frac{4n+1}{6} & \end{matrix}\right\}. \tag{4}$$

Die Linien $\zeta=\text{const}$ stellen in der η, ϑ-Ebene semikubische Parabeln dar. Für $\zeta=0$ ergibt sich $\vartheta=0$, für $\zeta=\infty$ erhält man $\eta=0$, diese Linie fällt also mit der Schallinie zusammen. Für $\zeta=1$ findet man $\vartheta=\pm\frac{2}{3}\eta^{3/2}$, d. h. es ergeben sich die beiden durch den Ursprung gehenden Charakteristiken [siehe Gl. I, 6 (8)]. Im Überschallgebiet ist η positiv, im Unterschallgebiet ist es negativ. Für Punkte, die symmetrisch zur η-Achse liegen, findet man den gleichen Wert von ζ.

Daß f in den Punkten $\zeta=0$ und $\zeta=\infty$ singulär ist, besagt nicht, daß die Lösung ψ längs dieser Linien der Ebene singulär sein müßte, im Gegenteil wäre dies sehr überraschend. Über das Verhalten von ψ in der Nähe dieser Linien kann man sich Aufschluß geben, wenn man in Gl. (2) das erste Glied der Reihenentwicklung für f einsetzt, das ja bis auf einen Faktor durch den jeweils benutzten Exponenten der hypergeometrischen Differentialgleichung gegeben ist. Es ergibt sich dann

für $\zeta=0$

Exponent 0 $\qquad\psi=\eta^{n}+\cdots,$

Exponent $\frac{1}{2}$ $\qquad\psi=\vartheta\,\eta^{n-3/2}+\cdots,$

[1] Hinsichtlich der Begriffe und Sätze aus der Theorie der hypergeometrischen Differentialgleichung sei auf die Literatur verwiesen.

für $\zeta = \infty$

Exponent $-\frac{n}{3}$ $\qquad \psi = \eta^n \left(\frac{1}{\zeta}\right)^{-n/3} + \cdots = \left(\frac{3}{2}\,\vartheta\right)^{2n/3} + \cdots,$

Exponent $-\frac{(n-1)}{3}$ $\qquad \psi = \eta \left(\frac{3}{2}\,\vartheta\right)^{\frac{2(n-1)}{3}} + \cdots.$

Diese Ausdrücke sind offenbar frei von Singularitäten in allen Punkten der betrachteten Linien mit Ausnahme des Nullpunktes. Längs $\zeta = 1$ gilt dies nur für eine der linear unabhängigen Lösungen, während in der anderen im allgemeinen eine gebrochene Potenz von $\zeta - 1$ auftritt. Auch dies ist verständlich. Bekanntlich können sich längs einer Charakteristik Singularitäten fortpflanzen. Falls dies nun gerade für eine durch den Nullpunkt gehende Charakteristik der Fall ist, wird diese Erscheinung durch die betreffende singuläre Partikularlösung dargestellt. Der Charakter der Singularität ist durch den Exponenten n gegeben. Eine genauere Diskussion findet sich in Abschn. X, 2.

Man mag an der Form des Ansatzes Gl. (2) aussetzen, daß durch die Wahl der unabhängigen Variablen ζ Singularitäten in die Differentialgleichung für f eingeführt worden sind, die der Lösung ψ fremd sind. Dem steht gegenüber, daß diese Wahl der unabhängigen Variablen zu einem bekannten Typ für die Differentialgleichung, die sich bei der Separation der Variablen ergibt, führt. Es wird sogar die Diskussion der Lösungen durch die Tatsache erleichtert, daß die physikalisch ausgezeichneten Linien $\vartheta = 0$, und $\eta = 0$ auch in der Differentialgleichung für f eine ausgezeichnete Stellung einnehmen.

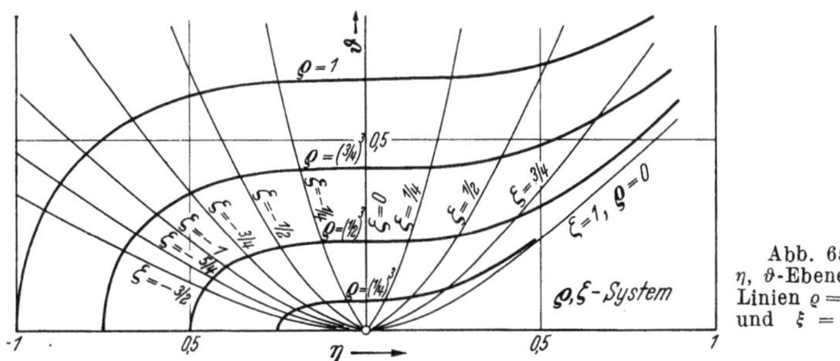

Abb. 65. η, ϑ-Ebene mit Linien $\varrho = \text{const}$ und $\xi = \text{const}$

3. Eine andere Form des Ansatzes

Für künftige Diskussionen ist die folgende Wahl der unabhängigen Variablen von besonderer Wichtigkeit

$$\varrho = -\eta^3 + \tfrac{9}{4}\,\vartheta^2 = \eta^3(\zeta - 1), \tag{1}$$

$$\xi = \frac{\eta}{\left(\frac{3}{2}\,\vartheta\right)^{2/3}} = \zeta^{-1/3}. \tag{2}$$

Abb. 65 zeigt die η, ϑ-Ebene mit Linien $\xi = \text{const}$ und $\varrho = \text{const}$[1]. Für ψ wird dann der Ansatz gemacht

$$\psi = \varrho^{-(1/12)+\mu}\, G(\xi, \mu). \tag{3}$$

Indem man in Gl. (3) ϱ durch $\eta^3(\zeta - 1)$ ersetzt, erkennt man die enge Verwandtschaft mit Gl. VII, 2 (2). Durch Vergleich der beiden Ausdrücke erhält man

$$-\tfrac{1}{4} + 3\mu = n, \tag{4a}$$

$$G(\xi, \mu) = (\xi^{-3} - 1)^{(1/12)-\mu} f(\xi^{-3}, -\tfrac{1}{4} + 3\mu). \tag{4b}$$

Die Wahl von μ an Stelle von n wird uns später Schreibarbeit sparen. Die Variable ξ beseitigt die an der Schallinie auftretende Singularität. Die Singularität an der Achse $\vartheta = 0$ besteht noch, ist aber kaum störend, da man die Lösung in ihren symmetrischen und antisymmetrischen Teil (in bezug auf diese Achse) spalten kann und dann den Durchgang durch $\vartheta = 0$ nicht zu untersuchen braucht.

Anstatt direkt die Differentialgleichung für G zu berechnen, transformieren wir zunächst die Tricomische Differentialgleichung auf die Variablen ϱ und ξ. Man erhält

$$\frac{(1-\xi^3)^2}{\xi}\,\psi_{\xi\xi} - \frac{5}{2}\,\xi(1-\xi^3)\,\psi_\xi = 9\varrho^2\,\psi_{\varrho\varrho} + \frac{21}{2}\,\varrho\,\psi_\varrho. \tag{5}$$

Häufig ist die folgende Form vorzuziehen

$$\frac{(1-\xi^3)^{7/6}}{\xi}\left\{\frac{\partial}{\partial\xi}\left[(1-\xi^3)^{5/6}\,\psi_\xi\right]\right\} = 9\varrho^{5/6}\,\frac{\partial}{\partial\varrho}\left[\varrho^{7/6}\,\psi_\varrho\right]. \tag{5a}$$

Setzt man den Ausdruck Gl. (3) in diese Differentialgleichung ein, so ergibt sich die folgende gewöhnliche Differentialgleichung für G, die wiederum in zwei Formen geschrieben werden mag

$$\frac{d^2G}{d\xi^2} - \frac{5}{2}\,\frac{\xi^2}{(1-\xi^3)}\,\frac{dG}{d\xi} + \frac{9\xi}{(1-\xi^3)^2}\left(\frac{1}{144} - \mu^2\right) G = 0, \tag{6a}$$

$$\frac{d}{d\xi}\left[(1-\xi^3)^{5/6}\,\frac{dG}{d\xi}\right] + \frac{9\xi}{(1-\xi^3)^{7/6}}\left(\frac{1}{144} - \mu^2\right) G = 0. \tag{6b}$$

Die Bedeutung des Ansatzes Gl. (3) liegt darin, daß in dieser Differentialgleichung der Parameter μ nur in Verbindung mit dem Gliede G (nicht in den Koeffizienten der Ableitung G') auftritt. Man erhält so die Differentialgleichung eines Eigenwertproblems, die uns gestattet, Aussagen über die Vollständigkeit von Lösungssystemen, die aus Partikularlösungen Gl. (3) bestehen, zu machen. Dies ist vor allem

[1] ϱ als Bezeichnung für die Dichte wird von nun an nicht mehr verwendet.

wichtig bei der Diskussion von Strömungen in der Nähe der MACH-Zahl 1. Die Einführung der Variablen ϱ hat den Nachteil, daß die Linien $\varrho = 0$ und $\xi = 1$ zusammenfallen. Um die Lösung in der Nähe der Charakteristik $\xi = 1$ zu diskutieren geht man am besten auf die Variable η zurück.

Die Koordinaten in der Strömungsebene für diese Partikularlösungen bestimmen sich aus den Gl. V, 7 (8) und V, 7 (9), wobei ϱ^* und w^* gleich 1 gesetzt werden können. Man findet dann sofort

$$y = \psi = \varrho^{-(1/12)+\mu} G(\xi, \mu). \tag{7}$$

Weiterhin überzeugt man sich, daß x sich in der Form

$$x = \varrho^{(1/12)+\mu} K(\xi, \mu) \tag{8}$$

schreiben lassen muß. Um die Funktion $K(\xi, x)$ zu bestimmen, setzen wir Gl. (3) und (8) in die Beziehungen Gl. V, 7 (8) ein:

$$\begin{aligned}
x_\eta &= \varrho^{(1/12)+\mu}\left[\frac{\frac{1}{12}+\mu}{\varrho}(-3\eta^2)K + \frac{\xi}{\eta}K'\right] \\
&= (\varkappa+1)^{1/3}\varrho^{-(1/12)+\mu}\eta\left[\frac{-\frac{1}{12}+\mu}{\varrho}\,\frac{9}{2}\vartheta G - \frac{2}{3}\,\frac{\xi G'}{\vartheta}\right], \\
x_\vartheta &= \varrho^{(1/12)+\mu}\left[\frac{\frac{1}{12}+\mu}{\varrho}\,\frac{9}{2}\vartheta K - \frac{2}{3}\,\frac{\xi}{\vartheta}K'\right] \\
&= (\varkappa+1)^{-1/3}\varrho^{(1/12)+\mu}\left[\frac{-\frac{1}{12}+\mu}{\varrho}(-3\eta^2)G + \frac{\xi}{\eta}G'\right].
\end{aligned}$$

Drückt man hier η und ϑ durch ϱ und ξ aus, so ergibt sich

$$\begin{aligned}
&\left(\frac{1}{12}+\mu\right)\frac{-3\xi^3}{1-\xi^3}K + \xi K' \\
&\qquad = (\varkappa+1)^{1/3}\frac{\xi^2}{(1-\xi^3)^{1/6}}\left[\frac{3\left(-\frac{1}{12}+\mu\right)G}{1-\xi^3} - \xi G'\right], \\
&\left(\frac{1}{12}+\mu\right)\frac{3}{1-\xi^3}K - \xi K' \\
&\qquad = (\varkappa+1)^{1/3}\frac{1}{\xi(1-\xi^3)^{1/6}}\left[\frac{-3\left(-\frac{1}{12}+\mu\right)\xi^3 G}{1-\xi^3} + \xi G'\right].
\end{aligned}$$

Hieraus

$$\left(\frac{1}{12} + \mu\right) 3K = (\varkappa + 1)^{1/3} (1 - \xi^3)^{5/6} G'.$$

Somit ergibt sich schließlich

$$x = \frac{(\varkappa + 1)^{1/3}}{3} \frac{(1 - \xi^3)^{5/6}}{\frac{1}{12} + \mu} \frac{dG}{d\xi} (\xi, \mu) \varrho^{(1/12) + \mu}. \tag{9}$$

4. Die Lösungen *G*

Natürlich lassen sich die Lösungen G, weil man sie durch f ausdrücken kann, mit Hilfe von hypergeometrischen Reihen darstellen. Man findet sofort aus Gl. VII, 2 (4) und VII, 3 (4), daß die Gesamtheit der Lösungen G gegeben ist durch

$$G = (1 - \xi^{-3})^{(1/12) - \mu} P \begin{Bmatrix} \infty & 0 & 1 & \\ -\mu + \frac{1}{12} & 0 & 0 & \xi^{-3} \\ -\mu + \frac{5}{12} & \frac{1}{2} & 2\mu & \end{Bmatrix}. \tag{1}$$

Um die Lösungen G explizit anzugeben, benutzen wir die folgenden Relationen, die allgemein für die hypergeometrische Differentialgleichung gelten.

1.

$$P\begin{pmatrix} a & b & c & \\ \alpha & \beta & \gamma & z \\ \alpha' & \beta' & \gamma' & \end{pmatrix} = P\begin{pmatrix} a_1 & b_1 & c_1 & \\ \alpha & \beta & \gamma & z_1 \\ \alpha' & \beta' & \gamma' & \end{pmatrix}, \tag{2}$$

hierin werden z_1, a_1, b_1 und c_1 durch die gleiche lineare gebrochene Transformation aus z, a, b und c gewonnen. Die Gleichung besagt, daß die singulären Punkte a, b und c an beliebig vorgegebene Stellen a_1, b_1 und c_1 transformiert werden können und daß dabei die Exponenten erhalten bleiben.

2.

$$\begin{aligned} \left(\frac{z-a}{z-b}\right)^k \cdot \left(\frac{z-c}{z-b}\right)^l P\begin{pmatrix} a & b & c & \\ \alpha & \beta & \gamma & z \\ \alpha' & \beta' & \gamma' & \end{pmatrix} \\ = P\begin{pmatrix} a & b & c & \\ \alpha + k & \beta - k - l & \gamma + l & z \\ \alpha' + k & \beta' - k - l & \gamma' + l & \end{pmatrix}. \end{aligned} \tag{3}$$

Diese Formel wird verständlich, wenn man bedenkt, daß die Multiplikation mit dem vor der ersten P-Funktion stehenden Faktor eine neue Lösungsmannigfaltigkeit erzeugt, die ebenfalls einer Differentialgleichung der zweiten Ordnung mit den singulären Stellen a, b und c genügt, wobei aber die Exponenten sich gemäß dem Faktor

$$\left(\frac{z-a}{z-b}\right)^k \left(\frac{z-c}{z-b}\right)^l$$

ändern.

3. Eine Lösung der durch

$$w = P\begin{pmatrix} \infty & 0 & 1 & \\ a & 0 & 0 & z \\ b & 1-c & c-a-b & \end{pmatrix} \tag{4a}$$

gegebenen Lösungsmannigfaltigkeit wird durch die hypergeometrische Reihe

$$w = F(a, b, c, z)$$

dargestellt, wobei

$$\begin{aligned} F(a, b, c, z) = 1 &+ \frac{a\,b}{c\,1!} z + \frac{a(a+1)\,b(b+1)}{c(c+1)\,2!} z^2 + \\ &+ \frac{a(a+1)(a+2)\,b(b+1)(b+2)}{c(c+1)(c+2)\,3!} z^3 + \cdots. \end{aligned} \tag{4b}$$

Dies könnte gezeigt werden, indem man die zu dem Ausdruck gehörende Differentialgleichung konstruiert und in sie die Reihenentwicklung einsetzt. Der Mindestkonvergenzradius der hypergeometrischen Reihe ist immer 1.

4. Die Reihenentwicklungen an den verschiedenen singulären Stellen sind durch die sogenannten Übergangssubstitutionen miteinander verknüpft.

$$\begin{aligned} F(a, b, c, z) &= \frac{\Gamma(c)\,\Gamma(c-a-b)}{\Gamma(c-a)\,\Gamma(c-b)} F\big(a, b, (1+a+b-c), 1-z\big) + \\ &+ \frac{\Gamma(c)\,\Gamma(a+b-c)}{\Gamma(a)\,\Gamma(b)} (1-z)^{c-a-b} F\big(c-a, c-b, (1+c-a-b), 1-z\big) \end{aligned} \tag{5a}$$

und

$$\begin{aligned} &\frac{\Gamma(a)\,\Gamma(b)}{\Gamma(c)} F(a, b, c, z) \\ &= \frac{\Gamma(a)\,\Gamma(b-a)}{\Gamma(c-a)} (-z)^{-a} F\big(a, (1+a-c), (1+a-b), z^{-1}\big) + \\ &+ \frac{\Gamma(b)\,\Gamma(a-b)}{\Gamma(c-b)} (-z)^{-b} F\big(b, (1+b-c), (1+b-a), z^{-1}\big). \end{aligned} \tag{5b}$$

Der Gedankengang der zu diesen Beziehungen führt, läßt sich nicht in kurzen Worten beschreiben.

Man wird die Formeln Gl. (2) und (3) dazu benutzen, um eine P-Funktion der Form Gl. (4a) herzustellen und kann dann die Lösung mit Hilfe von Gl. (4b) in der Form einer Reihe angeben. Mit Hilfe der Formeln Gl. (5) wird dann der Übergang zu anderen Reihendarstellungen bewirkt.

Die zwei linear unabhängigen Lösungen, die zur vollständigen Darstellung der G notwendig sind, sollen so gewählt werden, daß die zugehörigen Lösungen ψ mit Bezug auf die Linie $\vartheta = 0$ entweder symmetrisch oder antisymmetrisch sind. Dem Symbol G wird dann ein oberer Index s oder a beigefügt. Da man damit rechnen muß, daß sich G wegen des Auftretens einer Singularität bei $\xi = 1$ nicht analytisch über diesen Punkt hinaus fortsetzen läßt, werden zwei getrennte Lösungszüge einer für das Gebiet $1 \leqq \xi < \infty$ und ein zweiter für $-\infty < \xi \leqq 1$ angegeben.

Gl. (1) hat eine Form, die es unmittelbar gestattet, eine hypergeometrische Reihe anzugeben. Die Symmetrie des folgenden Ausdruckes in bezug auf die Achse $\vartheta = 0$ ergibt sich daraus, daß die darin auftretende Variable $-\xi^3$ sich als $\frac{9}{4}\,\frac{\vartheta^2}{\eta^3}$ schreiben läßt.

$$G^{(s)} = (1 - \xi^{-3})^{(1/12) - \mu} F\left(-\mu + \frac{1}{12}, -\mu + \frac{5}{12}, \frac{1}{2}, \xi^{-3}\right). \tag{6}$$

Der Konvergenzradius dieses Ausdruckes ist 1, d. h. die Lösung konvergiert in dem Gebiet $1 < \xi < \infty$. Mit Hilfe von Gl. (5a) gewinnt man die folgende Darstellung für die Nachbarschaft von $\xi = 1$

$$\begin{aligned} G^{(s)} = {} & (1 - \xi^{-3})^{(1/12) - \mu} \frac{\Gamma\left(\frac{1}{2}\right)\Gamma(2\mu)}{\Gamma\left(\frac{5}{12} + \mu\right)\Gamma\left(\frac{1}{12} + \mu\right)} \times \\ & \times F\left(-\mu + \frac{1}{12}, -\mu + \frac{5}{12}, 1 - 2\mu, (1 - \xi^{-3})\right) + (1 - \xi^{-3})^{(1/12) + \mu} \times \\ & \times \frac{\Gamma\left(\frac{1}{2}\right)\Gamma(-2\mu)}{\Gamma\left(\frac{5}{12} - \mu\right)\Gamma\left(\frac{1}{12} - \mu\right)} F\left(\mu + \frac{1}{12}, \mu + \frac{5}{12}, 1 + 2\mu, (1 - \xi^{-3})\right). \end{aligned} \tag{7}$$

Wenn man hier μ durch $-\mu$ ersetzt, vertauschen sich die erste und die zweite Zeile.

Um die Lösung $G^{(a)}$ aus Gl. (1) zu erhalten, muß man erst einen Faktor von ihr abspalten, der Antisymmetrie hervorruft. Hierzu ist sowohl $(\xi^{-3})^{1/2}$ als $\left(\frac{\xi^{-3}}{1 - \xi^{-3}}\right)^{1/2}$ geeignet; im ersten Falle bleiben die

Exponenten im Punkte $\xi^{-3} = 1$, im zweiten Falle im Punkte $\xi^{-3} = \infty$ erhalten. Nur die erste Möglichkeit sei hier ausgeführt.

$$G^{(a)} = (1 - \xi^{-3})^{(1/12) - \mu} \xi^{-3/2} P \begin{pmatrix} \infty & 0 & 1 & \\ -\mu + \frac{7}{12} & 0 & 0 & \xi^{-3} \\ -\mu + \frac{11}{12} & -\frac{1}{2} & 2\mu & \end{pmatrix}.$$

Hieraus

$$G^{(a)} = (1 - \xi^{-3})^{(1/12) - \mu} \xi^{-3/2} F\left(-\mu + \frac{7}{12}, -\mu + \frac{11}{12}, \frac{3}{2}, \xi^{-3}\right). \quad (8)$$

Mit Hilfe von Gl. (5a) findet man

$$G^{(a)} = (1 - \xi^{-3})^{(1/12) - \mu} \xi^{-3/2} \frac{\Gamma\left(\frac{3}{2}\right) \Gamma(2\mu)}{\Gamma\left(\frac{11}{12} + \mu\right) \Gamma\left(\frac{7}{12} + \mu\right)} \times \quad (9)$$

$$F\left(-\mu + \frac{7}{12}, -\mu + \frac{11}{12}, -2\mu + 1, (1 - \xi^{-3})\right) + (1 - \xi^{-3})^{(1/12) + \mu} \xi^{-3/2} \times$$

$$\times \frac{\Gamma\left(\frac{3}{2}\right) \Gamma(-2\mu)}{\Gamma\left(\frac{11}{12} - \mu\right) \Gamma\left(\frac{7}{12} - \mu\right)} F\left(\mu + \frac{7}{12}, \mu + \frac{11}{12}, 2\mu + 1, (1 - \xi^{-3})\right).$$

Die in den Ausdrücken Gl. (9) und (7) auftretenden Partikularlösungen

$$(1 - \xi^{-3})^{(1/12) - \mu} F\left(-\mu + \frac{1}{12}, -\mu + \frac{5}{12}, 1 - 2\mu, (1 - \xi^{-3})\right)$$

und

$$(1 - \xi^{-3})^{(1/12) - \mu} F\left(\mu + \frac{7}{12}, \mu + \frac{11}{12}, 2\mu + 1, (1 - \xi^{-3})\right)$$

sind äußerlich verschieden. Da es aber nur zwei linear unabhängige Lösungen gibt, und diese bereits durch den Anfangsexponenten ihre Entwicklung bestimmt sind, und da die beiden aufgeführten Lösungen darin übereinstimmen, müssen sie die gleiche Funktion darstellen. Das kann mit Hilfe von Gl. (3) und (4) gezeigt werden.

Weiter wird ein Ausdruck für $G^{(s)}$ gebraucht, der für die negative ϑ-Achse ($\xi \to -\infty$) gilt. Im Prinzip wäre auch dafür der Ausdruck Gl. (1) geeignet, er würde von $\xi^3 = -\infty$ bis $\xi^3 = -1$ konvergieren. Ein besseres Konvergenzverhalten erhält man dadurch, daß man zuerst eine lineare Transformation der unabhängigen Variablen macht, die Punkt 0 ungeändert läßt und die Punkte 1 und ∞ miteinander vertauscht. Dazu schreiben wir Gl. (1) in der Form

$$G = P\begin{pmatrix} \infty & 0 & 1 & \\ 0 & 0 & \frac{1}{12}-\mu & \xi^{-3} \\ \frac{1}{3} & \frac{1}{2} & \frac{1}{12}+\mu & \end{pmatrix}$$

und führen als neue Variable ein

$$\frac{-\xi^{-3}}{1-\xi^{-3}} = (1-\xi^3)^{-1}.$$

Man erhält dann

$$G = P\begin{pmatrix} \infty & 0 & 1 & \\ \frac{1}{12}-\mu & 0 & 0 & (1-\xi^3)^{-1} \\ \frac{1}{12}+\mu & \frac{1}{2} & \frac{1}{3} & \end{pmatrix}.$$

Hieraus ergibt sich sofort mit Hilfe von Gl. (4)

$$G^{(s)} = F\left(-\mu+\frac{1}{12},\ \mu+\frac{1}{12},\ \frac{1}{2},\ (1-\xi^3)^{-1}\right). \tag{10}$$

Für $\xi = 0$ nimmt das Argument den Wert 1 an. Mit Hilfe von Gl. (5a) ergibt sich dann

$$G^{(s)} = \frac{\Gamma\left(\frac{1}{2}\right)\Gamma\left(\frac{1}{3}\right)}{\Gamma\left(\mu+\frac{5}{12}\right)\Gamma\left(-\mu+\frac{5}{12}\right)} F\left(-\mu+\frac{1}{12},\ \mu+\frac{1}{12},\ \frac{2}{3},\ \frac{\xi^3}{\xi^3-1}\right) +$$
$$+ \frac{\Gamma\left(\frac{1}{2}\right)\Gamma\left(-\frac{1}{3}\right)}{\Gamma\left(\mu+\frac{1}{12}\right)\Gamma\left(-\mu+\frac{1}{12}\right)} \frac{\xi}{(\xi^3-1)^{1/3}} F\left(\mu+\frac{5}{12},\ -\mu+\frac{5}{12},\ \frac{4}{3},\ \frac{\xi^3}{\xi^3-1}\right). \tag{11}$$

Diese Formel ist auch noch für positive Werte von ξ anwendbar, jedoch nur bis $\frac{\xi^3}{\xi^3-1} = -1$ oder $\xi = 2^{-1/3}$. Deshalb wird die folgende Umformung gemacht. Der Ausdruck

$$F\left(\frac{1}{12}-\mu,\ \frac{1}{12}+\mu,\ \frac{2}{3},\ \frac{\xi^3}{\xi^3-1}\right)$$

ist in der Lösungsmannigfaltigkeit

$$G = P\begin{pmatrix} \infty & 0 & 1 & \\ \frac{1}{12}-\mu & 0 & 0 & \frac{\xi^3}{\xi^3-1} \\ \frac{1}{12}+\mu & \frac{1}{3} & \frac{1}{2} & \end{pmatrix}$$

enthalten. Mit Hilfe von Gl. (2) ergibt sich hieraus

$$G = P\begin{pmatrix} \infty & 0 & 1 & \\ 0 & 0 & \frac{1}{12}-\mu & \xi^3 \\ \frac{1}{2} & \frac{1}{3} & \frac{1}{12}+\mu & \end{pmatrix}$$

$$= (1-\xi^3)^{(1/12)-\mu} P\begin{pmatrix} \infty & 0 & 1 & \\ \frac{1}{12}-\mu & 0 & 0 & \xi^3 \\ \frac{7}{12}-\mu & \frac{1}{3} & 2\mu & \end{pmatrix}$$

und man erhält die Beziehung

$$\begin{aligned} &F\left(-\mu+\frac{1}{12}, \mu+\frac{1}{12}, \frac{2}{3}, \frac{\xi^3}{\xi^3-1}\right) \\ &\quad = (1-\xi^3)^{(1/12)-\mu} F\left(\frac{1}{12}-\mu, \frac{7}{12}-\mu, \frac{4}{3}, \xi^3\right). \end{aligned} \tag{12}$$

Für den zweiten Teil von Gl. (11) macht man ähnliche Umformungen und erhält

$$\begin{aligned} &\frac{\xi}{(\xi^3-1)^{1/3}} F\left(\mu+\frac{5}{12}, -\mu+\frac{5}{12}, \frac{4}{3}, \frac{\xi^3}{\xi^3-1}\right) \\ &\quad = -\xi(1-\xi^3)^{(1/12)-\mu} F\left(\frac{5}{12}-\mu, \frac{11}{12}-\mu, \frac{4}{3}, \xi^3\right). \end{aligned} \tag{13}$$

Mit den Beziehungen Gl. (12) und (13) erhält man so als neue Darstellung für $G^{(s)}$

$$\begin{aligned} G^{(s)} = &\frac{\Gamma\left(\frac{1}{2}\right)\Gamma\left(\frac{1}{3}\right)}{\Gamma\left(\mu+\frac{5}{12}\right)\Gamma\left(-\mu+\frac{5}{12}\right)} \times \\ &\times (1-\xi^3)^{(1/12)-\mu} F\left(-\mu+\frac{1}{12}, -\mu+\frac{7}{12}, \frac{2}{3}, \xi^3\right) - \\ &- \frac{\Gamma\left(\frac{1}{2}\right)\Gamma\left(-\frac{1}{3}\right)}{\Gamma\left(\mu+\frac{1}{12}\right)\Gamma\left(-\mu+\frac{1}{12}\right)} \times \\ &\times \xi(1-\xi^3)^{(1/12)-\mu} F\left(-\mu+\frac{5}{12}, -\mu+\frac{11}{12}, \frac{4}{3}\xi^3\right). \end{aligned} \tag{14}$$

Um hieraus Reihenentwicklungen zu erhalten, die in der Nähe von $\xi = 1$ gültig sind, muß man wiederum die Übergangssubstitution Gl. (5a) anwenden. Die hypergeometrischen Reihen, die sich aus dem ersten und zweiten Teil der letzten Gleichung ergeben, erscheinen zwar in verschiedener Form, müssen aber paarweise gleiche Lösungen darstellen, aus Gründen, die bereits oben in einem ähnlichen Falle angeführt wurden. Als Beitrag der vom ersten Glied der letzten Gleichung herrührt, erhält man in der Nähe von $\xi = 1$

$$\frac{\Gamma\left(\frac{1}{2}\right)\Gamma\left(\frac{1}{3}\right)}{\Gamma\left(\mu+\frac{5}{12}\right)\Gamma\left(-\mu+\frac{5}{12}\right)}\left\{\frac{\Gamma\left(\frac{2}{3}\right)\Gamma(2\mu)}{\Gamma\left(\mu+\frac{7}{12}\right)\Gamma\left(\mu+\frac{1}{12}\right)}\times\right.$$
$$\times(1-\xi^3)^{(1/12)-\mu}F\left(-\mu+\frac{1}{12},-\mu+\frac{7}{12},1-2\mu,1-\xi^3\right)+$$
$$+\frac{\Gamma\left(\frac{2}{3}\right)\Gamma(-2\mu)}{\Gamma\left(-\mu+\frac{7}{12}\right)\Gamma\left(-\mu+\frac{1}{12}\right)}\times$$
$$\left.\times(1-\xi^3)^{(1/12)+\mu}F\left(\mu+\frac{1}{12},\mu+\frac{7}{12},1+2\mu,1-\xi^3\right)\right\}.$$

Als entsprechender Beitrag vom zweiten Gliede von Gl. (14) ergibt sich

$$\frac{-\Gamma\left(\frac{1}{2}\right)\Gamma\left(-\frac{1}{3}\right)}{\Gamma\left(\mu+\frac{1}{12}\right)\Gamma\left(-\mu+\frac{1}{12}\right)}\left\{\frac{\Gamma\left(\frac{4}{3}\right)\Gamma(2\mu)}{\Gamma\left(\mu+\frac{11}{12}\right)\Gamma\left(\mu+\frac{5}{12}\right)}\times\right.$$
$$\times(1-\xi^3)^{(1/12)-\mu}F\left(-\mu+\frac{1}{12},-\mu+\frac{7}{12},1-2\mu,1-\xi^3\right)+$$
$$+\frac{\Gamma\left(\frac{4}{3}\right)\Gamma(-2\mu)}{\Gamma\left(-\mu+\frac{11}{12}\right)\Gamma\left(-\mu+\frac{1}{12}\right)}\times$$
$$\left.\times(1-\xi^3)^{(1/12)+\mu}F\left(\mu+\frac{1}{12},\mu+\frac{7}{12},1+2\mu,1-\xi^3\right)\right\}.$$

Die ersten und die zweiten Glieder der beiden letzten Ausdrücke können zusammengefaßt werden. Einige Beziehungen für die Γ-Funktion, die jetzt oder später gebraucht werden, seien hier erwähnt.

$$z\Gamma(z) = \Gamma(z+1), \tag{15a}$$

$$\Gamma(z)\Gamma(1-z) = \frac{\pi}{\sin\pi z}, \tag{15b}$$

$$\Gamma(2z) = \pi^{-1/2}\,2^{2z-1}\,\Gamma(z)\,\Gamma(z+\tfrac{1}{2});\quad \Gamma(\tfrac{1}{2}) = \pi^{1/2}, \tag{15c}$$

$$\Gamma(z) \sim e^{-z}z^z\sqrt{\frac{2\pi}{z}} \quad \text{für} \quad |z|\gg 1,\quad |\arg z| < \pi. \tag{15d}$$

Schließlich berechnet sich hieraus

$$\frac{\Gamma(z+\alpha)}{\Gamma(z)} \sim z^\alpha \quad \text{für} \quad |z|\gg 1,\quad |\arg z| < \pi. \tag{15e}$$

Für einen Augenblick werde die Summe der Koeffizienten der ersten hypergeometrischen Funktion in den letzten Ausdrücken mit A bezeichnet. Man findet

$$A = \frac{\Gamma\left(\frac{1}{2}\right)\Gamma\left(\frac{1}{3}\right)}{\Gamma\left(\mu+\frac{5}{12}\right)\Gamma\left(-\mu+\frac{5}{12}\right)}\,\frac{\Gamma\left(\frac{2}{3}\right)\Gamma(2\mu)}{\Gamma\left(\mu+\frac{7}{12}\right)\Gamma\left(\mu+\frac{1}{12}\right)} -$$

$$-\frac{\Gamma\left(\frac{1}{2}\right)\Gamma\left(-\frac{1}{3}\right)}{\Gamma\left(\mu+\frac{1}{12}\right)\Gamma\left(-\mu+\frac{1}{12}\right)}\,\frac{\Gamma\left(\frac{4}{3}\right)\Gamma(2\mu)}{\Gamma\left(\mu+\frac{11}{12}\right)\Gamma\left(\mu+\frac{5}{12}\right)}$$

$$= \frac{\Gamma\left(\frac{1}{2}\right)\Gamma(2\mu)}{\Gamma\left(\mu+\frac{5}{12}\right)\Gamma\left(\mu+\frac{7}{12}\right)} \times$$

$$\times\left\{\frac{\Gamma\left(\frac{1}{3}\right)\Gamma\left(\frac{2}{3}\right)}{\Gamma\left(-\mu+\frac{5}{12}\right)\Gamma\left(\mu+\frac{7}{12}\right)} - \frac{\Gamma\left(-\frac{1}{3}\right)\Gamma\left(\frac{4}{3}\right)}{\Gamma\left(-\mu+\frac{1}{12}\right)\Gamma\left(\mu+\frac{11}{12}\right)}\right\}.$$

Hieraus mit Gl. (15)

$$A = \frac{\Gamma\left(\frac{1}{2}\right)\Gamma(2\mu)}{\Gamma\left(\mu+\frac{5}{12}\right)\Gamma\left(\mu+\frac{7}{12}\right)} \times$$

$$\times\left\{\frac{\pi\sin\left[\pi\left(\mu+\frac{7}{12}\right)\right]}{\pi\sin\frac{\pi}{3}} - \frac{\pi\sin\pi\left(\mu+\frac{11}{12}\right)}{\pi\sin\left(-\frac{\pi}{3}\right)}\right\}.$$

Nun schreibt sich die Klammer als

$$\frac{1}{\sin\frac{\pi}{3}}\left\{\sin\left[\pi\left(\mu+\frac{3}{4}-\frac{1}{6}\right)\right]+\sin\left[\pi\left(\mu+\frac{3}{4}+\frac{1}{6}\right)\right] = 2\sin\left[\pi\left(\mu+\frac{3}{4}\right)\right]\right\}.$$

Somit

$$A = \frac{2\Gamma\left(\frac{1}{2}\right)\Gamma(2\mu)}{\Gamma\left(\mu+\frac{5}{12}\right)\Gamma\left(\mu+\frac{1}{12}\right)}\sin\left[\pi\left(\mu+\frac{3}{4}\right)\right].$$

Für das andere Glied braucht man nur μ durch $-\mu$ zu ersetzen. So ergibt sich schließlich

$$G^{(s)} = 2\Gamma\left(\frac{1}{2}\right)\left\{\frac{\Gamma(2\mu)\sin\left[\pi\left(\mu+\frac{3}{4}\right)\right]}{\Gamma\left(\mu+\frac{5}{12}\right)\Gamma\left(\mu+\frac{1}{12}\right)}\times\right.$$
$$\times(1-\xi^3)^{(1/12)-\mu}F\left(\frac{1}{12}-\mu,\frac{7}{12}-\mu,1-2\mu,1-\xi^3\right)+$$
$$+\frac{\Gamma(-2\mu)\sin\left[\pi\left(-\mu+\frac{3}{4}\right)\right]}{\Gamma\left(-\mu+\frac{5}{12}\right)\Gamma\left(-\mu+\frac{1}{12}\right)}\times \tag{16}$$
$$\left.\times(1-\xi^3)^{(1/12)+\mu}F\left(\frac{1}{12}+\mu,\frac{7}{12}+\mu,1+2\mu,1-\xi^3\right)\right\}.$$

Die Formeln (10), (11), (14) und (16) gibt die Darstellung von $G^{(s)}(\xi,\mu)$ für $-\infty<\xi\leqq 1$. Ob man die hier aufgeführten Formeln zur numerischen Berechnung der Funktionen G benutzen wird, hängt von den vorhandenen Rechenhilfsmitteln ab. Für programmgesteuerte Rechenmaschinen ist es praktischer, die numerische Integration der Differentialgleichung für G direkt auszuführen und die hier gewonnenen Formeln nur zur Bestimmung von Anfangswerten und für Kontrollzwecke zu benutzen. Für unsere Diskussionen liegt der Wert der hier abgeleiteten Formeln darin, daß sie das Verhalten der Funktion G an den Stellen $\xi=-\infty$, $\xi=0$ und $\xi=1$, die besondere physikalische Bedeutung haben, in allgemeiner Weise ausdrücken.

Die entsprechenden Formeln für die $G^{(a)}$ sind

$$G^{(a)}(\xi,\mu)=(1-\xi^3)^{-1/2}F\left(-\mu+\frac{7}{12},\mu+\frac{7}{12},\frac{3}{2},(1-\xi^3)^{-1}\right), \tag{17a}$$

$$G^{(a)}(\xi,\mu)=\frac{\Gamma\left(\frac{1}{3}\right)\Gamma\left(\frac{3}{2}\right)}{\Gamma\left(\mu+\frac{11}{12}\right)\Gamma\left(-\mu+\frac{11}{12}\right)}\times$$
$$\times F\left(-\mu+\frac{1}{12},\mu+\frac{1}{12},\frac{2}{3},\frac{\xi^3}{\xi^3-1}\right)+$$
$$+\frac{\Gamma\left(-\frac{1}{3}\right)\Gamma\left(\frac{3}{2}\right)}{\Gamma\left(\mu+\frac{7}{12}\right)\Gamma\left(-\mu+\frac{7}{12}\right)}\frac{\xi}{(\xi^3-1)^{1/3}}\times \tag{17b}$$
$$\times F\left(-\mu+\frac{5}{12},\mu+\frac{5}{12},\frac{4}{3},\frac{\xi^3}{\xi^3-1}\right),$$

$$G^{(a)}(\xi,\,\mu) = \frac{\Gamma\left(\frac{1}{3}\right)\Gamma\left(\frac{3}{2}\right)}{\Gamma\left(\mu+\frac{11}{12}\right)\Gamma\left(-\mu+\frac{11}{12}\right)}(1-\xi^3)^{(1/12)-\mu}\times$$
$$\times F\left(-\mu+\frac{1}{12},\,-\mu+\frac{7}{12},\,\frac{2}{3},\,\xi^3\right)-$$
$$-\frac{\Gamma\left(-\frac{1}{3}\right)\Gamma\left(\frac{3}{2}\right)}{\Gamma\left(\mu+\frac{7}{12}\right)\Gamma\left(-\mu+\frac{7}{12}\right)}\,\xi(1-\xi^3)^{(1/12)-\mu}\times \tag{17c}$$
$$\times F\left(-\mu+\frac{5}{12},\,-\mu+\frac{11}{12},\,\frac{4}{3},\,\xi^3\right),$$

$$G^{a}(\xi,\,\mu) = \Gamma\left(\frac{1}{2}\right)\left\{\frac{\Gamma(2\mu)\sin\left[\pi\left(\mu+\frac{1}{4}\right)\right]}{\Gamma\left(\mu+\frac{11}{12}\right)\Gamma\left(\mu+\frac{7}{12}\right)}(1-\xi^3)^{(1/12)-\mu}\times\right.$$
$$\times F\left(-\mu+\frac{1}{12},\,-\mu+\frac{7}{12},\,-2\mu+1,\,(1-\xi^3)\right)+$$
$$+\frac{\Gamma(-2\mu)\sin\left[\pi\left(-\mu+\frac{1}{4}\right)\right]}{\Gamma\left(-\mu+\frac{11}{12}\right)\Gamma\left(-\mu+\frac{7}{12}\right)}(1-\xi^3)^{(1/12)+\mu}\times \tag{17d}$$
$$\left.\times F\left(\mu+\frac{1}{12},\,\mu+\frac{7}{12},\,2\mu+1,\,(1-\xi^3)\right)\right\}.$$

Natürlich sind, abgesehen von der ersten, die hypergeometrischen Funktionen, die hier auftreten, die gleichen wie in der Darstellung von $G^{(s)}$.

5. Spezielle Lösungen G

Geschlossene Lösungen sind nützlich für eine erste Orientierung, sie besitzen aber auch für die Anwendungen eine besondere Bedeutung. Sie lassen sich in einfacher und systematischer Weise mit Hilfe der RIEMANNschen P-Funktion finden. Nach Gl. VII, 4 (4b) bricht die hypergeometrische Reihe ab, wenn einer der Parameter a oder b eine negative ganze Zahl ist. Nach Gl. VII, 4 (4a) sind a und b die Exponenten des Punktes unendlich, dabei ist es für die Form dieser Gleichung charakteristisch, daß für jeden der beiden anderen singulären Punkte einer der Exponenten 0 ist. Da man durch eine gebrochene lineare Transformation die singulären Punkte an eine beliebige Stelle transformieren kann, ist es für die Existenz geschlossener Lösungen nur notwendig, daß je ein Exponent zweier singulärer Punkte den Wert null hat und daß ein Exponent für den dritten singulären Punkt eine negative ganze Zahl ist.

Wendet man dies auf Gl. VII, 4 (6), so erhält man sofort

$$\mu = h + \frac{1}{12} \tag{1}$$

und

$$\mu = h + \frac{5}{12}, \qquad h = 0, 1, 2 \ldots. \tag{2}$$

Indem man in Gl. VII, 4 (1) den zweiten Exponenten des Punktes 0 zu null macht, erhält man

$$(1 - \xi^{-3})^{(1/12)-\mu} P \begin{pmatrix} \infty & 0 & 1 & \\ -\mu + \frac{1}{12} & 0 & 0 & \xi^{-3} \\ -\mu + \frac{5}{12} & \frac{1}{2} & 2\mu & \end{pmatrix} = (1 - \xi^{-3})^{(1/12)-\mu} \times$$

$$\times\, \xi^{-3/2} P \begin{Bmatrix} \infty & 0 & 1 & \\ -\mu + \frac{7}{12} & 0 & 0 & \xi^{-3} \\ -\mu + \frac{11}{12} & -\frac{1}{2} & 2\mu & \end{Bmatrix}.$$

Hieraus

$$\mu = h + \frac{7}{12}$$

und

$$\mu = h + \frac{11}{12}.$$

Weitere Umformungen ähnlicher Art ergeben die gleichen Werte μ nur mit dem entgegengesetzten Vorzeichen; das ist nach Gl. VII, 3 (6) selbstverständlich.

Eine weitere Gruppe geschlossener Lösungen ergibt sich aus folgendem. Die Exponenten im Punkte $\xi^{-3} = \zeta = 0$ sind null und 1/2. Wenn man eine neue Variable $\zeta^{1/2}$ einführt, dann werden diese Exponenten 0 und 1 und der Punkt wird zu einem regulären Punkt. Wegen dieser Transformation tritt aber die Singularität, die ursprünglich im Punkte $\zeta = 1$ lag, in den Punkten $\zeta^{1/2} = +1$ und $\zeta^{1/2} = -1$ auf; die Singularität im Unendlichen bleibt bestehen, nur werden dort die Exponenten verdoppelt. Man erhält also wiederum eine hypergeometrische Differentialgleichung. Wir haben also die Identität

$$(1-\zeta)^{(1/12)-\mu} P \begin{Bmatrix} \infty & 0 & 1 & \\ -\mu+\frac{1}{12} & 0 & 0 & \zeta \\ -\mu+\frac{5}{12} & \frac{1}{2} & 2\mu & \end{Bmatrix} = (1-\zeta)^{(1/12)-\mu} \times$$

$$\times P \begin{pmatrix} \infty & +1 & -1 & \\ -2\mu+\frac{1}{6} & 0 & 0 & \zeta^{1/2} \\ -2\mu+\frac{5}{6} & 2\mu & 2\mu & \end{pmatrix}.$$

In dieser Darstellung ergeben sich allerdings noch keine neuen geschlossenen Ausdrücke. Erfolg in dieser Hinsicht hat man jedoch, wenn man durch eine gebrochene lineare Transformation die Punkte 1 und ∞ vertauscht, bevor man die Singularität im Nullpunkt beseitigt.

$$G = (1-\zeta)^{(1/12)-\mu} P \begin{pmatrix} \infty & 0 & 1 & \\ -\mu+\frac{1}{12} & 0 & 0 & \zeta \\ -\mu+\frac{5}{12} & \frac{1}{2} & 2\mu & \end{pmatrix}$$

$$= (1-\zeta)^{(1/12)-\mu} P \begin{pmatrix} \infty & 0 & 1 & \\ 0 & 0 & -\mu+\frac{1}{12} & \frac{\zeta}{\zeta-1} \\ 2\mu & \frac{1}{2} & -\mu+\frac{5}{12} & \end{pmatrix}$$

$$= (1-\zeta)^{(1/12)-\mu} P \begin{pmatrix} \infty & -1 & +1 & \\ 0 & -\mu+\frac{1}{12} & -\mu+\frac{5}{12} & \left(\frac{\zeta}{\zeta-1}\right)^{1/2} \\ 4\mu & -\mu+\frac{5}{12} & -\mu+\frac{5}{12} & \end{pmatrix}.$$

Im letzten Ausdruck muß man eine weitere Transformation ausführen, die 0 und 1 zu singulären Punkten macht. Dazu führt man die neue Variable ein

$$\frac{\left(\frac{\zeta}{\zeta-1}\right)^{1/2}-1}{\left(\frac{\zeta}{\zeta-1}\right)^{1/2}+1} = (\sqrt{\zeta}-\sqrt{\zeta-1})^2.$$

Diese Transformation verlegt den Punkt ∞ der letzten P-Funktion in den Punkt 1, den Punkt -1 nach 0 und den Punkt $+1$ nach ∞.

Dann ergibt sich

$$G = (1-\zeta)^{(1/12)-\mu}\left(\sqrt{\zeta}-\sqrt{\zeta-1}\right)^{-2\mu+(1/6)}\times$$

$$\times P\begin{Bmatrix} 0 & 1 & \infty & \\ 0 & 0 & -2\mu+\frac{1}{6} & (\sqrt{\zeta}-\sqrt{\zeta-1})^2 \\ \frac{1}{3} & 4\mu & -2\mu+\frac{1}{2} & \end{Bmatrix}. \tag{3}$$

Hierdurch erhält man als neue Möglichkeit für geschlossene Lösungen

$$\mu = \frac{1}{4} + \frac{h}{2}.$$

Es sei nun ein Überblick über die eben besprochenen geschlossenen Lösungen gegeben. Dabei ist es zweckmäßig, auf die Variablen η und ϑ überzugehen.

Die zu Gl. VII, 4 (1) gehörigen Lösungen ψ lassen sich schreiben als

$$\psi = \varrho^{-(1/12)\pm\mu} G = \eta^{-(1/4)\pm 3\mu}(1-\zeta)^{-(1/12)\pm\mu}(1-\zeta)^{(1/12)-}\quad\times$$

$$\times P\begin{pmatrix} \infty & 0 & 1 & \\ -\mu+\frac{1}{12} & 0 & 0 & \zeta \\ -\mu+\frac{5}{12} & \frac{1}{2} & 2\mu & \end{pmatrix},$$

man hat also die zwei Lösungen

$$\psi = \eta^{-(1/4)+3\mu} P\begin{pmatrix} \infty & 0 & 1 & \\ -\mu+\frac{1}{12} & 0 & 0 & \zeta \\ -\mu+\frac{5}{12} & \frac{1}{2} & 2\mu & \end{pmatrix},$$

$$\psi = \eta^{-(1/4)-3\mu}(1-\zeta)^{-2\mu} P\begin{pmatrix} \infty & 0 & 1 & \\ -\mu+\frac{1}{12} & 0 & 0 & \zeta \\ -\mu+\frac{5}{12} & \frac{1}{2} & 2\mu & \end{pmatrix}.$$

Damit ergibt sich

für

$$\mu = \frac{1}{12} + h$$

$$\psi = \eta^{3h} F\left(-h,\ -h+\frac{1}{3},\ \frac{1}{2},\ \frac{9}{4}\,\frac{\vartheta^2}{\eta^3}\right) \tag{4a}$$

und

$$\psi = \eta^{-\frac{1}{2}-3h}\left(1-\frac{9}{4}\,\frac{\vartheta^2}{\eta^3}\right)^{-\left(\frac{1}{6}+2h\right)} F\left(-h,\ -h+\frac{1}{3},\ \frac{1}{2},\ \frac{9}{4}\,\frac{\vartheta^2}{\eta^3}\right), \tag{4b}$$

für

$$\mu = \frac{5}{12} + h$$

$$\psi = \eta^{1+3h} F\left(-\frac{1}{3} - h, -h, \frac{1}{2}, \frac{9}{4}\frac{\vartheta^2}{\eta^3}\right) \tag{5a}$$

und

$$\psi = \eta^{-\frac{3}{2}-3h}\left(1 - \frac{9}{4}\frac{\vartheta^2}{\eta^3}\right)^{-\left(\frac{5}{6}+2h\right)} F\left(-\frac{1}{3} - h, -h, \frac{1}{2}, \frac{9}{4}\frac{\vartheta^2}{\eta^3}\right), \tag{5b}$$

für

$$\mu = \frac{7}{12} + h$$

$$\psi = \eta^{3h}\left(\frac{3}{2}\vartheta\right) F\left(\frac{1}{3} - h, -h, \frac{3}{2}, \frac{9}{4}\frac{\vartheta^2}{\eta^3}\right) \tag{6a}$$

und

$$\psi = \eta^{-\frac{7}{2}-3h}\left(\frac{3}{2}\vartheta\right)\left(1 - \frac{9}{4}\frac{\vartheta^2}{\eta^3}\right)^{-\left(\frac{7}{6}+2h\right)} F\left(\frac{1}{3} - h, -h, \frac{3}{2}, \frac{9}{4}\frac{\vartheta^2}{\eta^3}\right), \tag{6b}$$

für

$$\mu = \frac{11}{12} + h$$

$$\psi = \eta^{(1+3h)}\left(\frac{3}{2}\vartheta\right) F\left(-h, -\frac{1}{3} - h, \frac{3}{2}, \frac{9}{4}\frac{\vartheta^2}{\eta^3}\right) \tag{7a}$$

und

$$\psi = \eta^{-\frac{9}{2}-3h}\left(\frac{3}{2}\vartheta\right)\left(1 - \frac{9}{4}\frac{\vartheta^2}{\eta^3}\right)^{-\left(\frac{11}{6}+2h\right)} F\left(-h, -\frac{1}{3} - h, \frac{3}{2}, \frac{9}{4}\frac{\vartheta^2}{\eta^3}\right), \tag{7b}$$

für

$$\mu = \frac{1}{4} + \frac{h}{2}$$

$$\psi = \eta^{\frac{1}{2}+\frac{3h}{2}}\left(\frac{\frac{3}{2}\vartheta - \sqrt{\frac{9}{4}\vartheta^2 - \eta^3}}{\eta^{3/2}}\right)^{-\frac{1}{3}-h} \times$$
$$\times F\left(-h, -\frac{1}{3} - h, \frac{2}{3}, \left[\frac{\frac{3}{2}\vartheta - \sqrt{\frac{9}{4}\vartheta^2 - \eta^3}}{\eta^{3/2}}\right]^2\right) \tag{8a}$$

und

$$\psi = \eta^{-1-\frac{3h}{2}}\left(1 - \frac{9}{4}\frac{\vartheta^2}{\eta^3}\right)^{-\frac{1}{2}-h}\left(\frac{\frac{3}{2}\vartheta - \sqrt{\frac{9}{4}\vartheta^2 - \eta^3}}{\eta^{3/2}}\right)^{-\frac{1}{3}-h} \times$$
$$\times F\left(-h, -\frac{1}{3} - h, \frac{2}{3}, \left[\frac{\frac{3}{2}\vartheta - \sqrt{\frac{9}{4}\vartheta^2 - \eta^3}}{\eta^{3/2}}\right]^2\right). \tag{8b}$$

Offenbar besitzen die Gl. (8) keine Symmetrieeigenschaften in bezug auf die Achse $\vartheta = 0$. Deshalb kann man sie in einem symmetrischen und antisymmetrischen Anteil spalten und erhält dann zwei linear unabhängige Lösungen für den betreffenden Wert von μ. Eine solche Rechnung findet sich in Abschn. VIII, 3. Gleiches gilt nicht für die anderen Ausdrücke; dort erfordert die Berechnung einer zweiten Lösung für den betreffenden Wert μ die Auswertung eines Integrals.

6. Beziehungen zwischen Lösungen mit verschiedenen Werten von μ

Daß zwischen gewissen Lösungen mit verschiedenen Werten von μ Beziehungen bestehen müssen, wird durch die folgenden Betrachtungen nahegelegt: Wenn man eine Lösung der Tricomischen Differentialgleichung nach ϑ differenziert, so erhält man offenbar eine neue Lösung der Tricomischen Differentialgleichung, da die Koeffizienten dieser Gleichung unabhängig von ϑ sind. Wie man mit Hilfe der Gl. VII, 2 (1) und VII, 2 (2) erkennt, ergibt sich auf Grund dieser Überlegung

$$f\left(\zeta, n - \frac{3}{2}\right) = \zeta^{1/2} f'(\zeta, n),$$

wobei unter den f geeignet zu wählende Lösungen der hypergeometrischen Differentialgleichung VII, 2 (3) versteht. Solche Zusammenhänge sind von der Theorie der hypergeometrischen Differentialgleichung her bekannt. Für die G leiten sich mit Hilfe der Gl. VII, 4 (6) und VII, 4 (8) die folgenden Beziehungen her

$$\begin{aligned}\frac{\partial}{\partial\vartheta}\left[\varrho^{-(1/12)+\mu} G^{(s)}(\xi, \mu)\right] &= 6\left(-\mu + \frac{1}{2}\right)\left(-\mu + \frac{5}{12}\right) \times \\ &\quad \times \varrho^{-(1/12)+\mu-(1/2)} G^{(a)}\left(\xi, \mu - \frac{1}{2}\right),\end{aligned} \tag{1}$$

$$\frac{\partial}{\partial\vartheta}\left[\varrho^{-(1/12)+\mu} G^{(a)}(\xi, \mu)\right] = \varrho^{-(1/12)+\mu-(1/2)} \frac{3}{2} G^{(s)}\left(\xi, \mu - \frac{1}{2}\right). \tag{2}$$

Hierbei ist μ im Exponenten von ϱ und im zweiten Argument von G mit dem gleichen Vorzeichen einzusetzen.

7. Näherungsdarstellungen für große Werte von $|\mu|$

Sowohl für theoretische Untersuchungen (insbesondere Konvergenzbetrachtungen) als auch für numerische Zwecke sind Darstellungen der Funktionen G für große Werte von $|\mu|$ nützlich. Man könnte sie mit Hilfe der Sattelpunktmethode aus den Integraldarstellungen der hypergeometrischen Funktionen gewinnen. Bei einem solchen Vorgehen bedürfte jedoch die Nähe des Punktes $\xi = 0$ einer besonderen Diskussion. In dieser Hinsicht ist die Methode vorzuziehen, die wir im Abschn. V, 7 im Zusammenhang mit der TSCHAPLIGINschen Differentialgleichung gezeigt haben. Eine Analogie besteht zwischen den folgenden Größen der beiden Probleme: w und ξ, p und $-\frac{5}{2}\frac{\xi^2}{1-\xi^3}$, q und $\frac{\xi}{(1-\xi^3)^2}$.

Eine der früheren Größe x entsprechende Variable werde mit $\bar{\xi}$ bezeichnet. Nach Gl. V, 6 (8) ist dann

$$\bar{\xi} = \tilde{\xi}^{2/3}, \tag{1a}$$

wobei

$$\tilde{\xi} = \int_0^{\xi} \frac{3}{2}\,\frac{\sqrt{\xi}}{1-\xi^3}\,d\xi. \tag{1b}$$

Hierin ist sowohl im Überschallgebiet als auch im Unterschallgebiet derjenige Zweig der Funktion $\bar{\xi}$ zu wählen, dessen Entwicklung im Punkte $\xi = 0$ mit dem Gliede ξ beginnt. Das Integral Gl. (1b) kann ausgeführt werden, und man erhält

für $\xi > 0$ $$\tilde{\xi} = \frac{1}{2}\log\frac{1+\xi^{3/2}}{1-\xi^{3/2}}, \tag{2a}$$

für $\xi < 0$ $$\tilde{\xi} = i\operatorname{arctg}(-\xi^{3/2}) \qquad 0 \leqq \frac{\tilde{\xi}}{i} \leqq \frac{\pi}{2}. \tag{2b}$$

Der frühere Ausdruck $\frac{dx}{dw}$ ist jetzt durch $\frac{d\bar{\xi}}{d\xi}$ zu ersetzen, hierfür berechnet man

$$\frac{d\bar{\xi}}{d\xi} = \frac{2}{3}\left(\frac{\xi}{\bar{\xi}}\right)^{1/2}(1-\xi^3)^{-1}.$$

Dem früheren h entsprechend, führen wir eine Größe h_1 ein, sie ergibt sich als

$$h_1 = \left(\frac{\bar{\xi}}{\xi}\right)^{1/4}(1-\xi^3)^{1/12}.$$

Der Ansatz

$$G(\xi) = h_1(\xi)\,\bar{G}(\bar{\xi}, \mu), \tag{3}$$

in dem die Funktion $\bar{G}$ die Stelle von y einnimmt, führt dann zu einer Differentialgleichung

$$\frac{d^2\bar{G}}{d\bar{\xi}^2} - \left(9\mu^2\bar{\xi} + r(\bar{\xi})\right)\bar{G} = 0. \tag{4}$$

Das Glied $r(\bar{\xi})$ ist ohne besonderes Interesse, es ist im Gebiete

$$-\left(\frac{\pi}{2}\right)^{2/3} < \bar{\xi} < \infty$$

oder $-\infty < \xi < 1$ beschränkt. Für große Werte von $|\mu|$ kann es vernachlässigt werden, und dann lassen sich Lösungen von Gl. (4) in der Form von Bessel-Funktionen der Ordnung 1/3 angeben[1]. Damit erhält man die folgenden asymptotischen Darstellungen für G

$$G \sim \left(\frac{\tilde{\xi}}{\xi}\right)^{1/4} (1-\xi^3)^{1/12}\,|\tilde{\xi}|^{1/2}\, I_{\pm 1/3}(2\mu\,|\tilde{\xi}|^{3/2}) \quad \text{für} \quad \xi \leqq 0$$

und ähnlich für $\xi \geqq 0$.

Unter Benutzung von Gl. (1a) schreibt sich dies als

$$G \sim |\tilde{\xi}|^{\frac{1}{2}} \left|\frac{1-\xi^3}{\xi^3}\right|^{\frac{1}{12}} I_{\pm\frac{1}{3}}(2\mu\,|\tilde{\xi}|) \qquad \text{für} \quad \xi \leqq 0,$$

$$G \sim \mp |\tilde{\xi}|^{\frac{1}{2}} \left|\frac{1-\xi^3}{\xi^3}\right|^{\frac{1}{12}} e^{\pm\frac{i\pi}{6}}\, I_{\pm\frac{1}{3}}\left(2\mu e^{-\frac{i\pi}{2}}|\tilde{\xi}|\right) \quad \text{für} \quad \xi \geqq 0.^1$$

Für kleine Werte von $\xi > 0$ ergibt sich aus Gl. (1)

$$\tilde{\xi} = \xi^{3/2}.$$

Damit findet man mit Hilfe der Reihenentwicklung für die Besselschen Funktionen die folgenden Darstellungen für $\xi = 0$

$$|\tilde{\xi}|^{1/2} \left|\frac{1-\xi^3}{\xi^3}\right|^{1/12} I_{+1/3}(2\mu\,|\tilde{\xi}|) = \frac{\mu^{1/3}}{\frac{1}{3}\,\Gamma\left(\frac{1}{3}\right)}\,(-\xi + O(\xi^4)), \qquad (5\text{a})$$

$$|\tilde{\xi}|^{1/2} \left|\frac{1-\xi^3}{\xi^3}\right|^{1/12} I_{-1/3}(2\mu\,|\tilde{\xi}|) = \frac{\mu^{-1/3}}{-\frac{1}{3}\,\Gamma\left(-\frac{1}{3}\right)}\,(1 + O(\xi^3)). \qquad (5\text{b})$$

Wenn eine Superposition der beiden Ausdrücke Gl. (5) die Lösung $G^{(a)}$ oder $G^{(s)}$ darstellen soll, so muß dies auch bei $\xi = 0$ der Fall sein. Wir erfüllen also eine notwendige (aber nicht immer hinreichende) Bedingung, wenn wir Näherungsdarstellungen so konstruieren, daß sie für große Werte $|\mu|$ hinsichtlich des Funktionswertes und der Ableitung für $\xi = 0$ mit den gewünschten Funktionen $G^{(a)}$ oder $G^{(s)}$ übereinstimmen. Bis auf geeignete Faktoren entspricht das erste Glied von Gl. VII, 4 (14) dem Ausdruck Gl. (5b), das zweite Glied von Gl. VII, 4 (14) dem Ausdruck Gl. (5a). Die asymptotische Darstellung für Gl. VII, 4 (14) gewinnt an Einfachheit, wenn wir für die dort auftretenden Koeffizienten asymptotische Ausdrücke einführen. Für den ersten mag die Rechnung angedeutet werden.

---

[1] Tabellen für diese Besselschen Funktionen sind im Literaturverzeichnis unter Computation Laboratory aufgeführt.

Dazu benutzen wir die aus der STIRLINGschen Formel hergeleitete Beziehung Gl. VII, 4 (15e). Das negative Argument im Ausdruck $\Gamma\left(-\mu+\frac{5}{12}\right)$ wird mit Hilfe von Gl. VII, 4 (15b) beseitigt. Dann erhält man

$$\frac{\Gamma\left(\frac{1}{2}\right)\Gamma\left(\frac{1}{3}\right)}{\Gamma\left(\mu+\frac{5}{12}\right)\Gamma\left(-\mu+\frac{5}{12}\right)}=\frac{\Gamma\left(\frac{1}{2}\right)\Gamma\left(\frac{1}{3}\right)}{\Gamma\left(\mu+\frac{5}{12}\right)}\;\frac{\Gamma\left(\mu+\frac{7}{12}\right)\sin\left[\pi\left(\mu+\frac{7}{12}\right)\right]}{\pi}\sim$$

$$\sim\pi^{-1/2}\,\Gamma\left(\frac{1}{3}\right)\mu^{1/6}\sin\left[\pi\left(\mu+\frac{7}{12}\right)\right].$$

Ähnlich ergibt sich für den zweiten Koeffizienten in Gl. VII, 4 (14)

$$\frac{-\Gamma\left(\frac{1}{2}\right)\Gamma\left(-\frac{1}{3}\right)}{\Gamma\left(\mu+\frac{1}{12}\right)\Gamma\left(-\mu+\frac{1}{12}\right)}\sim-\pi^{-1/2}\,\Gamma\left(-\frac{1}{3}\right)\mu^{5/6}\sin\left[\pi\left(\mu+\frac{11}{12}\right)\right].$$

Mit Hilfe der Beziehungen Gl. (5a) und (5b) erhält man dann

$$G^{(s)}\sim\pi^{-1/2}\left\{\Gamma\left(\frac{1}{3}\right)\mu^{1/6}\sin\left[\pi\left(\mu+\frac{7}{12}\right)\right]\mu^{1/3}\left(-\frac{1}{3}\right)\Gamma\left(-\frac{1}{3}\right)\times\right.$$

$$\times|\tilde{\xi}|^{1/2}\left|\frac{1-\xi^3}{\xi^3}\right|^{1/12}I_{-1/3}(2\mu|\tilde{\xi}|)+\Gamma\left(-\frac{1}{3}\right)\mu^{5/6}\sin\left[\pi\left(\mu+\frac{11}{12}\right)\right]\times$$

$$\left.\times\,\mu^{-1/3}\left(\frac{1}{3}\right)\Gamma\left(\frac{1}{3}\right)|\tilde{\xi}|^{1/2}\left|\frac{1-\xi^3}{\xi^3}\right|^{1/12}I_{+1/3}(2\mu|\tilde{\xi}|)\right\}\quad\text{für}\quad\xi\leqq 0.$$

Weitere Vereinfachungen sind mit Hilfe der Beziehungen Gl. VII, 4 (15) für die Γ-Funktion möglich, man findet

$$G^{(s)}\sim\frac{2}{3}\pi^{1/2}(3\mu)^{1/2}|\tilde{\xi}|^{1/2}\left|\frac{1-\xi^3}{\xi^3}\right|^{1/12}\times$$

$$\times\left\{\sin\left[\pi\left(\mu+\frac{7}{12}\right)\right]I_{-1/3}(2\mu|\tilde{\xi}|)-\sin\left[\pi\left(\mu+\frac{11}{12}\right)\right]I_{1/3}(2\mu|\tilde{\xi}|)\right\}$$

$$\text{für}\quad\xi\leqq 0$$

und

$$G^{(s)}\sim\frac{2}{3}\pi^{\frac{1}{2}}(3\mu)^{\frac{1}{2}}|\tilde{\xi}|^{\frac{1}{2}}\left|\frac{1-\xi^3}{\xi^3}\right|^{\frac{1}{12}}\left\{\sin\left[\pi\left(\mu+\frac{7}{12}\right)\right]e^{-\frac{i\pi}{6}}\times\right.$$

$$\left.\times\,I_{-\frac{1}{3}}\left(2\mu e^{-\frac{i\pi}{2}}|\tilde{\xi}|\right)+\sin\left[\pi\left(\mu+\frac{11}{12}\right)\right]e^{\frac{i\pi}{6}}I_{\frac{1}{3}}\left(2\mu e^{-\frac{i\pi}{2}}|\tilde{\xi}|\right)\right\}.$$

Ähnliche Rechnungen ergeben

$$G^{(a)} \sim \pi^{\frac{1}{2}}(3\mu)^{-\frac{1}{2}}|\tilde{\xi}|^{\frac{1}{2}}\left|\frac{1-\xi^3}{\xi^3}\right|^{\frac{1}{12}}\left\{\sin\left[\pi\left(\mu+\frac{1}{12}\right)\right]\times\right.$$

$$\left.\times I_{-\frac{1}{3}}(2\mu|\tilde{\xi}|)-\sin\left[\pi\left(\mu+\frac{5}{12}\right)\right]I_{\frac{1}{3}}(2\mu|\tilde{\xi}|)\right\} \quad \text{für} \quad \xi \leqq 0$$

und

$$G^{(a)} \sim \pi^{\frac{1}{2}}(3\mu)^{-\frac{1}{2}}|\tilde{\xi}|^{\frac{1}{2}}\left|\frac{1-\xi^3}{\xi^3}\right|^{\frac{1}{12}}\left\{\sin\left[\pi\left(\mu+\frac{1}{12}\right)e^{-\frac{i\pi}{6}}\times\right.\right.$$

$$\left.\times I_{-\frac{1}{3}}\left(2\mu e^{-\frac{i\pi}{2}}|\tilde{\xi}|\right)+\sin\left[\pi\left(\mu+\frac{5}{12}\right)e^{\frac{i\pi}{6}}I_{\frac{1}{3}}\left(2\mu e^{-\frac{i\pi}{2}}|\tilde{\xi}|\right)\right\} \quad \text{für} \quad \xi \geqq 0 .$$

Für die weiteren Diskussionen ist es zweckmäßig, diese Ausdrücke mit Hilfe der folgenden Beziehungen umzuschreiben:

$$I_{\frac{1}{3}}(z)=\frac{1}{2}\left(H_{\frac{1}{3}}^{(1)}(z)+H_{\frac{1}{3}}^{(2)}(z)\right), \tag{6a}$$

$$I_{-\frac{1}{3}}(z)=\frac{1}{2}\left(e^{\frac{\pi i}{3}}H_{\frac{1}{3}}^{(1)}(z)+e^{-\frac{\pi i}{3}}H_{\frac{1}{3}}^{(2)}(z)\right). \tag{6b}$$

Man erhält dann

$$\begin{aligned} G^{(s)} \sim & -\frac{1}{2}\pi^{\frac{1}{2}}\mu^{\frac{1}{2}}|\tilde{\xi}|^{\frac{1}{2}}\left|\frac{1-\xi^3}{\xi^2}\right|^{\frac{1}{12}}\times \\ & \times\left[e^{i\pi\left(\mu+\frac{7}{12}\right)}H_{\frac{1}{3}}^{(2)}(2\mu|\tilde{\xi}|)+e^{-i\pi\left(\mu+\frac{7}{12}\right)}H_{\frac{1}{3}}^{(1)}(2\mu|\tilde{\xi}|)\right] \quad \text{für} \quad \xi \leqq 0, \end{aligned} \tag{7a}$$

$$\begin{aligned} G^{(s)} \sim & \; \pi^{\frac{1}{2}}\mu^{\frac{1}{2}}|\tilde{\xi}|^{\frac{1}{2}}\left|\frac{1-\xi^3}{\xi^3}\right|^{\frac{1}{12}}\left[\sin\left[\pi\left(\mu+\frac{3}{4}\right)\right]e^{\frac{i\pi}{6}}\times\right. \\ & \left.\times H_{\frac{1}{3}}^{(1)}\left(2\mu e^{-\frac{i\pi}{2}}|\tilde{\xi}|\right)+\frac{1}{2}e^{-i\pi\left(\mu+\frac{5}{12}\right)}H_{\frac{1}{3}}^{(2)}\left(2\mu e^{-\frac{i\pi}{2}}|\tilde{\xi}|\right)\right] \\ & \text{für} \quad \xi \geqq 0. \end{aligned} \tag{7b}$$

$$\begin{aligned} G^{(a)} \sim & -\frac{1}{4}\pi^{\frac{1}{2}}\mu^{-\frac{1}{2}}|\tilde{\xi}|^{\frac{1}{2}}\left|\frac{1-\xi^3}{\xi^3}\right|^{\frac{1}{12}}\times \\ & \times\left[e^{i\pi\left(\mu+\frac{1}{12}\right)}H_{\frac{1}{3}}^{(2)}(2\mu|\tilde{\xi}|)+e^{-i\pi\left(\mu+\frac{1}{12}\right)}H_{\frac{1}{3}}^{(1)}(2\mu|\tilde{\xi}|)\right] \quad \text{für} \quad \xi \leqq 0. \end{aligned} \tag{8a}$$

$$G^{(a)} \sim \frac{1}{2}\pi\mu^{-\frac{1}{2}}|\tilde{\xi}|^{\frac{1}{2}}\left|\frac{1-\xi^3}{\xi^3}\right|^{\frac{1}{12}}\left[\sin\left[\pi\left(\mu+\frac{1}{4}\right)\right]e^{\frac{i\pi}{6}} \times \right.$$

$$\left. \times H_{\frac{1}{3}}^{(1)}\left(2\mu e^{-\frac{i\pi}{2}}|\tilde{\xi}|\right) + \frac{1}{2}e^{-i\pi\left(\mu-\frac{1}{12}\right)} H_{\frac{1}{3}}^{(2)}\left(2\mu e^{-\frac{i\pi}{2}}|\tilde{\xi}|\right)\right] \tag{8b}$$

$$\text{für} \quad \xi \geqq 0.$$

Für die HANKELschen Funktionen H bestehen die folgenden asymptotischen Beziehungen

$$H_{1/3}^{(1)}(z) \sim \sqrt{\frac{2}{\pi z}}\, e^{iz-(5/12)i\pi} \qquad \text{für} \quad -2\pi < \arg z < \pi, \tag{9a}$$

$$H_{1/3}^{(2)}(z) \sim \sqrt{\frac{2}{\pi z}}\, e^{-iz+(5/12)i\pi} \qquad \text{für} \quad -\pi < \arg z < 2\pi. \tag{9b}$$

Aus diesen Gleichungen geht hervor, daß die Funktionen $H_{1/3}^{(1)}$ und $H_{1/3}^{(2)}$ für große Werte des Arguments nicht asymptotisch gleich werden (für $I_{1/3}$ und $I_{-1/3}$ wäre dies dagegen der Fall). Die eine Funktion geht mit wachsendem z nach unendlich, während die andere Funktion H nach null geht. Für die Bestimmung des Gültigkeitsbereiches asymptotischer Darstellungen ist dies von Wichtigkeit.

Mit Hilfe der letzten Beziehungen drücken wir nun das Verhalten der Ausdrücke Gl. (7) für $\xi = -\infty$ und für $\xi = 1$ aus, um es dann mit den exakten Lösungen zu vergleichen. Für große Werte des Arguments der HANKELschen Funktion und für $\xi < 0$ erhält man dann nach einigen Umformungen

$$G^{(s)} \sim \left|\frac{1-\xi^3}{\xi^3}\right|^{1/12} \cos\left[2\mu\left(\frac{\pi}{2}-\tilde{\xi}\right)\right]. \tag{10a}$$

Da nach Gl. (2b) $|\tilde{\xi}| = \frac{\pi}{2}$ für $\xi = -\infty$, ergibt sich asymptotische Übereinstimmung mit dem ersten Gliede der Entwicklung von $G^{(s)}$ [siehe Gl. VII, 4 (10)].

Für $\xi > 0$ erhält man aus Gl. (7b)

$$G^{(s)} \sim \left|\frac{1-\xi^3}{\xi^3}\right|^{\frac{1}{12}}\left[\sin\left[\pi\left(\mu+\frac{3}{4}\right)\right]e^{2\mu\tilde{\xi}} + \frac{1}{2}e^{i\pi\left(\frac{1}{4}-\mu\right)}e^{-2\mu\tilde{\xi}}\right].$$

Nach Gl. (2a) ergibt dies

$$G^{(s)} \sim \left|\frac{1-\xi^3}{\xi^3}\right|^{\frac{1}{12}} \times$$

$$\times \left[\sin\left[\pi\left(\mu+\frac{3}{4}\right)\right]\left(\frac{1+\xi^{3/2}}{1-\xi^{3/2}}\right)^{\mu} + \frac{1}{2}e^{i\pi\left(\frac{1}{4}-\mu\right)}\left(\frac{1-\xi^{3/2}}{1+\xi^{3/2}}\right)^{\mu}\right]. \tag{10b}$$

Für einen positiven Realteil von μ überwiegt das erste Glied, mit Ausnahme der Fälle für die

$$\sin\left[\pi\left(\mu+\frac{3}{4}\right)\right]=0,$$

d. h. für $$\mu = h - \frac{3}{4} \qquad h = 1, 2 \ldots .$$

In diesen Ausnahmefällen erhält man als asymptotische Darstellung

$$G^{(s)} \sim \frac{1}{2}\left(\frac{1-\xi^3}{\xi^3}\right)^{1/12}(-)^{h+1}\left(\frac{1-\xi^{3/2}}{1+\xi^{3/2}}\right)^{\mu} \quad \text{für} \quad \mu = h - \frac{3}{4}. \tag{10c}$$

Für positiv imaginäres μ ergibt sich aus Gl. (10b) als asymptotische Darstellung

$$G^{(s)} \sim \left|\frac{1-\xi^3}{\xi^3}\right|^{1/12} e^{\pi|\mu|}\cos\left(2|\mu|\,\tilde{\xi}-\frac{\pi}{4}\right). \tag{10d}$$

Ist $1-\xi \ll 1$, so gilt $\tilde{\xi} \gg 1$ und es ergeben sich die folgenden Näherungsausdrücke

$$G^{(s)} \sim \sin\left[\pi\left(\mu+\frac{3}{4}\right)\right] 4^{\mu}(1-\xi^3)^{(1/12)-\mu} \qquad \mu \neq h - \frac{3}{4}, \tag{11a}$$

$$G^{(s)} \sim \frac{1}{2}(-)^{h+1}4^{-\mu}(1-\xi^3)^{(1/12)+\mu} \qquad \mu = h - \frac{3}{4}, \tag{11b}$$

$$G^{(s)} \sim e^{\pi|\mu|}(1-\xi^3)^{1/12}\cos\left(-|\mu|\log\frac{(1-\xi^3)}{2}-\frac{\pi}{4}\right) \qquad \mu \text{ positiv imaginär}. \tag{11c}$$

Diese Ausdrücke können nun mit Gl. VII, 4 (16) verglichen werden, wobei dort $|\mu|$ als groß zu betrachten ist. Für $\mu \neq h - \frac{3}{4}$ ist das zweite Glied vernachlässigbar und man findet unter Benutzung von Gl. VII, 4 (15c) und VII, 4 (15e)

$$\frac{2\Gamma\left(\frac{1}{2}\right)\Gamma(2\mu)}{\Gamma\left(\mu+\frac{5}{12}\right)\Gamma\left(\mu+\frac{1}{12}\right)} = \frac{2\pi^{1/2}\pi^{-1/2}2^{2\mu-1}\Gamma(\mu)\Gamma\left(\mu+\frac{1}{2}\right)}{\Gamma\left(\mu+\frac{5}{12}\right)\Gamma\left(\mu+\frac{1}{12}\right)} \sim 2^{2\mu}$$

$$\text{für} \quad |\mu| \gg 1.$$

Hiermit läßt sich die Übereinstimmung von Gl. (11a) mit VII, 4 (16) zeigen. Ähnlich bestätigt man die Übereinstimmung mit Gl. (11b) für den Fall $\mu = h - \frac{3}{4}$.

Für rein imaginäres μ sind der erste und zweite Teil von Gleichung VII, 4 (16) konjugiert komplex und man braucht nur den doppelten Realteil dieser Funktionen zu bestimmen. Auch hier besteht Übereinstimmung mit den asymptotischen Formeln Gl. (11c). Somit ergibt sich asymptotische Übereinstimmung in den Punkten $\xi = 0$,

$-\infty$ und 1 für $\operatorname{Re}\mu \geqq 0$. Da aber $G(\xi, \mu) = G(\xi, -\mu)$, ist damit das ganze Gebiet erfaßt. Tatsächlich stellen diese Untersuchungen keinen Beweis dafür dar, daß der Ausdruck Gl. (7) eine asymptotische Darstellung für $G^{(s)}$ ist. Diese Ergebnisse stellen aber die Grundlagen dar, die für einen solchen Beweis gebraucht würden. Die entsprechenden Formeln für antisymmetrische Partikularlösungen sind

$$G^{(a)} \sim \frac{1}{2\mu}\left|\frac{1-\xi^3}{\xi^3}\right|^{1/12} \sin\left[2\mu\left(\frac{\pi}{2} - |\xi|\right)\right] \quad \text{für } \xi < 0, \tag{12a}$$

$$G^{(a)} \sim \frac{1}{2\mu}\left|\frac{1-\xi^3}{\xi^3}\right|^{1/12} \sin\left[\pi\left(\mu + \frac{1}{4}\right)\right]\left(\frac{1+\xi^{3/2}}{1-\xi^{3/2}}\right)^{\mu} \quad \text{für } \xi > 0 \quad \mu \neq h - \frac{1}{4}, \tag{12b}$$

$$G^{(a)} \sim \frac{1}{4\mu}\left|\frac{1-\xi^3}{\xi^3}\right|^{1/12} (-)^{h+1}\left(\frac{1-\xi^{3/2}}{1+\xi^{3/2}}\right)^{\mu} \quad \text{für } \xi > 0 \quad \mu = h - \frac{1}{4}, \tag{12c}$$

$$G^{(a)} \sim \frac{1}{2\mu}\left|\frac{1-\xi^3}{\xi^3}\right|^{1/12} e^{\pi|\mu|} \cos\left[2|\mu|\,\tilde{\xi} - \frac{3}{4}\pi\right] \quad \text{für positiv imaginäres } \mu. \tag{12d}$$

Es sei G_1 die folgende spezielle Lösung der Gleichung für G:

$$G_1(\xi, \mu) = (1-\xi^3)^{(1/12)+\mu} F\left(\mu + \frac{1}{12}, \mu + \frac{7}{12}, 1 + 2\mu, 1 - \xi^3\right). \tag{13}$$

Gl. VII, 4 (16) stellt z. B. eine Linearkombination der Ausdrücke $G_1(\xi, \mu)$ und $G_1(\xi, -\mu)$ dar. Man bemerkt, daß

$$G_1(\xi, \mu) \neq G_1(\xi, -\mu).$$

Für G_1 findet man als asymptotische Darstellung

$$G_1(\xi, \mu) \sim \left|\frac{1-\xi^3}{\xi^3}\right|^{1/12} \left|\frac{1-\xi^{3/2}}{1+\xi^{3/2}}\right|^{\mu} 2^{2\mu} \quad 0 < \xi \leqq 1, \tag{14}$$

sie ist in der gesamten komplexen μ-Ebene mit Ausnahme der negativen reellen Achse gültig.

8. Die Funktionaldeterminante dieser Partikularlösungen

In Gl. V, 7 (12) hatte sich der folgende Ausdruck für die Funktionaldeterminante der Hodographenabbildung ergeben

$$D = -(\varkappa + 1)^{2/3} (\psi_\eta^2 - \eta\, \psi_\Theta^2). \tag{1}$$

(Hier ist $\varrho^* w^* = 1$ gesetzt worden.)

Im Überschall kann dies in der Form geschrieben werden

$$D = (\varkappa + 1)^{2/3} D_1 D_2, \tag{2a}$$

wobei

$$D_{1,2} = (\eta^{1/2} \psi_\vartheta \pm \psi_\eta). \tag{2b}$$

Da D_1 und D_2 linear in ψ sind, ist die Berechnung des Vorzeichens der Funktionaldeterminante besonders einfach. Wird ψ durch den Ausdruck gegeben

$$\psi = \eta^n f(\zeta, n),$$

so findet man

$$D_{1,2} = \eta^{n-1} \left\{ 3\zeta^{1/2} \frac{df'}{d\zeta} \pm (n f - 3\zeta f') \right\}. \tag{3}$$

Werden Lösungen einander überlagert, so findet die entsprechende Überlagerung auch in den Ausdrücken $D_{1,2}$ statt. Häufig genügt es, das Vorzeichen der Funktionaldeterminante längs $\zeta = 1$ (oder $\xi = 1$) zu bestimmen. Im Unterschall ist die Funktionaldeterminante sicher negativ. Ergibt sich dann längs $\zeta = 1$ ein positiver Wert, so muß im Zwischengebiet ein Vorzeichenwechsel auftreten, was meistens die Lösung unbrauchbar macht. Deshalb seien im folgenden einige Kriterien angegeben, die für $\zeta = 1$ gültig sind. Sie sind für die Nachbarschaft des Ursprungs gültig.

Drückt man in einem Ausdruck

$$\psi = \varrho^{-(1/12 + \mu)} G(\xi, \mu)$$

ϱ nach Gl. VII, 3 (1a) als $\eta^3(\zeta - 1)$ aus, so ergibt sich

$$\psi = \eta^{-(1/4) \pm 3\mu} (\zeta - 1)^{-(1/12) \pm \mu} G(\xi, \mu).$$

Zwei linear unabhängige Lösungen G lassen sich etwa aus Gl. VII, 4 (7) entnehmen. Mit beliebigen Koeffizienten c_1 und c_2 erscheint dann eine Partikularlösung in der Form

$$\begin{aligned} \psi = {} & c_1 \eta^{-(1/4) + 3\mu} F\left(-\mu + \frac{1}{12}, -\mu + \frac{5}{12}, 1 - 2\mu, (1 - \zeta)\right) + \\ & + c_2 \eta^{-(1/4) + 3\mu} |\zeta - 1|^{2\mu} F\left(\mu + \frac{1}{12}, \mu + \frac{5}{12}, 1 + 2\mu, (1 - \zeta)\right). \end{aligned} \tag{4}$$

Liegt eine Linearkombination solcher Ausdrücke mit verschiedenen Werten von μ vor, so überwiegt für kleine Werte von η und von $|\zeta - 1|$ unter den ersten Gliedern der Form Gl. (4) dasjenige mit dem niedrigsten Werte von μ, das gleiche gilt, wenn man die zweiten Glieder für sich betrachtet. Wie sich das überwiegende erste Glied zu dem überwiegenden zweiten Glied verhält, hängt von der Potenz in dem Ausdruck $(1 - \zeta)^{2\mu}$ im zweiten Gliede ab.

Als Beispiel für diese Diskussion betrachten wir den Fall, in dem die Exponenten der überwiegenden Glieder gleich sind. Man findet mit Hilfe von Gl. (3) für die Nachbarschaft von $\zeta = 1$

$$D_1 = \eta^{-(5/4)+3\mu}\left\{c_1 3\left(\mu - \frac{1}{12}\right) - \frac{1}{4} c_2 |\zeta - 1|^{2\mu}\right\},$$

$$D_2 = \eta^{-(5/4)+3\mu}\left\{c_1 \frac{1}{2} \frac{\mu - \frac{1}{12}}{2\mu - 1} + c_2 12\mu \frac{|\zeta - 1|^{2\mu}}{\zeta - 1}\right\}.$$

Hierin überwiegen für $\mu > \frac{1}{2}$ die ersten Glieder, dann ist die Funktionaldeterminante positiv. Für $\mu < 0$ überwiegen die zweiten Glieder, dann ist für $\zeta > 1$ oder $\xi < 1$ die Funktionaldeterminante negativ; für $\zeta < 1$ oder $\xi > 1$ ist sie positiv.

Für $0 < \mu < \frac{1}{2}$ überwiegt in D_1 das erste, in D_2 das zweite Glied. Das Vorzeichen der Funktionaldeterminante ist danach $\operatorname{sgn} c_1 c_2\left(\mu - \frac{1}{12}\right)$. Ist nur das erste Glied vorhanden, dann ist $\operatorname{sgn} D = \operatorname{sgn}(2\mu - 1)$. Ist nur das zweite Glied vorhanden, so gilt $\operatorname{sgn} D = -\operatorname{sgn}(\zeta - 1)$.

Wenn die Potenz des überwiegenden ersten und des überwiegenden zweiten Gliedes sich unterscheiden, dann kann das Vorzeichen der Funktionaldeterminante von der Art, in der man η und $\zeta - 1$ gleichzeitig nach null gehen läßt, abhängen. Wenn eines der Kriterien eine positive Funktionaldeterminante gibt, ist die Lösung bereits auszuschließen. Einzelheiten finden sich in einer Arbeit von GUDERLEY [3]. Es seien hier nur die verschiedenen Kriterien zusammengestellt.

Es werde der Exponent des überwiegenden ersten Gliedes mit μ_1, des überwiegenden zweiten Gliedes mit μ_2 bezeichnet.

1. Einlauf in den Nullpunkt der η, ϑ-Ebene längs einer Linie $|\zeta - 1| = \text{const} \ll 1$

für $\mu_2 > \mu_1$
oder $c_2 = 0$ $\quad \operatorname{sgn} D = \operatorname{sgn}\left(\mu_1 - \frac{1}{2}\right)$, (5a)

für $\mu_2 < \mu_1$
oder $c_1 = 0$ $\quad \operatorname{sgn} D = \operatorname{sgn}\left(-\mu_2(\zeta - 1)\right)$, (5b)

für $\mu_1 = \mu_2 > \frac{1}{2}$
und $c_1 \neq 0,\ c_2 \neq 0$ $\quad D > 0$, (5c)

$$\left.\begin{array}{lll}\text{für} & 0<\mu_1=\mu_2<\frac{1}{2} & \\ \text{und} & c_1\neq 0,\, c_2\neq 0 & \operatorname{sgn} D=\operatorname{sgn} c_1 c_2(\zeta-1)\left(\mu_1-\frac{1}{12}\right),\end{array}\right\} \tag{5d}$$

$$\left.\begin{array}{lll}\text{für} & \mu_1=\mu_2<0 & \\ \text{und} & c_1\neq 0,\, c_2\neq 0 & \operatorname{sgn} D=\operatorname{sgn}(\zeta-1).\end{array}\right\} \tag{5e}$$

2. Andere Einlaufwege

$$\left.\begin{array}{lll}\text{für} & \mu_2>\frac{1}{2} & \\ \text{und} & c_1\neq 0 & \operatorname{sgn} D=\operatorname{sgn}\left(\mu_1-\frac{1}{2}\right).\end{array}\right\} \tag{6a}$$

$$\left.\begin{array}{lll}\text{für} & 0<\mu_2<\frac{1}{2} & \\ \text{und} & c_1\neq 0,\, c_2\neq 0 & \operatorname{sgn} D=\operatorname{sgn} c_1 c_2(\zeta-1)\left(\mu_1-\frac{1}{12}\right).\end{array}\right\} \tag{6b}$$

$$\left.\begin{array}{lll}\text{für} & \mu_2<0 & \\ \text{und} & c_2\neq 0 & \operatorname{sgn} D=\operatorname{sgn}(\zeta-1).\end{array}\right\} \tag{6c}$$

9. Systeme von Partikularlösungen

Bei der Untersuchung von Strömungsproblemen tritt die Frage auf nach der richtigen Auswahl der Partikularlösungen, die für die Darstellung einer solchen Strömung benutzt werden. Häufig (z. B. im Falle der Strömung mit der Mach-Zahl 1, Kapitel VIII) weiß man, daß aus physikalischen Gründen die Lösungen und ihre Ableitungen längs der Charakteristik $\xi=1$ beschränkt sind, gelegentlich ist dabei der Ursprung auszunehmen. Hieraus ergibt sich eine solche Auswahl. Setzt man den Ausdruck Gl. VII, 4 (16), der die symmetrischen Partikularlösungen für die Nähe von $\xi=1$ darstellt, in den Ansatz Gl. VII, 4 (3) ein, drückt dabei nach Gl. VII, 4 (1a) ϱ als $\eta^3(\zeta-1)$ aus und ersetzt gleichzeitig die hypergeometrische Reihe durch ihr erstes Glied, so ergibt sich

$$\psi=2\Gamma\left(\frac{1}{2}\right)\left(\frac{\eta}{\xi}\right)^{-(1/4)+3\mu}\times$$
$$\times\left\{\frac{\Gamma(2\mu)\sin\left[\pi\left(\mu+\frac{3}{4}\right)\right]}{\Gamma\left(\mu+\frac{5}{12}\right)\Gamma\left(\mu+\frac{1}{12}\right)}+\frac{\Gamma(-2\mu)\sin\left[\pi\left(-\mu+\frac{3}{4}\right)\right]}{\Gamma\left(-\mu+\frac{5}{12}\right)\Gamma\left(-\mu+\frac{1}{12}\right)}(1-\xi^3)^{2\mu}\right\}. \tag{1}$$

Damit ψ und seine Ableitungen für $\xi=1$ endlich bleiben, muß der Koeffizient des zweiten Gliedes verschwinden. (Der Fall, daß der Exponent im zweiten Glied eine positive ganze Zahl ist, muß ausgeschlossen werden, weil dann die hypergeometrische Reihe des ersten Gliedes ausartet.) Hieraus ergeben sich die Bedingungen

$$\sin\left[\pi\left(-\mu+\frac{3}{4}\right)\right]=0,$$

$$\Gamma\left(-\mu+\frac{5}{12}\right)=\infty,$$

$$\Gamma\left(-\mu+\frac{1}{12}\right)=\infty.$$

Hieraus

$$\begin{aligned}\mu&=\frac{1}{12}+\frac{h}{3},\\ \mu&=-\frac{1}{4}-h,\end{aligned}\tag{2}$$

wobei h eine nichtnegative ganze Zahl ist. Ähnlich erhält man aus Gl. VII, 4 (17d) für die antisymmetrischen Lösungen

$$\begin{aligned}\mu&=\frac{1}{4}+\frac{h}{3},\\ \mu&=-\frac{3}{4}-h.\end{aligned}\tag{3}$$

Diese Lösungen werden später eine besondere Rolle spielen, deshalb mag für sie eine besondere Bezeichnung eingeführt werden, nämlich ψ mit einem Index, der der zugehörigen Potenz von ϱ entspricht. Wenn es der Deutlichkeit halber wünschenswert ist, werden antisymmetrische und symmetrische Partikularlösungen durch obere Indizes a und s kenntlich gemacht. Notwendig ist dies jedoch nicht, da für einen gegebenen Exponenten von ϱ, z. B. $-5/6$ immer nur entweder die symmetrische oder die antisymmetrische Partikularlösung endlich bleibenden Funktionswert und endlich-bleibende Ableitungen für $\xi=1$ hat. Alle diese Lösungen lassen sich in geschlossener Form darstellen [Gl. VII, 5 (3) bis VII, 5 (8)].

Man hat also die folgende Auswahl von Lösungen

$$\psi_{-1/3}^{(s)},\ \psi_{-5/6}^{(a)},\ \psi_{-4/3}^{(s)},\ \psi_{-11/6}^{(a)}\cdots\quad\text{und}\quad\psi_{0}^{(s)},\ \psi_{1/6}^{(a)},\ \psi_{1/3}^{(s)},\ \psi_{1/2}^{(a)}\cdots$$

Gelegentlich werden wir für diese Ausdrücke den Sammelbegriff „natürliche" Partikularlösungen verwenden.

So einleuchtend die Betrachtung ist, die diese Auswahl der Partikularlösungen ergab, so stellt sie doch keinen Beweis für die Vollständigkeit dieses Systems dar. Vollständigkeit ergibt sich jedoch ohne Schwierigkeiten für ein anderes System, das durch ein Eigenwertproblem bestimmt ist. Wenn man davon absieht, daß der Koeffizient von G das Vorzeichen wechselt, hat die Differentialgleichung für G [Gl. VII, 3 (6)] die Form, die man von klassischen Eigenwertproblemen her kennt. Wenn man sich auf symmetrische oder auf antisymmetrische Partikularlösungen beschränkt, dann hat die längs $\vartheta = 0\,(\xi = -\infty)$ gültige Bedingung, nämlich $G = 0$ oder

$$(-\xi)^{-5/2}\frac{\partial G}{\partial \xi} = 0$$

ebenfalls eine Form, wie sie in Eigenwertproblemen auftritt. Die Randbedingungen, die wir für $\xi = 1$ benutzen, paßt jedoch nicht in diesen Gedankenkreis. Hier hilft der folgende Kunstgriff: Wir führen eine obere Grenze des zu betrachtenden Gebietes durch $\xi = c_2\,(c_2 < 1)$ ein und fordern, daß dort $G = 0$ ist. Dann lassen wir c_2 nach 1 rücken.

Zunächst werde der Fall $c_2 < 1$ untersucht. Für diese Betrachtungen setzen wir $\mu^2 = \lambda$. Es seien G_1 und G_2 zwei Lösungen der Differentialgleichung für G für zwei verschiedene Werte λ, die mit λ_1 und λ_2 bezeichnet seien. G_1 und G_2 mögen die Bedingung erfüllen, die für $\xi = -\infty$ vorgeschrieben ist. Aus dem Integral

$$\int\limits_{-\infty}^{c_2} \frac{\xi}{(1-\xi^3)^{1/6}}\, G_1(\xi)\, G_2(\xi)\, d\xi$$

ergibt sich durch partielle Integration unter Verwendung der Differentialgleichung VII, 3 (6b) für G_1 und G_2 und unter Berücksichtigung der Randbedingung für $\xi = -\infty$

$$\begin{aligned} \int\limits_{-\infty}^{c_2} \frac{\xi}{(1-\xi^3)^{1/6}}\, G_1(\xi)\, G_2(\xi)\, d\xi &= -\frac{1}{\frac{1}{16}-9\lambda_1}\int\limits_{-\infty}^{c_2} G_2(\xi)\,\times \\ \times\frac{d}{d\xi}\left[(1-\xi^3)^{5/6}\frac{dG_1}{d\xi}\right]d\xi &= -\frac{1}{\frac{1}{16}-9\lambda_1}(1-\xi^3)^{5/6}\, G_2\frac{dG_1}{d\xi}\Bigg|_{-\infty}^{c_2} + \\ &+\frac{1}{\frac{1}{16}-9\lambda_1}\int\limits_{-\infty}^{c_2}(1-\xi^3)^{5/6}\frac{dG_2}{d\xi}\frac{dG_1}{d\xi}\,d\xi \end{aligned} \tag{4}$$

und

$$\begin{aligned} \int\limits_{-\infty}^{c_2} \frac{\xi}{(1-\xi^3)^{1/6}}\, G_1(\xi)\, G_2(\xi)\, d\xi = &-\frac{1}{\frac{1}{16}-9\lambda_2}(1-\xi^3)^{5/6}\, G_1\frac{dG_2}{d\xi}\Bigg|_{-\infty}^{c_2} + \\ &+\frac{1}{\frac{1}{16}-9\lambda_1}\int\limits_{-\infty}^{c_2}(1-\xi^3)^{5/6}\frac{dG_2}{d\xi}\frac{dG_1}{d\xi}\,d\xi. \end{aligned} \tag{5}$$

Hieraus

$$\int_{-\infty}^{c_2} \frac{\xi}{(1-\xi^3)^{7/6}} G_1(\xi) G_2(\xi)\, d\xi = \frac{1}{9(\lambda_1-\lambda_2)} (1-c_2^3)^{5/6} \times \\ \times \left(-G_1(c_2) \frac{dG_2}{d\xi}(c_2) + G_2(c_2) \frac{dG_1}{d\xi}(c_2)\right). \tag{6}$$

Falls die Funktionen G_1 und G_2 die für $\xi = c_2$ vorgeschriebene Bedingung $G = 0$ erfüllen, erhält man aus Gl. (4) und (5) die folgenden Orthogonalitätsrelationen

$$\int_{-\infty}^{c_2} \frac{\xi}{(1-\xi^3)^{7/6}} G_1(\xi) G_2(\xi)\, d\xi = 0 \quad \text{für} \quad \lambda_1 \neq \lambda_2, \tag{7a}$$

$$\int_{-\infty}^{c_2} (1-\xi^3)^{5/6} \frac{dG_1}{d\xi} \frac{dG_2}{d\xi}\, d\xi = 0 \quad \text{für} \quad \lambda_1 \neq \lambda_2. \tag{7b}$$

In Gl. (6) mag nun G als Funktion von ξ und λ aufgefaßt werden, wobei diese Funktion die Randbedingungen für $\xi = -\infty$ erfüllt. Als Definition für die Funktionen G kann man die Gl. VII, 4 (10), VII, 4 (11), VII, 4 (14) und VII, 4 (16) oder die Gl. VII, 4 (17) betrachten, dabei ist dort μ durch $\sqrt{\lambda}$ zu ersetzen. Läßt man nun λ_1 und λ_2 und damit auch G_1 und G_2 zusammenfallen, so ergibt sich aus Gl. (6) der folgende Ausdruck, der mit C bezeichnet werden mag

$$C = \int_{-\infty}^{c_2} \frac{\xi}{(1-\xi^3)^{1/6}} G^2(\xi, u)\, d\xi \\ = \frac{(1-c_2^3)^{5/6}}{18\mu} \left(G(c_2, \mu) \frac{\partial^2 G}{\partial\xi\,\partial\mu}(c_2, \mu) - \frac{\partial G}{\partial\xi}(c_2, \mu) \frac{\partial G}{\partial\mu}(c_2, \mu)\right). \tag{8}$$

Diese Formel ist von besonderer Bedeutung, wenn G eine Eigenfunktion ist, sie findet sich bei GUDERLEY [*5*] u. [*6*].

Aus der Orthogonalitätsrelation Gl. (7b) ergibt sich nun, daß die Eigenwerte $\lambda = \mu^2$ reell sein müssen. Das Beweisverfahren entstammt der klassischen Eigenwerttheorie, nur darf man im gegenwärtigen Falle, wegen des Vorzeichenwechsels des Gliedes $\frac{\xi}{(1-\xi^3)^{7/6}}$ in Gl. (7a) bei $\xi = 0$, nicht von dieser Gleichung ausgehen. Man hat den folgenden Gedankengang: Gäbe es einen komplexen Eigenwert $\lambda = \lambda_r + i\,\lambda_i$, so wäre auch die konjugiert komplexe Größe $\lambda = \lambda_r - i\,\lambda_i$ ein Eigenwert, da die Differentialgleichung VII, 4 (6) nur reelle Koeffizienten besitzt. Auch die zugehörigen Eigenfunktionen wären konjugiert komplex. Sie mögen geschrieben werden als $G^+ = G_r + i\,G_i$ und

$G^- = G_r - i\,G_i$. Da diese Eigenwerte voneinander verschieden sind, ist die Orthogonalitätsrelation Gl. (7b) anwendbar. Man erhält

$$\int_{-\infty}^{c_2} (1-\xi^3)^{5/6} \left(\frac{\partial G_r}{\partial \xi} + i\,\frac{\partial G_i}{\partial \xi}\right)\left(\frac{\partial G_r}{\partial \xi} - i\,\frac{\partial G_i}{\partial \xi}\right) d\xi$$

$$= \int_{-\infty}^{c_2} (1-\xi^3)^{5/6} \left(\left(\frac{\partial G_r}{\partial \xi}\right)^2 + \left(\frac{\partial G_i}{\partial \xi}\right)^2\right) d\xi = 0 .$$

Die linke Seite ist aber sicher positiv, was zeigt, daß die Annahme der Existenz eines komplexen Eigenwertes falsch war.

Die Vollständigkeit des Systems der Eigenfunktionen kann mit Hilfe der Hilbertschen Theorie der polaren Integralgleichung gezeigt werden [Hamel]; die klassische Theorie (unter Benutzung von Integralgleichungen mit positiv definitem Kern) versagt, wegen des Vorzeichenwechsels der „Gewichtsfunktion“ $\frac{\xi}{(1-\xi^3)^{7/6}}$ in Gl. (7a).

Im folgenden bedeute $\xi = c_1$ die untere Grenze des betrachteten Intervalls. Dort sei eine der Randbedingungen $G = 0$ oder $\frac{\partial G}{\partial \xi} = 0$ erfüllt. Liegen c_1 und c_2 im Unterschallgebiet, so ist $\lambda = \mu^2$ sicher positiv. Aus $G = 0$ für $\xi = c_1$ und $\xi = c_2$ folgt nämlich, daß zwischen diesen Punkten mindestens ein Maximum des absoluten Wertes von G liegen muß. Ist G im Punkte des Maximums positiv, so ist die zweite Ableitung sicher negativ (die erste Ableitung ist natürlich null). Die Differentialgleichung für G [Gl. VII, 3 (6)] zeigt, daß dies nur für positives λ möglich ist. Ein ähnliches Ergebnis ergibt sich auch für die Randbedingung $G' = 0$ an den Enden des Intervalls.

Liegen c_1 und c_2 im Überschallgebiet, so sind nur Eigenwerte $\lambda < \frac{1}{12}$ möglich, wie die gleiche Schlußweise zeigt.

Liegt c_1 im Unterschall und c_2 im Überschall, so ergeben sich sowohl positive als negative Eigenwerte λ. Ist λ negativ, so ist μ imaginär.

Wendet man den Ausdruck C, der in Gl. (8) definiert ist, auf eine Eigenfunktion an, so ergibt sich aus Gl. (4)

$$C = \int_{-\infty}^{c_2} \frac{\xi}{(1-\xi^3)^{1/6}}\,[G(\xi)]^2\, d\xi = \frac{1}{\frac{1}{16} - 9\lambda} \int_{-\infty}^{c_2} (1-\xi^3)^{5/6} \left(\frac{\partial G}{\partial \xi}\right)^2 d\xi .$$

Da das Integral der rechten Seite immer positiv ist, hat C immer das Vorzeichen von $\frac{1}{16} - 9\lambda$.

Die Eigenwerte seien nach ihrer Größe geordnet und folgendermaßen bezeichnet

$$\ldots - \lambda_h \ldots \lambda_{-3}\ \lambda_{-2}\ \lambda_{-1}\ \lambda_1\ \lambda_2\ \lambda_3 \ldots \lambda_h \ldots,$$

wobei die negativen Indizes für negative, die positiven Indizes für positive Eigenwerte gelten. Eine entsprechende Bezeichnungsweise wird gelegentlich für die zugehörigen Werte μ gebraucht. Entsprechend werden die Eigenfunktionen G bezeichnet als

$$\ldots - G_{-h} \ldots G_{-3}\ G_{-2}\ G_{-1}\ G_1\ G_2\ G_3 \ldots G_h \ldots .$$

Die den Eigenfunktionen zugehörenden Werte C werden entsprechend bezeichnet.

Da das System der Funktionen G vollständig ist, kann man eine Funktion $y(\xi)$, wenn sie gewisse Stetigkeitsvoraussetzungen erfüllt, in der Form darstellen

$$y(\xi) = \sum_{h=1}^{\infty} a_h G_h(\xi) + \sum_{h=1}^{\infty} a_{-h} G_{-h}(\xi). \tag{9}$$

Die $a_{\pm h}$ findet man, unter der Benutzung von Gl. (8), indem man diese Gleichung mit $\frac{\xi}{(1-\xi^3)^{7/6}} G_k(\xi)$ multipliziert, zwischen den Grenzen des Intervalls integriert und dabei die Orthogonalitätsrelationen Gl. (7a) anwendet.

$$a_{\pm k} = (C_{\pm k})^{-1} \int_{-\infty}^{c_2} \frac{\xi}{(1-\xi^3)^{7/6}}\, y(\xi)\, G_{\pm k}(\xi)\, d\xi. \tag{10}$$

10. Darstellung geeigneter Lösungen der Tricomischen Gleichung als Überlagerung der mit den Eigenfunktionen gebildeten Partikularlösungen

Aus der Vollständigkeit des Systems der Eigenfunktionen folgt die Vollständigkeit des Systems der damit zu bildenden Partikularlösungen in der folgenden Weise: Wir betrachten eine Lösung der in der Form Gl. VII, 3 (5a) geschriebenen Tricomischen Gleichung, die längs $\xi = c_1$ und $\xi = c_2$ entweder die Randbedingung $\psi = 0$ oder die Bedingung $\psi_\xi = 0$ erfüllt. Die Lösung sei gültig für $\varrho_1 < \varrho < \varrho_2$, wobei ϱ_1 und ϱ_2 geeignete Konstante sind. Dann läßt sich wegen der Vollständigkeit des Systems der Funktionen G die Lösung längs jeder Linie $\varrho = \text{const}$ durch eine Überlagerung dieser Funktionen darstellen, d. h. man erhält einen Ausdruck der folgenden Form

$$\psi = \sum_{h=-\infty}^{h=+\infty} a_h(\varrho)\, G_h(\xi), \tag{1}$$

dabei sind die $a_{\pm h}(\varrho)$ geeignete Funktionen von ϱ. Wegen der Annahme, daß die Differentialgleichung überall in dem betrachteten Gebiet erfüllt ist, existieren auch die in der Differentialgleichung auftretenden Ableitungen und man kann sie in der letzten Gleichung durch Differentiation unter dem Summenzeichen berechnen. Man erhält also

$$\frac{\partial}{\partial \varrho}(\varrho^{7/6}\psi_\varrho) = \sum_{h=-\infty}^{h=+\infty}\left(\frac{d}{d\varrho}(\varrho^{7/6})\frac{d a_h}{d\varrho}\right) G_h(\xi),$$

$$\frac{\partial}{\partial \xi}(1-\xi^3)^{5/6}\psi_\xi) = \sum_{h=-\infty}^{h=+\infty} a_h(\varrho)\frac{d}{d\xi}\left[(1-\xi^3)^{5/6}\frac{dG_h}{d\xi}\right].$$

Setzt man dies in Gl. VII, 3 (5a) ein und benutzt dabei die Differentialgleichung VII, 3 (6) für G, so ergeben sich die folgenden Gleichungen für die Koeffizienten a_h

$$-9\left(\frac{1}{144}-\mu_h^2\right)a_h = 9\frac{d}{d\varrho}\left[\varrho^{1/6}\frac{d a_h}{d\varrho}\right].$$

Hieraus ergibt sich als Gestalt der Koeffizienten

$$a_h(\varrho) = A_{h1}\,\varrho^{-(1/12)+\mu_h} + A_{h2}\,\varrho^{-(1/12)-\mu_h}.$$

Hierin sind die A_{h1} und A_{h2} Konstante. Setzt man dies in Gl. (1) ein, so findet man wegen Gl. VII, 3 (3), daß die Lösung ψ gerade als Überlagerung der mit den Eigenfunktionen gebildeten Partikularlösungen erscheint.

11. Die Eigenfunktionen und Eigenwerte im Grenzfalle $c_2 \to 1$

Als untere Grenze des betrachteten Intervalls wird von nun an wieder $c_1 = -\infty$ angenommen. Um die Eigenwerte für den Grenzfall $c_2 \to 1$ zu bestimmen, gehen wir von Gl. VII, 4 (17d) aus. Wenn $\xi = c_2$ in der Nähe von 1 liegt, können die hypergeometrischen Reihen durch ihr erstes Glied ersetzt werden und man erhält aus der Bedingung $G = 0$

$$\frac{\Gamma(2\mu)\sin\left[\pi\left(\mu+\frac{1}{4}\right)\right]}{\Gamma\left(\mu+\frac{11}{12}\right)\Gamma\left(\mu+\frac{7}{12}\right)}(1-c_2^3)^{-\mu+(1/12)} + \frac{\Gamma(-2\mu)\sin\left[\pi\left(-\mu+\frac{1}{4}\right)\right]}{\Gamma\left(-\mu+\frac{11}{12}\right)\Gamma\left(-\mu+\frac{7}{12}\right)}(1-c_2^3)^{\mu+(1/12)} = 0. \tag{1}$$

Da die Gleichung bei Vertauschung von μ und $-\mu$ ungeändert bleibt, können wir immer annehmen, daß μ positiv ist. Wir teilen die Gleichung durch $(1 - c_2^3)^{-\mu + (1/12)}$ und lassen dann c_2 nach 1 gehen. Man erhält dann für die antisymmetrischen Partikularlösungen

$$\sin\left[\pi\left(\mu + \frac{1}{4}\right)\right] = 0,$$

d. h.

$$\mu_h = -\frac{1}{4} + h, \qquad h = 1, 2 \ldots \tag{2}$$

und ähnlich aus Gl. VII, 4 (16) für die symmetrischen Partikularlösungen

$$\mu_h = -\frac{3}{4} + h, \qquad h = 1, 2 \ldots. \tag{3}$$

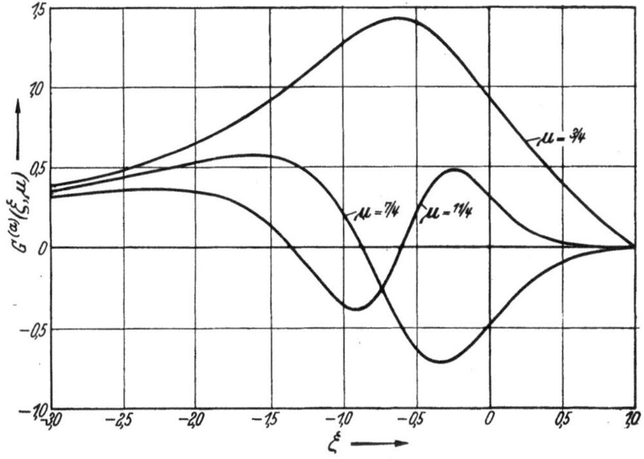

Abb. 66. Einige antisymmetrische Eigenfunktionen $G^{(a)}(\xi, \mu) = \mu/34$; $\mu = 7/4$; $\mu = 11/4$

Die ersten dieser Eigenfunktionen finden sich in den Abb. 66 und 67. Weiterhin müssen die negativen Eigenwerte bestimmt werden. Für imaginäres μ sind die beiden in Gl. VII, 4 (17 d) auftretenden Glieder konjugiert komplex. Wir ersetzen wiederum die hypergeometrischen Reihen durch ihr Anfangsglied 1 und führen ein

$$\mu = i\,\nu.$$

Weiter sei

$$\Gamma\left(\frac{1}{2}\right)\frac{\Gamma(2\mu)\sin\left[\pi\left(\mu + \frac{1}{4}\right)\right]}{\Gamma\left(\mu + \frac{11}{12}\right)\Gamma\left(\mu + \frac{7}{12}\right)} = A(\nu)\,e^{i\sigma(\nu)}, \tag{4}$$

wobei $A(\nu)$ und $\sigma(\nu)$ reell sind. Dann ergibt sich

$$(1 - c_2^3)^{1/12} A(\nu)\,\{e^{i\sigma(\nu) - i\nu\log(1 - c_2^3)} + e^{-i\sigma(\nu) + i\nu\log(1 - c_2^3)}\} = 0$$

oder

$$\cos[\sigma(\nu) - \nu\ln(1 - c_2^3)] = 0.$$

Einen Eigenwert erhält man, wenn

$$\sigma(\nu) - \nu \ln(1 - c_2^3) = \left(h - \frac{1}{2}\right)\pi \quad (5)$$

h ganzzahlig.

Im Grenzfalle $c_2 \to 1$ geht $\ln(1 - c_3^2)$ nach negativ unendlich, und der Abstand zweier benachbarter Eigenwerte wird infinitesimal, d. h.

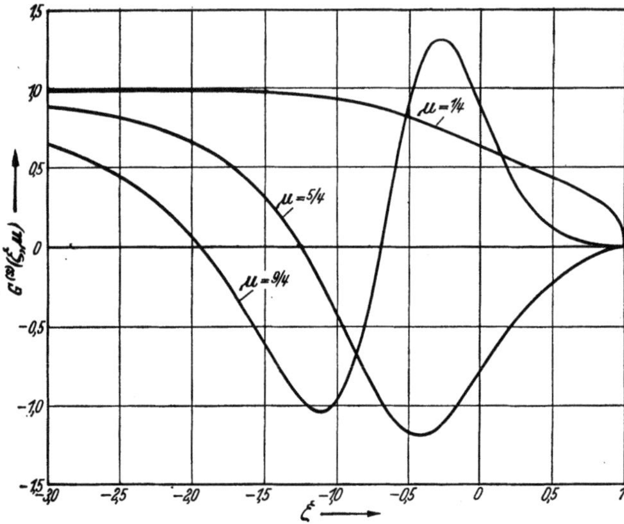

Abb. 67. Einige symmetrische Eigenfunktionen $G^{(s)}(\xi, \mu)$ für $\mu = 1/4$; $\mu = 5/4$; $\mu = 9/4$

man erhält ein kontinuierliches Spektrum von negativen Eigenwerten. Für die symmetrischen Partikularlösungen erhält man das gleiche Ergebnis.

Die Partikularlösungen ψ, die man mit den Eigenfunktionen, die eben gefunden wurden, bilden kann, haben meist nicht die Gestalt, die wir aus physikalischen Gründen erwarten würden. So geben Partikularlösungen der Form $\psi = G^{(a)} \varrho^{-(1/12)+\mu}$ für die hier gefundenen positiven Werte von μ eine Singularität in den höheren Ableitungen, die sich längs $\xi = 1$ fortpflanzt, und die Partikularlösungen für imaginäre Werte von μ oszillieren unendlich oft in der Nähe von $\xi = 1$ und gehen nach unendlich für $\varrho \to 0$. In Abschn. VII, 13 werden wir Umformungen besprechen, die die physikalisch zu erwartenden Eigenschaften der Funktion ψ doch in Evidenz setzen. Gegenwärtig müssen wir uns jedoch an die eben gefundene Familie von Partikularlösungen halten, da allein für sie die Vollständigkeit bewiesen ist.

12. Die Darstellung einer beliebigen Funktion im Grenzfalle $c_2 \to 1$

Wegen des Auftretens eines kontinuierlichen Spektrums in den negativen Eigenwerten ist es nicht möglich, Gl. VII, 9 (9) direkt für die Darstellung einer beliebigen Funktion anzuwenden. Wir wollen hier den notwendigen Grenzübergang durchführen, und zwar am Beispiel der antisymmetrischen Partikularlösungen. Am Schluß findet sich auch die entsprechende Formel für die symmetrischen Partikularlösungen.

Wenn $c_2 \to 1$, so findet man nach Gl. VII, 9 (9) für eine beliebige Funktion

$$\begin{aligned} y(\xi) = \sum_{h=1}^{\infty} \frac{G_h(\xi)}{C_h} \int_{-\infty}^{c_2} y(\tau) \frac{\tau}{(1-\tau^3)^{7/6}} G_h(\tau)\, d\tau \,+ \\ + \sum_{h=1}^{\infty} \frac{G_{-h}(\xi)}{C_{-h}} \int_{-\infty}^{c_2} y(\tau) \frac{\tau}{(1-\tau^3)^{7/6}} G_{-h}(\tau)\, d\tau . \end{aligned} \tag{1}$$

Hierin sind die C_h durch die Formel

$$C_{\pm h} = \int_{-\infty}^{c_2} G^2_{\pm h}(\tau) \frac{\tau}{(1-\tau^3)^{7/6}}\, d\tau \tag{2}$$

definiert. Um die C_h zu berechnen, wird Gl. VII, 9 (8) benutzt. Zur Abkürzung wird eingeführt

$$B(\mu) = \frac{\Gamma\left(\frac{1}{2}\right) \Gamma(2\mu)}{\Gamma\left(\mu + \frac{11}{12}\right) \Gamma\left(\mu + \frac{7}{12}\right)} . \tag{3}$$

Dann schreibt sich nach Gl. VII, 4 (17d) der Ausdruck für $G^{(a)}$ in der Nähe von $\xi = 1$ als

$$\begin{aligned} G^{(a)} = B(\mu) \sin\left[\pi\left(\mu + \frac{1}{4}\right)\right] (1 - \xi^3)^{(1/12) - \mu} \,+ \\ + B(-\mu) \sin\left[\pi\left(-\mu + \frac{1}{4}\right)\right] (1 - \xi^3)^{(1/12) + \mu} . \end{aligned} \tag{4}$$

Als Vorbereitung für die Berechnung von C_h bestimmen wir

$$\begin{aligned} \frac{\partial G^{(a)}}{\partial \xi} = B(\mu) \sin\left[\pi\left(\mu + \frac{1}{4}\right)\right] (-3)\left(\frac{1}{12} - \mu\right) (1 - \xi^3)^{-(11/12) - \mu} \,+ \\ + B(-\mu) \sin\left[\pi\left(-\mu + \frac{1}{4}\right)\right] (-3)\left(\frac{1}{12} + \mu\right) (1 - \xi^3)^{-(11/12) + \mu} . \end{aligned} \tag{5}$$

Obwohl die ersten Glieder der Gl. (4) und (5) für einen Eigenwert verschwinden, liefern sie doch einen überwiegenden Beitrag zu den Ableitungen nach μ. Unter Vernachlässigung von Gliedern höherer Ordnung in $(1-\xi^3)$ erhält man für die Eigenwerte aus Gl. (4) und (5)

$$\frac{\partial G^{(a)}}{\partial \mu}=\pi B(\mu)\cos\left[\pi\left(\mu+\frac{1}{4}\right)\right](1-\xi^3)^{(1/12)-\mu},$$

$$\frac{\partial^2 G^{(a)}}{\partial \xi\,\partial \mu}=\pi B(\mu)\cos\left[\pi\left(\mu+\frac{1}{4}\right)\right](-3)\left(\frac{1}{12}-\mu\right)(1-\xi^3)^{-(11/12)-\mu}.$$

Berücksichtigt man, daß wegen Gl. VII, 11 (3) für die Eigenwerte

$$\sin\left[\pi\left(-\mu+\frac{1}{4}\right)\right]=\cos\left[\pi\left(\mu+\frac{1}{4}\right)\right]=\pm 1$$

i st, so findet man schließlich mit Hilfe von Gl. VII, 9 (8)

$$C_h=\frac{\pi}{3}B(\mu_h)B(-\mu_h), \tag{6}$$

hierin ist μ aus Gl. VII, 11 (3) und $B(\mu)$ aus Gl. (3) zu entnehmen.

Für negative Eigenwerte führen wir wiederum ein

$$\mu=i\,\nu; \tag{7}$$

der dem Werte μ_h zugeordnete Wert ν soll mit ν_h bezeichnet werden. Hieraus

$$\frac{d\nu}{d\mu}=-i. \tag{7a}$$

Zwischen den Funktionen B, A und σ besteht auf Grund der Definition Gl. VII, 11 (4) die folgende Beziehung

$$B(i\,\nu)\sin\left[\pi\left(i\,\nu+\frac{1}{4}\right)\right]=A(\nu)\,e^{i\sigma(\nu)}. \tag{8}$$

Wir berechnen $\frac{\partial G}{\partial \mu}$ und $\frac{\partial G}{\partial \xi}$ für einen Eigenwert, d. h. unter gleichzeitiger Berücksichtigung von Gl. VII, 11 (5). In einigen Gliedern wird dabei der Grenzübergang $c_2\to 1$ durchgeführt. Aus Gl. (4) erhält man

$$G^{(a)}=(1-c_2^3)^{1/12}A(\nu)\cos[\sigma(\nu)-\nu\ln(1-c_2^3)],$$

$$\frac{\partial G^{(a)}}{\partial \mu}=i\,2A(1-c_2^3)^{1/12}\times$$

$$\times\sin[\sigma(\nu_h)-\nu_h\ln(1-c_2^3)]\left(\frac{d\sigma}{d\nu}(\nu_h)-\ln(1-c_2^3)\right),$$

$$\frac{\partial G}{\partial \xi}=-6A(1-c_2^3)^{-11/12}\nu_h\sin[\sigma(\nu_h)-\nu_h\ln(1-c_2^3)].$$

Wegen Gl. VII, 11 (5) ist der absolute Wert, der hier auftretenden sinus-Funktionen 1. Für $\xi = c_2$ ist $G = 0$ und es ergibt sich aus Gl. VII, 9 (8)

$$C_{-h} = \frac{2}{3} A^2(\nu_h) \left[\frac{d\sigma}{d\nu} - \ln(1 - c_2^3) \right]. \tag{9}$$

C_{-h} strebt also nach positiv unendlich, wenn $(1 - c_2^3)$ nach null geht.

Es muß jetzt berücksichtigt werden, daß bei diesem Grenzübergang die negativen Eigenwerte dichter und dichter zu liegen kommen. Nach Gl. VII, 11 (5) findet man

$$\sigma(\nu_h) - \nu_h \ln(1 - c_2^3) = \pi \left(h - \frac{1}{2} \right). \tag{10}$$

Für kleine Werte von $(1 - c_2^3)$ ändert sich $\sigma(\nu_h)$ nur um einen kleinen Betrag, wenn sich h um eine Einheit ändert. Bezeichnet man die Änderung von ν_h zwischen zwei aufeinanderfolgenden Werten von h mit $\Delta \nu_h$, so findet man aus der letzten Gleichung

$$\Delta \nu_h \left[\frac{d\sigma}{d\nu}(\nu_h) - \ln(1 - c_2^2) \right] \to \pi \quad \text{für} \quad (1 - c_2^3) \to 0. \tag{11}$$

Unter Benutzung dieser Formel kann das zweite Glied der Gl. (1) von einer Summation über h in eine Summation über die $\Delta \nu_h$ übergeführt werden. Setzt man gleichzeitig C_{-h} aus Gl. (9) ein, so erhält man

$$\sum_{h=1}^{\infty} \frac{G_{-h}}{C_{-h}} \int_{-\infty}^{c_2} y(\tau) \frac{\tau}{(1 - \tau^3)^{7/6}} G_{-h}(\tau)\, d\tau$$
$$= \sum_{\Delta \nu_h} \frac{\Delta \nu_h G^{(a)}(\xi, i\nu_h)}{\frac{2}{3} \pi A^2(\nu_h)} \int_{-\infty}^{c_2} y(\tau) \frac{\tau}{(1-\tau^3)^{7/6}} G^{(a)}(\tau, i\nu_h)\, d\tau.$$

Nun kann der Grenzübergang $c_2 \to 1$ durchgeführt werden

$$\lim_{c_2 \to 1} \sum_{h=1}^{\infty} \frac{G_{-h}^{(a)}}{C_{-h}} \int_{-\infty}^{c_2} y(\tau) \frac{\tau}{(1 - \tau^3)^{7/6}} G_{-h}(\tau)\, d\tau$$
$$= \frac{3}{2\pi} \int_0^{\infty} \frac{d\nu\, G^{(a)}(\xi, i\nu)}{A^2(\nu)} \int_{-\infty}^{1} y(\tau) \frac{\tau}{(1 - \tau^3)^{7/6}} G^{(a)}(\tau, i\nu)\, d\tau. \tag{12}$$

Diese Resultate werden in Gl. (1) eingesetzt. Dabei wird der Ausdruck C_h aus Gl. (6) eingeführt, das zweite Glied der Gl. (1) durch Gl. (12) ersetzt und A mit Hilfe von B nach Gl. (8) ausgedrückt. Schließlich wird die Integration über ν die in Gl. (12) auftritt, durch eine Integration über μ ersetzt, die dann längs der positiven imaginären Achse der komplexen μ-Ebene zu erstrecken ist.

$$y(\xi) = \frac{3}{\pi}\left\{\sum_{h=1}^{\infty}\left(\frac{G^{(a)}(\xi, \mu_h^{(a)})}{B^{(a)}(\mu_h^{(a)})\, B^{(a)}(-\mu_h^{(a)})} \times \right.\right.$$
$$\left. \times \int_{-\infty}^{1} y(\tau) \frac{\tau}{(1-\tau^3)^{7/6}} G^{(a)}(\tau, \mu_h^{(a)})\, d\tau\right) -$$
$$- \frac{i}{2} \int_{\mu=0}^{i\infty} \left(\frac{G^{(a)}(\xi, \mu)}{B^{(a)}(\mu)\, B^{(a)}(-\mu) \sin\left[\pi + \frac{1}{4})\right] \sin\left[\left(\pi\left(-\mu + \frac{1}{4}\right)\right]\right.} \times \qquad (13)$$
$$\left.\left. \times \int_{-\infty}^{1} y(\tau) \frac{\tau}{(1-\tau^3)^{7/6}} G^{(a)}(\tau, \mu)\, d\tau\right) d\mu\right\},$$

wobei

$$\mu_h^{(a)} = h - \frac{1}{4} \qquad (13\text{a})$$

und

$$B^{(a)}\mu = \frac{\Gamma\left(\frac{1}{2}\right)\Gamma(2\mu)}{\Gamma\left(\mu + \frac{11}{12}\right)\Gamma\left(\mu + \frac{7}{12}\right)}. \qquad (13\text{b})$$

Die entsprechende Formel für die symmetrischen Partikularlösungen ist

$$y(\xi) = \frac{3}{\pi}\left\{\sum_{h=1}^{\infty}\left(\frac{G^{(s)}(\xi, \mu_h^{(s)})}{B^{(s)}(\mu_h^{(s)})\, B^{(s)}(-\mu_h^{(s)})} \times \right.\right.$$
$$\left. \times \int_{-\infty}^{1} y(\tau) \frac{\tau}{(1-\tau^3)^{7/6}} G^{(s)}(\tau, \mu_h^{(s)})\, d\tau\right) -$$
$$- \frac{i}{2} \int_{\mu=0}^{i\infty} \left(\frac{G^{(s)}(\xi, \mu)}{B^{(s)}(\mu)\, B^{(s)}(-\mu) \sin\left[\pi\left(\mu + \frac{3}{4}\right)\right] \sin\left[\pi\left(-\mu + \frac{3}{4}\right)\right]} \times \right. \qquad (14)$$
$$\left.\left. \times \int_{-\infty}^{1} y(\tau) \frac{\tau}{(1-\tau^3)^{7/6}} G^{(s)}(\tau, \mu)\, d\tau\right) d\mu\right\},$$

wobei

$$B^{(s)}(\mu) = 2\Gamma\left(\frac{1}{2}\right)\frac{\Gamma(2\mu)}{\Gamma\left(\mu + \frac{5}{12}\right)\Gamma\left(\mu + \frac{1}{12}\right)} \qquad (14\text{a})$$

und

$$\mu_h^{(s)} = h - \frac{3}{4}. \qquad (14\text{b})$$

13. Die Entwicklung einer Lösung ψ nach Partikularlösungen

Am Anfange des Abschn. VII, 9 war ein System von Partikularlösungen auf Grund gewisser Eigenschaften bestimmt worden, die die Lösung ψ längs der durch den Nullpunkt gehenden Charakteristiken besitzt. Die Frage, ob sich dieses Lösungssystem zur Darstellung eines beliebigen Ausdruckes, ψ der diese Eigenschaft hat, eignet, blieb allerdings offen. Eine solche Darstellung wäre von erheblicher Bedeutung. Meist stellt der Nullpunkt der η, ϑ-Ebene das Unendliche der Strömungsebene dar. Da nun diese Partikularlösungen sich nach Potenzen von ϱ ordnen, so ergäbe sich damit eine besonders übersichtliche Darstellung. Die Tatsache, daß dann längs einer Linie $\xi = \text{const}$ die Lösung in der Form einer Potenzreihe in ϱ erscheinen würde, zeigt aber auch die Beschränkungen, denen eine solche Darstellung unterliegt. Offenbar ist sie nur anwendbar, solange die Funktion ψ längs einer Linie $\xi = \text{const}$ regulär ist. Im Überschallgebiet ist aber Regularität keinesfalls selbstverständlich. Wenn nämlich die Randbedingungen nicht durch reguläre Funktionen gegeben sind, so pflanzen sich längs gewisser Charakteristiken des Überschallgebietes Unstetigkeiten in den höheren Ableitungen von ψ fort. Solche Singularitäten mögen noch so schwach sein, z. B. nur in einer Ableitung hoher Ordnung auftreten, sie bestimmen dennoch die Grenze des Konvergenzbereiches der hier angestrebten Darstellung (Abb. 68). Die Frage der Entwicklung nach einem solchen System von Partikularlösungen ist in einer Arbeit von GUDERLEY [*14*] behandelt worden. Hier wollen wir nur einige der grundlegenden Gedanken angeben und auch diese in vereinfachter Form. Hinsichtlich der Einzelheiten der Beweise sei auf die Originalarbeit verwiesen.

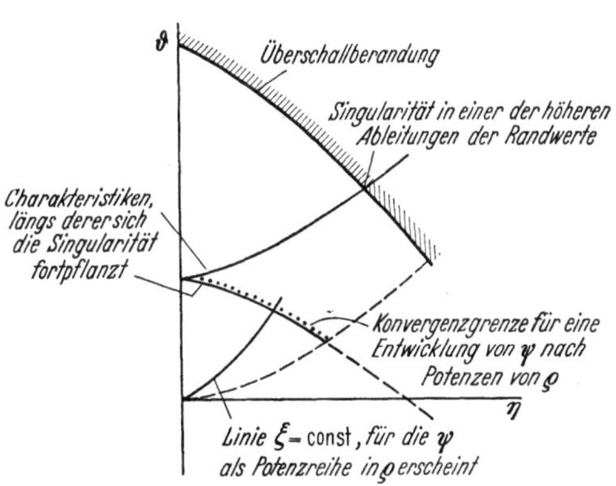

Abb. 68. Erläuterung der Beschränkungen, denen eine Entwicklung nach „natürlichen“ Partikularlösungen unterworfen ist

Es sei eine Funktion ψ gegeben, die in einem Gebiet, das etwa die in Abb. 69 gezeigte Gestalt hat, überall die TRICOMIsche Differentialgleichung und im Nullpunkt die TRICOMIschen Bedingungen (Abschnitt V, 11) erfüllt. Mit der Lösung sind, zumindestens im Prinzip, längs einer beliebigen Kurve C', die im Innern des Gebietes liegt, auch die Ableitungen ψ_ϱ und ψ_ξ gegeben. Durch analytische Fortsetzung läßt sich die Funktion ψ aus den Werten die für ψ und ψ_ϱ längs C' auftreten, rekonstruieren, zumindest im Unterschallgebiet. Daher könnte man die gewünschte Darstellung von ψ dadurch erhalten, daß man einen Ausdruck konstruiert, der längs C' diese Werte annimmt. Wenn die Kurve C' den Bedingungen des Tricomischen Satzes entspricht, sind aber bereits die Funktionswerte von ψ ausreichend, um die Funktion zu bestimmen, deshalb würde die Vorgabe der Ableitungen im allgemeinen zu einem Widerspruch führen. Leider reicht aber die Kenntnis der Funktionswerte nicht aus, wenn wir die Formeln des vorigen Abschnittes zur Darstellung der Lösung benutzen wollen.

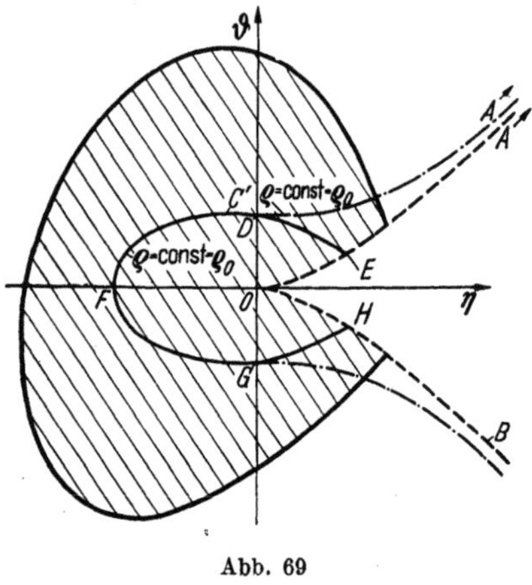

Abb. 69

Deshalb wird das Problem folgendermaßen modifiziert: Es wird eine Funktion $\bar{\psi}$ betrachtet, die im Innern der Kurve C' durch die ursprüngliche Funktion ψ, außerhalb durch $\bar{\psi} \equiv 0$ dargestellt wird. Nach dieser Konstruktion hat $\bar{\psi}$ längs C' einen Sprung im Funktionswert und in einer nicht mit der Richtung von C' zusammenfallenden Ableitung. Weiterhin verschwindet $\bar{\psi}$ im Unendlichen und erfüllt im Ursprung die Tricomische Bedingung. Dieses Randwertproblem ist eindeutig bestimmt; denn die Differenz zweier Lösungen des Randwertproblems erfüllt die Tricomische Differentialgleichung überall links der Charakteristik OA und OB der Abb. 69, also auch längs C', weiter verschwindet sie im Unendlichen und erfüllt im Ursprung die Tricomischen Bedingungen. Eine solche Lösung ist identisch null, wie sich aus dem Tricomischen Satz ergibt, wenn man die dort auftretende Berandung nach Unendlich rücken läßt.

Der Vorteil dieser Formulierung besteht darin, daß sich selbst dann eine Lösung des Problems ergibt, wenn längs C' der Wert von ψ und seiner Ableitung ψ_ϱ (oder vielmehr der Sprung von $\bar{\psi}$ und seiner Ableitung $\bar{\psi}_\varrho$) gänzlich unabhängig voneinander vorgeschrieben werden. Falls Funktionswert und Ableitung nicht aufeinander abgestimmt sind, ist die einzige Folge, daß die Lösung im Gebiete außerhalb von C' von null verschieden ist. Schreibt man dagegen längs C' Funktionswert und Ableitung direkt vor, so gibt es im allgemeinen überhaupt keine Lösung.

Für die Durchführung der Rechnung wird die Lösung in einen symmetrischen und einen antisymmetrischen Anteil gespaltet, und es braucht nur die obere Hälfte der η, ϑ-Ebene betrachtet zu werden. Wir beschränken uns auf die Betrachtung des antisymmetrischen Anteils. Der Einfachheit halber wählen wir in der gegenwärtigen Behandlung für die Kurve C' eine Linie $\varrho = \text{const}$. Im Unterschallgebiet liege sie gänzlich innerhalb des betrachteten Gebietes G. Im Überschallgebiet ist dies unmöglich, es sei denn, daß sich das Gebiet G ins Unendliche erstreckt. Glücklicherweise braucht aber nur die Charakteristik DE in Abb. 69, die von dem Schnittpunkt von C' mit der Schallinie ausgeht, innerhalb von G zu liegen. Sind nämlich auf dieser Charakteristik die Werte von ψ bekannt, so kann man die Lösung in der folgenden Weise bis zu der ursprünglich angenommenen Kurve $\varrho = \text{const}$ ergänzen. Man schreibt längs der Charakteristik EA beliebige Werte ψ vor, die sich stetig an den im Punkte E auftretenden Wert ψ anschließen. Dann konstruiert man die Lösung in dem Gebiete DEA mit Hilfe der Charakteristikenmethode, aus den Werten längs DE und EA. Wenn man dann umgekehrt eine Lösung berechnet, die längs der Linie DA ($\varrho = \text{const}$), die ja keine Charakteristik ist, die eben berechneten Werte für $\bar{\psi}$ und für seine Ableitung $\bar{\psi}_\varrho$ annimmt, dann stimmt sie im ganzen Gebiet ADE mit der dort konstruierten Lösung überein. Damit erhält man auch Übereinstimmung längs der Charakteristik DE, d. h. mit den Bedingungen längs DA ist automatisch die Bedingung für $\bar{\psi}$ längs DE erfüllt.

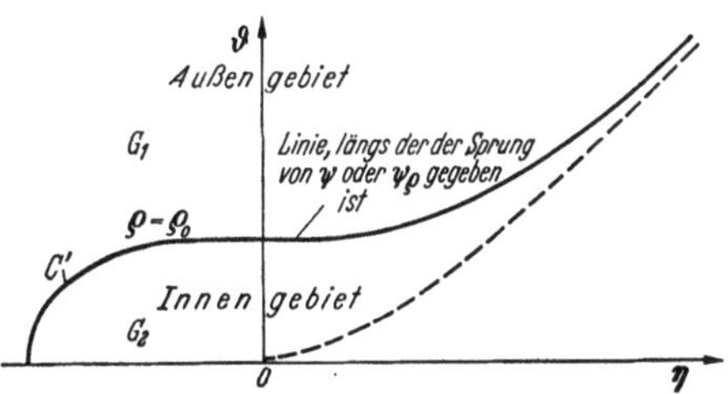

Abb. 70. Aufteilung der η, ϑ-Ebene in ein Innen- und ein Außengebiet

Der Vorteil dieser Konstruktion ist eine erhebliche Vereinfachung der analytischen Arbeit, ihr Nachteil ist, daß die Konstruktion mit Hilfe der Charakteristikenmethode ein Element in die Untersuchung hineinträgt, das sich nicht unmittelbar analytisch verfolgen läßt. In der Arbeit von Guderley tritt dieser Mangel nicht auf. Im folgenden ersetzen wir die Bezeichnung $\bar{\psi}$ wieder durch ψ.

Wir sind also bei dem folgenden Problem angelangt: Gegeben seien zwei Funktionen $f_1(\xi)$ und $f_2(\xi)$. Gesucht ist eine Lösung der Tricomischen Gleichung, die im Unendlichen verschwindet, im Ursprung die Tricomische Bedingung erfüllt und die längs $\varrho = \varrho_0$, einen Sprung von ψ gegeben durch $f_1(\xi)$ und einen Sprung von ψ_ϱ gegeben durch $f_2(\xi)/\varrho_0$ aufweist (Abb. 70).

Die Kurve C' teilt die η, ϑ-Ebene in zwei Gebiete, die als Außengebiet $G_1(\varrho > \varrho_0)$, und Innengebiet $G_2(\varrho < \varrho_0)$ bezeichnet werden.

Im Außengebiet G_1 werde die Lösung dargestellt durch

$$\psi_1 = \sum_{h=1}^{\infty} a_h G^{(a)}(\xi, \mu_h^{(a)}) (\varrho/\varrho_0)^{-(1/12) - \mu_h^{(a)}}, \tag{1a}$$

im Innengebiet G_2 durch

$$\psi_2 = \sum_{h=1}^{\infty} b_h G^{(a)}(\xi, \mu_h^{(a)}) (\varrho/\varrho_0)^{-(1/12) + \mu_h^{(a)}} - \\ - \operatorname{Re} \frac{i}{2} \int_{\mu=0}^{i\infty} \beta(\mu) G^{(a)}(\xi, \mu) (\varrho/\varrho_0)^{-(1/12)+\mu} d\mu. \tag{1b}$$

Hier sind die Konstanten a_h und b_h und die Funktion $\beta(\mu)$ aus den längs C' vorgeschriebenen Übergangsbedingungen zu berechnen. Im letzten Glied muß der Realteil eingeführt werden, da ϱ/ϱ_0 mit einer komplexen Potenz auftritt. Im Unendlichen strebt die Lösung, wie die Form des Ansatzes zeigt, nach null. Daß die TRICOMIschen Bedingungen im Nullpunkt erfüllt sind, ist aus der Form des Ansatzes nicht ersichtlich; die einzelnen in dem Integral auftretenden Partikularlösungen gehen sogar im Nullpunkt nach unendlich, da μ imaginär ist. Diese Eigenschaft der Lösung wird sich später ergeben. Die längs C' vorgeschriebenen Bedingungen sind

$$\psi_2(\xi, \varrho_0) - \psi_1(\xi, \varrho_0) = f_1(\xi), \tag{2a}$$

$$\psi_{2;\varrho}(\xi, \varrho_0) - \psi_{1;\varrho}(\xi, \varrho_0) = \frac{1}{\varrho_0} f_2(\xi). \tag{2b}$$

Wir entwickeln die Funktionen f_1 und f_2 mit Hilfe der Formel Gl. VII, 12 (13) und setzen dann die Gl. (1) in die Bedingungen Gl. (2) ein.

Indem man die Koeffizienten der einzelnen Funktionen auf den beiden Seiten der so entstehenden Gleichung gleichsetzt, ergibt sich

$$b_h - a_h = \left\{\frac{3}{\pi} \int_{-\infty}^{1} \frac{\tau f_1(\tau) G^{(a)}(\tau, \mu_h^{(a)})}{(1-\tau^3)^{7/6}} d\tau\right\} \Big/ \left(B^{(a)}(\mu_h^{(a)}) B^{(a)}(-\mu_h^{(a)})\right),$$

$$\left(-\frac{1}{12} + \mu_h^{(a)}\right) b_h - \left(-\frac{1}{12} - \mu_h^{(a)}\right) a_h \\ = \left\{\frac{3}{\pi} \int_{-\infty}^{1} \frac{\tau f_2(\tau) G^{(a)}(\tau, \mu_h^{(a)})}{(1-\tau^3)^{7/6}} d\tau\right\} \Big/ \left(B^{(a)}(\mu_h^{(a)}) B^{(a)}(-\mu_h^{(a)})\right),$$

$$\operatorname{Re}\beta(\mu) = \left\{\frac{3}{\pi} \int_{-\infty}^{1} \frac{\tau f_1(\tau) G^{(a)}(\tau, \mu)}{(1-\tau^3)^{7/6}} d\tau\right\} \Big/ \Big\{B^{(a)}(\mu) B^{(a)}(-\mu) \times \\ \times \sin\left[\pi\left(\mu + \frac{1}{4}\right)\right] \sin\left[\pi\left(-\mu + \frac{1}{4}\right)\right]\Big\},$$

$$\operatorname{Re}\left(-\frac{1}{12}+\mu\right)\beta(\mu)=\left\{\frac{3}{\pi}\int\limits_{-\infty}^{1}\frac{\tau f_2(\tau)\, G^{(a)}(\tau,\mu)}{(1-\tau^3)^{7/6}}\,d\tau\right\}\Big/\Big\{B^{(a)}(\mu)\,B^{(a)}(-\mu)\times$$
$$\times\sin\left[\pi\left(\mu+\frac{1}{4}\right)\right]\sin\left[\pi\left(-\mu+\frac{1}{4}\right)\right]\Big\}.$$

Hieraus

$$a_h=\frac{3}{\pi}I(-\mu_h^{(a)})\frac{1}{2\mu_h^{(a)}}\Big/\{B^{(a)}(\mu_h^{(a)})\,B^{(a)}(-\mu_h^{(a)})\},\tag{3a}$$

$$b_h=\frac{3}{\pi}I(+\mu_h^{(a)})\frac{1}{2\mu_h^{(a)}}\Big/\{B^{(a)}(\mu_h^{(a)})\,B^{(a)}(-\mu_h^{(a)})\},\tag{3b}$$

$$\beta=\frac{3}{\pi}I(\mu)\frac{1}{\mu}\Big/\Big\{B^{(a)}(\mu)\,B^{(a)}(-\mu)\sin\left[\pi\left(\mu+\frac{1}{4}\right)\right]\sin\left[\pi\left(-\mu+\frac{1}{4}\right)\right]\Big\},\tag{3c}$$

wobei

$$I(\mu)=\int\limits_{-\infty}^{1}\left[f_1(\tau)\left(\mu+\frac{1}{12}\right)+f_2(\tau)\right]\frac{\tau}{(1-\tau^3)^{7/6}}\,G^a(\tau,\mu)\,d\tau\tag{4}$$

und nach Gl. VII, 12 (13a)

$$\mu_h^{(a)}=h-\frac{1}{4}.\tag{5}$$

Somit ergibt sich als Lösungsdarstellung im Außengebiet

$$\psi_1=\frac{3}{\pi}\sum_{h=1}^{\infty}\frac{G^{(a)}(\xi,\mu_h^{(a)})}{B^{(a)}(\mu_h^{(a)})\,B^{(a)}(-\mu_h^{(a)})}\,\frac{1}{2\mu_h^{(a)}}\,I(-\mu_h^{(a)})\left(\frac{\varrho}{\varrho_0}\right)^{-(1/12)-\mu_h^{(a)}},\tag{6a}$$

im Innengebiet

$$\psi_2=\frac{3}{\pi}\left\{\sum_{h=1}^{\infty}\frac{G^{(a)}(\xi,\mu_h^{(a)})}{B^{(a)}(\mu_h^{(a)})\,B^{(a)}(-\mu_h^{(a)})}\,\frac{1}{2\mu_h^{(a)}}\,I(\mu_h^{(a)})\left(\frac{\varrho}{\varrho_0}\right)^{-(1/12)+\mu_h^{(a)}}-\right.\tag{6b}$$
$$\left.-\operatorname{Re} i\int\limits_{0}^{i\infty}\frac{G^{(a)}(\xi,\mu)\,I(\mu)}{B^{(a)}(\mu)\,B^{(a)}(-\mu)\,2\mu\sin\left[\pi\left(\mu+\frac{1}{4}\right)\right]\sin\left[\pi\left(-\mu+\frac{1}{4}\right)\right]}\left(\frac{\varrho}{\varrho_0}\right)^{-(1/12)+\mu}d\mu\right\}.$$

Für die weitere Entwicklung sind zwei Tatsachen wichtig, die aber ohne Beweis angeführt werden. 1. Die in Gl. (4) definierte Funktion I ist eine einwertige analytische Funktion von μ. 2. Wenn $|\mu|$ im ersten Quadranten der komplexen μ-Ebene nach unendlich geht, klingt für ein Gebiet der ϱ, ξ-Ebene der Integrand des im zweiten Teile von Gl. (6) auftretenden Integrals so ab, daß eine Deformation des Integrationsweges von der imaginären in die reelle μ-Achse möglich ist.

Hierzu fügen wir zunächst als weitere Annahme, daß die Funktion $I(\mu)$ im ersten Quadranten keine Pole besitzt. Hierüber ist später mehr zu sagen.

Wir betrachten das zweite Glied in Gl. (6b). Unter den eben gemachten Annahmen sind die Singularitäten des Integranden durch die Singularitäten des Ausdruckes

$$G^{(a)}(\xi,\mu)\left(\frac{\varrho}{\varrho_0}\right)^{-(1/12)+\mu}\times$$
$$\times\left\{B^{(a)}(\mu)\,B^{(a)}(-\mu)\sin\left[\pi\left(\mu+\frac{1}{4}\right)\right]\sin\left[\pi\left(-\mu+\frac{1}{4}\right)\right]\right\}^{-1}$$

gegeben. Wenn man $\xi=1$ von der Betrachtung ausschließt, ist die Funktion $G^{(a)}(\xi,\mu)$ für alle Werte von μ regulär. $G^{(a)}$ ist nämlich durch eine lineare Differentialgleichung und eine Anfangsbedingung (bei $\xi=-\infty$), die μ nicht enthält, bestimmt. Singularitäten der Lösung können dann nur an Stellen auftreten, an denen die Differentialgleichung singulär ist. Solche Singularitäten gibt es aber nicht für $\xi\neq 1$. Somit brauchen wir nur die Pole des Ausdruckes

$$\left\{B^{(a)}(\mu)\,B^{(a)}(-\mu)\sin\left[\pi\left(\mu+\frac{1}{4}\right)\right]\sin\left[\pi\left(-\mu+\frac{1}{4}\right)\right]\right\}^{-1}\tag{7}$$

zu betrachten. Einige dieser Pole sind sofort zu erkennen, nämlich die Nullstellen der trigonometrischen Funktionen. Die Pole, die durch das Verschwinden des Ausdruckes $\sin\left[\pi\left(\mu+\frac{1}{4}\right)\right]$ zustande kommen, liegen gerade bei den Werten $\mu_h^{(a)}$, die in der ersten Summe des Ausdruckes Gl. (6b) auftreten. Sie seien für sich behandelt, da sie nämlich diese Summe gerade aufheben. Die Residuen in diesen Punkten sind gegeben durch

$$\frac{G^{(a)}(\xi,\mu_h^{(a)})\left(\frac{\varrho}{\varrho_0}\right)^{-(1/12)+\mu_h^{(a)}}}{B^{(a)}(\mu_h^{(a)})\,B^{(a)}(-\mu_h^{(a)})\,\pi\,2\mu_h^{(a)}}\,I(\mu_h).$$

Um die anderen Pole zu untersuchen, werden die expliziten Ausdrücke für $B^{(a)}$ Gl. VII, 12 (13) eingesetzt und die darin auftretenden Γ-Funktionen mit Hilfe der Formeln Gl. VII, 7 (15) umgeformt

$$[B^{(a)}(\mu)\,B^{(a)}(-\mu)]^{-1}=\frac{\Gamma\left(\mu+\frac{11}{12}\right)\Gamma\left(\mu+\frac{7}{12}\right)\Gamma\left(-\mu+\frac{11}{12}\right)\Gamma\left(-\mu+\frac{7}{12}\right)}{\pi\,\Gamma(2\mu)\,\Gamma(-2\mu},$$
$$=\frac{-2\mu\sin(2\pi\mu)\,\Gamma\left(\mu+\frac{11}{12}\right)\Gamma\left(\mu+\frac{7}{12}\right)}{\sin\left[\pi\left(\mu+\frac{1}{12}\right)\right]\sin\left[\pi\left(\mu+\frac{5}{12}\right)\right]\Gamma\left(\mu+\frac{1}{12}\right)\Gamma\left(\mu+\frac{5}{12}\right)}.$$

Hieraus in Verbindung mit Gl. (7) findet man, daß Pole an den Stellen

$$\mu=\frac{1}{4}+\frac{h}{3}\qquad h=0,1,2,3\ldots\tag{8}$$

auftreten; die Residuen sind gegeben durch

$$G^{(a)}\left(\xi, \frac{1}{4}+\frac{h}{3}\right)\left(\frac{\varrho}{\varrho_0}\right)^{(1/6)+(h/3)} \times$$
$$\times \frac{4}{3\pi} \frac{\Gamma\left(\frac{7}{6}+\frac{h}{3}\right)\Gamma\left(\frac{5}{6}+\frac{h}{3}\right)}{\Gamma\left(\frac{1}{3}+\frac{h}{3}\right)\Gamma\left(\frac{2}{3}+\frac{h}{3}\right)} I\left(\frac{1}{4}+\frac{h}{3}\right) \quad h=0,1,2\ldots. \tag{9}$$

Der Integrationsweg nach der Deformation folgt der reellen μ-Achse und umgeht die auf der rellen Achse liegenden Pole in kleinen Halbkreisen oberhalb der Achse (Abb. 71). Auf der reellen Achse ist der Integrand offenbar reell. Wegen des Faktors i vor dem Integral in Gl. (6b) ist der Realteil dieses Beitrages null. Dagegen ergeben die die Pole umschließenden Halbkreise imaginäre Beiträge zu dem Integral, nämlich das jeweilige Residuum multipliziert mit $-i\pi$; das negative Zeichen tritt hier auf, da die Pole im negativen Sinne umlaufen werden. Somit ist der Realteil des gesamten Ausdruckes die Summe der Residuen multipliziert mit π. Dabei sieht man, daß die Residua der Punkte $\mu_h^{(a)}$ die Summe in der Lösung Gl. (6b) herausheben. Damit erhält man

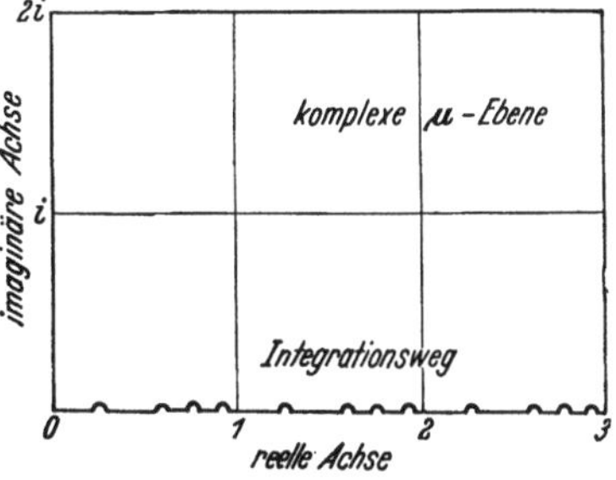

Abb. 71. Integrationsweg in der komplexen μ-Ebene

$$\psi_2 = -\frac{4}{\pi}\sum_{h=0}^{\infty} G^{(a)}\left(\xi, \frac{1}{4}+\frac{h}{3}\right)\left(\frac{\varrho}{\varrho_0}\right)^{(1/6)+(h/3)} \times$$
$$\times \frac{\Gamma\left(\frac{7}{6}+\frac{h}{3}\right)\Gamma\left(\frac{5}{6}+\frac{h}{3}\right)}{\Gamma\left(\frac{1}{3}+\frac{h}{3}\right)\Gamma\left(\frac{2}{3}+\frac{h}{3}\right)} I\left(\frac{1}{4}+\frac{h}{3}\right). \tag{10}$$

Tatsächlich ist dieser Ausdruck eine Überlagerung der Partikularlösungen (mit positiven Exponenten von ϱ), die wir in Abschn. VII, 9 [Gl. VII, 9 (3)] gefunden hatten. Als volle Darstellung der Lösung ψ_2 kann aber dieser Ausdruck nicht immer betrachtet werden. Die Definition von I [Gl. (4)] zeigt, daß, solange f_1 und f_2 beschränkt sind (was immer angenommen wird), und solange auch G beschränkt ist, I gleichmäßig konvergiert und deshalb eine analytische Funktion von μ darstellt, die in der komplexen μ-Ebene keine Pole besitzt. Das Verhalten von $G(\tau, \mu)$ für $\tau = -\infty$ ist derart, daß dort keine Schwierigkeiten auftreten. Dagegen ist zu beachten, daß im allgemeinen für

$\tau \to 1$ die Funktion G nach unendlich geht. [Man vergleiche die asymptotische Darstellung Gl. VII, 7 (12b).] Mit Sicherheit ist I eine analytische Funktion, wenn in einer Nachbarschaft von $\tau = 1$ etwa für $\xi_1 < \tau < 1$ die Funktionen f_1 und f_2 identisch null sind. Dabei ist ξ_1 eine geeignete Konstante.

Dies sei zunächst angenommen. Die Lage des Punktes ξ_1 beeinflußt die Grenzen des Gebietes, indem die oben vorgenommenen Umformungen zulässig sind. Dieses Gebiet, bestimmt sich aus der Forderung, daß der Integrand in dem Ausdruck Gl. (6b) genügend stark nach null geht, wenn in der komplexen Ebene $|\mu| \to \infty$ strebt. Dies hängt aber auch von I und damit von ξ_1 ab. Die genaueren Untersuchungen ergeben als Gültigkeitsbereich der Darstellung Gl. (10) das in Abb. 72 schraffierte Gebiet. Man zieht durch den Punkt $\xi = \xi_1$, der Kontur C' die Charakteristik mit positiver Neigung und durch den Schnittpunkt G dieser Charakteristik mit der Schallinie die Linie $\varrho = \text{const}$ (GK) und die Charakteristik mit negativer Neigung GH. Diese beiden Linien sind die Grenze des Gültigkeitsbereiches. Die Konvergenz des Ausdruckes Gl. (10) kann sich im allgemeinen nicht über dieses Bereich hinaus erstrecken. Es ist nämlich nicht auszuschließen, daß sich längs der Charakteristik FG eine Singularität fortpflanzt. Diese wird an der Schallinie reflektiert und dann ergibt sich eine Singularität längs GH. Da, wie früher erwähnt, die Darstellung Gl. (10) von ψ_2 längs einer Linie $\xi = \text{const}$ eine Potenzreihenentwicklung in $\varrho^{1/3}$ ist, geht das Konvergenzgebiet nicht über die nächste Singularität, d. h. nicht über die Linie GH hinaus. Wie sich dies auf das Unterschallgebiet auswirkt, könnte man aus der asymptotischen Darstellung für die G erkennen.

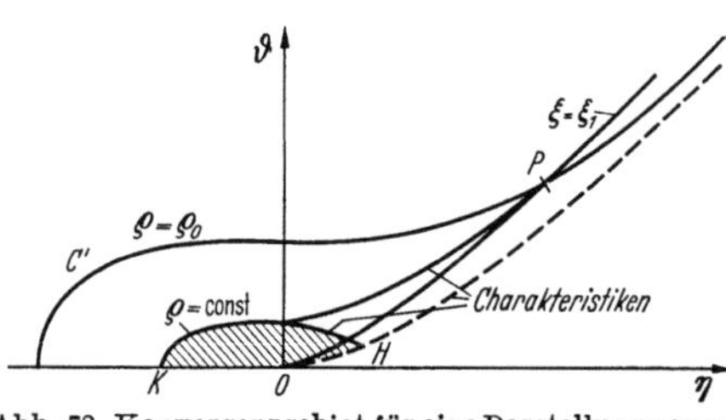

Abb. 72. Konvergenzgebiet für eine Darstellung von ψ nach „natürlichen" Partikularlösungen

Rückt ξ nach 1, so wird das Konvergenzgebiet immer kleiner, d. h. die in Gl. (10) gegebene Darstellung wird wertlos. Dies ist nur scheinbar, jedoch bedarf es einer verfeinerten Darstellung der Funktion I, um auch das Gebiet in der Nähe von $\xi = 1$ in unsere Betrachtungen einzubeziehen. Jedenfalls dürfen nach den obigen Betrachtungen in der Nähe von $\xi = 1$ keine Singularitäten in den Funktionen f_1 oder f_2 auftreten, im Punkte $\xi = 1$ sind aber Singularitäten in den höheren Ableitungen zulässig. So liegt es in der Natur der Sache, wenn wir fordern, daß in einer Umgebung des Punktes $\xi = 1$ die

Funktionen f_1 und f_2 analytische Funktionen von ξ sind. Damit sind in einer Nachbarschaft des Punktes $\xi = 1$ diese Funktionen auch in der komplexen ξ-Ebene definiert. Im allgemeinen werden es mehrwertige Funktionen sein, die $\xi = 1$ als Verzweigungspunkt besitzen. Tatsächlich ist es ohne eine Definition dieser Art gar nicht möglich, die Funktion I für große Werte des Realteiles von μ zu bestimmen, denn das in Gl. (4) auftretende Integral würde dann divergieren.

Wenn sich eine Singularität längs $\xi = 1$ fortpflanzt, so ist das aus dem Verhalten von f_1 und f_2 in der Nähe von $\xi = 1$ zu erkennen; die Singularität läßt sich vollkommen identifizieren. Offenbar kann das Ergebnis Gl. (10) nur angewendet werden, wenn für die Funktionen f_1 und f_2 die zusätzliche Forderung gestellt wird, daß sie nicht die Fortpflanzung einer Singularität längs $\xi = 1$ verursachen. Das schreibt aber eine bestimmte Form der Potenzreihenentwicklung für diese Ausdrücke im Punkte $\xi = 1$ vor. Ist diese Forderung nicht erfüllt, so ergeben sich weitere Pole in der komplexen μ-Ebene, die dann Ausdrücke in Gl. (10) einführen, die die Fortpflanzung von Singularitäten zum Ausdruck bringen (cf. Guderley [*14*]).

Dies ist aber die einzige Einschränkung, die für die Anwendbarkeit von Gl. (10) gilt. Das Konvergenzgebiet hat immer die Gestalt der Abb. 72, aber die genauen Grenzen hängen von dem Verhalten von f_1 und f_2 in der komplexen ξ-Ebene ab, das Verhalten für reelle ξ ist kein genügendes Kriterium.

Die erwähnte Arbeit von Guderley untersucht diese Fragen im einzelnen, vor allem ist die Wahl der Kontur C' allgemeiner. In den meisten Fällen würde man sie dort mit der Kontur des betrachteten Gebietes zusammenfallen lassen. Man kann die Ergebnisse dieser Arbeit dann dazu benutzen, um für eine Lösung, die numerisch gegeben ist, die Koeffizienten der Entwicklung Gl. (10) durch Integrale zu berechnen.

Auch für ein Gebiet, das eine Kontur entsprechend Abb. 73 besitzt, lassen sich ähnliche Betrachtungen durchführen. Die Kontur des Ausgangsgebietes ist $ABDEFGH$. In ihr wählt man die beiden Kurven C' und C'' im Unterschallgebiet, sie sind Linien $\varrho = \text{const}$. Dann ergänzt man die Kurve C' durch die Charakteristik LM. Indem man längs der Charakteristik MK geeignete Randwerte annimmt, läßt sich eine Fortsetzung der Lösung im Gebiete MKL finden. Aus ihr entnimmt man dann für die Kurven C' (ILK) und C'' (NPK) die Werte von ψ und ψ_ϱ. Das oben beschriebene Verfahren liefert dann eine Darstellung der Lösung für das zwischen C' und C'' liegende Gebiet. In ihr addieren sich einfach die Beiträge der Kurven C' und C''. Dabei hat der von C'' herrührende Beitrag die Form Gl. (6a); in ihm sind keine weiteren Umformungen notwendig. Dieser Lösungsanteil konvergiert nicht nur außerhalb der Kurve C'', sondern sogar außerhalb des Linienzuges NPQ. (Um dies zu zeigen, verwendet man am besten die asymptotischen Darstellungen der betreffenden Funktionen G.) Der von C' herrührende Beitrag wird in der oben beschriebenen Weise umgeformt. Hinsichtlich der Konvergenzgrenze des umgeformten Ausdruckes sind die früheren Betrachtungen gültig, d. h. man erhält im Unterschall eine Linie $\varrho = \text{const}$, die im Überschall durch eine Charakteristik mit negativer Neigung fortgesetzt wird. Wenn die Randwerte im Überschallgebiet eine geeignete Form haben, könnte diese Konvergenzgrenze mit der Linie ILM zusammenfallen. Das gemeinsame Konvergenzgebiet der Darstellungen von C' und C'' wäre dann das in Abb. 73 schraffierte Gebiet. Mit der Bezeichnungs-

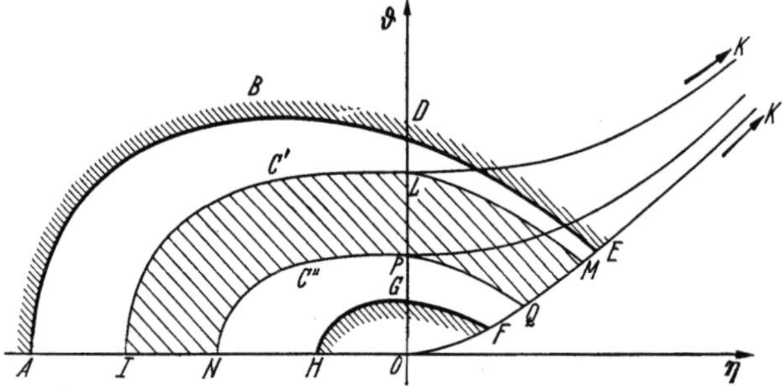

Abb. 73. Konvergenzgebiet für eine Darstellung von ψ mit „natürlichen" Partikularlösungen

weise des Abschn. VII, 9 treten in dieser Lösungsdarstellung sowohl Ausdrücke $\psi_{-(5/6)-h}$ als auch Ausdrücke $\psi_{(1/6)+(h/3)}$ auf. Hierzu wären im allgemeinsten Falle noch die symmetrischen Partikularlösungen $\psi_{-(1/3)-h}$ und $\psi_{h/3}$ hinzuzufügen.

14. Die Partikularlösungen von Tamada und Tamotika

Die Partikularlösungen von Tamada und Tamotika sowie die im nächsten Abschnitt diskutierten Partikularlösungen von Falkowitsch ergeben Singularitäten im Unterschallgebiet. Sie können nützlich sein, wenn man Beispiele für Strömungen mit einer Unterschall-anström-Mach-Zahl berechnen will oder wenn man etwa einzelne Punkte der in Kapitel VI beschriebenen Strömungsfelder diskutiert.

Der Grundgedanke der Untersuchungen von Tamada und Tamotika ist folgender. Die Tricomische Differentialgleichung enthält ϑ nur in den Ableitungen von ψ, nicht in den Koeffizienten. Das rührt daher, daß im Hodographen keine Geschwindigkeitsrichtung ausgezeichnet ist. Daraus folgt, daß man aus einer Lösung ψ neue Lösungen gewinnen kann, indem man alle Werte ϑ um eine Konstante ϑ_0 ändert.

Dies trifft auch zu, wenn man eine imaginäre Konstante $i\,\vartheta_0$ zu allen Werten ϑ addiert. Da die TRICOMIsche Differentialgleichung reelle Koeffizienten hat, sind der Realteil und der Imaginärteil der so entstehenden Lösungen für sich genommen Lösungen der TRICOMIschen Gleichung.

Indem man diese Überlegungen auf die Partikularlösungen

$$\psi = \varrho^{-(1/12)+\mu}\, G(\xi,\,\mu) \tag{1}$$

anwendet, ergibt sich

$$\varrho = -\eta^3 + \frac{9}{4}(\vartheta + i\,\vartheta_0)^2, \tag{2a}$$

$$\xi = \frac{\eta}{\left(\frac{3}{2}(\vartheta + i\,\vartheta_0)\right)^{2/3}}. \tag{2b}$$

Die Funktion G ist durch eine lineare Differentialgleichung mit den singulären Punkten $\xi = \sqrt[3]{1}$ und $\xi = \infty$ bestimmt. Nur in diesen Punkten kann G singulär sein. Für beschränkte Werte von η und ϑ ist ξ nie unendlich. Für die singulären Punkte $\xi = \sqrt[3]{1}$ erhält man aus Gl. (2b)

$$\eta^3 = \frac{9}{4}(\vartheta^2 - \vartheta_0^2) - 2\,\frac{9}{4}\,i\,\vartheta\,\vartheta_0 = 0\,.$$

Da hier Realteil und Imaginärteil verschwinden müssen, ergibt sich

$$\vartheta = 0,$$

$$\eta = -\left(\frac{2}{3}\,\vartheta_0\right)^{2/3},$$

dies ist der einzige Punkt der η,ϑ -Ebene, in dem die Lösung singulär werden kann. Die Lösung G in diesem Punkte erscheint als Überlagerung zweier linear unabhängiger Ausdrücke, die nach Gl. VII, 4 (16) gegeben sein können durch

$$(1-\xi^3)^{-\mu+(1/12)}\,F\left(\frac{1}{12}-\mu,\ \frac{7}{12}-\mu,\ 1-2\mu,\ 1-\xi^3\right)$$

und

$$(1-\xi^3)^{\mu+(1/12)}\,F\left(\frac{1}{12}+\mu,\ \frac{7}{12}+\mu,\ 1+2\mu,\ 1-\xi^3\right).$$

Das Verhalten im Punkte $\vartheta = 0$, $\eta = -\left(\frac{2}{3}\,\vartheta_0\right)^{2/3}$ wird durch das erste Glied dieser Reihen gegeben. Indem man auf die Variablen η und ϑ übergeht, erhält man aus Gl. (1)

$$\psi = \left[\frac{3}{2}(\vartheta + i\,\vartheta_0)^2\right]^{(1/12)-\mu}$$

bzw.

$$\psi = \left[\frac{3}{2}(\vartheta + i\,\vartheta_0)^2\right]^{(1/12)+\mu}\left(-\eta^3 + \frac{9}{4}(\vartheta + i\,\vartheta_0)\right)^{2\mu}.$$

Für den ersten Ausdruck ist $\vartheta = 0$, $\eta = -\left(\frac{2}{3}\vartheta_0\right)^{2/3}$ ein regulärer Punkt. Der zweite Ausdruck ist singulär und der Charakter der Singularität ist bestimmt durch den Exponenten 2μ. Um z. B. einen Verzweigungspunkt zu erhalten, bei dem die η, ϑ-Ebene von zwei RIEMANNschen Blättern überdeckt ist, muß man setzen

$$\mu = \frac{1}{4}.$$

Für die Bestimmung des Strömungsfeldes ist es notwendig, die Funktion G für komplexe Werte des Arguments auszuwerten. Für $\mu = 1/4$ ist es dabei nützlich, daß es eine Darstellung der Lösung in geschlossener Form gibt [Gl. VII, 5 (8a)]. Eine Anwendung dieser Partikularlösungen findet sich in der Originalarbeit von TAMADA und TAMOTIKA.

15. Die Partikularlösungen von Falkowitsch

Eine andere Darstellung, die Singularitäten im Unterschallbereich liefert, stammt von FALKOWITSCH. Auch sie benutzt einen Produktansatz, aber die Variablen, die darin auftreten, sind in der η, ϑ-Ebene reell; deshalb brauchen die darin auftretenden Funktionen nur für reelle Werte des Arguments ausgewertet zu werden. Es sei hier gezeigt, wie man zu den Ergebnissen von FALKOWITSCH gelangen kann.

Zunächst wird die TRICOMIsche Differentialgleichung in eine Form gebracht, die soweit wie möglich der LAPLACEschen Differentialgleichung ähnelt. Dazu setzt man

$$s = \frac{2}{3}(-\eta)^{3/2} \tag{1a}$$

und

$$\psi = (-\eta)^{\alpha}\,\Psi(s, \vartheta). \tag{1b}$$

Hieraus

$$\frac{\partial \psi}{\partial \eta} = -\alpha(-\eta)^{\alpha-1}\Psi - (-\eta)^{\alpha+(1/2)}\Psi_s,$$

$$\frac{\partial^2 \psi}{\partial \eta^2} = \alpha(\alpha-1)(-\eta)^{\alpha-2}\Psi + \left(2\alpha + \frac{1}{2}\right)(-\eta)^{\alpha-(1/2)}\Psi_s + (-\eta)^{\alpha+1}\Psi_{ss}.$$

Setzt man dies in die TRICOMIsche Differentialgleichung ein, so ergibt sich

$$(-\eta)^{\alpha+1}\Psi_{ss} + \left(2\alpha + \frac{1}{2}\right)(-\eta)^{\alpha-(1/2)}\Psi_s + \\ + \alpha(\alpha-1)(-\eta)^{\alpha-2}\Psi + (-\eta)^{\alpha+1}\Psi_{\vartheta\vartheta} = 0.$$

Nun wird $\alpha = -\frac{1}{4}$ gesetzt, so daß die Ableitung Ψ_s verschwindet. Dann erhält man die Differentialgleichung

$$\Psi_{ss} + \Psi_{\vartheta\vartheta} + \frac{5}{36 s^2}\Psi = 0. \tag{2}$$

Die Variable s ist reell für Unterschall und imaginär für Überschall; dies ist zu beachten, wenn man die im Unterschall gewonnene Lösung ins Überschallgebiet fortsetzt.

Die wichtigste Idee der FALKOWITSCHschen Partikularlösungen ist die Einführung bi-polarer Koordinaten in der s, ϑ-Ebene. Die hierbei notwendigen Transformationen werden besonders einfach, wenn man komplexe Variable benutzt. Es sei

$$z = s + i\,\vartheta, \tag{3a}$$

$$\bar{z} = s - i\,\vartheta, \tag{3b}$$

$$\Psi(s, \vartheta) = \tilde{\Psi}(z, \bar{z}). \tag{4}$$

Hierin sind z und $\bar{z}$ als voneinander unabhängig zu betrachten, das setzt voraus, daß man sich nicht auf reelle Werte von s und ϑ beschränkt. Insbesondere werden partielle Ableitungen nach z oder $\bar{z}$ gebildet. Man findet

$$\Psi_s = \tilde{\Psi}_z + \tilde{\Psi}_{\bar{z}}, \qquad \Psi_\vartheta = i\,\tilde{\Psi}_z - i\,\tilde{\Psi}_{\bar{z}},$$

$$\Psi_{ss} = \tilde{\Psi}_{zz} + 2\tilde{\Psi}_{z\bar{z}} + \tilde{\Psi}_{\bar{z}\bar{z}}, \qquad \Psi_{\vartheta\vartheta} = -\tilde{\Psi}_{zz} + 2\tilde{\Psi}_{z\bar{z}} - \tilde{\Psi}_{\bar{z}\bar{z}},$$

und damit ergibt sich aus Gl. (2)

$$\tilde{\Psi}_{z\bar{z}} + \frac{5}{36}(z + \bar{z})^{-2}\,\tilde{\Psi} = 0. \tag{5}$$

Nun sei $\zeta = h(z)$ eine neue unabhängige Variable. $h(z)$ sei eine analytische Funktion von z, die für reelle Werte von z ebenfalls reell ist. Dann ergibt das SCHWARTZsche Spiegelungsprinzip, für konjugiert komplexe Werte von z auch konjugiert komplexe Ausdrücke h, d. h. aus

$$\zeta = h(z) \tag{6a}$$

folgt

$$\bar{\zeta} = h(\bar{z}), \tag{6b}$$

wobei hier, wie auch schon in Gl. (3) durch Überstreichen die konjugiert komplexe Funktion angegeben wird. Nun sei

$$\tilde{\Psi}(z, \bar{z}) = \psi^*(\zeta, \bar{\zeta}). \tag{6c}$$

Damit ergibt sich auf

$$\tilde{\Psi}_{z\bar{z}} = \psi^*_{\zeta\bar{\zeta}}\,h'(z)\,h'(\bar{z}),$$

und man erhält als neue Differentialgleichung

$$\psi^*_{\zeta\bar{\zeta}}\,h'(z)\,h(\bar{z}) + \frac{5}{36}(z + \bar{z})^{-2}\,\psi^* = 0. \tag{7}$$

Hierin müssen die von z und $\bar{z}$ abhängigen Funktionen noch durch $\bar{\zeta}$ und ζ ausgedrückt werden. Die Einführung von z und $\bar{z}$ oder auch von ζ und $\bar{\zeta}$ ist insofern besonders praktisch, als dann in der Differentialgleichung als höchste Ableitung nur die gemischte zweite Ableitung auftritt. FALKOWITSCH wählt nun für die Funktion $h(z)$

$$\zeta = h(z) = \ln \frac{z + s_0}{z - s_0}, \tag{8}$$

hierbei ist s_0 eine Konstante. Man erhält hieraus

$$e^{\zeta} = \frac{z + s_0}{z - s_0}, \qquad \frac{z}{s_0} = \frac{e^{\zeta} + 1}{e^{\zeta} - 1},$$

$$\frac{dz}{d\zeta} = \frac{-2 s_0 e^{\zeta}}{(e^{\zeta} - 1)^2}, \qquad h' = \frac{(e^{\zeta} - 1)^2}{-2 s_0 e^{\zeta}}.$$

Als Differentialgleichung für ψ^* ergibt sich dann

$$\psi^*_{\zeta\bar{\zeta}} \left(e^{\frac{\zeta+\bar{\zeta}}{2}} - e^{-\frac{\zeta+\bar{\zeta}}{2}}\right)^2 + \frac{5}{36}\,\psi^* = 0. \tag{9}$$

Nun geht man am besten wieder zu reellen unabhängigen Variablen über. Es sei

$$\left.\begin{aligned} \zeta &= \alpha + i\beta \\ \bar{\zeta} &= \alpha - i\beta \end{aligned}\right\} \tag{10}$$

hieraus

$$\alpha = \frac{\zeta + \bar{\zeta}}{2},$$

$$\beta = i\,\frac{\bar{\zeta} - \zeta}{2}.$$

Ist

$$\psi^*(\bar{\zeta}, \zeta) = \tilde{\tilde{\psi}}(\alpha, \beta), \tag{10a}$$

so findet man

$$\psi^*_{\zeta\bar{\zeta}} = \frac{1}{4}\left(\tilde{\tilde{\psi}}_{\alpha\alpha} + \tilde{\tilde{\psi}}_{\beta\beta}\right)$$

und erhält damit als Differentialgleichung mit den unabhängigen Variablen α und β

$$\left(\tilde{\tilde{\psi}}_{\alpha\alpha} + \tilde{\tilde{\psi}}_{\beta\beta}\right)\left(\frac{e^{\alpha} - e^{-\alpha}}{2}\right)^2 + \frac{5}{36}\,\tilde{\tilde{\psi}} = 0. \tag{11}$$

Diese Gleichung ist separierbar

$$\tilde{\tilde{\psi}} = f(\alpha) \begin{matrix}\sin\\ \cos\end{matrix} (m\beta). \tag{12}$$

Man erhält die folgende gewöhnliche Differentialgleichung

$$(f'' - m^2 f)\left(\frac{e^{\alpha} - e^{-\alpha}}{2}\right)^2 + \frac{5}{36}\,f = 0. \tag{13}$$

Die Koeffizienten dieser Differentialgleichung nehmen eine rationale Gestalt an, wenn man setzt

$$e^{\alpha} = t, \qquad f(\alpha) = g(t).$$

Dann ergibt sich

$$g'' + \frac{g'}{t} + \frac{5}{9}\,\frac{g}{(t^2-1)^2} = 0.$$

Diese Differentialgleichung besitzt singuläre Punkte in $t = 0$, $t = \infty$, $t = +1$ und $t = -1$. Die Exponenten in 0 und ∞ und in $+1$ und -1 sind gleich. Eine wesentliche Vereinfachung, nämlich eine Reduktion der Zahl der singulären Punkte, ergibt sich durch eine Transformation, die singuläre Punkte mit gleichen Exponenten zusammenfallen läßt. Unter den verschiedenen in dieser Hinsicht bestehenden Möglichkeiten, sei die von Falkowitsch angegebene gewählt.

$$u = \left(\frac{t+t^{-1}}{2}\right)^2. \tag{14}$$

Durch diese Transformation fallen die singulären Punkte 0 und ∞ in den Punkt $u = \infty$, die Punkte $t = +1$ und $t = -1$ werden in dem Punkt $u = 1$ abgebildet. Wo du/dt verschwindet, ist die Ein-Eindeutigkeit zwischen u und t-Ebene gestört, dort können neue singuläre Punkte auftreten. Dies geschieht für $t = \pm 1$ und $t = \pm i$. Bereits in der ursprünglichen Differentialgleichung waren $t = \pm 1$ singuläre Punkte, dadurch werden also keine neuen Singularitäten in die transformierte Differentialgleichung eingeführt. Für $t = \pm i$ ergibt sich aber ein neuer singulärer Punkt nämlich bei $u = 0$. So hat die durch die Transformation Gl. (14) entstehende Differentialgleichung drei singuläre Punkte und man überzeugt sich, daß es Stellen der Bestimmtheit sind. Setzt man

$$g(t) = k(u), \tag{15}$$

so erhält man nach einiger Rechnung die folgende hypergeometrische Differentialgleichung

$$\frac{d^2k}{du^2} + \frac{dk}{du}\left(\frac{1}{2u} + \frac{1}{2(u-1)}\right) + k\left(\frac{-m^2}{u(u-1)} + \frac{5}{144}\,\frac{1}{u(u-1)^2}\right) = 0. \tag{16}$$

Unter Benutzung der Riemannschen P-Funktion (Abschn. VII, 4) ergibt sich die Lösung in der folgenden Gestalt

$$k = P\left\{\begin{matrix} \infty & 0 & 1 & \\ \frac{m}{2} & 0 & \frac{5}{12} & u \\ -\frac{m}{2} & \frac{1}{2} & \frac{1}{12} & \end{matrix}\right\}. \tag{17}$$

Man muß nun die Variable u durch die ursprünglichen Variablen s und ϑ ausdrücken. Aus den Gl. (3a), (8a) und (10) findet man

$$e^{\alpha+i\beta} = \frac{s+i\vartheta+s_0}{s+i\vartheta-s_0},$$

$$e^{\alpha-i\beta} = \frac{s-i\vartheta+s_0}{s-i\vartheta-s_0},$$

$$t^2 = e^{2\alpha}\frac{(s+s_0)^2+\vartheta^2}{(s-s_0)^2+\vartheta^2},$$

$$u = \frac{1}{4}(t^2+2+t^{-2}) = \frac{[s^2+s_0^2+\vartheta^2]^2}{[(s-s_0)^2+\vartheta^2]\,[(s+s_0)^2+\vartheta^2]}. \tag{18}$$

Aus Gl. (17) ergibt sich

$$\operatorname{tg}\beta = \frac{\operatorname{Im}\left\{\dfrac{s+i\vartheta+s_0}{s+i\vartheta-s_0}\right\}}{\operatorname{Re}\left\{\dfrac{s+i\vartheta+s_0}{s+i\vartheta-s_0}\right\}} = -\frac{2\vartheta s_0}{s^2-s_0^2+\vartheta^2}. \tag{19}$$

Für $s = s_0$ und $\vartheta = 0$ ergibt sich $u = \infty$,
für $s = 0$ ergibt sich $u = 1$.

Variiert für $s = 0$ die Koordinate ϑ zwischen 0 und s_0, so bewegen sich die Werte von $\operatorname{tg}\beta$ zwischen 0 und $= \infty$; variiert ϑ zwischen s_0 und ∞, so bewegt sich $\operatorname{tg}\beta$ zwischen $-\infty$ und null, d. h. β nimmt für die obere Hälfte der Schallinie Werte zwischen 0 und π an. Tatsächlich wird von den Kurven $\beta = \text{const}$ die gesamte obere Hälfte des Unterschallgebietes überstrichen, wenn diese Konstante zwischen 0 und ∞ variiert. Aus den bisherigen Betrachtungen findet man nun leicht als mögliche Darstellung für k

$$k = \left(\frac{u-1}{u}\right)^{1/12}\left(\frac{1}{u}\right)^{m/2} F\left(\frac{m}{2}+\frac{1}{12},\ \frac{m}{2}+\frac{7}{12},\ 1+m,\ u^{-1}\right), \tag{20}$$

$$k = \left(\frac{u-1}{u}\right)^{1/12}\left(\frac{1}{u}\right)^{-m/2} F\left(-\frac{m}{2}+\frac{1}{12},\ -\frac{m}{2}+\frac{7}{12},\ 1-m,\ u^{-1}\right).$$

Mit Hilfe von Gl. VII, 4 (5a) kann man natürlich im Bedarfsfalle eine Darstellung von k für die Nähe der Schallinie gewinnen. Mit ihrer Hilfe ergäbe sich dann die Fortsetzung ins Überschallgebiet.

Indem man alle Transformationen zusammenfaßt, erhält man als Form der Partikularlösungen

$$\psi = (\eta)^{-1/4}\,k(u)\,\begin{matrix}\sin\\ \cos\end{matrix}(m\beta), \tag{21}$$

wobei u und β in den Gl. (18) und (19) durch s und ϑ ausgedrückt werden, und

$$s = \frac{2}{3}(-\eta)^{3/2}. \tag{21a}$$

Die Wahl von m ist natürlich durch den Charakter der Singularität bestimmt, die man darzustellen wünscht. In der Arbeit von FALKOWITSCH wurde z. B. $m = 0$ gewählt, man erhält damit eine Singularität, wie sie in einer inkompressiblen Strömung dem Imaginärteil des Logarithmus entspräche.

Wichtig für die allgemeinen Anwendungen der Partikularlösungen ist folgendes. Längs einer Linie $t = \text{const}$ oder auch $u = \text{const}$ wird die Lösung durch eine sinus- oder cosinus-Funktion in β dargestellt. Danach ist es einfach, ein vollständiges System von Partikularlösungen anzugeben, mit dem man eine allgemeine Funktion darstellen kann, die im Punkte $s = s_0$, $\vartheta = 0$ einen Verzweigungspunkt mit vorgeschriebenen Eigenschaften besitzt.

Läßt man s_0 nach Unendlich rücken, so gehen offenbar die Linien $t = \text{const}$ in Linien $\eta = \text{const}$, die Linien $\beta = \text{const}$ in Linien $\vartheta = \text{const}$ über. Sonach stellt der Ansatz von FALKOWITSCH eine Verallgemeinerung der Partikularlösungen von TSCHAPLIGIN dar. Der Grenzübergang würde den Übergang von einer hypergeometrischen Reihe zur BESSEL-Funktion, die ja eine konfluente hypergeometrische Reihe ist, illustrieren.

Da die Zahl der Anwendungen, in denen solche Betrachtungen nützlich wären, im Augenblick nicht eben groß ist, sollen diese Untersuchungen nicht weiter ausgedehnt werden. Wegen ihrer Allgemeinheit und Einfachheit können diese Partikularlösungen in einem geeigneten Zusammenhang sehr nützlich sein.

VIII. Strömungen mit der Machschen Zahl 1

1. Allgemeine Betrachtungen

Zunächst bereitet die Vorstellung einer Strömung mit der MACH-Zahl 1, um einen Körper nichtverschwindender Dicke, gewisse Schwierigkeiten. Bei der MACHschen Zahl 1 hat die Stromdichte ein Maximum [Gl. I, 2 (10a)], d. h. für jede andere MACH-Zahl ist die durch einen gegebenen Querschnitt pro Zeiteinheit fließende Menge kleiner als bei der MACH-Zahl 1. Da man nun, wenn man von einem Körper in Parallelströmung spricht, immer stillschweigend annimmt, daß die Stromlinien, je weiter man sich von dem Körper entfernt, immer weniger von parallelen Geraden abweichen, liegt der Gedanke auf der Hand, daß der Querschnitt am Ort des Modells nicht ausreicht, um die anströmende Gasmenge vorbeifließen zu lassen.

Andererseits gibt es Gedankenexperimente, die zeigen, daß man sich der MACH-Zahl 1 beliebig nähern kann. Man betrachte etwa ein Modell in einem geschlossenen Windkanal, der mit der Blockierungs-MACH-Zahl, d. h. mit der höchst möglichen Unterschall-MACH-Zahl betrieben wird. Wird die Strömung über die Kanalwände hinaus durch Spiegelungen fortgesetzt, so kann man die Wände weglassen (Abb. 74). Greift man in diesem Strömungsfeld zwei Stromlinien heraus,

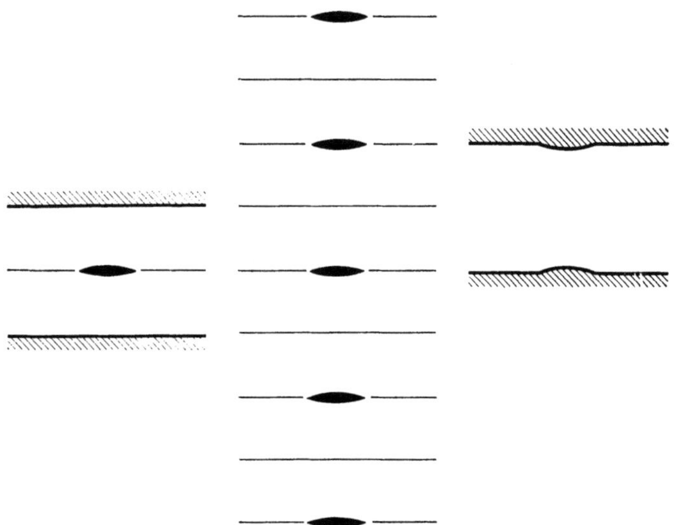

Abb. 74. Äquivalenz zwischen einer Strömung in einer LAVAL-Düse, in einem Profilgitter und in einem Kanal mit festen Wänden

die durch die Symmetrielinien zweier benachbarter Modelle und die Ober- bzw. Unterseiten dieser Modelle gebildet werden, so ergibt sich die Strömung in einer LAVAL-Düse. Ein Beispiel einer solchen Strömung hatten wir bereits in Abb. 16 kennengelernt, wir können es als typisch betrachten.

Wir erwarten also, daß die Schallinie, die in der LAVAL-Düse auftritt, in einem Punkte beginnt, der stromaufwärts des engsten Querschnittes liegt. Die Schallinie verläuft im wesentlichen quer zu den Stromlinien, hat dabei aber immer eine Neigung nach stromabwärts, wenn man sich vom Modell entfernt. Es liegt dies daran, daß die vom Modell ausgehenden MACHschen Wellen an der Schallinie enden. Stromaufwärts der Schallinie erhält man ein Unterschallfeld, stromabwärts davon ein Überschallfeld. Um das Strömungsfeld im Unterschallgebiet festzulegen, muß man die Düsenberandung (d. h. die Profiloberfläche) auch in einem Teil des Überschallfeldes kennen. Um diesen Teil genauer zu kennzeichnen, betrachten wir die MACHschen Wellen, die vom Rande der LAVAL-Düse ausgehen. Ein Teil dieser Wellen endet an der Schallinie, während die weiter stromabwärts liegenden Wellen an der gegenüberliegenden Wand enden. Zur Bestimmung des Unterschallfeldes muß offenbar derjenige Teil der Düsenkontur des Überschallteiles bekannt sein, der MACHsche Wellen ausschickt, die an der Schallinie enden. Die letzte dieser Wellen ist die sogenannte Grenzcharakteristik. Da für sie der Geschwindigkeitsvektor an der Schallinie eine horizontale Richtung besitzt und da alle MACHschen Wellen, die sie schneiden, Kompressionswellen sind (sie kommen nämlich von der Schallinie her, vgl. Abschn. VI, 1) hat in der unteren Hälfte der Düse derjenige Punkt der Kontur, von dem die Grenzcharakteristik ausgeht, positive Neigung. Dieser Punkt liegt deshalb stromaufwärts der engsten Stelle der Düse oder, beim Profil, stromaufwärts der Stelle maximaler Dicke.

Hält man die Gestalt des Modells fest, und läßt man die Weite des Kanals nach unendlich gehen, während der Kanal immer mit der Blockierungs-MACH-Zahl betrieben wird, so bleibt die allgemeine Struktur des Strömungsfeldes erhalten. Die Blockierungs-MACH-Zahl und die MACH-Zahl längs der Kanalwände nähert sich mehr und mehr dem Werte 1. Man gelangt damit zu einer Vorstellung von dem Aussehen eines solchen Strömungsfeldes. Wieweit der anfangs beschriebene Einwand gegen die Existenz einer solchen Strömung zutrifft, wird am Ende des nächsten Abschnittes erörtert.

2. Hodographendarstellung

Für die Berechnung einer Hodographenlösung ist es wichtig, daß im Unendlichen der Strömungsebene alle Stromlinien eine Parallelströmung mit der Schallgeschwindigkeit bilden. Im Hodographen bedeutet das, daß alle Stromlinien vom gleichen Punkt der Schallinie ausgehen. Dort erhält man einen singulären Punkt, auf den die Betrachtungen des vorigen Kapitels angewendet werden können.

Wenn man die von dem Körper ausgehenden Charakteristiken durch ihren Schnittpunkt mit der Schallinie charakterisiert, dann ergibt sich die Grenzcharakteristik dadurch, daß man diesen Schnittpunkt nach unendlich rücken läßt. In der η, ϑ-Ebene geht diese Charakteristik deshalb durch den Punkt 0. Wie erwähnt, beginnt diese Charakteristik am umströmten Körper stromaufwärts des Punktes der größten Dicke, daher kann sie sich sicherlich nicht in ihrem gesamten Verlauf nach unendlich abbilden.

Es ist zwar denkbar, aber unwahrscheinlich, daß der betrachtete Körper in dem Punkte, in dem die Grenzcharakteristik ansetzt, eine Singularität im Oberflächenverlauf (z. B. einen Sprung der Krümmung) hat. Solche Fälle mögen ausgeschlossen werden.

Zunächst betrachten wir einen Körper, der symmetrisch in bezug auf die x-Achse ist (Abb. 75). Dann ist im Hodographen die Stromfunktion antisymmetrisch in bezug auf die η-Achse. Damit ψ im Punkte 0

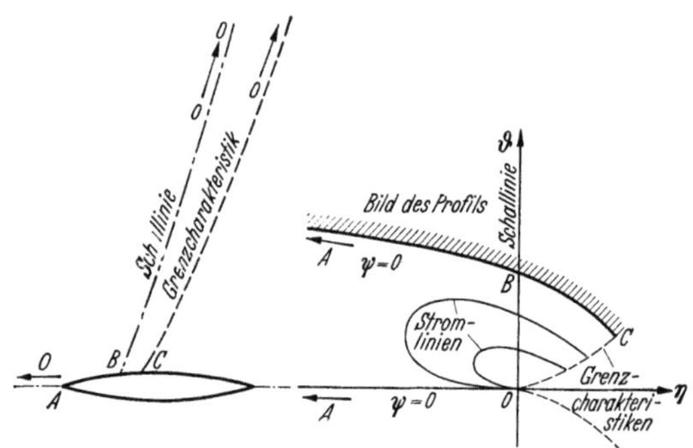

Abb. 75. Strömung um ein Profil mit der MACH-Zahl 1 und Darstellung in der η, ϑ-Ebene (nach GUDERLEY [2])

der η, ϑ-Ebene nach unendlich geht, muß der Exponent von ϱ in dem Ansatz Gl. VII, 3 (3) negativ sein. Für eine antisymmetrische Partikularlösung der Form Gl. VII, 3 (3) findet man nun in der Nähe der Grenzcharakteristik, d. h. der Linie $\xi = 1$ die Darstellung Gl. VII, 9 (1). Damit sich die Grenzcharakteristik nicht in ihrem gesamten Verlauf nach unendlich abbildet, muß der Koeffizient des zweites Gliedes verschwinden. Diese Bedingung drückt gleichzeitig die Forderung aus, daß für positive μ sich keine Singularität längs $\xi = 1$ fortpflanzt. Hiermit ergeben sich die in Gl. VII, 9 (3) aufgeführten Werte

$$\mu = -\frac{1}{12} + \frac{h}{3},$$

$$\mu = -\frac{3}{4} - h.$$

Diese Partikularlösungen können in geschlossener Form ausgedrückt werden (siehe S. 188).

Um nun aus der unendlichen Zahl negativer Werte μ, die bisher gefunden wurden, denjenigen zu finden, der die für die Strömung mit der MACH-Zahl 1 charakteristische Singularität gibt, muß man die Funktionen G im einzelnen betrachten. Die ersten dieser Funktionen finden sich in Abb. 66. Nur die Funktion $G\left(\xi, -\frac{3}{4}\right)$ besitzt keine Nullstellen zwischen $\xi = -\infty$ und $\xi = 1$, für jede weitere Funktion G ergibt sich eine zusätzliche Nullstelle. Für eine Lösung Gl. VII, 3 (3) bildet sich jede Linie $\xi = \text{const}$ in eine verallgemeinerte Parabel der Strömungsebene ab. Das erkennt man, wenn man ϱ aus den zugehörigen Gleichungen für x und y eliminiert. Wird die Hodographenebene von Linien $\xi = \text{const}$ überstrichen, so wird gleichzeitig die Strömungsebene von den entsprechenden verallgemeinerten Parabeln ausgefegt. Nun verschwindet die Funktionaldeterminante für die hier betrachteten Lösungen an keiner Stelle des Unterschallgebietes; denn wenn sie in einem Punkte verschwände, so müßte sie längs der gesamten durch diesen Punkt gehenden Linie $\xi = \text{const}$ verschwinden. Dann läßt sich aber zeigen, daß die Lösung identisch null sein muß. Somit wird die Strömungsebene in nur einem Sinne überstrichen, wenn man in der Hodographenebene in einem festgelegten Sinne fortschreitet.

Es bilde sich die Linie $\xi = -\infty$ in die negative x-Achse ab. Dann muß sich die Linie $\xi = \text{const}$, die der nächsten Nullstelle von G entspricht, in die positive x-Achse abbilden. Somit bedeckt das Gebiet zwischen $\xi = -\infty$ und der ersten Nullstelle von G bereits die ganze obere Hälfte der Strömungsebene; ließe man ξ über diese Nullstelle hinaus wachsen, etwa bis 1, so würde die Strömungsebene mehrfach überdeckt. Übrigens bildet sich wegen des besonderen Verhaltens, das ϱ und ξ bei $\xi = 1$ haben, die Linie $\xi = 1$ nicht in die x-Achse ab, obwohl dort G ebenfalls verschwindet. Als Ergebnis dieser Überlegungen findet man, daß allein diejenige Funktion G zur Darstellung des Unendlichen bei einer Strömung mit der Mach-Zahl 1 brauchbar ist, für die zwischen $\xi = -\infty$ und $\xi = 1$ keine Nullstelle auftritt; d. h., die in 0 auftretende Singularität ist gegeben durch

$$\psi_{-5/6} = \varrho^{-5/6} G^{(a)}\left(\xi, \frac{3}{4}\right). \tag{1}$$

Eine allgemeine Beschreibung des Hodographenfeldes ist nun ziemlich einfach (Abb. 75). Noch immer werde eine symmetrisches Profil betrachtet. Bewegt man sich längs der Symmetriestromlinie vom Unendlichen auf das Profil zu, so verringert sich die Geschwindigkeit. An der Vorderkante des Profils ergibt sich die Geschwindigkeit null oder eine andere Unterschallgeschwindigkeit, je nachdem, ob der Kantenwinkel von null verschieden oder null ist. An der Vorderkante teilt sich die Stromlinie, sowohl in der Strömungs- als auch in der Hodographenebene. Die Richtung des Geschwindigkeitsvektors ändert sich und meistens nimmt die Geschwindigkeit längs der Körperoberfläche zu. Noch ehe der Punkt der maximalen Dicke erreicht ist, wird die Schallgeschwindigkeit erreicht und danach überschritten.

Längs des Bildes der Körperoberfläche ist der Wert der Stromfunktion null (oder allgemeiner, konstant). Zu dem singulären Ausdruck $\psi_{-5/6}$, multipliziert mit einer Konstanten, die von der Größe des Körpers abhängt, muß ein in 0 nichtsingulärer Ausdruck überlagert werden, so daß längs des Hodographenbildes der Kontur sich $\psi = 0$ ergibt. Für eine gegebene Hodographenkontur ließe sich wahrscheinlich eine systematische Methode hierfür entwickeln; das praktische Bedürfnis ist hierfür nicht allzu groß, weil das Bild der Kontur in der Hodographenebene im allgemeinen nicht unmittelbar aus der Kontur in der Strömungsebene bestimmt werden kann.

Nach den Untersuchungen des Abschn. VII, 12 läßt sich die Lösung in der Nähe des Punktes 0 durch eine Überlagerung der „natürlichen" Partikularlösungen darstellen. Die Koeffizienten sind dabei durch die Gestalt (und die Größe) des umströmten Körpers bestimmt.

Das Verhalten der Lösungen im Unendlichen ist allein durch $\psi_{-5/6}$ bestimmt. Nach Gl. VII, 3 (7) und VII, 3 (9) sind hierfür x und y in der Form gegeben

$$x = \varrho^{-4/6} f_1(\xi), \tag{2a}$$

$$y = \varrho^{-5/6} f_2(\xi), \tag{2b}$$

wobei $f_1(\xi)$ und $f_2(\xi)$ durch $G^{(a)}(\xi, 3/4)$ ausdrückbar sind. Durch Elimination von ϱ ergibt sich

$$\frac{x^{5/4}}{y} = \frac{f_1(\xi)^{5/4}}{f_2(\xi)} = f_3(\xi). \tag{3}$$

Diese Gleichung zeigt die bereits früher erwähnte Tatsache, daß sich Linien $\xi = \text{const}$ in verallgemeinerten Parabeln der Strömungsebene abbilden. Zu diesen Parabeln gehören auch die Schallinie und die Grenzcharakteristik. Ihre gegenseitige Entfernung in x-Richtung wächst offenbar mit y an. Um die Stromliniengestalt, d. h. die Abweichung der Stromlinien von den Linien $y = \text{const}$, die die Stromlinien der ungestörten Strömung darstellen, zu berechnen, muß man bilden

$$\tilde{y} = \int_{\xi=-\infty}^{\xi} \vartheta(\xi)\, d(x(\xi)) \qquad \text{für} \quad y = \text{const}.$$

Aus Gl. VII, 3 (1a) folgt

$$\varrho = \frac{9}{4} \vartheta^2 (1 - \xi^3)$$

oder

$$\vartheta = \varrho^{1/2} f_4(\xi). \tag{4}$$

Mit Gl. (2b) ergibt sich dann

$$\vartheta = y^{-3/5} f_5(\xi).$$

Aus Gl. (3) findet man weiterhin

$$x = y^{4/5} f_6(\xi).$$

Damit erhält man

$$\tilde{y} = y^{1/5} \int_{-\infty}^{\xi} f_7(\xi)\, d\xi .$$

Dieser Ausdruck zeigt, daß die Verdrängung der Stromlinien aus ihrer ursprünglichen Lage mit y anwächst. Für $y \to \infty$ geht auch die Verdrängung nach unendlich. Damit beantwortet sich die Frage, wie in einer Strömung mit der MACHschen Zahl 1 die ankommende Strömung Raum findet, um am Modell vorbeizukommen. Es muß betont werden, daß der Geschwindigkeitsvektor mit wachsendem y sich mehr und mehr einer Parallelströmung mit der kritischen Geschwindigkeit nähert. Daß die Verdrängung nach unendlich geht, ist eine Folge der Integration der Stromlinienneigung in x-Richtung. Diese Diskussionen wurden zuerst von FRANKL [5] und GUDERLEY [3] durchgeführt.

3. Beispiel einer Strömung mit der Mach-Zahl 1

Zunächst eine Bemerkung zur Bezeichnungsweise. In den folgenden Untersuchungen werden wir häufig Lösungen antreffen, die im Punkte 0 des Hodographen singulär sind und im übrigen gewisse, längs der Hodographenabbildung des Profils gegebene Randbedingungen erfüllen. Wenn der Koeffizient, mit dem der in 0 singuläre Bestandteil auftritt, nicht durch das Profil bestimmt ist, wird er 1 gesetzt. Solche Lösungen werden mit Ψ und einem oberen Index bezeichnet, der dem Index der vorwiegenden Singularität entspricht. Eine Funktion ψ, die in solchen Lösungen auftritt und die die TRICOMIsche Bedingung in 0 erfüllt, wird mit $\tilde{\psi}$ und dem entsprechenden Index bezeichnet. Eine entsprechende Bezeichnungsweise wird für das transformierte Potential φ benutzt.

Ein erstes Beispiel (GUDERLEY [3]) für eine Strömung mit der MACH-Zahl 1 erhält man durch den Ansatz.

$$\Psi^{-5/6} = c_1\, \psi_{-5/6} + c_2\, \psi_{1/6} . \qquad (1)$$

Die Wahl der Konstanten c_1 und c_2 ist hierin bis auf die Vorzeichen unwesentlich. Multipliziert man nämlich den gesamten Ausdruck mit einer Konstanten, dann multiplizieren sich alle dazugehörigen Werte x und y mit der gleichen Konstanten, man erhält also eine Maßstabsänderung der Strömungsebene. Wendet man das Ähnlichkeitsgesetz für schallnahe Strömungen an, so bleiben die Koordinaten ξ unverändert und jedes ϱ wird mit einem Faktor τ^3 multipliziert. Da die beiden Glieder der letzten Gleichung verschiedene Potenzen von ϱ besitzen, sind die Faktoren τ in den beiden Gliedern verschieden.

Um die Gestalt des Körpers in der Strömungsebene zu berechnen, muß man zunächst die Nullstromlinie finden und dann für sie die

x-Koordinaten berechnen. Die Gestalt des Körpers ergibt sich dann durch Integration der Stromlinienneigungen, die längs der Nullstromlinie auftreten, nach x.

Wenn man die Rechnung in allgemeiner Form durchführt, sind zwar die Einzelheiten etwas mühsam, jedoch ergibt sich ein einfaches Ergebnis. Deshalb seien die wichtigsten Schritte hier angegeben. Die notwendigen Partikularlösungen $\psi_{-5/6}$ und $\psi_{1/6}$ erhält man mit Hilfe von Gl. VII, 5 (3). Es ist hier $\mu = 3/4$ und $\mu = 1/4$. Man findet

$$G\left(\xi, \frac{1}{4}\right) = (1-\zeta)^{-1/6}\left(\sqrt{\zeta} - \sqrt{\zeta - 1}\right)^{-1/3}, \tag{2a}$$

$$G\left(\xi, \frac{3}{4}\right) = (1-\zeta)^{-2/3}\left(\sqrt{\zeta} - \sqrt{\zeta - 1}\right)^{-4/3}\left[1 - 2\left(\sqrt{\zeta} - \sqrt{\zeta - 1}\right)^2\right], \tag{2b}$$

dabei ist $$\zeta = \xi^3.$$

Diese Ausdrücke stellen Lösungen der Gleichung für G, aber nicht unmittelbar die Ausdrücke $G^{(a)}$, die wir hier brauchen, dar. Da diese durch ihr Verhalten für große negative Werte von ξ, und dementsprechend für kleine negative Werte von ζ definiert sind, multiplizieren wir die Ausdrücke Gl. (2a) und (2b) mit geeigneten Konstanten, und schreiben sie so, daß sie für negative ζ reell sind

$$G\left(\xi, \frac{1}{4}\right) = (1-\zeta)^{-1/6}\left(\sqrt{-\zeta} - \sqrt{1 - \zeta}\right)^{-1/3},$$

$$G\left(\xi, \frac{3}{4}\right) = (1-\zeta)^{-2/3}\left(\sqrt{-\zeta} - \sqrt{1 - \zeta}\right)^{-4/3}\left[1 - 2\left(\sqrt{-\zeta} - \sqrt{1 - \zeta}\right)^2\right].$$

Für $(-\zeta) = 0$ erhält man dann die folgenden Entwicklungen

$$G\left(\xi, \frac{1}{4}\right) = -1 + \frac{1}{3}\sqrt{-\zeta} + \cdots,$$

$$G\left(\xi, \frac{3}{4}\right) = -1 + \frac{8}{3}\sqrt{-\zeta} + \cdots.$$

Die gewünschten Lösungen $G^{(a)}$ haben als erstes Glied dieser Entwicklung $\sqrt{-\zeta}$. Weitere Lösungen für G erhält man, indem man $\sqrt{-\zeta}$ durch $-\sqrt{-\zeta}$ ersetzt. Die Ausdrücke $G^{(a)}$ ergeben sich dann im wesentlichen als Differenz der ursprünglichen Ausdrücke und der Lösungen, die durch Vorzeichenänderung entstehen

$$G^{(a)}\left(\xi, \frac{1}{4}\right) = \frac{3}{2}(1-\zeta)^{-1/6} \times \\ \times \left\{\left(\sqrt{-\zeta} - \sqrt{1-\zeta}\right)^{-1/3} - \left(-\sqrt{-\zeta} - \sqrt{1-\zeta}\right)^{-1/3}\right\}, \tag{3a}$$

$$G^{(a)}\left(\xi, \frac{3}{4}\right) = \frac{3}{16}(1-\zeta)^{-2/3} \times \\ \times \left\{\left(\sqrt{-\zeta} - \sqrt{1-\zeta}\right)^{-4/3} - 2\left(\sqrt{-\zeta} - \sqrt{1-\zeta}\right)^{2/3} - \\ - \left(-\sqrt{-\zeta} - \sqrt{1-\zeta}\right)^{-4/3} + 2\left(-\sqrt{-\zeta} - \sqrt{1-\zeta}\right)^{2/3}\right\}. \tag{3b}$$

Es wird nun als neue unabhängige Variable eingeführt

$$\left(\sqrt{-\zeta} - \sqrt{1-\zeta}\right)^{1/3} = u. \tag{4}$$

Dann findet man

$$\left.\begin{aligned}
&\left(-\sqrt{-\zeta} - \sqrt{1-\zeta}\right)^{1/3} = u^{-1}\\
&(1-\zeta) = \frac{1}{4}(u^3 + u^{-3})^2\\
&-\zeta = \frac{1}{4}(u^3 - u^{-3})^2\\
&1 - \xi^3 = \frac{1-\zeta}{-\zeta} = \frac{(u^3+u^{-3})^2}{(u^3-u^{-3})^2}\\
&\frac{du}{d\zeta} = -\frac{2}{3}\,\frac{u}{u^6 - u^{-6}},\\
&\frac{du}{d\xi} = -\frac{du}{d\zeta}\,3\zeta^{4/3} = \frac{2^{-5/3}\,u(u^3-u^{-3})^{8/3}}{u^6-u^{-6}}.
\end{aligned}\right\} \tag{5}$$

Mit Gl. VII, 3 (1) ergibt sich weiterhin

$$\eta = -\varrho^{1/3}(1-\zeta)^{-1/3} = -\varrho^{1/3}\,2^{2/3}(u^3+u^{-3})^{-2/3}. \tag{6}$$

Die beiden betrachteten Lösungen ψ erscheinen nun in der Form

$$\psi_{1/6} = \varrho^{1/6}\,\frac{3}{2}\,3^{1/3}[u^3+u^{-3}]^{-1/3}[u^{-1}-u], \tag{7a}$$

$$\psi_{-5/6} = \varrho^{-5/6}\,\frac{3}{16}\,2^{4/3}[u^3+u^{-3}]^{-4/3}\{u^{-4} - 2u^2 - u^4 + 2u^2\}$$

oder

$$\psi_{-5/6} = -\varrho^{-5/6}\,\frac{3}{16}\,2^{4/3}[u^3+u^{-3}]^{-4/3}\{(u+u^{-1})^3(u-u^{-1})\}. \tag{7b}$$

Setzt man in Gl. (1) die Konstanten c_1 und c_2 gleich 1, so erhält man nun

$$\begin{aligned}\Psi_{-5/6} = &-\varrho^{-5/6}\,\frac{3}{16}\,2^{4/3}[u^3+u^{-3}]^{-4/3}[u+u^{-1}]^3[u-u^{-1}]\\ &-\varrho^{1/6}\,\frac{3}{2}\,2^{1/3}[u^3+u^{-3}]^{-1/3}[u-u^{-1}].\end{aligned} \tag{8}$$

Zur Bestimmung der Nullstromlinie ist dieser Ausdruck null zu setzen.

Zur Berechnung der x-Koordinaten zieht man Gl. VII, 3 (9) heran. Es ist zweckmäßig, x in der Form $x = \eta\,f(u)$ zu schreiben. Unter Benutzung von Gl. (5) und (6) ergibt sich dann

$$\begin{aligned}
x = &(\varkappa+1)^{1/3}[-\eta\,\varrho^{-1/3}\cdot 2^{-2/3}(u^3+u^{-3})^{2/3}]\times\\
&\times\frac{(u^3+u^{-3})^{5/3}}{(u^3-u^{-3})^{5/3}}\,2^{-5/3}\,\frac{u(u^3-u^{-3})^{8/3}}{u^6-u^{-6}}\times\\
&\times\left[\varrho^{1/6}\left(-\frac{1}{2}\right)\frac{d}{du}\left\{-\frac{3}{16}\,2^{4/3}\,\varrho^{-5/6}[u^3+u^{-3}]^{-4/3}(u+u^{-1})^3(u-u^{-1})\right\}+\right.\\
&\left.+\,\varrho^{1/6}\,\frac{d}{du}\left\{-\frac{3}{2}\,2^{1/3}\,\varrho^{1/6}[u^3+u^{-3}]^{-1/3}(u-u^{-1})\right\}\right].
\end{aligned}$$

Aus der Bedingung, daß der Ausdruck Gl. (8) null ist, folgt, daß die beiden nach u zu differenzierenden Klammern der letzten Gleichung bis auf das Vorzeichen gleich sind. Dies gibt die folgende Umformung

$$x = (\varkappa + 1)^{1/3}[-\eta\,\varrho^{-1/3}2^{-2/3}(u^3 + u^{-3})^{2/3}]\frac{(u^3+u^{-3})^{5/3}}{(u^3-u^{-3})^{5/3}} \times$$

$$\times\, 2^{-5/3}\frac{u(u^3-u^{-3})^{8/3}}{u^6-u^{-6}}\varrho^{1/6}\left(-\frac{3}{2}\right)2^{1/3}\varrho^{1/6}[u^3+u^{-3}]^{-1/3}(u-u^{-1}) \times$$

$$\times \left\{\frac{d}{du}\left[\frac{1}{2}\ln\left((u^3+u^{-3})^{-4/3}(u+u^{-1})^3(u-u^{-1})\right)\right] + \right.$$

$$\left. + \frac{d}{du}\ln[(u^3+u^{-3})^{-1/3}(u-u^{-1})]\right\}.$$

Hieraus findet sich dann durch direkte Rechnung

$$x = (\varkappa + 1)^{1/3}\frac{9}{4}\eta. \tag{9}$$

Die Gestalt des umströmten Körpers findet sich, indem man für die Nullstromlinie das Integral $\int \vartheta\, dx$ bildet. Wegen der Proportionalität zwischen η und x [Gl. (9)] drücken wir hierin alle Größen durch η aus. Aus Gl. (8) erhält man zunächst ϱ als Funktion von u.

$$\varrho = \frac{1}{4}\,\frac{(u+u^{-1})^3}{u^3+u^{-3}}, \tag{10}$$

Nach Gl. VII, 3 (1a) ist

$$\varrho = \eta^3(\zeta - 1).$$

Mit Gl. (5) erhält man dann

$$\varrho = -\frac{\eta^3}{4}(u^3+u^{-3})^2.$$

Hieraus unter Benutzung von Gl. (10)

$$\frac{1}{\eta} = -(u^2 - 1 + u^2). \tag{11}$$

Weiter ist nach Gl. VII, 3 (1b) und (5)

$$\vartheta = \frac{2}{3}(-\eta)^{3/2}\sqrt{-\zeta} = \frac{1}{3}(-\eta)^{3/2}(u^2+1+u^{-2})(u-u^{-1}).$$

Mit Hilfe von Gl. (5) läßt sich hierin u durch η ausdrücken

$$u^2 + 1 + u^{-2} = 2 - \frac{1}{\eta},$$

$$u - u^{-1} = \sqrt{-1-\frac{1}{\eta}},$$

$$\vartheta = \frac{1}{3}(-2\eta + 1)\sqrt{1+\eta}\,. \tag{12}$$

Der Verzweigungspunkt der Nullstromlinie liegt auf der η-Achse. Dort ist $\zeta = 0$ und nach Gl. (4), $u = -1$. Damit ergibt sich für diesen Punkt nach Gl. (11) $\eta = -1$. Für die Berechnung der Körperkontur gibt dieser Wert die untere Grenze des Integrals. Unter Benutzung der bisherigen Ergebnisse findet man

$$\tilde{y} = \int \vartheta \, d x = (\varkappa + 1)^{1/3} \frac{3}{4} \int\limits_{-1}^{\eta} \sqrt{1 + \eta} \, (-2\eta + 1) \, d\eta ,$$

$$\tilde{y} = (\varkappa + 1)^{1/3} \frac{3}{2} (1 + \eta)^{3/2} \left(\frac{3}{5} - \frac{2}{5} \eta\right). \tag{13}$$

Setzt man hierin Gl. (9) ein, so ergibt sich

$$\tilde{y} = (\varkappa + 1)^{1/3} \left(9 + 4 x (\varkappa + 1)^{-1/3}\right)^{3/2} \left(27 - 8 x (\varkappa + 1)^{-1/3}\right) / 310 \tag{14}$$

$\tilde{y}$ wird null für $x = -\left(\frac{9}{4}\right) (\varkappa + 1)^{1/3}$ und $x = \left(\frac{27}{8}\right) (\varkappa + 1)^{1/3}$.

Die Gl. (14) und (9) ergeben die Profilgestalt und die Verteilung von η,

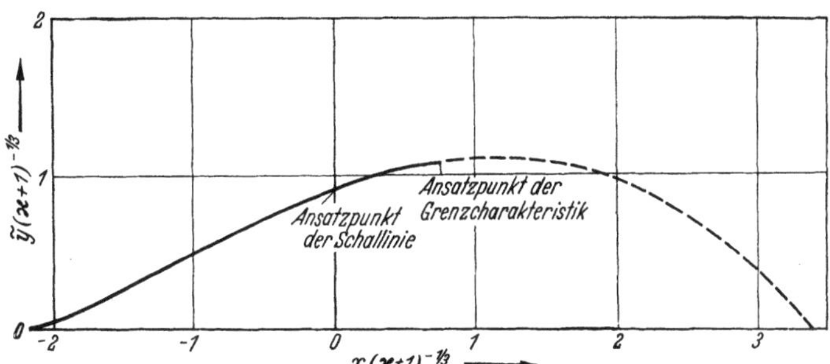

Abb. 76. Profil, für das das Strömungsfeld bei der MACH-Zahl durch einen einfachen analytischen Ausdruck gegeben ist (nach GUDERLEY [2])

aus der nach Gl. V, 7 (11) die Druckverteilung zu errechnen ist. Abb. 76 zeigt die Profilgestalt ($\tilde{y}$ in Abhängigkeit von x) und die Ansatzpunkte der Schallinie und der Grenzcharakteristik. Stromabwärts der Grenzcharakteristik ist die Berechnung des Strömungsfeldes ein reines Überschallproblem. Dort ist es auch möglich, die Kontur abzuändern, ohne das Strömungsfeld stromaufwärts der geänderten Stelle zu beeinflussen. Das ist der Grund dafür, daß man im Punkte $x = \frac{27}{8} (\varkappa + 1)^{1/3}$, wo y den Wert null erreicht, das Profil abbrechen darf.

Abb. 77 stellt das Profil in der η, ϑ-Ebene für die obere Hälfte der Strömungsebene dar. Das Gebiet, das der Strömungsebene entspricht, ist schraffiert. Im hinteren Teil des Profils ist die Stromlinienneigung negativ, deshalb erstreckt sich das Bild des Profils bis in das Gebiet unterhalb der η-Achse. Stellte man auch die untere Hälfte der Strömungsebene im Hodographen dar, so ergäbe sich eine Doppelüberdekkung des Gebietes, das zwischen den Charakteristiken durch Punkt 0 liegt. Für die Bestimmung des Unterschallfeldes braucht man nur den ausgezogenen Teil der Kontur in der η, ϑ-Ebene. Er endet an der durch 0 gehenden Charakteristik (an der Grenzcharakteristik).

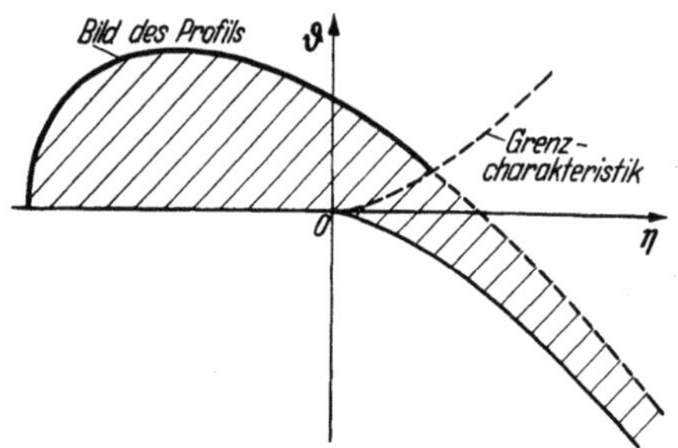

Abb. 77. Darstellung in der Strömung Abb. 76. in der Mach-Zahl 1 η, ϑ-Ebene (nach GUDERLEY ([2]

Für die Schallinie findet man mit Hilfe von Gl. VII, 4 (17b) die folgende Darstellung der Funktionen G

$$G^{(a)}\left(\xi, \frac{1}{4}\right) = \frac{\Gamma\left(\frac{1}{3}\right)\Gamma\left(\frac{3}{2}\right)}{\Gamma\left(\frac{7}{6}\right)\Gamma\left(\frac{2}{3}\right)} - \frac{\Gamma\left(-\frac{1}{3}\right)\Gamma\left(\frac{3}{2}\right)}{\Gamma\left(\frac{5}{6}\right)\Gamma\left(\frac{1}{3}\right)}\xi,$$

$$G^{(a)}\left(\xi, \frac{3}{4}\right) = \frac{\Gamma\left(\frac{1}{3}\right)\Gamma\left(\frac{3}{2}\right)}{\Gamma\left(\frac{5}{3}\right)\Gamma\left(\frac{1}{6}\right)} - \frac{\Gamma\left(-\frac{1}{3}\right)\Gamma\left(\frac{3}{2}\right)}{\Gamma\left(\frac{4}{3}\right)\Gamma\left(-\frac{1}{6}\right)}\xi.$$

(Natürlich müßten die Gl. (3) dasselbe Ergebnis liefern.) Die Γ-Funktionen lassen sich mit Hilfe der Formeln Gl. VII, 4 (15) umformen, und man findet

$$G^{(a)}\left(\xi, \frac{1}{4}\right) = \frac{3}{2}\left(2^{1/3} - 2^{-1/3}\xi\right),$$

$$G^{(a)}\left(\xi, \frac{3}{4}\right) = \frac{3}{2}\left(2^{-5/3} - 2^{-4/3}\xi\right).$$

Mit Hilfe der Gl. VII, 3 (7) und VII, 3 (9) findet man dann

$$y = \frac{3}{2}\, 2^{-5/3}\left(\frac{3}{2}\,\vartheta\right)^{-5/3} + \frac{3}{2}\, 2^{1/3}\left(\frac{3}{2}\,\vartheta\right)^{1/3},$$

$$(\varkappa + 1)^{-1/3}\, x = \frac{1}{2}\,\frac{3}{2}\, 2^{-4/3}\left(\frac{3}{2}\,\vartheta\right)^{-4/3} + \frac{3}{2}\, 2^{-1/3}\left(\frac{3}{2}\,\vartheta\right)^{2/3}.$$

Für die Grenzcharakteristik $\xi = 1$ erhält man

$$G^{(a)}\left(\xi, \frac{1}{4}\right) = \frac{\Gamma\left(\frac{1}{2}\right)}{\Gamma\left(\frac{7}{6}\right)\Gamma\left(\frac{5}{6}\right)}(1-\xi^3)^{-1/6} = \frac{3}{\sqrt{\pi}}(1-\xi^3)^{-1/6},$$

$$G^{(a)}\left(\xi, \frac{3}{4}\right) = \frac{-\Gamma\left(-\frac{3}{2}\right)}{\Gamma\left(\frac{1}{6}\right)\Gamma\left(-\frac{1}{6}\right)}(1-\xi^3)^{5/6} = \frac{4}{\sqrt{\pi}}(1-\xi^3)^{5/6}.$$

Hieraus

$$y = \frac{4}{\sqrt{\pi}}\left(\frac{9}{4}\vartheta^2\right)^{-5/6} + \frac{3}{\sqrt{\pi}}\left(\frac{9}{4}\vartheta^2\right)^{1/6},$$

$$(\varkappa+1)^{-1/3}x = \frac{5}{\sqrt{\pi}}\left(\frac{9}{4}\vartheta^2\right)^{-2/3} + \frac{3}{2\sqrt{\pi}}\left(\frac{9}{4}\vartheta^2\right)^{1/3}.$$

Stromabwärts der Grenzcharakteristik kann die Gestalt des Körpers beliebig geändert werden, solange dabei nicht Kompressionswellen

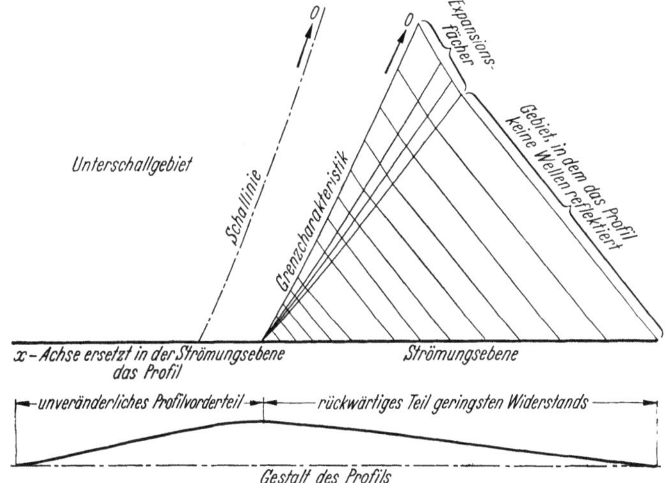

Abb. 78. Konstruktion des rückwärtigen Teils eines Profils, das bei festgehaltenem Vorderteil und festgehaltener Tiefe den Widerstand zu einem Minimum macht

entstehen, die die Schallinie erreichen und dadurch das Unterschallströmungsfeld beeinflussen. Man kann z. B. den rückwärtigen Teil des Profils so wählen, daß man bei gegebener Profiltiefe und gegebenem Vorderteil ein Minimum des Widerstandes erhält. Widerstand ergibt sich in jedem Falle; nur für einen Halbkörper, der sich nach unendlich erstreckt, ist es möglich, die Nachströmung verlustfrei in eine Parallelströmung mit der Schallgeschwindigkeit zu verwandeln. Die Konstruktion des rückwärtigen Teiles geringsten Widerstandes findet sich bei GUDERLEY [3]. Man findet, daß stromabwärts eines Expansionsfächers, der an dem Schnittpunkt der Kontur mit der Grenzcharakteristik angebracht werden muß und dessen Ausdehnung die Tiefe

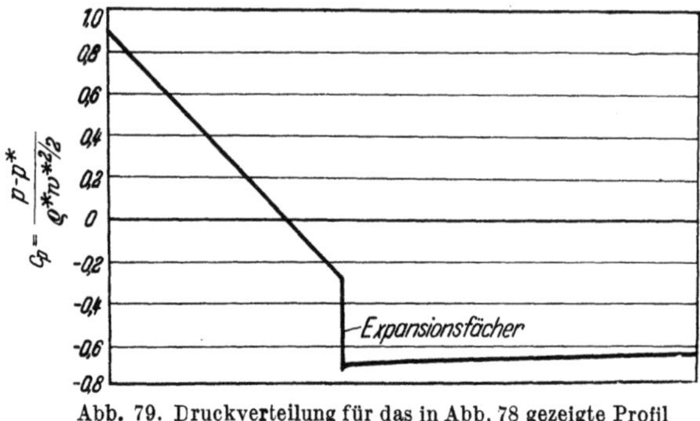

Abb. 79. Druckverteilung für das in Abb. 78 gezeigte Profil

Abb. 80. Profile verschiedener Länge mit gleichem Vorderteil. Die rückwärtigen Teile ergeben für die jeweilige Länge ein Minimum des Widerstandes (nach GUDERLEY [3])

des Profils bestimmt, die Kontur so gestaltet werden muß, daß keine MACHschen Wellen von ihr reflektiert werden (Abb. 78). Im Strömungsfeld erscheint für $\tau \rightarrow 0$ das Profil als Teil der Geraden $y = 0$. Deshalb wird die Profilgestalt gesondert unter dem Strömungsbild angegeben. Die zugehörige Druckverteilung findet sich in Abb. 79. Abb. 80 zeigt mehrere Profile, die auf diese Weise gewonnen worden sind.

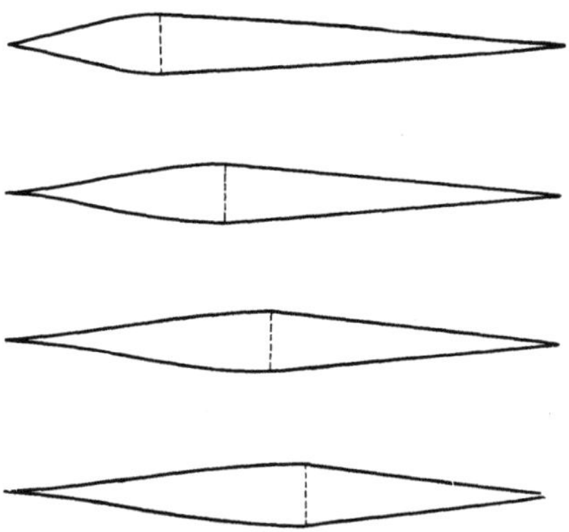

Abb. 81. Profile mit verschiedener Dickenrücklage. Die Vorderteile gehen durch affine Verzerrung auseinander hervor. Jedes Profil hat bei festgehaltenem Vorderteil ein Minimum des Widerstandes (nach GUDERLEY [3])

Mit Hilfe des Ähnlichkeitsgesetzes lassen sich diese Formen auf das gleiche Dickenverhältnis umwandeln. Man erhält so eine Reihe von Profilen mit verschiedener Dickenrücklage und Vorderteilen, die durch affine Verzerrung auseinander hervorgehen (Abb. 81). Damit erhält man theoretische Werte für den Widerstand bei der Anström-MACH-Zahl 1 und gleichzeitig einen Zusammenhang zwischen Widerstand und Dickenrücklage. Dies wird in Abb. 82 gezeigt. Diese Abbildung enthält außerdem noch die entsprechende Kurve für ein keilförmiges Vorderteil und den Widerstandsbeiwert für ein Rhombusprofil. Alle Ergebnisse gelten für ein Dickenverhältnis von 10%. Für affine Profile ist der Widerstandsbeiwert nach dem Ähnlichkeitsgesetz proportional der Potenz 5/3 des Dickenverhältnisses.

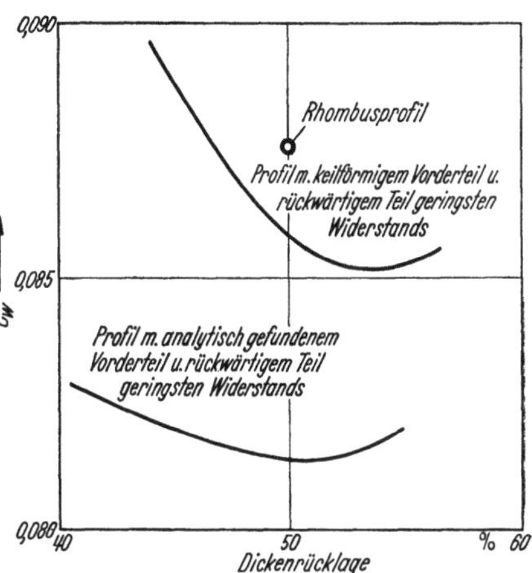

Abb. 82. Widerstandsbeiwert in Abhängigkeit von der Dickenrücklage. Dickenverhältnis der Profile 10% (nach GUDERLEY [3])

Da es mit der Hodographenmethode nicht möglich ist, die Strömung um beliebig vorgegebene Profile zu berechnen, liegt es nahe, das eben beschriebene inverse Verfahren durch Zunahme weiterer „natürlicher" Partikularlösungen systematisch zu erweitern und damit einen Katalog von Profilformen und von Strömungen zu gewinnen. Profile, die eine von null verschiedene Anfangstangente haben, wird man allerdings auf diese Weise wohl nie erhalten.

4. Die Strömung um einen Keil bei der Machschen Zahl 1

Für einen Keil ist die Abbildung der Flanken im Hodographen vorausbestimmt, und man kann das Randwertproblem im Hodographen vollständig formulieren. Die flugtechnische Bedeutung des Keilprofils ist natürlich gering, für theoretische Untersuchungen ist es aber wegen der Einfachheit der Rechnung besonders geeignet. Außerdem ist ein keilförmiges Modell leicht herzustellen, so daß ein Vergleich mit Versuchsergebnissen sich leicht durchführen läßt.

Man erhält die Hodographenabbildung, indem man in Abb. 45c die Stoßpolare auf null zusammenschrumpfen läßt, und dann im Punkte 0 die für die MACH-Zahl 1 charakteristische Singularität anbringt (Abb. 83). Der Koeffizient mit dem diese Singularität multipliziert wird, ist natürlich durch die Größe des Keiles gegeben. Umgekehrt sind die Abmessungen des Keiles bestimmt, wenn man diesen Koeffizienten wählt; zunächst erteilen wir ihm den Wert 1.

Zuerst stellen wir einen Ausdruck her, der die Bedingung $\psi = 0$ für die Keilflanken erfüllt (Abb. 84). Er sei mit ψ_1 bezeichnet. Das geschieht durch Spiegelung der singulären Lösung. Ist der halbe Schneidenwinkel des Keiles gegeben durch θ_0 und benutzen wir die

Bezeichnungsweise

$$\psi_{-5/6}(\varrho, \xi) = \bar{\psi}_{-5/6}(\eta, \vartheta), \tag{1}$$

so wird dieser Teil der Lösung ausgedrückt durch

$$\psi_1 = \sum_{h=-\infty}^{h=+\infty} \bar{\psi}_{-5/6}(\eta, \vartheta - 2h\,\theta_0). \tag{2}$$

Die Lösung $\bar{\psi}^{-5/6}$ wurde durch Gl. (1) definiert, der Übergang von den Variablen ϱ und ξ auf η und ϑ ergibt sich durch Gl. VII, 3 (1). Um die Randbedingung $\psi = 0$ längs der Charakteristik CD zu erfüllen, benutzen wir die TSCHAPLIGINschen Partikularlösungen der Form Gl. VII, 1 (2a); der darin auftretende Ausdruck $g(\eta, m)$ wird

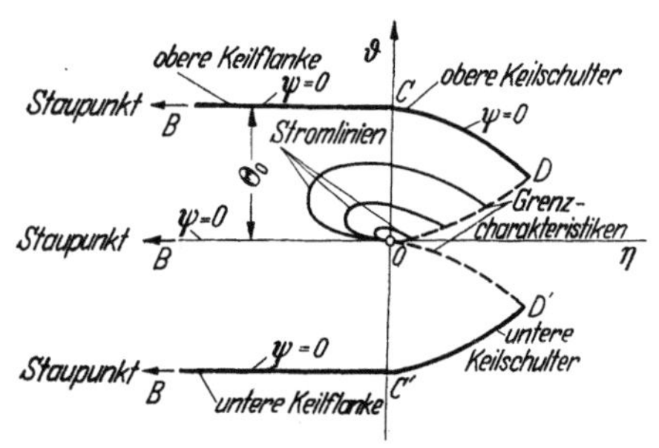

Abb. 83.
Randwertproblem für den Keil in der η, ϑ-Ebene

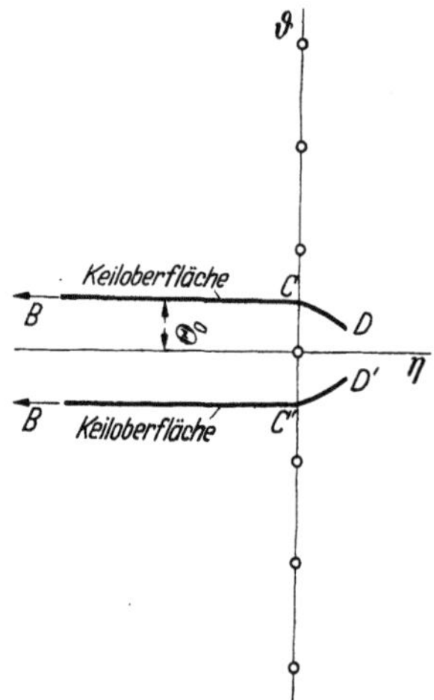

Abb. 84. Anordnung von Singularitäten längs der ϑ-Achse

durch Gl. VII, 1 (4a) ausgedrückt:

$$\psi_2 = \sum_{h=1}^{\infty} a_h\, g\left(\eta, \frac{h\pi}{\theta_0}\right) \sin\left[h \frac{\pi\vartheta}{\theta_0}\right]. \tag{3}$$

Offenbar erfüllt auch dieser Ausdruck die Randbedingung $\psi = 0$ für die Keilflanken. Die Lösung ψ_2 ist so zu bestimmen, daß $\psi_1 + \psi_2 = 0$ für die Charakteristiken CD und $C'D'$; ψ_2 ist also durch ein TRICOMIsches Randwertproblem bestimmt. Längs der Schallinie ist ψ_2 beschränkt, d. h. der Ausdruck Gl. (2) konvergiert zumindest im Mittel[1]. Wegen der Konvergenz von ψ_2 längs der Schallinie, hat man, nach den Bemerkungen am Ende von Abschn. VII, 1 auch Konvergenz im Überschallgebiet. Dort wurde auch die Frage nach der Vollständigkeit des für ψ_2 benutzten Systems von Partikularlösungen beantwortet. Vom praktischen Standpunkte würde man natürlich den Lösungsansatz Gl. (3) bereits dann als befriedigend betrachten, wenn sich bei

[1] Das Verhalten von ψ_2 in der Nähe des Punktes 0 ist durch die Untersuchungen des Abschnitts VII, 13 gegeben. Danach läßt sich ψ_2 darstellen durch Überlagerung der natürlichen Partikularlösungen $\psi_{1/6}$; $\psi_{1/2}$, $\psi_{5/6}$ · · ·

der Rechnung ergibt, daß die gewünschten Randbedingungen mit guter Näherung erfüllt werden.

Nachdem Konvergenz im Überschallgebiet gesichert ist, ist es möglich, die Koeffizienten a_h dadurch zu bestimmen, daß man direkt die Erfüllung der Randbedingungen längs der Charakteristik CD fordert, etwa durch ein direktes numerisches Vorgehen. In einer Arbeit von MARSCHNER, in der ein ähnliches Problem auftritt, wurde z. B. eine näherungsweise Erfüllung der Randbedingung durch die ersten 10 Glieder des Ausdruckes Gl. (2) angestrebt. Dazu wurden die Funktionswerte der TSCHAPLIGINschen Lösungen und die zu erfüllenden Randwerte längs der Charakteristik CD in 40 Punkten berechnet und dann die Koeffizienten a_h so bestimmt, daß die Quadratsumme der Abweichung zwischen der Näherungslösung und den exakten Randwerten zu einem Minimum gemacht wurde.

Die Lösung unseres Problems ist nun gegeben durch

$$\psi = \psi_1 + \psi_2 .$$

Sie ist von Interesse für das Gebiet $BCDOD'C'$ der Abb. 83. Zwischen den Charakteristiken OD und OD' ist sie bedeutungslos. Am besten bestimmt man die Fortsetzung der Lösung über die Grenzcharakteristik hinaus mit Hilfe der Charakteristikenmethode, nachdem die Lage der Grenzcharakteristik in der Strömungsebene bestimmt worden ist.

Um die Lösung von der Hodographenebene in die Strömungsebene zu übertragen, benutzt man die Gl. V, 7 (8) und V, 7 (9). Will man nur die Druckverteilung längs des Keiles bestimmen, so genügt es, die x-Koordinaten der Keilflanken zu berechnen. Für ψ_2 [Gl. (3)], findet man auf Grund der Differentialgleichung für g [Gl. VII, 1 (2c)]

$$x_2 = -(\varkappa + 1)^{1/3} \sum_{h=1}^{\infty} a_h \frac{\theta_0}{h\pi} \frac{dg}{d\eta}\left(\eta, \frac{h\pi}{\theta_0}\right) \cos\left[\frac{h\pi\vartheta}{\theta_0}\right]. \qquad (4)$$

Eine andere Möglichkeit, die sich z. B. in der Arbeit von GUDERLEY und YOSHIHARA [*1*] findet, besteht darin, daß man mit Hilfe von Gl. V, 7 (7) von ψ auf η übergeht und dann x mit Hilfe der Gl. V, 7 (10) bestimmt.

Zur Berechnung der Grenz-MACH-Welle, die notwendig ist, um die Strömung über den rückwärtigen Teil des Körpers zu bestimmen, braucht man nur ihre y-Koordinaten in Abhängigkeit von η, da sich die x-Werte mit Hilfe der für die Charakteristik gültigen Beziehung

$$\frac{dy}{dx} = (\varkappa + 1)^{-1/3} \eta^{-1/2}$$

bestimmen lassen. Von der Grenzcharakteristik ausgehend, läßt sich die Strömung über den rückwärtigen Teil durch das Charakteristikenverfahren berechnen.

Für die praktische Rechnung wählt man am besten als unabhängige Variable ϑ/θ_0 und $\eta\Big/\left(\frac{3}{2}\theta_0\right)^{2/3}$. Gl. (3) erscheint bereits in dieser Form, wie man aus Gl. VII, 1 (3a) erkennt. Man überzeugt sich, daß

$$\psi_{-5/6} = \varrho^{-5/6} G^{(a)}\left(\xi, \frac{3}{4}\right)$$

in der Form geschrieben werden kann

$$\bar{\psi}_{-5/6} = \theta_0^{-5/3} \bar{\bar{\psi}}\left(\frac{\eta}{\left(\frac{3}{2}\theta_0\right)^{2/3}}, \frac{\vartheta}{\theta_0}\right).$$

Daraus ergibt sich dann, daß der Faktor $\theta_0^{-5/3}$ auch bei ψ_2 auftritt,

$$\psi_2 = \theta_0^{-5/3} \sum_{h=1}^{\infty} \bar{a}_h\, g\left(\eta, \frac{h\pi}{\theta_0}\right) \sin\left[\frac{h\pi\vartheta}{\theta_0}\right]$$

hierin sind die geänderten Koeffizienten $\bar{a}_h$ von θ_0 unabhängig. Man findet dann aus Gl. V, 7 (8) und V, 7 (9), daß entsprechende Werte von y proportional $\theta_0^{-5/3}$ sind und entsprechende Werte von x proportional $\theta_0^{-4/3}$. Die Werte η und ϑ in entsprechenden Punkten sind natürlich (wegen der gegenwärtigen Wahl der unabhängigen Variablen) proportional $\theta_0^{2/3}$ und θ_0.

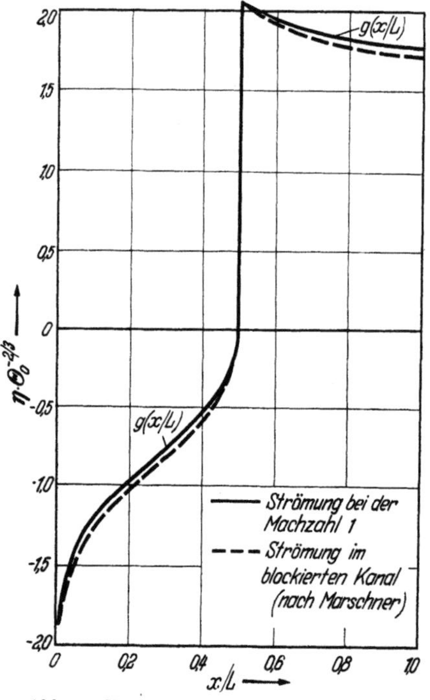

Abb. 85. Verteilung von η für ein Rhombusprofil in einer Strömung mit der Anström-MACH-Zahl 1, und in einem blockierten Kanal. Θ_0 Halbwinkel des vorderen Keils und Dickenverhältnis des Profils. Für das gewählte Beispiel ist das Dickenverhältnis 10% und die Profiltiefe 13% der Kanalweite. Die Blockierungs-MACH-Zahl ist 0,86 (nach GUDERLEY, YOSHIHARA [1] und MARSCHNER).

Die Druckverteilung für ein Rhombusprofil findet sich in der ausgezogenen Kurve von Abb. 85. Dazu wird das Resultat in der Form geschrieben

$$c_p = -2(\varkappa+1)^{-1/3}\eta = -2(\varkappa+1)^{-1/3}\theta_0^{2/3} g\left(\frac{x}{L}\right). \quad (5)$$

Ist L die Gesamtlänge des Profils, dann ist der zugehörige Ausdruck $\Psi_{-5/6}$ gegeben durch

$$\Psi_{-5/6} = \frac{L}{2{,}47}\left(\frac{3}{2}\theta_0\right)^{4/3} \times (\varkappa+1)^{-1/3}(\psi_1+\psi_2). \quad (6)$$

Die Bezeichnung $\Psi^{-5/6}$ wurde am Anfang des vorigen Abschnittes erklärt. Der Faktor $\theta_0^{4/3}$ erklärt sich aus den obigen Bemerkungen. Es sei daran erinnert, daß der Koeffizient des Gliedes $\psi_{-5/6}$, das in Gl. (6) auftritt, nach Gl. (2) gleich 1 ist. Die Ergebnisse sind wiederholt durch Messungen bestätigt worden[1].

Unter Benutzung einer Näherungsgleichung für den Hodographen, die von der TRICOMIschen Gleichung verschieden ist, ist es LIGER gelungen, die Strömung um einen Keil in geschlossener Form anzugeben.

Das Rechenverfahren, das hier bei der Bestimmung von ψ_2 angewendet wurde, läßt sich auf die in den Abb. 50 und 51 formulierten Randwertprobleme für freie Strahlen übertragen. Fraglich ist allerdings, ob eine solche Untersuchung den Aufwand lohnt.

5. Deutung gewisser Lösungen für andere Werte von μ

Als Singularität, die bei einer Strömung mit der MACH-Zahl 1 im Punkte 0 auftritt, hatten wir $\psi_{-5/6}$ gefunden. Es sollen in diesem Abschnitt die anderen antisymmetrischen Partikularlösungen, die Punkt 0 nach unendlich abbilden und für die die Potenz von ϱ kleiner als $-5/6$ ist, physikalisch gedeutet werden. Wir betrachten eine antisymmetrische Partikularlösung $\psi = \varrho^{-(1/12)-\mu}\, G^{(a)}(\xi, \mu)$. Die erste Nullstelle der darin auftretenden Funktion G, gezählt von $\xi = -\infty$ aus, liege bei $\xi = c_1$. Im Unendlichen der Strömungsebene erhält man offenbar eine Parallelströmung mit der Schallgeschwindigkeit. Die negative η-Achse bildet sich in die negative x-Achse ab. Für sie ist $\vartheta = 0$. Dann ergibt die Linie $\xi = c_1$ die positive x-Achse. Dort ist aber die Stromlinienneigung von null verschieden. Aus der Stromlinienneigung läßt sich die Gestalt eines Körpers, der zu dieser Strömung paßt, durch Integration gewinnen. Es sei G' die Ableitung von G nach ξ im Punkte $\xi = c_1$. Ein Punkt der Linie $\xi = c_1$, gekennzeichnet durch einen gegebenen Wert ϱ, bildet sich nach Gl. VII, 3 (7) und VII, 3 (9) in einem Punkt mit den Koordinaten

$$y = 0, \tag{1a}$$

$$x = (\varkappa + 1)^{1/3} \frac{(1 - c_1^3)^{5/6}}{3\left(\frac{1}{12} - \mu\right)} G'\, \varrho^{(1/12)-\mu} \tag{1b}$$

ab. Die zugehörigen Werte ϑ sind nach Gl. VII, 3 (1)

$$\vartheta = \frac{2}{3} \frac{\sqrt{\varrho}}{(1 - c_1^3)^{1/2}}.$$

[1] Die gute Übereinstimmung zwischen Theorie und Experiment hat seinerzeit das Vertrauen sowohl zu den Versuchsmethoden als zu der Theorie wesentlich erhöht.

Indem man hieraus ϱ mit Hilfe von Gl. (1b) eliminiert, erhält man

$$\vartheta = \frac{2}{3}\left[3\left(\frac{1}{12} - \mu\right)\right]^{\frac{1}{(1/6)-2\mu}} (\varkappa + 1)^{-\frac{1}{3[(1/12)-\mu]}} (1 - c_1^3)^{-\frac{1}{2}-\frac{5}{12}\frac{1}{(1/12)-\mu}} \times$$

$$\times [G']^{-\frac{1}{(1/6)-2\mu}} x^{\frac{1}{(1/6)-2\mu}} = \text{const}\, x^{\frac{1}{(1/6)-2\mu}}.$$

Hieraus

$$\tilde{y} = \int \vartheta\, dx = \text{const}\, \frac{\frac{1}{6} - 2\mu}{\frac{7}{6} - 2\mu}\, x^{\frac{(7/6)-2\mu}{(1/6)-2\mu}}.$$

Man erhält also die Strömung über einen Halbkörper, der eine verallgemeinerte Parabel als Profil besitzt. Längs der Kontur ergibt sich entweder eine Überschall- oder eine Unterschallgeschwindigkeit, je nachdem, ob c_1 positiv oder negativ ist. Im ersten Fall beginnt die Schallinie an der Nase des Körpers. (Natürlich ist dort die vereinfachte Hodographengleichung nicht anwendbar.) Der Übergang zwischen den beiden Fällen erfolgt für $\mu = 11/12$. Dann ist $c_1 = 0$ und $\tilde{y} \sim x^{0,4}$. Die Schallinie fällt mit der positiven x-Achse zusammen. Man kann diese Strömungsfelder deuten als Annäherungen für die Strömung in der Nähe des Vorderteiles eines Profils. Ist das Profil ziemlich spitz, dann liegt das Vorderteil bei einer Unterschallgeschwindigkeit. Für $\tilde{y} = x^{0,4}$ liegt das ganze Profil bei der Schallgeschwindigkeit. Für niedrigere Werte der x-Potenz beginnt in dieser Näherung der Überschallbereich unmittelbar an der Vorderkante. Diese ist aber so stumpf, daß das Unterschallgebiet unmittelbar an sie heranreicht. Die Schalllinie erstreckt sich, von der Vorderkante ausgehend, nach unendlich.

6. Unsymmetrische Profile bei der Mach-Zahl 1

Auch bei unsymmetrischen Profilen stellt natürlich die Hodographenabbildung des Unendlichen einen singulären Punkt dar. Für die in einem solchen Punkt auftretenden Lösungen muß man wiederum fordern, daß sich die Machschen Wellen $\xi = 1$ nicht nach unendlich abbilden und daß sich keine Singularitäten längs dieser Linien fortpflanzen. Mit dieser Bedingung erhält man neben den für symmetrische Profile gefundenen Ausdrücken, weitere Lösungen, die sich aus Gl. VII, 9 (2) bestimmen. Es sind dies Partikularlösungen

$$\psi^{(s)}_{h/3} \tag{1a}$$

und

$$\psi^{(s)}_{-(1/3)-h}. \tag{1b}$$

Die entsprechenden Ausdrücke für das transformierte Potential sind abgesehen von gewissen Faktoren $\varphi^{(a)}_{(1/2)+(h/3)}$ und $\varphi^{(a)}_{1/6-h}$. Da der Ortsvektor in der Strömungsebene durch den Gradienten des transformierten

Potentials gegeben ist, und da in den letzten Ausdrücken längs der negativen η-Achse $\varphi_\eta = 0$ ist, so bildet sich diese Linie in die y-Achse ab. Dies ist dann die Symmetrieachse der so zu gewinnenden Strömungsfelder. Auch die beiden Charakteristiken durch Punkt 0, die die Grenzcharakteristiken der Strömung darstellen müßten, wären somit symmetrisch zur y-Achse. Das widerspricht natürlich unseren Vorstellungen von der Struktur des Strömungsfeldes. Somit kann keine der aufgeführten Partikularlösungen, für sich genommen, das Strömungsfeld eines unsymmetrischen Körpers im Unendlichen der Strömungsebene darstellen.

Man bemerkt weiterhin, daß alle Partikularlösungen $\psi^{(s)}_{-(1/3)-h}$, mit Ausnahme der ersten, stärker bei Annäherung an Punkt 0 nach unendlich gehen als die Partikularlösung $\psi^{(a)}_{-5/6}$, die für einen symmetrischen Körper das Verhalten im Unendlichen beschreibt; deshalb würde eine Linearkombination einer der Lösungen $\psi^{(s)}_{-(4/3)-h}$ mit $\psi^{(a)}_{-5/6}$ in der Nähe des Punktes 0 noch immer durch $\psi^{(s)}_{-(4/3)-h}$ bestimmt sein. Somit kann das Lösungsverhalten im Punkte 0 nur gegeben sein durch eine Linearkombination der Ausdrücke $\psi^{(a)}_{-5/6}$ und $\psi^{(s)}_{-1/3}$. Für das LEGENDREsche Potential erhält man als entsprechende Ausdrücke $\varphi^{(s)}_{-1/3}$ und $\varphi^{(a)}_{1/6}$. Hier würde man aber nur den ersten als singulär im Sinne des TRICOMIschen Beweises bezeichnen. Bei der Lösung für ein gegebenes Profil treten hinzu eine Überlagerung der Ausdrücke $\psi^{(s)}_{h/3}$ und $\psi^{(a)}_{(1/6)+(h/3)}$ oder $\varphi^{(s)}_{h/3}$ und $\varphi^{(a)}_{(1/2)+(h/3)}$, die in 0 die TRICOMIschen Bedingungen erfüllen. Im allgemeinen erstreckt sich das Konvergenzbereich einer solchen Darstellung nicht bis an das Profil.

7. Die Strömung um einen angestellten Keil

Während es für symmetrische Profile sinnvoll erscheint, von einer einfach zu berechnenden Hodographenlösung auszugehen und dann nachträglich das Profil in der Strömungsebene zu bestimmen, ist ein solches Verfahren für angestellte Profile kaum von Interesse; denn der Hauptzweck solcher Untersuchungen wird immer der Vergleich mit einem nichtangestellten Profile sein, damit man zu einer Aussage über den Auftrieb kommt. Das setzt aber voraus, daß die Profilform erhalten bleibt.

Der Keil mit Anstellwinkel liegt als erstes Beispiel nahe. Ganz befriedigend ist dieses Strömungsfeld allerdings nicht, denn es tritt darin eine Umströmung der Keilschneide und damit ein lokales Überschallfeld auf. Die Untersuchung eines Profils mit abgerundeter Nase wäre in dieser Hinsicht befriedigender. Eine genauere Diskussion wird zeigen, daß für kleine Anstellwinkel der Einfluß des lokalen Überschallgebietes vernachlässigbar ist (GUDERLEY, YOSHIHARA [3]).

Wenn man von diesem lokalen Überschallgebiet absieht, liegt als Hodographendarstellung der Strömung Abb. 86 nahe. Läßt man bei der Anstellung die Anströmrichtung unverändert, so bleibt die Lage des Punktes 0 erhalten, während die Keilflanken sich um den Anstellwinkel verschieben. Längs der Keiloberfläche hat man als Randbedingung $\psi = 0$. Die Lösung enthält jetzt zwei willkürliche Konstanten, nämlich die Koeffizienten der singulären Ausdrücke $\psi^{(a)}_{-5/6}$ und $\psi^{(s)}_{-1/3}$. Wie beim Problem des nichtangestellten Keils (wo aber nur *eine* Konstante auftrat) werden diese Koeffizienten durch die Abmessungen der Keilflanken bestimmt. Wir nehmen für einen Augenblick an, daß wir willkürlich den Koeffizienten des Ausdruckes $\psi_{-1/3}$ null gesetzt hätten. Wegen der Unsymmetrie der Hodographenbegrenzung in bezug auf die Lage des Punktes 0, ergibt sich eine unsymmetrische Hodographenlösung und damit in der Strömungsebene ein Keil, dessen Flankenlängen verschieden sind. Durch geeignete Wahl des Koeffizienten von $\psi_{-1/3}$, lassen sich die Keilflanken gleichmachen.

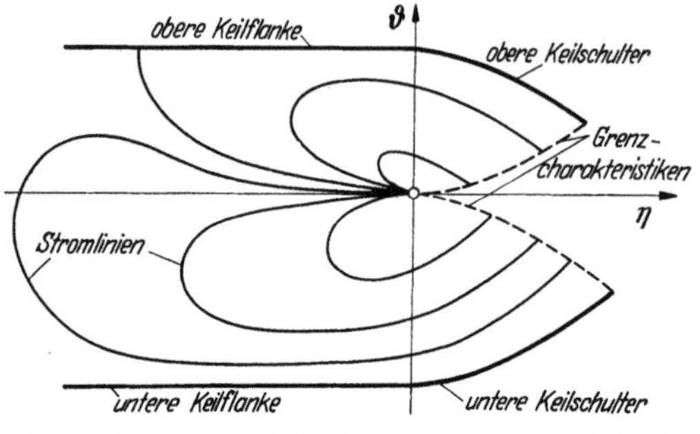

Abb. 86. Hodographenbild für angestellten Keil (nach GUDERLEY und YOSHIHARA [4])

Wie erwähnt, ist wegen der Umströmung der Vorderkante ein lokales Überschallgebiet zu erwarten. Inwiefern läßt die gegenwärtige Hodographendarstellung auf die Notwendigkeit eines solchen Gebietes schließen? Für den symmetrischen Keil war es selbstverständlich, daß ein Verzweigungspunkt der Stromlinien im Staupunkt, d. h. für $\eta \to -\infty$ auftritt. Daß dies von allein bei einem nichtsymmetrischen Feld sich einstellt, ist nicht zu erwarten. Das ergibt sich aus der folgenden Betrachtung. Für negative Werte von η kann die Lösung nach TSCHAPLIGINschen Partikularlösungen entwickelt werden. Indem man die asymptotischen Ausdrücke für die HANKELsche Funktion Gl. VII, 7 (9a) benutzt, erhält man als für $\eta \to -\infty$ vorwiegende Partikularlösungen

$$|\eta|^{-1/4} e^{-(2/3)|\eta|^{3/2}\pi/(2\theta_0)} \cos\left[\frac{\vartheta}{\theta_0} \frac{\pi}{2}\right]$$

und

$$|\eta|^{-1/4} e^{-(2/3)|\eta|^{3/2}\pi/\theta_0} \sin\left[\frac{\vartheta}{\theta_0}\pi\right].$$

Der erste dieser Ausdrücke klingt für $\eta \to -\infty$ weniger schnell ab und überwiegt deshalb immer für $\eta \to -\infty$. Da er zwischen $-\theta_0$

und $+\theta_0$ keine Nullstelle besitzt, hat das Stromlinienbild in der η, ϑ-Ebene eine Gestalt, die weitgehend Abb. 32 ähnelt (obwohl dort andere Koordinaten vorliegen). Nur wenn der Koeffizient dieser Partikularlösung null ist, ergibt sich ein Verzweigungspunkt der Stromlinien für $\eta \to -\infty$. Im allgemeinen hat man ein Hodographen nach Abb. 86 zu erwarten.

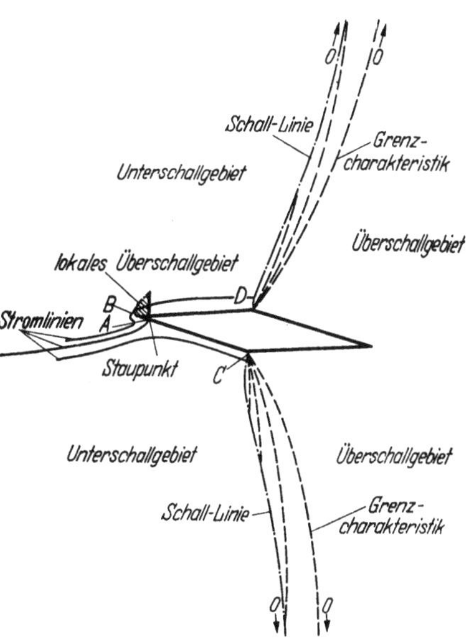

Abb. 87a. Strömungsfeld eines angestellten Keils

Ein lokales Überschallgebiet (etwa nach Abb. 87) gibt zwar die Möglichkeit, das Hodographenbild so abzuändern, daß dann wieder der Staupunkt zum Verzweigungspunkt der Stromlinien wird; praktisch ist es aber kaum möglich, dieses Gebiet zu berechnen, und selbst wenn die Möglichkeit bestände, würde das Ergebnis kaum mit der Wirklichkeit

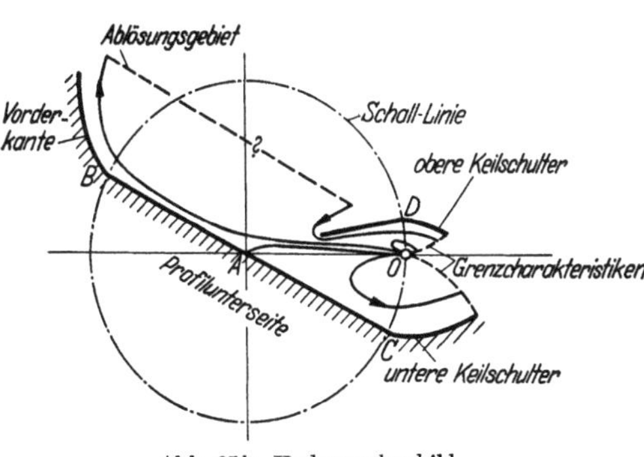

Abb. 87b. Hodographenbild.

übereinstimmen, da man mit Strömungsablösung rechnen mußte. Ein ähnliches Überschallgebiet tritt auch bei der angestellten Platte auf. GUDERLEY und YOSHIHARA geben sich in folgender Weise über den Einfluß des lokalen Überschallgebietes Rechenschaft. Dem Hodographen der Abb. 88 entspricht eine Strömung um einen Keil, der

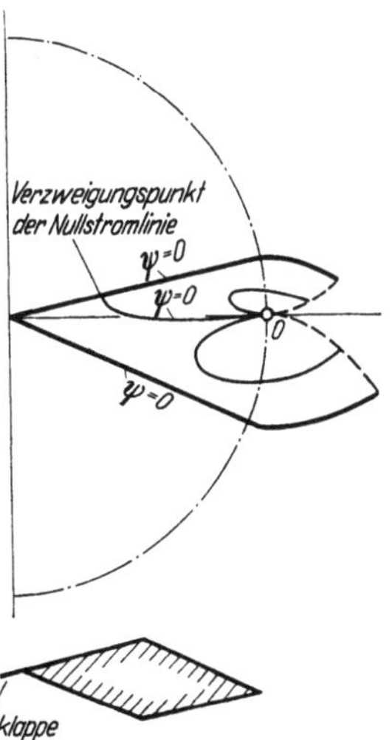

Abb. 88. Deutung der analytischen Lösung als Strömung um einen Keil mit Nasenklappe (nach GUDERLEY und YOSHIHARA [4])

eine Klappe an der Schneide besitzt. Der Verzweigungspunkt liegt am vorderen Ende dieser Klappe. Wie man nämlich aus dem Hodographen erkennt, besitzen nach dem Verzweigungspunkt die beiden Äste der verzweigten Stromlinie die gleiche Richtung, nur sind die Geschwindigkeiten verschieden. Bei der Geschwindigkeit null ergibt sich dann eine konkave Ecke. Die Länge der Klappe und die durch sie übertragene Kraft geht nach null, wenn der Anstellwinkel nach null geht. Es ist plausibel, daß der Einfluß der Platte auf den Gesamtauftrieb von der Größenordnung der durch die Platte übertragenen Kraft ist. Nun zeigt eine Abschätzung, daß diese Kraft rascher mit dem Anstellwinkel nach null geht als der Auftrieb, also für hinreichend kleine Anstellwinkel vernachlässigt werden kann.

Im einzelnen liegen den Rechnungen von GUDERLEY und YOSHIHARA [3] die folgenden Überlegungen zugrunde. Bisher wurde die Änderung des Anstellwinkels durch eine Verschiebung des Hodographenbildes des Profils in der ϑ-Richtung ausgedrückt. Gleichwertig damit ist es, wenn man das Bild des Profils unverändert läßt, und den singulären Punkt 0 in der entgegengesetzten Richtung verschiebt. Diese Verschiebung wird als klein betrachtet. Die Strömung um den nichtangestellten Körper wird als Grundströmung bezeichnet, sie wurde auf Seite 244 berechnet. Sie erhält einen Ausdruck $\psi_{-5/6}$ im Punkte 0. Die gleiche Singularität an der Stelle $\eta = 0$, $\vartheta = \alpha$ (wobei α den Anstellwinkel darstellt) ist gegeben durch

$$\psi_{-5/6}(\eta, \vartheta - \alpha).$$

Dieser Ausdruck kann nach α entwickelt werden, und man erhält unter Benutzung von Gl. VII, 6 (2)

$$\begin{aligned}\psi_{-5/6}(\eta, \vartheta - \alpha) &= \psi_{-5/6}(\eta, \vartheta) - \alpha \frac{\partial \psi_{-5/6}(\eta, \vartheta)}{\partial \vartheta} \\ &= \psi_{-5/6}(\eta, \vartheta) - \alpha \frac{3}{2} \psi_{-4/3}(\eta, \vartheta).\end{aligned}$$

Hiernach ist in erster Näherung die Verschiebung des singulären Ausdrucks $\psi_{-5/6}$ vom Punkte $\eta = 0$, $\vartheta = 0$ nach dem Punkte $\eta = 0$, $\vartheta = \alpha$ gleichwertig mit einer Überlagerung des Ausdrucks $-\alpha \frac{3}{2} \psi_{-4/3}(\eta, \vartheta)$ zu der ursprünglichen Singularität. Zunächst werde der Faktor $-\frac{3}{2}\alpha$ außer acht gelassen. Zu dem Ausdruck $\psi_{-4/3}(\eta, \vartheta)$ muß man dann noch eine Lösung $\tilde{\psi}$ überlagern, die die TRICOMIschen Bedingungen erfüllt und so gewählt ist, daß für die Summe längs des Bildes der Kontur die Randbedingung $\psi = 0$ erfüllt ist. Das geschieht wie auf Seite 244 durch Spiegelungen der Singularität an den Bildern der Keilflanken und durch Addition TSCHAPLIGINscher Partikularlösungen. Der so zu findende Ausdruck (einschließlich $\psi_{-4/3}$) werde mit ψ_{I} bezeichnet. Wenn man ψ_{I} der Grundströmung überlagert, ergibt sich eine Lösung, die in erster Näherung äquivalent ist, mit einem Problem, das eine Singularität $\psi_{-5/6}$ im Punkte $\eta = 0$, $\vartheta = \alpha$ besitzt, und $\psi = 0$ längs der Keilflanken hat.

In einem weiteren Schritt muß man eine Lösung bestimmen, die in $\eta = 0$, $\vartheta = \alpha$ die Singularität $\psi_{-1/3}$ hat und für die längs der Bilder der Keilflanken $\psi = 0$ ist. In einer konsequenten Näherung kann die Singularität in dem genannten Punkte durch die gleiche Singularität im Punkte $\eta = 0$, $\vartheta = 0$ ersetzt werden. Das Rechenverfahren ist natürlich das gleiche wie vorher. Diese Lösung werde mit ψ_{II} bezeichnet. Nun muß eine Kombination $\psi_{\mathrm{I}} + \mathrm{const}\, \psi_{\mathrm{II}}$ gebildet werden, die keinen Beitrag zu der Länge der Keilflanken gibt. Zu diesem Zwecke bestimmt man für die Lösungen ψ_{I} und ψ_{II} die Werte x, die man für die Schultern des Keils erhält, wobei man für die Keilschneide ($\eta = -\infty$) $x = 0$ wählt. Der Faktor von ψ_{II} muß dann so gewählt werden, daß der Wert x für ψ_{II} an der Keilschulter negativ gleich ist dem entsprechenden Wert x für die Lösung ψ_{I}. Da beide Lösungen für die obere und untere Keilflanken gleiche Beiträge zu x nur mit entgegengesetzten Vorzeichen ergeben, braucht man diese Bedingung nur für eine Flanke zu erfüllen. Die so entstehende Lösung, die bei Überlagerung zur Grundströmung die Gestalt des Keils unverändert läßt, sei

$$\Psi^{-4/3} = \psi_{\mathrm{I}} + \mathrm{const}\, \psi_{\mathrm{II}}.$$

Im Prinzip hat diese Lösung die Gestalt

$$\Psi^{-4/3} = \psi_{-4/3} + \alpha_{-1/3}^{-4/3}\, \psi_{-1/3} + \tilde{\psi}^{-4/3}, \tag{1}$$

wobei $\alpha_{-1/3}^{-4/3}$ eine Konstante ist und $\tilde{\psi}^{-4/3}$ den TRICOMIschen Bedingungen genügt. Die Bezeichnungen entsprechen der Vereinbarung, die am Beginn des Abschn. VIII, 3 getroffen wurde.

Die Lösung für einen nichtangestellten Keil sei gegeben durch

$$\Psi^{-5/6} = \alpha_{-5/6}^{-5/6}\, \psi_{-5/6} + \tilde{\psi}^{-5/6},$$

wobei $\alpha_{-5/6}^{-5/6}$ eine Konstante ist, die sich aus der Größe des Körpers bestimmt, sie kann aus Gl. VIII, 4 (6) entnommen werden. Den Effekt eines kleinen Anstellwinkels erhält man dann durch Überlagerung eines Ausdrucks, der für die folgende Rechnung mit $\bar{\psi}$ bezeichnet werden mag:

$$\bar{\psi} = -\left(\frac{3}{2}\alpha\right) \alpha_{-5/6}^{-5/6}\, \Psi^{-4/3}. \tag{2}$$

Wie erwähnt, ist α der Anstellwinkel.

Addiert man im Hodographen eine andere Lösung zu der Grundströmung, so verschiebt sich in der Strömungsebene der Ort, an dem ein bestimmter Geschwindigkeitsvektor auftritt, um einen durch die überlagerte Lösung gegebenen Betrag. Wir sind natürlich in erster Linie in der Änderung des Druckes (oder in der Änderung von η) an einer gegebenen Stelle interessiert. Zu diesem Zwecke bedarf es einer Linearisierung; das bedeutet keine Einschränkung, da eine solche bereits bei der Entwicklung nach dem Anstellwinkel vorgenommen wurde.

Die Werte x und y, die aus der Grundströmung gewonnen wurden, mögen mit $x_0(\eta, \vartheta)$ und $y_0(\eta, \vartheta)$ bezeichnet werden. Die Werte, die sich für die überlagerte Strömung $\bar{\psi}$ berechnen, seien $\bar{x}(\eta, \vartheta)$ und $\bar{y}(\eta, \vartheta)$. Insgesamt erhält man also

$$x = x_0(\eta, \vartheta) + \bar{x}(\eta, \vartheta),$$
$$y = y_0(\eta, \vartheta) + \bar{y}(\eta, \vartheta).$$

Wenn man zu der Grundströmung $\bar{\psi}$ überlagert und gleichzeitig η um $\Delta\eta$ und ϑ um $\Delta\vartheta$ ändert und voraussetzt, daß $\bar{\psi}$ von erster Ordnung klein ist, dann ergeben sich die folgenden Änderungen von x und y

$$\Delta x = \bar{x}(\eta, \vartheta) + \frac{\partial x_0}{\partial \eta}\Delta\eta + \frac{\partial x_0}{\partial \vartheta}\Delta\vartheta,$$
$$\Delta y = \bar{y}(\eta, \vartheta) + \frac{\partial y_0}{\partial \eta}\Delta\eta + \frac{\partial y_0}{\partial \vartheta}\Delta\vartheta.$$

Wir bestimmen nun $\Delta\eta$ und $\Delta\vartheta$ so, daß Δx und Δy null werden. Dann stellt $\eta + \Delta\eta$, $\vartheta + \Delta\vartheta$ denjenigen Geschwindigkeitsvektor dar, der sich bei Überlagerung von $\bar{\psi}$ in den Punkt abbildet, in dem man in der Grundströmung die Werte von η und ϑ fand. Die lokalen Änderungen von η und ϑ sind also

$$\Delta\eta = \frac{-\bar{x}\dfrac{\partial y_0}{\partial \vartheta} + \bar{y}\dfrac{\partial x_0}{\partial \vartheta}}{\dfrac{\partial x_0}{\partial \eta}\dfrac{\partial y_0}{\partial \vartheta} - \dfrac{\partial x_0}{\partial \vartheta}\dfrac{\partial y_0}{\partial \eta}}, \tag{3a}$$

$$\Delta\vartheta = \frac{\bar{x}\dfrac{\partial y_0}{\partial \eta} - \bar{y}\dfrac{\partial x_0}{\partial \eta}}{\dfrac{\partial x_0}{\partial \eta}\dfrac{\partial y_0}{\partial \vartheta} - \dfrac{\partial x_0}{\partial \vartheta}\dfrac{\partial y_0}{\partial \eta}}. \tag{3b}$$

Natürlich ist an der Oberfläche des Profils $y_0 = 0$. Da die Keilflanken Linien $\vartheta = \text{const}$ darstellen, ist dort $\dfrac{\partial y_0}{\partial \eta} = 0$. Am Bild des Profils ist für den Keil $\bar{y} = 0$. Somit ergibt sich an der Keiloberfläche

$$\Delta\eta = \frac{-\bar{x}}{\partial x_0/\partial\eta}; \qquad \Delta\vartheta = 0. \tag{4}$$

Daraus läßt sich mit Hilfe von Gl. V, 7 (11) die Änderung des Druckes finden.

Im Überschall kann die Lösung $\bar{\psi}$ mit Hilfe der Charakteristikenmethode gefunden werden. Hierzu sind die folgenden Betrachtungen nützlich. Wird die Lösung durch das transformierte Potential ausgedrückt, so gilt

$$\bar{x} = (\varkappa + 1)^{1/3} \bar{\varphi}_\eta,$$
$$\bar{y} = \bar{\varphi}_\vartheta .$$

Die Charakteristiken der TRICOMIschen Gleichung, die durch

$$\frac{d\eta}{d\vartheta} = \pm \eta^{-1/2}$$

gegeben sind, haben als Verträglichkeitsbedingung

$$d\bar{\varphi}_\eta \mp \sqrt{\eta}\, d\bar{\varphi}_\vartheta = 0,$$

oder

$$\frac{d\bar{x}}{d\bar{y}} = \pm (\varkappa + 1)^{1/3} \sqrt{\eta}.$$

Die Verträglichkeitsbedingung für die Charakteristiken der Hodographenebene bestimmt also die charakteristischen Richtungen der Strömungsebene. Die Konstruktion des transformierten Potentials in der Hodographenebene läßt sich danach deuten, als Konstruktion des Charakteristikennetzes in der Strömungsebene. Für die Grundströmung ist dies trivial. Es gilt aber auch für die überlagerte Strömung, für sich genommen. Hinsichtlich der Randbedingungen für den überlagerten Ausdruck $\bar{\psi}$ ist folgendes zu sagen: Bei einem Rhombusprofil ist längs des rückwärtigen Teils, der sich in der gegenwärtigen Näherung in $\bar{y} = 0$ abbildet, $\vartheta = -\vartheta_0$. Deshalb hat man als Randbedingung im Hodographen $\bar{y} = 0$ für $\vartheta = -\vartheta_0$. Für die Konstruktion in der $\bar{x}, \bar{y}$-Ebene hat man dann umgekehrt $\vartheta = -\vartheta_0$ für $\bar{y} = 0$. Die Koordinaten $\bar{x}$ und $\bar{y}$ sind folgendermaßen zu bestimmen. Zunächst berechnet man längs der Grenzcharakteristik für die gleichen Wertepaare η und ϑ, die für die Grundströmung benutzt wurden, die der überlagerten Lösung $\bar{\psi}$ zugehörigen Werte $\bar{x}$ und $\bar{y}$. Dann konstruiert man in einem $\bar{x}, \bar{y}$-Diagramm das Charakteristikennetz in genau der gleichen Weise, wie man es sonst in der Strömungsebene (in einem $\bar{x}, \bar{y}$-Diagramm) täte. Die Randbedingung ist $\vartheta = -\vartheta_0$ für $\bar{y} = 0$. Zur Bestimmung der Änderungen der Druckverteilung, die $\bar{\psi}$ hervorrufen würde, entnimmt man diesem Feld für die Schnittpunkte der gleichen Hodographencharakteristiken, die in der Grundströmung gezeichnet wurden, d. h. für die gleichen Werte von η und ϑ die Werte $\bar{x}$ und $\bar{y}$, und geht damit in die Gl. (3a) und (3b), oder am Profil, in Gl. (4) ein.

Das Ergebnis dieser Rechnung findet sich in Abb. 89. Es gibt in dimensionsloser Form die Änderung von η für ein Rhombusprofil pro Einheit des Anstellwinkels an. Für das Vorderteil des Profils kann man diese Kurve vergleichen mit der differentiellen Änderung der Druckverteilung, die man an einem Keil erhielte, wenn der Keilwinkel um einen kleinen Betrag vergrößert würde. Da nach Gl. VIII, 4 (5)

$$\eta = g\left(\frac{x}{L}\right)\theta_0^{2/3},$$

erhält man bei Änderung des Keilwinkels um $\Delta\theta_0$

$$\Delta\eta = \frac{2}{3}\,\theta_0^{-1/3}\,g\left(\frac{x}{L}\right)\Delta\theta_0.$$

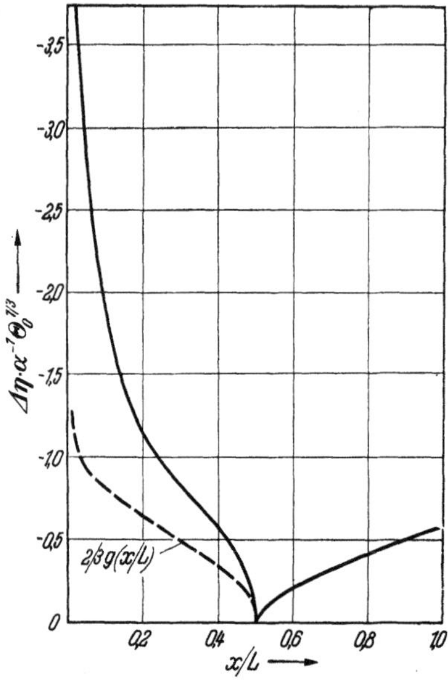

Abb. 89. ——— Änderung von η für ein angestelltes Rhombusprofil
– – – Änderung von η für einen Keil, dessen Öffnungswinkel um α erhöht wird; Θ_0 Halbwinkel des vorderen Keils und Dickenverhältnis des Profils; α Anstellwinkel (nach GUDERLEY und YOSHIHARA)

Dieser Ausdruck ist gestrichelt in Abb. 89 eingetragen worden. Der Effekt der Anstellwinkeländerung ist von vergleichbarer Größe, überwiegt aber die einfache Änderung des Schneidenwinkels des Keils erheblich.

Durch Integration läßt sich der Ausdruck $dc_A/d\alpha$ bestimmen. Man erhält für $\varkappa = 1{,}4$

$$\frac{dc_A}{d\alpha} = 2{,}49\,\theta_0^{-1/3}.$$

Der Druckpunkt liegt bei 29,4% der Tiefe des Rhombusprofils.

Es ist bemerkenswert, daß hier der Wert $dc_A/d\alpha$ vom Dickenverhältnis θ_0 abhängig ist, eine Tatsache, die weder in linearisierter Unterschallströmung noch in linearisierter Überschallströmung zu beobachten ist. Eine weitere bemerkenswerte Erscheinung zeigt sich in Abb. 105, das den Ausdruck $dc_A/d\alpha$, aufgetragen über der Anström-Mach-Zahl, angibt. Der rechte Teil der Kurve gibt das Verhalten bei reiner Überschallströmung an; es kann bestimmt werden, indem man die bekannte Überschallberechnung, vereinfacht für die Nachbarschaft der Mach-Zahl 1, durchführt. Der Auftriebsbeiwert in diesem Gebiet ist erheblich höher als der Auftriebsbeiwert bei der Mach-Zahl 1, der durch den Beginn des linken Teils der Kurve angezeigt wird. Spätere Betrachtungen werden zeigen, daß die linke Kurve bei der Mach-Zahl 1 ($\eta = 0$) eine horizontale Tangente besitzt und daß dort die Krümmung verschwindet. Zwischen der Mach-Zahl 1 und der reinen Überschallströmung muß also der Auftriebskoeffizient ein recht merkwürdiges Verhalten aufweisen. Diese Sachlage veranlaßte VINCENTI und WAGONER [2], die Zwischenpunkte theoretisch und experimentell zu untersuchen. Das linke Kurvenstück gibt die VINCENTIschen Punkte. Hinsichtlich der Einzelheiten des Verfahrens sei auf die Originalarbeit verwiesen. Das Problem für einen anliegenden Stoß, hinter dem ein Unterschallgebiet auftritt, wurde in Abb. 53 besprochen. Eine analytische Lösung hierfür wurde von YOSHIHARA [1] angegeben. (Einige Bemerkungen zu dieser Rechnung finden sich auf S. 314.) Diese Untersuchungen liefern den gestrichelten Teil der Kurve in Abb. 105.

8. Das Randwertproblem für einen schwach angestellten Körper beliebiger Form und verwandte Probleme

Für einen beliebigen Körper sei die Strömung mit der MACH-Zahl 1 und damit auch das entsprechende Hodographenbild bekannt (Abb. 90). Dieser Lösung wird der Anstellwinkel null zugeschrieben. Die

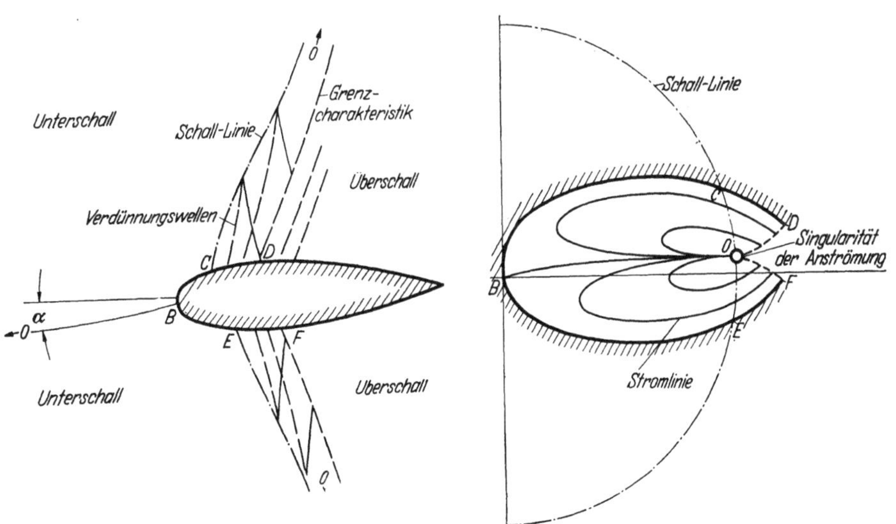

Abb. 90. Ein Körper allgemeiner Gestalt bei der MACH-Zahl 1 in der Strömungsebene und in der Hodographenebene

Hodographenlösung wird mit $\Psi^{-5/6}$ bezeichnet. Es wird nach der Änderung der Druckverteilung gefragt, die sich bei einer kleinen Änderung des Anstellwinkels ergibt. Wie im vorigen Abschnitt wird die Änderung des Anstellwinkels durch die Verschiebung des Hodographenpunktes, der das Unendliche der Strömungsebene darstellt, ausgedrückt. Diese Verschiebung wird nach Abschn. VIII, 7 dadurch bewirkt, daß man zu der Ausgangsströmung $\Psi^{-5/6}$ eine Lösung überlagert, die im Punkte 0 den singulären Ausdruck $\psi_{-4/3}$ als überwiegenden Bestandteil enthält. Diese Lösung muß Randbedingungen erfüllen, die zum Ausdruck bringen, daß dabei die Kontur des Körpers keine Änderung erfährt. Später werden wir Lösungen brauchen, die die gleichen Randbedingungen erfüllen, die aber im Punkte 0 Singularitäten besitzen, die durch $\psi_{-(4/3)-(h/2)}$ gegeben sind. Die folgenden Diskussionen schließen diese allgemeineren Fälle ein.

Die Randbedingungen am Profil drücken sich am einfachsten mit Hilfe des transformierten Potentials φ aus. Auch φ erfüllt die TRICOMIsche Differentialgleichung. Als Randbedingung, die die Unveränderlichkeit der Kontur in der Strömungsebene ausdrückt, erhält man nach Abschn. V, 11

$$L(\varphi) = \varphi_\eta + \varphi_\vartheta\, \eta_0 \frac{d\eta_0}{d\vartheta} = 0. \tag{1}$$

Hierin ist $\eta = \eta_0(\vartheta)$ die Hodographenkontur der Ausgangsströmung. Mit Hilfe der in Abschn. V, 7 abgeleiteten Beziehung $\psi = \varphi_\vartheta$, die Stromfunktion und transformiertes Potential miteinander verknüpft und mit Hilfe der Gl. VII, 6 (1) und VII, 6 (2) erkennt man, daß den Ausdrücken $\psi_{-(5/6)\mp h}$ und $\psi_{-(4/3)\mp h}$ bei Verwendung des transformierten Potentials Ausdrücke $\left[6\left(\frac{1}{3}\pm h\right)\left(\frac{2}{3}\pm h\right)\right]^{-1} \varphi_{-(1/3)\mp h}$ und $\frac{2}{3}\,\varphi_{-(5/6)\mp h}$ entsprechen. Der Ausdruck $\psi_{-1/3}$, der offenbar die TRICOMIschen Bedingungen nicht erfüllt, geht dabei bis auf einen Faktor in einen Ausdruck $\varphi_{1/6}$ über, für den die TRICOMIschen Bedingungen gelten. Wo das Randwertproblem sich mit Hilfe von ψ formulieren läßt, ist aber der Koeffizient von $\psi_{-1/3}$ bestimmt (s. S. 260).

Es ist also eine Lösung φ der TRICOMIschen Gleichung zu finden, die längs des Profils die Bedingung Gl. (1) erfüllt, und im Punkte 0 als überwiegende Singularität einen Ausdruck $\varphi_{-(5/6)-(h/2)}$ besitzt.

Hier kann man den folgenden Gedankengang anstellen: Bei der Strömung mit der MACH-Zahl 1 tritt im Punkte 0 der singuläre Ausdruck $\varphi_{-1/3}$ auf, multipliziert mit einem Koeffizienten, der von der Größe des Körpers bestimmt ist. Ist der Körper unsymmetrisch in bezug auf die Anströmrichtung, so ist anzunehmen, daß sich dieser Koeffizient mit dem Anstellwinkel ändert. (Bei einem symmetrischen Körper hat dieser Koeffizient aus Symmetriegründen einen stationären Wert.) Natürlich erwartet man, daß die Strömung eindeutig ist, d. h. daß diese Änderung des Koeffizienten durch das Randwertproblem bestimmt ist. Die Verschiebung des Punktes 0 wird durch Überlagerung der Lösung $\varphi_{-5/6}$ ausgedrückt. Ändert sich dabei gleichzeitig der Koeffizient des Ausdruckes $\varphi_{-1/3}$ in der Gesamtlösung, so wird in dem überlagerten Ausdruck ein Glied $\varphi_{-1/3}$ (multipliziert mit einem Faktor, der durch die Änderung des Koeffizienten bedingt ist) auftreten. Die zu überlagernde Lösung enthält also zwei im Punkt 0 singuläre Anteile und muß trotzdem eindeutig sein. Man fragt sich, wie diese Eigenschaft der Lösung eines Randwertproblems mathematisch zum Ausdruck kommen kann. Eine erschöpfende Behandlung des Randwertproblems der zweiten Art besteht noch nicht. Jedoch zeigt die folgende Plausibilitätsbetrachtung, daß dabei auch für die TRICOMIsche Gleichung eine Zusatzbedingung in den Randwerten bestehen muß, die derjenigen, die man aus der Potentialtheorie kennt, ähnelt. Wäre dies nicht der Fall, so ließe sich nämlich für eine bekannte Strömung mit der MACH-Zahl 1 eine Lösung der TRICOMIschen Gleichung von der Form

$$\varphi = \varphi_{-1/3} + \tilde{\varphi}$$

finden, die bei Überlagerung zu der Ausgangsströmung die Kontur in der Strömungsebene unverändert läßt. (Die Bezeichnung $\tilde{\varphi}$ stellt nach den Vereinbarungen am Anfang des Abschn. VIII, 3 immer eine Lösung dar, die die TRICOMIschen Bedingungen erfüllt.) Durch Superposition eines solchen Ausdruckes zur Ausgangsströmung ließen sich weitere Strömungen für das gleiche Profil mit der MACH-Zahl 1 erzeugen, d. h., die Strömung mit der MACH-Zahl 1 wäre nicht eindeutig.

Diese Überlegung zeigt gleichzeitig, daß, wenn man den in Gl. (1) definierten Ausdruck $L(\varphi)$ für $\varphi_{-1/3}$ bildet, um dadurch die Randbedingungen für die Funktion $\tilde{\varphi}$ in der letzten Gleichung zu erhalten, dieser Ausdruck nie die Zusatzbedingungen erfüllen kann, die für das Randwertproblem der zweiten Art gefordert werden muß. (Diese Behauptung ist insofern merkwürdig, als diese Bedingung im einzelnen nicht bekannt ist.) Daraus folgt aber, daß man die Lösbarkeit eines Randwertproblems der zweiten Art dadurch erzwingen kann, daß man in ihr einen Ausdruck $\varphi_{-1/3}$ multipliziert mit einem geeigneten Faktor zuläßt.

Somit kommt man zu der Vermutung, daß das Randwertproblem für φ, das wir anfangs formulierten, eine Lösung der Form

$$\Phi^{-(5/6)-(h/2)} = \varphi_{-(5/6)-(h/2)} + \alpha_{-1/3}^{-(5/6)-(h/2)}\, \varphi_{-1/3} + \tilde{\varphi}^{-(5/6)-(h/2)} \qquad (2)$$

hat. In der Nähe von 0 drückt sich die Lösung $\tilde{\varphi}^{-(5/6)-h/2)}$ als Überlagerung der „natürlichen" Partikularlösungen $\varphi_{(1/6)+(h/6)}$ aus. Das Randwertproblem für $\tilde{\varphi}^{-(5/6)-(h/2)}$, auf das man so geführt wird, kann gelöst werden, indem man eine Verteilung von Singularitäten längs des Hodographenbildes der Kontur anbringt. In einer inkompressiblen Strömung wären diese Singularitäten einer Quellverteilung analog. Die Erfüllung der Randbedingungen erforderte dann die Lösung einer

Integralgleichung. Bisher ist ein solches Verfahren noch nicht durchgeführt worden.

Geht man von φ auf ψ über, so nimmt Gl. (2) die Form an

$$\Psi^{-(4/3)-(h/2)} = \psi_{-(4/3)-(h/2)} + \alpha_{-5/6}^{-(4/3)-(h/2)} \psi_{-5/6} + \alpha_{-1/3}^{-(4/3)-(h/2)} \times \times \psi_{-1/3} + \tilde{\psi}^{-(4/3)-(h/2)}. \tag{3}$$

Natürlich sind die Koeffizienten α in Gl. (2) und (3) verschieden. Gegenüber dem Ausdruck Gl. (2) tritt hier zusätzlich das singuläre Glied $\psi_{-1/3}$ auf, das dort in $\tilde{\varphi}$ eingeschlossen war.

Durchsichtiger ist die Berechnung dieser Partikularlösungen für den Keil, weil man dort die Randbedingungen sofort angeben kann. Man hat, sowohl für die Grundströmung als für die überlagerten Lösungen, $\psi = 0$ für das Bild der Keilflanken. Lösungen, die diese Randbedingungen erfüllen, brauchen nur *einen* singulären Ausdruck $\psi_{-1/3}$ oder $\psi_{-(5/6)-(h/2)}$ im Punkte 0 aufzuweisen. Solche Lösungen erbringen aber im allgemeinen einen Beitrag zur Länge der Keilflanken und lassen insofern bei Überlagerung zur Ausgangsströmung die Gestalt des Körpers nicht unverändert. Ist die Lösung ψ antisymmetrisch (h gerade), so haben diese Beiträge zur Länge der Flanken gleiches Vorzeichen, ist die Lösung ψ symmetrisch (h ungerade), so verlängert sich eine Keilflanke und die andere wird verkürzt, wie wir bei der Berechnung des angestellten Keiles sahen. Um Lösungen zu erhalten, die die Länge der Keilflanken unverändert lassen, muß man weitere Ausdrücke überlagern. Für gerade h benutzt man dabei die Lösung, die als singulären Bestandteil $\psi_{-5/6}$ hat, d. h. die Lösung für die Mach-Zahl 1, für ungerade h ist es die Lösung mit $\psi_{-1/3}$ als Singularität. Somit erhält man hier als Gestalt der gewünschten Partikularlösungen

$$\Psi^{-(5/6)-h} = \psi_{-(5/6)-h} + \alpha_{-5/6}^{-(5/6)-h} \psi_{-5/6} + \tilde{\psi}^{-(5/6)-h} \quad h = 1, 2 \ldots \tag{4}$$

und

$$\Psi^{-(4/3)-h} = \psi_{-(4/3)-h} + \alpha_{-1/3}^{-(4/3)-h} \psi_{-1/3} + \tilde{\psi}_{-(4/3)-h} \quad h = 0, 1, 2 \ldots. \tag{5}$$

Abgesehen davon, daß wegen der Symmetrieeigenschaften des Problems gewisse Glieder nicht auftreten, stimmen die Gl. (4) und (5) mit (3) überein.

9. Die angestellte Platte bei der Mach-Zahl 1

Die Lösung für die angestellte Platte bei der Mach-Zahl 1 ist wegen ihrer Einfachheit besonders interessant. Sie kann aufgefaßt werden als Grenzfall eines schlanken Keiles, dessen Anstellwinkel groß ist im Vergleich zu seinem Schneidenwinkel.

Abb. 91 gibt eine Vorstellung von der Struktur des Strömungsfeldes. Man gelangt dazu, indem man sich zunächst die Platte in einem Kanal mit ebenen Wänden vorstellt, der mit der Blockierungs-MACH-Zahl betrieben wird. Dabei ergeben sich zwei engste Querschnitte, einer zwischen der Vorderkante und der oberen Wand, ein zweiter zwischen der Hinterkante und der unteren Wand. Demnach ist zu erwarten, daß von der Vorderkante eine Schallinie nach der oberen, von der Hinterkante eine Schallinie nach der unteren Wand geht. Wie immer bei Unterschall, ergibt sich in der Nähe der Vorderkante ein Staupunkt. Stromlinien, die dicht unterhalb der Staupunktsstromlinie liegen, verlaufen immer etwa in der Richtung der Anströmung. Stromlinien unmittelbar oberhalb der Staupunktsstromlinie verlaufen kurz nach dem Staupunkt fast entgegengesetzt der Anströmrichtung. Bei Umströmung der Vorderkante entsteht dann eine scharfe Expansion. Die Schallinie, die von der Vorderkante ausgeht, beginnt senkrecht zu der Platte in einer Richtung nach unten, sie wird durch den Expansionsfächer erzeugt, der dort auftritt. Dann erfährt die Schallinie eine Richtungsänderung um fast 180°, so daß sie schließlich nach der oberen Wand läuft. Das Strömungsfeld in der Nähe der Hinterkante ist ganz ähnlich demjenigen, das an der Schulter eines Keiles auftritt.

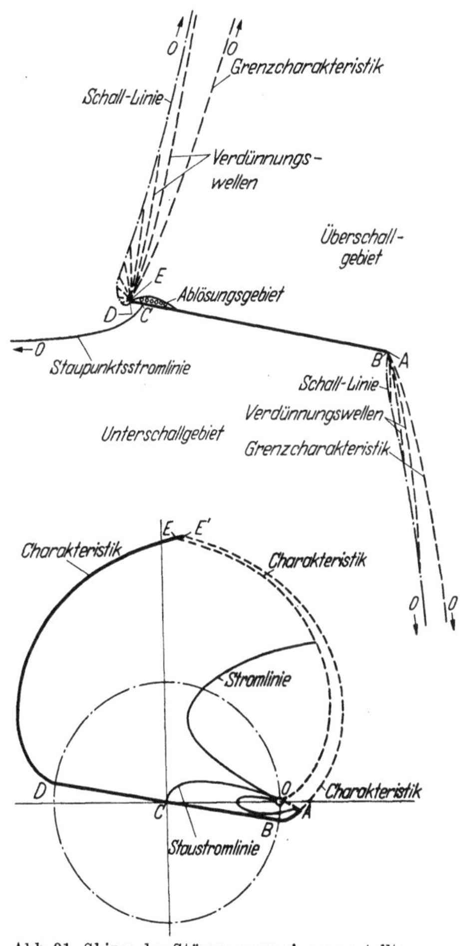

Abb. 91. Skizze der Stömung um eine angestellte Platte bei der Mach-Zahl 1

Bei der Expansion um die Vorderkante tritt theoretisch ein absolutes Vakuum auf, dem ein Druckanstieg folgt, der durch die von der Schalllinie kommenden Kompressionswellen hervorgerufen wird. Praktisch wird man eine lokale Ablösung der Strömung erhalten. Die Neigung der Oberseite der Platte ist derart, daß sie vollkommen im Überschallgebiet liegt.

Nachdem wir uns so eine Vorstellung von der Strömung im Kanal verschafft haben, ergibt sich die Strömung bei der MACH-Zahl 1, indem man die Wände nach unendlich rücken läßt. Wir hatten bei dem angestellten Keil gefunden, daß in der Nähe der Keilschneide ein lokales Überschallgebiet entsteht. Im gegenwärtigen Strömungsfeld erstreckt sich dieses Gebiet über die gesamte Oberseite.

Nach dieser Beschreibung bedarf das Hodographenbild (Abb. 91) keiner weiteren Erklärung. Zweifelhaft ist nur, wie man die Bedingungen für das Expansionsgebiet an der Vorderkante formulieren soll. Bei Beschränkung auf kleine Anstellwinkel liegt Punkt 0 sehr nahe am Bild der unteren Keilflanke. Führt man nun eine Verzerrung des Hodographenbildes nach dem Ähnlichkeitsgesetz durch, derart, daß die Lage des Punktes 0 gegenüber der Keilflanke erhalten bleibt, d. h. führt man neue Variablen ein

$$\tilde{\eta} = \frac{\eta}{\tau}, \quad \tilde{\vartheta} = \frac{\vartheta}{\tau^{3/2}},$$

wobei auch der Anstellwinkel proportional $\tau^{3/2}$ ist, so rückt bei dem Grenzübergang $\tau \to 0$ derjenige Teil der $\tilde{\eta}$, $\tilde{\vartheta}$-Ebene, der die Umströmung der Keilschneide darstellt, nach unendlich. Diese Randbedingung wird damit unwesentlich (Abb. 92). Von der Lösung ist zu fordern, $\psi = 0$ längs ABC und im Unendlichen. Die Singularität im Punkte 0 muß erscheinen als Überlagerung der Ausdrücke $\psi_{-5/6}$ und $\psi_{-1/3}$. Als weitere Bedingungen findet man, daß sich für $\varrho \to \infty$ ein Verzweigungspunkt der Stromlinien ergeben muß und daß die Lösung als Länge der Platte einen vorgegebenen Wert L ergibt. Diese beiden Bedingungen bestimmen die wählbaren Parameter der Probleme, nämlich die Koeffizienten der Partikularlösungen $\psi_{-5/6}$ und $\psi_{-1/3}$.

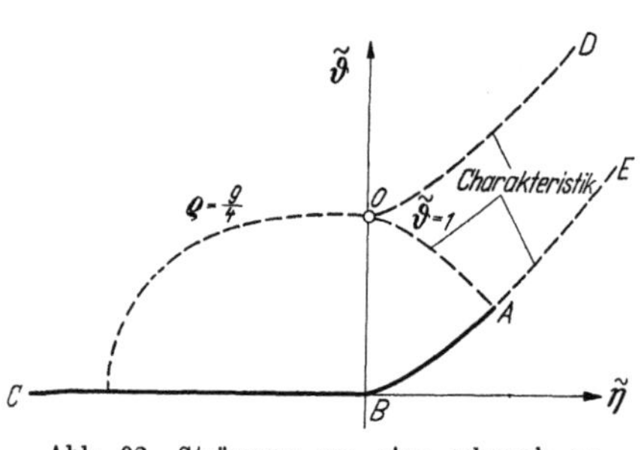

Abb. 92. Strömung um eine schwach angestellte Platte in der $\tilde{\eta}$, $\tilde{\vartheta}$-Ebene

In der folgenden Rechnung werde η und ϑ an Stelle von $\tilde{\eta}$ und $\tilde{\vartheta}$ geschrieben. Die Lösung läßt sich auf Grund der Gestalt, die sie in den Punkten B und im Unendlichen annehmen muß, erraten (GUDERLEY [*12*]). Wir wählen Punkt B als Ursprung des η, ϑ-Systems. Wegen der Randbedingung $\psi = 0$ längs CB und BA ergibt sich, daß in B die Lösung durch eine Überlagerung der Partikularlösungen $\psi^a_{(2/3)+h}$ dargestellt werden kann. Längs der Linie BC erscheinen diese Partikularlösungen in der Form

$$\psi = (-\xi)^{-3/2} \varrho^{(2/3)+h},$$

so daß der gesamte Lösungsausdruck gegeben ist durch

$$\psi = (-\xi)^{-3/2} \varrho^{2/3} P(\varrho), \tag{1}$$

wobei $P(\varrho)$ eine zunächst noch unbekannte Potenzreihe in ϱ darstellt. Um das Verhalten der Lösung im Unendlichen zu bestimmen, stellen wir uns zunächst vor, daß die Lösung über die Charakteristik OD hinaus bis zu der Charakteristik AE fortgesetzt worden ist. Dazu würde man die Werte ψ, die man längs der Charakteristik OD erhielte, und weiter die im Unendlichen zu fordernde Bedingung $\psi = 0$ benutzen. Die Charakteristik AE ist eine der MACHschen Wellen, die dem am Vorderende der Platte auftretenden Expansionsfächer angehört. Deshalb darf sie sich nicht nach dem Unendlichen der Strömungsebene abbilden. Partikularlösungen, die für $\varrho \to \infty$ nach null gehen, längs $\xi = \to\infty$ $\psi = 0$ haben und für die sich die Charakteristik $\xi = 1$ nicht nach Unendlich abbildet, sind gegeben durch

$$\psi^a_{-5/6}, \tag{2a}$$

und

$$\psi^a_{-(5/6)-h} \qquad h = 1, 2 \ldots. \tag{2b}$$

Die zu der ersten Partikularlösung gehörige Funktion $G^{(a)}$ besitzt keine Nullstelle zwischen $\xi = -\infty$ und $\xi = 1$. Der Verlauf der Stromlinien entspricht etwa Abb. 93, d. h., diese Lösung hat keinen Verzweigungspunkt im Unendlichen. Da diese Lösung mit dem kleinstmöglichen negativen Exponenten von ϱ auftritt, würde sie für $\varrho \to \infty$ überwiegen und das Verhalten der Lösung bestimmen. Somit schließt die Bedingung, daß das Unendliche einen Verzweigungspunkt der Stromlinien darstellt, das Auftreten der Partikularlösung Gl. (2a) aus. Für große Werte von ϱ und $\xi = -\infty$ erscheint daher die Lösung in der Form

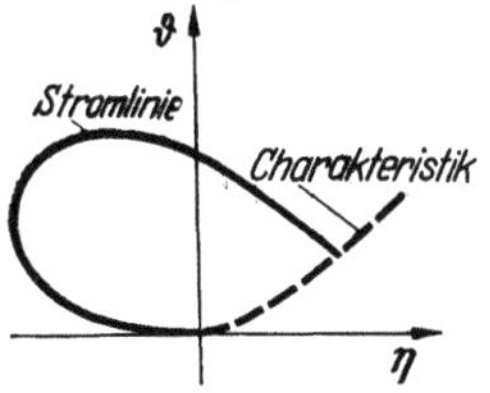

Abb. 93. Typischer Stromlinienverlauf einer Lösung $\psi^a_{-5/6}$

$$\psi = (-\xi)^{-3/2} \varrho^{-11/6} P(\varrho^{-1}).$$

Es werde mit ϱ_0 der Wert, der dem Punkte der Anströmgeschwindigkeit entspricht, bezeichnet. Ist θ_0 der Anstellwinkel, so ist

$$\varrho_0 = \frac{9}{4} \theta_0^2. \tag{3}$$

Versuchsweise wird nun als Darstellung der Lösung längs $\xi = -\infty$ der Ausdruck

$$\psi = (-\xi)^{-3/2}\left(\frac{\varrho}{\varrho_0}\right)^{2/3}\left(1+\frac{\varrho}{\varrho_0}\right)^{-5/2} \tag{4}$$

gewählt, der jedenfalls für $\varrho \to \infty$ und für $\varrho = 0$ die richtige Form besitzt. Aus diesem Ausdruck läßt sich dann das ganze Strömungsfeld durch analytische Fortsetzung bestimmen. Man muß nachweisen, daß im gesamten Strömungsfeld mit Ausnahme des Punktes 0 keine Singularitäten auftreten, und daß die Singularität, die sich im Punkte 0 ergibt, den gewünschten Charakter besitzt. Im Hinblick auf spätere Untersuchungen soll hier sogleich ein allgemeinerer Ausdruck betrachtet werden, nämlich

$$\psi^{m,n} = (-\xi)^{-3/2}\left(\frac{\varrho}{\varrho_0}\right)^{(2/3)+m}\left(1+\frac{\varrho}{\varrho_0}\right)^{-(5/2)-n}, \tag{5}$$

wobei m und n ganze Zahlen sind. Die binomischen Entwicklungen dieser Gleichung nach $\frac{\varrho}{\varrho_0}$ und $\left(\frac{\varrho}{\varrho_0}\right)^{-1}$ sind dann

$$\psi^{m,n} = (-\xi)^{-3/2}\sum_{h=0}^{\infty}(-)^h \frac{\Gamma\left(\frac{5}{2}+n+h\right)}{\Gamma\left(\frac{5}{2}+n\right)\Gamma(h+1)}\left(\frac{\varrho}{\varrho_0}\right)^{(2/3)+m+h}$$

und

$$\psi^{m,n} = (-\xi)^{-3/2}\sum_{h=0}^{\infty}(-)^h \frac{\Gamma\left(\frac{5}{2}+n+h\right)}{\Gamma\left(\frac{5}{2}+n\right)\Gamma(h+1)}\left(\frac{\varrho}{\varrho_0}\right)^{-(11/6)+m-n-h}.$$

Daraus ergibt sich als analytische Fortsetzung der Lösung

$$\psi^{m,n} = \sum_{h=0}^{\infty}(-)^h \frac{\Gamma\left(\frac{5}{2}+n+h\right)}{\Gamma\left(\frac{5}{2}+n\right)\Gamma(h+1)} G^{(a)}\left[\xi, \left(\frac{3}{4}+m+h\right)\right]\left(\frac{\varrho}{\varrho_0}\right)^{(2/3)+m+h} \tag{6a}$$

und

$$\psi^{m,n} = \sum_{h=0}^{\infty}(-)^h \frac{\Gamma\left(\frac{5}{2}+n+h\right)}{\Gamma\left(\frac{5}{2}+n\right)\Gamma(h+1)} \times \tag{6b}$$

$$\times\, G^{(a)}\left[\xi, \left(\frac{3}{4}+1+n-m+h\right)\right]\left(\frac{\varrho}{\varrho_0}\right)^{-(11/6)+m-n-h}.$$

Setzt man hier die zugehörigen asymptotischen Ausdrücke für die $G^{(a)}(\xi, \mu)$ (s. S. 197) ein, so ergibt sich, daß der erste Ausdruck für $\varrho/\varrho_0 < 1$ der zweite für $\varrho/\varrho_0 > 1$ konvergiert. Indem man die Gl. VII, 4 (17b) benutzt, erhält man als Darstellung längs der Schall-linie

$$\begin{aligned}\psi^{m,n} = (-)^m \frac{3}{8} \times \\ \times \Bigg\{ 2^{1/3} \sum_{h=0}^{\infty} \left(\frac{\varrho}{\varrho_0}\right)^{(2/3)+m+h} \frac{\Gamma\left(\frac{5}{2}+n+h\right) \Gamma\left(\frac{5}{6}+m+h\right) \Gamma\left(\frac{5}{3}\right)}{\Gamma\left(\frac{5}{2}+n\right) \Gamma(h+1) \Gamma\left(\frac{5}{6}\right) \Gamma\left(\frac{5}{3}+m+h\right)} - \\ - 2^{2/3} \xi \sum_{h=0}^{\infty} \left(\frac{\varrho}{\varrho_0}\right)^{(2/3)+m+h} \frac{\Gamma\left(\frac{5}{2}+n+h\right) \Gamma\left(\frac{7}{6}+m+h\right) \Gamma\left(\frac{4}{3}\right)}{\Gamma\left(\frac{5}{2}+n\right) \Gamma(h+1) \Gamma\left(\frac{7}{6}\right) \Gamma\left(\frac{4}{3}+m+h\right)} \Bigg\}\end{aligned} \tag{7a}$$

$$\begin{aligned}\psi^{m,n} = (-)^{n+m+1} \frac{3}{8} \Bigg\{ 2^{1/3} \sum_{h=0}^{\infty} \left(\frac{\varrho}{\varrho_0}\right)^{-(11/6)+m-n-h} \times \\ \times \frac{\Gamma\left(\frac{5}{2}+n+h\right) \Gamma\left(\frac{11}{6}+n-m+h\right) \Gamma\left(\frac{5}{3}\right)}{\Gamma\left(\frac{5}{2}+n\right) \Gamma(h+1) \Gamma\left(\frac{5}{6}\right) \Gamma\left(\frac{8}{3}+n-m+h\right)} - \\ - 2^{2/3} \xi \sum_{h=0}^{\infty} \left(\frac{\varrho}{\varrho_0}\right)^{-(11/6)+m-n-h} \times \\ \times \frac{\Gamma\left(\frac{5}{2}+n+h\right) \Gamma\left(\frac{13}{6}+n-m+h\right) \Gamma\left(\frac{4}{3}\right)}{\Gamma\left(\frac{5}{2}+n\right) \Gamma(h+1) \Gamma\left(\frac{7}{6}\right) \Gamma\left(\frac{6}{3}+n-m+h\right)} \Bigg\}.\end{aligned} \tag{7b}$$

Diese Ausdrücke können auch in der folgenden Form geschrieben werden

$$\begin{aligned}\psi^{m,n} = (-)^n \frac{3}{8} \left(\frac{\varrho}{\varrho_0}\right)^{(2/3)+m} \times \\ \times \Bigg\{ 2^{1/3} \frac{\Gamma\left(\frac{5}{6}+m\right) \Gamma\left(\frac{5}{3}\right)}{\Gamma\left(\frac{5}{6}\right) \Gamma\left(\frac{5}{3}+m\right)} F\left(\frac{5}{2}+n, \frac{5}{6}+m, \frac{5}{3}+m, \frac{\varrho}{\varrho_0}\right) - \\ - 2^{2/3} \xi \frac{\Gamma\left(\frac{7}{6}+m\right) \Gamma\left(\frac{4}{3}\right)}{\Gamma\left(\frac{7}{6}\right) \Gamma\left(\frac{4}{3}+m\right)} F\left(\frac{5}{2}+n, \frac{7}{6}+m, \frac{4}{3}+m, \frac{\varrho}{\varrho_0}\right) \Bigg\}\end{aligned} \tag{8a}$$

und

$$\psi^{m,n} = (-)^{n+m+1}\frac{3}{8}\left(\frac{\varrho}{\varrho_0}\right)^{-(11/6)+m-n} \times$$

$$\times \left\{ 2^{1/3}\frac{\Gamma\left(\frac{11}{6}+n-m\right)\Gamma\left(\frac{5}{3}\right)}{\Gamma\left(\frac{5}{6}\right)\Gamma\left(\frac{8}{3}+n-m\right)} \times \right.$$

$$\times F\left(\frac{5}{2}+n, \frac{11}{6}+n-m, \frac{8}{3}+n-m, \left(\frac{\varrho}{\varrho_0}\right)^{-1}\right) - \tag{8b}$$

$$- 2^{2/3}\,\xi\,\frac{\Gamma\left(\frac{13}{6}+n-m\right)\Gamma\left(\frac{4}{3}\right)}{\Gamma\left(\frac{7}{6}\right)\Gamma\left(\frac{7}{3}+n-m\right)} \times$$

$$\left. \times F\left(\frac{5}{2}+n, \frac{13}{6}+n-m, \frac{7}{3}+n-m, \left(\frac{\varrho}{\varrho_0}\right)^{-1}\right)\right\}.$$

Hieraus läßt sich das Verhalten in der Nähe des singulären Punktes 0 ($\varrho/\varrho_0 = 1$) ableiten. Man stellt zunächst fest, daß die hypergeometrischen Funktionen, die in dem ersten Summanden der Gl. (8a) und der Gl. (8b) auftreten, derselben hypergeometrischen Differentialgleichung genügen. Das gleiche gilt von den hypergeometrischen Funktionen, die in den zweiten Summanden erscheinen. Daher ergeben die Ausdrücke Gl. (8a) und (8b), wenn man sie für $\varrho/\varrho_0 = 1$ mit Hilfe der Gl. VII, 4 (5a) entwickelt, Linearkombinationen der gleichen hypergeometrischen Funktionen.

Um zu zeigen, daß die Darstellungen Gl. (8) im Punkte 0 „zusammenpassen", braucht man deshalb nur die Koeffizienten, mit denen die hypergeometrischen Funktionen zu multiplizieren sind, zu untersuchen. Diese Untersuchung ergibt dann natürlich auch die Entwicklung der Lösung im Punkte 0. Hinsichtlich der Einzelheiten sei auf die Originalarbeit (GUDERLEY [*12*], [*13*]) verwiesen. Das Ergebnis kann in der folgenden Form ausgedrückt werden. Es seien $\bar{\varrho}$ und $\bar{\xi}$ die Werte ϱ und ξ, die man erhält, wenn man Punkt 0 als Ursprung des η, ϑ-Systems wählt. Dabei wird längs der Schallinie für $\vartheta < \theta_0$ die Lösung durch den folgenden Ausdruck dargestellt

$$\psi^{m,n} = \sum_{k=0}^{\infty} a_k^0 \left(\frac{\bar{\varrho}}{\varrho_0}\right)^{k/2} + \left(\frac{\bar{\varrho}}{\varrho_0}\right)^{-(5/6)-(n/2)} \sum_{k=0}^{\infty} a_k^{-(5/3)-n}\left(\frac{\bar{\varrho}}{\varrho_0}\right)^{k/2} +$$
$$+ \bar{\xi}\left(\frac{\bar{\varrho}}{\varrho_0}\right)^{1/3} \sum_{k=0}^{\infty} b_k^0 \left(\frac{\bar{\varrho}}{\varrho_0}\right)^{k/2} + \bar{\xi}\left(\frac{\bar{\varrho}}{\varrho_0}\right)^{-(5/6)-(n/2)} \sum_{k=0}^{\infty} b_k^{-(7/2)-n}\left(\frac{\bar{\varrho}}{\varrho_0}\right)^{k/2}. \tag{9}$$

Die Anfangskoeffizienten a_0^0; $a_0^{-(5/3)-n}$ und b_0^0 und $b_0^{-(7/2-n)}$ der hier auftretenden Reihen sind

$$\left.\begin{aligned} a_0^0 &= (-)^m \frac{3}{8} 2^{1/3} \frac{\Gamma\left(\frac{5}{3}\right)\Gamma\left(\frac{5}{6}+m\right)\Gamma\left(-\frac{5}{3}-n\right)}{\Gamma\left(\frac{5}{6}\right)^2\Gamma\left(-\frac{5}{6}+m-n\right)}, \\ a_0^{-(5/3)-n} &= (-)^m 2^{-(5/3)-n} \frac{3}{8} 2^{1/3} \frac{\Gamma\left(\frac{5}{3}\right)\Gamma\left(\frac{5}{3}+n\right)}{\Gamma\left(\frac{5}{6}\right)\Gamma\left(\frac{5}{2}+n\right)}, \end{aligned}\right\} \quad (10\text{a})$$

$$\left.\begin{aligned} b_0^0 &= (-)^{m+1} \frac{3}{8} 2^{2/3} \frac{\Gamma\left(\frac{4}{3}\right)\Gamma\left(\frac{7}{6}+m\right)\Gamma\left(-\frac{7}{3}-n\right)}{\Gamma\left(\frac{7}{6}\right)\Gamma\left(\frac{1}{6}\right)\Gamma\left(-\frac{7}{6}+m-n\right)}, \\ b_0^{-(7/3)-n} &= (-)^{m+1} 2^{-(7/3)-n} \frac{3}{8} 2^{2/3} \frac{\Gamma\left(\frac{4}{3}\right)\Gamma\left(\frac{7}{3}+n\right)}{\Gamma\left(\frac{7}{6}\right)\Gamma\left(\frac{5}{2}+n\right)}. \end{aligned}\right\} \quad (10\text{b})$$

Die weiteren Koeffizienten berechnen sich aus den folgenden Rekursionsformeln

$$\begin{aligned} & a_k^\nu (k+\nu)\left[-2(k+\nu)-2n-\frac{10}{3}\right]+ \\ & \quad + a_{k-1}^\nu\left\{3\left[k+\nu+\frac{1}{6}+\left(\frac{2}{3}\right)(n-m)^2\right]-\right. \\ & \quad \left.-\frac{103}{36}-4(n-m)-\left(\frac{4}{3}\right)(n-m)^2\right\}- \\ & \quad - a_{k-2}^\nu\left(k+\nu-\frac{5}{3}\right)\left[k+\nu+\frac{5}{3}+2(n-m)\right]=0, \end{aligned} \quad (11\text{a})$$

$$\begin{aligned} & b_k^\mu (k+\mu)\left[-2(k+\mu)-2n-\frac{14}{3}\right]+ \\ & \quad + b_{k-1}^\mu\left\{3\left[k+\mu+\frac{5}{6}+\left(\frac{2}{3}\right)(n-m)^2\right]-\right. \\ & \quad \left.-\frac{103}{36}-4(n-m)-\left(\frac{4}{3}\right)(n-m)^2\right\}- \\ & \quad - b_{k-2}^\mu\left(k+\mu-\frac{1}{3}\right)\left[k+\mu+\frac{7}{3}+2(n-m)\right]=0. \end{aligned} \quad (11\text{b})$$

Nach Gl. (9) lassen sich die Lösungen in der Nachbarschaft von Punkt 0 als Überlagerung von Partikularlösungen der Form $\bar{\varrho}^{-(1/12)\pm\mu} G(\bar{\xi}, \mu)$ darstellen. Ist die Potenz von $\bar{\varrho}$ negativ, so ist die betreffende Partikularlösung singulär in 0; solche Glieder treten immer nur in endlicher

Anzahl auf. Explizit seien die ersten Glieder der Entwicklung für $\psi^{0,0}$, $\psi^{1,1}$ und $\psi^{2,2}$ angegeben. Sie werden später gebraucht. Man erhält für $\vartheta < \theta_0$

$$\psi^{0,0} = \frac{1}{9\sqrt{3}}\, 2^{1/3}\left[\left(\frac{\bar{\varrho}}{\varrho_0}\right)^{-5/6} + \frac{19}{12}\left(\frac{\bar{\varrho}}{\varrho_0}\right)^{-1/3} + \cdots\right], \tag{12a}$$

$$\psi^{1,1} = \frac{1}{9\sqrt{3}}\, 2^{1/3}\left[-\frac{1}{3}\left(\frac{\bar{\varrho}}{\varrho_0}\right)^{-4/3} + \cdots\right], \tag{12b}$$

$$\psi^{2,2} = \frac{1}{9\sqrt{3}}\, 2^{1/3}\left[\frac{8}{63}\left(\frac{\bar{\varrho}}{\varrho_0}\right)^{-11/6} - \frac{143}{378}\left(\frac{\bar{\varrho}}{\varrho_0}\right)^{-4/3} + \cdots\right]. \tag{12c}$$

Aus diesen Ausdrücken lassen sich die Koeffizienten der zugehörigen singulären Partikularlösungen $\psi_{-1/3}$, $\psi_{-5/6}$ usw. berechnen. Man findet

$$\psi^{0,0} = -\frac{8}{27\sqrt{3}}\,\varrho_0^{5/6}\,\psi_{-5/6}(\bar{\varrho},\bar{\xi}) + \frac{19}{54\sqrt{3}}\,\varrho_0^{1/3}\,\psi_{-1/3}(\bar{\varrho},\bar{\xi}) + \cdots, \tag{13a}$$

$$\psi^{1,1} = \frac{8}{135\sqrt{3}}\,\varrho_0^{4/3}\,\psi_{-4/3}(\bar{\varrho},\bar{\xi}) + \cdots, \tag{13b}$$

$$\psi^{2,2} = \frac{128}{27\cdot 63\sqrt{3}}\,\varrho_0^{11/6}\,\psi_{-11/6}(\bar{\varrho},\bar{\xi}) + \frac{143\cdot 8}{378\cdot 45\sqrt{3}}\,\varrho_0^{4/3}\,\psi_{-4/3}(\bar{\varrho},\bar{\xi})\ldots. \tag{13c}$$

Damit sind die gewünschten Lösungen in der Hodographenebene hinreichend charakterisiert. Insbesondere stellt $\psi^{0,0}$, abgesehen von einem Faktor, der von der Plattenlänge L abhängt, die Lösung für die angestellte Platte dar.

Nun muß noch die Übertragung der Lösung in die Strömungsebene vorgenommen werden, insbesondere ist die Verteilung von η längs der Platte zu bestimmen. Mit Hilfe von Gl. V, 7 (8) erhält man aus Gl. (4)

$$\frac{\partial x^{n,n}}{\partial \eta} = -(\varkappa+1)^{-1/3}\left(\frac{3}{2}\right)\left(\frac{3}{2}\,\theta_0\right)^{-1/3} \times \\ \times \left(\frac{-\eta}{\left(\frac{3}{2}\,\theta_0\right)^{2/3}}\right)^{(3/2)+3n}\left(1+\left(\frac{-\eta}{\left(\frac{3}{2}\,\theta_0\right)^{2/3}}\right)^3\right)^{-(5/2)-n}, \tag{14}$$

hierbei bedeutet $x^{n,n}$ den Wert von x längs der Platte, der der Lösung $\psi^{n,n}$ zugehört. Hier ist es zweckmäßig eine neue Variable

$$\bar{\bar{\eta}} = \frac{\eta}{\left(\frac{3}{2}\,\theta_0\right)^{2/3}} \tag{15}$$

einzuführen. Man erhält dann

$$x^{n,n} = \left\{(\varkappa+1)^{1/3}\left(\frac{3}{2}\right)^{4/3}\theta_0^{1/3}\right\}\int\limits_{\infty}^{-\bar{\bar{\eta}}} u^{(3/2)+3n}\,(1+u^3)^{-(5/2)-n}\,du \qquad (\bar{\bar{\eta}} \leqq 0) \tag{16}$$

(u ist eine Integrationsvariable). Es sei $l^{n,n}$ definiert durch

$$l^{n,n} = \int\limits_{\infty}^{0} u^{(3/2)+3n}(1+u^3)^{-(5/2)-n}\,du. \tag{17}$$

Indem man einführt

$$u^3 = \frac{v}{1-v},$$

geht dieser Ausdruck in eine B-Funktion über, und man erhält

$$l^{n,n} = -\frac{1}{3}\,\frac{\Gamma\left(\frac{5}{6}+n\right)\Gamma\left(\frac{5}{3}\right)}{\Gamma\left(\frac{5}{2}+n\right)}.$$

Insbesondere

$$l^{0,0} = -\frac{1}{3}\,\frac{\Gamma\left(\frac{5}{6}\right)\Gamma\left(\frac{5}{3}\right)}{\Gamma\left(\frac{5}{2}\right)}, \tag{18a}$$

$$l^{1,1} = \frac{1}{3}\,l^{0,0}, \tag{18b}$$

$$l^{2,2} = \frac{11}{63}\,l^{0,0}. \tag{18c}$$

Damit erhält man schließlich als Lösung für die Strömung um eine angestellte Platte von der Länge L bei der MACH-Zahl 1

$$\Psi^{-5/6} = -\left\{(\varkappa+1)^{1/3}\left(\frac{3}{2}\right)^{4/3}\vartheta_0^{1/3}\right\}^{-1}\frac{3\,\Gamma\left(\frac{5}{2}\right)}{\Gamma\left(\frac{5}{6}\right)\Gamma\left(\frac{5}{3}\right)}\,L\,\psi^{0,0}. \tag{19}$$

In diesem Ausdruck sind die Koeffizienten der Partikularlösungen $\psi_{-5/6}$ und $\psi_{-1/3}$ gegeben durch

$$\alpha_{-5/6}^{-5/6} = \left\{(\varkappa+1)^{1/3}\left(\frac{3}{2}\right)^{4/3}\theta_0^{1/3}\right\}^{-1}\frac{\Gamma\left(\frac{5}{2}\right)}{\Gamma\left(\frac{5}{6}\right)\Gamma\left(\frac{5}{3}\right)}\,\frac{8}{9\sqrt{3}}\,L\,\varrho_0^{5/6}, \tag{20a}$$

$$\alpha_{-1/3}^{-5/6} = -\left\{(\varkappa+1)^{1/3}\left(\frac{3}{2}\right)^{4/3}\theta_0^{1/3}\right\}^{-1}\frac{\Gamma\left(\frac{5}{2}\right)}{\Gamma\left(\frac{5}{6}\right)\Gamma\left(\frac{5}{3}\right)}\,\frac{19}{18\sqrt{3}}\,L\,\varrho_0^{1/3}. \tag{20b}$$

Indem man ϱ_0 nach Gl. (3) durch θ_0 ausdrückt, ergibt sich

$$\alpha_{-5/6}^{-5/6} = (\varkappa+1)^{-1/3}\,\frac{\Gamma\left(\frac{5}{2}\right)12^{-1/6}\cdot 8}{\Gamma\left(\frac{5}{6}\right)\Gamma\left(\frac{5}{3}\right)9}\,L\,\theta_0^{4/3}, \tag{20c}$$

$$\alpha_{-1/3}^{-5/6} = -(\varkappa+1)^{-1/3}\,\frac{\Gamma\left(\frac{5}{2}\right)12^{-1/6}}{\Gamma\left(\frac{5}{6}\right)\Gamma\left(\frac{5}{3}\right)}\,\frac{19}{27}\,L\,\theta_0^{1/3}. \tag{20d}$$

Die folgende Gleichung ergibt x/L als Funktion von $\bar{\bar{\eta}}$. Aus ihr berechnet man die Druckverteilung auf der Druckseite der Platte. Da x zu der Lösung $\Psi^{-5/6}$ gehört, mag die Bezeichnung $x^{-5/6}$ benutzt werden

$$\frac{x^{-5/6}}{L} = \frac{3\,\Gamma\left(\frac{5}{2}\right)}{\Gamma\left(\frac{5}{6}\right)\Gamma\left(\frac{5}{3}\right)}\,\bar{\bar{x}}^{-5/6}(\bar{\bar{\eta}}), \tag{21}$$

wobei

$$\bar{\bar{x}}^{-5/6} = \int_{-\bar{\bar{\eta}}}^{\infty} u^{3/2}(1+u^3)^{-5/2}\,du. \tag{21a}$$

$\bar{\bar{\eta}}$ ist immer negativ, deshalb ist die untere Grenze des Integrals positiv.

Die Druckverteilung auf der Saugseite findet man mit Hilfe der Charakteristikenmethode. Dabei tritt die Frage nach dem Ablösungsgebiet an der Keilschneide wieder auf. Offenbar wird dieses Ablösungsgebiet kleiner und kleiner, wenn der Anstellwinkel nach null geht. Sein Einfluß auf die Druckverteilung kann dann vernachlässigt werden. Weiterhin verringert sich an jeder Stelle des Feldes (mit Ausnahme der Vorderkante) die Abweichung des Geschwindigkeitsvektors von der Schallgeschwindigkeit, so daß man, zumindest formal, berechtigt ist, die Näherungsgleichungen schallnaher Strömungen zu verwenden. Man wird also zunächst die Lage der Machschen Welle OD (oder auch einer anderen Linie, die sich aus den bisherigen Ergebnissen einfach berechnen läßt) bestimmen und von dort ausgehend das Strömungsfeld mit Hilfe der Charakteristikenmethode für schallnahe Strömungen berechnen. Wenn die von der Schallinie ausgehenden Kompressionswellen an der Plattenoberfläche reflektiert werden, ergeben sie einen Stoß, der von der Vorderkante ausgeht. Jedoch zeigt die Konstruktion der Strömung, daß der Druck auf der Saugseite gut dargestellt wird, durch die analytische Fortsetzung des Ausdruckes, der auf der Druckseite gilt. Man erhält also für die x-Koordinate der Saugseite

$$\frac{x}{L} = \frac{3\,\Gamma\left(\frac{5}{2}\right)}{\Gamma\left(\frac{5}{6}\right)\Gamma\left(\frac{5}{3}\right)}\int_{\bar{\bar{\eta}}}^{\infty} u^{3/2}(u^3-1)^{-5/2}\,du \qquad \bar{\bar{\eta}} > 1. \tag{22}$$

Das Ergebnis wird in Abb. 94 gezeigt. Wie für den Keil kann es in der Form geschrieben werden

$$\eta = \theta_0^{2/3}\, g\left(\frac{x}{L}\right)$$

oder auch

$$c_p = -\,2(\varkappa+1)^{-1/3}\,\theta_0^{2/3}\, g\left(\frac{x}{L}\right). \tag{23}$$

Die Funktion $g(x/L)$ ist natürlich auf der Oberseite und der Unterseite verschieden. Als Vergleichswert ist der Druckkoeffizient eingetragen, der sich aus einer Parallelströmung mit der Schallgeschwindigkeit ergibt, wenn man sie durch einen MEYERschen Expansionsfächer um den Anstellwinkel der Platte ablenkt. Dieser Druckkoeffizient ergäbe sich, wenn die Oberseite der Platte von der Unterseite unbeeinflußt bliebe. Außerdem enthält das Bild die Druckverteilung für einen Keil, dessen halber Schneidenwinkel gleich dem Anstellwinkel der Platte ist. Die Bedingungen an der Keilschulter sind die gleichen wie an der Hinterkante der Platte. Der Unterschied der Druckverteilungen rührt daher von der Umströmung der Vorderkante her. Man kann aus diesen Kurven schließen, daß die gegenseitige Beeinflussung von Unterseite und Oberseite nicht allzu groß ist. Der Gesamtauftrieb der Platte ist etwas größer als das Doppelte des Wertes, den man durch eine Expansion der oben beschriebenen Art erhielte. Der Druckpunkt liegt bei 46% der Plattentiefe von der Vorderkante aus gemessen. Die Bedeutung der dritten Kurve wird später besprochen. Eine Berechnung dieses Strömungsfeldes für die exakte Hodographenebene stammt von VINCENTI und seinen Mitarbeitern (Abb. 30).

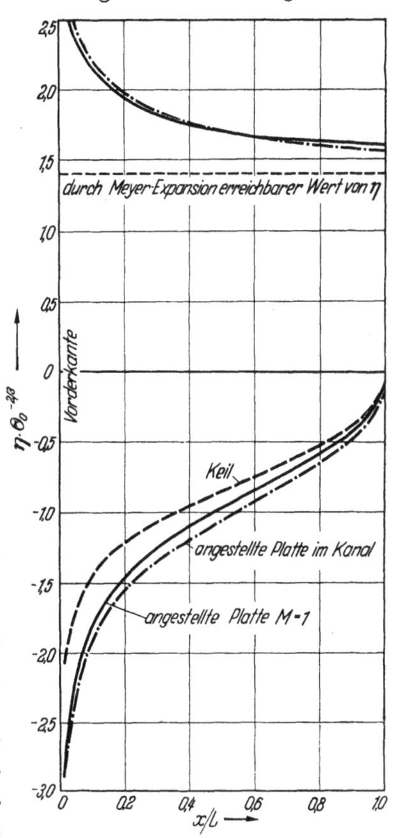

Abb. 94. ——— Werte von η für angestellte Platte bei der MACH-Zahl 1; —·—·— Werte von η für angestellte Platte im blockierten Kanal; — — — Werte von η für Keil; Θ_0 Anstellwinkel oder halber Schneidenwinkel des Keils. Die Kurven für die Platte im Kanal wurden für einen Anstellwinkel von 0,1 (5,7°) und eine Länge L der Platte gleich 1/10 der Kanalweite berechnet (nach GUDERLEY [2])

Später werden Partikularlösungen $\Psi^{-4/3}$ und $\Psi^{-11/6}$ oder allgemeiner $\psi^{-(4/3)-(h/2)}$ gebraucht, die folgendermaßen charakterisiert sind:

1. Die überwiegende Singularität in Punkt 0 ist $\psi_{-(4/3)-(h/2)}$, sie tritt mit dem Koeffizienten 1 auf, außer diesem singulären Ausdruck enthalten sie nur noch $\psi_{-5/6}$ und $\psi_{-1/3}$.

2. Für das Bild der Plattenoberfläche ist $\psi = 0$.

3. Für $\varrho \to \infty$ erhält man einen Verzweigungspunkt der Stromlinien.

4. Der Beitrag dieser Lösungen zur Gesamtlänge der Platte ist null.

Solche Ausdrücke lassen sich ohne Schwierigkeiten aus den Gl. (13) und (18) finden. Wir schreiben sie als

$$\Psi^{-4/3} = \varrho_0^{-4/3}\,\bar{\bar{\psi}}^{-4/3}, \tag{24a}$$

$$\Psi^{-11/6} = \varrho_0^{-11/6}\,\bar{\bar{\psi}}^{-11/6}, \tag{24b}$$

wobei

$$\bar{\bar{\psi}}^{-4/3} = 5 \cdot 3^{7/2} \cdot 2^{-3}\left(\psi^{1,1} - \frac{1}{3}\,\psi^{0,0}\right), \tag{24c}$$

$$\bar{\bar{\psi}}^{-11/6} = 3^{11/2} \cdot 7 \cdot 2^{-7}\left(\psi^{2,2} - \frac{143}{126}\,\psi^{1,1} + \frac{11}{54}\,\psi^{0,0}\right). \tag{24d}$$

Wir stellen noch die zugehörigen Ausdrücke x berechnet längs der Platte zusammen. Für sie wählen wir als Bezeichnung x mit einem oberen Index, der mit dem der Funktion Ψ übereinstimmt. Man erhält

$$x^{-4/3} = \varrho_0^{-4/3}\left\{(\varkappa+1)^{1/3}\left(\frac{3}{2}\right)^{4/3}\theta_0^{1/3}\right\}\bar{\bar{x}}^{-4/3}, \tag{25a}$$

$$x^{-11/6} = \varrho_0^{-11/6}\left\{(\varkappa+1)^{1/3}\left(\frac{3}{2}\right)^{4/3}\theta_0^{1/3}\right\}\bar{\bar{x}}^{-11/6}, \tag{25b}$$

wobei

$$\bar{\bar{x}}^{-4/3} = -\frac{9}{4}\sqrt{3}\,(-\bar{\bar{\eta}})^{5/2}\left(1 + (-\bar{\bar{\eta}})^3\right)^{-5/2}, \tag{25c}$$

$$\bar{\bar{x}}^{-11/6} = 3^{11/2} \cdot 7 \cdot 2^{-7}(-\bar{\bar{\eta}})^{5/2}\left(1 + (-\bar{\bar{\eta}})^3\right)^{-5/2} \times \times\left\{\frac{11}{135} - \frac{2}{21}\,\frac{(-\bar{\bar{\eta}})^3}{1+(-\bar{\bar{\eta}})^3}\right\}. \tag{25d}$$

Ihrer besonderen Einfachheit wegen, seien noch die folgenden Ausdrücke erwähnt

$$\frac{\bar{\bar{x}}^{-4/3}}{\dfrac{d}{d\bar{\bar{\eta}}}\left(\bar{\bar{x}}^{-5/6}\right)} = -\frac{9}{4}\sqrt{3}\,(-\bar{\bar{\eta}}), \tag{26a}$$

$$\frac{\bar{\bar{x}}^{-11/6}}{\dfrac{d}{d\bar{\bar{\eta}}}\left(\bar{\bar{x}}^{-5/6}\right)} = 3^{11/2} \cdot 7 \cdot 2^{-7}(-\bar{\bar{\eta}})\left(\frac{11}{135} - \frac{2}{21}\,\frac{(-\bar{\bar{\eta}})^3}{1+(-\bar{\bar{\eta}})^3}\right). \tag{26b}$$

10. Partikularlösungen, die mit ähnlichen Methoden berechnet werden können

Es sollen hier weitere Anwendungen des im vorigen Abschnitt gezeigten Verfahrens zur Bestimmung von Lösungen ψ gezeigt werden. Die Ergebnisse sind später von Wichtigkeit.

Wenn man die Strömung um einen unsymmetrischen Körper im blockierten Windkanal berechnet, braucht man eine Lösung, die im Punkte Q der Abb. 95 einen Verzweigungspunkt zweiter Ordnung besitzt. Man ist zunächst geneigt, die Lösungen von FALKOWITSCH (s. S. 224) zu benutzen. In diesem Zusammenhang sind sie aber ungeeignet aus dem folgenden Grunde: Die Untersuchungen, in denen diese Lösungen auftreten, entwickeln das Strömungsfeld nach einem Parameter, der den Abstand des Punktes Q von der Schallgeschwindigkeit charakterisiert. Die Lösungen müssen daher auch brauchbar sein, wenn Punkt Q in die Schallgeschwindigkeit hineinrückt. Das erfordert, daß auch in diesem Falle, die durch 0 gehenden MACHschen Wellen sich nicht ins Unendliche der Strömungsebene abbilden oder ein singuläres Verhalten hinsichtlich der Stromlinienkrümmung besitzen. Für die Lösungen von FALKOWITSCH oder auch von TAMADA und TAMOTIKA trifft dies nicht zu. Tatsächlich ist nicht nur der Grenzfall, das Punkt Q mit 0 zusammenfällt, kritisch, sondern es würden sich bereits erhebliche rechnerische Schwierigkeiten ergeben, wenn Punkt Q sich dem Punkte 0 nähert.

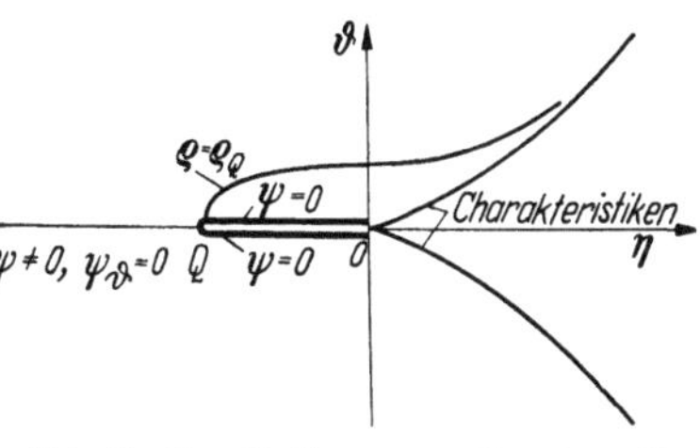

Abb. 95. Randbedingungen für einen Verzweigungspunkt zweiter Ordnung

Die Lösungen, die hier abgeleitet werden sollen, benutzen eine Überlagerung der „natürlichen" Partikularlösungen, deshalb treten diese Schwierigkeiten nicht auf.

Die zu betrachtenden Partikularlösungen sind in bezug auf die Linie $\bar{\xi} = -\infty$ symmetrisch und haben $\psi = 0$ längs der Linie OQ (Abb. 95). Als Darstellung der Lösung längs $\bar{\xi} = -\infty$ für $\bar{\varrho} > \bar{\varrho}_Q$ führen wir versuchsweise ein

$$\psi = \left(\frac{\bar{\varrho}}{\bar{\varrho}_Q}\right)^{-1/3} \left(1 - \left(\frac{\bar{\varrho}}{\bar{\varrho}_Q}\right)^{-1}\right)^{-(1/2)-k}, \tag{1}$$

hierin ist k eine ganze Zahl. Dieser Ausdruck wird nach $(\bar{\varrho}/\bar{\varrho}_Q)^{-1}$ entwickelt. Von dieser Entwicklung ausgehend, läßt sich dann mit Hilfe der Partikularlösungen $\psi^{(8)}_{-(1/3)-k}$ eine Fortsetzung der Lösung in dem Gebiet $\bar{\varrho}/\bar{\varrho}_Q > 1$ finden. Dabei findet man als Darstellung längs der Schallinie

$$\psi = \frac{1}{2}\left(\frac{\bar{\varrho}}{\bar{\varrho}_Q}\right)^{-1/3} \left\{2^{1/3} F\left(\frac{1}{2} + k, \frac{5}{6}, \frac{2}{3}, \left(\frac{-\bar{\varrho}}{\bar{\varrho}_Q}\right)^{-1}\right) - \right.$$
$$\left. - \bar{\xi}\, 2^{-1/3} F\left(\frac{1}{2} + k, \frac{7}{6}, \frac{1}{3}, \left(\frac{-\bar{\varrho}}{\bar{\varrho}_Q}\right)^{-1}\right)\right\}.$$

In dieser Form erkennt man bereits die Fortsetzung der Lösung für die gesamte Schallinie (nicht nur für $\bar{\varrho} > \bar{\varrho}_Q$). Entwickelt man den längs der Schallinie gefundenen Ausdruck nach Partikularlösungen mit imaginären Werten von μ, so ergibt sich, daß die betrachtete Funktion ψ, außer längs der Linie $\bar{\xi} = -\infty$, keine Singularitäten im Unterschallbereich hat. Die hypergeometrischen Funktionen, die die Funktion ψ längs der Schallinie darstellen, können nun als Reihe in $\bar{\varrho}/\bar{\varrho}_Q$ geschrieben werden. Diese Entwicklung ist der Ausgangspunkt für die folgende Darstellung von ψ im Gebiete $\bar{\varrho} < \bar{\varrho}_Q$

$$\psi = 2^{-2/3}\left\{\left(\frac{\bar{\varrho}}{\bar{\varrho}_Q}\right)^{(1/6)+k} \frac{\Gamma\left(\frac{1}{3}-k\right)\Gamma\left(\frac{2}{3}\right)}{\Gamma\left(\frac{1}{6}-k\right)\Gamma\left(\frac{5}{6}\right)} \times\right.$$

$$\times F\left(\frac{1}{2}+k,\ \frac{5}{6}+k,\ \frac{2}{3}+k,\ \left(\frac{-\bar{\varrho}}{\bar{\varrho}_Q}\right)\right) -$$

$$\left.-\left(\frac{\bar{\varrho}}{\bar{\varrho}_Q}\right)^{1/2} \frac{\Gamma\left(k-\frac{1}{3}\right)\Gamma\left(\frac{2}{3}\right)}{\Gamma\left(\frac{1}{2}+k\right)\Gamma\left(-\frac{1}{6}\right)} F\left(\frac{5}{6},\ \frac{7}{6},\ \frac{4}{3}-k,\ \left(\frac{-\bar{\varrho}}{\bar{\varrho}_Q}\right)\right)\right\} -$$

$$-\bar{\xi}\, 2^{-4/3}\left\{\left(\frac{\varrho}{\bar{\varrho}_Q}\right)^{(1/6)+k} \frac{\Gamma\left(\frac{2}{3}-k\right)\Gamma\left(\frac{1}{3}\right)}{\Gamma\left(-\frac{1}{6}-k\right)\Gamma\left(\frac{7}{6}\right)} \times\right.$$

$$\times F\left(\frac{1}{2}+k,\ \frac{7}{6}+k,\ \frac{1}{3}+k,\ \left(\frac{-\bar{\varrho}}{\bar{\varrho}_Q}\right)\right) +$$

$$\left.+\left(\frac{}{\bar{\varrho}_Q}\right)^{1/2} \frac{\Gamma\left(k-\frac{2}{3}\right)\Gamma\left(\frac{1}{3}\right)}{\Gamma\left(-\frac{5}{6}\right)\Gamma\left(\frac{1}{2}+k\right)} F\left(\frac{7}{6},\ \frac{11}{6},\ \frac{5}{3}-k,\ \left(\frac{-\bar{\varrho}}{\bar{\varrho}_Q}\right)\right)\right\}.$$

Mit Hilfe dieser Reihenentwicklung und der asymptotischen Darstellungen für die G läßt sich zeigen, daß keine Singularitäten für $\bar{\varrho} < \bar{\varrho}_Q$ auftreten. Die hier auftretenden Potenzen von $\bar{\varrho}$ entsprechen den antisymmetrischen „natürlichen" Partikularlösungen. Die Koeffizienten dieser Partikularlösungen lassen sich mit Hilfe der letzten Gleichung berechnen, und es ergibt sich tatsächlich, daß $\psi = 0$ für $\bar{\xi} = -\infty$, $\bar{\varrho} < \bar{\varrho}_Q$ ist.

Auch solche Partikularlösungen sind von Interesse, die im Punkte Q einen Verzweigungspunkt zweiter Ordnung haben, die die Bedingung $\psi = 0$ für $\bar{\xi} = -\infty$, $\bar{\varrho} < \bar{\varrho}_Q$ erfüllen und die für $\bar{\varrho} \to \infty$ in vorgeschriebener Weise nach unendlich streben. Hier geht man von dem Ausdruck aus

$$\begin{aligned}\psi &= \left(\frac{\bar{\varrho}}{\bar{\varrho}_Q}\right)^h \int \left(\frac{\bar{\varrho}}{\bar{\varrho}_Q}\right)^{-h-1} \hat{\psi}\, d\left(\frac{\bar{\varrho}}{\bar{\varrho}_Q}\right) \\ &= \left(\frac{\bar{\varrho}}{\bar{\varrho}_Q}\right)^h \int \left(\frac{\bar{\varrho}}{\bar{\varrho}_Q}\right)^{-(1/3)-h-1} \left(1 - \left(\frac{\bar{\varrho}}{\bar{\varrho}_Q}\right)^{-1}\right)^{-1/2} d\left(\frac{\bar{\varrho}}{\bar{\varrho}_Q}\right),\end{aligned} \tag{2}$$

wobei $\hat{\psi}$ der Ausdruck Gl. (1) für $k = 0$ ist; h ist beliebig. Eine eingehende Diskussion, die in vielen Einzelheiten mit dem vorigen Beispiel übereinstimmt, findet sich in (GUDERLEY [*13*]). Eine wichtige Frage, die uns bisher noch nicht entgegengetreten ist, betrifft dabei die Bestimmung der Integrationskonstanten in Gl. (2). Als Ergebnis erhält man die folgende Reihenentwicklung im Gebiete $\bar{\varrho} > \bar{\varrho}_Q$

$$\begin{aligned}\psi &= \frac{\Gamma\left(\frac{1}{3}+h\right)}{\Gamma\left(\frac{5}{6}+h\right)} \pi^{1/2} \left(\frac{\bar{\varrho}}{\bar{\varrho}_Q}\right)^h G^{(s)}\left(\bar{\xi}, h + \frac{1}{12}\right) - \\ &- \frac{2}{\sqrt{3}} \pi^{1/2} \frac{\Gamma\left(\frac{1}{2} - 3h\right)}{\Gamma(-3h)} \left(\frac{\bar{\varrho}}{\bar{\varrho}_Q}\right)^h G^{(a)}\left(\bar{\xi}, h + \frac{1}{12}\right) + \\ &+ \left(\frac{\bar{\varrho}}{\bar{\varrho}_Q}\right)^{-1/3} \sum_{k=0}^{\infty} \frac{\Gamma\left(\frac{1}{2}+k\right)}{\Gamma\left(\frac{1}{2}\right)\Gamma(k+1)\left(-\frac{1}{3}-k\right)} \left(\frac{\bar{\varrho}}{\bar{\varrho}_Q}\right)^{-k} G^{(s)}\left(\bar{\xi}, \frac{1}{4} + k\right).\end{aligned} \tag{3}$$

Die später zu besprechende Strömung in einem Freistrahl mit der Schallgeschwindigkeit führt zu dem in Abb. 96 dargestellten Randwertproblem. Die η, ϑ-Ebene wird durch die eingezeichnete Linie $\varrho = \text{const}$ in ein Innen- und Außengebiet geteilt. Im Innengebiet tritt eine Überlagerung der Ausdrücke

$$\psi = \varrho^{(5/6)+h} G^{(a)}\left(\xi, \frac{11}{12} + h\right)$$

und, wegen $\psi = \text{const}$ für $\xi = 0$,

$$\psi = G^{(a)}\left(\xi, \frac{1}{12}\right) \tag{4}$$

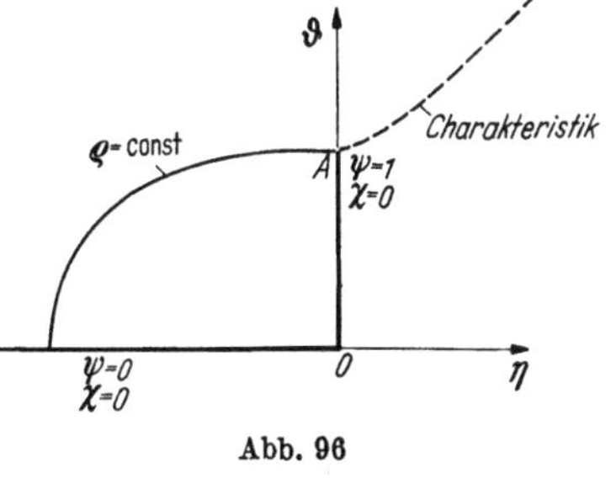

Abb. 96

auf; im Außengebiet findet man eine Überlagerung von Partikularlösungen

$$\psi = \varrho^{-(5/6)-h} G^{(a)}\left(\xi, \frac{3}{4} + h\right).$$

In der Darstellung für das Innengebiet stört der Ausdruck Gl. (4). Deshalb wird zunächst an Stelle der Lösung ψ ihre Ableitung nach ϱ gesucht; das Glied Gl. (4) liefert dazu keinen Beitrag. Es sei

$$\chi(\xi, \varrho) = \psi_\varrho(\xi, \varrho).$$

Für die Funktion χ ergeben sich die in Abb. 96 gezeigten Randbedingungen. Für $\varrho < \varrho_0$ wird χ als Überlagerung der Ausdrücke

$$\varrho^{-(1/6)+h}\, G^{(a)}\left(\xi, \frac{11}{12} + h\right)$$

dargestellt, für das Außengebiet ergeben sich Ausdrücke

$$\varrho^{-(11/6)-h}\, G^{(a)}\left(\xi, \frac{3}{4} + h\right).$$

Als Lösungsdarstellung für $\xi = -\infty$ wird versuchsweise der folgende Ausdruck angenommen

$$\chi = \left(\frac{\varrho}{\varrho_0}\right)^{-1/6} \left(1 + \frac{\varrho}{\varrho_0}\right)^{-5/3} (-\xi)^{-3/2}. \tag{5}$$

Wie früher läßt sich zeigen, daß im gesamten Unterschallgebiet keine Singularitäten auftreten. Im einzelnen erhält man die folgenden Ausdrücke

$$\chi = \sum_{h=0}^{\infty} \frac{\Gamma\left(\frac{5}{3} + h\right)}{\Gamma\left(\frac{5}{3}\right) \Gamma(h+1)} (-)^h\, G^{(a)}\left(\xi, \frac{11}{12} + h\right) \left(\frac{\varrho}{\varrho_0}\right)^{-(1/6)+h} \tag{6a}$$

$$\text{für} \quad \varrho < \varrho_0$$

und

$$\chi = \sum_{h=0}^{\infty} \frac{\Gamma\left(\frac{5}{3} + h\right)}{\Gamma\left(\frac{5}{3}\right) \Gamma(h+1)} (-)^h\, G^{(a)}\left(\xi, \frac{3}{4} + h\right) \left(\frac{\varrho}{\varrho_0}\right)^{-(11/6)-h} \tag{6b}$$

$$\text{für} \quad \varrho > \varrho_0.$$

Längs der Schallinie ergibt sich

$$\chi = -\xi \left(\frac{\varrho}{\varrho_0}\right)^{-1/6} F\left(\frac{5}{3}, \frac{4}{3}, \frac{3}{2}, \frac{\varrho}{\varrho_0}\right) \qquad \text{für} \quad \varrho < \varrho_0$$

und

$$\chi = \frac{3}{4}\, 2^{-2/3} \left(\frac{\varrho}{\varrho_0}\right)^{-11/6} \left(1 - \frac{\varrho_0}{\varrho}\right)^{-5/6} - \frac{3}{4}\, 2^{-1/3}\, \xi \left(\frac{\varrho}{\varrho_0}\right)^{-11/6} \times$$
$$\times F\left(\frac{5}{3}, \frac{7}{6}, \frac{2}{3}, \left(\frac{\varrho}{\varrho_0}\right)^{-1}\right) \quad \text{für} \quad \varrho > \varrho_0.$$

Hiermit läßt sich das Verhalten der Lösung in der Nähe des Punktes A studieren und damit feststellen, daß sie dort die zu erwartenden Eigenschaften besitzen.

Nun muß noch der Übergang von χ zu ψ durchgeführt werden, vor allem braucht man den Wert von ψ für die Linie OA. Im Unendlichen ist nach den Bedingungen des Problems $\psi = 0$. Zunächst hat man für $\xi = -\infty$

$$\psi_\varrho = \left(\frac{\varrho}{\varrho_0}\right)^{-1/6} \left(1 + \frac{\varrho}{\varrho_0}\right)^{-5/3} (-\xi)^{-3/2},$$

hieraus durch Integration

$$\psi = \varrho_0 (-\xi)^{-3/2} \int\limits_{\infty}^{\varrho/\varrho_0} \left(\frac{\varrho}{\varrho_0}\right)^{-1/6} \left(1 + \frac{\varrho}{\varrho_0}\right)^{-5/3} d\left(\frac{\varrho}{\varrho_0}\right).$$

Für Punkt 0 kann dieser Ausdruck als B-Integral ausgewertet werden, man findet

$$\psi = -\varrho_0 (-\xi)^{-3/2} \frac{\Gamma^2\left(\frac{5}{6}\right)}{\Gamma\left(\frac{5}{3}\right)}. \tag{7}$$

Die weiteren Glieder der Entwicklung von ψ im Punkte 0 ergeben sich durch gliedweise Integration der Gl. (6a). Die letzte Gleichung liefert die Integrationskonstante. Der Ausdruck Gl. (7) definiert den Koeffizienten der Partikularlösung $G^{(a)}(\xi, 1/12)$. Mit Hilfe von Gl. VII, 4 (17b) erhält man dann für die Schallinie

$$\psi = -\varrho_0 \frac{3}{4} 2^{1/3}.$$

Durch diese Größe muß man also die aus Gl. (5) entstehende Funktion ψ dividieren, um die Lösung zu erhalten, die die Randbedingung $\psi = 1$ längs der Strecke OA der Abb. 96 erfüllt. Für die spätere Anwendung braucht man die ersten Glieder der Entwicklung im Unendlichen. Man findet

$$\psi = \frac{8}{5} 2^{-1/3} \pi^{-1} \left(\frac{\varrho}{\varrho_0}\right)^{-5/6} G^{(a)}\left(\xi, \frac{3}{4}\right) - \frac{40}{33} 2^{-1/3} \pi^{-1} \left(\frac{\varrho}{\varrho_0}\right)^{-11/6} G^{(a)}\left(\xi, \frac{7}{4}\right).$$

IX. Strömungsfelder, die nur wenig von einer Strömung mit der Mach-Zahl 1 abweichen

1. Einleitende Betrachtungen

Als wir im vorigen Kapitel Singularitäten untersuchten, die geeignet sind, für einen symmetrischen Körper das Strömungsfeld im Unendlichen bei einer Anström-Mach-Zahl 1 darzustellen, wurden wir zunächst auf eine unendliche Anzahl von Partikularlösungen, nämlich $\psi_{-5/6}$, $\psi_{-11/6}$ usw. geführt, die sämtlich die Bedingung erfüllen, die man für die durch Punkt 0 gehenden MACH-Wellen fordern muß. Zu einem einzigen Ausdruck kam man erst durch die weitere Bedingung, daß die Strömungsebene nur von einem Blatt überdeckt werden darf. Daß wir eine unendliche Anzahl von Partikularlösungen erhielten, legt die Vermutung nahe, daß man durch eine Überlagerung solcher Partikularlösungen auch Strömungsfelder darstellen kann, die in großer Entfernung von dem umströmten Körper andere Bedingungen erfüllen.

Wie das gemeint ist, werde durch eine Analogie erläutert. Das komplexe Potential einer inkompressiblen Quelle im Punkte $z = 1$ ist gegeben durch

$$\varphi = \operatorname{Re}\ln(z-1),$$

wobei $z = x + iy$. Man kann diesen Ausdruck für große Werte von z entwickeln und erhält dann

$$\varphi = \operatorname{Re}\left[\ln z + \ln\left(1 - \frac{1}{z}\right)\right] = \operatorname{Re}\left[\ln z - \frac{1}{z} - \frac{1}{2}\frac{1}{z^2} - \frac{1}{3}\frac{1}{z^3}\cdots\right]$$

$$= \ln r - r^{-1}\cos\nu - \frac{1}{2}r^{-2}\cos 2\nu - \frac{1}{3}r^{-3}\cos 3\nu\ldots,$$

hierbei ist

$$r = \sqrt{x^2 + y^2}$$

und

$$\nu = \operatorname{arc\,tg}\left(\frac{y}{x}\right).$$

Die erwähnte Analogie besteht zwischen den folgenden Größen

komplexe z-Ebene	η, ϑ-Ebene
$z = 0$	Punkt 0
ν	ξ
r	ϱ
Partikularlösungen $r^{-m}\cos m\xi$	Partikularlösungen $\psi_{-(5/6)-h}$
Singularität in $z = 1$	Singularität im Unterschallgebiet.

Tatsächlich darf mehr als eine Singularität vorhanden sein; für eine analytische Funktion läßt sich eine LAURENTsche Entwicklung immer angeben, unabhängig von den Eigenschaften, die die Funktion innerhalb des Konvergenzkreises besitzt. So ist zu erwarten, daß sich durch Überlagerung der Funktionen $\psi_{-(5/6)-h}$ auch solche Lösungen der TRICOMIschen Gleichung darstellen lassen, die innerhalb einer gewissen Linie $\varrho = \text{const}$, die hier die Stellung des Konvergenzkreises einnimmt, eine recht komplizierte Form haben. Es könnten z. B.

dort Lücken erscheinen, wie sie im Hodographen durch das Auftreten von Verdichtungsstößen verursacht werden.

Auf die Untersuchungen des Kap. VII gestützt, wollen wir diese Vermutung auf eine sichere Basis stellen (GUDERLEY [5]).

2. Beispiele für Strömungsfelder, die nur wenig von einer Strömung mit der Mach-Zahl 1 abweichen

In erster Linie denkt man bei solchen Strömungen an Felder, deren Anström-MACH-Zahl nur wenig von 1 abweicht. Hier soll jedoch der Begriff weiter gefaßt und auch solche Strömungen eingeschlossen werden, bei denen eine Abweichung von dem Ausgangsströmungsfeld (mit der MACH-Zahl 1) durch Randbedingungen hervorgerufen werden, die in größerer Entfernung von dem umströmten Körper vorgeschrieben werden. Besonders wertvoll für das Verständnis sind Strömungsfelder, deren Hodographen sich leicht angeben lassen. Solche Beispiele sind: die Strömung um einen Körper im geschlossenen blokkierten Windkanal, die Strömung um einen Körper in einem Freistrahl mit der kritischen Geschwindigkeit und die Strömung um einen Körper bei einer Überschall-MACH-Zahl. Die Strömung bei einer hohen Unterschall-MACH-Zahl ist zu kompliziert, um sie in ihren Einzelheiten zu verfolgen. Eine qualitative Beschreibung findet sich auf S. 360.

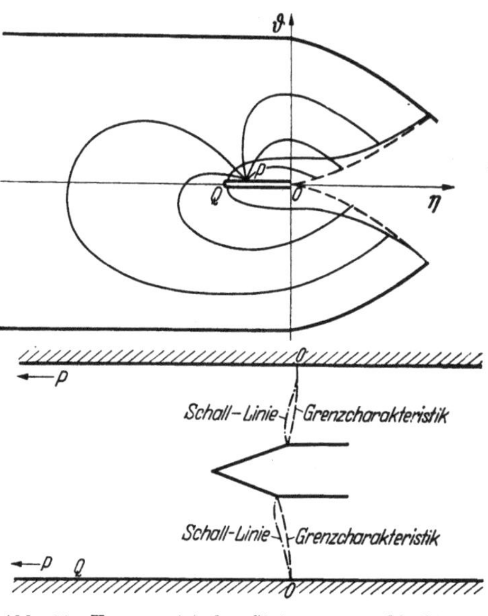

Abb. 97. Unsymmetrische Strömung im blockierten Kanal (nach GUDERLEY [5])

Die Strömung bei einer Überschall-MACH-Zahl lernten wir bereits in Abb. 45 kennen, dort wurde als umströmter Körper ein Keil gewählt. Im gegenwärtigen Zusammenhang wird angenommen, daß die Abweichung der Anström-MACH-Zahl von 1 sehr klein ist, die Stoßpolare liegt also in unmittelbarer Nachbarschaft des Punktes 0.

Bei der Strömung um einen Körper im blockierten Windkanal (Abb. 97) gehen alle Stromlinien von einem im Unterschallgebiet liegenden Punkte P aus, der die Blockierungs-MACH-Zahl kennzeichnet. Die obere Kanalwand bildet sich in die Strecke PO ab, die einen Teil des oberen Ufers des Schnittes OQ darstellt. Die untere Wand wird durch den Linienzug PQO dargestellt, PQ liegt dabei auf dem oberen, QO auf dem unteren Ufer des Schnittes. Punkt Q ergibt den Minimalwert der Geschwindigkeit der längs der unteren Wand auftritt. Es ist bemerkenswert, daß für ein unsymmetrisches Strömungsfeld Punkt P nicht am Ende der Strecke OQ zu liegen braucht. Für ein symmetrisches Strömungsfeld fallen natürlich P und Q zusammen. Längs der Linien PO und PQO sind die Werte der Stromfunktion, die an den Wänden auftreten, vorzuschreiben. Für einen Kanal der Weite W ist $\psi = W/2$ für PO und $\psi = -W/2$ für PQO, wenn man die Stromdichte $\varrho^* w^*$ gleich 1 setzt.

Bei der Strömung in einem Parallelstrahl mit der kritischen Geschwindigkeit (Abb. 98) gehen die Stromlinien von einem Punkt der Schallinie aus (Punkt 0). Die Stromlinien der Strahlränder haben überall die kritische Geschwindigkeit, ändern aber ihre Richtung. Im Hodographen erstrecken sie sich deshalb längs der Schallinie. Für ein unsymmetrisches Strömungsfeld haben die Bilder OE und OE' der Strahlränder verschiedene Länge. Die Randbedingungen am umströmten Körper bedürfen keiner weiteren Erläuterung.

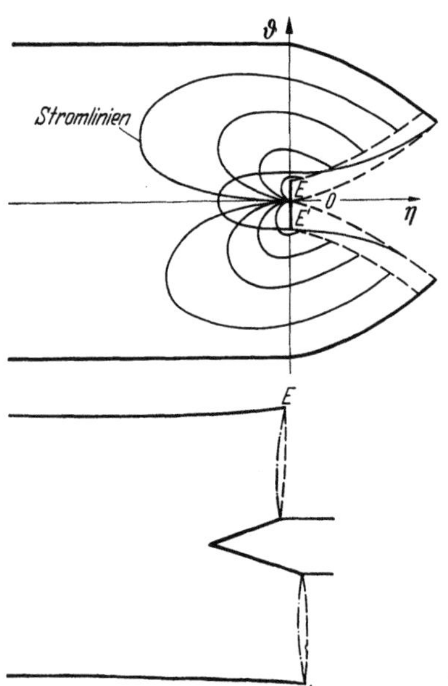

Abb. 98. Unsymmetrische Strömung im Freistrahl mit der kritischen Geschwindigkeit (nach GUDERLEY [5])

Diese Randwertprobleme enthalten im allgemeinen zwei wählbare Parameter. Bei der Strömung im blockierten Kanal (Abb. 97) ist z. B. die Blockierungs-MACH-Zahl und die Minimalgeschwindigkeit längs der Wand, d. h. die Lage der Punkte P und Q nicht unmittelbar durch die geometrischen Daten des Strömungsfeldes gegeben. Ähnlich steht es in Abb. 98 mit der Lage der Punkte E und E'. Zur eindeutigen Bestimmung des in Abb. 45 formulierten Strömungsproblems ist es notwendig, die Werte von ψ in Punkt E und dem dazu symmetrisch liegenden Punkt anzugeben. Für die Rechnung wird man hier allerdings andere, weniger künstlich erscheinende Größen einzuführen.

Daß sich die gewünschten Strömungsfelder nur dann ergeben, wenn man über diese Parameter in der richtigen Weise verfügt, ist am Beispiel des unsymmetrischen Keils leicht einzusehen. Nach dem TRICOMIschen Beweise ist die Lösung des in Abb. 97 formulierten Hodographenproblems eindeutig bestimmt, wenn man die Lage der Punkte P und Q gibt. Das bedeutet, daß auch die Länge der Keilflanken bestimmt ist. Nur für eine spezielle Wahl der Punkte P und Q erhält man eine vorgegebene Gestalt des Keils. Später werden wir sehen, daß sich auch in allgemeineren Fällen diese Parameter gleichzeitig mit der Lösung des Randwertproblems ergeben.

Bei der Behandlung dieser Probleme wird zunächst eine Schar von Lösungen bestimmt, die die Randbedingungen am Profil erfüllen, aber die Randbedingungen in der Nähe von 0 vernachlässigen. In Punkt 0 sind die Lösungen singulär, im übrigen erfüllen sie aber die TRICOMIsche Differentialgleichung überall in dem Gebiete der Hodographenebene, das durch das Bild der Körperkontur und die durch 0 gehenden Charakteristiken begrenzt ist. Die gewünschte Lösung für Strömungen in der Nähe der MACH-Zahl 1 kann immer als Überlagerung der eben beschriebenen Ausdrücke dargestellt werden. Die Randbedingungen, die in der Nähe von 0 vorgeschrieben sind, liefern ein unendliches Gleichungssystem für die Koeffizienten der Lösungen, die in dieser Überlagerung auftreten. Die Lösung dieses Gleichungssystems ergibt sich als Reihenentwicklung nach einem Parameter, der die Abweichung der gewünschten Strömung von der Ausgangsströmung mit der MACH-Zahl 1 kennzeichnet.

3. Lösungen, die die Randbedingungen an dem umströmten Körper erfüllen

Die Berechnung von Lösungen, die die Randbedingungen am umströmten Körper erfüllen, wurde bereits im Abschn. VIII, 6 im Zusammenhang mit der Strömung um einen beliebigen, schwach angestellten Körper beschrieben. Hier sei nur ein Überblick über die Ergebnisse und die Bezeichnungsweise gegeben und dann gezeigt, daß jede Lösung, die diese Randbedingungen erfüllt, durch Überlagerung solcher Ausdrücke dargestellt werden kann.

Die Strömung mit der MACH-Zahl 1 wird als bekannt angenommen. Nach den Untersuchungen des vorigen Kapitels hat sie immer die Form

$$\Psi^{-5/6} = \alpha_{-5/6}^{-5/6}\,\psi_{-5/6} + \alpha_{-1/3}^{-5/6}\,\psi_{-1/3} + \tilde{\psi}^{-5/6}. \tag{1a}$$

Die hier verwendeten Bezeichnungen wurden am Anfang des Abschn. VIII, 3 eingeführt. Die Funktion $\tilde{\psi}^{-5/6}$ kann in einem geeigneten Gebiet immer nach „natürlichen“ Partikularlösungen entwickelt werden.

$$\tilde{\psi}^{-5/6} = \sum_0^\infty \alpha_{k/6}^{-5/6}\, \psi_{k/6}. \tag{1b}$$

Die Koeffizienten α, die auf den rechten Seiten der Gl. (1) auftreten, sind durch die Gestalt des Körpers bestimmt. Ihr oberer Index stimmt mit dem der Funktion Ψ überein, in deren Darstellung der betreffende Koeffizient auftritt, der untere Index entspricht dem der „natürlichen“ Partikularlösung $\psi_{-5/6}$, $\psi_{-1/3}$ oder $\psi_{h/6}$, zu der der betreffende Koeffizient gehört. Der Index der Funktionen $\tilde{\psi}$ stimmt mit dem Index der Funktionen Ψ überein.

Nach Abschn. VIII, 6 haben die Partikularlösungen, die bei Überlagerung zur Ausgangsströmung die Kontur des umströmten Körpers unverändert lassen, die Form

$$\begin{aligned}\Psi^{-(4/3)-(h/2)} = \psi_{-(4/3)-(h/2)} + \alpha_{-5/6}^{-(4/3)-(h/2)}\, \psi_{-5/6} + \\ + \alpha_{-1/3}^{-(4/3)-(h/2)}\, \psi_{-1/3} + \tilde{\psi}^{-(4/3)-(h/2)}.\end{aligned} \tag{2}$$

Hierin läßt sich die Funktion $\tilde{\psi}^{-(4/3)-(h/2)}$ darstellen durch

$$\tilde{\psi}^{-(4/3)-(h/2)} = \sum_{k=0}^\infty \alpha_{k/6}^{-(4/3)-(h/2)}\, \psi_{k/6}. \tag{2a}$$

Um zu zeigen, daß alle Partikularlösungen, die bei der Überlagerung zu der Strömung mit der Mach-Zahl 1 die Kontur in der Strömungsebene unverändert lassen, in einem geeigneten Gebiete durch eine unendliche Reihe in der Partikularlösungen Gl. (2) dargestellt werden können, muß man auf das transformierte Potential zurückgehen. Die Gestalt der Partikularlösungen Gl. (2) ist dann durch Gl. VIII, 8 (2) gegeben

$$\Phi^{-(5/6)-(h/2)} = \varphi_{-(5/6)-(h/2)} + \alpha_{-1/3}^{-(5/6)-(h/2)}\, \varphi_{-1/3} + \tilde{\varphi}^{-(5/6)-(h/2)}.$$

In der Ausgangsströmung mit der Mach-Zahl 1 werde das Hodographenbild des Profils mit K bezeichnet. Das Gebiet, das von K und den durch O gehenden Charakteristiken begrenzt wird, sei G. Daß bei der Überlagerung einer Lösung $\bar{\varphi}$ das Profil in der Strömungsebene unverändert bleibt, wird durch die Randbedingung der zweiten Art ausgedrückt. Mit der in Gl. VIII, 8 (1) eingeführten Bezeichnungsweise hat man also

$$L(\bar{\varphi}) = 0. \tag{3}$$

Für eine solche Lösung $\bar{\varphi}$ sei die Tricomische Gleichung in dem Gebiete G überall bis auf eine Nachbarschaft des Punktes 0 erfüllt. Diese Nachbarschaft stellt das Gebiet dar, in dem weitere Randbedingungen vorgeschrieben sind, vgl. die Abb. 97 und 98. In einem geeigneten Teilgebiet von G läßt sich nach den natürlichen Partikularlösungen entwickeln (vgl. Abschn. VII, 13 und Abb. 73). In dieser Entwicklung seien $\beta_{-(5/6)-(h/2)}$ die Koeffizienten der Partikularlösungen $\varphi_{-(5/6)-(h/2)}$. Wir betrachten nun den Ausdruck

$$\overline{\overline{\varphi}} = \sum_{h=0}^{\infty} \beta_{-(5/6)-(h/2)}\, \Phi^{-(5/6)-(h/2)} \tag{4}$$

und stellen fest, in welchem Gebiet er konvergiert, d. h. wo die Funktion $\overline{\overline{\varphi}}$ durch Gl. (4) wirklich definiert ist. Zunächst wird nur der erste Bestandteil der Funktionen $\Phi^{-(5/6)-(h/2)}$, d. h. der Ausdruck

$$\sum_{h=0}^{\infty} \beta_{-(5/6)-(h/2)}\, \varphi_{-(5/6)-(h/2)}$$

betrachtet. Es ist dies der Anteil der Funktion $\bar{\varphi}$ (entwickelt in dem oben erwähnten Teilgebiet), dessen Glieder nach 0 zu anwachsen. Dieser Ausdruck konvergiert nach Abschn. VII, 13 in diesem Teilgebiet und, da keine Funktionen in ihm auftreten, die mit ϱ anwachsen, auch für größere Werte von ϱ. Insbesondere konvergiert er und seine Ableitungen längs des Bildes des Profils K. Damit ist auch $\sum_{h=0}^{\infty} L(\beta_{-(5/6)-(h/2)}\, \varphi_{-(5/6)-(h/2)})$ konvergent. Genauer gesagt: die Teilsummen $\sum_{h=0}^{N} L(\beta_{-(5/6)-(h/2)}\, \varphi_{-(5/6)-(h/2)})$ konvergieren für $N \to \infty$. Da voraussetzungsgemäß

$$L(\Phi^{-(5/6)-(h/2)}) = 0,$$

gilt auch

$$\sum_{h=0}^{N} L(\beta_{-(5/6)-(h/2)}\, \Phi^{-(5/6)-(h/2)}) = 0$$

oder

$$\begin{aligned}\sum_{h=0}^{N} L\big(\beta_{-(5/6)-(h/2)}(\alpha_{-1/3}^{-(5/6)-(h/2)}\, \varphi_{-1/3} + \tilde{\varphi}^{-(5/6)-(h/2)})\big) \\ = -\sum_{h=0}^{N} \beta_{-(5/6)-(h/2)}\, \varphi_{-(5/6)-(h/2)},\end{aligned} \tag{5}$$

d. h. die Ausdrücke $\sum_{h=0}^{N} \beta_{-(5/6)-(h/2)}(\alpha_{-1/3}^{-(5/6)-(h/2)}\, \varphi_{-1/3} + \tilde{\varphi}^{-5/6-h/2})$ lösen das Randwertproblem der zweiten Art, wenn als Randwerte die rechte Seite von Gl. (5) vorgeschrieben ist. Da aber bei einem sachgemäß formuliertem Randwertproblem die Lösung stetig von den Randwerten abhängt und da es plausibel ist, daß das hier formulierte Randwertproblem sachgemäß formuliert ist, folgt aus der Konvergenz der rechten Seite von Gl. (5) für $N \to \infty$, die Konvergenz von $\sum_{h=0}^{N} \beta_{-(5/6)-(h/2)}(\alpha_{-1/3}^{-(5/6)-(h/2)}\, \varphi_{-1/3} + \tilde{\varphi}^{-(5/6)-(h/2)})$ im gesamten Gebiet G.

Nachdem wir so festgestellt haben, daß $\bar{\bar{\varphi}}$ längs K konvergiert, hat es Sinn festzustellen, daß die Differenz $\bar{\varphi} - \bar{\bar{\varphi}}$ längs K die Randbedingung

$$L(\bar{\varphi} - \bar{\bar{\varphi}}) = 0 \tag{6}$$

erfüllt. Außerdem ist die Funktion $\bar{\varphi} - \bar{\bar{\varphi}}$ in dem oben erwähnten Teilgebiet von G nach den „natürlichen" Partikularlösungen entwickelbar. Auf Grund der Konstruktion von $\bar{\bar{\varphi}}$ enthält diese Entwicklung keine Glieder $\varphi_{-(5/6)-(h/2)}$. Aus diesem Grunde konvergiert diese Entwicklung bis zum Punkte 0, wenn man von dem Gliede $\varphi_{-1/3}$ absieht.

Der Ausdruck $\bar{\varphi} - \bar{\bar{\varphi}}$ stellt also im Gebiete G eine Funktion dar, die die Tricomischen Bedingungen erfüllt und als einzigen singulären Bestandteil die Funktion $\varphi_{-1/3}$ enthält. Weiterhin erfüllt diese Funktion die Randbedingung Gl. (6). Damit ist sie nach den Plausibilitätsbetrachtungen des Abschn. VIII, 8 null, d. h., der Ausdruck $\bar{\bar{\varphi}}$ in der Form Gl. (4) gibt die gewünschte Darstellung für die Funktion $\bar{\varphi}$.

4. Die Randbedingungen in der Nähe des Punktes 0

Wie die Beispiele des Abschn. IX, 2 zeigen, nehmen die Randbedingungen, die in der Nähe von 0 gelten, recht verschiedene Formen an. Es können lineare homogene und nichthomogene Randbedingungen sein, sie können von Parametern abhängen, die entweder durch das Problem selbst gegeben sind (z. B. die Werte von ψ längs der Kanalwände) oder die sich erst mit der Lösung bestimmen (z. B. die Lage der Punkte P und Q in Abb. 97). Auch nichtlineare Randbedingungen sind denkbar.

Gemeinsam ist allen Randbedingungen, daß sie Beziehungen für diejenigen Größen geben müssen, die bisher noch unbestimmt geblieben sind. Wenn wir wieder auf ψ übergehen und die Ausgangsströmung in die Lösung mit einbeziehen, so kann jede Lösung, die die Randbedingungen am Profil erfüllt, in der Form geschrieben werden

$$\psi = \Psi^{-5/6} + \sum_{h=0}^{\infty} B_{-(4/3)-(h/2)} \Psi^{-(4/3)-(h/2)}. \tag{1}$$

Hierin sind die Funktionen Ψ durch die Gl. IX, 3 (1) und IX, 3 (2) gegeben. Die Konstanten $B_{-(4/3)-(h/2)}$ treten an die Stelle der Konstanten $\beta_{-(5/6)-(h/2)}$ in Gl. IX, 3 (4). Die Randbedingungen in der Nähe von 0 müssen also Beziehungen für die $B_{-(4/3)-(h/2)}$ ergeben.

Nun kann in einem geeigneten Teilgebiet von G die Lösung nach den „natürlichen“ Partikularlösungen entwickelt werden

$$\psi = B_{-5/6} \Psi_{-5/6} + B_{-1/3} \psi_{-1/3} + \\ + \sum_{h=0}^{\infty} B_{-(4/3)-(h/2)} \psi_{-(4/3)-(h/2)} + \sum_{h=0}^{\infty} A_{h/6} \psi_{h/6}. \quad (2)$$

Diese Form ist besser geeignet als Gl. (1), um die Randbedingungen in der Nähe von 0 auszudrücken, weil sie nämlich von der speziellen Gestalt des umströmten Körpers unabhängig ist. Wir erwarten, daß die Randbedingungen in der Nähe von 0 Gleichungen der Form liefern

$$B_{-(4/3)-(h/2)} = F^{-(4/3)-(h/2)}(B_{-5/6}, B_{-1/3}, A_0, A_{1/3} \ldots A_{k/3} \ldots). \quad (3)$$

Hierin sind die F bekannte, im allgemeinen nichtlineare Funktionen der angegebenen Argumente. Die Größen $A_{k/6}$ sowie $B_{-5/6}$ und $B_{-1/3}$ lassen sich mit Hilfe der Gl. (1), IX, 3 (1) und IX, 3 (2) durch die bisher unbekannten Größen $B_{-(4/3)-(h/2)}$ ausdrücken:

$$\left.\begin{aligned} B_{-5/6} &= \alpha_{-5/6}^{-5/6} + \sum_{k=0}^{\infty} B_{-(4/3)-(k/2)} \alpha_{-5/6}^{-(4/3)-(k/2)}, \\ B_{-1/6} &= \alpha_{-1/3}^{-5/6} + \sum_{k=0}^{\infty} B_{-(4/3)-(k/2)} \alpha_{-1/3}^{-(4/3)-(k/2)}, \\ A_{h/6} &= \alpha_{h/6}^{-5/6} + \sum_{k=0}^{\infty} B_{-(4/3)-(k/2)} \alpha_{h/6}^{-(4/3)-(k/2)}. \end{aligned}\right\} \quad (4)$$

Wenn man diese Größen in Gl. (3) einsetzt, erhält man ein Gleichungssystem für die $B_{-(4/3)-(h/2)}$. Für die Lösung ist ein Iterationsverfahren geeignet. Als erste Näherung hat man die Ausgangsströmung mit der MACH-Zahl 1. Für sie gilt

$$B_{-(4/3)-(h/2)} = 0.$$

Dann berechnet sich aus den Gl. (4)

$$B_{-5/6} = \alpha_{-5/6}^{-5/6},$$

$$B_{-1/3} = \alpha_{-1/3}^{-5/6},$$

$$A_{h/3} = \alpha_{h/3}^{-5/6}.$$

Hiermit geht man in die Gl. (3) ein und erhält Näherungen für die B, nämlich

$$B_{-(4/3)-(h/2)} = F^{-(4/3)-(h/2)}(\alpha_{-5/6}^{-5/6}, \alpha_{-1/3}^{-5/6}, \alpha_0^{-5/6}, \alpha_{1/6}^{-5/6} \ldots \alpha_{k/3}^{-5/6} \ldots).$$

Unter Benutzung dieser Werte läßt sich die Lösung weiter verbessern.

Unsere Beispiele zeigten, daß die Randbedingungen freie Parameter enthalten können, die sich erst im Verlaufe der Rechnung bestimmen. Die Gl. (3) setzen voraus, daß diese Parameter eliminiert worden sind. Es ist meistens praktisch, diese Parameter in den Randbedingungen zu belassen. Man erhält dann, der Zahl der Parameter entsprechend, zusätzliche Gleichungen. Am natürlichsten ergeben sich solche Gleichungen für $B_{-1/3}$ und $B_{-5/6}$.

Diese wählbaren Parameter können entweder vom Charakter von ϱ sein, z. B. ist die Lage der Punkte P und Q in Abb. 97 durch Angabe der Werte ϱ für diese Punkte bestimmt, oder sie können Werte der Stromfunktion darstellen. Dementsprechend werden sie mit ϱ_1 und ϱ_2 oder mit ψ_1 und ψ_2 bezeichnet. Weiterhin treten bei der Formulierung inhomogener Randbedingungen Größen auf, die zwar durch das Strömungsfeld gegeben sind, die man aber doch am besten als Parameter in die Beziehungen für die Randbedingungen einträgt. Für sie wird die gleiche Bezeichnungsweise benutzt.

Hiernach lassen sich die Randbedingungen in der Nähe von 0 etwa durch die folgenden Gleichungen darstellen

$$B_{-(1/3)-(h/2)} = \bar{F}^{-(1/3)-(h/2)}(\psi_1, \psi_2, \varrho_1, \varrho_2, A_0, A_{1/6}, A_{1/3} \ldots A_{k/3} \ldots), \quad (5)$$

wobei angenommen ist, daß von den vier Parametern, die hier auftreten, zwei den Charakter von ψ und zwei den Charakter von ϱ haben. Zwei dieser Parameter sind als bekannt zu betrachten.

Wegen der Form der TRICOMIschen Gleichung und der vereinfachten Stoßbedingungen bleiben Hodographenlösungen richtig, wenn man a) den Maßstab von ϱ ändert und b) die Lösung mit einer Konstanten multipliziert. Die erste Änderung stellt eine Verzerrung des Strömungsfeldes nach dem Ähnlichkeitsgesetz, die zweite eine einfache Maßstabsänderung der Strömungsebene dar. Um zu zeigen, wie sich dies auf die Form der Gl. (4) auswirkt, schreiben wir Gl. (2) so um, daß sich dieser Ausdruck bei den genannten Umformungen nicht ändert.

$$\psi = \psi_0 [b_{-5/6}(\varrho_0^{5/6}\, \psi_{-5/6}) + b_{-1/3}(\varrho_0^{1/3}\, \psi_{1/3}) + \quad (6)$$
$$+ \sum_{h=0}^{\infty} b_{-(4/3)-(h/2)}(\varrho_0^{(4/3)+(h/2)}\, \psi_{-(4/3)-(h/2)}) + \sum_{h=0}^{\infty} a_{h/6}(\varrho_0^{-h/6}\, \psi_{h/6})].$$

Hierin sind ψ_0 und ϱ_0 Werte ψ und ϱ, die für das Problem charakteristisch sind. Die a und b sind neue Entwicklungskoeffizienten. Durch Vergleich mit Gl. (2) erhält man

$$\left.\begin{aligned} B_{-(1/3)-(h/2)} &= \psi_0\, \varrho_0^{(1/3)+(h/2)}\, b_{-(1/3)-(h/2)}, \\ A_{h/6} &= \psi_0\, \varrho_0^{-h/6}\, a_{h/6}. \end{aligned}\right\} \quad (7)$$

Die den Gl. (5) entsprechenden Randbedingungen erscheinen jetzt als Beziehung zwischen den a und den b.

$$b_{-(1/3)-(h/2)} = \overline{R}^{-(1/3)-(h/2)}\left(\frac{\psi_1}{\psi_0}, \frac{\psi_2}{\psi_0}, \frac{\varrho_1}{\varrho_0}, \frac{\varrho_2}{\varrho_0}, a_0, a_{1/6}, \ldots, a_{k/3} \ldots\right).$$

Hierin stellen die „$\overline{R}$“ Funktionen dar, die durch die Bedingungen in der Nähe von 0 bestimmt sind. Setzt man hier Gl. (7) ein, so ergibt sich als verschärfte Formulierung der Gl. (5)

$$B_{-(1/3)-(h/2)} = \psi_0\, \varrho_0^{(1/3)+(h/2)} \times$$
$$\times\; \overline{R}^{-(1/3)-(h/2)}\left(\frac{\psi_1}{\psi_0}, \frac{\psi_2}{\psi_0}, \frac{\varrho_1}{\varrho_0}, \frac{\varrho_2}{\varrho_0}, \ldots \frac{A_{k/6}\, \varrho_0^{k/6}}{\psi_0} \ldots\right).$$

Die charakteristischen Größen ψ_0 und ϱ_0 wird man natürlich solchen Parametern gleichsetzen, die bereits in der Formulierung der Randbedingungen vorhanden sind, z. B. gleich ψ_1 und ϱ_1. Dann fällt die Abhängigkeit der Randbedingungen von diesen Parametern heraus. Die verbleibenden Parameter wählt man am besten so, daß sie für ein in ψ antisymmetrisches Strömungsfeld verschwinden und daß weiterhin die Entwicklung der Funktionen R nach diesen Parametern mit dem linearen Glied beginnt. Ob dies der Fall ist, läßt sich natürlich nur erkennen, wenn man die Randbedingungen für einen speziellen Fall untersucht. Bei der Strömung im geschlossenen Kanal treten gemäß der Formulierung in Abschn. IX, 2 drei Parameter auf, nämlich der Wert von ψ an der Wand — ihn wird man als Größe ψ_1 wählen — und die Werte ϱ für die Punkte P und Q, bezeichnet als ϱ_P und ϱ_Q. Als Parameter ϱ_1 ist der Wert ϱ_Q geeignet. Damit ein antisymmetrisches Strömungsfeld dem Werte null des zweiten Parameters entspricht, wählen wir für ihn $\varrho_Q - \varrho_P$. Wir werden später sehen, daß die Entwicklung der Randbedingungen nach diesem Parameter mit dem Gliede $(\varrho_Q - \varrho_P)^{1/2}$ beginnt, deshalb führt man am besten ein $p_1 = \left(\frac{\varrho_Q - \varrho_P}{\varrho_Q}\right)^{1/2}$. Auch ein zweiter Parameter mag, wenn er auftritt, entsprechend gewählt werden. Auf Grund dieser Überlegungen erhält man schließlich als vereinfachte Form der letzten Gleichung

$$B_{-(1/3)-(h/2)} = \psi_1\, \varrho_1^{(1/3)+(h/2)} \times$$
$$\times\; R^{-(1/3)-(h/2)}\left(p_1, p_2, \frac{A_0}{\psi_1} \ldots \frac{A_{k/6}\, \varrho_1^{k/6}}{\psi_1} \ldots\right). \tag{8}$$

Will man die Funktionen R für gegebene, durch ψ_1, ψ_2, ϱ_1 und ϱ_2 charakterisierte Randbedingungen in der Nähe von 0 bestimmen, so muß man eine Lösung der Tricomischen Gleichung bestimmen, die diese Randbedingungen erfüllt und für die die Entwicklung nach natürlichen Partikularlösungen für die positiven Exponenten von ϱ

die gegebene Form $\sum_{k=0}^{\infty} A_{k/6}\, \psi_{k/6}$ hat. Dann sind in dieser Lösung die $B_{-(1/3)-(h/2)}$ die Koeffizienten der „natürlichen“ Partikularlösungen für negative Exponenten von ϱ. Geht man mit Hilfe von Gl. (8) zu den Funktionen R über, so hängen diese nur von den dort angegebenen Argumenten ab. Man braucht diese Rechnung also nur für eine einzige Wahl der Parameter ψ_1 und ϱ_1, z. B. $\psi_1 = 1$ und $\varrho_1 = 1$ durchzuführen. Beispiele für solche Untersuchungen werden später gezeigt.

5. Strömungsfelder, die in bezug auf die x-Achse antisymmetrisch in ψ sind

Das Ziel der weiteren Untersuchungen ist es, eine Entwicklung der Lösung Gl. IX, 4 (1) nach einem Parameter zu bestimmen, der die Abweichung des betrachteten Strömungsfeldes von der Ausgangsströmung mit der MACH-Zahl 1 kennzeichnet. Wir beschränken uns immer auf die Bestimmung der Glieder der niedrigsten Ordnung.

Für ein antisymmetrisches Strömungsfeld sind die Parameter p_1 und p_2 null. Weiterhin treten die Koeffizienten $A_{h/3}$ und $B_{-(1/3)-h}$ nicht auf. Die Gl. IX, 4 (8) erscheinen also in der vereinfachten Form

$$B_{-(5/6)-h} = \psi_1\, \varrho_1^{(5/6)+h}\, R^{-(5/6)-h}\left(\ldots \frac{A_{(1/6)+(k/3)}\, \varrho_1^{(1/6)+(k/3)}}{\psi_1} \ldots\right).$$

Alle Funktionen R, die in diesem Abschnitt auftreten, gehören zu den antisymmetrischen Partikularlösungen. Ist die Abweichung von dem Ausgangsströmungsfeld klein, so ist ϱ_1 klein. Läßt man diese Abweichung nach null gehen, so verschwinden deshalb die Argumente der Funktionen R. Man erhält dann als jeweils niedrigstes Glied in der Entwicklung der B

$$B_{-(5/6)-h} = \psi_1\, \varrho_1^{(5/6)+h}\, R^{-(5/6)-h}(0, 0, \ldots). \tag{1}$$

Die Potenz von ϱ, die als Faktor in B auftritt, wächst mit h. Nun ergibt sich aus Gl. IX, 4 (4) unter Beschränkung auf die niedrigste Potenz in ϱ

$$B_{-5/6} = \alpha_{-5/6}^{-5/6}.$$

Setzt man dies in Gl. (1) ein, so ergibt sich

$$\alpha_{-5/6}^{-5/6} = \psi_1\, \varrho_1^{5/6}\, R^{-5/6}(0, 0 \ldots). \tag{2}$$

Hierin sind $\alpha_{-5/6}^{-5/6}$, $R^{-5/6}$ und entweder ϱ_1 oder ψ_1 bekannt. Diese Gleichung stellt also eine Beziehung zwischen den bekannten und den unbekannten Parametern her. Setzt man die letzte Gleichung in Gl. (1)

ein, so findet man

$$B_{-(5/6)-h} = \varrho_1^h \alpha_{-5/6}^{-5/6} \frac{R^{-(5/6)-h}(0, 0\ldots)}{R^{-5/6}(0, 0\ldots)}. \tag{3}$$

Damit findet man aus Gl. IX, 4 (1), unter Beschränkung auf die niedrigste Potenz in ϱ_1

$$\psi = \Psi^{-5/6} + \varrho_1 \alpha_{-5/6}^{-5/6} \frac{R^{-11/6}(0, 0\ldots)}{R^{-5/6}(0, 0\ldots)} \Psi^{-11/6}. \tag{4}$$

Nachträglich überzeugt man sich mit Hilfe von Gl. IX, 4 (4), daß die Größen A tatsächlich von der Größenordnung 1 sind und daß deshalb die Argumente von R tatsächlich mit ϱ_1 nach null gehen. Wollte man Glieder höherer Ordnung in Gl. (4) berechnen, so müßte man auch berücksichtigen, daß die Randbedingungen für das Profil linearisiert wurden. Eine Ausnahme bildet die Strömung um einen Keil.

Die Funktionen Ψ hängen nur von der Gestalt des Körpers, die Ausdrücke R und ϱ_1 nur von den Randbedingungen in der Nähe des Punktes 0 ab. Nach Gl. (4) ist, abgesehen von einem Faktor, die Abweichung von der Ausgangsströmung, dargestellt durch $\Psi^{-11/6}$, in der ersten Näherung unabhängig von den Randbedingungen, die in der Nähe von 0 vorgeschrieben sind.

Mit Hilfe der Gl. VIII, 7 (3) und (4) geht man natürlich von Gl. (4) direkt zu den Änderungen der Druck- oder der Geschwindigkeitsverteilung in der Strömungsebene über.

6. Unsymmetrische Strömungsfelder

Unsymmetrien können in das Strömungsfeld sowohl durch die Profilgestalt als durch die Bedingungen in der Nähe des Punktes 0 eingeführt werden. Als Beispiel für die zweite Möglichkeit denke man an einen Körper im Kanal, der nicht genau in der Kanalmitte liegt. Der Parameter, der diese Unsymmetrie kennzeichnet, kann als gegeben betrachtet werden. Er sei immer so klein, daß man die Randbedingungen nach ihm entwickeln kann. Bei Strömungen im freien Luftmeer tritt ein solcher Parameter nicht auf.

Die Randbedingungen in der Nähe von 0 enthalten einen weiteren Parameter, der eine Unsymmetrie verursacht. In Abb. 97 war dies die Lage des Punktes P. Dieser Parameter bestimmt sich erst bei der Berechnung der Lösung und hängt hauptsächlich von der Unsymmetrie des Profils ab.

Für die weiteren Untersuchungen sind gewisse Symmetrieeigenschaften der Funktionen $R^{-(1/3)-(h/2)}$ wichtig. Sie rühren daher, daß die

$B_{-(5/6)-h}$ und die $A_{(1/6)+(h/3)}$ die Koeffizienten von antisymmetrischen Partikularlösungen, die $B_{-(1/3)-h}$ und die $A_{h/3}$ die Koeffizienten symmetrischer Partikularlösungen sind. Sind p_1 und p_2 null, so sind die Randbedingungen rein antisymmetrisch.

Um diese Symmetrieeigenschaften abzulesen, betrachten wir zwei Lösungen, die durch Spiegelung an der η-Achse und einer gleichzeitigen Umkehr der Vorzeichen auseinander hervorgehen. In diesen Lösungen haben dann die Koeffizienten der antisymmetrischen Partikularlösungen $\varphi_{(1/6)+(h/3)}$ und $\varphi_{-(5/6)-h}$, d. h. die $A_{(1/6)+(h/3)}$ und die $R^{-(5/6)-h}$ das gleiche Vorzeichen. Die Koeffizienten der symmetrischen Partikularlösungen $A_{h/3}$ und $R^{-(1/3)-h}$ und die Parameter p_1 und p_2, die die Abweichungen von einer rein antisymmetrischen Lösung angeben, haben entgegengesetzte Vorzeichen. Im folgenden wird der Vorzeichenwechsel, der bei dem Übergang von der ersten zur zweiten Lösung auftritt, immer durch die Vorzeichenänderung in dem Ausdruck für die zweite Lösung zum Ausdruck gebracht. Bei der eben beschriebenen Spiegelung sind die Randbedingungen in der Nähe des Punktes 0, die durch die Funktionen R zum Ausdruck gebracht werden, immer erfüllt. Dann ergibt sich nach Gl. IX, 4 (8) im ersten Falle

$$B_{-(5/6)-h} = \psi_1 \varrho_1^{(5/6)+h} \times$$
$$\times R^{-(5/6)-h}\left(p_1, p_2, \frac{A_0}{\psi_1}, \frac{A_{1/6}\,\varrho_1^{1/6}}{\psi_1} \cdots \frac{A_{k/3}\,\varrho_1^{k/3}}{\psi_1}, \frac{A_{(1/6)+(k/3)}\,\varrho_1^{(1/6)+(k/3)}}{\psi_1} \cdots\right),$$

im zweiten Falle

$$B_{-(5/6)-h} = \psi_1 \varrho_1^{(5/6)+h} \times$$
$$\times R^{-(5/6)-h}\left(-p_1, -p_2, \frac{-A_0}{\psi_1}, \frac{A_{1/6}\,\varrho_1^{1/6}}{\psi_1} \cdots \frac{-A_{k/3}\,\varrho_1^{k/3}}{\psi_1}, \frac{A_{(1/6)+(k/3)}\,\varrho_1^{(1/6)+(k/3)}}{\psi_1} \cdots\right).$$

Daraus erhält man

$$R^{-(5/6)-h}\left(p_1, p_2, \frac{A_0}{\psi_1}, \frac{A_{1/6}\,\varrho_1^{1/6}}{\psi_1}, \cdots \frac{A_{k/3}\,\varrho_1^{k/3}}{\psi_1}, \frac{A_{(1/6)+(k/3)}\,\varrho_1^{(k/6)+(k/3)}}{\psi_1} \cdots\right)$$
$$= R^{-(5/6)-h}\left(-p_1, -p_2, \frac{-A_0}{\psi_1}, \frac{A_{1/6}\,\varrho_1^{1/6}}{\psi_1} \cdots \right. \qquad (1)$$
$$\left. \cdots \frac{-A_{k/3}\,\varrho_1^{k/3}}{\psi_1}, \frac{A_{(1/6)+(k/3)}\,\varrho_1^{(1/6)+(k/3)}}{\psi_1} \cdots\right).$$

Ähnlich ergibt sich

$$\begin{aligned} &R^{-(1/3)-h}\left(p_1, p_2, \ldots \frac{A_{k/3}\,\varrho_1^{k/3}}{\psi_1}, \frac{A_{(1/6)+(k/3)}\,\varrho_1^{(1/6)+(k/3)}}{\psi_1} \ldots\right) \\ &= -R^{-(1/3)-h}\left(-p_1, -p_2, \ldots -\frac{A_{k/3}\,\varrho_1^{k/3}}{\psi_1}, \frac{A_{(1/6)+(k/3)}\,\varrho_1^{(1/6)+(k/3)}}{\psi_1} \ldots\right). \end{aligned} \tag{2}$$

Setzt man voraus, daß die Funktionen R nach ihren Argumenten differenzierbar sind, so folgt hieraus weiterhin

$$\begin{gathered} R^{-(1/3)-h}\left(0, 0, \ldots 0, \frac{A_{(1/6)+(k/3)}\,\varrho_1^{(1/6)+(k/3)}}{\psi_1}, 0 \ldots\right) = 0 \\ h = 0, 1, 2 \ldots, \qquad k = 0, 1, 2 \ldots, \end{gathered} \tag{3a}$$

$$\frac{\partial}{\partial p_{1,2}} R^{-(5/6)-h}\left(0, 0, \ldots 0, \frac{A_{(1/6)+(k/3)}\,\varrho_1^{(1/6)+(k/3)}}{\psi_1}, 0 \ldots\right) = 0, \tag{3b}$$

$$\begin{gathered} \frac{\partial}{\partial A_{m/3}} R^{-(5/6)-h}\left(0, 0, \ldots 0, \frac{A_{(1/6)+(k/3)}\,\varrho_1^{(1/6)+(k/3)}}{\psi_1}, 0 \ldots\right) = 0 \\ h = 0, 1, 2 \ldots, \qquad k = 0, 1, 2 \ldots, \qquad m = 0, 1, 2 \ldots. \end{gathered} \tag{3c}$$

Bei der Strömung mit der MACH-Zahl 1 überwiegt in der Nähe von 0 der antisymmetrische Ausdruck $\psi_{-5/6}$ über den symmetrischen Ausdruck $\psi_{1/3}$, d. h., je weiter man sich in der Strömungsebene vom Profil entfernt, oder je mehr man sich im Hodographen dem Punkte 0 nähert, um so mehr nähert sich das Strömungsfeld einer in ψ antisymmetrischen Gestalt. Daher ist zu vermuten, daß der nicht vorbestimmte Parameter, der die Abweichungen der Randbedingungen von ihrer antisymmetrischen Form charakterisiert, nach null geht, wenn die Größe ϱ_1 nach null geht, d. h. wenn die Abweichung des Strömungsfeldes von dem Ausgangsströmungsfeld geringer und geringer wird.

Weiterhin gehen mit ϱ_1 alle anderen Argumente der Funktionen R nach null. Wir bestimmen nun für die Ausdrücke $B_{-(1/3)-(h/2)}$ die Glieder der niedrigsten Ordnung in ϱ_1. Man findet für die Koeffizienten $B_{-(5/6)-h}$ die den antisymmetrischen Partikularlösungen zugehören,

$$B_{-(5/6)-h} = \psi_1\,\varrho_1^{(5/6)+h}\,R^{-(5/6)-h}(0, 0, \ldots). \tag{4}$$

Bei den Koeffizienten $B^{-(1/3)-h}$ der symmetrischen Partikularlösungen ist wegen Gl. (3a) eine Entwicklung nach den Parametern p_1 und p_2 notwendig, die anderen Argumente sind klein von höherer Ordnung in ϱ_1. Man erhält dann die Gleichungen

$$\begin{aligned} &B_{-(1/3)-h} = \psi_1\,\varrho_1^{(1/3)+h} \times \\ &\times \left\{p_1 \frac{\partial}{\partial p_1}\left(R^{-(1/3)-h}(0, 0, \ldots)\right) + p_2 \frac{\partial}{\partial p_2}\left(R^{-(1/3)-h}(0, 0, \ldots)\right)\right\}. \end{aligned} \tag{5}$$

Nun ergibt sich aus Gl. IX, 4 (4), unter Beschränkung auf die niedrigsten Potenzen in ϱ_1

$$B_{-5/6} = \alpha_{-5/6}^{-5/6}$$

und

$$B_{-1/3} = \alpha_{-1/3}^{-5/6}.$$

Durch Einsetzen in die Gl. IX, 4 (8) erhält man

$$\alpha_{-5/6}^{-5/6} = \psi_1 \varrho_1^{5/6} R^{-5/6}(0, 0, \ldots) \tag{6}$$

und

$$\alpha_{-1/3}^{-5/6} = \psi_1 \varrho_1^{1/3} \times \times \left\{p_1 \frac{\partial}{\partial p_1} (R^{-1/3}(0, 0, \ldots)) + p_2 \frac{\partial}{\partial p_2} (R^{-1/3}(0, 0, \ldots))\right\}. \tag{7}$$

Wie für ein in ψ antisymmetrisches Strömungsfeld findet man aus Gl. (6) und (4)

$$B_{-(5/6)-h} = \varrho_1^h \alpha_{-5/6}^{-5/6} \frac{R^{-(5/6)-h}(0, 0 \ldots)}{R^{-(5/6)}(0, 0 \ldots)}. \tag{8}$$

In Gl. (7) ist ein Parameter p — sagen wir p_1 — als bekannt zu betrachten. Dann läßt sich unter Benutzung von Gl. (6) der andere Parameter berechnen.

$$p_2 = \varrho_1^{1/2} \frac{R^{-5/6}(0, 0, \ldots)}{\alpha_{-5/6}^{-5/6}} \alpha_{-1/3}^{-5/6} \frac{1}{\frac{\partial}{\partial p_2} (R^{-1/3}(0, 0, \ldots))} - p_1 \frac{\frac{\partial}{\partial p_1} (R^{-1/3}(0, 0, \ldots))}{\frac{\partial}{\partial p_2} (R^{-1/3}(0, 0, \ldots))}.$$

Damit und mit Gl. (6) erhält man aus Gl. (5)

$$B_{-(1/3)-h} = \varrho_1^h \frac{\frac{\partial}{\partial p_2} (R^{-(1/3)-h}(0, 0, \ldots))}{\frac{\partial}{\partial p_2} (R^{-1/3}(0, 0, \ldots))} \alpha_{-1/3}^{-5/6} + \varrho_1^{-(1/2)+h} p_1 \frac{\alpha_{-5/6}^{-5/6}}{R^{-5/6}(0, 0, \ldots)} \left\{\frac{\partial}{\partial p_1} (R^{-(1/3)-h}(0, 0, \ldots) - \frac{\partial}{\partial p_2} (R^{-(1/3)-h}(0, 0, \ldots) \frac{\frac{\partial}{\partial p_1} (R^{-1/3}(0, 0, \ldots)}{\frac{\partial}{\partial p_2} (R^{-1/3}(0, 0, \ldots)}\right\}. \tag{9}$$

Das erste Glied ist durch eine Unsymmetrie des Profils, ausgedrückt durch das Glied $\alpha_{-1/3}^{-5/6}$, verursacht. Das zweite Glied stellt eine Unsymmetrie dar, die durch die Randbedingungen in der Nähe von 0 bewirkt wird, sie drückt sich durch p_1 aus.

Läßt man das zweite Glied außer acht, so erhält man aus Gl. IX, 4 (1) unter Beschränkung auf die Glieder der niedrigsten Ordnung in ϱ_1

$$\psi = \Psi^{-5/6} + \varrho_1 \left[\alpha^{-5/6}_{-5/6} \frac{R^{-11/6}(0,0,\ldots)}{R^{-5/6}(0,0,\ldots)} \Psi^{-11/6} + \right. \tag{10}$$
$$\left. + \alpha^{-5/6}_{-1/3} \frac{\frac{\partial}{\partial p_2}(R^{-4/3}(0,0,\ldots)}{\frac{\partial}{\partial p_2}(R^{-1/3}(0,0,\ldots)} \Psi^{-4/3} \right].$$

Wie diese Formel zeigt, haben die Koeffizienten von $\Psi^{-11/6}$ und $\Psi^{-4/3}$ die gleiche Größenordnung in ϱ_1. Wenn ϱ_1 nicht direkt gegeben ist, kann es mit Hilfe von Gl. (6) aus ψ_1 berechnet werden. Die Abhängigkeit der Korrekturglieder von ϱ_1 ist das wichtigste allgemeine Ergebnis der gegenwärtigen Untersuchungen.

7. Die Entwicklung eines Strömungsfeldes nach der Abweichung einer für die Anströmung charakteristischen Mach-Zahl von 1

Für die beiden Transformationen, mit denen wir in Abschn. V, 7 den Übergang von der exakten Hodographengleichung zur Tricomischen Gleichung vorgenommen haben, ist ϱ_1 in erster Näherung proportional $(M - 1)^3$, wobei M eine Mach-Zahl angibt, die durch ϱ_1 charakterisiert wird. M ist z. B. bei Überschallanströmung die Anström-Mach-Zahl, bei der Strömung im blockierten Windkanal die Blockierungs-Mach-Zahl. Wäre nun die Tricomische Gleichung mit der Hodographengleichung identisch, so folgte daraus, daß die Änderungen des Strömungsfeldes, die durch eine Abweichung dieser charakteristischen Mach-Zahl von 1 entstehen, proportional $(M - 1)^3$ sind. Da jedoch die Tricomische Gleichung nur eine Näherung für die exakte Hodographengleichung ist, können wir zunächst nur schließen, daß dieses Ergebnis dann gilt, wenn die Näherung berechtigt ist, d. h. für kleine Werte des Parameters τ in Gl. V, 7 (3), oder in anderen Worten, für den Grenzfall schlanker Körper.

Tatsächlich besitzt dieses Ergebnis allgemeine Gültigkeit; die Lösungen der Tricomischen Gleichung können nämlich als eine im Punkte 0 gültige Näherungsdarstellung für die Lösungen der exakten Hodographengleichung aufgefaßt werden. Das soll im folgenden näher begründet werden.

Dazu gehen wir auf Gl. V, 7 (2) zurück, wobei die in dem Ansatz Gl. V, 7 (1) auftretende Funktion $h(w)$ außer acht gelassen werden darf; sie erscheint ja als universaler Faktor in allen Partikularlösungen.

Die exakten Lösungen der Gl. V, 7 (2) müssen den auf der rechten Seite stehenden Ausdruck berücksichtigen. Für alle endlichen Werte von η, besonders auch für $\eta = 0$, ist $r(\eta)$ eine reguläre Funktion. Wegen dieses Ausdruckes treten dann in den Lösungen der TRICOMIschen Gleichung Korrekturglieder auf. Insgesamt ergeben sich dann als Partikularlösungen die den Gl. VII, 3 (3) entsprechen, Ausdrücke der Form $\varrho^{-(1/12)+\mu} G(\xi, \mu)\left(1 + O(\eta^2)\right)$. Wiederum bildet man Partikularlösungen der Hodographengleichung, die die Randbedingungen an der Profiloberfläche erfüllen und im Punkte 0 singulär sind. Für jede solche Partikularlösung ist das im Punkte 0 überwiegende Glied dasselbe wie bei der TRICOMIschen Gleichung. Bei der Ableitung der im vorigen Abschnitt gewonnenen Ergebnisse wurden aber nur die in Punkt 0 vorwiegenden Bestandteile benutzt. Somit ist auch für die exakte Hodographengleichung bei einer Entwicklung nach $(M - 1)$ das Glied der niedrigsten Ordnung proportional $(M - 1)^3$.

Geht man von den Ausdrücken Ψ in der Hodographenebene zu den Geschwindigkeitsänderungen in der Strömungsebene über, so sind natürlich auch diese proportional $(M - 1)^3$, wenn man den Ruhedruck (d. h. die Konstante der BERNOULLIschen Gleichung) festhält. Das gleiche gilt von den lokalen Änderungen der MACH-Zahlen und den lokalen Druckänderungen bei festgehaltenem Ruhedruck. Nicht anwendbar ist dieser Schluß für die Druckkoeffizienten. In der üblichen Definition ist

$$c_p = \frac{p - p_\infty}{\frac{1}{2}\varrho_\infty w_\infty^2}.$$

Durch den Index ∞ wird hier der Anströmzustand gekennzeichnet. Hierin ändern sich die Größen, die vom Anströmzustand abhängen, in erster Näherung linear mit $(M - 1)$. Dieser Einfluß überdeckt die Änderungen des Druckes. Dies werde etwas näher verfolgt.

Als Ergebnis der gegenwärtigen Untersuchungen fanden wir

$$\frac{p}{p^*} = \left(\frac{p}{p^*}\right)_{M_\infty = 1} + \frac{\Delta p}{p^*}, \tag{1}$$

wobei

$$\frac{\Delta p}{p^*} = O\left((M_\infty - 1)^3\right). \tag{1a}$$

Es sei c_p^* der Druckkoeffizient, der mit dem Staudruck für die MACH-Zahl 1 gebildet ist.

$$c_p^* = \frac{p - p^*}{\frac{1}{2}\varrho^* w^{*2}}. \tag{2}$$

Ähnliche Bezeichnungen werden später für den Auftriebs- und Widerstandsbeiwert benutzt. Dann ist für eine andere MACH-Zahl

$$c_p = \frac{p - p_\infty}{\frac{1}{2}\varrho_\infty w_\infty^2} = \frac{p - p^*}{\frac{1}{2}\varrho^* w^{*2}} \frac{\varrho^* w^{*2}}{\varrho_\infty w_\infty} - \frac{p_\infty - p^*}{\frac{1}{2}\varrho_\infty w_\infty^2}$$

$$= c_p^* \frac{\varrho^* w^{*2}}{\varrho_\infty w_\infty^2} - \frac{p_\infty - p^*}{\frac{1}{2}\varrho_\infty w_\infty^2}.$$

Entwickelt man diesen Ausdruck nach $M_\infty - 1$, so ergibt sich

$$\begin{aligned} c_p = c_p^* \left\{1 - \frac{2}{\varkappa + 1}(M_\infty - 1) + \frac{5\varkappa + 1}{(\varkappa + 1)^2}(M_\infty - 1)^2\right\} + \\ + \frac{4}{\varkappa + 1}(M_\infty - 1) + \frac{2(3\varkappa + 1)}{(\varkappa + 1)^2}(M_\infty - 1)^2 + O[(M_\infty - 1)^3]. \end{aligned} \tag{3}$$

Hier ist allein das erste und das letzte Glied mit der Druckverteilung am Körper verknüpft. Alle anderen Glieder rühren von der Zustandsänderung im Unendlichen her, die zufolge der Änderung der MACH-Zahl auftritt. Sie fallen heraus, wenn man Kräfte an einem geschlossenen Körper, z. B. den Auftriebs- oder Widerstandsbeiwert bestimmt. Für solche Größen haben die entsprechenden Koeffizienten die Form

$$c_A = c_A^* \left\{1 - \frac{2}{\varkappa + 1}(M_\infty - 1) + \frac{5\varkappa + 1}{(\varkappa + 1)^2}(M_\infty - 1)^2 + O\left((M_\infty - 1)^3\right)\right\}. \tag{4}$$

Eine entsprechende Gleichung gilt für c_W. Die Änderungen erster und zweiter Ordnung in c_A rühren allein von der Definition von c_A her, erst in der dritten Ordnung tritt ein wirklich physikalischer Effekt auf. Vom physikalischen Standpunkte aus ist es hiernach vorzuziehen, wenn man p/p^*, c_p^*, c_A^*, c_W^* oder die lokalen MACH-Zahlen darstellt. Für technische Zwecke wird man natürlich die üblichen Definitionen c_p, c_A und c_W anwenden.

Gelegentlich werden Widerstandsbeiwerte angegeben, die sich nur auf das Vorderteil eines umströmten Körpers beziehen und die als Bezugsdruck den Druck im Unendlichen benutzen. In der Nähe der MACH-Zahl 1 ist dann die überwiegende Änderung durch das Glied $\frac{4}{\varkappa + 1}(M_\infty - 1)$ der Gl. (3) gegeben. Eine solche Darstellung erweckt dann den Eindruck, als ob der Widerstandsbeiwert bei ebenen Strömungen mit der MACH-Zahl anstiege, während er nach Gl. (4) abnimmt.

Die hier gefundene geringe Abhängigkeit des Widerstandsbeiwertes vor der MACHschen Zahl gilt auch für einen Körper mit stumpfen

Hinterende, da der Bodendruck durch die Strömung am Körper bestimmt wird.

Später wird gezeigt werden, daß auch bei achsensymmetrischen Strömungen ähnliche Verhältnisse vorliegen, jedoch ist der Einfluß der MACH-Zahländerung wesentlich stärker, nämlich proportional $(M_\infty - 1)^{5/3}$.*

Durch die bisherigen Betrachtungen haben wir uns ein ziemlich deutliches Bild von Strömungsfeldern in der Nähe der MACH-Zahl 1 verschafft. Was als Nachbarschaft der MACH-Zahl 1 zu bezeichnen ist, hängt von dem Dickenverhältnis des Profils ab. Betrachtet man z. B. die Strömung bei einer Überschall-MACH-Zahl in der Behandlungsweise der vorhergehenden Abschnitte, so muß man voraussetzen, daß die Stoßpolare, die der Anström-MACH-Zahl zugehört, klein ist gegenüber den sonstigen Abmessungen des Hodographenfeldes. Wenn man bei einer festgehaltenen Überschall-MACH-Zahl den Keilwinkel mehr und mehr verkleinert, so trifft schließlich diese Bedingung nicht mehr zu und die eben gezeigten Untersuchungen sind nicht mehr anwendbar.

---

* Unter dem Namen Korrespondenzprinzip wird gelegentlich die folgende Begründung für das eben gefundene Ergebnis gegeben: Die MACH-Zahlen vor und nach einem geraden Stoß weichen in erster Näherung von 1 um den gleichen Wert ab, natürlich ist das Vorzeichen verschieden. Somit liegt ein mit Überschall angeströmter Körper, dem ein abgelöster Stoß vorausgeht, gleichsam in einem Unterschallströmungsfeld. Daraus wird geschlossen, daß eine Strömung mit Überschall recht nahe mit derjenigen Unterschallströmung übereinstimmt, die die nach dem geraden Stoß erreichte MACH-Zahl als Anströmgeschwindigkeit besitzt. Wenn man dann noch annimmt — gewöhnlich stillschweigend — daß die Kurve der lokalen Drücke bei Durchgang durch die MACH-Zahl 1 zweimal differenzierbar ist, so ergibt sich tatsächlich, daß die Kurve der lokalen MACH-Zahlen über der Anströmgeschwindigkeit bei der Anström-MACH-Zahl 1 eine horizontale Tangente besitzt. Als stichhaltig kann dieses Argument nicht betrachtet werden. Unmittelbar nach dem Stoß treten alle Geschwindigkeiten auf, zwischen der des geraden Stoßes bis zu der Anströmgeschwindigkeit. Die Geschwindigkeit des geraden Stoßes ist also nicht wirklich ausgezeichnet. Weiter wissen wir, daß im schallnahen Gebiet sich Störungen besonders in der Querrichtung fortpflanzen; so ist es zweifelhaft, ob die Geschwindigkeit, die stromaufwärts des Modells am Stoße auftritt, für das Strömungsfeld am Körper bestimmend ist. Auch suggeriert die Stoßpolare mit den zugehörigen Stromlinienrichtungen (Abb. 44) keinesfalls als möglichen gemeinsamen Ausgangspunkt der Stromlinien den Punkt, der dem geraden Stoß entspricht, eher schon käme ein Punkt im Innern der Stoßpolaren in Frage. Schließlich ist die Annahme, daß der Durchgang durch die MACHsche Zahl 1 von einer zweimal differenzierbaren Funktion beherrscht wird, durchaus nicht von vornherein wahrscheinlich; man erinnere sich nur daran, daß vor nicht allzu langer Zeit die Existenz einer Strömung mit der MACH-Zahl 1 bezweifelt wurde. Im achsensymmetrischen Falle ist diese Annahme mit Sicherheit falsch.

8. Die Strömung um ein Rhombusprofil in einem blockierten geschlossenen Kanal

Die Strömungsfelder, die in diesem und dem nächsten Abschnitt behandelt werden sollen, besitzen insofern technisches Interesse, als sie den Wandeinfluß bei Windkanalmessungen in der Nähe der MACH-Zahl 1 illustrieren. Die Strömung im geschlossenen Kanal und im Freistrahl mit der MACH-Zahl 1 für ein Rhombusprofil wurde von MARSCHNER berechnet.

Da die Strömungsfelder antisymmetrisch in ψ sind, bedarf es nach den Überlegungen des Abschn. IX, 5 nur der Funktionen $\Psi^{-5/6}$ und $\Psi^{-11/6}$, um in erster Näherung die Änderung der Druckverteilung am Profil zu bestimmen. Das Rechenverfahren, durch das man diese Lösung erhält, wurde bereits in den Abschn. VIII, 4, VIII, 6 und VIII, 8 angegeben. Aus der Berechnung von $\Psi^{-5/6}$ (d. h. der Strömung mit der Anström-MACH-Zahl 1) entnehmen wir den folgenden Wert, der bei der Auswertung der Gl. IX, 5 (2) notwendig ist (s. Gl. VIII, 4 [6])

$$\alpha_{-5/6}^{-5/6} = \frac{L}{2{,}47}\left(\frac{3}{2}\,\theta_0\right)^{4/3}(\varkappa+1)^{-1/3}. \tag{1}$$

Gemäß Gl. IX, 5 (4) braucht man weiterhin die Größen $R^{-5/6}(0, 0\,\ldots)$ und $R^{-11/6}(0, 0, \ldots)$. Die Argumente dieser Funktionen sind null, d. h. es handelt sich hier um die Berechnung des Bestandteiles, der die inhomogenen Randbedingungen in der Nähe des Punktes 0 erfüllt und im Unendlichen der η, ϑ-Ebene verschwindet. Wie am Ende des Abschn. IX, 4 erwähnt wurde, kann man hierbei die Konstanten ψ_1 und ϱ_1 gleich 1 setzen. Welche Randbedingungen im einzelnen zu erfüllen sind, lassen sich aus Abb. 97 und in späteren Beispielen aus den Abb. 98 und 45 ablesen. Im gegenwärtigen Falle ist das Strömungsfeld antisymmetrisch in ψ, d. h. die Punkte P und Q in Abb. 97 fallen zusammen und man erhält so die in Abb. 99 gezeigten Randbedingungen. Aus Abb. 98 ergibt sich wegen der Forderung der Antisymmetrie das in Abb. 96 dargestellte Randwertproblem. Die Bedingungen an einer Stoßpolaren, die man gemäß Abb. 45 zu erfüllen hat, bedürfen keiner Vereinfachung.

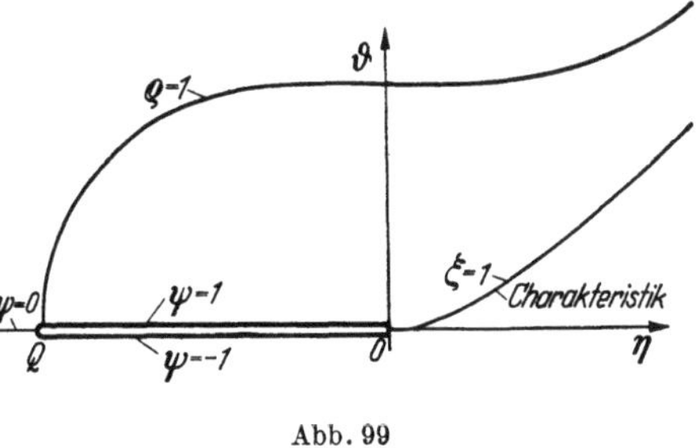

Abb. 99

Um die Randbedingungen für den geschlossenen Kanal explizit zu gewinnen, teilen wir durch die Linie $\varrho = 1$, die durch Punkt Q

geht, das betrachtete Gebiet der η, ϑ-Ebene in zwei Teile (Abb. 99). Zunächst wird ein Ausdruck gewählt, der im Innengebiet die TRICOMIsche Differentialgleichung und die inhomogenen Randbedingungen erfüllt. Hierzu wäre $\psi \equiv 1$ geeignet. Etwas praktischer, weil er für $\xi \to 1$ nach null geht und deshalb manche Konvergenzüberlegungen spart, ist ein Ausdruck $H(\xi)$, der folgendermaßen zu charakterisieren ist: Die Funktion $H(\xi)$ erfüllt Gl. VII, 3 (6b), wenn man darin $\mu = 1/12$ setzt, d. h. man hat

$$\frac{d}{d\xi}\left[(1-\xi^3)^{5/6}\frac{dH}{d\xi}\right] = 0. \tag{2}$$

Sie befriedigt weiterhin die Randbedingungen

$$\begin{aligned} H(-\infty) &= 1, \\ H(1) &= 0. \end{aligned} \tag{2a}$$

Natürlich ist dieser Ausdruck eine Linearkombination der Partikularlösungen $G^{(a)}(\xi, 1/12)$ und $G^{(s)}(\xi, 1/12)$.

Außerhalb der Linie $\varrho = 1$ wird die gewünschte Lösung nur durch die Partikularlösungen $\psi_{-(5/6)-h}$ dargestellt. Innerhalb dieser Linie tritt außer der Funktion H noch ein Ausdruck auf, der die TRICOMIschen Bedingungen erfüllt. Läßt man den Ausdruck $H(\xi)$ außer acht, so kann der verbleibende Teil von ψ (bezeichnet mit $\hat{\psi}$) folgendermaßen charakterisiert werden. Man hat $\hat{\psi} = 0$ für $\xi = -\infty$ und außerdem im Unendlichen der η, ϑ-Ebene. Weiterhin erfüllt $\hat{\psi}$ im Nullpunkt die TRICOMIschen Bedingungen und hat längs $\varrho = 1$ einen Sprung des Funktionswertes der durch $H(\xi)$ gegeben ist. Dieses Problem wurde im Abschn. VII, 13 untersucht. In Gl. VII, 13 (2) muß man setzen

$$\begin{aligned} f_1(\xi) &= H(\xi), \\ f_2(\xi) &= 0. \end{aligned}$$

Wir sind zunächst an der Entwicklung im Außengebiet interessiert. Dort tritt $H(\xi)$ nicht auf und ψ ist identisch mit $\hat{\psi}$. Die Lösung ist unmittelbar durch Gl. VII, 13 (3a) gegeben, wobei die Größe $B^{(a)}$ in Gl. VII, 12 (13b) definiert ist. Man erhält

$$a_h = \left[\frac{3}{\pi}\int\limits_{-\infty}^{1} H(\xi)\left(-\mu_h + \frac{1}{12}\right)\frac{1}{2\mu_h}\,\frac{\tau}{(1-\tau^3)^{7/6}}\,G^{(a)}(\tau, \mu_h)\,d\tau\right] \times$$
$$\times\left[\frac{\Gamma\left(\mu_h + \frac{11}{12}\right)\Gamma\left(\mu_h + \frac{7}{12}\right)\Gamma\left(-\mu_h + \frac{11}{12}\right)\Gamma\left(-\mu_h + \frac{7}{12}\right)}{\Gamma\left(\frac{1}{2}\right)\Gamma(2\mu_h)\,\Gamma\left(\frac{1}{2}\right)\Gamma(-2\mu_h)}\right], \tag{3}$$

wobei

$$\mu_h = h - \frac{1}{4}.$$

Das hier auftretende Integral läßt sich durch partielle Integrationen auswerten, wobei man die Gl. (2) und VII, 3 (6b) benutzt.

$$\int_{-\infty}^{1} H(\xi)\,\frac{\tau}{(1-\tau^3)^{7/6}}\,G^{(a)}(\tau,\,\mu_h)\,d\tau = \frac{1}{6\left(\frac{1}{144}-\mu_h^2\right)}\,.$$

Setzt man dies ein, so erhält man

$$a_h = \frac{2}{\pi\sqrt{3}}\;\frac{\dfrac{\Gamma\left(h+\frac{2}{3}\right)}{\Gamma\left(\frac{2}{3}\right)}\;\dfrac{\Gamma\left(h+\frac{1}{3}\right)}{\Gamma\left(\frac{1}{3}\right)}}{\dfrac{\Gamma\left(h+\frac{5}{6}\right)}{\Gamma\left(\frac{5}{6}\right)}\;\dfrac{\Gamma\left(h+\frac{1}{6}\right)}{\Gamma\left(\frac{1}{6}\right)}}\,.$$

a_1 ist der Koeffizient der Lösung $\psi_{-5/6}$, a_2 der Koeffizient von $\psi_{-11/6}$, d. h. diese Größen stellen die gewünschten Werte R dar

$$R^{-5/6}(0,\,0,\,\ldots) = \frac{16}{5\pi\sqrt{3}} = 0{,}588\,, \tag{4a}$$

$$R^{-11/6}(0,\,0,\,\ldots) = \frac{16}{5\pi\sqrt{3}}\;\frac{\frac{5}{3}\;\frac{4}{4}}{\frac{11}{6}\;\frac{7}{6}} = 0{,}612\,. \tag{4b}$$

Übrigens hängen für die eben betrachteten Randbedingungen die Funktionen R nicht von den Koeffizienten $A_{(1/6)+(h/3)}$ ab, da nämlich die zu den A gehörigen Partikularlösungen nichts zu den Werten von ψ längs der Linie $\xi = -\infty$ beitragen, d. h. die dort vorgeschriebenen Randbedingungen nicht abändern. Für den Keil, bei dem ja keine Linearisierung der Randbedingungen am Bilde des Profils notwendig ist, läßt sich daher die gesamte Lösung ohne Schwierigkeiten angeben, wenn nur die Funktionen $\Psi^{-(5/6)-h}$ bekannt sind.

Mit den eben gefundenen Werten bestimmt man zunächst ϱ_1 aus Gl. IX, 5 (2). Der Parameter ψ_1 ist hier durch den Wert der Stromfunktion an der oberen Windkanalwand gegeben. Ist die Weite des Kanals W, so hat man also

$$\psi_1 = \frac{W}{2}\,.$$

Damit findet man

$$\varrho_1 = \left[\frac{2}{W}\;\frac{\alpha_{-5/6}^{-5/6}}{0{,}588}\right]^{6/5}. \tag{5}$$

Alle in Gl. IX, 5 (4) auftretenden Größen können also als bekannt angesehen werden. Wir gehen sofort über zu den Änderungen der

Druckverteilung längs der Keiloberfläche. Es seien $x^{-5/6}$ und $x^{-11/6}$ die Werte von x, die man für die Lösungen $\Psi^{-5/6}$ und $\Psi^{-11/6}$ längs des Bildes der Keiloberfläche berechnet. Diese Ausdrücke sind natürlich Funktionen von η. Durch Betrachtungen, die ganz analog zu denjenigen sind, die schließlich zu den Gl. VIII, 7 (3) und (4) führten, erhält man dann für die Änderung von η an einer festgehaltenen Stelle der Keiloberfläche

$$\Delta\eta = -\varrho_1 \frac{R^{-11/6}(0,0,\ldots)}{R^{-5/6}(0,0,\ldots)} \left[\frac{\alpha_{-5/6}^{-5/6}\, x^{-11/6}}{\dfrac{\partial x^{-5/6}}{\partial \eta}}\right]_{\text{Profil}}.$$

Die Größe $\alpha_{-5/6}^{-5/6}$, die in der Lösung $\Psi^{-5/6}$ und damit auch in $x^{-5/6}$ als Faktor auftritt, ist durch die Größe des umströmten Körpers bestimmt. Sie muß herausfallen, wenn man x/L als unabhängige Variable wählt. Das ist tatsächlich in dem Ausdruck

$$\left[\frac{\alpha_{-5/6}^{-5/6}\, x^{-11/6}}{\dfrac{\partial x^{-5/6}}{\partial \eta}}\right]$$

der Fall. Weiterhin hängen die Funktionen $\Psi^{-5/6}$ und $\Psi^{-11/6}$, damit auch $x^{-5/6}$ und $x^{-11/6}$ vom Keilwinkel ab. Überlegungen, wie wir sie bei der Darstellung der Ergebnisse des Abschn. VIII, 4 kennenlernten, zeigen, daß in entsprechenden Punkten von Strömungsfeldern, die durch Änderung von θ_0 auseinander hervorgehen, $x^{-5/6}$ proportional $\theta_0^{-4/3}$ und $x^{-11/6}$ proportional $\theta_0^{-10/3}$ ist. In solchen Punkten ist η definitionsgemäß proportional $\theta_0^{2/3}$ und θ proportional θ_0. Deshalb ist der Ausdruck

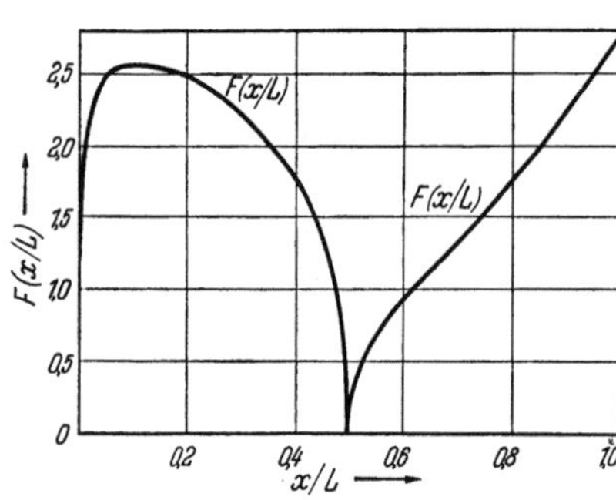

Abb. 100. Funktion $F(x/L)$ für ein Rhombusprofil (nach MARSCHNER)

$$\left[\frac{\alpha_{-5/6}^{-5/6}\, x^{-11/6}}{\dfrac{\partial x^{-5/6}}{\partial \eta}}\right]$$

proportional $\theta_0^{-4/3}$. Er mag in der Form geschrieben werden

$$\frac{\alpha_{-5/6}^{-5/6}\, x^{-11/6}}{\dfrac{\partial x^{-5/6}}{\partial \eta}} = F\left(\frac{x}{L}\right)\left(\frac{3}{2}\,\theta_0\right)^{-4/3}. \tag{6}$$

Die Funktion $F(x/L)$ findet sich in Abb. 100. Man erhält dann

$$\begin{aligned}\Delta\eta &= -\varrho_1 \frac{R^{-11/6}(0,0,\ldots)}{R^{-5/6}(0,0,\ldots)} F\left(\frac{x}{L}\right)\left(\frac{3}{2}\,\theta_0\right)^{-4/3} \\ &= -\varrho_1 \frac{80}{77} F\left(\frac{x}{L}\right)\left(\frac{3}{2}\,\theta_0\right)^{-4/3}\end{aligned} \tag{7}$$

oder wenn man Gl. (1) und (5) einsetzt

$$\Delta\eta = -\left(\frac{L}{W}\right)^{6/5} \theta_0^{4/15}(\varkappa + 1)^{-2/5}\, 1{,}70\, F\left(\frac{x}{L}\right). \tag{8}$$

Für die Änderung des Druckkoeffizienten erhält man nach Gl. V, 7 (23)

$$\Delta c_p^* = -2(\varkappa + 1)^{-1/3}\Delta\eta. \tag{8a}$$

Die Blockierungs-MACH-Zahl ist aus Gl. (5) mit Hilfe von Gl. V, 7 (23) zu bestimmen. Setzt man darin Gl. (1) ein, so ergibt sich

$$1 - M_{\text{Block}} = \left(\frac{L}{W}\right)^{2/5} \theta_0^{8/15}(\varkappa + 1)^{8/15}\, 0{,}705,$$

insbesondere für $\varkappa = 1{,}4$

$$1 - M_{\text{Block}} = \left(\frac{L}{W}\right)^{2/5} \theta_0^{8/15}\, 1{,}127. \tag{9}$$

Man erkennt aus der letzten Gleichung, daß die Blockierungs-MACH-Zahl nicht allein von den Querschnitten die für die Strömung im Kanal zur Verfügung stehen, abhängt, sondern daß dabei auch die Profiltiefe eine Rolle spielt. Der zwischen Keil und der Wand zur Verfügung stehende engste Querschnitt wird nicht voll ausgenutzt, da die Stromlinien nicht senkrecht zu diesem Querschnitt stehen, und da in diesem Querschnitt nicht die maximale Stromdichte herrscht. Daß in Gl. (9) sowohl L als θ_0 nicht mit der Potenz 1/2 auftreten, zeigt, daß für einen hinreichend weiten Kanal, die Blockierungs-MACH-Zahl nicht durch den engsten Querschnitt bestimmt ist.

Später wird die Blockierungs-MACH-Zahl, die bei einem Rhombusprofil auftritt, mit der einer angestellten Platte verglichen. Dazu ist die folgende Formel zweckmäßig. Es sei L_{Schulter}, die Länge des Rhombusprofils von der Schneide bis zur Schulter. Dann ist $L = 2L_{\text{Schulter}}$, und man erhält

$$1 - M_{\text{Block}} = 1{,}488\left(\frac{L_{\text{Schulter}}}{W}\right)^{2/5} \theta_0^{8/15}. \tag{9a}$$

Die Druckverteilung bei der MACH-Zahl 1 wurde in Gl. VIII, 4 (5) geschrieben als

$$c_p = -2(\varkappa + 1)^{-1/3}\theta_0^{2/3}\, g\left(\frac{x}{L}\right).$$

Indem man die eben berechnete Korrektur anbringt, erhält man für die Druckverteilung im blockierten Kanal

$$c_p^* = -2(\varkappa+1)^{-1/3}\theta_0^{2/3}\left\{g\left(\frac{x}{L}\right) - (\varkappa+1)^{-2/5}\, 1{,}70\left(\frac{L}{W}\right)^{6/5}\theta_0^{-2/5}\, F\left(\frac{x}{L}\right)\right\}. \tag{10}$$

Der Vergleich der gestrichelten und der ausgezogenen Kurve in Abb. 85 zeigt die Abweichung, die sich für einen Keil mit 10% Dickenverhältnis in der Druckverteilung ergibt, wenn man das Profil einmal im blockierten Kanal und ein zweites Mal im freien Luftmeer bei der MACH-Zahl 1 mißt. Für dieses Beispiel ist die Profiltiefe 13% der Weite des Kanals. Die Blockierungs-MACH-Zahl ist 0,86. Wie sich dieses Ergebnis mit θ_0 und der Kanalweite ändert, ist aus Gl. (9) und (10) abzulesen. Der relative Fehler in der Druckverteilung ist bei festgehaltener Profiltiefe kleiner für einen Körper mit großem Dickenverhältnis θ_0. Qualitativ wurde dies bereits in Abschn. II, 7 als eine Anwendung des Ähnlichkeitsgesetzes abgeleitet.

Die Untersuchungen zeigen, daß die Blockierungs-MACH-Zahl kein geeignetes Kriterium für die Genauigkeit der Messung ist. Eine Änderung der Blockierungs-MACH-Zahl von 0,9 auf 0,95 reduziert die Abweichungen der Druckverteilungen auf 1/8. Im allgemeinen kann man sagen, daß im blockierten Kanal Meßergebnisse gefunden werden können, die nicht allzusehr von Messungen im freien Luftmeer bei der MACH-Zahl 1 abweichen.

Die Druckverteilung an der Kanalwand [GUDERLEY (*11*)], die für die Auswertung von Versuchen von Interesse sein kann, erfordert die Auswertung der Lösung für das Gebiet $\varrho < 1$ in Abb. 99. Hierzu benutzt man Gl. VII, 13 (10), ϱ_0 ist darin durch ϱ_1 zu ersetzen. Die Funktion I ist gegeben durch Gl. VII, 13 (4), d. h. durch

$$I(\mu_h) = \int_{-\infty}^{1} H(\tau)\left(\mu_h + \frac{1}{12}\right)\frac{\tau}{(1-\tau^3)^{7/6}}\, G^{(a)}(\tau,\mu_h)\, d\tau .$$

Die Auswertung ist ganz ähnlich der von Gl. (3), und man findet

$$I(\mu_h) = -\frac{1}{6}\,\frac{1}{\left(\mu_h - \frac{1}{12}\right)} .$$

Gl. VII, 13 (10) gibt die Lösung des dort behandelten Problems, für den Fall, daß sich längs $\xi = 1$ keine Singularitäten fortpflanzen. Singularitäten sind erkenntlich an dem Charakter der Funktionen f_1 und f_2, die den Sprung längs $\varrho = \varrho_0 = \varrho_1$ angeben, d. h. im gegenwärtigen Falle durch den Charakter von $H(\xi)$. Die Funktion $H(\xi)$ ist nun tatsächlich derart, daß sich eine Singularität längs $\xi = 1$ fortpflanzt, und deshalb tritt dann auch in der zu überlagernden Funktion $\hat{\varphi}$ ein entsprechendes Glied auf. Dieses hebt die Singularität von $H(\xi)$ gerade heraus.

Wir gehen sofort von dem Ausdruck ψ, der sich aus Gl. VII, 13 (10) ergibt, auf x über und erhalten dann unter Benutzung von Gl. VII, 3 (9)

$$x = -\frac{W}{2}(\varkappa+1)^{1/3}\varrho_1^{1/6}\frac{1}{3\pi}\sum_{h=0}^{\infty}\frac{\Gamma\left(\frac{h}{3}+\frac{1}{6}\right)\Gamma\left(\frac{h}{3}+\frac{5}{6}\right)}{\Gamma\left(\frac{h}{3}+\frac{4}{3}\right)\Gamma\left(\frac{h}{3}+\frac{2}{3}\right)}\left(\frac{\varrho}{\varrho_1}\right)^{(1/3)+(h/3)}. \quad (11)$$

ϱ_1 entspricht der Blockierungs-Mach-Zahl. Man findet auf Grund von Gl. V, 7 (11)

$$\frac{\varrho}{\varrho_1} = \left(\frac{1-M}{1-M_{\text{Block}}}\right)^3.$$

Wir führen für die in Gl. (11) auftretende Summe die folgende Bezeichnung ein

$$E\left(\frac{1-M}{1-M_{\text{Block}}}\right) = \sum_{h=0}^{\infty}\frac{\Gamma\left(\frac{h}{3}+\frac{1}{6}\right)\Gamma\left(\frac{h}{3}+\frac{5}{6}\right)}{\Gamma\left(\frac{h}{3}+\frac{4}{3}\right)\Gamma\left(\frac{h}{3}+\frac{2}{3}\right)}\left(\frac{1-M}{1-M_{\text{Block}}}\right)^{1+h}.$$

Die negative inverse Funktion sei

$$-\frac{1-M}{1-M_{\text{Block}}} = \frac{M-1}{1-M_{\text{Block}}} = F(E).$$

Ersetzt man in Gl. (11) die Größe $\varrho_1^{1/6}$ nach Gl. V, 7 (11) durch

$$(1 - M_{\text{Block}})^{1/2}(\varkappa + 1^{-1/3}\, 2^{1/2},$$

so erhält man

$$\frac{M-1}{1-M_{\text{Block}}} = F\left(\frac{x}{W}\, 3\pi\cdot 2^{1/2}(1-M_{\text{Block}})^{-1/2}\right).$$

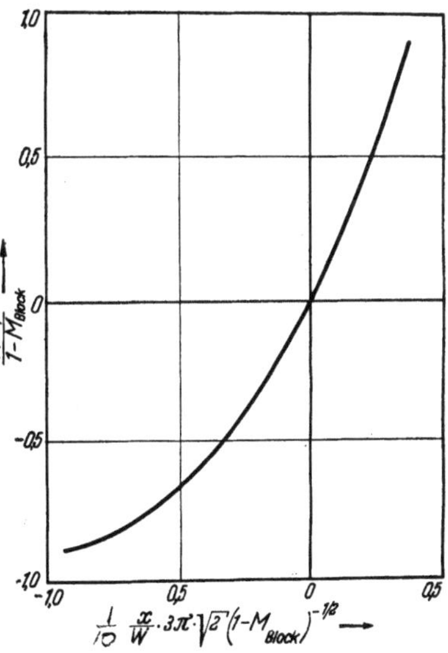

Abb. 101. Druckverteilung an der Wand eines blockierten Kanals (nach Guderley [11])

Dieses Ergebnis findet sich in Abb. 101. Die letzte Gleichung hat als Parameter die Weite des Kanals W und die Blockierungs-Mach-Zahl. Sie gilt in dieser Form (für einen hinreichend weiten Kanal) unabhängig von der Gestalt des Körpers. Für ein Rhombusprofil ist die Blockierungs-Mach-Zahl durch Gl. (9) mit dem Kanal- und den Modellabmessungen verknüpft.

9. Die Strömung um ein Rhombusprofil in einem Freistrahl mit der kritischen Geschwindigkeit und die Strömung im freien Luftmeer bei Überschall

Die Bestimmung der Koeffizienten $R^{-5/6}(0,0\ldots)$ und $R^{-11/6}(0,0,\ldots)$ für einen Freistrahl mit der kritischen Geschwindigkeit führt zu einem Randwertproblem, das bereits in Abschn. VIII, 10 behandelt wurde. Wir haben

$$R^{-5/6}(0,0,\ldots) = \frac{8}{5}\, 2^{-1/3}\pi^{-1} = 0{,}403,$$

$$R^{-11/6}(0,0,\ldots) = \frac{-40}{33}\, 2^{-1/3}\pi^{-1} = 0{,}306.$$

Damit ergibt sich als Gegenstück zu Gl. IX, 8 (10)

$$c_p^* = -2(\varkappa + 1^{-1/3}\,\theta_0^{2/3}\left\{g\left(\frac{x}{L}\right) + (\varkappa+1)^{-2/5}\,1{,}943\left(\frac{L}{W}\right)^{6/5}\theta_0^{-2/5}\,F\left(\frac{x}{L}\right)\right\}.$$

Der Einfluß der Strahlbegrenzung ist etwa 14% größer als für den geschlossenen Kanal und hat das entgegengesetzte Vorzeichen. Vom Standpunkte der Windkanalkorrekturen her gesehen bietet also der Freistrahl keinen Vorteil.

Die Lösung des Problems für eine Anströmung mit Überschallgeschwindigkeit findet sich in einer Arbeit von Guderley [*9*]. Die Konvergenzgrenze für eine unendliche Reihe in den Partikularlösungen $\psi^{-(5/6)-h}$ ist eine Linie $\varrho = \text{const}$. Die Stoßpolare weicht nicht allzuweit von einer solchen Linie ab. Daher liegt es nahe, die Randbedingungen längs der Stoßpolaren direkt durch eine endliche Anzahl von Gliedern $\psi^{-(5/6)-h}$ zu erfüllen. Man könnte zunächst vermuten, daß sich die Genauigkeit durch Erhöhung der Gliederzahl nicht beliebig steigern läßt, aber selbst diese Einschränkung braucht, nach Untersuchungen von Stefan Bergmann, die sich allerdings auf Randbedingungen anderer Art beziehen, nicht zuzutreffen.

Die numerischen Ergebnisse sind nicht sehr befriedigend; selbst mit 8 wählbaren Funktionen ist die Erfüllung der Stoßbedingungen keineswegs gut. Immerhin erscheinen die folgenden Werte als einigermaßen verläßlich

$$R^{-5/6}(0,0,\ldots) = 1\,^*,$$

$$R^{-11/6}(0,0,\ldots) = -1{,}67.$$

Dies führt analog zu Gl. IX, 8 (7) zu dem folgenden Ausdruck

$$\Delta\eta = \varrho_1\,1{,}67\,F\left(\frac{x}{L}\right)\left(\frac{3}{2}\,\theta_0\right)^{-4/3}.$$

---

* Der erste Wert kann vorgegeben werden.

Hierin ist ϱ_1 der Wert ϱ, der durch einen geraden Stoß von der Anströmgeschwindigkeit erreicht wird. Ist η_{I} der Wert η vor dem Stoß, so ist der Wert η nach dem Stoß $-\eta_{\mathrm{I}}$ [Gl. II, 4 (5)] und $\varrho_1 = \eta_{\mathrm{I}}^3$. Ist M_{I} die Anström-Mach-Zahl, so ergibt sich mit Gl. V, 7 (11)

$$\varrho_1 = 8(\varkappa + 1)^{-2}(M - 1)^3$$

und

$$\Delta\eta = 8(\varkappa + 1)^{-2}(M - 1)^3\, 1{,}67\left(\frac{3}{2}\,\theta_0\right)^{-4/3} F\left(\frac{x}{L}\right),$$

$$\Delta c_p^* = -16(\varkappa + 1)^{-7/3}(M - 1)^3\, 1{,}67\left(\frac{3}{2}\,\theta_0\right)^{-4/3} F\left(\frac{x}{L}\right).$$

Da das Vorzeichen des Störgliedes Δc_p^* bei einem Freistrahl mit der kritischen Geschwindigkeit und bei einer Überschall-Mach-Zahl gleich sind, kann die Strömung in einem Freistrahl in dieser Näherung als äquivalent mit der Strömung bei einer Überschall-Mach-Zahl betrachtet werden. Die Zuordnung zwischen den beiden Feldern ist aber nur sehr schwer anschaulich zu machen. Ein Versuch findet sich in (Guderley [*9*]). Dort findet man auch die asymptotische Form der Stoßwelle für Mach-Zahlen nahe an 1.

10. Die flache Platte im blockierten geschlossenen Kanal

Der Wandeinfluß, der sich für einen unsymmetrischen Körper im geschlossenen blockierten Kanal ergibt, kann an dem Beispiel der angestellten Platte illustriert werden (Guderley [*13*]). Abb. 102 zeigt

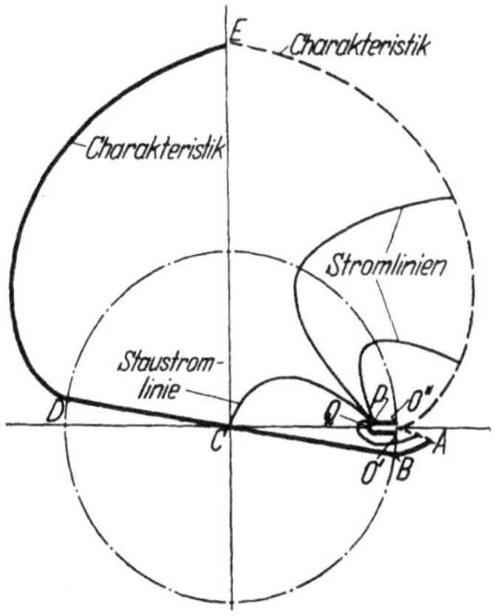

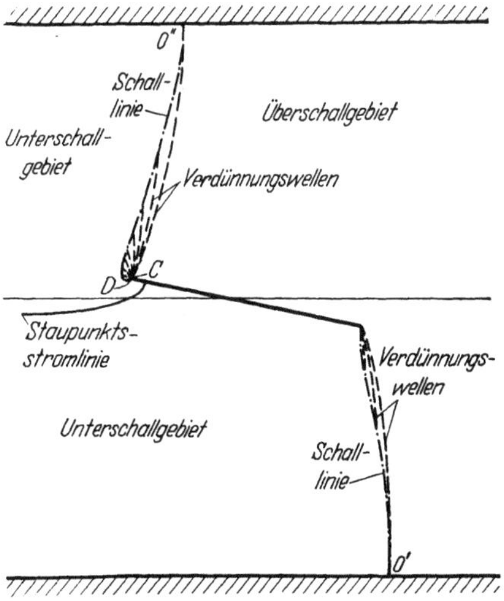

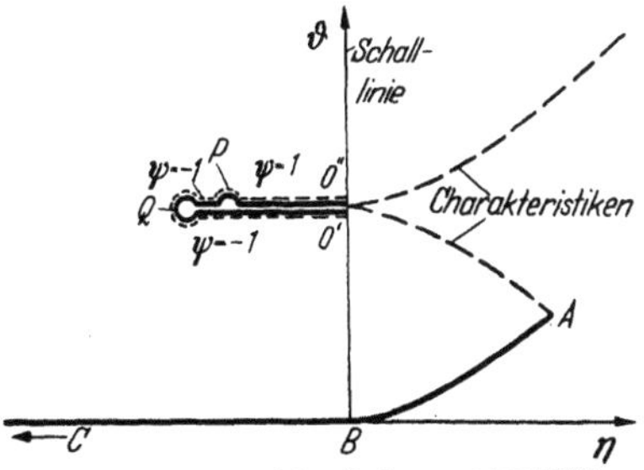

Abb. 102a–c. Strömung über eine angestellte Platte im blockierten Kanal (nach Guderley [*13*])

die Strömungsebene, die Hodographenebene und — für den Grenzfall kleiner Anstellwinkel — das Randwertproblem in der η, ϑ-Ebene. Die Bezeichnungen sind dieselben wie in Abschn. VIII, 9, d. h., Punkt B ist der Ursprung des η, ϑ-Systems, in diesem sind Größen ϱ und ξ definiert. Ein Hilfssystem wird in Punkt 0 gelegt. Die Werte ϑ, gemessen von Punkt 0 aus, werden mit $\bar{\vartheta}$ bezeichnet, die zugehörigen Größen ϱ und ξ tragen die Bezeichnung $\bar{\varrho}$ und $\bar{\xi}$.

Nach Gl. IX, 6 (10) braucht man für die Rechnung außer der Ausgangsströmung $\Psi^{-5/6}$ die Ausdrücke $\Psi^{-4/3}$ und $\Psi^{-11/6}$. Diese wurden bereits in den Gl. VIII, 9 (19) und VIII, 9 (24) angegeben. In dem Ausdruck Gl. IX, 6 (10), den wir auszuwerten haben, treten die Konstanten $\alpha^{-5/6}_{-5/6}$ und $\alpha^{-5/6}_{-1/3}$ auf. Sie findet man in den Gl. VIII, 9 (20)

$$\alpha^{-5/6}_{-5/6} = \left\{(\varkappa + 1)^{1/3} \left(\frac{3}{2}\right)^{4/3} \theta_0^{-1/3}\right\}^{-1} \frac{\Gamma\left(\frac{5}{2}\right)}{\Gamma\left(\frac{5}{6}\right)\Gamma\left(\frac{2}{3}\right)} \frac{8}{9\sqrt{3}} L \varrho_0^{5/6}. \tag{1a}$$

$$\alpha^{-5/6}_{-1/3} = -\left\{(\varkappa + 1)^{1/3} \left(\frac{3}{2}\right)^{4/3} \theta_0^{-1/3}\right\}^{-1} \frac{\Gamma\left(\frac{5}{2}\right)}{\Gamma\left(\frac{5}{6}\right)\Gamma\left(\frac{5}{3}\right)} \frac{19}{18\sqrt{3}} L \varrho_0^{1/3}. \tag{1b}$$

Weiterhin braucht man die Größen $R^{-11/6}(0, 0, \ldots)$, $R^{-5/6}(0, 0, \ldots)$, $\frac{\partial}{\partial p_2} R^{-4/3}(0, 0, \ldots)$ und $\frac{\partial}{\partial p_2} R^{-1/3}(0, 0, \ldots)$; sie ergeben sich aus den Randbedingungen in der Nähe des Punktes 0. Die Konstanten $R^{-11/6}(0, 0, \ldots)$ und $R^{-5/6}(0, 0, \ldots)$ sind die gleichen wie bei einem antisymmetrischen Strömungsfeld, da nämlich die Parameter, die die Abweichung von Antisymmetrie zum Ausdruck bringen, null sind. Sie wurden im Zusammenhang mit der Strömung eines symmetrischen Modells in einem blockierten Kanal gefunden Gl. IX, 8 (4)

$$R^{-5/6}(0, 0, \ldots) = \frac{16}{5\pi\sqrt{3}} = 0{,}588, \tag{2a}$$

$$R^{-11/6}(0, 0, \ldots) = \frac{16}{5\pi\sqrt{3}} \frac{\left(\frac{5}{3}\right)\left(\frac{4}{3}\right)}{\left(\frac{11}{6}\right)\left(\frac{7}{6}\right)} = 0{,}612. \tag{2b}$$

Um die Ausdrücke $\frac{\partial}{\partial p_2} R^{-1/3}$ und $\frac{\partial}{\partial p_2} R^{-4/3}$ zu berechnen, muß man die Unsymmetrie in den Randbedingungen in Betracht ziehen. Sie wird dadurch bewirkt, daß in Abb. 102c Punkt P nicht mit Punkt Q zusammenfällt. Für einen weiten Kanal ist diese Abweichung gering, und ihr Einfluß kann durch das erste Glied eine Entwicklung berücksichtigt werden.

Für die unmittelbare Nachbarschaft des Punktes Q läßt sich die TRICOMIsche Differentialgleichung vereinfachen zu

$$\psi_{\eta\eta} + |\eta_Q| \psi_{\vartheta\vartheta} = 0 .$$

Hier ist η_Q der Wert von η in Punkt Q. Innerhalb des Gebietes, in dem diese Näherung anwendbar ist, erhält man als Darstellung für ψ

$$\psi = 1 - \frac{2}{\pi} \operatorname{Im} \ln \left\{ \sqrt{[\eta + i \bar{\vartheta} |\eta_Q|^{-1/2}] + |\eta_Q|} - \sqrt{|\eta_Q| - |\eta_P|} \right\} . \tag{3}$$

Hier ist η_P der Wert von η in Punkt P. Die zweite Wurzel ist immer positiv, die erste Wurzel ist positiv im Gebiete $O''PQ$ (Abb. 102c). Zwischen O'' und P hat man den Logarithmus einer positiven Zahl zu bilden, der Imaginärteil ist also null. Wenn man um Punkt P längs des in diesem Bilde angegebenen Weges herumgeht, ändert sich das Argument des Ausdruckes, für den der Logarithmus zu bestimmen ist, um π. Deshalb ergibt sich $\psi = 1$ längs $O''P$ und $\psi = -1$ längs PQ. Beim Umlaufen des Punktes Q ändert sich zwar das Vorzeichen der ersten Wurzel, aber noch immer ist der Logarithmus einer negativen Zahl zu bilden, so daß ψ auch weiterhin den Wert -1 behält. Entwickelt man nun Gl. (3) nach $(|\eta_Q| - |\eta_P|)^{1/2}$, so erhält man

$$\begin{aligned} \psi = 1 - \frac{1}{\pi} \operatorname{Im} \log[(\eta + i \bar{\vartheta} |\eta_Q|^{-1/2}) + |\eta_Q|] - \\ - \frac{2}{\pi} \sqrt{|\eta_Q| - |\eta_P|} \operatorname{Im} [(\eta + i \bar{\vartheta} |\eta_Q|^{-1/2} + |\eta_Q|]^{-1/2} . \end{aligned} \tag{4}$$

Hiernach kann in genügender Entfernung von Punkt Q das Verhalten des Ausdruckes Gl. (3) dargestellt werden als Überlagerung einer logarithmischen Singularität, wie sie für antisymmetrische Randbedingungen charakteristisch ist, und eines Ausdruckes, der im Punkte Q einen Verzweigungspunkt zweiter Ordnung besitzt. Die Singularität der antisymmetrischen Randbedingungen war bereits diskutiert worden. Die Lösung, die in Q einen Verzweigungspunkt zweiter Ordnung besitzt, erhält man, indem man in Gl. VIII, 10 (1) $k = 0$ setzt. Der Ausdruck mag in folgender Weise umgeschrieben werden

$$\psi = \left(\frac{\bar{\varrho}}{\bar{\varrho}_Q}\right)^{1/6} \left(\frac{\bar{\varrho}}{\bar{\varrho}_Q} - 1\right)^{-1/2} \sim 3^{-1/2} \left(\frac{\eta}{\eta_Q} - 1\right)^{-1/2} \quad \text{für} \quad \bar{\vartheta} = 0, \ \frac{\eta}{\eta_Q} \sim 1 .$$

Für $\bar{\vartheta} = 0$ und $\frac{\eta}{\eta_Q} > 1$ kann der zweite Teil von Gl. (4) geschrieben werden als

$$- \frac{2}{\pi} \sqrt{\frac{|\eta_Q| - |\eta_P|}{|\eta_Q|}} \left(\frac{\eta}{\eta_Q} - 1\right)^{-1/2} .$$

Wir identifizieren die Größe $-\frac{2}{\pi}\sqrt{\frac{|\eta_Q|-|\eta_P|}{|\eta_Q|}\cdot 3}$ mit dem in Gl. IX, 6 (10) auftretenden Entwicklungsparameter p_2 und setzten $p_1 = 0$; p_1 wäre von null verschieden, wenn sich das Modell nicht in der Mitte des Kanals befände. Dann entspricht der Ausdruck $p_2(\bar{\varrho}/\bar{\varrho}_Q)^{-1/3}[1-(\bar{\varrho}/\bar{\varrho}_Q)^{-1}]^{-1/2}$ dem zweiten Teil von Gl. (4). Indem man diesen Ausdruck nach $(\bar{\varrho}/\bar{\varrho}_Q)^{-1}$ entwickelt und die einzelnen Glieder als Koeffizienten der Partikularlösungen $\Psi^{-(1/3)-h}$ benutzt, erhält man

$$\frac{\partial}{\partial p_2} R^{-1/3}(0, 0, \ldots) = 1. \tag{4a}$$

$$\frac{\partial}{\partial p_2} R^{-4/3}(0, 0, \ldots) = \frac{1}{2}. \tag{4b}$$

Der Parameter ψ_1 ist durch den Wert von ψ längs der Kanalwand gegeben

$$\psi_1 = \frac{W}{2}.$$

Die Größe ϱ_1 der Gl. IX, 6 (10) entspricht jetzt $\bar{\varrho}_Q$.

Damit sind alle Größen bekannt, die zur Anwertung von Gl. IX, 6 (10) notwendig sind. Aus Gl. IX, 6 (6) ergibt sich

$$\varrho_1 = \left[\frac{\alpha_{-5/6}^{-5/6}}{\psi_1}\,\frac{1}{R^{-5/6}(0,0,\ldots)}\right]^{6/5} = \left(\frac{L}{W}\right)^{6/5}(\varkappa+1)^{-2/5}\times$$
$$\times\,\theta_0^{8/5}\left[\frac{5\pi}{9}\,\frac{\Gamma\left(\frac{5}{2}\right)}{\Gamma\left(\frac{5}{6}\right)\Gamma\left(\frac{5}{3}\right)}\right]^{6/5}\left(\frac{3}{2}\right)^{2/5}$$

oder auch

$$\frac{\bar{\varrho}_Q}{\varrho_0} = \left(\frac{L}{W}\right)^{6/5}\theta_0^{-2/5}(\varkappa+1)^{-2/5}\left[\frac{5\pi}{9}\,\frac{\Gamma\left(\frac{5}{2}\right)}{\Gamma\left(\frac{5}{2}\right)\Gamma\left(\frac{5}{3}\right)}\right]^{6/5}\left(\frac{3}{2}\right)^{-8/5}. \tag{5}$$

Man erhält, unter Benutzung von Gl. VIII, 9 (3) den folgenden Ausdruck für die Blockierungs-Mach-Zahl

$$1 - M_{\text{Block}} = \left(\frac{L}{W}\right)^{2/5}\theta_0^{8/15}[\varkappa+1]^{8/15}\left[\frac{5\pi}{9}\,\frac{\Gamma\left(\frac{5}{2}\right)}{\Gamma\left(\frac{5}{6}\right)\Gamma\left(\frac{5}{3}\right)}\right]^{2/5}\frac{1}{2}\left[\frac{3}{2}\right]^{2/15}.$$

Hieraus mit $\varkappa = 1{,}4$

$$1 - M_{\text{Block}} = 1{,}170\,\theta_0^{8/15}\left(\frac{L}{W}\right)^{2/5}. \tag{6}$$

Geht man in Gl. IX, 6 (10) unter Benutzung von Gl. VIII, 9 (25) von ψ zu den Werten x längs der Platte über, so erhält man

$$x = L \frac{\Gamma\left(\frac{5}{2}\right)}{\Gamma\left(\frac{5}{6}\right)\Gamma\left(\frac{5}{3}\right)} \left[3\bar{\bar{x}}^{5/6} + \frac{\bar{\varrho}_Q}{\varrho_0} \frac{8}{9\sqrt{3}} \frac{80}{77} \bar{\bar{x}}^{-11/6} - \frac{19}{36\sqrt{3}} \bar{\bar{x}}^{-4/3}\right].$$

Das erste Glied der Klammer rührt von der Strömung im freien Luftmeer her. Das zweite Glied zeigt den Einfluß der Kanalwände. Bei festgehaltenem x bringt dieses Glied eine Änderung von η oder unter Benutzung der Definition Gl. VIII, 9 (15) von $\bar{\bar{\eta}}$ hervor, die sich durch die Überlegungen des Abschn. VIII, 7 bestimmen läßt. Man erhält

$$\Delta\bar{\bar{\eta}} = -\frac{\bar{\varrho}_Q}{\varrho_0}\left[\frac{8}{9\sqrt{3}} \frac{80}{77} \bar{\bar{x}}^{-11/6} - \frac{19}{36\sqrt{3}} \bar{\bar{x}}^{-4/3}\right]\left[3 \frac{d\bar{\bar{x}}^{-5/6}}{d\bar{\bar{\eta}}}\right]^{-1}.$$

Hieraus unter Benutzung von Gl. VIII, 9 (26)

$$\Delta\bar{\bar{\eta}} = \frac{\bar{\varrho}_Q}{\varrho_0} \bar{\bar{\eta}}\left[\frac{35}{48} + \frac{30}{77} \frac{\bar{\bar{\eta}}^3}{1 - \bar{\bar{\eta}}^3}\right]. \tag{7}$$

In Gl. VIII, 9 (23) wird η ausgedrückt als

$$\eta = \theta_0^{2/3} g\left(\frac{x}{L}\right).$$

Hieraus

$$\bar{\bar{\eta}} = g\left(\frac{x}{L}\right)\left(\frac{3}{2}\right)^{-2/3}.$$

Der gesamte Ausdruck für die Verteilung von η längs der Platte im Kanal ist dann

$$\eta = \theta_0^{2/3} g\left(\frac{x}{L}\right)\left[1 + \frac{\bar{\varrho}_Q}{\varrho_0}\left[\frac{35}{49} + \frac{30}{77}\right] \frac{\frac{4}{9} g\left(\frac{x}{L}\right)^3}{1 - \frac{4}{9} g\left(\frac{x}{L}\right)^3}\right]. \tag{8}$$

Nach den Erfahrungen, die für die Platte bei der MACH-Zahl 1 gewonnen wurden, läßt sich die Druckverteilung auf der Saugseite näherungsweise durch analytische Fortsetzung gewinnen. Man erhält einfach den gleichen Ausdruck, wobei natürlich die Werte $g(x/L)$ für die Saugseite einzusetzen sind.

Die gestrichelte Kurve der Abb. 94 stellt die Druckverteilung für eine Platte im blockierten Kanal dar. Die Länge der Platte ist 0,1 der Kanalweite, der Anstellwinkel ist 0,1 (5,7°). Der Vergleich mit den anderen Kurven dieses Bildes zeigt, daß auch hier der Wandeinfluß ziemlich klein ist.

Der Einfluß von Anstellwinkel und Plattenlänge geht durch die Größe $\bar{\varrho}_Q/\varrho_0$ in die Lösung ein [Gl. (5)]. Daß die Vergrößerung der Plattenlänge den relativen Wandeinfluß verstärkt ist selbstverständlich. Daß eine Verringerung des Anstellwinkels den gleichen Einfluß hat, mag zunächst überraschen, es ist aber eine Folge des Ähnlichkeitsgesetzes.

Der Ausdruck für die Blockierungs-Mach-Zahl hat die gleiche Form wie beim Rhombusprofil im Windkanal [Gl. IX, 8 (9a)]. Sogar die Koeffizienten die in den Gl. IX, 8 (9a) und IX, 10 (6), sind nicht allzusehr voneinander verschieden. Die Randbedingung an der Hinterkante der Platte stimmt auf der Druckseite mit der Randbedingung an der Keilschulter überein. Unterschiede in den Strömungsfeldern ergeben sich aber an der Keilschneide bzw. Vorderkante der Platte.

Guderley [*13*] hat noch gezeigt, daß in der gegenwärtigen Näherung eine Verschiebung der Platte aus der Kanalmitte genau einer Änderung des Anstellwinkels entspricht. Der Effekt selbst ist aber sehr klein.

Allgemein kann man sagen, daß auch bei unsymmetrischen Körpern der Einfluß von Randbedingungen, die in großer Entfernung von dem umströmten Körper angebracht werden, sich in einer einheitlichen Form zeigt. Dieser Einfluß drückt sich durch zwei, durch die Körpergestalt vorbestimmte Funktionen aus. Die Randbedingungen bestimmen die Koeffizienten dieser Funktionen. Wollte man die Messung in einem Kanal mit einer anderen Strömung identifizieren, z. B. mit der Strömung bei einer hohen Unterschall-Mach-Zahl, so müßte man dafür sorgen, daß diese beiden Koeffizienten in den beiden Strömungsfeldern übereinstimmen. Einer der Parameter, die man in der Unterschallströmung anpassen kann, ist die Anström-Mach-Zahl, der zweite ist der Anstellwinkel. Hierbei ist es wichtig, daß die Lösung $\Psi^{-4/3}$ auch bei einem Körper allgemeiner Gestalt den Effekt einer Anstellwinkeländerung angibt (vgl. Abschn. VIII, 8). Hiernach ist in der betrachteten Näherung die Messung im Kanal gleichwertig mit einer Messung im freien Luftmeer bei einer geeigneten Anström-Mach-Zahl und einem geänderten Anstellwinkel.

Diese Überlegungen illustrieren den Einfluß von Störungen, die in größerer Entfernung von einem umströmten Körper angebracht werden, insbesondere den Einfluß von Windkanalwänden. Die Tatsache, daß in den betrachteten Fällen der Wandeinfluß nur gering ist, und daß er in der niedrigsten Näherung nicht von der Art der Randbedingungen abhängt, läßt darauf schließen, daß es auch im schallnahen Gebiete möglich ist, Korrekturen für den Einfluß der Kanalwände anzubringen. Das gilt auch in der Nähe der Blockierungs-

MACH-Zahl und ebenfalls für Windkanäle mit perforierten Wänden. Dieser Gedanke wurde von GUDERLEY [7] näher ausgeführt. Die Korrekturen müssen durch systematische Messungen gefunden werden. Sie würden sich als Zusammenhang zwischen der Wanddruckverteilung und der effektiven MACH-Zahl und dem effektiven Anstellwinkel ergeben. Die Zahl der notwendigen Messungen läßt sich durch Anwendung des Ähnlichkeitsgesetzes verringern. Dies ist möglich, weil hier die Gestalt des umströmten Körpers außer acht gelassen werden darf.

11. Weitere Untersuchungen ebener Strömungsfelder

Wir hatten bereits am Ende des Abschn. IX, 7 erwähnt, daß, wenn der Keilwinkel eines umströmten Körpers, oder allgemeiner gesagt, das Dickenverhältnis bei festgehaltener Anström-MACH-Zahl genügend klein wird, die Untersuchungen der vorhergehenden Abschnitte nicht mehr anwendbar sind. Das braucht aber nicht im Widerspruch zu stehen, mit der Anwendung der für das schallnahe Gebiet vereinfachten Potentialgleichung.

Lösungen des Randwertproblems für solche Fälle stammen von VINCENTI und WAGONER. Das Randwertproblem für einen Keil wurde bereits in Abb. 45 formuliert. Man könnte versuchen, dieses Problem analytisch zu lösen, indem man Partikularlösungen bestimmt, die die Randbedingungen an der Keiloberfläche bestimmen und die für jeweils einen Punkt der Stoßpolaren eine logarithmische Singularität besitzt. Die gesamte Lösung ließe sich dann als eine Verteilung solcher Singularitäten längs der Stoßpolaren darstellen. Die Eigenschaften dieser Singularitäten können wahrscheinlich so eingerichtet werden, daß sich eine Integralgleichung zweiter Art ergibt, die dann numerisch zu lösen wäre.

VINCENTI und WAGONER [*1*] benutzen ein direktes numerisches Verfahren. Dafür wird ein Gitter von Punkten über die η, ϑ-Ebene gelegt und die in der TRICOMIschen Gleichung auftretenden Differentialquotienten durch die Differenzen der Werte der Stromfunktion in den Gitterpunkten angenähert. Da die Ausgangsdifferentialgleichung und die Randbedingungen linear sind, entsteht auf diese Weise ein System von linearen Gleichungen. Die Lösung dieses Systems ist die Hauptschwierigkeit dieses Vorgehens. VINCENTI und WAGONER benutzen hierzu das Relaxationsverfahren. Es hätte wenig Zweck, das Rechenverfahren im einzelnen zu schildern, denn für die praktische Anwendung dieser Methode ist es in jedem Falle zweckmäßig, wenn man auf die Originalarbeit zurückgeht und die mancherlei Kunstgriffe, die sich dabei als nützlich erweisen, kennenlernt.

Abb. 103 zeigt die Größen $\eta/\theta_0^{2/3}$ für ein Rhombusprofil bei verschiedenen Werten der Anström-MACH-Zahl, die durch die zugehörigen Größen $\eta_0/\theta_0^{2/3}$ charakterisiert ist. Natürlich ist es leicht, von hier aus auf die Druckverteilung überzugehen. Die Variable $\eta/\theta_0^{2/3}$, die in diesem Bild dargestellt wird, ist identisch mit der Geschwindigkeitsfunktion ξ die in von VINCENTI und WAGONER eingeführt wurde. Es ist die gleiche Variable, die auch in Abbildung 85 auftritt.

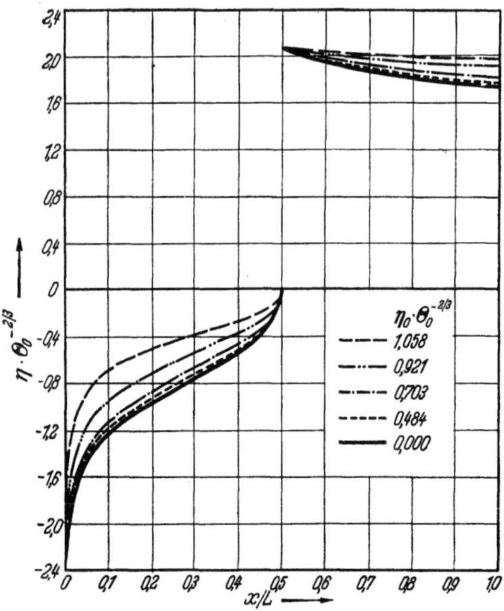

Abb. 103. Verteilung von η für ein Rhombusprofil bei der Schallgeschwindigkeit und bei Überschallanströmung (nach VINCENTI und WAGONER)

η_0 ist der Wert η für die Anströmung; Θ_0 ist der halbe Schneidenwinkel des Keils und gleichzeitig das Dickenverhältnis des Profils

Abb. 104 gibt den Widerstandskoeffizienten für das Rhombusprofil. Aufgetragen ist $c_w(\varkappa + 1)^{1/3}\,\theta_0^{-5/3}$. Um diese Kurve aus den oben angegebenen Resultaten zu erhalten, muß man den Druck durch Gl. V, 7 (11) ausdrücken. Der Staudruck wird hier durch $\varrho^* w^{*2}/2$ dargestellt. Die große Stetigkeit des Durchganges durch die MACH-Zahl 1 ist ganz offensichtlich. Das Ergebnis kann als konsequent betrachtet werden, für sehr dünne Profile, und dementsprechend für MACH-Zahlen, die sehr nahe an 1 liegen. Wie man diese Ergebnisse auf dickere Profile und größere Abweichungen der MACH-Zahl von 1

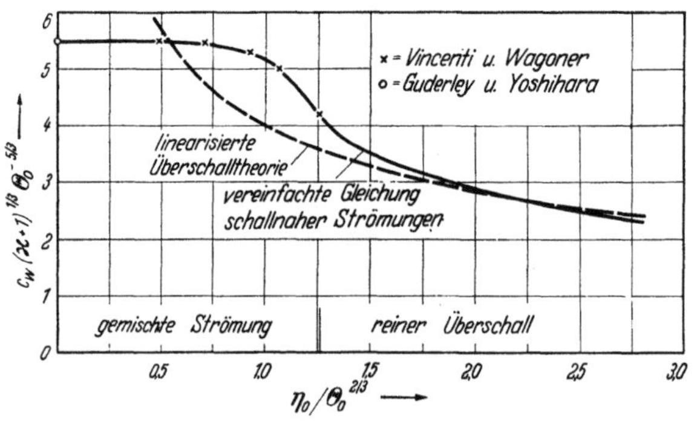

Abb. 104. Widerstandskoeffizient über dem Wert η_0 der Anströmung für ein Rhombusprofil bei Schall- und Überschallgeschwindigkeiten (nach VINCENTI und WAGONER)

Θ_0 ist der halbe Schneidenwinkel des vorderen Keils und gleichzeitig das Dickenverhältnis; η_0 ist der Wert η der Anströmung ausdehnen kann, ist nicht einfach zu sagen. Eine Empfehlung in dieser Hinsicht gibt SPREITER.

Das gleiche Verfahren wurde angewendet, um den Anstellwinkeleinfluß bei Überschall-MACH-Zahlen zu untersuchen. In Abschn. VIII, 7 war der Anstellwinkeleinfluß bei der MACH-Zahl 1 für ein Rhombusprofil untersucht worden. Dabei ergab sich, daß der Wert von $dc_A/d\alpha$

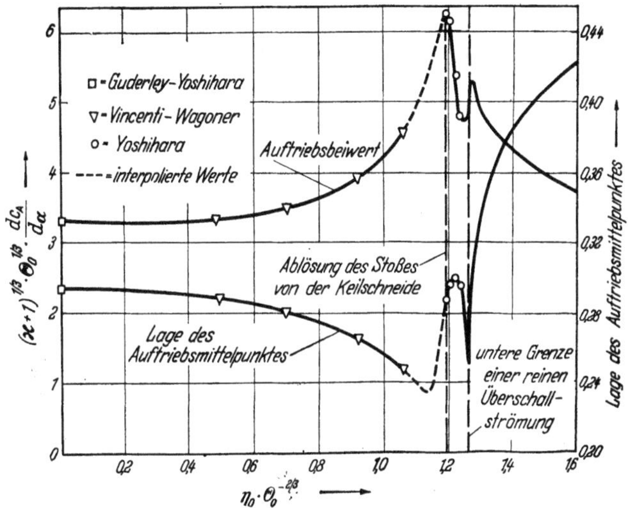

Abb. 105. Auftriebsbeiwert und Lage des Auftriebsmittelpunktes bei Überschall für ein Rhombusprofil (nach VINCENTI, WAGONER und YOSHIHARA)

Θ_0 Halbwinkel des vorderen Keils und Dickenverhältnis; α Anstellwinkel; η_0 Wert η der zur Anströmgeschwindigkeit gehört

bedeutend tiefer liegt als bei einer reinen Überschallströmung. Zwischenpunkte für einen abgelösten Stoß wurden von VINCENTI und WAGONER [2] gefunden (Abb. 105). Diese Werte sind bei kleinen Anstellwinkeln, bei denen keine Strömungsablösung auftritt, auch experimentell verifiziert worden. Daß bei anderen Profilformen ein ähnlich überraschender Verlauf auftritt, ist nicht anzunehmen.

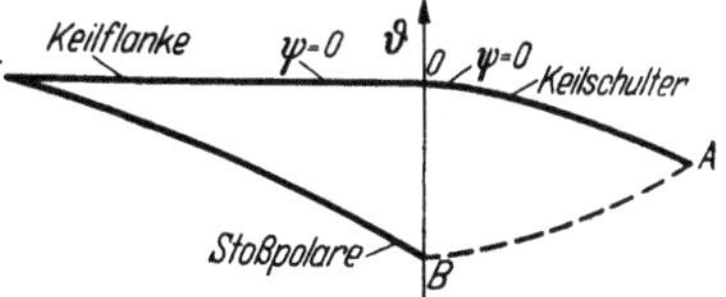

Abb. 106. Hodographenproblem für einen an der Keilschneide anliegenden Stoß

Die Punkte für einen an der Keilschneide anliegenden Stoß, für den aber stromabwärts des Stoßes eine Unterschallgeschwindigkeit herrscht, sind von YOSHIHARA [1] untersucht worden. Hier sind Oberseite und Unterseite des Profils voneinander unabhängig, die Strömungsfelder auf Ober- oder Unterseite sind nur von dem Winkel zwischen Keilflanke und Anströmrichtung abhängig. Das Randwertproblem wurde in Abb. 53 gezeigt, es findet sich nochmals in Abb. 106. YOSHIHARA geht von den Partikularlösungen

$$\psi^{(a)}_{(2/3)+h}$$

aus, die die Randbedingungen längs der Keilflanke OF und längs der Charakteristik OA erfüllen. Durch Überlagerung dieser Partikularlösungen werden dann die Stoßbedingungen näherungsweise befriedigt. Es dürfte schwer sein, mit diesem Verfahren die Genauigkeit der Ergebnisse beliebig zu steigern, für praktische Zwecke scheint aber das Verfahren auszureichen. Durch Differentiation der Ergebnisse nach dem Flankenwinkel erhält man dann den Auftriebsbeiwert. Die Ergebnisse sind in Abb. 105 enthalten.

Auch ein Beispiel für eine Strömung bei einer hohen Unterschallgeschwindigkeit wurde von YOSHIHARA [*3*] angegeben.

Weiterhin ist von VINCENTI, WAGONER, FISHER und NEWMANN die Strömung um die angestellte Platte bei der MACH-Zahl 1 unter Benutzung der exakten Hodographengleichung untersucht worden. Eine solche Behandlung illustriert den Einfluß der Vernachlässigungen, die durch Verwendung der TRICOMIschen Gleichung an Stelle der exakten Hodographengleichung gemacht werden. Das Ergebnis findet sich in Abb. 30.

Man erwartet, daß ebene Strömungsfelder eine Näherung für den Tragflügel großer Seitenverhältnisse ergeben. Die Frage, wie sich mit wachsendem Seitenverhältnis die Druckverteilung in einem Flügelschnitt der Druckverteilung der ebenen Strömung nähert, wird in einer Arbeit von GUDERLEY [*15*] diskutiert. Die Abweichungen von der Druckverteilung der ebenen Strömung sind proportional der Potenz $-1{,}2$ des Seitenverhältnisses. Sie können als Überlagerung einer MACH-Zahländerung, einer Änderung des Druckniveaus und für angestellte Profile einer Änderung des Anstellwinkels gedeutet werden. Aus Raummangel wurden Einzelheiten dieser Untersuchungen hier nicht gebracht.

X. Einzeluntersuchungen, die Partikularlösungen der Form Gl. VII, 3 (3) benutzen

Partikularlösungen der Form Gl. VII, 3 (3) sind gelegentlich für die Diskussion spezieller Fragen nützlich, z. B., wenn man sich mit mathematischen Eigenschaften gemischter Unterschall-Überschall-Strömungen an Hand von Beispielen vertraut machen will. Das kann von erheblicher Bedeutung sein, denn nicht immer ist eine mathematische Theorie vorhanden, die den gewünschten Aufschluß direkt gibt. Untersuchungen dieser Art mögen in diesem Kapitel gezeigt werden.

1. Die Hodographenlösung in einem nicht ausgearteten Punkt der Schallinie

Von einem nicht ausgearteten Punkt der Schallinie ist zu fordern, daß in seiner Nachbarschaft die Hodographenebene einfach überdeckt ist, und daß sich längs der in diesen Punkt einlaufenden Charakteristiken keine Singularitäten fortpflanzen. Wir fragen, in welcher Form dann die Entwicklung der Hodographenlösung in der Nähe eines solchen Punktes erscheint.

Der betrachtete Punkt sei der Nullpunkt des η, ϑ-Systems. Im Abschn. VII, 9 hatten wir die Frage gestellt, nach Partikularlösungen, die längs der Charakteristiken, die durch Punkt 0 gehen, keine Singularität aufweisen. Dabei ergaben sich die „natürlichen" Partikularlösungen $\psi_{h/6}(h = 0, 1, \ldots)$. Hiervon sind die Ausdrücke $\psi_{h/2}$ und $\psi_{(1/3)+(h/2)}$ Polynome in η und ϑ (siehe S. 189). Diese Ausdrücke besitzen naturgemäß eine glatte Fortsetzung durch das zwischen den Charakteristiken EO und HO liegende Gebiet der Abb. 69. Dies sind aber auch die einzigen Partikularlösungen, für die dies zutrifft, und zwar aus dem folgenden Grunde. Die Ausdrücke $\psi_{h/6}$ sind entweder symmetrisch oder antisymmetrisch in bezug auf die η-Achse. Das gleiche gilt dann von der zwischen den Charakteristiken AO und OB liegenden Fortsetzung dieser Ausdrücke. Von dieser Fortsetzung muß man verlangen, daß sie längs der Charakteristiken $\xi = 1$, hinsichtlich der Funktionswerte, mit den Lösungen $\psi_{h/6}$ übereinstimmen. Nun erkennt man aber aus den Gl. VII, 4 (7) und VII, 4 (9), daß Lösungen, die auf dem positiven Teil der η-Achse entweder symmetrisch oder antisymmetrisch sind, für die Werte μ, die hier betrachtet werden, nämlich $\frac{1}{4} + h/2$ immer als Überlagerung der *beiden* Partikularlösungen, die längs $\xi = 1$ möglich sind, erscheinen. Eine von diesen Lösungen ist aber immer singulär. Nach den Untersuchungen des Abschn. VII, 13 läßt sich im Gebiete innerhalb von C' in Abb. 69 jede Lösung durch Überlagerung der Ausdrücke $\psi_{h/6}(h = 0, 1, 2, \ldots)$ darstellen, falls Punkt 0 nicht singulär ist und sich längs der Charakteristiken EO und HO keine Singularitäten fortpflanzen. Die zusätzliche Forderung, daß sich die Lösung zwischen diesen Charakteristiken schließen läßt, ohne daß dabei längs der Charakteristiken Singularitäten auftreten, schließt dann die Ausdrücke $\psi_{(1/6)+(h/2)}$ aus, so daß als einzig möglich die Ausdrücke $\psi_{h/2}$ und $\psi_{1/3+(h/2)}$ bleiben.

Unter diesen Partikularlösungen muß immer der Ausdruck $\psi_{1/3}$ vorhanden sein, alle anderen Lösungen bilden, allein genommen, die Hodographenebene in mehr als ein Blatt der Strömungsebene ab; für sie wird nämlich beim Umlaufen des Punktes 0 y mehr als einmal null. In der Nähe von 0 überwiegt die Lösung mit der niedrigsten Potenz von ϱ und charakterisiert dadurch die Struktur der Strömungsebene.

2. Die Reflexion einer Singularität an der Schallinie

Bekanntlich pflanzt sich im Überschall eine Singularität in den höheren Ableitungen von ψ längs einer Charakteristik fort. Man fragt sich, was geschieht, wenn eine solche Charakteristik die Schallinie erreicht. Wir werden finden, daß die Singularität immer im gleichen Charakter, wenn auch nach recht komplizierten Gesetzen reflektiert wird, und daß nie eine Singularität an der Schallinie verschwinden kann. Dann ist es natürlich auch unmöglich, daß eine Singularität an der Schallinie entsteht (GUDERLEY [3]).

Im vorhergehenden Abschnitt wurden Punkte der Schallinie untersucht, in denen keine Singularitäten auftreten. Es ist nicht zu erwarten, daß durch Auftreten einer Singularität wesentliche Änderungen in der Struktur der Hodographenebene auftreten, d. h., auch wenn man Singularitäten zuläßt, muß man Lösungen konstruieren, die in der Nachbarschaft des Punktes, in dem die singuläre Charakteristik die Schallinie erreicht, die η, ϑ-Ebene einmal voll überdecken.

Längs einer Linie $\xi = 1$ wird jede Lösung $G(\xi, \mu)$ durch eine Überlagerung der Ausdrücke

$$(1-\xi^3)^{(1/12)-\mu} F\left(\frac{1}{12}-\mu, \frac{7}{12}-\mu, 1-2\mu, 1-\xi^3\right) \tag{1a}$$

und

$$(1-\xi^3)^{(1/12)+\mu} F\left(\frac{1}{12}+\mu, \frac{7}{12}+\mu, 1+2\mu, 1-\xi^3\right) \tag{1b}$$

dargestellt. Bis auf eine Änderung des Vorzeichens in dem Faktor, der vor den hypergeometrischen Reihen steht, gilt diese Darstellung sowohl für $\xi < 1$ als für $\xi > 1$.

Die zugehörigen Partikularlösungen $\psi = \varrho^{-(1/12)+\mu} G(\xi, \mu)$ sind dann im wesentlichen die Ausdrücke, die bereits im Abschn. VII, 9 auftraten, d. h.

$$\left(\frac{\eta}{\xi}\right)^{-(1/4)+3\mu} P(1-\xi^3) \tag{2a}$$

und

$$\left(\frac{\eta}{\xi}\right)^{-(1/4)+3\mu} (1-\xi^3)^{2\mu} P(1-\xi^3). \tag{2b}$$

In jedem Punkte der Linie $\xi = 1$, mit Ausnahme des Ursprunges, ist der erste Ausdruck regulär, während der zweite wegen des Faktors $(1-\xi^3)^{2\mu}$ singuläres Verhalten zeigt. (Ganzzahlige oder halbganzzahlige Werte von μ seien zunächst ausgeschlossen.) Die Fortpflanzung einer Singularität wird also durch den Ausdruck Gl. (2b) zum Ausdruck gebracht. Wenn μ negativ ist, geht das zweite Glied nach unendlich, und die untersuchte Charakteristik bildet sich nach dem Unendlichen ab. Das ist natürlich ohne Interesse. Für positives μ ist der Beitrag des Ausdruckes Gl. (2b) zu x und y null, wie man aus Gl. VII, 3 (7) und VII, 3 (8) sieht. Damit sich die Lösung im Gebiete $EDFGH$ der Abb. 69 ohne Lücke in der Strömungsebene an die Lösung im Gebiete EOH anschließt, braucht man nur Übereinstimmung der Darstellungen in den beiden Gebieten hinsichtlich des Ausdruckes Gl. (2a) zu fordern, während die Koeffizienten des Ausdruckes Gl. (2b) beliebig sind und in den Darstellungen für $\xi < 1$ und für $\xi > 1$ nicht übereinzustimmen brauchen.

Zur Berechnung der Reflektionen von Singularitäten an der Schallinie benutzt man mit Vorteil den Gedanken, daß sich jede Lösung in einen symmetrischen und einen antisymmetrischen Teil spalten läßt. Lösungen, die für die Gebiete $-0 < \xi < 1$ oder $1 < \xi < \infty$ symmetrisch oder antisymmetrisch sind, wurden in den Gl. VII, 4 (6) bis VII, 4 (17) angegeben. Um Ausdrücke zu finden, die das ganze Gebiet überdecken, müssen noch diese Lösungen für $\xi = 1$ zur Übereinstimmung gebracht werden. (Natürlich sind symmetrische und antisymmetrische Partikularlösungen getrennt zu behandeln.) Hierzu ist nach dem oben Gesagten nur notwendig, daß der Koeffizient des für $\xi = 1$ regulären Lösungsanteiles für die beiden Gebiete übereinstimmt.

Der Lösungsausdruck, der sich an die Lösung $G^{(a)}$ für $-\infty < \xi < 1$ in dem Gebiete $1 < \xi < \infty$ anschließt, ist dann Gl. VII, 4 (9) multipliziert mit $2\sin[\pi(\mu + 1/4)]$; dann stimmt nämlich der Koeffizient des ersten Gliedes dieser Gleichung mit dem ersten Gliede in Gl. VII, 4 (17d) überein.

Entsprechend hat man als Fortsetzung des für $-\infty < \xi < 1$ definierten Ausdruckes $G^{(s)}$ in dem Gebiete $1 < \xi < \infty$, den durch Gl. VII, 4 (7) gegebenen Ausdruck multipliziert mit $1/2 \sin[\pi(\mu + 3/4)]$.

Es sei α der Koeffizient der längs $\xi = 1$ singulären Partikularlösung in dem Gebiete $\xi < 1$ und β der entsprechende Koeffizient für $\xi > 1$. Als Verhältnis dieser Koeffizienten erhält man für die antisymmetrischen Partikularlösungen

$$\frac{\beta}{\alpha} = -\cot\left[\pi\left(\mu + \frac{1}{4}\right)\right], \tag{3a}$$

für die symmetrischen Partikularlösungen

$$\frac{\beta}{\alpha} = -\cot\left[\pi\left(\mu - \frac{1}{4}\right)\right]. \tag{3b}$$

Jeder andere Fall kann durch eine Linearkombination der eben gefundenen Ausdrücke dargestellt werden.

Diejenige Charakteristik, längs der man sich der Schallinie in einer stromabwärts weisenden Richtung nähert, kann als Träger einer auf die Schallinie zu laufenden Singularität aufgefaßt werden, längs der anderen Charakteristik pflanzt sich dann die „reflektierte" Singularität fort. Man könnte versuchen, eine einlaufende Singularität so zu bestimmen, daß die reflektierte Singularität verschwindet. Dazu wäre es notwendig, daß sich längs der reflektierten Charakteristik die singulären Bestandteile der antisymmetrischen und der symmetrischen Partikularlösungen herausheben, oder in anderen Worten, daß die beiden Verhältnisse Gl. (3a) und (3b) für symmetrische und antisymmetrische Partikularlösungen übereinstimmen. Man überzeugt sich, daß dies wegen des Charakters der cot-Funktion für einen reellen positiven Wert von μ nicht eintreten kann. Eine Singularität kann nie von der Schallinie verschluckt werden und kann deshalb auch nicht dort spontan entstehen.

In den bisherigen Betrachtungen traten auf den beiden Seiten einer Charakteristik singuläre Ausdrücke auf, die im allgemeinen verschiedene Koeffizienten besitzen. Diese Koeffizienten lassen sich aus dem Strömungsfelde bestimmen. Man könnte ψ etwa längs einer Linie $\eta = \text{const}$ nach $(1 - \xi^3)$ entwickeln. Diese Entwicklung wird gemäß der Struktur, die wir für die Lösungen fanden, eine Potenzreihe in $(1 - \xi^3)$ enthalten, die für beide Seiten der Charakteristiken die gleiche ist und die dem Lösungsausdruck Gl. (2a) entspricht und weiter aus einer anderen Potenzreihe multipliziert mit $(1 - \xi^3)^{2\mu}$ auf der einen Seite und mit $(\xi^3 - 1)^{2\mu}$ auf der anderen Seite; für diesen Anteil können die Koeffizienten verschieden sein. Diese Koeffizienten lassen sich aus der Entwicklung von ψ längs einer gegebenen Linie der η, ϑ-Ebene finden.

Dieses Verfahren führt nicht zum Ziel, wenn μ ganzzahlig oder halbganzzahlig ist, denn dann ergibt sich auf beiden Seiten der Charakteristik nur jeweils eine Potenzreihe in $(1 - \xi^3)$. Diese Potenzreihen können in manchen Gliedern voneinander abweichen. Aus diesen Abweichungen ergibt sich die Differenz der Koeffizienten, die für andere Werte von μ singulär waren, aber nicht die Koeffizienten selbst. Es handelt sich gerade um den interessanten Fall, daß sich ein Krümmungssprung oder ein Sprung in den höheren Ableitungen der Stromliniengestalt sich längs einer Charakteristik fortpflanzt. Dieser Fall stellt auch in anderer Hinsicht eine Ausnahme dar. Da das dritte Argument in der ersten hypergeometrischen Reihe, die etwa in Gl. VII, 4 (7) auftritt, eine negative ganze Zahl ist, versagt in diesem Falle die Lösungsdarstellung durch eine hypergeometrische Reihe. In der Lösung tritt die zweite hypergeometrische Reihe multipliziert mit $\ln(1 - \xi^3)$ auf. Wenn die auf die Schallinie zulaufende Singularität nur durch den Sprung einer der höheren Ableitungen charakterisiert ist, aber kein logarithmisches Glied enthält, kann die Lösung für $\xi < 1$ und für $\xi > 1$ nur durch

$$(1 - \xi^3)^{+(1/12)+\mu} F\left(\frac{1}{12} + \mu, \frac{7}{12} + \mu, 1 + 2\mu, (1 - \xi^3)\right)$$

dargestellt werden, wobei die Koeffizienten dieses Ausdruckes für $\xi < 1$ und für $\xi > 1$ verschieden sein werden. Nur die Differenz dieser Koeffizienten ist gegeben. Die Lösung wird voll dadurch bestimmt, daß längs der reflektierten Charakteristik sich die Lösung in die Strömungsebene schließen muß. Längs der reflektierten Charakteristik treten dann logarithmische Glieder auf, es tritt also ein Wechsel in dem Charakter der Singularität bei der Reflektion auf. Weitere Reflektionen ergeben aber keine neuen Komplikationen.

Eine notwendige Bedingung für die Brauchbarkeit solcher Lösungen ist, daß sie überall im Strömungsfeld auch längs der Charakteristik $\xi = 1$ eine negative Funktionaldeterminante besitzen. Die Beziehungen des Abschn. VII, 8 geben Kriterien für ihr Vorzeichen. Es ergibt sich allgemein, daß für $\mu > 1/2$ die Funktionaldeterminante längs $\xi = 1$ positiv ist. Solche Lösungen allein genommen, sind physikalisch uninteressant. Dagegen haben sie Bedeutung, wenn man sie der Lösung für $\mu = 5/12$, d. i. $\psi = \eta$ überlagert, diese ist im Punkte 0 regulär und überwiegt über den singulären Ausdruck.

Liegt μ zwischen 5/12 und 1/2 und überlagert man diese Lösung dem Ausdruck $\psi = \eta$, so ist das Vorzeichen der Funktionaldeterminante von der Koeffizienten der singulären Lösungsanteile abhängig. Natürlich sind nur solche Lösungen von Interesse, bei denen längs der nach der Schallinie zulaufenden Charakteristiken keine Rückkehrkante auftritt, andernfalls wäre das Strömungsfeld von vornherein unmöglich. Untersuchungen von GUDERLEY [3] zeigen, daß selbst mit dieser Einschränkung in den reflektierten Wellen Rückkehrkanten auftreten können. Das bedeutet, daß ein Stoß in der Strömungsebene durch Reflexion einer zunächst harmlosen Singularität an der Schalllinie entstehen kann.

Man wird die Frage stellen, wie sich die hier betrachteten Singularitäten in der Strömungsebene auswirken, z. B. wie sie die Stromliniengestalt beeinflussen. Nach den bisherigen Überlegungen wird eine Lösung, bei der sich längs der Charakteristik $\xi = 1$ eine Singularität fortpflanzt, im wesentlichen dargestellt durch

$$\psi = \text{const}\,\eta + \eta^{-(1/4)+3\mu} \times$$
$$\times \{a_0 + a_1 \varDelta\xi + a_2 \varDelta\xi^2 + \cdots + \varDelta\xi^{2\mu}(b_0 + b_1 \varDelta\xi + b_2 \varDelta\xi^2 + \cdots)\},$$

wobei

$$\varDelta\xi = \xi - 1. \tag{4}$$

Hierin stammt das erste Glied von der in 0 überwiegenden Lösung, die keine Singularitäten besitzt. Die weiteren Glieder rühren von der mit Singularitäten behafteten Partikularlösung her. Auch dieser Lösungsanteil enthält ein Glied, das für $\xi = 1$ keine Singularität besitzt, der wichtige Ausdruck ist der zweite Teil der geschweiften Klammer. Es würde nichts ändern, wenn man zu diesen Ausdrücken weitere „glatte" Lösungen überlagert. Längs einer Stromlinie ist $\psi = \text{const}$. Dann läßt sich aus der letzten Gleichung η als Funktion von $\varDelta\xi$ in Form einer Reihe berechnen.

$$\eta = \eta_0 + c_1 \varDelta\xi + c_2 \varDelta\xi^2 + \cdots + c_\nu \varDelta\xi^\nu + c'_\nu \varDelta\xi^{2\mu} +$$
$$+ c_{\nu+1} \varDelta\xi^{\nu+1} + c'_{\nu+1} \varDelta\xi^{2\mu+1} + \cdots.$$

Hierin sind η_0 und $c_1, c_2 \ldots c'_\nu \ldots$ geeignete Konstante, die $c_1, c_2 \ldots$ ergeben sich aus den nicht-singulären Lösungsanteilen, die mit einem Apostroph versehenen Größen c rühren von dem singulären Lösungsanteil her; ν ist die größte ganze Zahl, die kleiner als 2μ ist.

Weiter drücken wir mit Hilfe von Gl. VII, 3 (2) ϑ als Funktion von η aus:

$$\vartheta = \frac{2}{3}\left(\frac{\eta}{\xi}\right)^{3/2}.$$

Mit geeigneten Konstanten ϑ_0, $d_1, d_2 \ldots$ erhält man dann

$$\vartheta = \vartheta_0 + d_1 \varDelta\xi + \cdots + d_\nu \varDelta\xi^\nu + d'_\nu \varDelta\xi^{2\mu} +$$
$$+ d_{\nu+1} \varDelta\xi^{\nu+1} + d'_{\nu+1} \varDelta\xi^{2\mu+1} + \cdots. \tag{5}$$

Die x-Koordinate kann mit Hilfe von Gl. VII, 3 (9) als Funktion von $\varDelta\xi$ ausgedrückt werden. Unter Einführung neuer Konstanten x_0, e_1, $e_2 \ldots e_\nu \ldots e'_\nu$ ergibt sich

$$x = x_0 + e_1 \varDelta\xi + \cdots + e_\nu \varDelta\xi^\nu + e'_\nu \varDelta\xi^{2\mu} +$$
$$+ e_{\nu+1} \varDelta\xi^{\nu+1} + e'_{\nu+1} \varDelta\xi^{2\mu+1} + \cdots. \tag{6}$$

Dieser Ausdruck kann nach $\varDelta\xi$ aufgelöst werden, und man findet für $\nu \geqq 1$

$$\varDelta\xi = g_1 \varDelta x + \cdots + g_\nu \varDelta x^\nu + g'_\nu \varDelta x^{2\mu} + \cdots, \tag{7a}$$

für $\nu = 0$

$$\Delta\xi = \left(\frac{\Delta x}{e_0'}\right)^{\frac{1}{2\mu}}\left(1 - \frac{e_1}{2\mu}(e_0')^{-\frac{1}{2\mu}}\Delta x^{\frac{1-2\mu}{2\mu}} + \cdots\right). \tag{7b}$$

Der zweite Fall tritt ein, wenn in der Nähe von $\xi = 1$ der singuläre Ausdruck überwiegt. Setzt man die letzten Gleichungen in Gl. (5) ein, so erhält man

für $\nu \geqq 1$

$$\vartheta = \vartheta_0 + d_1 g_1 \Delta x + \cdots + (d_\nu' g_1^{2\mu} + d_1 g_\nu')\Delta x^{2\mu} + \cdots, \tag{8a}$$

für $\nu = 0$

$$\vartheta = \vartheta_0 + \frac{d_0'}{e_0'} - \frac{d_0'}{e_0'} e_1 \left(\frac{\Delta x}{e_0'}\right)^{1/2\mu} + \cdots. \tag{8b}$$

ϑ ist die Neigung der Stromlinie. Es sei $\tilde{y}$ die Abweichung einer gegebenen Stromlinie von einer Linie $y = \text{const}$.

$$\frac{d\tilde{y}}{dx} = \vartheta.$$

So ergibt sich

für $\nu \geqq 1$

$$\tilde{y} = \tilde{y}_0 + \vartheta_0 x + \frac{1}{2} d_1 g_1 \Delta x^2 + \cdots + (d_\nu' g_1^{2\mu} + d_1 g_\nu')\frac{\Delta x^{2\mu+1}}{2\mu+1}, \tag{9a}$$

für $\nu = 0$

$$\tilde{y} = \tilde{y}_0 + \theta_0 x + \frac{1}{2}\frac{d_0'}{e_0'}\Delta x^2 - \frac{d_0'}{e_0'}\frac{e_1}{(e_0')^{1/2\mu}}\frac{2\mu}{2\mu+1}\Delta x^{\frac{2\mu}{2\mu+1}} + \cdots. \tag{9b}$$

Im allgemeinen ist μ eine nicht-ganze Zahl; die Glieder, die $\Delta x^{2\mu+1}$ oder $\Delta x^{\frac{2\mu}{2\mu+1}}$ enthalten, zeigen wie die Singularität der Hodographenebene in der Stromliniengestalt zum Ausdruck kommt. Im Gültigkeitsbereich der ersten Gleichung nimmt mit abnehmenden μ auch die Potenz von Δx, die in der Beschreibung der Singularität auftritt, ab. Für $\mu < \frac{1}{2}$ gilt die zweite Gleichung, und mit abnehmendem μ wächst die Potenz des Ausdruckes, der die Singularität beschreibt. Für $\mu = \frac{1}{2}$ ergeben beide Ausdrücke die gleiche Potenz, nämlich einen Sprung der Krümmung. Dies stellt, wie erwähnt, einen Ausnahmefall dar, bei der längs der reflektierten Welle ein logarithmisches Glied auftritt. Nun ergibt sich durch Diskussionen in der Strömungsebene, daß die stärkste Singularität, die sich dort längs einer Charakteristik fortpflanzen kann, ein Krümmungssprung ist, d. h. ohne weitere

Diskussion kann man wegen der logarithmischen Singularität erwarten, daß dann von der Schallinie ein Stoß ausgeht.

Schreibt man die Singularität in der Randstromlinie und damit auch den Exponenten der singulären Lösung vor, so ergeben sich zwei Werte μ für die Darstellung der Hodographenlösung. Zur Erklärung dieser Mehrdeutigkeit erinnern wir uns an die Konstruktion von Überschallströmungen mit Hilfe des Charakteristikenverfahrens (Abschn. I, 7). Dort hatten wir Größen λ und μ eingeführt. In der gegenwärtigen Näherung wird λ, abgesehen von dem Faktor $180/\pi$, ausgedrückt durch

$$\lambda = \eta^{3/2} \frac{1}{3} (\xi^{-3/2} - 1).$$

Für kleine Werte von $\Delta\xi$ ergibt sich

$$\lambda = -\frac{1}{2} \eta^{3/2} \Delta\xi.$$

Damit erhält man aus Gl. (7a)

$$\lambda = -\frac{1}{2} \eta_0^{3/2} g_1 \Delta x$$

und entsprechend aus Gl. (7b)

$$\lambda = -\frac{1}{2} \eta_0^{3/2} \left(\frac{\Delta x}{e_0'}\right)^{1/2\mu}.$$

Die Dichte der Machschen Wellen pro Längeneinheit der Stromlinie ist dann

$$\frac{d\lambda}{dx} = -\frac{1}{2} \eta_0^{3/2} g_1$$

bzw.

$$\frac{d\lambda}{dx} = -\frac{1}{2} \eta_0^{3/2} (e_0')^{-\frac{1}{2\mu}} \frac{1}{2\mu} \Delta x^{\frac{1-2\mu}{2\mu}}.$$

Für die unmittelbare Nachbarschaft der singulären Charakteristik ist der erste Ausdruck endlich und von null verschieden, der zweite Ausdruck ist null, da in diesem Fall $\mu < \frac{1}{2}$ ist.

Damit gelangt man zu der folgenden Vorstellung von den Eigenschaften des Strömungsfeldes: Wir fanden, daß in einem Überschallgebiet, das in Unterschall eingebettet ist, die nach der Schallinie hinlaufenden Wellen Verdünnungswellen und die von ihr zurücklaufenden Wellen Verdichtungswellen sind. Die Wand muß eine solche Krümmung besitzen, daß sie die von der Schallinie herkommenden Verdichtungswellen in Verdünnungswellen verwandelt. Wir betrachten nun eine Wand, deren Tangentenrichtung und Krümmung zwar stetig sind, die aber in einem Punkt eine Unstetigkeit in Gliedern höherer Ordnung aufweist. Diese Wand möge in verschiedenen Strömungsfeldern auftreten, so daß in der Nachbarschaft des singulären Punktes die Dichte der von der Schallinie herrührenden Wellen verschiedene Werte annehmen kann. Ist die Dichte der ankommenden Kompressionswellen nicht allzu groß, dann ist die Dichte der von der Wand ausgehenden Verdünnungswellen von null verschieden. Man erhält dann die Lösung für $\mu > 1/2$. Ist die Dichte der von der Schallinie kommenden Verdichtungswellen gerade so groß, daß in dem singulären Punkte die Dichte der ausgesandten Verdünnungswellen null wird, dann entsteht der Fall $\mu < 1/2$. Wird die Dichte der ankommenden Wellen noch größer, dann werden von der Wand Kompressionswellen reflektiert; diese laufen bereits vor Erreichen der Schallinie zusammen und bilden einen Stoß, so daß es dann in der Nähe der Schallinie nicht mehr eine Lösung der hier beschriebenen Art gibt. Wie oben erwähnt wurde, ist es bereits bei den Singularitäten für $\mu < \frac{1}{2}$ möglich, daß bei der Reflexion an der Schallinie Rückkehrkanten und damit Stöße auftreten.

3. Die Strömung im engsten Querschnitt einer Laval-Düse

Wir haben bereits ein Beispiel für die Strömung im engsten Querschnitt einer LAVAL-Düse kennengelernt. Dort begann die Entwicklung der Geschwindigkeitsverteilung längs der Düsenachse mit einem in x-linearem Glied. Man kann fragen, ob es für diese Wahl der Geschwindigkeitsverteilung eine physikalische Begründung gibt[1] (GUDERLEY [*3*]). Wir beschränken uns auf Düsen, die in bezug auf die x-Achse symmetrisch sind. Dann ist der Ausdruck für die Stromfunktion antisymmetrisch in bezug auf $\vartheta = 0 (\xi = -\infty)$, und das Glied der niedrigsten Ordnung in ϱ wird im Hodographen dargestellt durch

$$\psi = \varrho^{-(1/2)+\mu} G^{(a)}(\xi, \mu).$$

Natürlich muß ψ im Punkte 0 endlich, d. h. $\mu > 1/12$ sein. Das Verhalten solcher Lösungen längs der x-Achse ist gegeben durch

$$\eta = \text{const} (\Delta x)^{\frac{1}{(1/2)+3\mu}}$$

und Gl. VII, 4 (17) ergibt die Darstellung der Lösung für die Charakteristik $\xi = 1$. Die Anwendung des Kriterium Gl. VII, 8 (5d) zeigt

[1] Diese Frage wurde von TOLLMIEN aufgeworfen.

dann, daß für $\mu > 1/6$ die Lösungen unmöglich sind. $\mu = 1/6$ ist die Lösung, die wir früher kennenlernten. Lösungen für $\mu < 1/6$ sind auch möglich, für sie ist jedoch die MACHsche Welle, die die Schalllinie in der Düsenmitte erreicht, Träger einer Singularität in einer der höheren Ableitungen.

Hier läßt sich die folgende Deutung geben. Wäre $\mu > 1/6$, so fiele längs der Düsenachse der Druck stärker ab, als es einer linearen Funktion entspricht, d. h. in dem Punkt, in dem die Düsenachse die Schalllinie schneidet, hätte die Geschwindigkeitsverteilung eine vertikale Tangente. Um einen solchen Druckabfall zu erzeugen, wäre es notwendig, eine sehr starke Expansion auf die Strömung einwirken zu lassen. Selbst die stärkste Wandkrümmung wäre hierfür nicht ausreichend, sondern man müßte innerhalb der Strömung Expansionswellen erzeugen, die auseinander hervorgehen. In der Rechnung drückt sich das durch das Auftreten einer Rückkehrkante aus. Das Rückkehrkanten so gedeutet werden können, wurde in Abschn. V, 3 erwähnt. Natürlich sind solche Strömungsfelder physikalisch unmöglich.

Soll dagegen der Druckabfall langsamer als linear, d. h. im Schnittpunkt der Schallinie mit der Düsenachse mit horizontaler Tangente, erfolgen, so muß man dafür sorgen, daß die Dichte der nach der Schalllinie gehenden Expansionswellen nach null geht, wenn man sich der Grenzcharakteristik nähert. Dies erfordert eine speziell geformte Düsenwand. Somit ist der Druckverlauf, der in der Nähe der Grenzcharakteristik linear ist, der einzige, der sich ohne Kunstgriffe in der Strömung einstellt.

Zu dem Ausdruck $\psi_{1/6}$, der hiernach als natürlich erscheint, können natürlich Partikularlösungen $\psi_{(1/6)+(h/3)}$ überlagert werden. Falls sich keine Singularitäten längs der Grenzcharakteristik fortpflanzen, ergibt sich dadurch nach Abschn. VII, 13 eine vollständige Darstellung der Hodographenlösung in der Nähe des Punktes 0. Singularitäten würden durch weitere Partikularlösungen $\psi^{(a)}$ ausgedrückt.

Wenn man die Berechnung einer LAVAL-Düse in der Strömungsebene für die vollständige Potentialgleichung, etwa mit Hilfe einer Reihenentwicklung durchführt, so beginnt man gewöhnlich mit einer linearen Geschwindigkeitsverteilung längs der Achse. Man erhält dadurch eine Lösung für das Strömungsfeld, die dem Ausdruck $\psi_{1/6}$ entspricht. Es wird sich bei einer solchen Berechnung zeigen, daß weitere Parameter wählbar sind, nämlich die Koeffizienten der TAYLOR-Entwicklung der Geschwindigkeit längs der Achse. Das Gegenstück dieser Parameter im Hodographen sind die Koeffizienten der Partikularlösungen $\psi_{(1/6)+(h/3)}$. Damit wird verständlich, wie in der Strömungsebene die Anpassung an weitere Randbedingungen, die stromaufwärts des engsten Querschnittes vorgegeben sind, zum Ausdruck kommt, und weiter erkennt man, daß die Reihenentwicklung der Lösung, die man durch die Annahme eines linearen Geschwindigkeitsverlaufes erhält, tatsächlich den in der Nähe des engsten Querschnittes vorliegenden Lösungsanteil darstellt.

Bei allen diesen Untersuchungen wurde absichtlich das Gebiet stromabwärts der Grenzcharakteristik außer acht gelassen, weil sich nämlich dort die Strömung automatisch mit Hilfe der Charakteristikenmethode ergibt. Dazu muß natürlich der weitere Verlauf der Kontur bekannt sein. Ist dies die analytische Fortsetzung der Kontur stromaufwärts der Grenzcharakteristik, so kann man natürlich im Hodographen einfach die Fortsetzung der Partikularlösungen $\psi_{(1/6)+(h/3)}$ über die Grenzcharakteristik $\xi = 1$ hinaus benutzen. Wegen der Eigenschaften der Partikularlösungen $\psi_{(1/6)+h}$ findet man dann automatisch die zu erwartende dreifache Überdeckung der Hodographenebene.

Untersuchungen ähnlicher Art lassen sich natürlich auch für andere an der Schallinie auftretenden Singularitäten durchführen. Es seien etwa die Punkte B und C in Abb. 48 erwähnt.

4. Diskussion von speziellen Randwertproblemen der Tricomischen Gleichung

Die Theorie der Randwertprobleme für die Tricomische Gleichung ist nicht so weit entwickelt, wie man es vom Standpunkt der Anwendungen her wünschte. Daher ist es recht willkommen, daß man mit Hilfe von Partikularlösungen spezielle Randwertprobleme behandeln und die Lösbarkeitsbedingungen sowie die Eigenschaften der Lösungen untersuchen kann (Guderley [5]). Natürlich können solche Überlegungen die erforderlichen Beweise nicht ersetzen.

Die Gebiete, für die die bisher behandelten Partikularlösungen mit Vorteil herangezogen werden können, besitzen Berandungen, die durch Linien $\xi = \text{const}$ und $\varrho = \text{const}$ gegeben sind, man wird z. B. häufig ein dreieckförmiges Gebiet betrachten, daß durch eine Linie $\varrho = \text{const} = \varrho_0$ und zwei Linien $\xi = \text{const} = c_1$ und $\xi = \text{const} = c_2$ berandet wird. Die Randbedingungen können von erster oder von zweier Art sein.

Bei Randbedingungen der ersten Art ist ψ längs der Kontur vorgeschrieben. Überträgt man die Randbedingungen der zweiten Art [Gl. V, 11 (12)] auf das ϱ, ξ-System, so erhält man

$$9\varrho^{7/6}\varphi_\varrho \frac{\xi}{(1-\xi^3)^{7/6}} + \varphi_\xi \frac{(1-\xi^3)^{5/6}}{\varrho^{5/6}} \frac{d\varrho}{d\xi} = F_5\left[\varrho^{-1/2}(1-\xi^3)^{-1/2}\frac{d\varrho}{d\xi} + \varrho^{1/2}\frac{3\xi^2}{(1-\xi^3)^{3/2}}\right]. \tag{1}$$

Hierin ist F_5 die rechte Seite von Gl. V, 11 (12). Wenn man unter Benutzung von Gl. VII, 3 (5a) ähnliche Integrationen durchführt, wie sie im Zusammenhang mit Gl. V, 11 (11) auftraten, so ergibt sich gerade die linke Seite der letzten Gleichung.

Nach Gl. (1) ist durch die Randbedingungen der zweiten Art längs einer Linie $\xi = \text{const}$ der Wert von φ_ξ, längs einer Linie $\varrho = \text{const}$ der Wert von φ_ϱ vorgeschrieben. Prinzipiell bereitet es keine Schwierigkeiten, wenn längs der berandenden Linien $\xi = c_1$ und $\xi = c_2$ die Randwerte von null verschieden sind, der Einfachheit halber wird ihnen hier aber immer der Wert null erteilt.

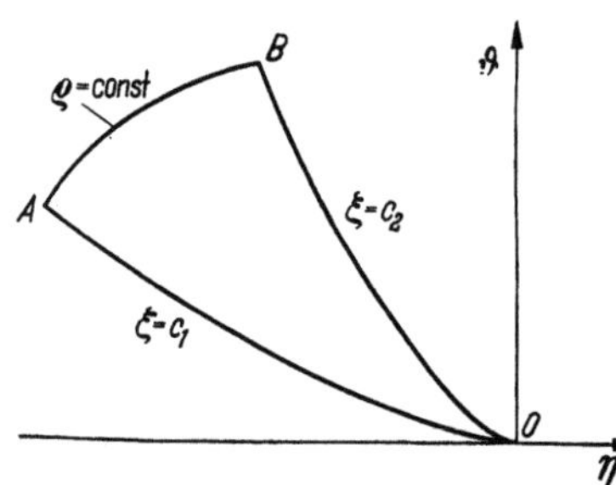

Abb. 107. Unterschallrandwertproblem (nach GUDERLEY [5])

Liegen c_1 und c_2 im Unterschallgebiet $(c_1 < c_2 < 0)$ Abb. 107, so hat man ein rein elliptisches Randwertproblem vor sich. Je nachdem, ob für $\xi = c_1$ und $\xi = c_2$ die Randbedingung der ersten oder der zweiten gegeben ist, schreibt man dort entweder $G = 0$ oder $G' = 0$ vor und Art definiert damit Systeme von Funktionen G durch Eigenwertprobleme. Da in diesem Falle das Vorzeichen des Koeffizienten von G in Gl. VII, 3 (6b) immer negativ ist, besitzt dieses Eigenwertproblem nur positive Eigenwerte μ^2. Längs der Linie ϱ, die einen Teil der Berandung bildet, kann man entweder ψ oder ψ_ϱ vorschreiben. Es sei für $\varrho = \varrho_0$ entweder

$$\psi = f_1(\xi)$$

oder

$$\psi_\varrho = f_2(\xi).$$

Mit den Bezeichnungen des Abschn. VII, 9 kann die Lösung in der Form geschrieben werden

$$\psi = \sum_{h=1}^{\infty} a_h \, \varrho^{-(1/12) + \sqrt{\lambda_h}} G_h(\xi).$$

Die Randbedingungen längs $\varrho = \varrho_0$ ergeben entweder

$$\sum_{k=1}^{\infty} a_h \, \varrho_0^{-(1/12) + \sqrt{\lambda_h}} G_h(\xi) = f_1(\xi)$$

oder

$$\sum_{k=1}^{\infty} a_h \left(-\frac{1}{12} + \sqrt{\lambda_h}\right) \varrho_0^{-(13/12) + \sqrt{\lambda_h}} G_h(\xi) = f_2(\xi).$$

Hieraus ergibt sich mit Hilfe der Orthogonalitätsrelationen Gl. VII, 9 (7a) und VII 9 (8), die auch gelten, wenn man als untere Grenze der Integrale c_1 an Stelle von $-\infty$ setzt

$$a_h = \left[\int_{c_1}^{c_2} \frac{\xi}{(1-\xi^3)^{7/6}} f_1(\xi)\, G_h(\xi)\, d\xi\right] \left[C_h\, \varrho_0^{-(1/12)+\sqrt{\lambda_h}}\right]^{-1}$$

oder

$$a_h = \left[\int_{c_1}^{c_2} \frac{\xi}{(1-\xi^3)^{7/6}} f_2(\xi)\, G_h(\xi)\, d\xi\right] \left[C_h\, \varrho_0^{-(13/12)+\sqrt{\lambda_h}} \left(-\frac{1}{12} + \sqrt{\lambda_h}\right)\right]^{-1}.$$

Die Funktionen G_h unterscheiden sich natürlich je nach den Randbedingungen, die für $\xi = c_1$ und $\xi = c_2$ vorgeschrieben sind. Ist die Randbedingung $\frac{dG}{d\xi} = 0$ längs $\xi = c_1$ und $\xi = c_2$ vorgeschrieben, so ist einer der Eigenwerte $\sqrt{\lambda} = \frac{1}{12}$, und die zugehörige Eigenfunktion ist $G = 1$. Die zugehörigen Partikularlösungen sind

$$\psi = 1$$

und

$$\psi = \varrho^{-1/6}.$$

Ist längs $\varrho = \varrho_0$ der Wert von ψ vorgeschrieben, so bereitet dies keine Schwierigkeiten. Ist dagegen ψ_ϱ gegeben, so gibt die Partikularlösungen $\psi = 1$, die im Nullpunkt regulär ist, keinen Beitrag zu ψ_ϱ. Deshalb steht in diesem Falle zur Erfüllung der längs $\varrho = \varrho_0$ vorgeschriebenen Bedingungen nicht mehr das ganze Orthogonalsystem zur Verfügung, es fehlt die Funktion $G = 1$; die Randbedingungen der zweiten Art können nur erfüllt werden, wenn das Integral

$$\int_{c_1}^{c_2} f_2(\xi) \frac{\xi}{(1-\xi^3)^{7/6}}\, d\xi = 0$$

ist. Es ist dies in anderer Form die Bedingung Gl. V, 11 (11), die wir früher bei der Besprechung des Randwertproblems der zweiten Art aufgestellt hatten.

Es ist nicht möglich, längs der Linie $\varrho = \varrho_0$ sowohl ψ als auch ψ_ϱ willkürlich vorzuschreiben. Zwar könnte man den Lösungsansatz

$$\psi = \sum_{h=1}^{\infty} \left(a_h\, \varrho^{-(1/12)+\sqrt{\lambda_h}} + b_h\, \varrho^{-(1/12)-\sqrt{\lambda_h}}\right) G_h(\xi)$$

machen und die Koeffizienten a_h und b_h formal berechnen. Da jedoch die Partikularlösungen $\varrho^{-(1/12)-\sqrt{\lambda_h}}$ nach unendlich gehen, wenn man sich dem Punkte 0 nähert, und zwar um so stärker, je größer λ_h ist, kann diese Reihe nur dann konvergieren, wenn die Koeffizienten genügend rasch abnehmen. Im allgemeinen kann dies nicht erwartet werden. (Vgl. S. 24.)

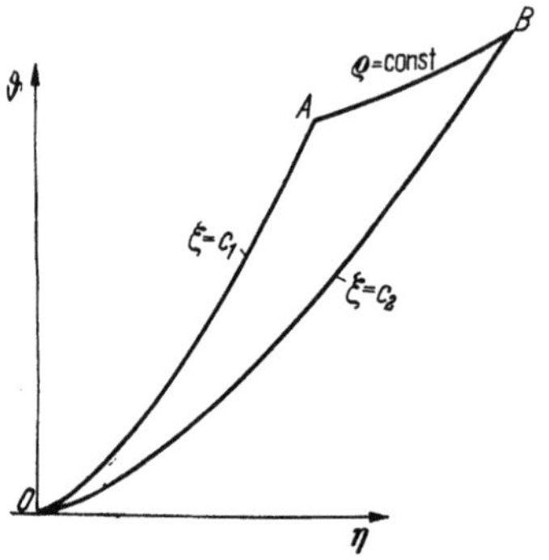

Abb. 108. Überschallrandwertproblem (nach GUDERLEY [5])

Als nächstes betrachten wir ein hyperbolisches Randwertproblem $(0 < c_1 < c_2 < 1)$. Es ist sachgemäß formuliert, wenn man es mit der Charakteristikenmethode lösen kann. Das ist aber der Fall, wenn man längs $\varrho = \varrho_0$ sowohl ψ als auch ψ_ϱ vorgibt:

$$\psi = f_1(\xi),$$
$$\psi_\varrho = f_2(\xi)$$

und wenn man längs der Linien $\xi = c_1$ und $\xi = c_2$ entweder $\psi = 0$ oder $\psi_\xi = 0$ vorschreibt. Wieder hat man ein klassisches Eigenwertproblem für die G, das ein vollständiges Orthogonalsystem bestimmt. Nach Abschn. VII, 9 ist hier $\lambda < 1/12$. Der Lösungsansatz

$$\psi = \varrho^{-1/12} \sum_{h=1}^{\infty} \left\{a_h \cos\left[\sqrt{-\lambda_h} \log\varrho\right] + b_h \sin\left[\sqrt{-\lambda_h} \log\varrho\right]\right\} G_{-h}(\xi) \quad (2)$$

benutzt das volle System der Partikularlösungen, die mit den Eigenfunktionen gebildet werden können. Da diese Funktionen längs einer Linie $\xi = \text{const}$ bis auf einen Faktor $\varrho^{-1/12}$ trigonometrische Funktionen von $\ln\varrho$ sind, treten die Konvergenzschwierigkeiten, die wir beim Unterschallproblem fanden, nicht auf. Die Koeffizienten a_h und b_h können ohne Schwierigkeiten mit Hilfe der Orthogonalitätsrelationen berechnet werden.

Bemerkenswert ist hier der Faktor $\varrho^{-1/12}$, der bei jeder einzelnen Partikularlösung auftritt. Seinetwegen gehen alle Partikularlösungen im Nullpunkt nach unendlich. Man fragt sich, ob dies auch von der gesamten Lösung gilt. Für spezielle Fälle, in denen die Summen in Gl. (2) nur eine endliche Gliederzahl enthalten, ist das sofort einzusehen, da sich wegen der Orthogonalität die einzelnen Ausdrücke nicht gegenseitig aufheben können.

Für allgemeinere Fälle kann man folgendermaßen schließen. Längs jeder Linie $\varrho = \text{const}$ läßt sich eine gegebene Lösung ψ durch eine Überlagerung der Eigenfunktionen G darstellen, und zwar werden die Koeffizienten der Eigenfunktionen mit Hilfe der Orthogonalitätsrelationen gefunden. Sie werden durch Integrale dargestellt, die die Werte von ψ längs der betrachteten Linie $\varrho = \text{const}$ und jeweils eine der Funktionen G enthalten. Ist ψ beschränkt und $c_2 < 1$, so sind diese Integrale beschränkt, d. h. die oben erwähnten Koeffizienten der Funktionen G sind dann beschränkt. Nun zeigt aber die Lösung Gl. (2), die ja auch längs jeder Linie $\varrho = \text{const}$ eine Entwicklung von ψ nach G darstellt, daß die Koeffizienten von G in der Nachbarschaft von $\varrho = 0$ nicht beschränkt sind. Daraus folgt, daß die ursprüngliche Annahme, daß ψ in der Nähe von 0 beschränkt ist, nicht zutrifft.

Bei dieser Überlegung mußte die Annahme gemacht werden, daß c_2 kleiner als 1 ist. Der Fall $c_2 = 1$ ist insofern eine Ausnahme, als es für ihn bei der Konstruktion mit der Charakteristikenmethode unsachgemäß wäre, eine Randbedingung längs $\xi = c_2 = 1$ vorzuschreiben.

Zu einem tieferen Verständnis des Grenzüberganges $c_2 \to 1$ wird man durch das Beispiel der Abb. 109 geführt. Längs der Schallinie sei $\psi = 0$ vorgeschrieben, und weiterhin sei ψ längs der Charakteristik AC gegeben. Damit ist, wie man mit Hilfe des Charakteristikenverfahrens einsieht, die Lösung in dem Gebiete ACD bestimmt. Falls die Randwerte ψ im Punkte C keine Singularität aufweisen, ist die Lösung in Punkt D nicht singulär, denn Punkt C ist nicht vor den anderen

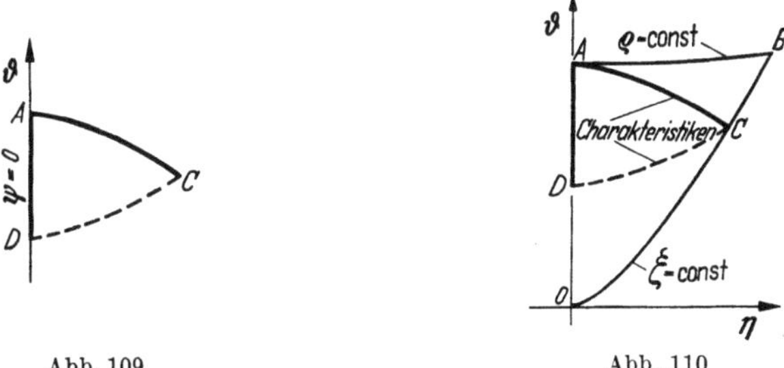

Abb. 109 Abb. 110

Punkten der Charakteristik AC ausgezeichnet. Wir wollen jetzt der Einfachheit halber annehmen, daß ψ im Punkte C den Wert null annimmt. Dann läßt sich die Lösung auch durch die folgende Rechnung gewinnen. Wir wählen in Abb. 110 auf der Schallinie unterhalb von D den Nullpunkt des η, ϑ-Systems und ziehen durch Punkt C eine Linie $\xi = \text{const}$ und durch Punkt A eine Linie $\varrho = \text{const}$. Längs der Linie OCB schreiben wir $\psi = 0$ vor. Man kann nun im Gebiete ACB eine Funktion konstruieren, die die Tricomische Gleichung erfüllt, die längs AC die vorgeschriebenen Werte ψ annimmt und die längs CB $\psi = 0$ hat. Diese Funktion und ihre Ableitung nach ϱ nehmen längs AB gewisse Werte an, die mit $f_1(\xi)$ und $f_2(\xi)$ bezeichnet werden mögen. Konstruiert man nun umgekehrt mit Hilfe des in dem vorigen Beispiel angegebenen Verfahrens eine Lösung, die längs AB $\psi = f_1(\xi)$ und $\psi_\varrho = f_2(\xi)$ hat und die die Randbedingung $\psi = 0$ längs AD und OB erfüllt, so stimmt sie wegen der Eindeutigkeit dieser Randwertprobleme in dem Gebiete ABC mit der eben durch die Charakteristikenmethode gefundenen Lösung überein. Sie nimmt deshalb längs AC die ursprünglich vorgeschriebenen Werte ψ an. Weiter erfüllt sie längs $\xi = 0$ die ursprüngliche Randbedingung $\psi = 0$ und stellt somit in dem Gebiete ADC die gewünschte Lösung dar, die durch die längs AD und AC gegebenen Daten bestimmt ist. Diese Lösung ist sicher nicht identisch null längs DC, da sie sonst wegen der längs AD vorgeschriebenen Randbedingung $\psi = 0$ im ganzen Gebiete ADC identisch verschwände.

Diese Verhältnisse bleiben ungeändert, wenn man Punkt 0 nach D rücken läßt; insbesondere bleibt die Lösung in dem Gebiete ACD immer die gleiche. In jedem Falle wächst in der Nähe des Punktes 0 der Wert von ψ über alle Grenzen, und weiter findet in dem Dreieck DCO der Abfall von den Werten ψ, die sich längs DC ergeben, zu dem Werte null längs OC ab. Rückt O in D hinein, so hat man dann einen Sprung von ψ, der ähnlich wie in Abschn. V, 10 als verlorene Lösung gedeutet werden kann. So erklärt es sich, daß die längs $\xi = c_2$ vorgeschriebenen Randwerte im Grenzfalle $c_2 \to 1$ ohne Einfluß auf die Lösung bleibt. Den wirklichen Charakter der Lösung zeigen die Umformungen, die in Abschn. VII, 13 gezeigt wurden.

Diese Betrachtungen stellen eine Vorbereitung für das gemischte Randwertproblem dar; besonders interessiert der Fall, daß, im Gegensatz zu dem Tricomischen Problem, die Kontur im Überschallgebiet geschlossen ist. Die Kontur sei im Unterschallgebiet durch eine Linie $\varrho = \text{const} = \varrho_0$ und eine Linie $\xi = c_1 = -\infty$ gegeben (Abbildung 111). Im Überschallgebiet werde sie durch eine Linie $\xi = c_2$ und eine der Charakteristiken, die durch den Schnittpunkt der Linie $\varrho = \varrho_0$ mit der Schallinie geht, dargestellt.

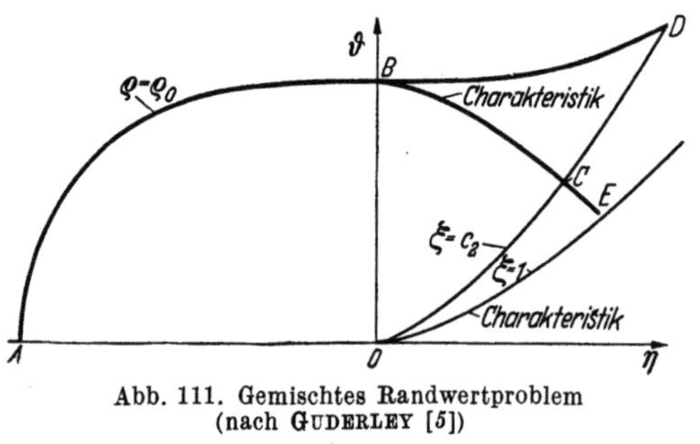

Abb. 111. Gemischtes Randwertproblem (nach Guderley [5])

Längs der Linien $\xi = c_1 = -\infty$ und $\xi = c_2$ sei $\psi = 0$ vorgeschrieben, längs des Linienzuges ABC ist ψ gegeben. Die Betrachtungen bleiben in fast allen Einzelheiten die gleichen für das Randwertproblem der zweiten Art. Die Formulierung dieses Problems weicht insofern von der von TRICOMI ab, als die Berandung nicht die Lücke aufweist, die für das TRICOMIsche Problem charakteristisch ist. Man wird vermuten, daß dieses Problem nur dann eine Lösung besitzt, wenn man gewisse Bedingungen, die den TRICOMIschen Lösungen auferlegt wurden, außer acht läßt. Wir werden sehen, daß man es in einem der Schnittpunkte mit der Schallinie zulassen muß, daß die Lösung in einer definierten Weise singulär wird.

Um ein Randwertproblem zu erhalten, bei dem die Kontur nur durch Linien $\xi = \text{const}$ und $\varrho = \text{const}$ dargestellt wird, verlängern wir die Linie $\varrho = \varrho_0$ in das Überschallgebiet bis zum Schnitt mit der Linie $\xi = c_2$. Es wird angenommen, daß ψ im Punkte C null ist. Längs CD schreiben wir $\psi = 0$ vor. Dann läßt sich (ähnlich wie im vorhergehenden Beispiel) in dem Gebiete BCD die Funktion ψ aus den Werten, die längs der Charakteristik BC und der Linie CD vorgeschrieben sind, konstruieren, und die Randbedingung längs BC kann durch Angabe der Werte von ψ und ψ_ϱ längs BD, die bei dieser Konstruktion erhalten wurden und durch die Bedingung $\psi = 0$ längs CD ersetzt werden. Für die Lösung machen wir den folgenden Ansatz

$$\psi = \sum_{h=1}^{\infty} a_h \left(\frac{\varrho}{\varrho_0}\right)^{-(1/12)+\sqrt{\lambda_h}} G_h(\xi) +$$

$$+ \sum_{h=1}^{\infty} \left(\frac{\varrho}{\varrho_0}\right)^{-1/12} \left(b_h \sin\left[\sqrt{-\lambda_h}\ln\frac{\varrho}{\varrho_0}\right] + c_h \cos\left[\sqrt{-\lambda_h}\ln\frac{\varrho}{\varrho_0}\right]\right) G_{-h}(\xi),$$

er enthält sämtliche Partikularlösungen, die sich für die negativen Eigenwerte ergeben und diejenigen Partikularlösungen für die positiven Eigenwerte, die in Punkt 0 zu null gehen. Wenn eine Lösung dieses Problems, die im Nullpunkt nicht stärker als $\varrho^{-1/12}$ nach unendlich geht, überhaupt existiert, so muß sie nach Abschn. VII, 10 diese Form haben. Die Partikularlösungen $\left(\frac{\varrho}{\varrho_0}\right)^{-(1/12)+\sqrt{\lambda_h}} G_h(\xi)$ und $\left(\frac{\varrho}{\varrho_0}\right)^{-1/12} \cos\left[\sqrt{-\lambda_h}\ln\left(\frac{\varrho}{\varrho_0}\right)\right] G_{-h}(\xi)$ nehmen für $\varrho = \varrho_0$ gerade die Form $G_h(\xi)$ und $G_{-h}(\xi)$ an, so daß zur Erfüllung der dort vorgeschriebenen Randbedingung für ψ ein vollständiges Orthogonalsystem zur Verfügung steht. Mit Hilfe der Orthogonalitätsrelationen Gl. VII, 9 (7a) lassen sich explizite Ausdrücke für die Koeffizienten a_h und c_h angeben. Die Koeffizienten b_h müssen nun so gewählt werden, daß die für $0 < \xi < c_2$

längs $\varrho = \varrho_0$ vorgeschriebenen Werte ψ_ϱ richtig dargestellt werden. Hierzu ist kein einfaches Verfahren bekannt; man könnte etwa die Randbedingungen punktweise erfüllen oder die Koeffizienten b_h so wählen, daß der mittlere Fehler, den man in der Erfüllung der Randbedingungen erhält, zu einem Minimum gemacht wird. Wichtig ist in jedem Falle folgendes: Wie sich auch immer die Koeffizienten b_h ergeben, die Tatsache, daß die Koeffizienten c_h im allgemeinen von null verschieden sind, genügt, um zu zeigen, daß die Lösungen im Punkte 0 nach unendlich gehen müssen. Man benutzt dazu die Schlußweise, die bei dem Überschallbeispiel angewendet wurde.

Dieses Beispiel zeigt, was man zu erwarten hat, wenn ein Randwertproblem „unsachgemäß“, d. h. mit einer in Überschall geschlossenen Kontur formuliert wird. Die Bedeutung dieser Frage liegt darin, daß für eine Unterschallströmung, die ein eingebettetes Überschallgebiet aufweist, das physikalische Randwertproblem eine solche mathematisch unsachgemäße Form hat. Es ist dies eine Frage von erheblichem theoretischen Interesse, die zwar nach Meinung des Verfassers entschieden ist, über die sich aber eine einheitliche Auffassung noch nicht überall durchgesetzt hat. Die Grundgedanken, auch in physikalischer Beleuchtung finden sich in einem Artikel von GUDERLEY [*10*]. Ein neuer Beitrag von entscheidender Wichtigkeit ist K. MORAWETZ [*1*] zu verdanken. Eine geplante eingehendere Darstellung dieser Frage wurde aus Raumgründen unterlassen (s. auch FRANKL [*2*]).

Man könnte es als Mangel dieses Beispieles betrachten, daß die Hodographenkontur im Punkte 0 unendliche Krümmung besitzt, und man könnte sogar geneigt sein, das Unendlichwerden der Lösungen als Folge der unendlichen Krümmung anzusehen. Das Verhalten von Partikularlösungen für eine Kontur, die diese Besonderheit nicht aufweist, ist in einer Arbeit von BUSEMANN und GUDERLEY und in einer weiteren Arbeit von GUDERLEY [*1*] gezeigt worden, allerdings ohne den Konvergenzbeweis, der eine solche Untersuchung erst vollständig schlüssig machen würde. Dabei ergeben sich entsprechende Singularitäten.

Läßt man c_2 nach 1 gehen, so wird man einen Übergang zu dem TRICOMIschen Problem erwarten, der dem Beispiel der reinen Überschallströmung analog ist. Einzelheiten sind aber schwer zu verfolgen, da die Lösung in dem Gebiet CEO die Unterschallösung und damit indirekt das Gebiet BCO beeinflußt. Für $c_2 = 1$ tritt im Punkte 0 keine Singularität mehr auf. Wie das geschehen kann, obwohl die Partikularlösungen für negative Eigenwerte im Punkte 0 wie $\varrho^{-1/12}$ nach unendlich gehen, ergibt sich aus den Untersuchungen des Abschn. VII, 13.

Die Eindeutigkeit der Strömung mit der MACH-Zahl 1 erfordert, daß die Lösung des Randwertproblems der zweiten Art, selbst für eine Kontur des TRICOMIschen Types, einer zusätzlichen Bedingung unterworfen ist (siehe S. 259). In einer Arbeit von GUDERLEY [5] wird der Versuch gemacht, das Wesen dieser Bedingung an Hand ähnlicher Beispiele zu erkennen.

XI. Achsensymmetrische Strömungen

Ein Teil der Untersuchungen, die wir für ebene Strömungen ausführten, lassen sich auf achsensymmetrische Strömungen übertragen. Dies ist von erheblichem praktischem Interesse; man denke an Geschosse oder an Überschallflugzeuge, die einem Rotationskörper weit mehr ähneln als einem ebenen Körper. Noch aus einem anderen Grunde ist die Beschäftigung mit achsensymmetrischen Strömungen wünschenswert: Man ist geneigt, die Ergebnisse, die für ebene Strömungen gefunden wurden, auf Körper anderer Form zu übertragen. Dies kann aber irreführend sein. Bei der linearisierten Behandlung schallnaher Strömungen ergab sich, daß die für die schallnahen Strömungen charakteristischen Schwierigkeiten für achsensymmetrische Strömungen weit weniger in Erscheinung treten als für ebene Strömungen. Durch eine Kenntnis achsensymmetrischer Strömung, selbst wenn sie nicht vollständig ist, wird man vor unzulässigen Analogieschlüssen gewarnt.

1. Strömungen mit der Mach-Zahl 1

Bei achsensymmetrischen Strömungen entfällt der Vorteil der Hodographenbehandlung, die bei ebenen Strömungen zu einer linearen Gleichung führt. Um einen Ansatz für das Verhalten einer achsensymmetrischen Strömung im Unendlichen zu finden, kann man sich von dem Beispiel der ebenen Strömung leiten lassen. Dort fanden wir in Gl. VIII, 2 (3), daß sich eine Linie $\xi = \text{const}$ in eine verallgemeinerte Parabel abbildet. Längs einer solchen Parabel ist y proportional $\varrho^{-5/6}$. Das transformierte Potential ist nach Gl. V, 7 (7) und VIII, 2 (1) für eine Linie $\xi = \text{const}$ proportional $\varrho^{-1/3}$. Das gleiche gilt auch für das Potential in der Strömungsebene. Dieses kann deshalb dargestellt werden als

$$\Phi = y^{2/5} f\left(\frac{x}{y^{4/5}}\right).$$

Allgemeiner kann man den Ansatz machen (GUDERLEY und YOSHIHARA [2])

$$\Phi = y^m f(\zeta, n), \tag{1}$$

mit

$$\zeta = (\varkappa + 1)^{-1/3} \frac{x}{y^n}. \tag{1a}$$

Dabei sind m und n Konstante, im Verlauf der Rechnung wird sich ergeben

$$m = 3n - 2\,. \tag{1b}$$

Der Faktor $(\varkappa + 1)^{-1/3}$ wurde in dem Ausdruck für ζ eingeführt, damit die Gleichung für f frei von $\varkappa$ ist. Der Ansatz Gl. (1) ist auch für achsensymmetrische Strömungen geeignet, wenn man mit y den Abstand von der x-Achse bezeichnet. Früher wurde dieser Abstand mit r bezeichnet.

Ohne die Kenntnis der ebenen Strömungen zu benutzen, kann man den Ansatz Gl. (1) in der folgenden Weise begründen. Es liegt nahe anzunehmen, daß sich das Potential wie eine Potenz der Entfernung verhält, wenn man in das Unendliche der Strömungsebene geht. Dabei kommt es aber darauf an, längs welcher Linie der Strömungsebene man sich ins Unendliche bewegt. Man erkennt bald, daß man zu trivialen Lösungen geführt wird, wenn die Wege, die nach dem Unendlichen führen, gerade Linien sind. Als nächstes wird man versuchen, verallgemeinerte Parabeln für die nach dem Unendlichen gehenden Wege zu benutzen. Damit ergibt sich der Ansatz Gl. (1). Übrigens haben die in Kap. IV behandelten Strömungen gerade diese Form.

Man kann den Ansatz Gl. (1) in die schallnahe Näherung der achsensymmetrischen Potentialgleichung II, 8 (2) einführen. Zu dem gleichen Ergebnis kommt man, wenn man Gl. (1) in die exakte Potentialgleichung einsetzt und sich auf die höchsten Potenzen in y beschränkt. Damit man eine gewöhnliche Differentialgleichung für f erhält, muß die Beziehung Gl. (1b) gelten. Man erhält (im achsensymmetrischen Falle)

$$(f' - n^2\zeta^2)\,f'' + (5n-4)\,n\,\zeta f' - (3n-2)^2 f = 0\,. \tag{2}$$

Bei gegebenem n lassen sich die Lösungen dieser Gleichung numerisch finden. Es ist aber erwünscht, vorher einen Überblick über die Lösungsmannigfaltigkeit zu gewinnen, besonders weil die Strömungsdifferentialgleichung ein nichtlineares Glied enthält und deshalb die Singularitäten der Lösung nicht von vornherein festliegen. Aus einer Dimensionsbetrachtung erkennt man folgendes: Wenn man den Maßstab von ζ mit einem Faktor C und den Maßstab von f mit einem Faktor C^3 multipliziert, dann geht die Differentialgleichung in sich selbst über. Es bringt dies die Tatsache zum Ausdruck, daß das Strömungsfeld in sich selbst übergeführt wird, wenn man eine Transformation nach dem Ähnlichkeitsgesetz, verbunden mit einer Maßstabsänderung der Strömungsebene durchführt. Wenn eine Funktion $f = g(\xi)$ eine Lösung der Differentialgleichung (2) darstellt, so ist also auch

$$f = C^3\,g(\zeta\,C) \tag{3}$$

eine Lösung.

Wenn eine Lösung eine solche Eigenschaft, eine sogenannte Gruppeneigenschaft besitzt, dann läßt sich ihre Ordnung um 1 reduzieren. Diese Reduktion wird dadurch bewirkt, daß man neue Variablen derart einführt, daß die wählbare Konstante C herausfällt[1]. Hiernach führen wir ein

$$s = \zeta^{-3} f, \tag{4a}$$

$$t = \zeta^{-2} f'. \tag{4b}$$

Hieraus ergibt sich

$$\frac{dt}{d\zeta} = -2\zeta^{-3} f' + \zeta^{-2} f'' = \zeta^{-1}(-2t + \zeta^{-1} f''), \tag{5a}$$

$$\frac{ds}{d\zeta} = -3\zeta^{-4} f + \zeta^{-3} f' = \zeta^{-1}(t - 3s). \tag{5b}$$

Damit findet man

$$f'' = \zeta\left[\frac{dt}{ds}(t - 3s) + 2t\right].$$

Dann liefert Gl. (2)

$$\frac{dt}{ds} = \frac{2t^2 + (3n-4)\,n\,t - (3n-2)^2 s}{(n^2 - t)\,(t - 3s)}, \tag{6}$$

ζ berechnet sich aus Gl. (5b).

Für die numerische Behandlung des Problems bietet Gl. (6) keinen wirklichen Vorteil, im Gegenteil ist der Zusammenhang zwischen den Variablen t und s und den physikalisch interessierenden Größen viel weniger durchsichtig als in Gl. (2). Dagegen läßt sich für Gl. (6), da sie von erster Ordnung ist, ein einfacher Überblick über den Verlauf der Lösungskurven geben. Diese Übersicht findet man in Abb. 112. Sie entsteht dadurch, daß man in der s, t-Ebene mit Hilfe des Richtungsfeldes, das durch die Differentialgleichung gegeben ist, eine Schar von Lösungskurven findet. Um auch das Unendliche der s, t-Ebene zu erfassen, wird diese Ebene auf eine Halbkugel projiziert mit dem Mittelpunkt der Kugel als Projektionszentrum. Dabei bildet sich die ganze s, t-Ebene in die nördliche Hablkugel, das Unendliche in den Äquator ab. Schließlich mag diese Halbkugel in das Innere eines Kreises deformiert werden. Nur das qualitative Verhalten der Lösungskurven ist wichtig.

---

[1] Man kann C in den Ausdruck Gl. (3) als eine der Integrationskonstanten auffassen, die bei der Lösung von Gl. (2) auftreten. Da unter Benutzung der neuen Variablen diese Integrationskonstante nicht mehr erscheint, erwartet man, daß die Differentialgleichung in den neuen Variablen eine Integrationskonstante weniger liefert, d. h. daß ihre Ordnung um 1 reduziert wird.

In der s, t-Ebene ist, wegen Gl. (4b) zusammen mit dem Ansatz Gl. (1), die Schallinie durch $t = 0$ gegeben. Von Wichtigkeit ist weiterhin die Linie $t = n^2$. Für sie verschwindet der Koeffizient von f'' in Gl. (2). Nach Gl. (6) kombiniert mit Gl. (5b) besitzt ζ ein Extremum, wenn eine Lösungskurve diese Linie $t = n^2$ schneidet. Bewegt man sich

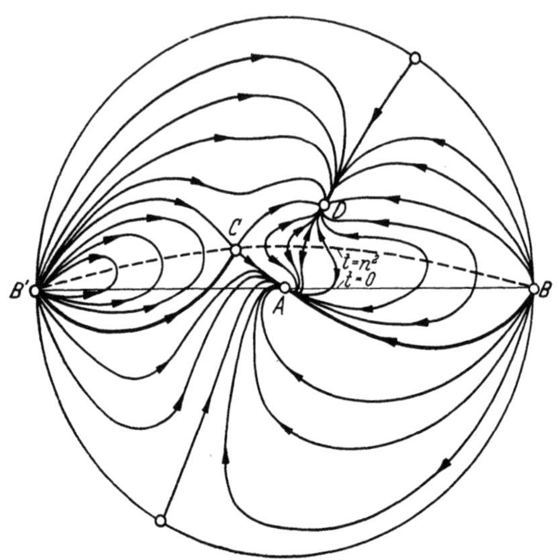

Abb. 112. Überblick über die Lösungsmannigfaltigkeit in der s, t-Ebene $n = 4/7$. Die Pfeile geben die Richtung wachsender Werte $|\zeta|$ an (nach GUDERLEY und YOSHIHARA [2])

längs einer Integralkurve in einer geeigneten Richtung, dann nimmt ζ ab, bis man diese Linie erreicht, und von da aus nimmt es wieder zu. Die Linien $\zeta = \text{const}$ fegen also zunächst einen Teil der Strömungsebene bis zu einem Extremwert von ζ aus und bedecken dann das gleiche Gebiet der Strömungsebene zum zweiten Male. Es ist dies ein Beispiel für das Auftreten von Rückkehrkanten in achsensymmetrischen Strömungen. Je nachdem, welches Vorzeichen die Druckänderung an der Rückkehrkante besitzt, stellt diese entweder ein Zusammenlaufen von Verdichtungswellen dar, das durch die Randbedingungen des Problems verursacht wird, oder die Rückkehrkante wird durch Verdünnungswellen gebildet, die auseinander hervorgehen. Der erste Fall bringt die Notwendigkeit eines Verdichtungsstoßes zum Ausdruck, der zweite ist physikalisch nicht realisierbar.

Weiterhin sind die singulären Stellen des Richtungsfeldes, in denen ds/dt unbestimmt wird, von Bedeutung. Für solche Punkte werden Zähler und Nenner der rechten Seite von Gl. (6) gleichzeitig null. Man findet als Koordinaten dieser Punkte, soweit sie im Endlichen liegen.

Punkt A $\qquad s = 0, \quad t = 0,$

Punkt C $\qquad s = n^3 \frac{(5n-4)}{(3n-2)^2}, \qquad t = n^2,$

Punkt D $\qquad s = \frac{2}{9}, \quad t = \frac{2}{3}.$

Um den Charakter der Lösungen in der Nähe dieser Punkte zu finden, linearisiert man in Gl. (6) den Zähler und den Nenner für die Nachbarschaft des jeweils betrachteten Punktes. Für die Nachbarschaft des Punktes C erhält man z. B.

$$\frac{dt}{ds} = \frac{(3n-2)^2\,[\Delta t(7n^2-4n) - \Delta s(3n-2)^2]}{\Delta t(6n^4-4n^2)},$$

wobei

$$\Delta t = t - n^2,$$

$$\Delta s = s - n^3 \frac{(5n-4)}{(3n-2)^2}.$$

Da diese Gleichung durch eine Linearisierung erhalten wurde, ist sie homogen (d. h. sie besitzt wieder eine Gruppeneigenschaft) und kann deshalb integriert werden. So ergeben sich die Lösungskurven in unmittelbarer Nachbarschaft eines singulären Punktes. Die Einzelheiten sollen nicht angegeben werden. In Punkt C laufen nur zwei Integralkurven ein, während alle anderen Kurven ein hyperbelartiges Verhalten zeigen. Die Einlaufrichtungen der beiden ausgezeichneten Integralkurven ergeben sich entweder bei *dieser* Untersuchung oder durch den direkten Ansatz

$$\frac{dt}{ds} = \frac{\Delta t}{\Delta s}.$$

Aus Gl. (4) erhält man für $t = n^2$

$$f' = n^2 \zeta^2.$$

Da nun als eine Folge von Gl. (1) und (1a)

$$\Phi_x = (\varkappa + 1)^{-1/3}\, y^{2n-2} f'(\zeta), \tag{7}$$

findet man

$$\Phi_x = (\varkappa + 1)^{-1/3}\, y^{2n-2} n^2 \zeta^2. \tag{8}$$

Die Neigung einer Linie $\zeta = \text{const}$ ist allgemein

$$\frac{dx}{dy} = n\,\zeta(\varkappa + 1)^{1/3}\, y^{n-1}.$$

Hieraus für $t = n^2$

$$\frac{dx}{dy} = (\varkappa + 1)^{1/2} \sqrt{\Phi_x}\,.$$

Dies ist nach Gl. I, 6 (10) die Neigung einer Charakteristik, d. h., alle Linien $\zeta = \text{const}$, die einem Punkte der Linie $t = n^2$ zugehören, haben die Neigung einer Charakteristik.

Die zweite Bedingung

$$s = n^3 \frac{(5n-4)}{(3n-2)^2} \tag{9}$$

für den singulären Punkt B stellt die Verträglichkeitsbedingung für eine Charakteristik, Gl. I, 6 (11), d. i.

$$-\frac{dx}{dy}\frac{d\Phi_x}{dy} + \frac{d\Phi_y}{dy} + \frac{\Phi_y}{y} = 0 \tag{10}$$

dar. Um dies zu zeigen, benutzt man die Beziehungen Gl. (7) und (8) sowie die Gleichung

$$\Phi_y = y^{3n-3}[(3n-2)f - n\,\zeta\, f'].$$

Man erhält für $\zeta = \text{const}$

$$\frac{d\Phi_x}{dy} = (2n-2)\, y^{2n-3} f'(\zeta)\,(\varkappa+1)^{-1/3},$$

$$\frac{d\Phi_y}{dy} = (3n-3)\, y^{3n-3}[(3n-2)f - n\,\zeta\, f')].$$

Indem man dies in Gl. (10) einsetzt und dabei Gl. (4) berücksichtigt, ergibt sich Gl. (9).

Hiernach ist also die dem Punkte C zugehörige Linie $\zeta = \text{const}$ eine Charakteristik, und zwar stellt sie die Grenzcharakteristik dar, die wir bereits bei ebenen Strömungen kennengelernt haben. Da nur ausgezeichnete Lösungskurven den Punkt C erreichen, erscheint es geraten, bei der Integration der Differentialgleichung (6) oder auch (2) bei der Grenzcharakteristik zu beginnen.

Um die Einlaufrichtungen der Integralkurven in den Punkt $t = 0$, $s = 0$ zu bestimmen, setzt man

$$\frac{dt}{ds} = \frac{t}{s}\,.$$

Man findet dann

$$\frac{t}{s} = \frac{3n-2}{n}\,,$$

dadurch wird es nahegelegt, bei der Bestimmung der Lösungskurven in der Nachbarschaft dieses Punktes die folgende neue Variable einzuführen

$$u = t - \frac{3n-2}{n} s$$

oder

$$t = u + \frac{3n-2}{n} s. \tag{11}$$

Daraus

$$\frac{dt}{ds} = \frac{du}{ds} + \frac{3n-2}{n}.$$

Unter Beschränkung auf die Größen der ersten Ordnung in Zähler und Nenner von Gl. (6) erhält man dann

$$\frac{du}{ds} = \frac{2u}{2s - un}.$$

Hieraus ergibt sich

$$s = -\frac{n}{2} u \ln(C_1 u) \tag{12}$$

und

$$u = 0. \tag{12a}$$

C_1 ist hierin die Integrationskonstante. Aus Gl. (5b) ergibt sich

$$\ln\zeta = \int \frac{ds}{t - 3s} = -\frac{n}{2} \int \frac{d[u \ln(C_1 u)]}{u - \frac{2}{n} s} = -\frac{n}{2} \int \frac{d[u \ln(C_1 u)]}{u + u \ln(C_1 u)}.$$

Daraus

$$\zeta = \text{const}\, u^{-n/2}. \tag{13}$$

Damit berechnet man weiterhin

$$\begin{aligned} \Phi_y &= y^{3n-3}[(3n-2) f - n\zeta f'] \\ &= y^{3n-3} \zeta^3 [(3n-2) s - n t] = -y^{3n-3} \zeta^3 n u. \end{aligned} \tag{14}$$

Indem man hier Gl. (13) einsetzt, ergibt sich

$$\Phi_y = \text{const}\, y^{3n-3} \zeta^{3-(2/n)}.$$

Hieraus schließlich unter Benutzung von Gl. (1a)

$$\Phi_y = \text{const}\, y^{-1} x^{3-(2/n)},$$

d. h., für diese Lösung ist die x-Achse mit Singularitäten belegt. In ähnlicher Weise berechnet sich auch Φ_x.

Die Lösungskurve Gl. (12a) nimmt eine Ausnahmestellung ein; sie stellt den physikalisch besonders interessierenden Fall dar, bei dem die x-Achse singularitätenfrei ist. Man erhält nämlich aus Gl. (12a) und (14)

$$\Phi_y = 0 .$$

Zu einer vollen Diskussion der Integralkurven gehört auch ihr Verhalten im Unendlichen. In dieser Hinsicht sei aber auf die Originalarbeit verwiesen. Es zeigt sich, daß die unendlich ferne Gerade (der Äquator bei der Projektion auf die Kugel) eine Integralkurve darstellt, längs der ebenfalls einige singuläre Punkte auftreten. Punkte des Äquators, die auf demselben Durchmesser liegen, sind miteinander zu identifizieren. Die Punkte B und B' sind also äquivalent. Sie stellen die y-Achse der Strömungsebene dar. Innerhalb der Strömungsebene spielt die y-Achse keine ausgezeichnete Rolle. Daß der betreffende Punkt in der s, t-Ebene singulär ist, liegt an der Wahl der Variablen s und t.

Drückt man t durch Φ_x, x und y aus, so erkennt man, daß t für Punkt B den Wert 0 annimmt. Wie eine Lösungskurve in der s, t-Ebene sich beim Durchgang durch Punkt B verhält, ist aus den Gl. (4) in Verbindung mit (1a) ersichtlich. Φ und Φ_x sind in diesem Punkte, wie in jedem anderen stetig, deshalb ergibt sich nur ein Vorzeichenwechsel in s.

Das Verhalten der Lösungsmannigfaltigkeit in der Nähe von B erklärt sich daraus, daß in der Strömungsebene einige Lösungen eine Rückkehrkante ($t = n^2$) erreichen, ehe sich das Lösungsgebiet, das von den Kurven $\zeta = \text{const}$ überstrichen wird, bis zur y-Achse erstreckt, diese Lösungen erreichen Punkt B nicht. Bei anderen Lösungen gehört die y-Achse mit in das Lösungsgebiet und tritt dann zweimal auf. Dementsprechend erscheint der Punkt B zweimal auf der betreffenden Lösungskurve. Der obere Teil der Abb. 113 zeigt eine Schar von Kurven, für die längs einer Geraden, die $t = n^2$ entsprechen möge, s ein Maximum besitzt. Diese Kurvenschar werde an einer bestimmten Stelle, die als Gegenstück in Abb. 112 den Punkt B bzw. B' hat, zusammengedrückt, ohne dabei ihre gegenseitige Lage zu ändern. Dadurch entsteht der untere Teil des Bildes. Das Verhalten der Lösungskurven in der Nähe von B und B' entspricht

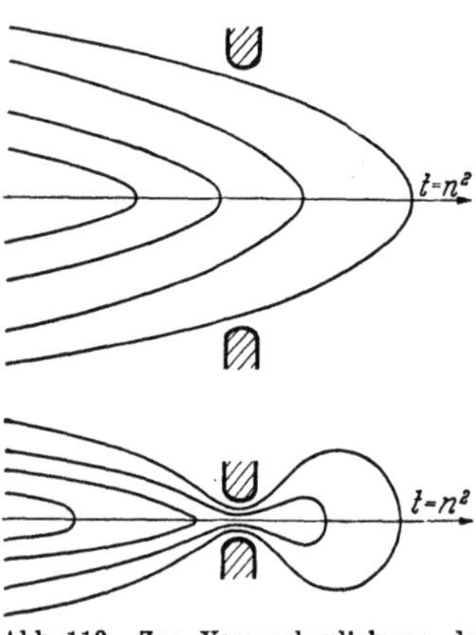

Abb. 113. Zur Veranschaulichung des Verlaufs der Lösungskurven in der Nähe der Punkte B oder B' in Abb. 112

genau dieser Skizze, links der Verengung in Abb. 113 ergibt sich das Feld in der Nähe von B, rechts davon das Feld in der Nähe von B'. Die Struktur der Lösungsmannigfaltigkeit in der Nähe von B ist also durchaus nicht so überraschend wie sie zunächst anmutet.

Jetzt kann die gewünschte Lösung für die Strömung mit der MACH-Zahl 1 im allgemeinen beschrieben werden. Punkt A entspricht der x-Achse. Stromaufwärts des umströmten Körpers erwartet man eine Unterschallgeschwindigkeit, und längs der x-Achse dürfen keine Quellen auftreten. Danach muß man im Punkte A die nach negativen Werten von t gehende Lösungskurve benutzen, deren Anfang durch Gl. (12a) gegeben ist. Der weitere Verlauf der Lösungen hängt von dem Werte n ab. Alle Lösungen überschreiten früher oder später die Schallinie, und eine Klasse dieser Lösungen erreicht dann die Linie $t = n^2$, d. h. in ihnen tritt eine Rückkehrkante auf. Solche Lösungen sind unbrauchbar. Für eine andere Klasse von Lösungen, d. h. von Werten n, wird die Linie $t = n^2$ nie erreicht, die Lösungen gehen an Punkt C der Abb. 112 vorbei und enden, von der Überschallseite herkommend, im Punkte A. Lösungen dieser Art überdecken die ganze Strömungsebene von der negativen bis zur positiven Achse. Die positive Achse ist mit Quellen belegt, d. h. man erhält die Strömung um einen Halbkörper, (Ähnliche Strömungsfelder wurden für den ebenen Fall in Abschn. VIII, 5 besprochen.) Der Übergang zwischen diesen beiden Klassen erfolgt für einen bestimmten Wert n, für ihn läuft die Lösungskurve gerade in Punkt C ein. Es ist dies die gewünschte Lösung, für die eine Grenzcharakteristik auftritt.

Um diese Lösung zu finden, muß man für verschiedene Werte n Lösungszüge berechnen, die sowohl von A als von C ausgehen.

Wie schon erwähnt, wird man die Rechnung mit Hilfe von Gl. (2) durchführen. Man löst diese Gleichung einmal, indem man von der x-Achse ausgeht und ein zweites Mal, indem man an der Grenzcharakteristik beginnt. Es wäre Zufall, wenn die Konstante C, die in Gl. (3) auftritt, für die beiden Rechnungen dieselbe wäre. Um die Übereinstimmung der beiden Lösungszüge zu prüfen, befreit man sich am besten von C, indem man auf die Variablen t und s übergeht und dann feststellt, für welchen der Werte n die beiden Lösungen bei gegebenen s in t übereinstimmen.

Diese Untersuchungen wurden von GUDERLEY und YOSHIHARA [2] durchgeführt und vor kurzem sehr genau von GERTRUDE BLANCH geprüft. Es ergab sich mit großer Genauigkeit der Wert $n = 4/7$. Die Ergebnisse finden sich in Tab. 2 und sind in Abb. 119 dargestellt. Durch diese Ergebnisse ist bis auf den Maßstab, der natürlich von der Größe des Körpers abhängt, die Strömung im Unendlichen bei der

Mach-Zahl 1 beschrieben. Das Bild enthält noch weitere Angaben über die Strömung, diese werden in Abschn. XI, 5 besprochen. Man kann für die Grenzcharakteristik immer den Wert $\zeta = 1$ wählen. Die ersten Glieder der Entwicklung von f im Punkte $\zeta = 1$ sind dann, für $n = 4/7$ gegeben durch

$$f = \frac{-128}{49} + \frac{16}{49}(\zeta - 1) + \frac{36}{49}(\zeta - 1)^2 + \cdots. \quad (15)$$

Die Berechnung des Verhaltens im Unendlichen ist nur ein erster Schritt zur Bestimmung eines wirklichen Strömungsfeldes[1]. Um zu einem Ergebnis zu gelangen, das wenigstens einigermaßen einer praktischen Fragestellung entspricht, muß man das Strömungsfeld um einen Körper berechnen. Ob der Körper vorgegeben ist oder sich erst während der Rechnung ergibt, ist von geringerer Wichtigkeit. Für einen Rotationskörper gestaltet sich die Aufgabe deshalb sehr schwierig, weil die Strömungsdifferentialgleichung nicht linear ist und auch nicht, wie im ebenen Falle, durch die Hodographenabbildung linearisiert werden kann.

Yoshihara [2] hat mit Hilfe der Relaxationsmethode die Strömung um einen Körper berechnet, der durch eine Kombination von Kegel und Zylinder gegeben ist.

2. Verfeinerte Untersuchung der Lösung im Unendlichen

Der Körper, der zu der Lösung des vorigen Abschnittes gehört, wird lediglich durch eine Singularität auf der x-Achse dargestellt. Hat man die Strömung um einen Körper mit nicht-verschwindenden Abmessungen, so treten zu dieser Lösung, ähnlich wie im ebenen Falle, weitere Ausdrücke, die zum Ausdruck bringen, wie die Lösung durch die Anwesenheit eines solchen Körpers geändert wird. Diese zusätzlichen Lösungen sollen im folgenden untersucht werden (Guderley [4]).

Dazu wird die Abweichung der tatsächlichen Lösung von dem Ausdruck des vorigen Abschnittes als klein betrachtet und höhere Potenzen dieser Abweichung in der Strömungsdifferentialgleichung vernachlässigt. Der Ausdruck für das Potential sei

$$\Phi = \Phi_0(x, y) + \overline{\Phi}(x, y). \quad (1)$$

Das Glied $\Phi_0(x, y)$ stellt hierin den Ausdruck Gl. XI, 1 (1) dar, $\overline{\Phi}(x, y)$ ist die Abweichung, die etwa durch den Körper verursacht wird.

[1] Der Schritt ist aber von großer Wichtigkeit. Auf S. 53 wurde gezeigt, daß die Schwierigkeiten der linearisierten Theorie, d. h. das Unendlichwerden der Drucke am Körper, vom Unendlichen herrührt.

Dieser Ausdruck wird in die Differentialgleichung schallnaher Strömungen eingesetzt. Unter Vernachlässigung von Gliedern höherer Ordnung erhält man die folgende lineare Differentialgleichung für $\overline{\Phi}$

$$-(\varkappa+1)\,(\Phi_{0x}\,\overline{\Phi}_{xx}+\Phi_{0xx}\,\overline{\Phi}_{x})+\overline{\Phi}_{yy}+\frac{\overline{\Phi}_{y}}{y}=0\,. \tag{2}$$

Partikularlösungen dieser Differentialgleichung ergeben sich durch den Ansatz

$$\overline{\Phi}=y^{\nu}\,g(\zeta,\,\nu)\,. \tag{3}$$

Er führt zu der folgenden gewöhnlichen Differentialgleichung

$$(f'-n^2\,\zeta^2)\,g''+\bigl(f''+(2\,\nu\,n-n^2)\,\zeta\bigr)\,g'-\nu^2\,g=0\,. \tag{4}$$

Hier tritt nun in gleicher Weise wie beim ebenen Problem die Frage nach der Vollständigkeit eines Systems solcher Partikularlösungen auf. Glücklicherweise läßt sich auch diese Differentialgleichung in eine Form bringen, die einem Eigenwertproblem entspricht, so daß sich alle Überlegungen anwenden lassen, die beim ebenen Problem angestellt wurden. Führt man nämlich ein

$$g(\zeta,\,\nu)=h(\zeta)^{\nu}\,G(\zeta,\,\nu)\,, \tag{5}$$

wobei h durch die Differentialgleichung

$$\frac{h'}{h}=-\frac{n\,\zeta}{f'-n^2\,\zeta^2} \tag{6}$$

bestimmt ist, so ergibt sich als Differentialgleichung für G

$$(f'-n^2\,\zeta^2)\,G''+(f''-n^2\,\zeta)\,G'-\lambda\,\frac{f'}{f'-n^2\,\zeta^2}\,G=0\,. \tag{7}$$

Hierbei ist

$$\lambda=\nu^2+n\,\nu\,. \tag{7a}$$

Die selbstadjungierte Form dieser Gleichung ist

$$\frac{d}{d\zeta}\left(\frac{f'-n^2\,\zeta^2}{h^n}\,G'\right)-\lambda\,\frac{f'}{h^n(f'-n^2\,\zeta^2)}\,G=0\,. \tag{8}$$

Unter Benutzung von Gl. (5) läßt sich der Ansatz Gl. (3) in der Form schreiben

$$\varphi=\varrho^{\nu}\,G(\zeta,\,\nu)\,, \tag{9}$$

wobei

$$\varrho=y\,h(\zeta)\,. \tag{9a}$$

Man kann dann die Partikularlösungen auf ein ϱ, ζ-Koordinatensystem bezogen denken (Abb. 114).

Singuläre Punkte von Gl. (8) sind $\zeta = \pm\infty$ (dies ist die x-Achse), und der Wert von ζ, für den $f' - n^2\zeta^2 = 0$ ist (dies ist die Grenzcharakteristik). Es kann angenommen werden, daß für die Grenzcharakteristik $\zeta = 1$ ist. Die Form der Lösungen G im Punkte $\zeta = 1$ soll im folgenden bestimmt werden. Dazu entwickelt man in

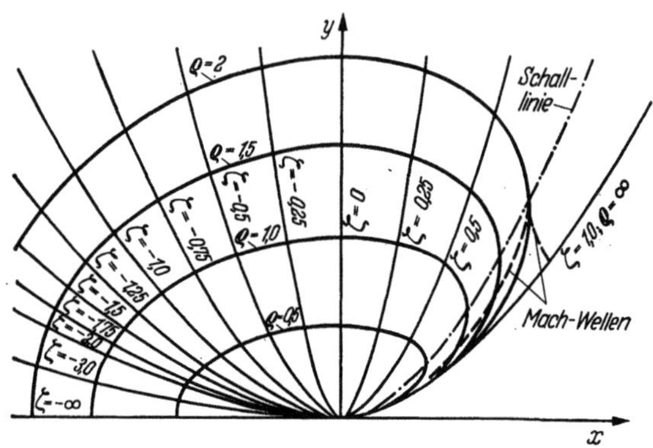

Abb. 114. ϱ, ζ-System in der x, y-Ebene für achsensymmetrische Strömungen (nach GUDERLEY [4])

Gl. (7) die Koeffizienten von G', G'' und G nach $\zeta - 1$ und beschränkt sich jeweils auf das erste Glied:

$$(\zeta - 1)\left(f''(1) - 2n^2\right)G'' + \left(f'(1) - n^2\right)G' - \lambda\frac{f'(1)}{\left(f''(1) - 2n^2\right)(\zeta - 1)}G = 0.$$

[$f'(1)$ oder $f''(1)$ bedeutet natürlich f' oder f'' für $\zeta = 1$]. Hieraus ergeben sich als Anfangsglieder der Entwicklung von G im Punkte

$$G = (\zeta - 1)^{\frac{1}{f''(1) - 2n^2}\left\{-\frac{n^2}{2} \pm n\sqrt{\frac{n^2}{4} + \lambda}\right\}} P(\zeta - 1). \tag{10}$$

Die entsprechenden Entwicklungen für g [Gl. (4)] haben die Form

$$g = P(\zeta - 1) \quad \text{und} \quad g = (\zeta - 1)^{\frac{2}{f''(1) - 2n^2}\sqrt{\frac{n^2}{4} + \lambda}} P(\zeta - 1). \tag{10a}$$

Unter Benutzung von Gl. XI, 1 (15) und (7a) kann dies spezialisiert werden zu

$$G = (\zeta - 1)^{-\frac{1}{5} \pm \frac{7}{10}\left(\nu + \frac{2}{7}\right)} P(\zeta - 1) \tag{11}$$

oder

$$G = (\zeta - 1)^{\frac{7}{10}\nu} P(\zeta - 1) \tag{11a}$$

und

$$G = (\zeta - 1)^{-\frac{2}{5} - \frac{7}{10}\nu} P(\zeta - 1). \tag{11b}$$

Für g erhält man

$$g = P(\zeta - 1) \tag{12a}$$

und

$$g = (\zeta - 1)^{-\frac{2}{5} - \frac{7}{5}\nu} P(\zeta - 1). \tag{12b}$$

Eine der Lösungen ist also in der Nähe von $\zeta = 1$ regulär, während die zweite für negative ν die Fortpflanzung einer Singularität längs der Grenzcharakteristik darstellt. Die Lösung für $\nu > (2/7)$ ginge nach unendlich und widerspricht deshalb der Annahme kleiner Störungen. Für negative ν kann die Lösung Gl. (12b) regulär werden, wenn nämlich der Exponent ganzzahlig ist. Das geschieht für

$$\nu = -\frac{2}{7} - \frac{5}{7}h \qquad (h = 1, 2 \ldots) \tag{13}$$

In diesem Falle tritt in der anderen Lösung ein logarithmisches Glied und damit eine Singularität für $\zeta - 1$ in mindestens einer der Ableitungen auf.

Die untere Grenze des zu betrachtenden Intervalls ist natürlich die x-Achse. Dort muß gefordert werden, daß die y-Komponente der Zusatzgeschwindigkeiten verschwindet.

Bei der Definition von Partikularlösungen mit Hilfe eines Eigenwertproblems ist als obere Grenze des Intervalls eine im Überschallgebiet liegende Linie $\zeta = c_2 < 1$ zu nehmen. Nachträglich wird dann der Grenzübergang $c_2 \to 1$ gemacht.

Das System von Partikularlösungen, das man so erhält, hat wieder positive und negative Eigenwerte λ; die zugehörigen Werte ν sind

$$\nu = -\frac{n}{2} \pm \sqrt{\lambda + \frac{n^2}{4}}. \tag{14}$$

Die Eigenwerte für die $\lambda > -\frac{n^2}{4}$ ist, ergeben Partikularlösungen der Form

$$\bar{\Phi} = \varrho^{-\frac{n}{2} \pm \sqrt{\lambda + \frac{n^2}{4}}} G(\zeta, \nu), \tag{15a}$$

die den Eigenwerten $\lambda < -\frac{n^2}{4}$ zugehörigen Partikularlösungen haben die Form

$$\bar{\Phi} = \varrho^{-n/2} \begin{matrix}\cos\\ \sin\end{matrix} \left[\sqrt{-\lambda - \frac{n^2}{4}} \log \varrho\right] G(\xi, \nu). \tag{15b}$$

Die Form der Gl. (8) und der Randbedingungen erlauben es, Orthogonalitätsbeziehungen zu finden. Überlegungen, die denen des Abschn. VII, 10 analog sind, zeigen, daß jede Lösung der linearisierten Differentialgleichung (2), die die längs $\zeta = -\infty$ und längs $\zeta = c_2$ vorgeschriebenen Randbedingungen erfüllt, dargestellt werden kann durch eine Überlagerung dieser Partikularlösungen. Die längs $\zeta = c_2$ vorgeschriebene Randbedingung wird bedeutungslos, wenn diese Linie mit der Grenzcharakteristik zusammenfällt.

Auch hier muß man unterscheiden, zwischen den durch das Eigenwertproblem definierten Partikularlösungen und den „natürlichen" Partikularlösungen, die durch die Forderung bestimmt sind, daß längs der Grenzcharakteristik sämtliche Ableitungen beschränkt sind (s. S. 201). Der Zusammenhang der beiden Arten von Partikularlösungen läßt sich wahrscheinlich mit der Methode des Abschn. VII, 13 zeigen.

Die ersten „natürlichen" Partikularlösungen ergeben sich durch einfache Überlegungen allgemeiner Natur. Man kann z. B. von der Bemerkung ausgehen, daß sowohl

$$\Phi = y^{3n-2} f(\zeta)$$

als auch

$$\Phi = C^{3n-2}\, y^{3n-2} f(C^{1-n}\zeta) \tag{16}$$

eine Lösung der Potentialgleichung für schallnahe Strömungen ist. Die zweite Form geht nämlich aus der ersten dadurch hervor, daß man die Koordinaten x und y mit dem Faktor C multipliziert. Ist C nahe an 1, so stellt die Differenz zwischen den beiden Lösungen eine Störung des Ausgangsfeldes dar, die durch Gl. (2) beherrscht wird. Man erhält diese Lösung, indem man nach C differenziert und dann $C = 1$ setzt.

$$\bar{\Phi} = y^{3n-2}\left((3n-2)f + (1-n)\zeta f'\right).$$

Durch Vergleich mit Gl. (3) und indem man $n = 4/7$ setzt, ergibt sich hier

$$\nu = -\frac{2}{7}, \tag{16a}$$

$$g = \left(-\frac{2}{7} f + \frac{3}{7}\zeta f'\right). \tag{16b}$$

Nimmt man als zweite Lösung den Ausdruck

$$\Phi = y^{-2/7} f\left(\frac{(x+1)^{-1/3}(x+C)}{y^{4/7}}\right),$$

so lassen sich ähnliche Betrachtungen anwenden. Dieser Ansatz bedeutet eine Verschiebung des singulären Punktes längs der x-Achse. Durch Differentiation nach C ergibt sich hier

$$\nu = -\frac{6}{7},$$

$$g = f'(\zeta).$$

Die nächsten beiden natürlichen Partikularlösungen liegen nach den Rechnungen von GUDERLEY [4] bei $\nu = -(9/7)$ und $\nu = -(12/7)$ (Tab. 1). Diese Werte ν sind durch Zahlenrechnung gefunden worden und brauchen deshalb nicht genau zu sein[1].

Die Lösung für $\nu = -12/7$ ist nicht nur eine „natürliche" Partikularlösung, sondern innerhalb der Rechengenauigkeit stellt sie auch die erste durch ein *Eigenwertproblem* definierte Partikularlösung an[2]. Der entsprechende positive Eigenwert ist $\nu = 8/7$. Die entsprechende Funktion G wird in Abb. 115 gezeigt.

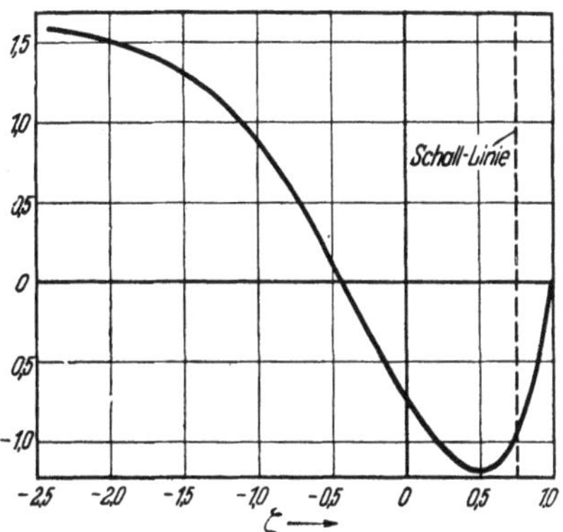

Abb. 115. Eigenfunktion G für $\nu = -12/7$ oder $\nu = 8/7$ (achsensymmetrischer Fall)

Diese Untersuchungen können dadurch auf den räumlichen Fall ausgedehnt werden, daß man in Gl. (2) ein Glied $\frac{\bar{\Phi}_{\omega\omega}}{y^2}$ einbezieht. Dieses Glied erscheint dann auch in der linearisierten Gleichung für die Störungen. An Stelle von Gl. (3) tritt der Ansatz

$$\bar{\Phi} = y^{\nu} g(\zeta, \nu, m) \cos m\,\omega. \tag{17}$$

m ist meist eine ganze Zahl. Für g ergibt sich dann die Differentialgleichung.

$$(f' - n^2\zeta^2)\,g'' + (f'' + 2n\,\nu - n^2\,\zeta)\,g' - (\nu^2 - m^2)\,g = 0. \tag{18}$$

[1] Der Wert $n = 4/7$ wurde zwar auch nur durch Zahlenrechnung erhalten, ergab sich aber mit solcher Genauigkeit, daß kaum ein Zweifel besteht, daß er durch den Bruch exakt ausgedrückt wird. Man wird dadurch zu der Vermutung geführt, daß die eben genannten Werte ν ebenfalls exakt sind und daß ein allgemeines Gesetz für die Verteilung der Werte ν, die zu den natürlichen Partikularlösungen gehören, besteht.

[2] Dies ist recht merkwürdig, denn die beiden Arten von Partikularlösungen können bei negativen Werten von ν nur für die in Gl. (13) gegebenen Werte zusammenfallen. Im ebenen Problem tritt dies nie ein.

Tabelle 1. *Werte von g und g′ in Abhängigkeit von ζ*

$\nu=-9/7$			$\nu=-12/7$		
ζ	g	g'	ζ	g	g'
1,0	1,0000	—5,0624	1,0	0	0
0,9	1,3973	—2,9404	0,9	— 0,1497	0,00825
0,8	1,6038	—1,1887	0,8	— 0,2165	0,02713
0,7	1,6519	1,2272	0,7	— 0,2269	0,04930
0,6	1,5738	1,3352	0,6	— 0,1957	0,07043
0,5	1,3990	2,1818	0,5	— 0,1403	0,08722
0,4	1,1542	2,7347	0,4	— 0,0727	0,09787
0,3	0,8634	3,0821	0,3	0,0036	0,10169
0,2	0,5476	3,2328	0,2	0,0597	0,09888
0,1	0,2252	3,2159	0,1	0,1120	0,09029
0	—0,0886	3,0606	0	0,1505	0,07714
— 0,1	—0,3815	2,7963	— 0,1	0,1739	0,06095
— 0,2	— 1,6439	2,4519	— 0,2	0,1827	0,04312
— 0,3	— 1,8692	2,0549	— 0,3	0,1787	0,02595
— 0,4	— 1,0536	1,6315	— 0,4	0,1642	0,00790
— 0,5	— 1,1955	1,2054	— 0,5	0,1422	— 0,00742
— 0,6	— 1,2956	0,79724	— 0,6	0,1158	— 0,02032
— 0,7	— 1,3567	0,42380	— 0,7	0,08775	— 0,03030
— 0,8	— 1,3828	0,09733	— 0,8	0,06052	— 0,03791
— 0,9	— 1,3789	—0,17470	— 0,9	0,03592	— 0,04273
— 1,0	— 1,3507	—0,38945	— 1,0	0,01510	— 0,04528
— 1,2	— 1,2459	—0,65869	— 1,2	— 0,01380	— 0,04554
— 1,4	— 1,1047	—0,75307	— 1,4	— 0,02782	— 0,04140
— 1,6	—0,9559	—0,75494	— 1,6	— 0,03147	— 0,03549
— 1,8	—0,8164	—0,65987	— 1,8	— 0,02957	— 0,02939
— 2,0	—0,6939	—0,56576	— 2,0	— 0,02505	— 0,02393
— 2,2	—0,5899	—0,47335	— 2,2	— 0,02034	— 0,01939
— 2,4	—0,5035	—0,39158	— 2,4	— 0,01618	— 0,01574

Alle weiteren Umformungen ergeben sich in der gleichen Weise, z. B. kann man wieder ein orthogonales Funktionensystem finden.

Mit Hilfe dieser Systeme von Partikularlösungen lassen sich im Prinzip alle kleinen Abweichungen, die gegenüber der Lösung des vorigen Abschnittes auftreten, darstellen. Diese Abweichungen können durch die Gestalt des Körpers oder durch einen von null verschiedenen Anstellwinkel verursacht sein.

Die Bedeutung dieser Lösungen wird natürlich dadurch eingeschränkt, daß sie eine Linearisierung für die Nachbarschaft des Ausdruckes Φ_0 voraussetzten. In der Nähe eines umströmten Körpers ist diese Voraussetzung sicher unzulässig.

3. Anwendungen

Guderley und Yoshihara [2] hatten diese Partikularlösungen ursprünglich eingeführt, um damit ein erstes Beispiel der Strömung um einen Rotationskörper bei der Anström-Mach-Zahl 1 zu berechnen. Sie hatten einfach der Lösung Φ_0 den Ausdruck $\bar{\Phi}$, der sich für $\nu = -(9/7)$ überlagert, und dann die Gestalt des Körpers bestimmt, die sich dabei ergibt. Dabei machten sie die Annahme, daß die in Gl. (2) vorgenommene Linearisierung selbst in der Nachbarschaft des Körpers gilt.

Befriedigender wäre es, in großem Abstand von dem umströmten Körper die hier gezeigte Darstellung zu benutzen, aber in dem Gebiete, in dem eine Linearisierung nicht mehr zulässig ist, das Strömungsfeld unter Benutzung der vollen Differentialgleichung II, 8 (2) durch analytische Fortsetzung zu bestimmen. Bisher sind solche Rechnungen noch nicht durchgeführt worden.

Die Partikularlösungen des vorigen Abschnittes geben uns die Möglichkeit, achsensymmetrische Strömungsfelder mit einer Anström-Mach-Zahl, die in der Nähe von 1 liegt, zu diskutieren (Guderley [5]). Dabei treten ähnliche Gedanken auf, wie wir sie bei ebenen Strömungsfeldern kennengelernt haben. Durch die Nichtlinearität der Differentialgleichung ergeben sich aber einige Komplikationen in der Schlußweise.

Wir gehen von der Strömung mit der Mach-Zahl 1 aus. Es ist anzunehmen, daß eine Änderung der Randbedingungen, die man in großer Entfernung von dem umströmten Körper anbringt, nur eine geringe Änderung des Strömungsfeldes in der Nähe des Körpers hervorruft, auch wenn in der Nähe der Stelle, wo diese Störungen eingeleitet werden, sich erhebliche Änderungen einstellen. Dann läßt sich in der Nähe des Körpers eine solche Änderung durch eine Linearisierung berücksichtigen. Betrachtet man z. B. einen Rotationskörper in einem blockierten Kanal, so ist eine Linearisierung des Strömungsfeldes mit der Mach-Zahl 1 wohl in der Nähe des Körpers, nicht aber in der Nähe der Wand zulässig. Vergrößert man die Weite des Kanals, so wächst das Gebiet an, in dem die Linearisierung möglich ist.

Das Gebiet, wo eine Linearisierung angewendet werden soll, muß aber nochmals unterteilt werden. In der Nähe des Körpers ist die Ausgangsströmung recht kompliziert und kann natürlich nicht allein durch den Ausdruck $\Phi_0(x, y)$ dargestellt werden. In größerer Entfernung vom Körper, aber unter geeigneten Umständen noch immer in dem Gebiet, das eine Linearisierung erlaubt, gibt aber Φ_0 eine gute Darstellung der Ausgangsströmung, und dort läßt sich das im vorigen

Abschnitt entwickelte System von Partikularlösungen zur Darstellung des gestörten Strömungsfeldes benutzen.

Wir bilden nun in dem Gebiet, das eine Linearisierung erlaubt, Partikularlösungen, die die Oberfläche des Körpers unverändert lassen. Solche Partikularlösungen können in großer Entfernung vom Körper sicher nicht klein sein im Verhältnis zu dem Ausdruck $\Phi_0(x, y)$, weil sonst die Überlagerung bis ins Unendliche erstreckt werden könnte und dann die Strömung mit der MACH-Zahl 1 nicht eindeutig wäre. Deshalb muß in den Partikularlösungen, die die Oberfläche des Körpers unverändert lassen, mindestens eine der Partikularlösungen Gl. XI, 2 (2) mit positiven Exponenten anwesend sein. In dem Gebiet, in dem die Darstellung mit solchen Partikularlösungen erlaubt ist, haben demnach die Ausdrücke, die die Oberfläche des Körpers unverändert lassen, im Prinzip die folgende Form

$$\bar{\Phi} = y^{\nu_h} g(\zeta, \nu_h) + \tilde{\varphi}_h. \tag{1}$$

Hierbei ist ν_h der positive Wert ν, der dem Eigenwert λ_h zugehört. $\tilde{\varphi}_h$ ist eine Lösung der linearisierten Gleichung, die im Unendlichen höchstens von gleicher Größenordnung wie Φ_0, d. h. $O(y^{-2/7})$ ist. Die durch die Randbedingungen in großer Entfernung von dem Körper verursachte Änderung des Strömungsfeldes wird durch eine Überlagerung der Ausdrücke Gl. (1) dargestellt. Je kleiner die in großer Entfernung angebrachte Störung ist, d. h., je geringer die Abweichung von einer Strömung mit der MACH-Zahl 1 ist, um so kleiner werden die Koeffizienten, mit denen in dieser Überlagerung die Ausdrücke Gl. (1) multipliziert werden; um so größer wird aber auch die Entfernung von dem Körper, bis zu der eine Abweichung von der Strömung mit der MACH-Zahl 1 durch Überlagerung der Ausdrücke Gl. (1) dargestellt werden kann. In großer Entfernung von dem Körper überwiegt in den Ausdrücken Gl. (1) das erste Glied, und die gesamte Strömung, einschließlich Φ_c, wird dann dargestellt durch

$$\Phi = a_0 \Phi_0 + \sum a_h y^{\nu_h} g(\zeta, \nu_h). \tag{2}$$

Die in Gl. (1) auftretenden Funktionen $\tilde{\varphi}_h$ sind durch die Gestalt des Körpers bestimmt. Da sie in der letzten Gleichung nicht mehr auftreten, fallen die speziellen Eigenschaften des Körpers heraus. Allein der Koeffizient der Funktion Φ_0 ist noch durch den Körper gegeben.

Die anderen Koeffizienten, die in der letzten Gleichung auftreten, müssen so gewählt werden, daß die Fortsetzung dieses Ausdruckes, unter Benutzung der vollen Potentialgleichung für schallnahe Strömungen, in großer Entfernung von dem Körper die dort vorgeschriebenen Randbedingungen erfüllt. Man denke dabei etwa an die Bedingungen an einer festen Kanalwand oder die Randbedingungen bei einer Überschall-MACH-Zahl. Für einen bestimmten Typ der Randbedingung und ein Strömungsfeld, das durch die MACH-Zahl M_0 charakterisiert werde, stelle Gl. (2) den Ausdruck dar, der diese Randbedingung erfüllt. Die a_h sind dabei Konstante, die die von den Randbedingungen abhängen. Es könnte etwa Gl. (2) die Strömung mit einer Überschall-MACH-Zahl M_0 darstellen.

Um nun den entsprechenden Ausdruck für eine andere charakteristische MACH-Zahl M zu finden, muß man eine Verzerrung nach dem Ähnlichkeitsgesetz für schallnahe Strömungen vornehmen, wobei aber gleichzeitig eine allgemeine Maßstabsverzerrung so vorzunehmen ist, daß der Koeffizient a_0 des ersten Gliedes, der ja von der Größe des Körpers abhängt, unverändert bleibt. Man erhält nach den Überlegungen von Abschn. II, 6

$$\Phi = a_0\, x_0\, \tau \left(\frac{y}{x_0}\,\tau^{1/2}\right)^{3n-2} f\left(\frac{(\varkappa+1)^{-1/3}\,\dfrac{x}{x_0}}{\left(\tau^{1/2}\,\dfrac{y}{x_0}\right)^{n}}\right) + \sum_{h=1}^{\infty} a_h\, x_0\, \tau \left(\frac{y}{x_0}\,\tau^{1/2}\right)^{\nu_h} g_h\left(\frac{(\varkappa+1)^{-1/3}\,\dfrac{x}{x_0}}{\left(\tau^{1/2}\,\dfrac{y}{x_0}\right)^{n}}\right).$$

Hier ist $n = 4/7$. Damit das erste Glied unverändert bleibt, muß man wählen $x_0 = \tau^{-2/3}$. Die im vorigen Abschnitt erwähnten Rechnungen ergeben als Wert ν für den ersten Eigenwert $\nu = (8/7)$. Für kleine Werte von τ erhält man damit den folgenden Ausdruck

$$\Phi = a_0\, y^{-2/7} f(\zeta) + a_1 \tau^{5/3} \left(y^{8/7} g\left(\zeta, \frac{8}{7}\right)\right) + \cdots.$$

Nun ist $M - 1$ proportional τ. Deshalb läßt sich, mit etwas geänderter Konstante a_1, der letzte Ausdruck auch schreiben als

$$\Phi = a_0\, y^{-2/7} f(\zeta) + a_1 (M-1)^{5/3}\, y^{8/7} g\left(\zeta, \frac{8}{7}\right) + \cdots.$$

Will man diese Ausdrücke nach dem Körper zu fortsetzen, so muß man die Partikularlösungen $y^{\nu_h} g(\zeta, \nu_h)$ durch die vollen Ausdrücke Gl. (1) ersetzen. Das erste Glied der letzten Gleichung ist dann die Strömung mit der MACH-Zahl 1, die weiteren Glieder stellen Korrekturen dar, die an diesem Strömungsfeld angebracht werden müssen. Die Korrektur der niedrigsten Ordnung ist in der letzten Gleichung angeführt. Die dadurch hervorgerufene Änderung in der Druckverteilung ist proportional $(M - 1)^{5/3}$. Es folgt daraus, daß die Kurve des Widerstandskoeffizienten, bezogen auf $\varrho^* w^{*2}/2$, als Staudruck in Abhängigkeit von der Anström-MACH-Zahl bei der MACH-Zahl 1 zwar eine horizontale Tangente, aber unendliche Krümmung hat.

In den experimentellen Ergebnissen ist diese Tatsache allerdings nicht zu erkennen, z. B. wird die Neigung der Kurve des Widerstandsbeiwertes über der MACH-Zahl immer positiv gezeigt. Vielleicht gelten die gegenwärtigen Untersuchungen nur für solch kleines MACH-Zahlbereich, daß das gegenwärtige Ergebnis durch Ungenauigkeiten der Messung überdeckt wird[1].

In diesen Zusammenhang gehört noch eine andere Überlegung. Das Ergebnis dieses Abschnittes gilt nicht nur für rotationssymmetrische Körper, sondern für alle Körper beschränkter Abmessungen. Das liegt daran, daß in großer Entfernung von dem umströmten Körper die Abweichungen von der Achsensymmetrie an Bedeutung verlieren. Ein Körper dieser Art ist der schiebende Flügel endlicher Länge. Bis auf Effekte, die am Anfang und Ende des Flügels auftreten, ist aber für solch einen Körper die Geschwindigkeitskomponente in Richtung der Flügelsehne maßgebend, d. h. für einen großen Teil des Körpers hat der Durchgang durch die MACH-Zahl 1 keine wirklich grundsätzliche Änderung des Strömungsfeldes zur Folge. Für einen solchen Fall kann das in diesem Abschnitt beschriebene Verhalten sich nur in einem ganz geringen MACH-Zahlbereich in der Nähe von 1 fühlbar machen.

4. Spezielle ebene und achsensymmetrische Strömungen mit Verdichtungsstößen

Der in Abschn. XI, 2 benutzte Ansatz für die Lösung der schallnahen Potentialgleichung läßt sich auch dann anwenden, wenn das Strömungsfeld Verdichtungsstöße aufweist, die sich längs einer Linie $\zeta =$ const erstrecken (GUDERLEY-BARISH). Um dies zu erkennen, betrachten wir die Stoßbedingungen. Das Strömungsfeld stromaufwärts des Stoßes habe die Form Gl. XI, 1 (1). Dann ergibt sich

$$\Phi_x = + y^{2n-2} f_1(\zeta) \quad \text{und} \quad \Phi_y = y^{3n-3} f_2(\zeta),$$

wobei f_1 und f_2 geeignete Funktionen von ζ sind. Vom Stoß wird angenommen, daß er sich längs einer Linie $\zeta = \text{const} = \zeta_0$ erstreckt. Seine Neigung ist dann gegeben durch

$$\frac{dy}{dx} = \frac{(\varkappa + 1)^{-1/3}}{n \zeta_0 y^{n-1}}.$$

[1] Neuere Messungen der NACA scheinen diese Theorie doch zu bestätigen.

Diese Größen werden in die Stoßbedingungen Gl. II, 4 (6) eingesetzt, dabei wird, im Einklang mit den Bemerkungen des Abschn. II, 8, $\tau = 1$ gesetzt und x, y, z an Stelle von ξ, η, ζ geschrieben. Weiterhin muß man berücksichtigen, daß wegen der Bedeutung der in Gl. II, 4 (6) auftretenden Größe f

$$\frac{\left(\frac{\partial f}{\partial \eta}\right)^2 + \left(\frac{\partial f}{\partial \zeta}\right)^2}{\left(\frac{\partial f}{\partial x}\right)^2} = \left(\frac{d x}{d y}\right)^2$$

ist. Man erhält dann für den Zustand stromabwärts des Stoßes

$$\Phi_{x\,\mathrm{II}} = y^{2n-2} f_3(\zeta).$$

Ähnlich erhält man mit Hilfe von Gl. II, 4 (7a) $\Phi_{y\,\mathrm{II}} = y^{3n-3} f_4(y)$. Die Geschwindigkeit nach dem Stoß erscheint also wiederum in einer Form die zu dem Ansatz Gl. XI, 1 (1) „paßt".

Besonders einfach lassen sich die Stoßbedingungen in der s, t-Ebene formulieren. Wir sagen, daß im schallnahen Gebiete die Entropieänderungen vernachlässigt werden können und daß das Geschwindigkeitspotential, das man aus diesem Grunde auch hier einführen kann, beim Durchgang durch den Stoß stetig ist. Die Stetigkeit des Potentials bringt zum Ausdruck, daß die Tangentialkomponente der Geschwindigkeit beim Durchgang durch den Stoß keine Änderung erfährt. Da nun natürlich der Wert von ζ unmittelbar stromaufwärts und stromabwärts des Stoßes der gleiche ist, ändert sich die Größe s [Gl. XI, 1 (3)] (nicht zu verwechseln mit der Entropie) beim Durchgang durch den Stoß nicht.

$$s_{\mathrm{I}} = s_{\mathrm{II}}.$$

Die Indizes I und II bezeichnen wie im Kap. II. Größen stromaufwärts bzw. stromabwärts des Stoßes. Indem man weiterhin den Ansatz Gl. XI, 1 (1) in die Stoßbedingungen Gl. II, 4 (6) einsetzt, ergibt sich

$$t_{\mathrm{II}} = 2n^2 - t_{\mathrm{I}}.$$

Dies bedeutet, daß man in einem Stoß von einem gegebenen Punkt der s, t-Ebene in sein Spiegelbild in bezug auf die Linie $t = n^2$ springt. Da in einem Stoß immer eine Druckerhöhung und damit eine Abnahme der Geschwindigkeit auftritt, sind nur Sprünge von einem größeren zu einem kleineren Werte von t erlaubt. Dies Resultat gilt für ebene und achsensymmetrische Strömungen.

Die entsprechenden Bedingungen lassen sich für ebene Strömungen auch im Hodographen formulieren.

5. Anwendungen

Diese Beziehungen wurden von GUDERLEY und BARISH benutzt, um das Bild der Strömung bei der MACH-Zahl 1 zu vervollständigen.

Bisher war das Strömungsfeld im Unendlichen nur bis zur Grenzcharakteristik berechnet worden. Jetzt interessiert uns das Strömungsfeld im Unendlichen stromabwärts dieser Linie.

Unmittelbar stromabwärts des umströmten Körpers hat man, zumindestens im ebenen Falle, eine Überschallgeschwindigkeit. Man sieht dies folgendermaßen ein. Der Zustand des Punktes A in Abb. 116 ist dadurch bestimmt, daß dort der Geschwindigkeitsvektors horizontal ist und daß A auf einer der Charakteristiken liegt, die von der Schallinie ausgeht. Dabei wird angenommen, daß die Zustandsänderung in einem Stoß, den die Charakteristik unter Umständen kreuzen könnte, nicht allzu weit von den Zustandsänderungen abweicht, die längs einer Charakteristik möglich sind. Man vergleiche hierzu Abb. 44, die Stoßpolaren und Charakteristiken enthält. Nun bildet sich der Geschwindigkeitsvektor längs der Schallinie in die Strecke CO des Hodographen ab, der Ausgangspunkt der Charakteristik BA liegt also längs dieser Strecke. Solche Charakteristiken besitzen aber sicher einen Schnittpunkt mit der Linie $\vartheta = 0$.

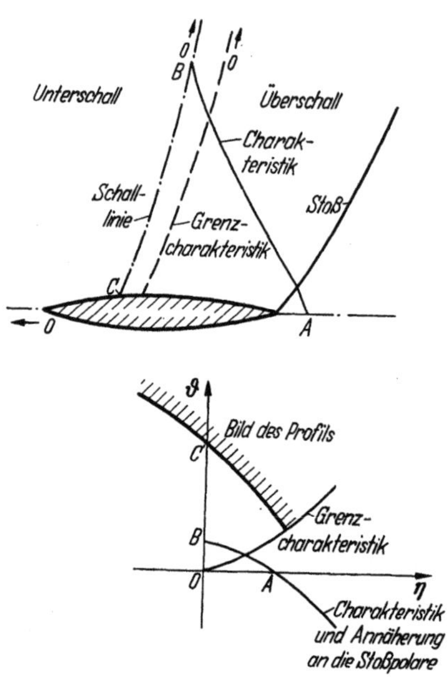

Abb. 116. Zur Diskussion des Zustandes im Punkte A

Alle von der Schallinie herkommenden Wellen sind Kompressionswellen. Das gilt auch für diejenigen Wellen, die stromabwärts des umströmten Körpers das Totwasser durchsetzen. Es ist wahrscheinlich, daß diese Wellen zusammenlaufen und dann einen Stoß bilden. Das Verhalten dieses Stoßes in großer Entfernung von dem umströmtem Körper soll hier untersucht werden.

Während in der Nachbarschaft des Profils die Charakteristikenmethode hierzu geeignet wäre, ist für große Entfernungen ein analytisches Verfahren erwünscht. Man wird erwarten, daß auch stromabwärts der Grenzcharakteristik das Strömungsfeld durch den Ansatz Gl. XI, 1 (1) dargestellt wird. Nun gibt es im s, t-Diagramm (Abb. 112) zwei Fortsetzungen der Lösungskurve über Punkt C hinaus, nämlich CD und CA. Beide Fortsetzungen sind physikalisch denkbar, und beide führen zur positiven x-Achse. Wie eine genauere Rechnung zeigen würde, läuft die Kurve CA in Punkt A in einer solchen Weise ein, daß sich längs der positiven x-Achse eine Quellverteilung ergibt. Diese Bedingung entspricht also einem Halbkörper, der sich nach dem Unendlichen erstreckt, und dessen konvexe Krümmung die Wellen, die von der Schallinie kommen, so abfängt, daß sich kein Stoß herausbildet.

Die Lösung CD ist die analytische Fortsetzung der Lösung stromaufwärts der Grenzcharakteristik. Man würde erwarten, daß dies die richtige Lösung ist, denn die Grenzcharakteristik ist vor anderen Charakteristiken nur hinsichtlich ihres Verhaltens im Unendlichen, aber nicht innerhalb des Strömungsfeldes ausgezeichnet, so daß es überraschend wäre, wenn sich der Charakter der Lösung an der Grenzcharakteristik ändern würde. Aber auch diese Lösung erfüllt nicht die längs der positiven x-Achse zu erfüllende Randbedingung, nämlich daß dort die y-Komponente der Geschwindigkeit null ist; sowohl die x- als die y-Komponente gehen in Punkt D nach unendlich, weil ζ dort unendlich wird. Um dies zu erkennen, wäre eine etwas eingehendere Diskussion erforderlich.

Da die Lösungskurve CD oberhalb der Linie $t = n^2$ liegt, kann in diesem Teil der Strömung ein Stoß auftreten, der sich längs einer Kurve $\zeta = \text{const}$ erstreckt. In dem Strömungsfeld stromabwärts des Stoßes muß längs der x-Achse die y-Komponente der Geschwindigkeit null sein. Diese Bedingung erfordert, daß diese Lösungskurve in Punkt A

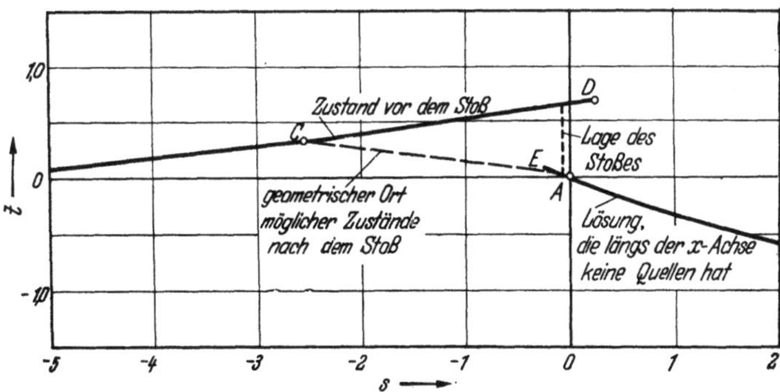

Abb. 117. t, s-Diagramm und Bestimmung des Verdichtungsstoßes für eine achsensymmetrische Strömung mit $M = 1$ (nach BARISH und GUDERLEY)

durch Gl. XI, 1 (12a) bestimmt ist. Das Strömungsfeld nach dem Stoß ergibt also eine vorbestimmte Kurve des s, t-Diagramms. Der Zustand vor dem Stoß ist durch die Kurve CD gegeben. Indem man diese Kurve an der Linie $t = n^2$ spiegelt, erhält man den geometrischen

Ort der durch einen Stoß erreichbaren Zustände. Der Schnittpunkt dieser Kurve mit CA gibt dann die Lage des Stoßes. Abb. 117 zeigt diese Konstruktion für den achsensymmetrischen Fall.

An der Stoßstelle sind sonach zwei Strömungsfelder miteinander zu verknüpfen, die sich aus getrennten Rechnungen ergeben. Bei dieser Verknüpfung muß für eins der Felder die in Gl. XI, 1 (3) auftretende Konstante C so gewählt werden, daß für beide Felder sich an der Stoßstelle der gleiche Wert von ζ ergibt.

Um die Stromliniengestalt, d. h. die Abweichung einer Stromlinie von einer Linie $y = \text{const}$ zu erhalten, muß man die Stromlinienneigung längs einer Linie $y = \text{const} = y_0$ integrieren. Man bestimmt also den Ausdruck

$$\tilde{y} = \int \vartheta(y_0, x)\, dx .$$

Einfacher gestaltet sich die Rechnung durch Benutzung der Kontinuitätsgleichung, in ähnlicher Weise wie in Abschn. II, 8. Wir betrachten im ebenen Falle für ein beliebiges Gebiet der Strömungsebene den Ausdruck

$$\iint \left(-(\varkappa + 1)\, \Phi_x \Phi_{xx} + \Phi_{yy}\right) dx\, dy = 0$$

und formen ihn durch Integrationen um

$$\oint \left[-(\varkappa + 1) \left(\frac{\Phi_x^2}{2}\right) dy - \Phi_y\, dx\right] = 0 .$$

Das Integral ist dabei im Gegenzeigersinne um das betrachtete Gebiet herum zu erstrecken. Wählt man als Grenzen dieses Gebietes die Linien $y = 0$, $y = y_0$, $x = -\infty$ und $\zeta = \text{const} = \zeta_0$, so vereinfacht sich dies zu

$$\tilde{y} = \int\limits_{-\infty}^{x_0} \Phi_y\, dx = \left\{\int\limits_0^{y_0} \left[\frac{(\varkappa + 1)}{2}\, \Phi_x^2 + \Phi_y \frac{dx}{dy}\right] dy\right\}_{\zeta = \zeta_0} .$$

Damit findet man für $n = 4/5$ unter Verwendung von Gl. XI, 1 (1)

$$\tilde{y} = y_0^{1/5} (\varkappa + 1)^{1/3}\, \tilde{\tilde{y}},$$

wobei

$$\tilde{\tilde{y}} = \frac{5}{2} f'^2 + \frac{8}{5} \zeta (f - 2\zeta f') .$$

Ähnlich ergibt sich für den achsensymmetrischen Fall

$$\tilde{y} = y_0^{-5/7} (\varkappa + 1)^{1/3}\, \tilde{\tilde{y}},$$

wobei

$$\tilde{\tilde{y}} = \frac{7}{4} f'^2 - \frac{4}{7} \zeta (f + 2\zeta f') .$$

Die Ergebnisse finden sich in den Tab. 2 und 3 und in den Abb. 118 und 119. Daß die Koordinate stromabwärts des Stoßes nicht bei runden Werten liegt, rührt daher, daß sich diese Werte erst nach Erfüllung der Stoßbedingungen festlegen lassen.

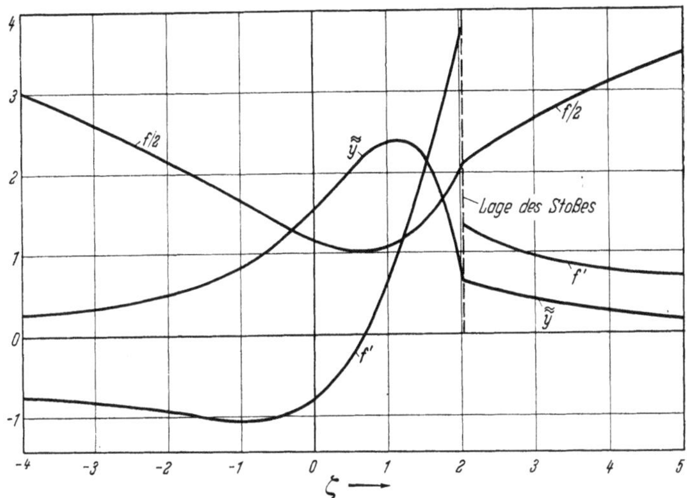

Abb. 118. Funktionen f, f' und $\tilde{\tilde{y}}$ für den ebenen Fall (nach BARISH und GUDERLEY)

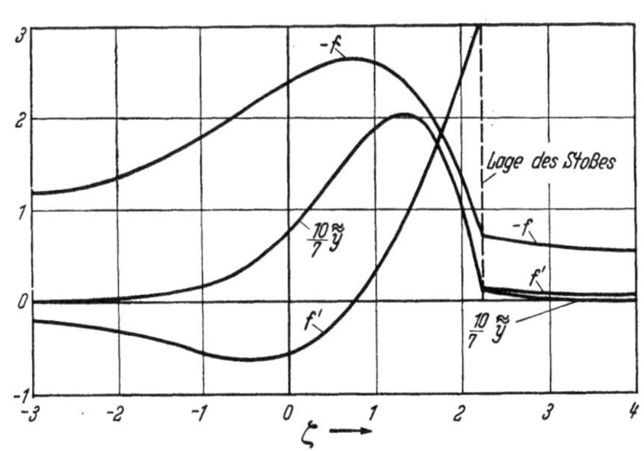

Abb. 119. Funktionen f, f' und $\tilde{\tilde{y}}$ für den achsensymmetrischen Fall (nach BARISH und GUDERLEY)

Bemerkenswert, aber nicht überraschend, ist die Tatsache, daß im ebenen Falle die Stromliniendeformationen nicht nach null geht, wenn man y über alle Grenzen wachsen läßt. Im achsensymmetrischen

Tabelle 2. *Funktion $f(\zeta)$ für achsensymmetrische Strömung stromaufwärts und stromabwärts des Verdichtungsstoßes*

ζ	f	f'
−2,4	−1,261	−0,2493
−2,2	−1,314	−0,2785
−2,0	−1,373	−0,3126
−1,8	−1,439	−0,3519
−1,6	−1,514	−0,3965
−1,4	−1,588	−0,4457
−1,2	−1,693	−0,4975
−1,0	−1,797	−0,5480
−0,8	−1,911	−0,5917
−0,6	−2,033	−0,6218
−0,4	−2,159	−0,6311
−0,2	−2,283	−0,6128
0	−2,401	−0,5612
0,2	−2,505	−0,4715
0,4	−2,587	−0,3403
0,6	−2,639	−0,1648
0,8	−2,650	0,0570
1,0	−2,613	0,3265
1,2	−2,517	0,6451
1,4	−2,352	1,016
1,6	−2,109	1,435
1,8	−1,777	1,906
2,0	−1,346	2,428
2,2	−0,849	3,001
2,24	−0,712	3,119
Stoß		
2,24	−0,712	0,1528
2,274	−0,710	0,1516
2,366	−0,691	0,1390
2,554	−0,669	0,1253
2,774	−0,641	0,1099
3,113	−0,605	0,0916
3,795	−0,547	0,0615

Tabelle 3. *Funktion $f(\zeta)$ für ebene Strömung stromaufwärts und stromabwärts des Stoßes*

ζ	f	f'
−3,4	5,531	−0,7801
−3,2	5,373	−0,8002
−3,0	5,211	−0,8216
−2,8	5,044	−0,8442
−2,6	4,873	−0,8681
−2,4	4,696	−0,8933
−2,2	4,515	−0,9195
−2,0	4,328	−0,9465
−1,8	4,136	−0,9736
−1,6	3,939	−0,9999
−1,4	3,736	−1,0238
−1,2	3,529	−1,0430
−1,0	3,319	−1,0540
−0,8	3,108	−1,0524
−0,6	2,899	−1,0322
−0,4	2,697	−0,9866
−0,2	2,507	−0,9079
0	2,336	−0,7886
0,2	2,194	−0,6214
0,4	2,091	−0,3999
0,6	2,038	−0,1886
0,8	2,048	0,2269
1,0	2,133	0,6400
1,2	2,308	1,122
1,4	2,587	1,678
1,6	2,958	2,308
1,8	3,516	3,013
2,0	4,196	3,795
2,03	4,208	3,807
Stoß		
2,03	4,208	1,361
3,167	5,504	0,933
4,749	6,802	0,732

Falle geht wohl die Stromliniendeformation nach null, nicht aber die Fläche, die zwischen der deformierten und der undeformierten Stromfläche liegt.

Noch auf eine andere Anwendung dieser Betrachtungen sei hingewiesen. Wird ein Körper mit einer hohen Unterschallgeschwindigkeit angeströmt, so entsteht ein lokales Überschallgebiet, das häufig in einem Stoß endet. Die Vermutung liegt nahe, daß dieser Stoß an der Schallinie anfängt, und man kann fragen, ob die Nachbarschaft des Punktes, in dem der Stoß sich mit der Schallinie trifft, durch Lösungen der hier angegebenen Art dargestellt werden kann (Abb. 120). Die einzige Annahme, die die Lösungen zugrunde liegt, ist ja, daß das Potential in der Nachbarschaft eines solchen Punktes sich in der niedrigsten Näherung längs geeigneter verallgemeinerter Parabeln wie eine Potenz des Abstandes von diesem Punkte verhält. Eine genauere

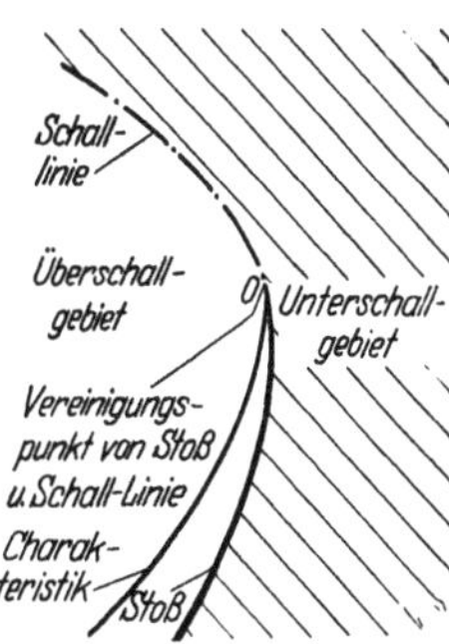

Abb. 120. Hypothetische Gestalt der Vereinigung zwischen Stoß und Schallinie. Eine Lösung dieser Art läßt sich nicht auffinden

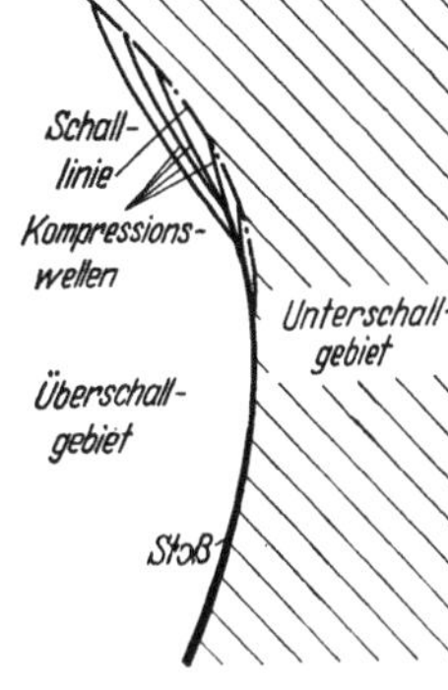

Abb. 121. Mögliche Form des Verhaltens eines Stoßes in der Nähe der Schallinie. Der Stoß beginnt im Überschallgebiet und entsteht durch Zusammenlaufen von Kompressionswellen. Der Versuch, ein analytisches Beispiel dieser Art herzustellen, ist bisher noch nicht unternommen worden

Untersuchung mit Hilfe des Hodographen wurde von Dr. Walter Ludwig vorgenommen und ergab, daß eine solche Möglichkeit nicht existiert[1]. Anscheinend ist dieses Strömungsfeld viel komplizierter. Eine mögliche Struktur dieses Teiles des Strömungsfeldes findet sich in Abb. 121. Natürlich wäre es erwünscht, wenn sich ein analytisches Beispiel dieser Art berechnen ließe.

6. Beschreibung von Strömungsfeldern mit einer Anström-Mach-Zahl in der Nähe von 1

Die Ergebnisse des vorigen Abschnittes vermitteln uns eine genauere Vorstellung über ein Strömungsfeld bei der Anström-Mach-Zahl 1. Wir wollen uns hier überlegen, wie sich dieses Strömungsfeld entwickelt, wenn man sich der Mach-Zahl 1 von unten nähert und wie sich dann bei weiterer Mach-Zahlsteigerung die bekannten Überschallfelder entwickeln.

Ein symmetrischer Körper werde mit verschiedenen Mach-Zahlen angeströmt. Ist die Anström-Mach-Zahl niedrig, so erhält man eine

[1] Da das Ergebnis negativ war, sind diese Untersuchungen unveröffentlicht geblieben.

reine Unterschallströmung (falls der Körper keine konvexen Ecken besitzt). Bei einer bestimmten höheren Mach-Zahl, die von der Gestalt des Körpers abhängt, tritt dann erstmalig ein kleines lokales Überschallgebiet auf. Meistens endet es in einem Stoß. Bei weiterer Mach-Zahlsteigerung dehnt sich das Überschallgebiet mehr und mehr aus und erstreckt sich schließlich bis hinter den umströmten Körper. Ist dies der Fall, so endet es immer in einem Verdichtungsstoß. Die von der Schallinie kommenden Kompressionswellen werden nämlich dann nicht mehr abgefangen und gelangen deshalb an die Grenze des Überschallbereiches. Das kann aber nicht die Schallinie sein, weil nach Abschn. VI, 1 alle Wellen, die an der Schallinie enden, Expansionswellen sein müssen. Daher wird diese Grenze sicher von einem Stoß gebildet. Die konvexe Oberfläche des Körpers verwandelt zwar die Wellen, die sie erreichen, zum größten Teil in Verdünnungswellen. An der Hinterkante ergibt sich aber eine konkave Ecke, und von dort geht bereits ein Stoß aus. Ist der Winkel der Hinterkante null, so muß man dort eine konkave Krümmung haben, und der Stoß bildet sich zwar nicht direkt an der Hinterkante, aber doch in ihrer Nähe aus. Dieser Verdichtungsstoß braucht nicht nach Unterschall zu führen. In seinem weiteren Verlauf vereinigt er sich mit den Verdichtungswellen, die das Totwasser durchdringen, und schließlich auch mit dem Verdichtungsstoß, der das Überschallgebiet abschließt.

Wenn sich die Anström-Mach-Zahl, von Unterschall kommend, dem Werte 1 nähert, rückt der Stoß, der das Unterschallgebiet abschließt, weiter und weiter stromabwärts. Der von der Hinterkante ausgehende Verdichtungsstoß, in Verbindung mit den durch das Totwasser tretenden Kompressionswellen, nimmt in größerer Entfernung von dem Körper die Gestalt an, die im vorigen Abschnitt berechnet wurde. Eine Abweichung von dieser Form erfolgt dann wieder in noch größeren Entfernungen, wo dann die Vereinigung mit dem Stoß erfolgt, der das Überschallgebiet abschließt (Abb. 122).

Da man nach den Rechnungen des vorigen Abschnittes nach dem Stoß Geschwindigkeiten erhält, die sehr nahe an der kritischen Geschwindigkeit liegen, besonders im achsensymmetrischen Falle, ist es denkbar, daß der Stoß der das Unterschallgebiet hinter dem Körper abschließt, sehr schwach ist, so daß es erscheint, als ob der Rückgang nach Unterschallgeschwindigkeiten immer von einem Stoß bewerkstelligt wird, der von dem Hinterende des Körpers ausgeht.

Da das Unterschallfeld, das sich stromabwärts des umströmten Körpers ausbildet, in Verbindung steht mit dem Unterschallfeld stromaufwärts des Körpers, findet eine gegenseitige Beeinflussung statt, eine wirkliche Lösung des Strömungsfeldes für eine Unterschall-

MACH-Zahl müßte den Einfluß des Verdichtungsstoßes, der das Überschallfeld abschließt, auf das gesamte Unterschallfeld berücksichtigen. Das ist äußerst schwierig. Ein Beispiel wurde kürzlich von YOSHIHARA [3] angegeben.

Abb. 123 skizziert die entsprechende Strömung mit der MACH-Zahl 1.

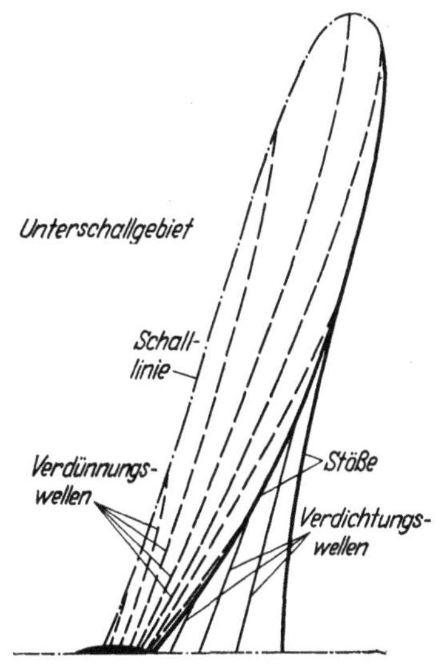

Abb. 122. Struktur eines Strömungsfeldes bei einer hohen Unterschallgeschwindigkeit (nach BARISH und GUDERLEY)

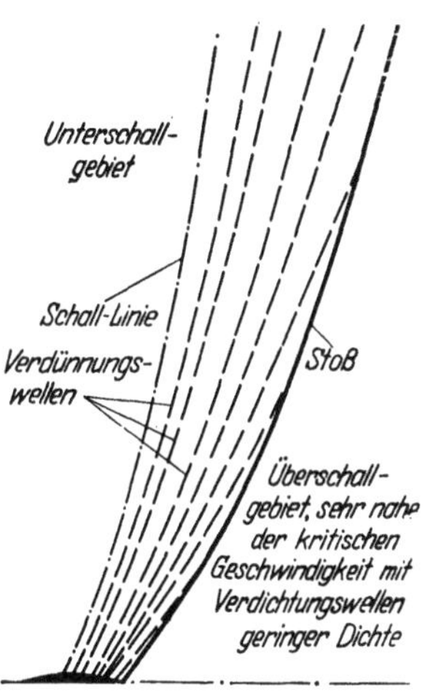

Abb. 123. Allgemeine Struktur eines Strömungsfeldes bei der MACH-Zahl 1 (nach BARISH und GUDERLEY)

Bei einer Anström-MACH-Zahl, die um einen geringen Betrag über 1 liegt, entsteht ein abgelöster Verdichtungsstoß in erheblicher Entfernung stromaufwärts des umströmten Körpers. Die Schallinie, die vom Körper ausgeht, endet am Verdichtungsstoß. Die von der Schallinie ausgehenden Verdichtungswellen, die das Totwasser durchdringen, vereinigen sich mit den Wellen, die von der Hinterkante des Körpers ausgehen und bilden einen Stoß, wie wir ihn im vorigen Abschnitt kennengelernt haben.

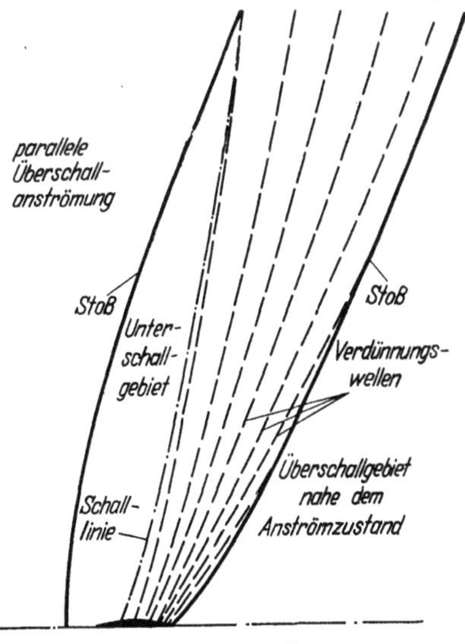

Abb. 124. Struktur einer Überschallströmung um ein Profil (nach BARISH und GUDERLEY)

Eine Abweichung von dem Strömungsfeld des vorigen Abschnittes entsteht in der Nähe der Vereinigung dieses Stoßes mit dem abgelösten Stoß, der stromaufwärts des Körpers beginnt (Abb. 124) Für höhere MACH-Zahlen rückt der abgelöste Stoß näher und näher an den Körper heran. Weniger und weniger Verdünnungswellen erreichen die Schallinie, und entsprechend gehen weniger Verdichtungswellen von der Schallinie aus. Für die Druckverteilung am Körper ist bei allen Überschallfeldern das Strömungsfeld stromabwärts der Hinterkante ohne Interesse.

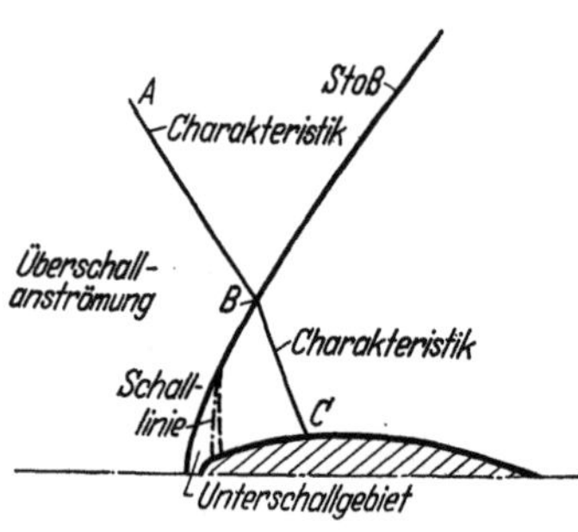

Abb. 125. Zur Bestimmung der Druckverteilung im rückwärtigen Teil eines Profils, wenn ein abgelöster Stoß auftritt

Folgt man bei einer höheren Überschall-MACH-Zahl einer Charakteristik (etwa ABC in Abb. 125), die im Überschallgebiet vor dem Stoß beginnt und nach Überschreiten des Stoßes das Profil erreicht, so bewegt man sich im Hodographen mit guter Annäherung längs einer Charakteristik, da nämlich der Sprung des Geschwindigkeitsvektors, der beim Überschreiten des Stoßes auftritt, im Hodographen recht gut als Sprung längs einer Charakteristik angenähert werden kann. Daraus folgt, daß in einer ebenen Strömung die Drücke in Punkten des Profils, die von Charakteristiken dieser Art erreicht werden, die gleichen sind wie in einem reinen Überschallfeld. Mit wachsender Anström-MACH-Zahl überdeckt diese Art der Druckverteilung, von der Hinterkante her ausgehend, einen immer wachsenden Teil des Profils.

Literaturverzeichnis

1. Zitierte Arbeiten

Die am Schluß jedes Zitates in Klammern gesetzten Seitenzahlen verweisen auf die Textseiten, auf denen die Arbeit zitiert ist

BARISH, DAVID T., and GOTTFRIED GUDERLEY: Asymptotic Forms of Shock Waves in Flows over Symmetrical Bodies at Mach one. Journal of the Aeronautical Sciences 1953 p. 491 [S. 352, 353]

BUSEMANN, ADOLF [*1*]: Hodographenmethode der Gasdynamik. Z. angew. Math. Mech. Bd. 17 (1937) S. 73 [S. 83]

— [*2*]: Beitrag Gasdynamik in Wiens-Harms: Handbuch der Experimentalphysik Bd. 4, 1. Teil. Leipzig 1931 [S. 15, 16]

— [*3*]: Theory of the Propeller in Compressible Flow. Proceedings of the Third Midwestern Conference on Fluid Mechanics. The University of Minnesota 1953 [S. 71]

BUSEMANN, ADOLF, u. K. GOTTFRIED GUDERLEY: The Problem of Drag at High Subsonic Speeds. British Ministry of Aircraft Production, Volkenrode Rep and Translations No. 184 (March 1947) [S. 152, 332]

BERGMANN, STEFAN: The Kernel Function and Conformal Mapping. American Mathematical Society 1950 [S. 304]

CHANG, CHIEH-CHIEN, and VIVIAN O'BRIEN: Some Exact Solutions of Two-Dimensional Flows of Compressible Fluid with Hodograph Method. NACA Tech. Note 2885 (1953) [S. 99]

CHRISTIANOWITSCH, S. A.: Flow past Bodies at High Subsonic Velocities, Rep. No. 481. Joukowski Central Aero-Hydro Institute 1940

COLE, JULIAN D. [*1*]: Transonic Limits of Linearized Theory. Guggenheim Aeronautical Laboratory, California Institute of Technology, Office of Scientific Research Technical Note 228 (1954) [S. 71]

— [*2*]: Acceleration of Slender Bodies of Revolution through Sonic Velocity. Guggenheim Aeronautical Laboratory California Institute of Technology, Office of Scientific Research Technical Note 5—55 (1954) [S. 10]

CROCCO, LUIGI: Singolarità della corrente gassosa iperacustica nell'intorno di una prora a diedro. Aerotechnica 17 (1937) p. 519 [S. 128, 145, 147]

COMPUTATION LABORATORY, National Applied Mathematics Laboratories, National Bureau of Standards: Tables of Besselfunctions of Fractional Order, Vol I und II. New York: Columbia University Press 1948 u. 1949

EGGINK, H.: Über Verdichtungsstöße bei abgelöster Strömung. Forschungsbericht 1850 [S. 158]

FALKOWITSCH, S. V.: On a class of Laval Nozzles, Inst. of Mechanics of the Academy of Sciences UdSSR, Applied Math. and Mech. Vol. XI, pp. 223—230. (Translation by the Graduate Division of Applied Mathematics, Brown University, Head Quarters Air Material Command, Wright Patterson AFB Tech. Report F–TS–1223–IA) [S. 224ff.]

FRANKL, F. I. [*1*]: Effect of the Acceleration of Elongated Bodies of Revolution upon the Resistance in Compressible Fluid. Inst. of Mechanics of the Academy of Sciences UdSSR, Applied Math. and Mech. Vol. 10, No. 4 (1946) auch NACA Tech. Memorandum 1230 [S. 69]

— [*2*]: On the Formation of Shock Waves in Subsonic Flows with Local Supersonic Velocities. Inst. of Mechanics of the Academy of Sciences UdSSR, Applied Math. and Mech. Vol. XI (1947) p. 199—202. Brown University translation [S. 332]

— [*3*]: Asymptotic Resolution of Chaplygin's Functions. Transactions of Academy of Sciences of UdSSR, Vol. LVIII, No. 5 (1947). Brown University Translation [S. 106]

— [*4*]: The Flow of a Supersonic Jet from a Vessel with Plane Walls. Transactions of the Academy of Sciences UdSSR, Vol. LVIII, No. 3 (1947). Brown University translation [S. 137]

— [*5*]: Investigation of the Theory of Wings of Infinite Span moving at the Speed of Sound. Transactions of the Academy of Sciences UdSSR. Vol. LVII, No. 7, p. 991 [S. 235]

— [*6*]: On the Problem of Chaplygin for Mixed Subsonic-Supersonic Flows. Transactions of the Academy of Sciences UdSSR. Vol. 9, NACA Tech. Memorandum 1155 [S. 126, 129, 137, 157]

FRIEDRICHS, K. O.: On the Non-Occurrence of a Limiting Line in transonic flow. Communications of Applied Mathematics (1948) p. 287. Applied Mechanics Review (1950) Review 753

GARDNER, C. S., and H. F. LUDLOFF: Influence of Accelerations on Aerodynamic Characteristics of Thin Airfoils in Supersonic and Transonic Flight. Journal of the Aeronautical Sciences, Vol. 17 (1950) p. 47 [S. 69ff.]

GÖRTLER, H.: Zum Übergang von Unterschall- zu Überschallgeschwindigkeiten in Düsen. Z. angew. Math. Mech. Bd. 19 (1939) S. 325 [S. 77]

GRAHAM, E. W.: Solution of a Non-Linear Equation for Transonic Flow with Rotational Symmetry. Douglas Aircraft CO SM–13677 (1949) [S. 80]

GUDERLEY, K. GOTTFRIED [*1*]: On the Transition from a Transonic Potential Flow to a Flow with Shocks. Tech. Report F–TR–2160 ND, Head Quarters Air Materiel Command. Wright Field, Dayton Ohio, ATI No. 22—278 (1947) [S. 30, 33, 132, 152, 332]

— [*2*]: Considerations on the Structure of Mixed Subsonic-Supersonic Flow Patterns. Tech. Report F–TR–2168–ND Head Quarters Air Materiel Command, Wright Field, Dayton, Ohio (1947) [S. 126, 137, 140, 148, 152, 158, 163, 165]

— [*3*]: Singularities at the Sonic Velocity. Tech. Report F–TR–1171–ND, Head Quarters Air Materiel Command, Wright Patterson Air Force Base, Dayton, Ohio [S. 165, 171, 199, 235, 242, 315, 316, 319ff., 323]

— [*4*]: Axial Symmetric Flow Patterns at a Free Stream Mach Number close to one. US Air Force Tech. Report No. 6285 (October 1950) [S. 342ff.]

— [*5*]: Two-Dimensional Flow Patterns with a Free Stream Mach Number Close to one. US Air Force Tech. Report No. 6346 (May 1951) [S. 126, 203, 325, 333, 349]

— [*6*]: A Formula for the Normalization Constant in Eigen Value Problems. Quarterly of Applied Mathematics, Vol. X (1952) p. 176 [S. 203]

— [*7*]: On Wind-Tunnel Corrections in the Lower Transonic Range. Wright Air Development Center Tech. Report No. 53—506 (1953) [S. 48, 311]

— [*8*]: On Transonic Simplifications of the Hodograph Equation. Wright Air Development Center Tech. Report No. 53—183 (1953) [S. 105]

GUDERLEY, K. GOTTFRIED [*9*]: Two-Dimensional Bodies at Slightly Supersonic Mach Numbers. Wright Air Development Center Tech. Report No. 53—454 (1953) [S. 304, 305]

— [*10*]: On the Presence of Shocks in Mixed Subsonic-Supersonic Regions. Advances in Applied Mechanics, Vol. III. New York: Academic Press Inc. Publishers 1953 [S. 332]

— [*11*]: The Wall Pressure Distribution in a Choked Tunnel. Wright Air Development Center. Tech. Report No. 53—509 (1953) [S. 302]

— [*12*]: The Flow over a Flat Plate with a Small Angle of Attack. Journal of the Aeronautical Sciences (1954) p. 261 [S. 261, 266]

— [*13*]: The Flat Plate with an Angle of Attack in a Choked Wind Tunnel. Journal of the Aeronautical Sciences Bd. 22 (1955) p. 844 [S. 266, 305, 310]

— [*14*]: On the Development of Solutions of Tricomi's Equation in the Vicinity of the Origin. Journal of Rational Mechanics and Analysis, Vol. 5 (1956) p. 747 ff. [S. 213, 221]

— [*15*]: On Transonic Air Foil Theory. Journal of the Aeronautical Sciences, Vol. 23 (1956) p. 961 [S. 314]

— [*16*]: Asymptotische Darstellungen für die Partikularlösungen der Hodographengleichung. Ministry of Supply 3 E/244 T. Erhältlich durch PB 96095 Publ. Bd. Department of Commerce, Washington, D. C. [S. 106]

— [*17*]: Rückkehrkanten in ebener kompressibler Potentialströmung. Z. angew. Math. Mech. Bd. 22 (1942) S. 121 ff. [S. 96]

— [*18*]: Störungen in ebenen und achsensymmetrischen Schall- und Überschallparallelestrahlen. Z. angew. Math. Mech. Bd. 25/27 (1947) S. 190 ff. [S. 71]

GUDERLEY, K. GOTTFRIED, and HIDEO YOSHIHARA [*1*]: The Flow over a Wedge Profile at Mach Number one, Journal of the Aeronautical Sciences (1950) p. 723 [S. 245]

— [*2*]: An Axial-Symmetric Transonic Flow Pattern. Quarterly of Applied Mathematics. Vol. VIII, No. 4 (Jan. 1951) [S. 333, 341, 349]

— [*3*]: Two-dimensional Unsymmetric Flow Patterns at Mach Number One. Journ. of the Aeronautical Sciences, Vol. 20 (1953) p. 757 [S. 249, 251]

HAMEL, GEORG: Integralgleichungen, 2. Aufl. Berlin: Springer 1949 [S. 204]

HANTZSCHE, W., u. H. WENDT: Mit Überschall angeblasene Kegelspitzen, Jahrbuch der Deutschen Luftfahrtforschung 1942 nach NACA Tech. Memorandum No. 1157 (1947) [S. 38]

HEASLET, MAX A., LOMAX, HARVARD and JOHN R. SPREITER: Linearized Compressible Flow Theory for Sonic Flight Speeds, NACA Rep. 956 (1950) [S. 58]

HUCKEL, VERA: Tables of Hypergeometric Functions for Use in Compressible Flow Theory. NACA Tech. Note 1716 (1948) [S. 99]

IMAI, ISAO: Application of the WKB-method to the Flow of a Compressible Fluid I, II. Journal for Mathematics and Physics 1949, S. 173; 1950, S. 205 [S. 106]

JONES, ROBERT T.: Properties of Low Aspect Ratio Pointed Wings at Speeds below and above the Speed of Sound. NACA Rep. 835 (1946) [S. 58]

JACOBS, WILLI: Geschwindigkeitsverteilungen in zwei-dimensionalen gekrümmten LAVAL-Düsen. Jahrbuch der Wissenschaftlichen Gesellschaft für Luftfahrt (WGL). Braunschweig: Vieweg 1954 [S. 75]

JAHNKE u. EMDE: Tafeln höherer Funktionen. Stuttgart: B. G. Teubner

VON KÁRMÁN, THEODORE: The Similarity Law of Transonic Flow. J. Math. Phys. Vol. XXVI (1947) p. 182 [S. 30]

KEUNE, FRIEDRICH [1]: Low Aspect Ratio Wings with Small Thickness at Zero Lift in Subsonic and Supersonic Flow. Royal Institute of Technology Stockholm, Schweden KTH Aero TN 21 [S. 62]

— [2]: The Influence of Camber and Geometrical Twist on Low Aspect Ratio Wings of Finite Thickness in Subsonic Transonic and Supersonic Flow. Royal Institute of Technology Stockholm Schweden KTH Aero TN 29 [S. 62]

LIGER, MARC: Nouvelles Équations approchées pour l'Étude des écoulements subsoniques et transsoniques. Offices National d'Études et de Recherches Aéronautiques, Publ. 64 (1953) [S. 247]

LIGHTHILL, M. J.: The Hodograph Transformation in Transonic Flow Parts I—III. Proc. Roy. Soc., Lond., Ser. A, Vol. 191, No. 1026 (1947) p. 323 [S. 101]

LANGER, R. E.: On Asymptotic Solutions of Ordinary Differential Equations with an Application to Bessel Functions of Large Order. Trans. Amer. Math. Soc. (1931) p. 23 [S. 106]

MARSCHNER, BERNHARDT W.: The Flow over a Body in a Closed Wind Tunnel and in a Sonic Free Jet. Journal of the Aeronautical Sciences 23 (1956) p. 368 [S. 245, 297 ff.]

MEYER, TH.: Dissertation, Göttingen 1908 [S. 73]

MOLENBROEK, P.: Über einige Bewegungen eines Gases mit Annahme eines Geschwindigkeitspotentials. Arch. Math. Phys. 9 (1890) S. 157 [S. 82]

MORAWETZ, CATHLEEN S. [1]: On the Non-Existence of Continuous Transonic Flows Past Profiles I. Communications on Pure and Applied Mathematics, Vol. 9 (February 1956) [S. 133, 332]

— [2]: A Uniqueness Theorem for the Frankl Problem. Comm. Pure Applied Mathematics, Vol. 7 (1954) S. 691 ff. (New York University) [S. 126]

MANGLER, K. W.: Calculation of the Pressure Distribution over a Wing at Sonic Speed. RAE-Report No. 2439 (1951); Aero Research Council, London Rep. Mem. 2888 (1955) [S. 58]

NIKOLSKI, A. A., and G. I. TAGANOFF: Flow of a Gas in a Local Supersonic Zone and some Conditions for the Breakdown of Potential Flow. Inst. of Mechanics of the Academy of Sciences UdSSR, Applied Math. and Mech. Vol. X (1946). Brown University Translation [S. 134]

OSWATITSCH, K. [1]: Zur Ableitung des Croccoschen Wirbelsatzes. Luftfahrtforschung Bd. 20, S. 260 [S. 6]

— [2]: Die Geschwindigkeitsverteilung bei lokalen Überschallgebieten an flachen Profilen. Z. angew. Math. Mech. Bd. 30 (1950) S. 17 [S. 43]

OSWATITSCH, K., u. S. B. BERNDT: Aerodynamic Similarity of Axisymmetric Transonic Flow around Slender Bodies. Stockholm: Royal Institute Techn. 1950. (KTH Aero TN 15) [S. 43]

OSWATITSCH, K., u. F. KEUNE: Ein Äquivalenzsatz für nichtangestellte Flügel kleiner Spannweite in schallnaher Strömung. KTH Aero Report 155 (1954) und Z. Flugwissenschaften III (1954) S. 29 ff. [S. 58, 62]

SPREITER, JOHN R.: On alternative Forms for the Basic Equations of Transonic Flow Theory. Journ. Aero. Sciences, Vol. 20 (1954) S. 360 [S. 46, 313]

SEIFERT, HERBERT: Zur asymptotischen Integration von Differentialgleichungen. Math. Z. Bd. 48 (1942) S. 173 [S. 103]

TOLLMIEN, W. [1]: Zum Übergang von Unterschall- in Überschallströmungen. Z. angew. Math. Mech. Bd. 17 (1937) S. 117 [S. 89]

— [2]: Grenzlinien adiabatischer Potentialströmungen. Z. angew. Math. Mech. Bd. 21 (1941) S. 140 [S. 122]

TAMOTIKA, S., and K. TAMADA: Studies on Two-Dimensional Transonic Flows of Compressible Fluids Parts I, II, III. Quarterly of Applied Mathematics (1950) S. 127, S. 381; (1951) S. 129 [S. 72, 222]

TSCHAPLIGIN, A.: Über Gasstrahlen. Wiss. Ann. d. Univ. Moskau, Phys. und Math. Klasse Bd. 21 (1904) S. 1 (Übersetzung der DVL) [S. 97]

TEMPLE, G.: The Method of Characteristics in Supersonic Flow. ARC Reports and Memoranda 2091 (1944) [S. 16]

TRICOMI, F.: Sulle equazioni lineari alle derivate parziali di 2° ordine di tipo misto. Atti della R. Academia Nazionale dei Lincei 1923. Serie Quinta della Classe di Science Fisiche. Matematiche e Naturali, Vol. XIV, p. 134 [S. 107, 123]

VINCENTI, WALTER G., and CLEO B. WAGONER [*1*]: Transonic Flow past a Wege Profile with Detached Bow Wave. NACA Rep. 1095 (1952) [S. 311 ff.]

— [*2*]: Theoretical Study of Transonic Lift of a Double Wedge Profile with Detached Bow Wave. NACA Rep. 1180 (1954) [S. 257, 311 ff.]

VINCENTI, WALTER G., CLEO B. WAGONER, and NEWMAN H. FISHER JR.: Calculations of the Flow over an Inclined Plate at Free-Stream Mach Number 1. NACA TN 3723 [S. 108, 314]

WEISE, A.: Theorie des gegabelten Verdichtungsstoßes. Technische Berichte Bd. 10 (1943) No. 12 [S. 158]

WITHCOMB, RICHARD T. [*1*]: A Study of the Zero Lift Drag Rise Characteristics of Wing Body Combinations near the Speed of Sound. NACA RM–L 52 HO 8 (1952) [S. 62]

— [*2*]: Zero Lift Characteristics of Wing-Body Combinations at Transonic Speeds. Aeronautical Engineering Review (Institute of the Aeronautical Sciences) 1956 [S. 62]

YOSHIARA, HIDEO [*1*]: On the Flow over a Wedge in the Upper Transonic Region. Proceedings of the second National Congress of Applied Mechanics Ann. Arbor Mich. 1954. Published by the American Society of Mechanical Engineers [S. 313]

— [*2*]: The Flow over a Cone Cylinder Body at Mach Number One. Wright Air Development Center. Tech. Report No. 52—295 and Third Midwestern Conference on Fluid Mechanics University of Minnesota 1953 [S. 342]

— [*3*]: On the Flow over a Finite Wedge in the Lower Transonic Region. Wright Air Development Center Tech. Report 56—268 and Proceedings of the International Conference in Applied Mathematics Brussels 1956 [S. 140, 314, 361]

2. Lehrbücher

SAUER, ROBERT: Einführung in die theoretische Gasdynamik, 2. Aufl. Berlin: Springer 1952

OSWATITSCH, KLAUS: Gasdynamik. Wien: Springer 1952

LIEPMANN, HANS WOLFGANG, and ALLEN E. PUCKETT: Introduction to Aerodynamics of Compressible Fluid. John Wiley and Sons Inc. 1947

SHAPIRO, A. H.: The Dynamics and Thermodynamics of Compressible Fluid Flow Vol. I and II. New York: The Ronald Press. Co. 1953

SEARS, W. R.: (Editor) General Theory of High Speed Aerodynamics and Jet Propulsion, Vol. VI. Princeton University Press. 1954

VON KÁRMÁN, TH., and M. BIOT: Mathematical Methods in Engineering. McGraw Hill Book Company, Inc.

COURANT, R., u. D. HILBERT: Methoden der Mathematischen Physik I und II, 2. Aufl. Berlin: Springer 1931

Whittaker, E. T., and G. N. Watson: A Course of Modern Analysis. New York: The McMillan Company

Copson, E. T.: An Introduction to the Theory of a Complex Variable. Oxford: University Press

3. Weitere Arbeiten

Agmon, S., Nirenberg and M. H. Protter: A Maximum Priciple for a Class of Hyperbolic Equations and Applications to Equations of Mixed Elliptic-Hyperbolic Type. Communications of Pure and Applied Math. (Nov. 1953). New York University

von Baranoff, Alexis: Sur la résistance d'un corps de révolution effilé en mouvement acceleré ou déceleré. Comptes Rendues des Séances de l'Académie des Sciences, tome 240 (février 1955)

Barish, David T.: Interim Report on a Study of Mach one Wind Tunnels. Wright Air Development Center Tech. Report No. 52—88 (1952)

Bergdolt, V. E.: Airflow about Cone-Cylinders with Curved Shock Waves. Journal of the Aeronautical Sciences (1953) pp. 751

Bers, Lipman: Results and Conjectures in the Mathematical Theory of Subsonic and Transonic Gas Flows. Communications on Pure and Applied Mathematics, Vol. VII, No. 1 (February 1954) New York University

Bergman, Stefan: Two-dimensional Subsonic Flows of a Compressible Fluid and their Singularities. Trans. Amer. Math. Soc. 62 (1947) pp. 452

Berndt, S. B.: Similarity Laws for Transonic Flow about Wings of Finite Aspect Ratio. Stockholm Schweden: Royal Institute of Technology 1950 (KTH Aero TN 14)

Bryson, Arthur Earl Jun: An Experimental Investigation of Transonic Flow past Two-Dimensional Wedge and Circular Arc Sections Using a Mach Zehnder Interferometer. NACA Rep. 1094 (1952)

Busemann, Adolf: A Review of Analytical Methods for the Treatment of Flows with Detached Shocks. NACA TN 1858 (1949)

— [*2*]: The Drag Problem at High Subsonic Speeds. Journ. Aero. Sciences, Vol. 16 (1949) S. 337

— [*3*]: Application of Transonic Similarity. NACA TN 2687 (1952)

— [*4*]: The Non-Existence of Transonic Potential Flow. „Fluid Mechanics" Proc. Symp. Applied Math. Vol. IV. New York: McGraw Hill Book Co, Inc. (1953) p. 29

Biot, M. A.: Transonic Drag of an Accelerated Body. Quarterly Appl. Math. 7 (1949) S. 101ff.

Cabannes, Henri [*1*]: Détermination Théoriques de l'Écoulement d'un Fluide derrière une Onde de Choc Détachée. Note Techn. No. 5 (1951), Office National d'Études et de Recherches Aéronautiques

— [*2*]: Contributions to the Theory of Compressible Fluids, Transonic Flow, Shock Waves. Ann. Sci. École Norm. Sup. 9 (Jan. March 1952)

Carrier, G. F., and F. E. Ehlers: On some Singularities of the Tricomi Equation. Quarterly of Applied Math. 6 (1948) S. 331

Chang, Chieh-Chien: General Considerations of Problems in Compressible Flow Using the Hodograph Method. NACA TN 2582 (1952)

Chang, C. C., and B. T. Chu: Linearized Theory of Subsonic, Transonic and Supersonic Flow with Assigned Velocity Gradient. (July 1951) The John Hopkins University, Department of Aeronautics

CHERRY, T. M. [1]: Uniform Asymptotic Formulae for Functions with Transition Point. Trans. Amer. Math. Soc. Vol. 68 (March 1950) S. 224

— [2]: Flow of a Compressible Fluid about a Cylinder Part I. Proc. Roy. Soc. London, Ser. A, Vol. 192 (1947) pp. 45; Part II, ibidem Vol. 196 (1949) pp. 1

CLAUSER, M. U., and F. H. CLAUSER: New Methods of Solving the Equation for the Flow of Compressible Fluids. Doctorate Thesis, Cal. Institute of Technology 1937

COLE, JULIAN D.: Drag of a Finite Wedge at High Subsonic Speeds. J. Math. Phys. Vol. XXX (1951) pp. 79

COLE, J. D., G. E. SOLOMON and W. W. WILLMARTH: Transonic Flow past Simple Bodies. Journ. Aero. Sciences (1953) pp. 627

CRAGGS, J. W.: The Breakdown of the Hodograph Transformation for Irrotational Compressible Fluid Flow in two Dimensions. Proc. Cam. phil. Soc. vol. 44 (1948) p. 360ff.

DEMTSCHENKO, B.: Sur la relation entre la dynamique des fluides compressibles et celle des fluides incompressible. Publ. Math. Univ. Belgrade Bd. 2 (1933) S. 85

DIAZ, J. B., and G. S. S. LUDFORD [1]: A Transonic Approximation. University of Maryland, Institute for Fluid Dynamics and Applied Mathematics. TN BN-24

— [2]: On two Methods of Generating Solutions of Linear Partial Differential Equations by Means of Definite Integrals. University of Maryland, Institute for Fluid Dynamics and Applied Mathematics. TN BN-26

DROUGGE, G.: The Flow around Conical Tips in the Upper Transonic Region. The Aeronautical Research Institute of Sweden Report No. 25, Stockholm-Ulvsunda

EHLERS, F. EDWARD: On some Solutions of the Hodograph Equation which yield Transonic Flow through a Laval Nozzle. Journal of the Aeronautical Sciences 22 (1955) No. 2

FALKOWITSCH, S. V.: On the Theory of the Laval Nozzle. Inst. of Mechanics of the Academy of Sciences UdSSR. Appl. Math. Mech. Vol. 10, p. 503—512

FRANKL, F. I. [1]: On the Theory of the Laval Nozzle Rep. of Academy of Sciences UdSSR Math. Series Vol. 9 (1945)

— [2]: On a Family of Particular Solutions of the Equation of Darboux Tricomi and their Applications to the Critical Current in a given Plane Parallel Nozzle, Transactions of the Academy of Sciences UdSSR, Vol. LVIII (1947) pp. 683-686

— [3]: Asymptotic Resolution of Chaplygin's Function. Transactions of the Academy of Sciences UdSSR, Vol. LVIII (1947) p. 575

FISCHBACH, JOSEPH W.: Computation of the Transonic Flow over a Wedge with Detached Shock Wave by the Method of Steepest Descent. Ballistic Research Laboratory Aberdeen Proving Ground Maryland BRLM 642 (Jan. 1953)

GARRICK, I. E., and CARL KAPLAN: On the Flow of a Compressible Fluid by the Hodograph Method. Fundamental Set of Particular Flow Solutions of the Chapligin Differential Equation NACA Rep. 790 (1944)

GERMAIN, P., and R. BADER: Solutions élémentaires de certaines Équations aux dérivées partielles du type mixte. Bull. Soc. Math. France 1953

— [2]: Sur le problème de Tricomi. Rend. Circ. Palermo (II), 2, 1 (1953)

— [3]: Sur quelques problèmes relatifs à l'équation de type mixte de Tricomi. Publ. Onera No. 54 (1952)

GERMAIN, P. [1]: Remarks on the Theory of Partial Differential Equations of Mixed Type and Applications to the Study of Transonic Flow Communications of Pure and Applied Math. Vol. VII, Number 1. New York .University 1954

GERMAIN, P., [2]: New Applications of Tricomi Solutions to Transonic Flow. Second National Congress of Applied Mechanics 1954

— [3]: An Expression for the Green's Functions for a Particular Tricomi Problem. Quarterly of Applied Math. (July 1956)

GERMAIN, P., and M. LIGER: Une nouvelle Approximation pour l'Étude des Écoulements Subsoniques et Transoniques. Comptes Rendues de l'Académie des Sciences 234 (1952) p. 1846

GRIFFITH, WAYLAND: Shock Tube Sudies of Transonic Flow over Wedge Profiles. Journ. Aero. Sciences, Vol. 19 (1952) p. 265

GUDERLEY, GOTTFRIED [1]: Theoretical Considerations concerning the Flow Pattern in a two-dimensional Diffusor. Tech. Rep. F-TR-II 14 ND Head Quarters Air Material Command, Wright Field, Dayton, Ohio

— [2]: New Aspects of Transonic Flow Theory, ATI Technical Data Digest. Wright Field (1. Nov. 1947)

GULLSTRAND, TORE R. [1]: The Flow over Symmetrical Air Foils without Incidence in the Lower Transonic Range. Stockholm: Royal Institute of Technology. KTH Aero TN 20 (1951)

— [2]: The Flow over Symmetrical Airfoils without Incidence at Sonic Speed. Stockholm: Royal Institute of Technology. KTH Aero TN 24 (1952)

— [3]: A Theoretical Discussion of some Properties of Transonic Flow over Simple Two-Dimensional Air Foils at zero Lift with a Simple Method to estimate the Flow Properties. Stockholm: Royal Institute of Technology. KTH Aero TN 25 (1952)

— [4]: The Flow over Two-Dimensional Airofoils at Incidence in the Transonic Speed Range. Stockholm: Royal Institute of Technology. KTH Aero TN 27 (1952)

— [5]: Transonic Flow past Two-Dimensional Air Foils. Z. Flugwissensch. (1952) S. 38

HARDER, KEITH C.: Transonic Similarity Rules for Lifting Wings. NACA TN 2724 (1952)

HILTON, JOHN H. JR.: Flow Characteristics of a Lifting Wedge of Finite Aspect Ratio with Attached and Detached Shock Waves at a Mach Number 1.40. NACA TN 2712 (1952)

IMAI, ISAO: Extension of von Karman's Transonic Similarity Rule. J. Phys. Soc., Japan 9 (Jan. Febr. 1954)

JACOB, CAIUS: Étude d'un Jet gazeux. Bulletin Scientifique de l'école polytechnique de Timisoara (Roumanie) Bd. 7 (1937) H. 1 u. 2

JOHNSTON, G. W.: An Investigation of the Flow about Cones at and beyond the Critical Angle. J. Aeron. Sci. Vol. 20 (1953) p. 378ff.

KAPLAN, CARL [1]: On Similarity Rules for Transonic Flow. NACA Rep. 894 (1948)

— [2]: On Transonic Flow past a Wave-Shaped Wall. NACA Tech. Report 1149 (1953)

VON KÁRMÁN, THEODORE [1]: Some Investigations on Transonic and Supersonic Flow. Sixth International Congress for Applied Mechanics, 1946

— [2]: Supersonic Aerodynamics-Principles and Applications. J. Aeron. Sci. Vol. 14 (1947) p. 373ff.

KAWAMURA, TOHRU [1]: Contribution of the Change of Entropy to the Directions of Spines of Shock polar. J. Phys. Soc., Japan, Vol. 9 (1954) p. 396ff.

— [2]: A Trial Calculation on the Analysis of the Flow behind a Curved Shock with Special Reference to Chaplygin's Approximation. Institute of Physics, Pure and Domestic Science Division, The Nara Women's University, Nara, Japan

KEUNE, F., u. KL. OSWATITSCH: Nichtangestellte Körper kleiner Spannweite in Unter- und Überschallströmung. Z. Flugwissensch. (1953) S. 137

KEUNE, F., u. KL. OSWATITSCH: An Integral Equation Theory for the Transonic Flow around Slender Bodies of Revolution at zero Incidence. Stockholm: Royal Institute of Technology (KTH Aero TN 37)

KEUNE, FRIEDRICH [1]: On the Subsonic, Transonic and Supersonic Flow around Low Aspect Ratio Wings with Incidence and Thickness. Stockholm: Royal Institute of Technology (KTH Aero TN 28)

— [2]: Bericht über eine Theorie der Strömung um Rotationskörper ohne Anstellung bei MACH-Zahl 1. Forschungsbericht des Wirtschafts- und Verkehrsministeriums Nordrhein Westfalen No. 218. Köln und Opladen: Westdeutscher Verlag

— [3]: Zusammenfassende Darstellung und Erweiterung des Äquivalenzsatzes für schallnahe Strömungen. Deutsche Versuchsanstalt für Luftfahrt E.V., Bericht No. 8

KRAFT, HANS, and CHARLES G. DIBBLE: Some Two-Dimensional Adiabatic Compressible Flow Patterns. J. Aeron. Sci. Vol. 11 (1944) p. 283ff.

KRYUCHIN, A. F. [1]: Flow around a Wedge Shaped Profile with Detached Line of Strong Discontinuity. Transactions of the Academy of Sciences UdSSR Vol. 97 (1954) p. 37ff. (Morris D. Friedman, Russion Translation. 2 Pine Street, West Concord Mass.)

— [2]: Drag of a Rhomboid Profile at Transonic Speeds. Transactions of the Academy of Sciences UdSSR, Vol. 97 (1954) p. 205ff. (Morris D. Friedman, Russian Translations. 2 Pine Street, West Concord Mass.)

LAITONE, E. V.: A Study of Transonic Gasdynamics by the Hydraulic Analogy. J. Aeron. Sci. vol. 19 (1952) p. 249ff.

LANDAHL, MARTEN T.: The Flow around Oscillating Low Aspect Ratio Wings at Transonic Speeds. Stockholm: Royal Institute of Technology (KTH Aero TN 40)

LEVEY, H. C.: Exact Solutions for Transonic Flow past Cusped Air Foils. Aeron. Research Lab. Melbourne Rep. A 87 (March 1954)

LIEPMANN, H. W., and A. E. BRYSON: Jr. Transonic Flow past Wedge Sections. J. Aeron. Sci. Vol. 17 (1950) p. 745ff.

LIEPMANN, H. W.: The Interaction between Boundary Layer and Shock Waves in Transonic Flow. J. Aeron. Sci. Vol. 13 (Dec. 1946)

LOEWNER, C. A.: A Transformation Theory of Partial Differential Equations of Gasdynamics. NACA TN 2065 (1950)

LOMAX, HARVARD, and MAX A. HEASLET: Linearized Lifting Surface Theory for Swept Back Wings with Slender Plan Forms. NACA TN 1992 (1949)

MANGLER, K. W.: Calculation of the Load Distribution over a Wing with Arbitrary Camber and Twist at Sonic Speeds. RAE Report Aeron. 2515

MANWELL, A. R. [1]: A Note on the Hodograph Transformation. Quarterly of Applied Math. X (1952) p. 177

— [2]: A new Singularity of Transonic Plane Flows. Quarterly of Applied Math. (January 1955)

MITCHELL, A. R., and D. E. RUTHERFORD: Application of Relaxation Methods to Compressible Flow past a Double Wedge, Proc. Roy. Soc. Edinburgh Sec. A, 63, Part II (1951) p. 139

MORAWETZ, C. S.: Note on a Maximum Principle and a Uniqueness Theorem for an Elliptic Hyperbolic Equation. Proc. Roy. Soc. vol. 236 (1956) p. 141ff.

MORAWETZ, C. S., and I. I. KOLODNER: On the Non-Existence of Limiting Lines in Transonic Flow. Comm. Pure Applied Math. 6 (1953) p. 97ff. (New York Univ.)

OSWATITSCH, K. [1]: Die Geschwindigkeitsverteilung an symmetrischen Profilen bei Auftreten lokaler Überschallgebiete. Acta Physica Austriaca IV, 2/3 (1950)

OSWATITSCH, K. [2]: The Effect of Compressibility on the Flow around Slender Bodies of Revolution. Stockholm: Royal Institute of Technology. KTH Aero TN 12 (1950) und Arch. der Math. II, 6 (1949/1950)

OSWATITSCH, K., u. K. WIEGHARDT: Theoretische Untersuchungen über stationäre Potentialströmungen und Grenzschichten bei hohen Geschwindigkeiten. Lilienthalgesellschaft für Luftfahrtforschung, Bericht S 13/1 d (1942) S. 7. (NACA TN 1189 1948)

PACK, D. C., and A. G. MACKIE [1]: Transonic Flow past Finite Wedges. Proceedings of the Cambridge Philosophical Society, Vol. 48, Part 1 (1952) p. 178

— [2]: Transonic Flow past Finite Wedges. Journal of Rational Mechanics and Analysis Vol. 4, No. 1. Bloomington Ind: Indiana University

PACK, D. C.: Investigation of the Flow past a Finite Wedge of 20 degrees and 40 degrees Apex Angle at Subsonic and Supersonic Speeds using a Mach-Zehnder Interferometer R & M, 2321 British ARC (1946)

PROTTER, M. H.: A Boundary Value Problem for an Equation of Mixed Type. Trans. Amer. Math. Soc. Vol. 71 (1951) p. 416ff.

RIABOUCHINSKI, D.: Comptes Rendues de l'Académie des Sciences S. 194, S. 1215. Paris: 1932

RINGLEB, FRIEDRICH [1]: Exakte Lösungen der Differentialgleichung einer adiabatischen Gasströmung. Z. angew. Math. Mech. Bd. 20 (1940) S. 185

— [2]: Über die Differentialgleichungen einer Gasströmung und den Strömungsstoß. Deutsche Mathematik Bd. 5 (1940) S. 377ff.

SAKURAI, TAKEO: The Flow past a Flat Plate accompanied with an Unsymmetric Dead Air at Mach Number one. J. Phys. Soc., Japan, Vol. 11 (1956) No. 6

SIRIEIX, MAURICE GOLAZ, PAUL, and PIERRE REBUFFET: Résultats expérimentaux obtenus aux voisinage de la vitesse du son sur une maquette d' aile à profile losangique. Comptes Rendues de l'Académie des Sciences, Tome 235 (1952) p. 459ff.

SOLOMON, G. E.: Transonic Flow past Cone Cylinders. NACA TN 3212 (1954)

SPREITER, JOHN R. [1]: On the Application of Transonic Similarity Rules to Wings of Finite Span. NACA Rep. 1153 (1953)

— [2]: On the Range of Applicability of the Transonic Area Rule. NACA TN 3673 (1956)

SPREITER, JOHN R., and ALBERTA ALKSNE: Theoretical Prediction of Pressure Distributions of Non-Lifting Airfoils at High Subsonic Speeds. NACA TN 3096 (1954) #

STACK, JOHN: Experimental Methods for Transonic Research, Proc. Third Anglo-American Aeron. Conf. Brighton Sept. 4—7 (1951) p. 586

TAMADA, K., and Y. SHIBOAKA: On Supersonic Flow past a Finite Wedge at the Crocco Mach. Number J. Aeron. Sci. (1955) p. 261

TAYLOR, G. I.: Recent Work on the Flow of Compressible Fluids. Journ. London Math. Society, Vol. 5 (1930) p. 224

TSIEN, HSUE-SHEN, and YUNG-HUAI KUO: Two-Dimensional Irrotational Mixed Subsonic and Supersonic Flow of a Compressible Fluid and the Upper Critical Mach. Number. NACA TN No. 995

TIMMAN, R.: Asymptotic Formulae for Special Solutions of the Hodograph Equation in Compressible Flow. Nat. Luchtlab. Amsterdam Rep. No. F 46 (April 22, 1949)

VINCENTI, WALTER, G. DUGAN, DUANE, W., and E. RAY PHELPS: An Experimental Study of the Lift and Pressure Distribution on a Double Wedge Profile at Mach Number near Shock Attachement. NACA TN 3225

VINCENTI, WALTER G.: Measurements of the Effects of Finite Span on the Pressure Distribution over Double Wedge Wings at Mach Numbers near Shock Attachment. NACA TN 3522 (1955)

WARREN, C. H. E.: Recent Advances in the Knowledge of Transonic Air Flow. J. Roy. Aeron. Soc. (April 1956)

WEINSTEIN, ALEXANDER: On Tricomi's Equation and Generalized Axially Symmetric Potential Theory. Institute for Fluid Dynamics and Applied Mathematics (1951). University of Maryland

WILLMARTH, WILLIAM W.: The Lift of Thin Airfols at High Subsonic Speeds. Ph. D. Thesis. Cal. Inst. Tech. (1953)

WOOD, GEORGE P.: Experiments on Transonic Flow around Wedges. NACA TN 2829 (1952)

Sachverzeichnis

Achsensymmetrische Strömungen, Randbedingungen 41
— —, Drücke am Körper 43
— — bei $M = 1$ 333
Ähnlichkeitsgesetz für schallnahe Strömungen 29, 43
—, Anwendungen 46
Äquivalenzsatz 62
äquivalenter Rotationskörper 59
asymptotische Lösungen gewöhnlicher Differentialgleichungen 101
— —, Zuordnung zu exakten Lösungen 103
— —, Anwendung auf Funktion $G^{(s)}$ 191
— —, — — TSCHAPLINGINsche Partikularlösungen 104
Auftrieb bei $M = 1$ 313
Auftriebsbeiwert, Beziehung zum Dickenverhältnis 256
Ausfluß aus einem Gefäß bei Unterschall und Überschall 99, 137, 138, 247

BERNOULLIsche Gleichung 3
— — für nichtstationäre Potentialströmungen 8
Beschleunigungseinfluß in der Nähe von $M = 1$ 63
blockierter Kanal 230, 301
— —, flache Platte 305, 310
— —, Rhombusprofil 297
BUSEMANNscher Doppeldecker 167

Charakteristiken 9, 13
—, Verträglichkeitsbedingungen 12
—, rechtslaufende, linkslaufende 15
Charakteristikenverfahren, von BUSEMANN 15
—, für schallnahe Strömungen 19
—, Deutung im Hodographen 255

CROCCOscher Punkt 128, 145
—, Wirbelsatz 6

Druckkoeffizient, beim Durchgang durch $M = 1$ 295
—, in schallnaher Näherung 109

Eigenwertproblem für Partikularlösungen der TRICOMIschen Gleichung 202
— — —, Vollständigkeit 204
— — —, kontinuierliches Spektrum von Eigenwerten 208
— — —, Übergang von einem diskreten zu einem kontinuierlichen Spektrum 209
Entropie 1
—, Vernachlässigung in schallnahen Strömungen 33
EULERsche Gleichungen einer Gasströmung 2
Expansionsfächer, der an ein Unterschallgebiet angrenzt 137, 139

FALKOWITZsche Partikularlösungen 224
— —, Beziehungen zu TSCHAPLINGINschen Partikularlösungen 229
Funktionaldeterminante, der Hodographenabbildung 86, 134, 135
—, für die TRICOMIsche Gleichung 109
—, Vorzeichen 199, 200

Gabelstöße 157
Grenz-MACH-Welle = Grenzcharakteristik 119, 231
—, bei achsensymmetrischen Strömungen 338
Gruppeneigenschaft einer gewöhnlichen Differentialgleichung 335

Hodograph 80

Hodograph, Gleichung für Stromfunktion 84
—, Gleichung für das mit der LEGENDREschen Transformation transformierte Potential 82
—, exakte Lösungen (TSCHAPLINGINsche Partikularlösungen) 97
—, in schallnaher Näherung (TRICOMIsche Gleichung) 106
—, Charakteristikenmethode 255
—, Beispiele 109
—, Diskussion allgemeiner Strömungseigenschaften 134
hypergeometrische Differentialgleichung 98, 172, 176
— —, Beispiel für Konfluenz und Übergang zur BESSELschen Funktion 229

Ideales Gas 3, 4
Impulssatz für schallnahe Strömungen 49

Keil, bei Überschall mit abgelöstem Stoß 129
—, bei wechselnden Überschall-MACH-Zahlen 141
—, mit anliegendem Stoß 313
—, bei $M = 1$ 243
Kontinuitätsgleichung 2
—, für Potentialströmung 8
—, für isoenergetische Strömung 8
—, für schallnahe Strömung 49
Korrespondenzprinzip, zwischen Überschall- und Unterschall-Strömungen 296
—, für den Übergang von inkompressibler zu kompressibler Strömung 110
kritische Geschwindigkeit 4
KUTTA Bedingung 56

LAVAL-Düse 73, 76
—, Darstellung in der η, ϑ-Ebene 116
—, als Randwertproblem 124
—, Geschwindigkeitsverteilung längs der Achse 323
LEGENDREsche Transformation 82
— —, für inkompressible Strömung 111
— —, Beziehung des transformierten Potentials zur Stromfunktion 85
linearisierte Theorie 52
linearisierte Theorie, für räumliche Strömungen 55
— —, für nichtstationäre Strömungen 63
— —, Grenzen 71

MACH-Zahl 4
MACH-Zahl 1 s. unter Strömungen
MACHscher Winkel 11
MACH-Wellen 13
—, Expansionswellen, Kompressionswellen 17
—, linkslaufende, rechtslaufende 15
MOLENBROEKSCHE Transformation 82
MEYERscher Expansionsfächer im Zusammenhang mit Unterschallfeld 125, 139

Natürliche Partikularlösungen 201
— —, für achsensymmetrische Strömungen 346
nichtstationäre Strömungen 63

Partikularlösungen der TRICOMIschen Gleichung, TSCHAPLINGINsche Lösungen 168
— —, von TAMADA und TAMOTIKA 222
— —, von FALKOWITSCH 224
— —, die eine Singularität an der Schallinie ergeben 171
— —, Systeme 200
— —, natürliche 201
— —, die ein Profil der Strömungsebene unverändert lassen 235
Partikularlösungen für achsensymmetrische Strömungen 343
— — —, Systeme 348
— — —, natürliche 346
Platte, angestellte bei $M = 1$ 260
—, im blockierten Windkanal 305
Potential 6
Potentialgleichung 8
polare Integralgleichung 204
PRANDTL-GLAUERTsche Näherung 26
Profile s. Strömung mit MACH-Zahl 1

Randbedingungen, an einem umströmten Körper 38
—, auf der Achse eines achsensymmetrischen Körpers 41
—, zweiter Art 132

Randbedingungen, an Verdichtungsstößen 35, 128
Randwertaufgaben, im Hodographen 123
—, bei Unterschall und Überschall 21
—, für gemischte Strömungen 124
—, mit Verdichtungsstößen 127
—, für die TRICOMIsche Gleichung, Beispiele 325
—, für die TRICOMIsche Gleichung, Übergang von einer geschlossenen Kontur zu der TRICOMIschen Kontur 329
—, zweiter Art, Zusatzbedingung 259
Reflexion von Singularitäten an der Schallinie 316
— — —, als Stoß 319
RIEMANNsche P-Funktion 176
Rückkehrkanten 88
—, Beispiele 89
—, analytische Eigenschaften 93
—, physikalische Bedeutung 96

Schallgeschwindigkeit 4
Schallinie, Verdünnungs- und Verdichtungswellen 135
—, Vereinigung mit einem Verdichtungsstoß 359
—, Ansatz an einem Keil 142
—, singuläre Punkte 317
Stoß 1
—, abgelöster, asymptotische Form 305
Stoßbedingungen Stoßpolare 35
—, im Hodographen 127
—, s. auch Randwertaufgaben, Keil, Strömung mit MACH-Zahl 1
Stromlinien 9
—, Verzweigungspunkte 113, 115
Stromfunktion 8
—, Zusammenhang mit transformiertem Potential 85, s. a. Hodograph
Strömung mit MACH-Zahl 1 229
— — —, Singularität im Nullpunkt der η, ϑ-Ebene 232
Strömung mit MACH-Zahl 1, achsensymmetrische Strömungen 333
— — —, Verdrängung der Stromlinien 235
— — —, Stöße im Strömungsfeld 352
— — —, symmetrische Profile 242
— — —, asymmetrische Profile 248
— — —, Halbkörper mit Parabelprofil 247
— — —, Rhombusprofil 243
— — —, angestelltes Rhombusprofil 249
— — —, angestellte Platte 260
Strömung mit MACH-Zahl nahe an 1 279
— — —, Entwicklung nach $M-1$ 293
Strömung, um Ecke 139

TOLLMIENsche spiralige Strömung 15
TRICOMIsche Gleichung 107, 123, siehe auch Partikularlösungen
TRICOMIsche Bedingung 124
TRICOMIscher Satz 123

Unterschall, Überschall, s. Randwertprobleme
Unterschallströmungen mit eingebettetem Überschallgebiet 332

Variationsgleichungen 25
Verlorene Lösungen 121
Verträglichkeitsbedingungen für Charakteristiken 13
Verzweigungslinien der Hodographenebene 119
Verzweigungspunkte der Stromlinien im Hodographen 86, 114, 119

Widerstandskoeffizient bei $M = 1$ 243
Windkanal, Wandeinfluß 310
Wirbelfläche des Totwassers 6
Wirbellinien 5
Wirbelsätze 5

Zirkulation 5

721/11/57 — III/18/203

MIX
Papier aus verantwortungsvollen Quellen
Paper from responsible sources
FSC® C105338

If you have any concerns about our products,
you can contact us on
ProductSafety@springernature.com

In case Publisher is established outside the EU,
the EU authorized representative is:
Springer Nature Customer Service Center GmbH
Europaplatz 3, 69115 Heidelberg, Germany

Printed by Libri Plureos GmbH
in Hamburg, Germany